Handbuch der Aräometrie

Handbuch der Aräometrie

nebst einer Darstellung der gebräuchlichsten Methoden
zur Bestimmung der Dichte von Flüssigkeiten, sowie
einer Sammlung aräometrischer Hilfstafeln

Zum Gebrauche für

Glasinstrumenten-Fabrikanten, Chemiker und Industrielle,

unter Benutzung amtlichen Materials

bearbeitet von

Dr. J. Domke und Dr. E. Reimerdes

Regierungsrat bei der Kaiserlichen
Normal-Eichungskommission

Ständiger Mitarbeiter bei der Kaiserlichen
Normal-Eichungskommission

Mit 22 Textfiguren

Berlin
Verlag von Julius Springer
1912

ISBN 978-3-642-51200-1   ISBN 978-3-642-51319-0 (eBook)
DOI 10.1007/978-3-642-51319-0

Vorwort.

Das vorliegende Buch verdankt seine Entstehung einer Anregung des Vereins deutscher Glasinstrumenten-Fabrikanten zu Ilmenau. Dieser Verein richtete vor einigen Jahren an die Kaiserliche Normal-Eichungskommission die Bitte, es möchte seitens dieser Behörde, welcher die Aufsicht über die Eichung der Aräometer und chemischen Meßgeräte zusteht, ein Buch herausgegeben werden, in welchem ihre langjährigen Erfahrungen auf aräometrischem Gebiet, sowie das umfangreiche z. T. noch nicht veröffentlichte Beobachtungs- und Tabellenmaterial einem größeren Interessentenkreise zugänglich gemacht würden. Da die Herausgabe eines derartigen Werkes auf amtlichem Wege nicht angängig erschien, so haben es die Unterzeichneten unternommen, das vorhandene Material mit Zustimmung der Normal-Eichungskommission in eine zur Veröffentlichung geeignete Form zu bringen.

Der Wunsch des genannten Vereins läßt erkennen, daß in der Glasindustrie ein dringendes Bedürfnis nach einem Buche besteht, in welchem die Aräometrie eine zusammenfassende Darstellung unter Berücksichtigung der modernen Arbeiten auf diesem Gebiete findet. Die wenigen vorhandenen Bücher sind tatsächlich längst veraltet und für den Fabrikanten sowohl wie für den Chemiker und Industriellen unbrauchbar geworden. In neueren chemischen Werken finden sich zwar gelegentlich einzelne Kapitel über aräometrische Dichtenbestimmung; jedoch wird der Gegenstand hier nur oberflächlich berührt und die kurzen Darlegungen sind insbesondere für die Glasinstrumenten-Fabrikanten meist wertlos. Die unter dem Titel: Metronomische Beiträge Nr. 7[1]) von der Normal-Eichungskommission veröffentlichte Arbeit behandelt wiederum nur ein eng umgrenztes Gebiet in streng wissenschaftlicher Art.

Unter den verschiedenen Methoden der Dichtenbestimmung von Flüssigkeiten zeichnet sich die aräometrische durch Einfachheit und Bequemlichkeit vor allen übrigen aus und findet deshalb in chemischen Laboratorien und Fabrikbetrieben häufige Anwendung. Es werden nach einer ober-

---

[1]) Über die Bestimmung von Aräometern mit besonderer Anwendung auf die Feststellung der deutschen Urnormale für Alkoholometer von Dr. B. Weinstein.

flächlichen Schätzung in Deutschland gegen 100000 Aräometer aller Arten angefertigt und verkauft, von denen die meisten nur zu ganz rohen Bestimmungen geeignet sind. Derartige Instrumente entbehren im allgemeinen einer wissenschaftlichen Definition; sie werden häufig nach veralteten und ungenauen Mustern hergestellt, so daß aus verschiedenen Werkstätten stammende Aräometer derselben Art bei einer Vergleichung oft recht verschiedene Angaben liefern. Dieser Übelstand ist geeignet, den Wert aräometrischer Dichtenbestimmungen in den Augen der Chemiker und Industriellen herabzusetzen; infolgedessen beschränken diese die Verwendung des Aräometers vorwiegend auf Messungen, bei welchen nur ein geringer Grad von Genauigkeit verlangt wird, während sie in anderen Fällen die pyknometrische Methode vorzuziehen pflegen. Die geringe Wertschätzung des Aräometers ist jedoch durchaus nicht gerechtfertigt. Wie man zu einer Dichtenbestimmung mit dem Pyknometer nur eine gute Wage und richtige Gewichte zu benutzen pflegt, so sollte man auch nur sorgfältig berichtigte Aräometer verwenden, deren Angaben für die Zwecke der Praxis im allgemeinen vollauf genügen dürften. Das ist um so mehr der Fall, als die Genauigkeit der pyknometrischen Messungen häufig nur eine eingebildete ist. Das Aräometer läßt sich unter Benutzung der von der Wissenschaft und Technik heute gebotenen Methoden und Hilfsmittel durchaus zu einem Präzisionsmeßgerät von gleicher Vollkommenheit ausbilden, wie das Thermometer, dessen Entwicklungsgang wohl den meisten Lesern dieses Buches bekannt ist. In diesem Sinne fördernd zu wirken, ist der Hauptzweck unserer Schrift.

Ein besonderer Abschnitt ist den amtlichen Vorschriften über die Eichung und Beglaubigung in Deutschland, sowie in einer Reihe fremder Staaten gewidmet. Ein Vergleich wird zeigen, daß die in Deutschland geltenden Bestimmungen dem Fabrikanten den weitesten Spielraum einräumen. Leider besteht in den Kreisen der praktischen Chemiker noch immer eine Art von Mißtrauen gegenüber den amtlich geprüften Geräten; sie ziehen es meist vor, ihre Meßinstrumente selbst zu untersuchen, verfallen aber dabei häufig in den Fehler, ihren Maßangaben unrichtige oder unklar definierte Einheiten zugrunde zu legen.

Eine besondere Bedeutung möchten die Herausgeber der beigefügten Tafelsammlung beilegen. Diese Tafeln haben den Zweck, die bei der Herstellung, Justierung und Benutzung der Aräometer erforderlichen Rechnungen ganz zu vermeiden oder möglichst abzukürzen; insbesondere dürften die aräometrischen Reduktionstafeln, von denen ein Teil auch für pyknometrische Messungen unmittelbar verwendbar ist, dem Chemiker von Nutzen sein.

Die im II. Abschnitt dargestellten rechnerischen Konstruktionsmethoden werden in drei größeren glastechnischen Betrieben bereits seit Jahren mit bestem Erfolg angewendet und gewähren eine beträchtliche Ersparnis an Material, Zeit und Arbeit.

Für die Abgrenzung des Stoffes waren folgende Gesichtspunkte maßgebend: Zunächst sollten dem Fabrikanten die zur Herstellung der

Aräometer notwendigen Angaben und Hilfsmittel geliefert werden, jedoch mit der Beschränkung, daß die höchst schädliche Mannigfaltigkeit der Typen nicht unnötigerweise gefördert und vermehrt würde. Ferner sollten dem Fabrikanten und dem Chemiker die zur Justierung und Prüfung der Aräometer erforderlichen Grundlagen mitgeteilt und endlich sollten eine Reihe von Tafeln beigefügt werden, welche die Dichten- oder Wertbestimmung der am häufigsten mit dem Aräometer untersuchten Flüssigkeiten bei verschiedenen Temperaturen ermöglichen.

Die Verfasser zweifeln nicht daran, daß bei der Verschiedenartigkeit des Interessentenkreises zahlreiche Wünsche unbefriedigt geblieben sind; das ist bei einem Buch über eine Hilfswissenschaft, wenn dies Wort erlaubt ist, die in ganz verschiedenartige Betriebe hineinspielt, nicht zu vermeiden. Immerhin hoffen sie, daß ihre Ausführungen dazu beitragen werden, der Dichtenbestimmung mit dem Aräometer den ihr gebührenden Platz im Laboratorium und Fabrikbetrieb zu sichern.

Besonderer Dank sei an dieser Stelle der Kaiserlichen Normal-Eichungskommission für die Überlassung ihres umfangreichen aräometrischen Beobachtungsmaterials ausgesprochen, ferner unserm Kollegen Herrn Langenbach sowie der präzisionstechnischen Werkstatt des Herrn Paul Schultze in Charlottenburg für ihre wertvolle Hilfe bei der Herstellung der Figuren.

Charlottenburg, im November 1911.

Die Verfasser.

Inhaltsangabe.

I. Abschnitt.
Die physikalische Grundlage der Aräometrie.

1. Kapitel.
Die Methoden der Dichtenbestimmung.

2. Kapitel.

3. Kapitel.
Theorie des Skalenaräometers.

II. Abschnitt.
Herstellung und Justierung des Skalenaräometers.

4. Kapitel.
Gestalt und Gliederung des Skalenaräometers.

5. Kapitel.
Rechnerische Konstruktion des Skalenaräometers.

6. Kapitel.

Hilfsmittel und Apparate.

7. Kapitel.

Die Prüfungsflüssigkeiten.

8. Kapitel.

Materialien zur Herstellung der Aräometer.

9. Kapitel.

Vorbereitung; erste Justierung und Bestimmung (Abwiegen) des Aräometers.

10. Kapitel.

III. Abschnitt.

11. Kapitel.

Beschreibung einiger besonders wichtiger Arten von Aräometern.

IV. Abschnitt.

Amtliches Prüfungswesen.

12. Kapitel.

Prüfungswesen in Deutschland.

13. Kapitel.

Prüfungswesen im Ausland.

Anhang.

Tafeln.

I. Abschnitt.

Die physikalische Grundlage der Aräometrie.

1. Kapitel.

Die Methoden der Dichtenbestimmung.

1. Dichte und Dichteneinheiten.

Die Dichte oder das spezifische Gewicht[1]) einer Flüssigkeit ist diejenige Zahl, welche angibt, wieviel Kilogramm ein Liter dieser Flüssigkeit
im luftleeren Raum wiegt.

Da das Liter derjenige Raumteil ist, welchen 1 kg Wasser im Zustand
seiner größten Dichte, d. i. bei $+ 4^0$ C., unter dem Druck einer Atmosphäre
einnimmt, so hat Wasser von $+ 4^0$ C. das spezifische Gewicht 1.

Der Zusatz „unter dem Druck einer Atmosphäre" in der gesetzlichen Definition des Liter hat häufig zu Mißverständnissen Veranlassung gegeben: man hat
dabei an die Wirkung des Auftriebes der Atmosphäre gedacht. Das ist natürlich
nicht richtig; der Zusatz berücksichtigt lediglich die Kompressibilität des Wassers,
seine durch Veränderung des äußeren Druckes bedingte Volumenänderung. Letztere
erreicht in allen Fällen, wo es sich um natürliche Schwankungen des Luftdruckes
handelt, nur einen äußerst kleinen, kaum meßbaren Betrag, denn für eine ganze
Atmosphäre Überdruck wird ein Raumteil Wasser nur etwa um den 20 000. Teil
seines Betrages verkleinert.

Mit Rücksicht darauf, daß Wasser von $+ 4^0$ C. die Dichte 1 besitzt,
kann die Definition der Dichte auch folgende Fassung erhalten: Die Dichte
einer Flüssigkeit gibt das Verhältnis an, in welchem das Gewicht irgend eines
Raumteils dieser Flüssigkeit zu dem Gewicht des gleichen Raumteils Wasser
von $+ 4^0$ C. steht.

Die Einheit der Dichte ist hiernach die Dichte des Wassers
unter dem Druck einer Atmosphäre bei $+ 4^0$ C.

In manchen Fällen kann es von Vorteil sein, eine andere Dichteneinheit zu wählen, weil die Temperatur $+ 4^0$ C. von der gewöhnlichen Zimmer-

---

[1]) Der theoretische Unterschied zwischen „Dichte" und „spezifischem Gewicht" kann hier außer Acht gelassen werden.

temperatur meist weit entfernt ist, so daß man zur Erzeugung der Dichteneinheit künstliche Abkühlungsmittel zu Hilfe nehmen müßte. Häufig wird die Dichte des Wassers bei 15^0 C. als Einheit zugrunde gelegt, auch $17\frac{1}{2}^0$ und 20^0 sind nicht selten. Es leuchtet ein, daß diese Einheiten leicht auf die ursprüngliche Einheit umgerechnet werden können, wenn die Dichten des Wassers bei den genannten Temperaturen (auf irgend eine Einheit bezogen) bekannt sind.

Es sei $\sigma_{\frac{t}{4}}$[1]) die Dichte des Wassers bei t^0 C., bezogen auf seine Dichte bei $+4^0$ C. als Einheit (also $\sigma_{\frac{4}{4}} = 1$), so ist die Dichte einer Flüssigkeit bei τ^0[1]), bezogen auf die Dichte des Wassers bei t^0 als Einheit:

$$s_{\frac{\tau}{t}} = \frac{s_{\frac{\tau}{4}}}{\sigma_{\frac{t}{4}}}; \quad \text{folglich:} \quad s_{\frac{\tau}{4}} = s_{\frac{\tau}{t}} \cdot \sigma_{\frac{\tau}{4}}.$$

Hält man an der Bezeichnung fest, welche in dem Zähler des als Bruch geschriebenen Index die Temperatur einer Flüssigkeit, in dem Nenner die auf die Dichteneinheit hinweisende Wassertemperatur angibt, so gilt ganz allgemein die Beziehung:

$$s_{\frac{\tau}{t'}} = s_{\frac{\tau}{t}} \cdot \sigma_{\frac{t}{t'}} = s_{\frac{\tau}{t}} \cdot \frac{\sigma_{\frac{t}{4}}}{\sigma_{\frac{t'}{4}}}.$$

Hier wie im folgenden werden die Dichten von Flüssigkeiten mit s, diejenigen des Wassers mit σ bezeichnet.

Legt man die von der Physikalisch-Technischen Reichsanstalt im Jahre 1897 nach der Methode der kommunizierenden Röhren mit großer Genauigkeit in dem Temperatur-Intervall von 0^0 bis $+35^0$ C. ermittelten Wasserdichten[2]) zugrunde, dann ergeben sich die folgenden Umrechnungsformeln:

$$s_{\frac{t}{15}} = s_{\frac{t}{4}} \cdot 1{,}000\,874 = s_{\frac{t}{4}} \,[0{,}000\,380]^3) = s_{\frac{t}{4}} + 0{,}000\,874\, s_{\frac{t}{4}}$$

$$s_{\frac{t}{17{,}5}} = s_{\frac{t}{4}} \cdot 1{,}001\,289 = s_{\frac{t}{4}} \,[0{,}000\,559] = s_{\frac{t}{4}} + 0{,}001\,289\, s_{\frac{t}{4}}$$

$$s_{\frac{t}{20}} = s_{\frac{t}{4}} \cdot 1{,}001\,773 = s_{\frac{t}{4}} \,[0{,}000\,769] = s_{\frac{t}{4}} + 0{,}001\,773\, s_{\frac{t}{4}}$$

$$s_{\frac{t}{15}} = s_{\frac{t}{17{,}5}} \cdot 0{,}999\,586 = s_{\frac{t}{17{,}5}} \,[9{,}999\,820] = s_{\frac{t}{17{,}5}} - 0{,}000\,414\, s_{\frac{t}{17{,}5}}$$

$$s_{\frac{t}{15}} = s_{\frac{t}{20}} \cdot 0{,}999\,103 = s_{\frac{t}{20}} \,[9{,}999\,610] = s_{\frac{t}{20}} - 0{,}000\,897\, s_{\frac{t}{20}}$$

$$s_{\frac{t}{17{,}5}} = s_{\frac{t}{20}} \cdot 0{,}999\,517 = s_{\frac{t}{20}} \,[9{,}999\,790] = s_{\frac{t}{20}} - 0{,}000\,483\, s_{\frac{t}{20}}.$$

---

[1]) σ und τ sind griechische Buchstaben, gesprochen Sigma und Tau.

[2]) Vgl. Zeitschr. f. Instrumentenkunde 1897, S. 331 und Abhandl. d. P. T. Reichsanstalt Bd. 4, S. 32. 1904.

[3]) Die in eckigen Klammern stehenden Zahlen sind Logarithmen.

Die erste Formel findet in der Aräometrie sehr häufig Verwendung, ebenso ihre Umkehrung:

$$s_{\frac{t}{4}} = s_{\frac{t}{15}} \cdot 0{,}999\,127 = s_{\frac{t}{15}} \,[9{,}999\,620] = s_{\frac{t}{15}} - 0{,}000\,873\, s_{\frac{t}{15}}.$$

Sie ist in der Tafel 4, S. *7* zugrunde gelegt.

Eine eingehende Tafel der Wasserdichten und ihrer Logarithmen, sowie der Wasservolumina ist auf S. *1* bis *6* mitgeteilt (Tafeln 1 bis 3).

Die Umrechnung der Dichten auf andere Einheiten mag durch einige Beispiele erläutert werden.

1. Es sei die Dichte $s_{\frac{16,3}{15}} = 1{,}12\,570$ umzurechnen auf die Wasserdichte bei 4^0 C. als Einheit. Die Formel $s_{\frac{t}{4}} = s_{\frac{t}{15}} - 0{,}000\,873\, s_{\frac{t}{15}}$ ergibt in diesem Falle:

$$s_{\frac{16,3}{4}} = 1{,}12\,570 - 0{,}00\,098 = 1{,}12\,472.$$

Noch einfacher wird die Umwandlung bei Benutzung der Tafel 4, S. *7*; sie ergibt den Betrag 0,00098 ohne jede Rechnung.

2. Die Dichte einer Flüssigkeit bei $18{,}6^0$ C., bezogen auf die Wasserdichte bei derselben Temperatur, sei 0,98 435; sie soll auf die Wasserdichte a) bei 4^0 C. und b) bei 15^0 C. umgerechnet werden.

Hier ist die Formel anzuwenden:

$$s_{\frac{\tau}{t'}} = s_{\frac{\tau}{t}} \cdot \frac{\sigma_{\frac{t}{4}}}{\sigma_{\frac{t'}{4}}}$$

und zu setzen: $\tau = 18{,}6^0$, $t = 18{,}6^0$, $t' = 4^0$ im Falle a),

und: $\tau = 18{,}6^0$, $t = 18{,}6^0$, $t' = 15^0$ im Falle b).

Die Tafel 2, S. *3* liefert die Logarithmen der Wasserdichten:

$$\log \sigma_{\frac{18,6}{4}} = 9{,}99\,9352 \qquad \log \sigma_{\frac{4}{4}} = 0{,}00\,0000 \qquad \log \sigma_{\frac{15}{4}} = 9{,}99\,9621$$

und man erhält a) $\log s_{\frac{18,6}{4}} = \log s_{\frac{18,6}{18,6}} + \log \sigma_{\frac{18,6}{4}} - \log \sigma_{\frac{4}{4}}$, in Zahlen:

a) $\log s_{\frac{18.6}{4}} = 9{,}99\,3150 + 9{,}99\,9352 - 0{,}00\,0000 = 9{,}99\,2502$, also

$$s_{\frac{18,6}{4}} = 0{,}98\,288; \quad \text{entsprechend:}$$

b) $\log s_{\frac{18,6}{15}} = 9{,}99\,3150 + 9{,}99\,9352 - 9{,}99\,9621 = 9{,}99\,2881$, also

$$s_{\frac{18,6}{15}} = 0{,}98\,374.$$

Zwei Dichten sind nur dann unmittelbar vergleichbar, wenn sie auf dieselbe Einheit bezogen sind. Es empfiehlt sich daher, die Mannigfaltigkeit in den Dichte-Einheiten, vornehmlich in der chemischen Praxis, möglichst zu beschränken und, besonders in Veröffentlichungen, nur solche Dichten mitzuteilen, die auf Wasser von 4^0 oder allenfalls 15^0 C. bezogen sind. D i e E i n h e i t m u ß d a b e i s t e t s a n g e g e b e n w e r d e n.

2. Wägungen in der Luft. Luftdichte.

Die Bestimmung des Gewichts eines Körpers erfolgt im allgemeinen durch Wägung. Man bringt den Körper auf eine Schale einer hinreichend gleicharmigen und empfindlichen Wage und legt auf die andere Schale so viel Gewichte, bis das Gleichgewicht hergestellt ist. Die Summe der aufgelegten Gewichte wird dann gewöhnlich als das Gewicht des Körpers bezeichnet. Das wäre einwandsfrei, wenn die Wägung im luftleeren Raum stattgefunden hätte. Die Luft ist jedoch nicht gewichtslos, sie wirkt auf die in ihr befindlichen Körper in derselben Weise, wie eine Flüssigkeit, indem sie einen Auftrieb ausübt und den Druck der Körper auf ihre Unterlage vermindert. Wir wollen diesen Auftrieb näher betrachten.

Ein Körper, welcher allseitig von Flüssigkeit umgeben ist, verliert nach dem Archimedischen Prinzip soviel von seinem Gewicht, als das Gewicht der verdrängten Flüssigkeit beträgt. Dasselbe gilt von der Luft. Da 1 l Luft bei mittleren Verhältnissen etwa 1,21 g wiegt, so wird ein Körper von dem Raumgehalt 1 l im lufterfüllten Raum um 1,21 g leichter erscheinen, als er in Wirklichkeit ist. Bezeichnet man, wie allgemein üblich, die Dichte der Luft mit dem griechischen Buchstaben γ [1]), so ist $\gamma = 0,00121$ und der Auftrieb eines Körpers von dem Raumgehalt v (in Liter) ist $v \cdot \gamma$ Kilogramm.

Führen wir jetzt die Masse (m) des Körpers oder, was auf dasselbe hinauskommt, sein Gewicht im luftleeren Raum (auch sein „absolutes Gewicht" genannt) und ferner seine auf die Wasserdichte bei 4^0 C. bezogene Dichte (s) ein, dann ergibt sich sein Volumen v aus der Gleichung

$$m = v \cdot s;$$

daraus folgt $v = \dfrac{m}{s}$ und der Auftrieb wird $\dfrac{m}{s} \cdot \gamma$.

Um diesen Betrag wird die Masse des Körpers vermindert erscheinen; das Gewicht, mit dem der Körper auf seiner Wagschale lastet, hat demnach die Größe $m - \dfrac{m}{s} \cdot \gamma$ oder $m \left(1 - \dfrac{\gamma}{s}\right)$.

Der Luftauftrieb wirkt aber in derselben Weise auch auf die benutzten Gewichtsstücke ein. Nehmen wir an, die letzteren beständen aus Messing, dessen durchschnittliche Dichte zu 8,4 angenommen werden darf, dann ergibt sich für $\gamma = 0,00121$

$$1 - \frac{\gamma}{s} = 0,999856.$$

Dieser Faktor, dem wir später noch häufig begegnen werden, möge mit w bezeichnet werden; also

$$w = 0,999856 \quad \text{und} \quad \log w = 9,999937.$$

Die Differenz: „Masse minus Luftauftrieb" soll fortan als die „scheinbare Masse" bezeichnet werden.

Es sei die Aufgabe gestellt, zu ermitteln, wieviel Gewichte im lufterfüllten Raum einem Liter Wasser von 15^0 C. das Gleichgewicht halten.

---

[1]) Gesprochen „Gamma".

Die Masse eines Liter Wasser von 15^0 C. ist nach der oben angeführten Formel m = vs, da v = 1, seiner Dichte gleich, folglich nach Tafel 1, S. *1*:

$$m = 0{,}99\,913 \text{ kg.}$$

Die gesuchte Masse der Gewichte sei M. Es muß dann die Gleichung erfüllt sein:

$$\text{M\,w} = m\left(1 - \frac{\gamma}{s}\right) = m - \gamma, \text{ da hier m = s ist, also}$$

$$M = \frac{0{,}99\,792}{0{,}99\,9856} = 0{,}99\,806 \text{ kg.}$$

Für andere Wassertemperaturen ergeben sich folgende Werte:

t	M	t	M
0^0 C.	0,99 880 kg	$17{,}5^0$ C.	0,99 765 kg
4^0 ,,	0,99 893 ,,	20^0 ,,	0,99 716 ,,
10^0 ,,	0,99 866 ,,	$22{,}5^0$,,	0,99 662 ,,
$12{,}5^0$ C.	0,99 840 ,,	25^0 ,,	0,99 600 ,,

Der Kürze wegen mag die Summe der Messing-Gewichte, welche einem Körper im lufterfüllten Raum das Gleichgewicht hält, als das Ge wicht des Körpers bezeichnet werden.

Die vorhergehenden Betrachtungen setzen uns sofort in den Stand, einen Meßkolben von bestimmtem Soll-Inhalt zu justieren oder die bereits vorhandene Begrenzungsmarke auf ihre Richtigkeit zu prüfen. Der vorliegende Kolben soll 500 ccm bei 15^0 C. fassen und auf Einguß justiert werden. Das Gewicht eines Liter Wasser von 15^0 C. beträgt, wie wir gesehen haben, 0,99 806 kg oder 998,06 g; ein halbes Liter (500 ccm) wiegt daher 449,03 g, also 970 mg weniger als 500 g. Bei der Auswägung des Kolbens mit Wasser verfährt man folgendermaßen:

Der Kolben wird ohne Füllung auf die eine Schale einer Wage gebracht und daneben ein 500 g-Stück gesetzt, die andere Schale wird mit soviel Tarastücken belastet, daß Gleichgewicht entsteht. Dann entfernt man das 500 g-Stück, legt 970 mg neben den Kolben und beschickt ihn mit destilliertem Wasser, bis wiederum Gleichgewicht vorhanden ist. Das aufgefüllte Wasser wird den Raum eines halben Liter (500 ccm) einnehmen und die Füllmarke kann angebracht werden.

Die Luftdichte γ, die bei genaueren Wägungen niemals unberücksichtigt bleiben darf, ist keine konstante Größe, sie ist vielmehr von drei Argumenten abhängig, nämlich von dem Barometerstand, der Lufttemperatur und der Luftfeuchtigkeit. Die Schwankungen sind jedoch nicht erheblich und es genügt im allgemeinen, in Orten von geringer Höhe über dem Meeresspiegel $\gamma = 0{,}00\,121$ zu setzen. Genauere Werte können der hier folgenden Tabelle entnommen werden, welche zu den Barometerständen von 670 bis 790 mm und den Temperaturen von 10 bis 25^0 C. unter Annahme einer mittleren Luftfeuchtigkeit die Beträge der Luftdichte ergibt.

Luftdichte γ in Einh. der 5. Dec. für verschiedene Barometerstände und Temperaturen.

B \ t	670 mm	680 mm	690 mm	700 mm	710 mm	720 mm	730 mm	740 mm	750 mm	760 mm	770 mm	780 mm	790 mm	B \ t
C. 10°	110	111	113	115	116	118	119	121	123	124	126	128	129	C. 10°
15	107	109	111	112	114	115	117	119	120	122	124	125	127	15
20	105	107	109	110	112	113	115	117	118	120	121	123	124	20
25	103	105	107	108	110	111	113	114	116	117	119	120	122	25

Der von uns angenommene Mittelwert $\gamma = 0{,}00121$ gilt nur für Orte von geringer Meereshöhe; mit zunehmender Höhe vermindert sich γ, wie aus folgender Tabelle ersichtlich ist:

Meereshöhe	Mittleres γ
0 m	0,00 122
100 ,,	121
200 ,,	119
300 ,,	118
400 ,,	117
500 ,,	115
600 ,,	114
700 ,,	112
800 ,,	111
900 ,,	109
1000 ,,	108

In den hoch gelegenen Industrieorten des Thüringer Waldes wird die Abnahme der Luftdichte gegenüber dem flachen Lande schon recht bedeutend; z. B. wäre in Neuhaus a. R. bei etwa 800 m Höhe $\gamma = 0{,}00111$ zu setzen. Wir wollen auch für diesen Fall das Gewicht eines Liter Wassers von $15°$ C., im lufterfüllten Raum mit Messinggewichten gewogen, berechnen.

Es wird $w = 1 - \dfrac{\gamma}{s}$, wo s wieder 8,4 zu setzen ist.

$$w = 0{,}99\,9868, \quad \log w = 9{,}99\,9943$$

$$M = \frac{0{,}99\,802}{0{,}99\,9868} = 0{,}99\,815 \text{ kg.}$$

Für $\gamma = 0{,}00121$ hatten wir erhalten $M = 0{,}99\,806$ kg, der Unterschied beträgt demnach 90 mg. Um diesen Betrag ist das scheinbare Gewicht eines Liter Wasser in Neuhaus größer, als z. B. in Berlin.

3. Allgemeines über Dichtenbestimmung.

Bei den allgemein gebräuchlichen Methoden der Dichtenbestimmung handelt es sich darum, die Masse und das Volumen einer Flüssigkeitsmenge zu ermitteln. Dies geschieht entweder direkt durch Auswägung mittels eines Gefäßes von bekanntem Inhalt (pyknometrische Methode) oder indirekt durch Bestimmung des Auftriebs, welchen ein Körper von bekanntem Raumgehalt in der Flüssigkeit erleidet (hydrostatische Methode).

Zur letzteren hat man alle diejenigen Verfahren zu zählen, welche auf Grund des Archimedischen Prinzips für die verschiedensten Fälle der Praxis ersonnen sind (Westphalsche Wage, Nicholsonsches Aräometer, Skalen-Aräometer, Aräopyknometer, Zehndersche Schwebemethode usw.).

Die Frage, welche von diesen Methoden die genauesten Werte der Dichte liefert, läßt sich allgemein nicht beantworten, da eine genaue Dichtenermittlung nur in Verbindung mit einer entsprechend genauen Temperaturermittlung ihren vollen Wert besitzt. Die Flüssigkeiten unterliegen zum großen Teil einer starken thermischen Dichtenänderung, die in vielen Fällen den Betrag von 0,001 für 1 ^{0} C. Temperaturschwankung überschreitet. Ein Fehler in der Temperaturermittlung von 0,01 ^{0}C. würde also hier schon eine Unsicherheit im spezifischen Gewicht von einer Einheit der 5. Dezimalstelle zur Folge haben. Man muß aber schon ein sehr gut bestimmtes Normalthermometer unter Berücksichtigung der Fehler verwenden, wenn eine Sicherheit der bloßen Thermometerangabe von 0,01 ^{0}C. gewährleistet werden soll, wobei zu berücksichtigen ist, daß die Wärme der Flüssigkeit mit der Angabe des Thermometers nicht ohne weiteres als übereinstimmend angenommen werden darf. Die Einheit der 5. Dezimalstelle in der Dichte erhält man sicher durch die Methode der hydrostatischen Wägung, sowie durch Auswägung mittels des Pyknometers, vorausgesetzt, daß die benutzten Gewichte genügend zuverlässig sind, und daß der Luftauftrieb in aller Strenge in Rechnung gezogen wird. Im andern Falle kann man zu stark gefälschten Werten gelangen, die von den wahren Beträgen um mehr als 0,001 abweichen.

Wir wiederholen die wichtige Regel: Jede genaue Dichtenbestimmung bedingt eine genaue Temperaturangabe und fügen hinzu: Neben dem Pyknometer oder dem hydrostatischen Senkkörper ist ein genau bestimmtes Thermometer, dessen Eispunkt häufig zu kontrollieren ist, sowie Vorrichtungen zur Herstellung einer möglichst konstanten Temperatur zur Dichtenbestimmung unerläßlich.

Für den Betrieb in Laboratorien und Fabriken genügt im allgemeinen die Bestimmung mit dem Aräometer oder mit der Westphalschen Wage; sie genügt auch in allen Fällen, wo man mit einer Temperatur-Unsicherheit von etwa $\frac{1}{4}$ ^{0} C. zu rechnen hat.

Die pyknometrische und die ihr mindestens gleichwertige hydrostatische Methode sind insofern für die Aräometrie von höchster Wichtigkeit, als sie eine Prüfung und Kontrolle des Aräometers ermöglichen. Beide Methoden sollen deshalb hier beschrieben und ihre Ergebnisse einer streng kritischen Betrachtung unterzogen werden.

4. Dichtenbestimmung mit dem Pyknometer (Dichtefläschchen).

Wir setzen voraus, daß folgende Gegenstände zur Verfügung stehen: 1. ein Pyknometer mit engem Halse, welcher eine Begrenzungsmarke trägt (etwa von der Reischauerschen Form); 2. eine gleicharmige Wage, welche ein Übergewicht von etwa 5 mg deutlich erkennen läßt; 3. ein zuverlässiger Gewichtssatz aus Messing [1]); 4. ein gut bestimmtes Thermometer, welches unter Berücksichtigung seiner Fehler die Temperatur auf $0{,}01^0$ C. genau zu ermitteln gestattet; 5. destilliertes Wasser; 6. ein großes Wasserbad, welches mit Hilfe einer geeigneten Rührvorrichtung unter Beobachtung des Thermometers längere Zeit genau auf 15^0 C. gehalten werden kann.

Der Gang des Versuchs ist folgender: zunächst wird das leere, innen vollständig trockene Pyknometer gewogen, dann mit destilliertem Wasser beschickt und in das Wasserbad gebracht, so daß es genau die Temperatur 15^0 annimmt. Am Schluß der Temperierung, die etwa eine Stunde Zeit beansprucht, beginnt man mit der Einstellung des Wassermeniskus auf die Marke. Vorteilhaft ist es, wenn zunächst der Meniskus ein wenig über der Marke steht; man entfernt dann mittels einer kapillar ausgezogenen Glasröhre oder eines oder mehrerer Streifen Fließpapier das überschüssige Wasser soweit, bis der tiefste Punkt des Meniskus genau in der Ebene der Marke liegt. Während des Einstellens muß das Pyknometer natürlich in dem Bade verbleiben. Nunmehr wird das mit Wasser von 15^0 C. genau bis zur Marke gefüllte Gerät, nachdem es äußerlich sorgfältig getrocknet ist, auf die Wage gebracht und genau gewogen. Die darauf folgende Beschickung mit der zu untersuchenden Flüssigkeit, die Temperierung und Einstellung erfolgt genau in derselben Weise, wie vorher. Falls sich die Flüssigkeit mit Wasser mischt, ist es nicht erforderlich, das Pyknometer innen zu trocknen; man schwenkt es vielmehr einige Male mit der Flüssigkeit aus und füllt es unmittelbar darauf.

Es seien p_0, p_1, p_2 die bei den drei Wägungen benutzten Summen der Gewichtsstücke, P das Gewicht des Pyknometers in Luft, $\sigma_{\frac{15}{4}}$ und $s_{\frac{15}{4}}$ die Dichten des Wassers und der Flüssigkeit und v_{15} der Maßraum des Pyknometers, dann ergeben sich die drei Gleichungen:

$$w\,p_0 = P \qquad\qquad \text{(Pyknometer leer)}$$

$$w\,p_1 = P + v_{15}\,\sigma_{\frac{15}{4}} - v_{15}\gamma \quad \text{(Pykn. mit Wasser von } 15^0 \text{ C. gefüllt)}$$

$$w\,p_2 = P + v_{15}\,s_{\frac{15}{4}} - v_{15}\gamma \quad \text{(Pykn. mit Flüssigkeit von } 15^0 \text{ C. gefüllt)}$$

Durch Subtraktion erhält man:

$$w(p_1 - p_0) = v_{15}\,\sigma_{\frac{15}{4}} - v_{15}\gamma = v_{15}\left(\sigma_{\frac{15}{4}} - \gamma\right)$$

$$w(p_2 - p_0) = v_{15}\,s_{\frac{15}{4}} - v_{15}\gamma = v_{15}\left(s_{\frac{15}{4}} - \gamma\right)$$

und daraus:

$$s_{\frac{15}{4}} = \frac{p_2 - p_0}{p_1 - p_0}\left(\sigma_{\frac{15}{4}} - \gamma\right) + \gamma.$$

Zur Erleichterung der Rechnung dient das nachstehende Täfelchen, welches die Reduktion angibt, die an den Betrag $\dfrac{p_2 - p_0}{p_1 - p_0}$ angebracht,

---

[1]) Das Material der Bruchgramme ist ohne Einfluß.

sofort die Dichten $s_{\frac{15}{4}}$ und $s_{\frac{15}{15}}$ liefert. Bezeichnet man die erste Reduktion mit $R_{\frac{15}{4}}$, die zweite mit $R_{\frac{15}{15}}$, so wird:

$$s_{\frac{15}{4}} = \frac{p_2 - p_0}{p_1 - p_0} + R_{\frac{15}{4}} \quad \text{und}$$

$$s_{\frac{15}{15}} = \frac{p_2 - p_0}{p_1 - p_0} + R_{\frac{15}{15}}$$

$\dfrac{p_2 - p_0}{p_1 - p_0}$	$R_{\frac{15}{4}}$	$R_{\frac{15}{15}}$	
0,6	— 0,00 004	+ 0,00 048	
0,7	025	036	
0,8	046	024	
0,9	067	012	
1,0	— 0,00 087	± 0,00 000	
1,1	108	012	
1,2	129	024	
1,3	150	036	
1,4	171	048	gültig für
1,5	— 0,00 192	— 0,00 061	$\gamma = 0,00\,121$
1,6	213	073	
1,7	233	085	
1,8	254	097	
1,9	275	109	
2,0	— 0,00 296	— 0,00 121	

Die Größe $R_{\frac{15}{15}}$ bezeichnet gleichzeitig den Fehler, welchen man bei Vernachlässigung des Luftauftriebes begehen würde.

Beispiel: Das leere Pyknometer wiege in Luft 22,872 g, mit Wasser von 15° C. gefüllt wiege es 72,439 g und mit Flüssigkeit bei 15° C. gefüllt 88,967 g. Gesucht sind die Dichten $s_{\frac{15}{4}}$ und $s_{\frac{15}{15}}$ der Flüssigkeit.

Hier ist $\qquad p_0 = 22{,}872 \qquad p_1 = 72{,}439 \qquad p_2 = 88{,}967,$

also $\qquad \dfrac{p_2 - p_0}{p_1 - p_0} = \dfrac{66{,}095}{49{,}567} = 1{,}33\,345.$

Hierzu gibt die Tabelle die Reduktionen:
$$R_{\frac{15}{4}} = -0{,}00\,157 \qquad R_{\frac{15}{15}} = -0{,}00\,040.$$

Die gesuchten Dichten sind also:
$$s_{\frac{15}{4}} = 1{,}33\,188 \qquad s_{\frac{15}{15}} = 1{,}33\,305.$$

Das Volumen des Pyknometers bei 15° C. kann man aus der Gleichung finden:
$$w\,(p_1 - p_0) = v_{15}\,(\sigma_{\frac{15}{4}} - \gamma) \quad \text{oder}$$

$$v_{15} = \frac{w\,(p_1 - p_0)}{\sigma_{\frac{15}{4}} - \gamma}.$$

Es ist für $\quad \gamma = 0{,}00\,121 \quad w = 0{,}99\,9856$ und $\sigma_{\frac{15}{4}} - \gamma = 0{,}99\,7916,$

daher $\qquad\qquad v_{15} = 1{,}00\,194\,(p_1 - p_0) = [0{,}00\,0843]\,(p_1 - p_0)$

oder $\qquad\qquad v_{15} = p_1 - p_0 + 0{,}00\,194\,(p_1 - p_0).$

Für unser Beispiel ergibt sich

$$v_{15} = 49{,}663 \text{ ccm.}$$

Gelingt es nicht, das Wasserbad genau auf 15^0 C. während der Dauer der Untersuchung zu halten, so kann man die Temperatur-Änderungen auch rechnerisch berücksichtigen. Die Bedingung ist, daß im Augenblick des Einstellens mit Wasser und mit Flüssigkeit die Temperaturen hinreichend sicher bekannt sind. Die Ausgangsgleichungen lauten in diesem Falle:

$$w\,p_0 = P$$
$$w\,p_1 = P + v_{t_1}\,\sigma_{\frac{t_1}{4}} - v_{t_1}\gamma \quad \text{für die Temperatur } t_1$$
$$w\,p_2 = P + v_{t_2}\,s_{\frac{t_2}{4}} - v_{t_2}\gamma \quad ,, \quad ,, \quad\quad ,, \quad\quad t_2$$

Daraus folgt wieder:

$$w\,(p_1 - p_0) = v_{t_1}\left(\sigma_{\frac{t_1}{4}} - \gamma\right)$$
$$w\,(p_2 - p_0) = v_{t_2}\left(s_{\frac{t_2}{4}} - \gamma\right)$$

und

$$\frac{p_2 - p_0}{p_1 - p_0} = \frac{v_{t_2}}{v_{t_1}} \cdot \frac{s_{\frac{t_2}{4}} - \gamma}{\sigma_{\frac{t_1}{4}} - \gamma}.$$

Es sei ε der Ausdehnungs-Koeffizient des Glases (im Mittel kann $\varepsilon = 0{,}000\,025$ gesetzt werden), dann hat man:

$$v_{t_2} = v_{15}\,(1 + \varepsilon\,(t_2 - 15))$$
$$v_{t_1} = v_{15}\,(1 + \varepsilon\,(t_1 - 15))$$

folglich

$$\frac{v_{t_1}}{v_{t_2}} = \frac{1 + \varepsilon\,(t_1 - 15)}{1 + \varepsilon\,(t_2 - 15)},$$

wofür man bei der Kleinheit von ε auch schreiben darf

$$\frac{v_{t_1}}{v_{t_2}} = 1 - \varepsilon\,(t_2 - t_1).$$

Man erhält schließlich die Endgleichung:

$$s_{\frac{t_2}{4}} = \frac{p_2 - p_0}{p_1 - p_0}\left(\sigma_{\frac{t_1}{4}} - \gamma\right)\left(1 - \varepsilon\,(t_2 - t_1)\right) + \gamma.$$

Genau derselben Formel werden wir später bei der Behandlung der hydrostatischen Wägung begegnen.

Die Berechnung wird wesentlich erleichtert, wenn man die Tafel 9, S. *12* benutzt. Setzt man der Kürze halber

$$\frac{p_2 - p_0}{p_1 - p_0} = S \qquad \left(\sigma_{\frac{t_1}{4}} - \gamma\right)\left(1 - \varepsilon\,(t_2 - t_1)\right) = \frac{1}{n}$$

so wird

$$s_{\frac{t_2}{4}} = \frac{S}{n} + \gamma.$$

Die Tafel liefert dann für die Temperatur t_1 von 10^0 bis 25^0 C. und gleichzeitig für die Temperaturdifferenz $t_2 - t_1$ von -5^0 bis $+5^0$ den Logarithmus n in Einheiten der 5. Dezimalstelle.

Ein Beispiel mag den Gebrauch der Tafel erläutern. Es sei gefunden das Gewicht des leeren Pyknometers $p_0 = 22{,}872$ g, des mit Wasser von $15{,}04^0$ C. gefüllten $p_1 = 72{,}425$ g, und des mit Flüssigkeit von $15{,}35^0$ C. gefüllten $p_2 = 92{,}688$ g. Gesucht wird die Dichte der Flüssigkeit bei $15{,}35^0$ C.

$$\text{Wir rechnen } S = \frac{92{,}688 - 22{,}872}{72{,}425 - 22{,}872} = \frac{69{,}816}{49{,}553} \qquad \log S = 0{,}14\,889$$

$$t_1 = 15{,}04^0 \qquad t_2 - t_1 = +\,0{,}31^0.$$

Die Tafel 9 liefert den $\log n = 0{,}000\,92$, welcher von dem $\log S$ abgezogen den $\log 0{,}14\,797$ ergibt. Die zugehörige Zahl $1{,}40\,595$ um $0{,}00\,121$ vermehrt ist die gesuchte Dichte, also $s_{\frac{15{,}35}{4}} = 1{,}40\,716$.

Zur Berechnung des Volumens bei 15^0 C. gehen wir auf die Gleichungen zurück:

$$w\,(p_1 - p_0) = v_{t_1}\left(\sigma_{\frac{t_1}{4}} - \gamma\right)$$

$$w\,(p_2 - p_0) = v_{t_2}\left(s_{\frac{t_2}{4}} - \gamma\right)$$

Unter Berücksichtigung der Formel $v_t = v_{15}\,(1 + \varepsilon\,(t - 15))$ findet man

aus der ersten Gleichung
$$v_{15} = \frac{w\,(p_1 - p_0)}{\sigma_{\frac{t_1}{4}} - \gamma}\,(1 - \varepsilon\,(t_1 - 15))$$

und aus der zweiten
$$v_{15} = \frac{w\,(p_2 - p_0)}{s_{\frac{t_2}{4}} - \gamma}\,(1 - \varepsilon\,(t_2 - 15)).$$

Beide Werte müssen übereinstimmen; man erhält im ersten Falle:

$$v_{15} = \frac{0{,}99\,9856 \cdot 49{,}553}{0{,}99\,9120 - 0{,}00\,121}\,(1 - 0{,}000\,025 \cdot 0{,}04) = 49{,}650 \text{ ccm}$$

im zweiten:

$$v_{15} = \frac{0{,}99\,9856 \cdot 69{,}816}{1{,}40\,716 - 0{,}00\,121}\,(1 - 0{,}000\,025 \cdot 0{,}35) = 49{,}650 \text{ ccm}.$$

Zur Erleichterung der Berechnung des Volumens bei 15^0 C. aus Wasserwägungen zwischen 15^0 und 20^0 C. mag die folgende kleine Tabelle dienen. Setzt man der Kürze halber

$$\frac{w\,(1 - \varepsilon\,(t_1 - 15))}{\sigma_{\frac{t_1}{4}} - \gamma} = q, \text{ so wird}$$

$$v_{15} = (p_1 - p_0)\,q.$$

Die Tabelle gibt zu dem Argument t_1 sofort den $\log q$.

t_1	$\log q$	t_1	$\log q$	t_1	$\log q$	t_1	$\log q$	t_1	$\log q$
15,0	0,00084	16,0	0,00090	17,0	0,00096	18,0	0,00103	19,0	0,00110
1	085	1	091	1	097	1	104	1	111
2	085	2	091	2	098	2	104	2	112
3	086	3	092	3	098	3	105	3	112
4	087	4	092	4	099	4	106	4	113
15,5	0,00087	16,5	0,00093	17,5	0,00100	18,5	0,00106	19,5	0,00114
6	088	6	094	6	100	6	107	6	115
7	088	7	094	7	101	7	108	7	116
8	089	8	095	8	102	8	109	8	116
9	089	9	096	9	102	9	109	9	117
16,0	0,00090	17,0	0,00096	18,0	0,00103	19,0	0,00110	20,0	0,00118

Hat man das Gewicht des leeren Pyknometers p_0, sowie sein Volumen bei 15^0 C. v_{15} ein für allemal bestimmt, so gestaltet sich die Berechnung der Dichte einer Flüssigkeit bei beliebiger Temperatur t folgendermaßen.

Es war $w(p_2 - p_0) = v_t \left(s_{\frac{t}{4}} - \gamma\right) = v_{15}(1 + \varepsilon(t - 15))\left(s_{\frac{t}{4}} - \gamma\right)$

daraus ergibt sich:

$$s_{\frac{t}{4}} = \frac{w(p_2 - p_0)}{v_{15}(1 + \varepsilon(t - 15))} + \gamma.$$

Der Faktor $\dfrac{w}{1 + \varepsilon(t - 15)}$, der mit r bezeichnet werden mag, läßt sich bequem logarithmisch tabulieren. Für Temperaturen von 15^0 bis 25^0 C. erhält man das nachstehende Täfelchen:

t	$\log r$	t	$\log r$
15^0	9,99994 — 10	20^0	9,99988 — 10
16	993	21	987
17	992	22	986
18	990	23	985
19	989	24	984
20	9,99988	25	9,99983

und man hat:

$$s_{\frac{t}{4}} = \frac{p_2 - p_0}{v_{15}} \cdot r + \gamma.$$

Gelegentlich kann es erwünscht sein, die Dichte einer Flüssigkeit bei einer bestimmten Temperatur bezogen auf die Wasserdichte bei derselben Temperatur zu ermitteln, z. B. bei 15^0 oder bei $17,5^0$ C.

Man wägt in diesem Falle das Pyknometer zunächst leer, dann mit destilliertem Wasser und schließlich mit der zu untersuchenden Flüssigkeit gefüllt und hat sorgfältig darauf zu achten, daß die Temperatur des Wassers und der Flüssigkeit bei den beiden Einstellungen des Pyknometers möglichst gleich sind. Bezeichnet man die drei erhaltenen Gewichte wieder mit p_o, p_1, p_2, die Temperatur mit t, so lauten die zur Ermittelung des gesuchten Wertes $s_{\frac{t}{t}}$ dienenden Gleichungen (vgl. S. 10):

$$w\,(p_1 - p_o) = v_t\,(\sigma_{\frac{t}{4}} - \gamma)$$

$$w\,(p_2 - p_o) = v_t\,(s_{\frac{t}{4}} \cdot \sigma_{\frac{t}{4}} - \gamma)$$

Setzen wir $\dfrac{p_2 - p_o}{p_1 - p_o} = S$, so ergibt sich:

$$S = \frac{s_{\frac{t}{t}} \cdot \sigma_{\frac{t}{4}} - \gamma}{\sigma_{\frac{t}{4}} - \gamma} \quad \text{und daraus:}$$

$$s_{\frac{t}{t}} = S - \frac{\gamma}{\sigma_{\frac{t}{4}}}\,(S - 1).$$

Der Quotient $\dfrac{\gamma}{\sigma_{\frac{t}{4}}}$ kann 0,00121 gesetzt werden, so daß die Formel entsteht:

$$s_{\frac{t}{t}} = S - 0,00121\,(S - 1).$$

Der letzte Betrag darf nicht vernachlässigt werden, namentlich nicht, wenn die Dichte der untersuchten Flüssigkeit von der Wasserdichte erheblich verschieden ist. Dieser Betrag, der den Charakter einer Korrektion besitzt und deshalb mit „Corr." bezeichnet werden mag, ist aus der nachstehenden Tabelle zu entnehmen:

S	Corr.	S	Corr.
0,6	+ 0,000 48	1,2	− 0,000 24
0,7	+ 0,000 36	1,3	− 0,000 36
0,8	+ 0,000 24	1,4	− 0,000 48
0,9	+ 0,000 12	1,5	− 0,000 61
1,0	0,000 00	1,6	− 0,000 73
1,1	− 0,000 12	1,7	− 0,000 85
1,2	− 0,000 24	1,8	− 0,000 97
		1,9	− 0,001 09

Beispiel: Zur Bestimmung der Dichte $s_{\frac{17,5}{17,5}}$ einer Schwefelsäure sei beobachtet: $p_o = 21{,}678$ g (leeres Pyknometer), $p_1 = 72{,}073$ g (Pyknometer bei $17{,}5^0$ C. mit Wasser gefüllt) und $p_2 = 113{,}946$ g (Pyknometer bei $17{,}5^0$ C. mit Säure gefüllt). Dann wird

$$S = \frac{113{,}946 - 21{,}678}{72{,}073 - 21{,}678} = \frac{92{,}268}{50{,}395} = 1{,}83\,090.$$

Die Tabelle ergibt die Korrektion − 0,00101, so daß der genaue Wert der Dichte lautet: $s_{\frac{17,5}{17,5}} = 1{,}83\,090 - 0{,}00\,101 = 1{,}82\,989.$

Es empfiehlt sich häufig, ein geeichtes Meßgerät (Pyknometer oder Kolben auf Einguß) zur Dichtenbestimmung zu benutzen, und da entsteht die Frage, wie groß der zu gewärtigende Maximalfehler in der ermittelten Dichte sein kann. Ein Gerät gilt als richtig, wenn die Abweichung seines Raumgehalts von dem Nominal- oder Sollwert einen festgesetzten Betrag (den Eichfehler) nicht überschreitet.

Es beträgt der Eichfehler

für Pyknometer von	10	ccm	Inhalt:	0,003	ccm
	„	25	„	„	0,005	„
	„	50	„	„	0,008	„
	„	75	„	„	0,010	„
	„	100	„	„	0,012	„
	„	150	„	„	0,015	„
	„	200	„	„	0,020	„
für Kolben	„	25	„	„	0,015	„
	„	50	„	„	0,02	„
	„	100	„	„	0,05	„
	„	250	„	„	0,08	„

Der Fehler in der Dichte, welcher diesem Eichfehler entspricht, variiert proportional die Dichte selbst. Er ist, in Einheiten der fünften Dezimalstelle ausgedrückt, der nachstehenden Tabelle zu entnehmen:

Dichte:	0,6	0,8	1,0	1,2	1,4	1,6	1,8	2,0
Pyknometer zu 10 ccm	18	24	30	36	42	48	54	60
„ „ 25 „	12	16	20	24	28	32	36	40
„ „ 50 „	10	13	16	19	22	26	29	32
„ „ 75 „	8	11	13	16	19	21	24	27
„ „ 100 „	7	10	12	14	17	19	22	24
„ „ 150 „	6	8	10	12	14	16	18	20
„ „ 200 „	6	8	10	12	14	16	18	20
Kolben „ 25 „	36	48	60	72	84	96	118	120
„ „ 50 „	30	40	50	60	70	80	90	100
„ „ 100 „	24	32	40	48	56	64	72	80
„ „ 250 „	19	26	32	38	45	51	58	64

Für zahlreiche Fälle der Praxis dürfte die durch die Tabelle zum Ausdruck gebrachte Genauigkeit in der Dichtenbestimmung ausreichend sein.

Da die geeichten Pyknometer aber nur mit einem Schein abgegeben werden dürfen, welcher die bei der amtlichen Prüfung ermittelten Fehler des Gesamtinhalts sowie etwaiger Einteilungen enthält, so bieten die geeichten Pyknometer ein vorzügliches Mittel zur Ausführung der genauesten Dichtenbestimmungen.

Dies mag an einem Beispiele erläutert werden. Das geeichte Pyknometer habe nach dem Wortlaut des Prüfungsscheines bei 15° C. einen Inhalt von 49,993 ccm. Sein Gewicht sei bestimmt

1. leer zu 21,688 g;
2. mit Flüssigkeit von 17,44° C. gefüllt zu 74,735 g.

Wir rechnen nach der Formel:

$$s_{\frac{t}{4}} = \frac{p_2 - p_0}{v_{15}} \cdot r + \gamma$$

und erhalten

$$s_{\frac{t}{4}} = \frac{53,047}{49,993} \cdot [9,99\,991] + 0,00\,121 = 1,06\,206 = s_{\frac{17,44}{4}}.$$

Auch den geeichten Kolben wird auf Verlangen gegen eine Gebühr von 10 Pfennig ein Prüfungsschein beigegeben, welcher eine genaue Angabe des Volumens enthält, so daß diese Kolben ebenfalls zur Dichtenbestimmung sehr geeignet sind.

Bei der pyknometrischen Methode der Dichtenbestimmung liegt die weitaus größte Fehlerquelle in der Unsicherheit der Temperaturmessung. Bei der Einstellung selbst und bei der Wägung kann man die Genauigkeit beliebig steigern, nicht aber bei der Temperaturmessung. Daran wird selbst wenig geändert, wenn das Pyknometer ein Thermometer enthält, da letzteres infolge seiner Anordnung in dem Meßraum niemals so genau untersucht werden kann, wie es bei einem Normalthermometer notwendig ist. Auch der Umstand, daß in dem Pyknometer die Flüssigkeit stagniert und nicht gerührt werden kann, gibt leicht zu Ungenauigkeiten Veranlassung. Günstiger liegen in dieser Hinsicht die Verhältnisse bei der

5. Dichtenbestimmung mittels hydrostatischer Wägung.

Ein gläserner Hohlkörper, der durch Quecksilber oder Schrot hinreichend beschwert und mit einer Öse zum Aufhängen versehen ist, wird der Reihe nach in der Luft, in destilliertem Wasser und in der zu untersuchenden Flüssigkeit mit einer hydrostatischen Wage gewogen, und zwar werden die beiden letzten Wägungen vorteilhaft in folgender Weise ausgeführt. An der verkürzten Schale bringt man einen dünnen Draht (am besten aus Platin) an, der am unteren Ende in geeigneter Höhe einen starken Haken (aus Glas oder Platin) trägt. Der Draht muß so weit hinabgehen, daß der Haken vollständig in die Flüssigkeit eintaucht und auch bei den Schwingungen der Wage nicht das Niveau berührt. Der Senkkörper wird längere Zeit vor Beginn der Wägung in die Flüssigkeit gebracht und letztere häufig gerührt, nachdem sie auf die gewünschte Temperatur (gegebenenfalls in einem größeren Wasserbade) gebracht worden ist. Die Tarierung des Drahtes erfolgt erst, wenn sich das Gefäß mit Flüssigkeit in der Wägestellung befindet und der Haken und das unterste Ende des Drahtes in der Flüssigkeit schweben. Der Vorzug dieser Anordnung besteht darin, daß der Flüssigkeitsauftrieb des Drahtes und des Hakens, sowie die Einwirkung der Kapillarkräfte, welche an der Stelle, wo der Draht das Niveau durchbricht, einen Wulst bilden, völlig eliminiert werden. Es braucht kaum hinzugefügt werden, daß die Tarierung des leeren Gehänges im Wasser und in der Flüssigkeit jedesmal gesondert vorgenommen werden muß.

Vorausgesetzt wird dabei, daß der durch eine etwaige geringe Ungleicharmigkeit der Wage entstehende Fehler zu vernachlässigen ist, daß ferner die Gewichte richtig justiert und das zu benutzende Thermometer unter Berücksichtigung seiner Fehler etwa auf $0,01^0$ zuverlässige Angaben liefert.

Es sei die Masse des Senkkörpers m, sein Volumen bei t^0 C. v_t, die Wasserdichte bei der zugehörigen Temperatur t_1 $\sigma_{\frac{t_1}{4}}$, die Dichte der Flüssigkeit bei der Temperatur t_2 $s_{\frac{t_2}{4}}$ und die drei ermittelten Gewichte p_0 p_1 p_2, dann liefern die drei Wägungen folgende Gleichungen:

$$w p_0 = m - \gamma v$$

$$w p_1 = m - \sigma_{\frac{t_1}{4}} \cdot v_{t_1}$$

$$w p_2 = m - s_{\frac{t_2}{4}} \cdot v_{t_2}$$

Durch Subtraktion findet man:

$$w (p_0 - p_1) = v_{t_1} \left(\sigma_{\frac{t_1}{4}} - \gamma\right)$$

$$w (p_0 - p_2) = v_{t_2} \left(s_{\frac{t_2}{4}} - \gamma\right)$$

Berücksichtigt man die Beziehung:

$$v_{t_2} = v_{t_1} \left(1 + \varepsilon (t_2 - t_1)\right) \qquad (\varepsilon = 0,000\,025)$$

so ergibt sich zuletzt:

$$s_{\frac{t_2}{4}} = \frac{p_0 - p_2}{p_0 - p_1} \left(\sigma_{\frac{t_1}{4}} - \gamma\right) \left(1 - \varepsilon (t_2 - t_1)\right) + \gamma.$$

Diese Formel entspricht genau der auf S. 10 abgeleiteten. Wir setzen wieder

$$\frac{p_0 - p_2}{p_0 - p_1} = S \quad \text{und} \quad \left(\sigma_{\frac{t_1}{4}} - \gamma\right)\left(1 - \varepsilon (t_2 - t_1)\right) = \frac{1}{n}$$

und erhalten

$$s_{\frac{t_2}{4}} = \frac{S}{n} + \gamma,$$

wo $\log n$ aus der Tafel 9, S. *12* unmittelbar zu entnehmen ist.

Beispiel. Ein gläserner Senkkörper wiege in der Luft 125,829 g, in Wasser von $16,35^0$ C. 73,459 g und in der zu untersuchenden Flüssigkeit bei $17,50^0$ C. 74,311 g. Gesucht wird das spezifische Gewicht $s_{\frac{17,5}{4}}$ der letzteren, die Masse des Senkkörpers und sein Volumen bei 15^0 C.

Es ist nach unserer Bezeichnung:

$$p_0 = 125,829 \quad p_1 = 73,459 \quad p_2 = 74,311 \quad t_1 = 16,35^0 \quad t_2 = 17,50^0$$

folglich $\quad S = \dfrac{51,518}{52,370} \quad \log S = 9,99\,288.$

Die Tafel 9 liefert $\log n = 101$ zu $t_1 = 16,35^0$ und $t_2 - t_1 = + 1,15^0$ und man hat: $s_{\frac{17,5}{4}} = [9,99\,187] + 0,00\,121 = 0,98\,266.$

Zur Berechnung des Volumens bei 15^0 C. dient die Formel:

$$v_{15} = (p_0 - p_1)\, q$$

wo q die auf S. 12 logarithmisch tabulierte Größe bezeichnet.

$$\log\,(p_0 - p_1) = 1{,}71\,908$$
$$\log q \qquad\quad = 0{,}00\,092$$
$$\log v_{15} \qquad = 1{,}72\,000$$
$$v_{15} \qquad\quad = 52{,}481 \text{ ccm.}$$

Die Masse m ergibt sich aus der Gleichung:

$$wp_0 = m - \gamma v$$
$$m = wp_0 + \gamma v$$
$$m = 125{,}811 + 0{,}064 = 125{,}875 \text{ g.}$$

Hat man die Masse und das Volumen bei 15^0 sorgfältig und unter Wiederholung der Wägungen ein für allemal bestimmt, so ergibt sich eine Vereinfachung in der Berechnung der Dichte.

Es ist ganz analog der pyknometrischen Bestimmung:

$$s_{\frac{t}{4}} = \frac{n\,(p_0 - p_2)}{v_{15}\,(1 + \varepsilon\,(t - 15))} + \gamma.$$

Setzt man wieder den Faktor $\dfrac{n}{1 + \varepsilon\,(t - 15)} = r$

so geht die Formel über in

$$s_{\frac{t}{4}} = \frac{p_0 - p_2}{v_{15}} \cdot r + \gamma$$

und man kann die Tabelle auf S. 12 benutzen.

Das Gewicht p_0, welches in dieser Gleichung anstatt der Masse erscheint, ergibt sich unmittelbar durch Wägung oder aus der Relation

$$p_0 = \frac{m - \gamma v}{w}.$$

Bei der Berücksichtigung des Luftauftriebes kann man von der thermischen Ausdehnung des Senkkörpers in allen Fällen absehen.

Um das Beispiel vollständig durchzuführen, soll die Dichte $s_{\frac{17,5}{4}}$ der Flüssigkeit aus der Masse und dem Volumen v_{15} des Senkkörpers, sowie aus seinem Gewicht p_2 in der Flüssigkeit berechnet werden.

Der Masse m = 125,875 g entspricht das Gewicht p_0 = 125,829 g. Es war ferner v_{15} = 52,481 ccm und p_2 = 74,311 g. Daher ist:

$$s_{\frac{t}{4}} = \frac{51{,}518}{52{,}481}\,[9{,}99\,991] + 0{,}00\,121$$

$$\log 51{,}518 = 1{,}71\,196$$
$$9{,}99\,991$$
$$\overline{1{,}71\,187}$$
$$\log 52{,}481 \qquad 1{,}72\,000$$
$$\text{num. } 9{,}99\,187 = 0{,}98\,145$$
$$0{,}00\,121$$
$$s_{\frac{17,5}{4}} = 0{,}98\,266,$$

wie auch zuerst gefunden wurde.

Der Vorzug der hydrostatischen gegenüber der pyknometrischen Methode besteht darin, daß die Temperaturmessung erheblich genauer ausgeführt werden kann. Das Normalthermometer befindet sich hier direkt in der zu untersuchenden Flüssigkeit, und diese kann beliebig oft durchgerührt werden, so daß Schichtungen verschieden temperierter Zonen vermieden werden. Ein Nachteil liegt in der größeren Unsicherheit der Wägungen. Der Draht wird an der Stelle, wo er das Niveau durchbricht, infolge unregelmäßiger Benetzung (besonders bei Wasser und wasserreichen Flüssigkeiten) häufig gehemmt und festgehalten, so daß die Wage nicht mehr frei spielen kann, und ihre Empfindlichkeit wird durch die Reibung der eintauchenden Teile an der Flüssigkeit stark vermindert. Man tut übrigens gut, nicht zu leichte Senkkörper zu wählen, da die bezeichneten Übelstände im allgemeinen um so weniger stören, je stärker die Wage belastet, also je größer ihr Trägheitsmoment ist.

Für die Prüfung von Aräometern ist die hydrostatische Methode jedoch allen anderen weit überlegen, wenn sich die Einrichtung so treffen läßt, daß die Ablesung des Aräometers gleichzeitig mit der Senkkörperwägung erfolgt. Dieser Fall wird später zu erörtern sein.

6. Dichtenbestimmung mit der Westphalschen (Mohrschen) Wage.

Diese Methode findet im Laboratorium eine häufige Anwendung, da sie sehr bequem und schnell auszuführen ist und nur ein geringes Quantum Flüssigkeit beansprucht. Da die Einrichtung im allgemeinen bekannt sein dürfte, so erübrigt sich wohl eine Beschreibung. Eine kurze Theorie der Wage hier zu geben, scheint jedoch geboten, um so mehr, als über den Wert und die Genauigkeit der mit der Wage erhaltenen Dichten vielfach Unklarheit herrscht.

Wir nehmen an, daß der Apparat für 15^0 C. justiert ist und die Versuche ebenfalls bei dieser Temperatur stattfinden. Da alle Dichten auf die Wasserdichte bei 4^0 C. als Einheit bezogen werden, so können wir die Indices ganz fortlassen.

Die Versuche werden folgendermaßen ausgeführt: Zunächst hängt man den Senkkörper an die Wage und neigt nötigenfalls das Stativ mittels der Fußschraube ein wenig, so daß Gleichgewicht entsteht. Dann bringt man das kleine Standglas, welches mit Wasser von 15^0 C. gefüllt ist, unter die Wage, hängt den Senkkörper hinein und befestigt den schwersten Reiter an dem Haken, welcher auch den Senkkörper trägt. Ist die Wage richtig justiert, so muß jetzt wiederum Gleichgewicht vorhanden sein. Bei der nun folgenden Wägung wird das Wasser durch die zu untersuchende Flüssigkeit ersetzt und die Wage durch Anhängen der erforderlichen Reitergewichte zum Einspielen gebracht.

Es sei die Masse des Senkkörpers m, sein Volumen v (meist 5 ccm), der Umfang des Drahtes, der den Senkkörper trägt, U, die Kapillaritätskonstante des Wassers α_0, diejenige der zu untersuchenden Flüssigkeit α, das Gewicht in Luft der Reiter bei der Wasserwägung p_0 und bei der Flüssigkeitswägung p.

Über die Kapillaritätskonstanten α wird später (S. 20 ff.) noch Ausführlicheres mitgeteilt werden. Hier mag einstweilen der Hinweis genügen, daß das Gewicht des sich an dem Drahte von dem Querschnitts-Umfang U bildenden Wulstes den Betrag

$$\alpha U (s - \gamma) \text{ besitzt.}$$

Die drei Wägungen liefern die Gleichungen:

$$\text{Tara} = m - v\gamma$$
$$\text{Tara} = m - v\sigma + \alpha_o (\sigma - \gamma) U + p_o$$
$$\text{Tara} = m - vs + \alpha (s - \gamma) U + p$$

woraus folgt:

$$p = (s - \gamma)(v - \alpha U)$$
$$p_o = (\sigma - \gamma)(v - \alpha_o U).$$

Der Quotient $\dfrac{p}{p_o}$, den wir mit S bezeichnen werden, ist die von der Wage unmittelbar angegebene scheinbare Dichte. Wir erhalten:

$$s = S (\sigma - \gamma) \frac{v - \alpha_o U}{v - \alpha U} + \gamma$$

oder, wenn man setzt:

$$\sigma - \gamma = 1 - a$$

$$\frac{v - \alpha_o U}{v - \alpha U} = 1 - b$$

wo a und b kleine Größen bezeichnen:

$$s = S - (a + b) S + \gamma$$

Legt man die Werte zugrunde $v = 5$ ccm, $\alpha_o = 7{,}43$, $\alpha = 4{,}5$ (ein mittlerer Betrag, der hier genügt), $U = 0{,}3$ mm, so findet man $b = 0{,}0002$, während $a = 0{,}00\,208$ ist.

Demgemäß beträgt die Reduktion, welche an der unmittelbar angegebenen Dichte S anzubringen ist, um die w a h r e Dichte $s_{\frac{15}{4}}$ zu erhalten:

$$R_4 = + \gamma - 0{,}00\,228\ S.$$

Wünscht man die w a h r e Dichte $s_{\frac{15}{15}}$, so ist die Reduktion:

$$R_{15} = + \gamma - 0{,}00\,141\ S.$$

Die Beträge R_4 und R_{15} können der folgenden kleinen Tabelle entnommen werden:

S	R_4	R_{15}
0,6	— 0,00 02	+ 0,00 04
0,7	04	02
0,8	06	+ 0,00 01
0,9	08	— 0,00 01
1,0	— 0,00 11	— 0,00 02
1,1	13	03
1,2	15	05
1,3	18	06
1,4	20	08

S	R_4	R_{15}
1,5	— 0,00 22	— 0,00 09
1,6	24	10
1,7	27	12
1,8	29	13
1,9	31	15
2,0	— 0,00 34	—0 ,00 16

Wir haben also:

$$\left. \begin{aligned} s_{\frac{15}{4}} &= S + R_4 \\ s_{\frac{15}{15}} &= S + R_{15} \end{aligned} \right\} \quad \text{bei einem Volumen des Senkkörpers von 5 ccm.}$$

Bei dieser Ableitung ist vorausgesetzt, daß die Reitergewichte vollständig in sich ausgeglichen und daß die Kerben, welche auf dem Wagebalken zur Abgrenzung der Hebelarme und zur Aufnahme der Reitergewichte angebracht sind, sich genau an den richtigen Stellen befinden. Es ist einleuchtend, daß diese Bedingungen nur näherungsweise erfüllt sind, so daß hier eine Fehlerquelle bestehen bleibt, deren Gesamteffekt nur durch eine genaue Untersuchung festgestellt werden kann.

2. Kapitel.

7. Kapillarität.

Die Kapillarität spielt in der Theorie des Aräometers eine hervorragende Rolle; es erscheint deshalb angezeigt, hier einen Abschnitt über diese Molekularkraft, soweit sie die Aräometrie berührt, einzufügen.

Wenn man eine ebene Glasplatte senkrecht in eine benetzende Flüssigkeit eintaucht, so daß ein Teil über dem Niveau hervorragt, so bemerkt man ein geringes Ansteigen der Flüssigkeit zu beiden Seiten der Platte. Der so

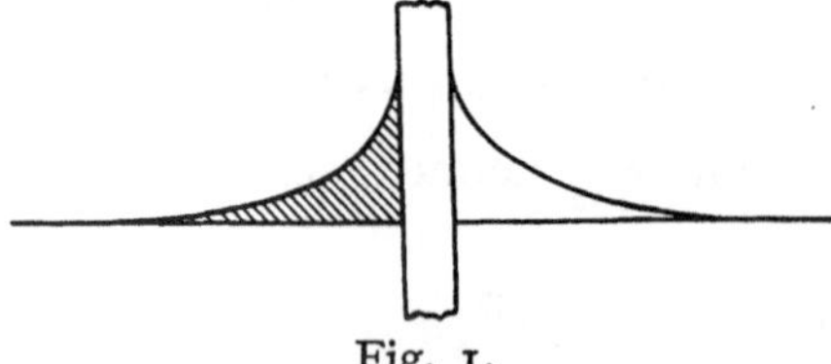

Fig. 1.

gebildete „kapillare Wulst" ist im allgemeinen bei verschiedenen Flüssigkeiten nicht gleich groß und auch nicht gleich schwer, wie man sich durch Versuche leicht überzeugen kann, und es entsteht die Aufgabe, eine für die betreffende Flüssigkeit charakteristische Zahl anzugeben, welche die Größe oder Schwere dieses Wulstes erkennen läßt. Denken wir uns einen senkrechten Schnitt durch die Glasplatte gelegt, welcher gleichzeitig senkrecht zu der Platte selbst liegt, so entsteht bei vollständiger Benetzung am Niveau etwa vorstehende Querschnittsfigur:

Der Flächeninhalt des schraffierten Teiles in qmm ausgedrückt soll als Kapillaritätskonstante α bezeichnet werden.

Ist diese Zahl α für eine Flüssigkeit bekannt, so läßt sich leicht das Gewicht (oder richtiger die Masse) des sich an einer ebenen senkrechten Wand bildenden Wulstes für eine bestimmte Länge 1 mm angeben. Es ist nämlich das Volumen des Wulstes αl cmm und seine Masse $m = \alpha$ls mg, wenn s die auf Wasser von 4^0 bezogene Dichte bezeichnet.

Die Theorie lehrt, daß diese Formel eine allgemeinere Bedeutung besitzt; sie gilt nicht nur für einen in horizontaler Richtung geradlinig sich erstreckenden Wulst, wie in vorstehend betrachtetem Falle, sondern auch dann, wenn der Wulst eine gekrümmte, etwa in sich zurücklaufende Linie beschreibt. Senkt man z. B. einen Zylinder in eine Flüssigkeit ein, so wird die Größe 1 dem Umfang des kreisförmigen Querschnitts entsprechen. Dieser Umfang U ergibt sich aus der Dicke des Zylinders d bekanntlich durch die Formel: $U = d\pi$, wo $\pi = 3{,}14$ oder $\pi = 3^{1}/_{7}$ zu setzen ist.

Demzufolge ist das Volumen v des Wulstes, welcher sich an einem zylindrischen Stabe von der Dicke d bei vollkommener Benetzung bildet,

$$v = \alpha\,d\pi \qquad \text{und seine Masse}$$
$$m = \alpha\,d\pi\,s$$

Diese Masse, welcher das Gewicht in Luft $\alpha\,d\pi\,(s - \gamma)$ entspricht, wird allein von dem Stabe getragen und läßt sich daher durch Wägung ermitteln. Hat man auf diese Weise das Gewicht des Wulstes gefunden, so läßt sich rückwärts die Kapillaritätskonstante α bestimmen. Bei der Wägung muß natürlich der Auftrieb, welchen der eintauchende Teil des Stabes durch die Flüssigkeit erfährt, in Rechnung gezogen werden.

Unsere Formel gilt auch für Röhren, in welchen die Flüssigkeit um so höher ansteigt, je kleiner ihr Lumen (lichte Weite) ist. Tauchen wir eine Glasröhre von kreisförmigem Kaliber in eine gut benetzende Flüssigkeit ein, so ist, wenn der Durchmesser des inneren Querschnitts wieder mit d bezeichnet wird, das Volumen v der gehobenen Flüssigkeit:

$$v = \alpha\,d\pi.$$

Nehmen wir zunächst an, die Oberfläche des Flüssigkeitszylinders sei eben und um h mm von dem Niveau entfernt, so wird

$$v = \frac{d^2\pi}{4} \cdot h$$

oder indem wir beide Volumina gleich setzen:

$$\alpha = \frac{d}{4} \cdot h.$$

Berücksichtigen wir den Umstand, daß die Oberfläche der ansteigenden Flüssigkeit gekrümmt ist, so können wir für den Fall, daß die Weite der Röhre hinreichend klein (etwa nicht über 2 mm) ist, die mittlere Höhe des Flüssigkeitszylinders setzen: $h + \dfrac{d}{6}$ und wir erhalten die wichtige Formel:

$$\alpha = \frac{d}{4}\left(h + \frac{d}{6}\right).$$

Die Weite einer Röhre kann man dadurch bestimmen, daß man einen mehrere Zentimeter langen Quecksilberfaden hineinbringt, dessen Länge genau ausmißt und sein Gewicht bestimmt. Nimmt man die Länge l zwischen den Kuppen des Quecksilberfadens, so lautet die Formel zur Bestimmung des Durchmessers d

$$\log \frac{d}{2} = \frac{1}{2} \left[\log G - 1{,}63\,053 - \log l\right] - 0{,}58 \cdot \frac{(d)}{l}.$$

Hier bezeichnet G das Gewicht des Fadens in mg und (d) einen genäherten Wert für den gesuchten Durchmesser.

Es sei z. B. beobachtet: l = 24,65 mm, G = 284,8 mg, dann ist der genäherte Wert (d) zu bestimmen aus der Gleichung:

$$\log \left(\frac{d}{2}\right) = \frac{1}{2} \left[2{,}45\,454 - 1{,}63\,053 - 1{,}39\,182\right] = 9{,}71\,610$$

$$\left(\frac{d}{2}\right) = 0{,}52.$$

Das Korrektionsglied erhält somit den Betrag $\dfrac{0{,}58 \cdot 0{,}52}{24{,}65} = 0{,}01\,224$ und es ergibt sich:

$$\log \frac{d}{2} = 9{,}70\,386 \qquad \frac{d}{2} = 0{,}506 \qquad d = 1{,}01 \text{ mm}.$$

Bei besonders genauen Untersuchungen wird man sich nicht darauf beschränken, nur einen mittleren Durchmesser zu bestimmen. In solchen Fällen ist es erforderlich, eine vollständige Kalibrierung der Röhre vorzunehmen, um den Schwankungen des Durchmessers Rechnung tragen zu können.

Die Messung der Steighöhe von Flüssigkeiten in engen Glasröhren von bekannter Weite stellt eine bequeme und häufig benutzte Methode der Ermittelung der Kapillaritätskonstante dar.

Um dem Leser die Wirkung der Kapillarkraft zahlenmäßig vor Augen zu führen, mag zunächst das Gewicht des Wasserwulstes berechnet werden, welcher sich bei vollkommener Benetzung an einem zylindrischen Glasstab von 5 mm Dicke bildet. Das Gewicht in Luft war $\alpha\,(\sigma - \gamma)\,\pi d$. Aus anderweitigen Untersuchungen wurde gefunden: $\alpha = 7{,}43$ qmm, ferner ist $\sigma = 0{,}9991$, also $\sigma - \gamma = 0{,}9979$, und d = 5 mm. Rechnet man das Produkt aus, so ergibt sich ein Wulstgewicht von 116,5 mg.

Nehmen wir statt des Wassers reinen Alkohol, so ist zu setzen: $\alpha = 2{,}89$ und s = 0,7936, und wir erhalten ein Wulstgewicht von 36,0 mg, also eine ganz erheblich kleinere Zahl.

Die Kapillaritätskonstante von Flüssigkeiten ist nicht etwa allein von ihrer Dichte abhängig. Haben wir z. B. einen Spiritus von 60 Gewichtsprozent, dessen Dichte $s_{\frac{15}{4}} = 0{,}8953$ und dessen $\alpha = 3{,}15$ beträgt und ein Mineralöl von genau der gleichen Dichte, so ist dessen Kapillaritätskonstante eine andere, nämlich 3,55. Der Wulst an dem 5 mm dicken Stabe hat demnach im ersten Falle ein Gewicht von 44,2 mg, im zweiten von 49,9 mg.

Die Steighöhe in einer engen Röhre erhält man aus der Formel:

$$\alpha = \frac{d}{4} \left(h + \frac{d}{6}\right), \quad \text{nämlich}$$

$$h = \frac{4\,\alpha}{d} - \frac{d}{6}.$$

Die Röhre habe ein Lumen von 0,40 mm, und es soll die Höhe der darin aufsteigenden Wassersäule ermittelt werden. Es ist $\alpha = 7{,}43$ qmm; setzt man diesen Betrag, sowie die Größe d ($= 0{,}4$ mm) in die Gleichung ein, so folgt:

$$h = \frac{4 \cdot 7{,}43}{0{,}40} - \frac{0{,}40}{6} = 74{,}3 - 0{,}67 = 73{,}63 \text{ mm.}$$

Für absoluten Alkohol findet man:

$$h = \frac{4 \cdot 2{,}89}{0{,}40} - \frac{0{,}40}{6} = 28{,}9 - 0{,}67 = 28{,}23 \text{ mm.}$$

Beispiel zur Ermittelung der Kapillaritäts-Konstante nach der Methode der Steighöhen. Es sei die Höhe einer Flüssigkeitssäule in der Röhre, deren Weite oben zu 1,01 mm bestimmt worden war, mehrmals gemessen. Die Ergebnisse seien:

$$
\begin{aligned}
&12{,}7 \text{ mm}\\
&12{,}2 \text{ ,,}\\
&12{,}3 \text{ ,,}\\
&12{,}8 \text{ ,,}\\
&\underline{12{,}0 \text{ ,,}}\\
\text{im Mittel } &12{,}4 \text{ mm.}
\end{aligned}
$$

Die Formel: $\alpha = \dfrac{d}{4}\left(h + \dfrac{d}{6}\right)$ liefert, wenn man die Werte $d = 1{,}01$ und $h = 12{,}4$ einsetzt:

$$\alpha = \frac{1{,}01}{4}\,(12{,}4 + 0{,}17) = 3{,}17 \text{ qmm.}$$

Die Dichte der Flüssigkeit braucht bei dieser Methode nicht bekannt zu sein.

Die Kapillaritätskonstante verdient, streng genommen, diese Bezeichnung insofern nicht, als sie für ein und dieselbe Flüssigkeit nicht konstant ist, sondern sich mit der Temperatur ändert. Diese Änderungen sind jedoch sehr gering und können für die Zwecke der aräometrische Dichtebestimmungen stets vernachlässigt werden. In den Tafeln 35 bis 39 (S. *44* bis *48*) sind die Kapillaritätskonstanten für eine Reihe von Flüssigkeiten, besonders von solchen, deren Dichte häufiger mit dem Aräometer ermittelt wird, für Zimmertemperatur angegeben. Über die Benutzung dieser Tafeln bei der Vergleichung und Prüfung der Aräometer wird später eine eingehende Darlegung folgen.

Hier mag noch eine Bemerkung über die Benetzung hinzugefügt werden. Die Benetzung ist im allgemeinen von der Reinheit der Flüssigkeitsoberfläche und von der Reinheit der Oberfläche des eintauchenden Körpers abhängig. Sind diese Bedingungen nicht erfüllt, so entsteht ein zu kleiner und nicht regelmäßig ausgebildeter Wulst, der bei langsamem Auf- und Abbewegen des Körpers seine Gestalt und Größe ändert [1]). Besonders empfindlich sind in der Hinsicht das Wasser und wasserreiche Flüssigkeiten, auch wässerige Lösungen von Salzen, während Öle, Alkohole und zahlreiche andere Flüssigkeiten auch bei nicht völlig reiner Oberfläche gute und gleichmäßige Benetzung zeigen. Diese Flüssigkeiten sind für die Aräometrie besonders wertvoll, da zur Vergleichung und Prüfung der Aräometer nur gut benetzende Flüssigkeiten Verwendung finden können [2]).

---

[1]) Vgl. F. Nansen, The Norwegian North Polar Expedition, X. On hydrometers and the surface tension of liquids.

[2]) Vgl. S. 98 ff.

Die Höhe des kapillaren Wulstes läßt sich nur in dem Falle einer senkrecht eintauchenden ebenen Platte theoretisch berechnen; bezeichnet H diese Höhe, in mm ausgedrückt, so ist:

$$H = \sqrt{2\,\alpha}.$$

Um auch die Höhe des an eintauchenden Zylindern ansteigenden Wulstes aus den Kapillaritätskonstanten berechnen zu können, hat man Näherungsformeln aufgestellt, von denen wohl die Langbergsche[1] am bekanntesten ist. Sie lautet:

$$2\,\alpha\,(d - H) = H^2 d$$

wo d den Durchmesser des Zylinderquerschnitts bedeutet.

Die Genauigkeit dieser und ähnlicher Formeln ist jedoch für die Zwecke der Aräometrie im allgemeinen nicht ausreichend. Wir haben deshalb die von der Normal-Eichungskommission zu verschiedenen Zeiten und an verschiedenen Flüssigkeiten beobachteten Wulsthöhen graphisch ausgeglichen und geben sie hier in Form einer Tabelle wieder[2].

Wulsthöhen in mm.

α	Durchmesser des Zylinderquerschnitts in mm											$4\,\alpha$
	2	3	4	5	6	7	8	9	10	11	12	
2,5	1,3	1,4	1,6	1,7	1,7	1,8	1,8	1,9	1,9	1,9	1,9	10
3	1,3	1,5	1,6	1,7	1,8	1,9	2,0	2,0	2,0	2,1	2,1	12
3,5	1,3	1,5	1,7	1,8	1,9	2,0	2,1	2,1	2,2	2,2	2,2	14
4	1,3	1,6	1,8	1,9	2,0	2,1	2,1	2,2	2,2	2,3	2,3	16
4,5	1,3	1,6	1,8	1,9	2,0	2,2	2,2	2,3	2,3	2,4	2,4	18
5	1,4	1,6	1,8	2,0	2,1	2,2	2,3	2,4	2,4	2,5	2,5	20
5,5	1,4	1,7	1,9	2,0	2,2	2,3	2,4	2,4	2,5	2,6	2,6	22
6	1,4	1,7	1,9	2,1	2,2	2,3	2,4	2,5	2,6	2,6	2,7	24
6,5	1,4	1,7	1,9	2,1	2,3	2,4	2,5	2,6	2,6	2,7	2,8	26
7	1,4	1,7	2,0	2,1	2,3	2,4	2,5	2,6	2,7	2,8	2,8	28
7,5	1,4	1,7	2,0	2,2	2,3	2,5	2,6	2,7	2,8	2,8	2,9	30

3. Kapitel.

Theorie des Skalenaräometers.

8. Ableitung der Fundamentalformeln.

Das Skalenaräometer besteht im wesentlichen aus einem zylinderförmigen Hohlkörper aus Glas, welcher an seinem unteren Ende in ein mit Quecksilber oder Schrot beschwertes Ballastgefäß ausläuft, während es nach oben zu in einen bedeutend engeren Zylinder (den Stengel) von möglichst konstantem Querschnitt übergeht. Der Stengel trägt in seinem Hohlraum eine unverschiebbar befestigte Papierskale und ist am Ende zugeschmolzen.

---

[1] Pogg. Ann. 106. 302 (1859).
[2] Nachträglich wurde von uns die Formel gefunden: $H^2\,(2\,d + 3\,\alpha) = 4\,\alpha\,d$, die sich den Beobachtungen gut anschließt.

Beim Eintauchen in eine Flüssigkeit sinkt das Instrument so weit ein, daß sein Druck nach unten den aufwärts wirkenden Kräften des Flüssigkeits- und Luftauftriebs das Gleichgewicht hält, oder, was dasselbe ist, daß seine Masse gleich der Masse der verdrängten Flüssigkeit vermehrt um die Masse der verdrängten Luft ist. Dabei ist zu berücksichtigen, daß der am Stengel entstehende kapillare Wulst mit seiner ganzen Masse das Aräometer belastet und dadurch in demselben Sinne wirkt, wie die Spindel selbst.

Es sei

m die Masse des Aräometers in mg;

V sein Volumen in cmm;

V_0 das Volumen des Körpers bis zum untersten Teilstrich in cmm;

q der Querschnitt des Stengels in qmm;

U sein Umfang in mm;

l die Entfernung des untersten Teilstriches vom Niveau in mm;

s und γ die Dichten der Flüssigkeit und der Luft, bezogen auf Wasser von 4^0 C.;

α die Kapillaritätskonstante der Flüssigkeit.

Alle mit der Temperatur veränderlichen Größen sollen auf die gleiche Temperatur reduziert angenommen werden.

In der Richtung nach unten wirkt die Masse des Aräometers vermehrt um die Masse des Wulstes, also
$$m + \alpha U s$$
nach oben wirken die Masse der verdrängten Flüssigkeit:
$$(V_0 + lq)s$$
und die Masse der verdrängten Luft:
$$(V - V_0 - lq)\gamma + \alpha U \gamma.$$
Es entsteht daher die Gleichung:
$$m + \alpha U s = (V_0 + lq)s + (V - V_0 - lq)\gamma + \alpha U \gamma.$$
Setzen wir $m - V\gamma = G$ (die „scheinbare Masse"), so geht die Gleichung über in
$$G + \alpha U (s - \gamma) = (V_0 + lq)(s - \gamma).$$

Dies ist die Grundgleichung des Aräometers; aus ihr können alle weiteren aräometrischen Formeln abgeleitet werden.

Es sollen zunächst Formeln entwickelt werden, mittels deren man die Skalenintervalle für einen gegebenen Dichtenbereich, den das Instrument umfassen soll, berechnen kann. Wenn es nicht auf äußerste Genauigkeit der Teilung ankommt, und das trifft für alle Fälle der Praxis zu, so darf man bei der Berechnung der Skale das Glied $\alpha U (s - \gamma)$ vernachlässigen und man hat dann einfach:
$$G = (V_0 + lq)(s - \gamma).$$
Bezeichnen wir mit s_u die dem untersten Skalen-Striche entsprechende Dichte;

s_0 die dem obersten Skalen-Striche entsprechende Dichte;

L die Gesamtlänge zwischen beiden Strichen;
s eine zwischen s_u und s_o liegende Dichte;
l die Entfernung des der Dichte s entsprechenden Striches vom untersten Skalenstrich,

dann liefert die Grundgleichung auf die drei Dichten s_u, s und s_o angewendet die Beziehungen:

$$G = V_o (s_u - \gamma)$$
$$G = (V_o + lq) (s - \gamma)$$
$$G = (V_o + Lq) (s_o - \gamma).$$

Nach Elimination von G erhält man:

$$V_o (s_u - \gamma) = V_o (s - \gamma) + lq (s - \gamma)$$
$$V_o (s_u - \gamma) = V_o (s_o - \gamma) + Lq (s_o - \gamma)$$

oder

$$V_o (s_u - s) = lq (s - \gamma)$$
$$V_o (s_u - s_o) = Lq (s_o - \gamma)$$

und durch Division:

$$\frac{s_u - s}{s_u - s_o} = \frac{l}{L} \cdot \frac{s - \gamma}{s_o - \gamma}.$$

Zur Berechnung der gesuchten Länge l bringen wir die Gleichung auf die Form:

$$l = L \cdot \frac{s_o - \gamma}{s_u - s_o} \cdot \frac{s_u - s}{s - \gamma}.$$

Das Produkt $L \cdot \dfrac{s_o - \gamma}{s_u - s_o}$ ist für jede Skale eine Konstante, die wir mit C bezeichnen wollen; die Formel lautet dann:

$$l = C \cdot \frac{s_u - s}{s - \gamma}.$$

Ein Beispiel mag den Gebrauch der Formel erläutern. Es soll die Skale eines Aräometers berechnet werden, welches Dichtenangaben von 1,000 bis 1,100 enthalten soll und dessen Skale zwischen den mit diesen Dichtenzahlen bezifferten Endstrichen eine Länge von 200 mm bekommen soll. Die Skale mag nach Einheiten der dritten Dezimalstelle der Dichte fortschreiten.

Hier ist zu setzen: $s_u = 1,100$

$$s_o = 1,000$$
$$\gamma = 0,00121$$
$$L = 200.$$

Zuerst rechnen wir die Konstante C aus.

$$C = 200 \cdot \frac{1,000 - 0,00121}{1,100 - 1,000} = 200 \cdot \frac{0,99879}{0,100} = 1997,58.$$

Der Abstand des Striches für die Dichte 1,099 von dem untersten Endstriche

wird

$$l = 1997,58 \cdot \frac{0,001}{1,09779} = 1,78 \text{ mm}.$$

Der Abstand des folgenden Striches von demselben Endstriche ist

$$l = 1997,58 \cdot \frac{0,002}{1,09679} = 3,56 \text{ mm usw.}$$

Ist es erwünscht, die Intervallwerte vom höchsten Punkt der Skale ab zu rechnen, so hat man zu bilden:

$$l' = L - l = L - L \cdot \frac{s_o - \gamma}{s_u - s_o} \cdot \frac{s_u - s}{s - \gamma} \quad \text{und daraus:}$$

$$l' = L \frac{(s_u - s_o)(s - \gamma) - (s_o - \gamma)(s_u - s)}{(s_u - s_o)(s - \gamma)}$$

$$l' = L \cdot \frac{s_u - \gamma}{s_u - s_o} \cdot \frac{s - s_o}{s - \gamma}.$$

Diese Formel geht aus der früher erhaltenen hervor, indem man einfach s_u mit s_o vertauscht.

Für den Fall, daß eine vollständige Mutterskale zu berechnen ist, empfiehlt es sich, die Rechnung nur etwa für jeden fünften Teilstrich auszuführen und die für die Zwischenstriche geltenden Längen durch Interpolation zu ermitteln.

Führen wir statt der spezifischen Gewichte **spezifische Volumina** ein (das sind die reziproken Werte der ersteren), indem wir in der Gleichung für die Skalenlänge setzen:

$$s_o = \frac{1}{v_o} \qquad s_u = \frac{1}{v_u} \qquad \text{und} \quad s = \frac{1}{v}$$

so ergibt sich:

$$l = L \cdot \frac{\dfrac{1}{v_o} - \gamma}{\dfrac{1}{v_u} - \dfrac{1}{v_o}} \cdot \frac{\dfrac{1}{v_u} - \dfrac{1}{v}}{\dfrac{1}{v} - \gamma} = L \cdot \frac{1 - v_o\gamma}{1 - v\gamma} \cdot \frac{v - v_u}{v_o - v_u}.$$

Da der Faktor $\dfrac{1 - v_o\gamma}{1 - v\gamma}$ über die ganze Skale hin nur wenig von der Einheit verschieden ist, zeigt diese Formel, daß **die Intervalle eines Aräometers, welches spezifische Volumina anzeigen soll, nahezu gleich groß sein müssen.**

Die letztere Vereinfachung tritt auch ein, wenn die Angaben n des Aräometers mit den Dichten durch eine Gleichung von der Form

$$s = \frac{a}{b + n}$$ verbunden sind. Wird γ vernachlässigt, so erhält man

$$l = L \cdot \frac{n_u - n}{n_u - n_o}$$

während die strenge Formel lautet:

$$l = L \cdot \frac{a - (b + n_o)\gamma}{a - (b + n)\gamma} \cdot \frac{n_u - n}{n_u - n_o}.$$

9. Normaltemperatur.

Da das Aräometer bei verschiedenen Temperaturen auch verschiedene Volumina besitzt, so muß seine Angabe nicht allein von der Dichte der gespindelten Flüssigkeit, sondern auch von seiner eigenen Temperatur abhängig sein. Bei niedriger Temperatur nimmt es einen kleineren Raum ein, als bei höherer, und sinkt daher tiefer ein, zeigt also eine kleinere Dichte an. Dieser Unterschied in den Angaben ist bei mäßigen Temperaturdifferenzen infolge der geringen thermischen Ausdehnung des Glases zwar nicht sehr erheblich; immerhin ist es erforderlich, auf jedem Aräometer anzugeben, für welche Temperatur es berichtigt ist. Diese Temperatur wird die Normaltemperatur des Aräometers genannt. Als Normaltemperaturen pflegt man mittlere Temperaturen zu wählen, wie sie im Laboratorium leicht hergestellt werden können, vornehmlich 15^0, $17\frac{1}{2}^0$, 20^0 C. oder 60^0 F. ($12^4/_9^0$ R. oder $15{,}56^0$ C.).

Es entsteht die Frage, um wieviel die Dichtenangabe eines an sich richtigen Aräometers von der tatsächlichen Dichte der gespindelten Flüssigkeit abweicht, wenn es bei einer von der Normaltemperatur abweichenden Temperatur benutzt wird. Bei der Berechnung dieses Unterschiedes, den wir als Glaskorrektion bezeichnen wollen, dürfen wir die Einwirkung der Kapillarität vernachlässigen und als Ausgangsgleichung einfach setzen:

$$G = (V_o + 1q)\,(s - \gamma).$$

Es sei die Normaltemperatur der Spindel t, die Temperatur bei der Beobachtung t', die tatsächliche Dichte der Flüssigkeit s und die abgelesene Dichte s', und es soll der Unterschied der beiden Dichtenzahlen gefunden werden.

Bei der Normaltemperatur t hat der eintauchende Teil das Volumen $(V_o + 1q)$; dieser Betrag geht für die Temperatur t' über in

$$(V_o + 1q)\,(1 + \varepsilon\,(t' - t))$$

wo ε den kubischen Ausdehnungskoeffizenten des Glases bedeutet. Die Gleichung lautet dann:

$$G = (V_o + 1q)\,(1 + \varepsilon\,(t' - t))\,(s - \gamma).$$

Für die abgelesene Dichte muß die Gleichung gelten:

$$G = (V_o + 1q)\,(s' - \gamma)$$

und wir erhalten durch Verbindung beider:

$$1 = (1 + \varepsilon\,(t' - t))\,\frac{s - \gamma}{s' - \gamma}$$

und hieraus: $s' - s = \varepsilon\,(t' - t)\,(s - \gamma)$

oder hinreichend genau: $s - s' = -\varepsilon\,(t' - t)\,s'.$

Sei z. B. an einem bei 15^0 C. richtigen Aräometer mit Angaben nach spezifischem Gewicht bei $18{,}4^0$ C. die Ablesung $0{,}84375$ erhalten, so ergibt sich die Glaskorrektion bei Annahme eines kubischen Ausdehnungskoeffizienten des Glases von $0{,}000025$:

$$s - s' = -0{,}000\,025 \cdot 3{,}4 \cdot 0{,}84 = -0{,}000\,07.$$

Die tatsächliche Dichte bei $18{,}4^0$ C. war demnach

$$s = s' - 0{,}000\,07 = 0{,}84\,368.$$

Gibt das Aräometer nicht unmittelbar Dichten an, sondern Grade n, welche mit der Dichte durch die Beziehung $s = \dfrac{a}{b + n}$ verbunden sind, so erhält man zur Berechnung der Glaskorrektion die Formel:

$$n - n' = +\varepsilon\,(t' - t)\,(b + n')$$

Beispiel: Ein Aräometer nach Baumé, welches bei 15^0 C. richtig ist, und dessen Angaben mit der Dichte $s_{\frac{15}{15}}$ durch die Formel $s_{\frac{15}{15}} = \dfrac{144}{144 - n}$ verbunden sind, ergebe in einer Flüssigkeit von $20,5^0$ C. die Ablesung $16,22$ Grad. Welches ist die tatsächliche Grädigkeit? Hier ist $a = b = 144$ und statt n zu setzen $-$n und ebenso bei n'; wir finden demnach die Glaskorrektion:

$$n' - n = 0,000025 \cdot 5,5 \cdot 127,78 = + 0,02 \text{ Grad,}$$
$$\text{folglich } n - n' = - 0,02 \text{ und } n = 16,20 \text{ Grad.}$$

Der Ausdehnungskoeffizient des Glases ist bei verschiedenen Glas-sorten nicht gleich groß, man setzt gewöhnlich bei

thüringer Glas $\qquad \varepsilon = 0{,}000\,027$
jenaer Glas $\qquad \varepsilon = 0{,}000\,024$

Für die Zwecke der Praxis genügt es, einen mittleren Wert $\varepsilon = 0{,}000025$ anzunehmen oder denjenigen des jenaer Glases. Letzteres ist bei den Tafeln 10 und 11, S. *13* bis *15* geschehen, welche die Glaskorrektion für Aräo-meter nach Dichte und für Baumé-Aräometer mit rationeller Skala (siehe S. 32) unmittelbar ergeben.

Bemerkung. Bei Aräometern, deren Skalen nicht Dichten oder Funktionen von Dichten angeben, sondern die prozentische Zusammensetzung der Flüssigkeiten, ist die Reduktion auf die Normaltemperatur weniger einfach, da sich bei Verände-rung der Temperatur in Wirklichkeit die Zusammensetzung einer Flüssigkeit nicht ändert, wohl aber ihre Dichte und damit zugleich die aräometrische Ablesung. Die Reduktion enthält daher außer der Glasausdehnung auch die Ausdehnung der Flüssigkeit. Ähnlich würden die Umstände liegen, wenn bei den letzten Beispielen die Dichte bezw. Grädigkeit nicht bei der Beobachtungstemperatur, sondern bei der Normaltemperatur 15^0 C. verlangt würde.

Es soll nunmehr der praktisch wichtige Fall untersucht werden, daß zwei Aräometer nach spez. Gewicht von verschiedener Normaltemperatur, deren Angaben überdies auf verschiedene Dichteneinheiten bezogen sind, miteinander verglichen werden.

Die Normaltemperaturen seien t_1 und t_2, die Dichteneinheiten $\sigma_{\frac{t_3}{4}}$ und $\sigma_{\frac{t_4}{4}}$, die Aräometerangaben s_1 und s_2. Die Vergleichung möge bei einer beliebigen Temperatur t' der Flüssigkeit ausgeführt worden sein, deren Dichte $s_{\frac{t'}{4}}$ ist. Es ist die Differenz der Angaben $s_1 - s_2$ zu ermitteln, zu-nächst unter der Voraussetzung, daß beide Instrumente richtig sind.

Zuerst ist die Glaskorrektion zu rechnen nach der Formel:

$$s - s' = - \varepsilon (t' - t) s'$$

indem man bei dem ersten Instrument $t = t_1$ und $s' = s_1$ einsetzt, bei dem zweiten $t = t_2$ und $s' = s_2$; dann ergeben sich wirkliche Dichten

$$s_{\frac{t'}{t_3}} = s_1 - \varepsilon (t' - t_1) s_1 = s_1 [1 - \varepsilon (t' - t_1)]$$

$$s_{\frac{t'}{t_4}} = s_2 - \varepsilon (t' - t_2) s_2 = s_2 [1 - \varepsilon (t' - t_2)].$$

Diese Dichten müssen, nachdem man sie auf dieselbe Einheit gebracht hat, einander gleich sein. Nach den Ableitungen auf S. 2 ist

$$\frac{s_\tau \cdot \sigma_{t'}}{t'\ \ 4} = \frac{s_\tau \cdot \sigma_t}{t\ \ 4}$$

oder mit unserer jetzigen Bezeichnung:

$$\frac{s_{t'} \cdot \sigma_{t_3}}{t_3\ \ 4} = \frac{s_{t'} \cdot \sigma_{t_4}}{t_4\ \ 4}$$

so daß sich ergibt:

$$s_2 = s_1 \frac{1 - \varepsilon\,(t' - t_1)}{1 - \varepsilon\,(t' - t_2)} \cdot \frac{\dfrac{\sigma_{t_3}}{4}}{\dfrac{\sigma_{t_4}}{4}}$$

oder, da $\varepsilon\,(t' - t)$ ein kleiner Betrag ist:

$$s_2 = s_1\,[1 + \varepsilon\,(t_1 - t_2)] \cdot \frac{\dfrac{\sigma_{t_3}}{4}}{\dfrac{\sigma_{t_4}}{4}}.$$

Die Differenz der beiden Ablesungen ergibt sich aus der hinreichend genauen Näherungsformel:

$$s_2 - s_1 = \frac{s_1}{\dfrac{\sigma_{t_4}}{4}}\,\Big[\sigma_{t_3}{}_{/4} - \sigma_{t_4}{}_{/4} + \varepsilon\,(t_1 - t_2)\Big].$$

Bemerkenswert ist, daß die beiden abgeleiteten Formeln die Beobachtungstemperatur t' nicht enthalten. Bezeichnet man die Ablesung eines Aräometers, welches bei der Normaltemperatur t_i Dichten bezogen auf die Wasserdichte bei t_k angeben soll, mit $A_{\frac{t_i}{t_k}}$, so läßt sich die Formel auf die

Form bringen: $\quad A_{\frac{t_2}{t_4}} - A_{\frac{t_1}{t_3}} = A_{\frac{t_1}{t_3}} \cdot \dfrac{1}{\dfrac{\sigma_{t_4}}{4}}\,\Big[\sigma_{t_3}{}_{/4} - \sigma_{t_4}{}_{/4} + \varepsilon\,(t_1 - t_2)\Big].$

Setzen wir den in der Praxis häufigen Fall, daß nur ein Instrument genau berichtigt ist, das zweite aber durch Vergleichung geprüft werden soll, so können wir aus der Angabe des ersten, des Normals, die Soll-Angabe des zweiten berechnen, d. i. diejenige Ablesung, welche das zweite Instrument liefern müßte, wenn es gleichfalls fehlerfrei wäre. Ist dieser Wert von der tatsächlichen Ablesung verschieden, so ergibt sich sofort der Fehler der zu prüfenden Spindel an der Ablesestelle. Unter „Fehler" versteht man bei eichamtlichen Prüfungen denjenigen Betrag, welcher mit seinem Vorzeichen zu der Angabe eines Meßgerätes hinzuzuzählen ist, um die berichtigte Ablesung zu erhalten. Ein Aräometer, welches zu kleine Dichtezahlen angibt, hat demgemäß einen positiven Fehler. Führt man in der letzten Gleichung statt der Ablesungen A die zugehörigen Fehler F mit den entsprechenden Indices ein, so kann man schreiben:

$$F_{\frac{t_2}{t_4}} - F_{\frac{t_1}{t_3}} = A_{\frac{t_1}{t_3}} \cdot \frac{1}{\dfrac{\sigma_{t_4}}{4}}\,\Big[\sigma_{t_3}{}_{/4} - \sigma_{t_4}{}_{/4} + \varepsilon\,(t_1 - t_2)\Big].$$

Für die gebräuchlichsten Typen der Aräometer nach spez. Gewicht erhält man durch Einsetzen der entsprechenden Zahlenwerte folgende wichtige Formeln:

$$F_{\frac{15}{15}} = F_{\frac{15}{4}} + 0,000\,874\,A_{\frac{15}{4}}$$

$$F_{\frac{17,5}{17,5}} = F_{\frac{15}{4}} + 0,001\,226\,A_{\frac{15}{4}}$$

$$F_{\frac{0}{4}} = F_{\frac{15}{4}} + 0,000\,375\,A_{\frac{15}{4}}$$

$$F_{\frac{20}{4}} = F_{\frac{15}{4}} - 0,000\,125\,A_{\frac{15}{4}}$$

$$F_{\frac{15}{4}} = F_{\frac{15}{15}} - 0,000\,874\,A_{\frac{15}{15}}$$

$$F_{\frac{17,5}{17,5}} = F_{\frac{15}{15}} + 0,000\,352\,A_{\frac{15}{15}}$$

$$F_{\frac{0}{4}} = F_{\frac{15}{15}} - 0,000\,499\,A_{\frac{15}{15}}$$

$$F_{\frac{20}{4}} = F_{\frac{15}{15}} - 0,000\,999\,A_{\frac{15}{15}}$$

$$F_{\frac{15}{4}} = F_{\frac{17,5}{17,5}} - 0,001\,224\,A_{\frac{17,5}{17,5}}$$

$$F_{\frac{15}{15}} = F_{\frac{17,5}{17,5}} - 0,000\,352\,A_{\frac{17,5}{17,5}}$$

$$F_{\frac{0}{4}} = F_{\frac{17,5}{17,5}} - 0,000\,851\,A_{\frac{17,5}{17,5}}$$

$$F_{\frac{20}{4}} = F_{\frac{17,5}{17,5}} - 0,001\,350\,A_{\frac{17,5}{17,5}}.$$

Der Gebrauch dieser Formeln mag an einigen Beispielen erläutert werden.

1. Ein Aräometer für Seewasser nach zpezifischem Gewicht, welches bei 0^0 Dichten bezogen auf Wasser von 4^0 C. anzeigen soll, ist mit einem richtigen Aräometer (Normal), das bei 15^0 C. Dichten bez. auf Wasser von gleichfalls 15^0 C. angibt, bei irgend einer Temperatur verglichen worden. Die Ablesungen mögen sein:

$$\text{Normal:} \quad 1,01\,932 \; (= A_{\frac{15}{15}})$$

$$\text{Instrument:} \quad 1,01\,875$$

$$\text{Fehler des Instruments:} \quad F_{\frac{15}{15}} = +\,0,00\,057.$$

Die 7. der obigen Formeln ergibt:

$$F_{\frac{0}{4}} = +\,0,00\,057 - 0,00\,051 = +\,0,00\,006.$$

Die Seewasserspindel liefert demnach am Punkte 1,01\,875 eine um 0,00\,006 zu kleine Ablesung.

2. Ein Bierprober nach spezifischem Gewicht, der bei $17,5^0$ C. Dichten auf Wasser derselben Temperatur bezogen angeben soll, sei mit einem Normal, welches bei 15^0 C. Dichten bez. auf Wasser von 4^0 C. anzeigt, verglichen worden. Die Ablesungen seien:

$$\text{Normal:} \quad 1,03\,654 \; (= A_{\frac{15}{4}})$$

$$\text{Bierprober:} \quad 1,03\,772$$

$$\text{Fehler des Bierprobers:} \quad F_{\frac{15}{4}} = -\,0,00\,118.$$

Nach der 2. Formel folgt:

$$F_{\frac{17,5}{17,5}} = -\,0{,}00\,118 + 0{,}00\,127 = +\,0{,}00\,009,$$

d. h. der Bierprober zeigt am Punkte $1{,}03\,772$ um $0{,}00\,009$ zu wenig an.

Erleichtert wird die Reduktion durch Benutzung der Tafel 12, S. *16*, zu deren Gebrauch eine Anweisung sich erübrigen dürfte.

Es soll nunmehr eine Formel abgeleitet werden, welche bei der Vergleichung zweier Aräometer, die nicht unmittelbar Dichten, sondern einfache Funktionen derselben angeben, Verwendung finden können. Das Normal sei ein Aräometer nach Baumé mit sogenannter rationeller Skale; Die Grade n, welche es bei 15^0C. anzeigt, sind mit der auf Wasser von 15^0C. bezogenen Dichte durch die Gleichung verbunden:

$$s = \frac{144,3}{144,3 \pm n},$$

wo das positive Vorzeichen von n für Dichten unter 1, das negative für Dichten über 1 zu nehmen ist. Wir werden hier nur das positive Vorzeichen berücksichtigen und müssen dann für schwerere Flüssigkeiten die Größe n negativ setzen.

Dem zu prüfenden Instrument liege die Formel zugrunde:

$$s = \frac{a}{b + n}$$

und seine Normaltemperatur sei t, wie auch die Dichten auf Wasser von t^0 bezogen sein mögen. (Die Gleichheit beider Temperaturen ist für Aräometer dieser Art charakteristisch.) Um die Angaben der beiden Instrumente auseinander zu halten, nennen wir die Ablesung des Normals B und haben, wenn wir der Kürze wegen setzen $144{,}3 = c$, die beiden Gleichungen:

$$A_{\frac{15}{15}} = \frac{c}{c + B} \quad \text{(Normal)}$$

$$A_{\frac{t}{t}} = \frac{a}{b + n} \quad \text{(Instrument)}.$$

Hat die Vergleichung bei der Temperatur t' stattgefunden, so erhält man die beiden Glaskorrektionen:

$$+\,\varepsilon\,(t' - 15)\,(c + B) \quad \text{und} \quad +\,\varepsilon\,(t' - t)\,(b + n)$$

und es folgt:

$$s_{\frac{t'}{15}} = \frac{c}{c + B + \varepsilon\,(t' - 15)\,(c + B)} = \frac{c}{(c + B)\,[1 + \varepsilon\,(t' - 15)]}$$

$$s_{\frac{t'}{t}} = \frac{a}{b + n + \varepsilon\,(t' - t)\,(b + n)} = \frac{a}{(b + n)\,[1 + \varepsilon\,(t' - t)]}.$$

Nach den Ausführungen auf S. 2 hat man zu setzen:

$$s_{\frac{t'}{15}} \cdot \sigma_{\frac{15}{4}} = s_{\frac{t'}{t}} \cdot \sigma_{\frac{t}{4}} \quad \text{oder} \quad s_{\frac{t'}{t}} = s_{\frac{t'}{15}} \cdot \frac{\sigma_{\frac{15}{4}}}{\sigma_{\frac{t}{4}}} \quad \text{und findet:}$$

$$\frac{a}{(b + n)\,[1 + \varepsilon\,(t' - t)]} = \frac{c}{(c + B)\,[1 + \varepsilon\,(t' - 15)]} \cdot \frac{\sigma_{\frac{15}{4}}}{\sigma_{\frac{t}{4}}}.$$

Eine einfache Zwischenrechnung führt auf die Formel:

$$n = ay - b + \frac{ay}{c} B$$

wo der Kürze halber

$$[1 + \varepsilon (t - 15)] \frac{\sigma_{\frac{t}{4}}}{\sigma_{\frac{15}{4}}} = y$$

gesetzt ist.

Da bei Aräometern dieser Gattung nur die Normaltemperaturen $12,5^0$, 15^0, $15,625^0$ ($= 12,5^0$R.) und $17,5^0$C. gebräuchlich sind, so kann man für diese Fälle den Wert y ein für allemal ausrechnen; man erhält

für t = 12,5^0 C.	y = 1,000 277	log y = 0,00 0120
15,0^0 ,,	,, 1,000 000	,, 0,00 0000
15,625^0 ,,	,, 0,999 919	,, 9,99 9965
17,5^0 ,,	,, 0,999 649	,, 9,99 9847

Beispiel: Die Angabe des Normals, eines Baumé-Aräometers mit rationeller Skale für schwere Flüssigkeiten, sei $14,25^0$ Bé. Welches ist die gleichzeitige Sollangabe eines Aräometers nach Balling, dem die Formel $s = \dfrac{200}{200 - n}$ und die Normaltemperatur $17,5^0$ C. zugrunde liegt?

In der obigen Formel haben wir für n zu setzen: $- n$, für B: $- B$ und können demnach schreiben:

$$n = \frac{ay}{c} B - ay + b.$$

Es ist einzusetzen: $a = b = 200$, $c = 144,3$, $B = 14,25$ und $\log y = 9,99\,9847$ und man erhält:

$$n = 19,81 \text{ Grade Balling als Sollangabe eines richtigen Aräometers.}$$

Wir wollen nunmehr den Fall betrachten, daß ein Aräometer mit der Grundgleichung $s = \dfrac{a}{b + n}$ und der Normaltemperatur t mit einem Normal verglichen wird, welches bei $t_1{}^0$ C. Dichten bez. auf Wasser von $t_2{}^0$ angibt. Die Beobachtungstemperatur sei t'.

Die Ablesung des Normals sei A, diejenige des Instruments n. Zunächst sind die Glaskorrektionen anzubringen; man erhält im ersten Falle:

$$s_{\frac{t'}{t_2}} = A - \varepsilon (t' - t_1) A = A [1 - \varepsilon (t' - t_1)]$$

im zweiten:

$$s_{\frac{t'}{t}} = \frac{a}{b + n + \varepsilon (t' - t) (b + n)} = \frac{a}{(b + n) [1 + \varepsilon (t' - t)]}.$$

Ferner ist:

$$s_{\frac{t'}{t_2}} \cdot \sigma_{\frac{t_2}{4}} = s_{\frac{t'}{t}} \cdot \sigma_{\frac{t}{4}}$$

und nach Einsetzung der obigen Werte:

$$n = \frac{a}{A} \cdot \frac{\sigma_{\frac{t}{4}}}{\sigma_{\frac{t_2}{4}}} [1 + \varepsilon (t - t_1)] - b.$$

Ist $t_1 = 15^0$ C., $t_2 = 4^0$, gibt also das Normal bei 15^0 C. Dichten bez. auf Wasser von 4^0, so hat man:

$$n = \frac{a}{A} \cdot \sigma_{\frac{t}{4}} \left[1 + \varepsilon \, (t - 15) \right] - b$$

1. Beispiel. Die Angabe eines Normals mit der Normaltemperatur 15^0 C. und der Dichteneinheit Wasser von 4^0 C. sei 0,87375. Welches ist die gleichzeitige Angabe eines Aräometers nach Stoppani mit der Grundgleichung $s = \dfrac{166}{166 + n}$ und der Normaltemperatur $15,625^0$ C.?

Hier ist $a = b = 166$, $t = 15,625^0$, $A = 0,87375$ und man findet

$$n = \frac{166}{0,87375} \cdot 0,99903 \left[1 + 0,000025 \cdot 0,625 \right] - 166$$
$$n = 23,80 \text{ Grade Stoppani.}$$

2. Beispiel. Ein Aräometer mit rationeller Baumé-Skale sei mit einem richtigen Aräometer nach spezifischem Gewicht, welches bei 15^0 C. Dichten bez. auf Wasser von 4^0 C. angibt, bei irgend einer Temperatur verglichen worden. Die Ablesungen seien: $n = 39,74^0$, $A_{\frac{15}{4}} = 1,37685$; gesucht ist der Fehler des Baumé-Aräometers an seiner Ablesestelle.

Da den Bé-Aräometern für schwere Flüssigkeiten die Gleichung $s = \dfrac{144,3}{144,3 - n}$ zugrunde liegt, so ist in der zuletzt abgeleiteten Formel zu setzen $- n$ anstatt n und wir erhalten:

$$-n = \frac{a}{A} \cdot \sigma_{\frac{t}{4}} \left[1 + \varepsilon \, (t - 15) \right] - b.$$

Im vorliegenden Falle ist $t = 15$ und $a = b = 144,3$, mithin:

$$n = - \frac{144,3}{1,37685} \cdot 0,999126 + 144,3$$
$$= - 104,71 + 144,3 = 39,59^0 \text{ Bé, die Sollangabe.}$$

Da das Instrument tatsächlich $39,74^0$ Bé ergab, so ist sein Fehler an diesem Punkte $- 0,15^0$ Bé.

10. Kapillaritäts-Reduktion.

Es wurde bereits früher (S. 21) gezeigt, daß der am Stengel eines schwimmenden Aräometers entstehende kapillare Wulst mit seinem ganzen Gewicht das Instrument belastet, so daß das letztere um so tiefer eintaucht, je schwerer der Wulst ist. Wir gehen von der Grundgleichung des Aräometers S. 25) aus:

$$G + \alpha U \, (s - \gamma) = (V_o + 1q) \, (s - \gamma)$$

um zu ermitteln, um welchen linearen Betrag (in Millimeter) die Spindel durch den Wulst hinabgedrückt wird. Bezeichnen wir die Entfernung derjenigen Stelle, durch welche die Ebene des Niveaus bei einer kapillaritätsfreien Flüssigkeit von derselben Dichte hindurchgehen würde, vom untersten Teilstrich mit l', so lautet die Gleichung:

$$G = (V_o + l'q) \, (s - \gamma).$$

Die Differenz $1 - 1'$, die aus beiden Gleichungen abgeleitet werden kann, ist dann die gesuchte Größe. Die Subtraktion ergibt:

$$\alpha U (s - \gamma) = (1 - 1') q (s - \gamma).$$

Bezeichnen wir die Dicke des Stengels mit d, so ist:

$$U = d\pi \quad \text{und} \quad q = \frac{d^2 \pi}{4}, \quad \text{demnach:}$$

$$1 - 1' = \frac{4\alpha}{d}.$$

Der Betrag, um welchen eine Spindel durch den Wulst hinabgedrückt wird, ist demnach proportional der Kapillaritätskonstanten und umgekehrt proportional der Stengeldicke.

Haben wir zwei Flüssigkeiten von derselben Dichte und Temperatur, aber verschiedenem α, so lauten die Gleichungen für das schwimmende Aräometer:

$$G + \alpha_1 U (s - \gamma) = (V_0 + 1_1 q) (s - \gamma)$$
$$G + \alpha_2 U (s - \gamma) = (V_0 + 1_2 q) (s - \gamma)$$

woraus folgt:

$$1_1 - 1_2 = \frac{4 (\alpha_1 - \alpha_2)}{d}.$$

Zur Erläuterung dieser wichtigen Formel seien einige Beispiele gegeben:

1. Ein Aräometer nach spezifischem Gewicht mit der Stengeldicke 4,2 mm wird nacheinander in Mineralöl und in Sulfosprit (einer Mischung von Schwefelsäure und Spiritus[1]), beide von derselben Dichte 0,860 und derselben Temperatur, eingetaucht. Wie groß ist der Unterschied der Einstellungen?

Die Tafel 35 (S. *44*) gibt für die Flüssigkeiten die Kapillaritätskonstanten $\alpha_1 = 3{,}49$, $\alpha_2 = 3{,}03$, und es wird der gesuchte Unterschied

$$1_1 - 1_2 = \frac{4 \cdot 0{,}46}{4{,}2} \text{ mm} = 0{,}44 \text{ mm}.$$

Um diesen Betrag sinkt demnach die Spindel in Mineralöl tiefer ein, als in Sulfosprit von derselben Dichte.

2. Ein Aräometer nach Baumé mit rationeller Skale und einer Stengeldicke von 3,8 mm wird erst in Kochsalzlösung von 12° Bé und darauf in Glyzerin, welches die gleiche Dichte und Temperatur hat, eingetaucht. In welcher Flüssigkeit taucht es am tiefsten ein, und wie groß ist die Differenz beider Einstellungen?

Die Tafel 36 (S. *45*) liefert für die Flüssigkeiten bei 12° Bé die Konstanten $\alpha_1 = 7{,}35$ $\alpha_2 = 6{,}38$, mithin $1_1 - 1_2 = \dfrac{4 \cdot 0{,}97}{3{,}8} \text{ mm} = 1{,}02 \text{ mm}.$

Da die tiefere Einstellung stets dem größeren α entspricht, so sinkt die Spindel in der Kochsalzlösung tiefer ein, als in Glyzerin.

In den meisten Fällen genügt es jedoch nicht, zu wissen, wie groß der lineare Einstellungsunterschied ist; man will vielmehr ermitteln, um welchen Betrag die Skalen-Ablesung selbst durch die Wirkung des Wulstes verändert wird.

Dies kann leicht auf folgende Weise geschehen: man mißt die Länge eines größeren Intervalls an der Aräometerskale aus und dividiert den linearen Unterschied durch die erhaltene Maßzahl, die wir p nennen

---

[1] Vgl. S. 101.

wollen. Dann erhält man den Unterschied in Einheiten des gemessenen Intervalls.

In dem vorhergehenden Beispiel 1, welches wir hier ergänzen wollen, sei das Aräometer in Einheiten der 3. Dezimalstelle geteilt. Die Entfernung der Teilstriche 0,855 bis 0,865 (man wählt das Intervall so, daß die Ablesestelle etwa in der Mitte liegt) sei mit einem hölzernen Kantmaßstab gemessen zu 24,5 mm. Die Länge p entspricht demnach einem Dichtenintervall von 0,01. Wir haben nun den linearen Unterschied 0,44 mm durch p zu dividieren und erhalten 0,018. Dieser Betrag ist aber in Einheiten des gemessenen Intervalls (0,01) ausgedrückt; um ihn in Dichte selbst (Einheit 1,00) zu erhalten, muß man ihn mit 0,01 multiplizieren, das ergibt 0,00 018. Der Unterschied beträgt demnach 18 Einheiten der 5. Dezimalstelle der Dichte.

Im 2. Beispiel sei der Abstand der Striche 11 und 13° Bé, p = 18,5 mm, gemessen. Die Division des linearen Unterschiedes 1,02 mm durch diese Zahl ergibt 0,055 in der Einheit von 2° Bé, oder 0,11° Bé.

Um dieser Rechnung eine mathematische Formel zugrunde legen zu können, schreiben wir:

$$L_1 - L_2 = \pm \frac{4\,(\alpha_1 - \alpha_2)}{p\,d} \cdot (J - J').$$

Hier bezeichnen L_1 und L_2 die tatsächlichen Ablesungen der Spindel in den beiden Flüssigkeiten und p die in Millimeter ausgedrückte Entfernung der mit J und J' bezifferten Teilstriche. Das doppelte Vorzeichen ist notwendig, da die Bezifferungen der Skalenstriche nach verschiedenen Richtungen wachsen können; z. B. wachsen sie bei einem Aräometer nach spez. Gewicht in der Richtung von oben nach unten, bei einem Alkoholometer mit Prozentangaben jedoch in umgekehrter Richtung.

Die zuletzt aufgestellte Formel ist insofern nicht streng richtig, als die Größe p nicht frei von den Teilfehlern der Skale ist. Im allgemeinen sind die letzteren jedoch so klein, daß merkliche Fehler bei der Bestimmung der Kapillaritätsreduktion, wie wir den Betrag $L_1 - L_2$ nennen wollen, nicht zu befürchten sind. Wir können aber auch eine streng richtige Formel für die Reduktion aufstellen und gehen dabei von folgender Betrachtung aus.

Das als fehlerfrei angenommene Aräometer zeige bei seiner Normaltemperatur in einer Flüssigkeit mit einer Kapillaritätskonstante α_1 die Dichte s_1 an. Wir stellen nun die Frage: welche Dichte s_2 muß eine zweite Flüssigkeit mit der Konstanten α_2 haben, damit die Spindel in dieser genau so tief einsinkt wie in der ersten? Zur Ermittelung von s_2 haben wir die beiden Gleichungen:

$$G + \alpha_1 U (s_1 - \gamma) = (V_0 + 1q)(s_1 - \gamma)$$

$$G + \alpha_2 U (s_2 - \gamma) = (V_0 + 1q)(s_2 - \gamma)$$

und erhalten durch Division:

$$\frac{G + \alpha_2 U (s_2 - \gamma)}{G + \alpha_1 U (s_1 - \gamma)} = \frac{s_2 - \gamma}{s_1 - \gamma}$$

und schließlich, wenn wir γ vernachlässigen:

$$s_1 - s_2 = \frac{(\alpha_1 - \alpha_2)\, U\, s_1 s_2}{G}$$

oder, da s_1 und s_2 nur wenig voneinander verschieden sind:

$$s_1 - s_2 = \frac{(\alpha_1 - \alpha_2)\, U\, s^2}{G}.$$

Es ist hier gleichgültig, welcher Wert für s genommen wird, s_1 oder s_2. Führt man noch ein: $U = d\pi$, so lautet unsere Formel:

$$s_1 - s_2 = \frac{(\alpha_1 - \alpha_2)\, s^2\, d\pi}{G}.$$

Bei Benutzung dieser Formel ist man von etwaigen Teilfehlern der Skale völlig unabhängig; jedoch muß man das Gewicht der Spindel G wenigstens angenähert, etwa auf 1 g genau kennen. Als Einheit von G ist das Milligramm zu nehmen, wenn d in mm angegeben wird.

Den voneinander verschiedenen Dichten s_1 und s_2 beider Flüssigkeiten entsprach der Voraussetzung nach die gleiche Ablesung. Nehmen wir aber diese Dichten als gleich an, so muß die oben gefundene Differenz mit entgegengesetztem Vorzeichen in den Ablesungen erscheinen und wir erhalten

$$A_2 - A_1 = \frac{(\alpha_1 - \alpha_2)\, s^2\, d\pi}{G}$$

als Formel für die Kapillaritätsreduktion.

Für Aräometer, denen die Beziehung $s = \dfrac{a}{b-n}$ zugrunde liegt, erhält unsere Gleichung die Form:

$$A_2 - A_1 = \frac{(\alpha_1 - \alpha_2)\, a\, d\pi}{G}.$$

1 Beispiel: Ein Aräometer nach spezifischem Gewicht zeige in verdünnter Schwefelsäure die Dichte 1,24965 an; welche Angabe würde es in Natronlauge von derselben Dichte liefern, wenn seine Stengeldicke d = 4,6 mm und sein Gewicht G = 68000 mg beträgt?

Hier ist $A_2 = 1{,}24965$ $\left. \begin{array}{l} \alpha_2 = 6{,}15 \\ \alpha_1 = 7{,}19 \end{array} \right\}$ nach der Tafel 36, S. *45*

mithin $A_2 - A_1 = + \dfrac{1{,}04 \cdot 1.25^2 \cdot 4{,}6 \cdot 3{,}14}{68\,000} = +\,0{,}00034$

oder $A_1 = 1{,}24931$, d. i. die Angabe in Natronlauge.

2. Beispiel: Es ist die Kapillaritäts-Reduktion eines Baumé-Aräometers mit rationeller Skale (d = 5,2 mm, G = 37000 mg) von Salzsäure auf Kochsalzlösung bei 15° Bé zu bestimmen.

Die Tafel 36 (S. *45*) liefert die Werte: $\alpha_1 = 7{,}30$
$$\alpha_2 = 6{,}53$$

und wir finden, da a = 144,3 zu setzen ist:

$$A_2 - A_1 = + \frac{0{,}77 \cdot 144{,}3 \cdot 5{,}2 \cdot 3{,}14}{37\,000} = +\,0{,}05°\ \text{Bé,}$$

folglich muß das Aräometer bei 15° Bé in Kochsalzlösung 0,05° Bé weniger anzeigen, als in Salzsäure von derselben Dichte.

Zur Vergleichung und Prüfung der Aräometer kann man hiernach irgend eine Flüssigkeit von entsprechender Dichte benutzen und die Aräometerangaben auf irgend eine andere Flüssigkeit reduzieren, vorausgesetzt, daß die Kapillaritätskonstanten beider Flüssigkeiten bekannt sind. Man wird zweckmäßig nur gut benetzende Flüssigkeiten wählen und daher Wasser und wasserreiche Lösungen möglichst vermeiden. Als vorzüglich brauchbar für aräometrische Vergleichungen hat sich ein Gemisch von reiner konzentrierter Schwefelsäure und Spiritus von 80 Gewichtsprozent, sog. Sulfosprit, erwiesen, über welchen im 7. Kapitel § 34 eingehender berichtet wird.

Bei undurchsichtigen Flüssigkeiten kann die Ablesung des Aräometers nicht im Niveau erfolgen; man hilft sich dabei in der Weise, daß man die Skale an der obersten Begrenzungslinie des sich an dem Stengel erhebenden Wulstes abliest und an der Ablesung eine der Wulsthöhe entsprechende Verbesserung anbringt. Die Wulsthöhe ist abhängig von der Kapillaritätskonstanten und von der Dicke des Stengels. Sie kann aus der auf S. 24 enthaltenen Tabelle entnommen werden, wenn beide Größen näherungsweise bekannt sind.

Die Umwandlung der linearen Wulsthöhe in Skalenteile erfolgt genau so, wie sie bei der Ermittelung der Kapillaritätsreduktion S. 35f. angegeben ist.

Beispiel: Es habe ein Saccharimeter für Bierwürze ($\alpha = 3{,}91$)[1] in einer undurchsichtigen Würze die Ablesung am Wulstrande 12,87 % ergeben; welches ist die entsprechende Angabe im Niveau? Das Instrument habe eine Stengeldicke von 4,2 mm und die Länge des Skalenintervalls von 12 bis 13 % sei 12,5 mm. Die Tafel (S. 24) gibt für $\alpha = 3{,}91$ und $d = 4{,}2$ eine Wulsthöhe von 1,8 mm. Diese Zahl durch die Prozentlänge 12,5 dividiert, liefert die Reduktion 0,14 %, so daß die Ablesung im Niveau 13,01 % gelautet haben würde.

II. Elementarfehler des Aräometers.

Der aräometrische Fehler eines Skalenstriches, wie er sich durch Vergleichung mit einem Normalinstrument ergibt, kann als das Ergebnis des Zusammenwirkens mehrerer einzelner Fehlerquellen betrachtet werden.

Zunächst ist anzunehmen, daß die Skalenteilung nicht streng richtig ist, d. h. daß der Abstand eines bestimmten Striches von einem Endstriche nicht genau dem nach S. 26 zu berechnenden Sollwerte entspricht.

Zweitens wird das Kaliber des Stengels nicht an allen Stellen gleich sein, und diese Abweichung des Stengels von einem Zylinder, die im Gegensatz zum Teilfehler der Skale einen stetigen Verlauf zeigt, gibt dann Anlaß zu einem zweiten Elementarfehler, dem sog. Kaliberfehler.

Der dritte Fehler entsteht aus unrichtigem Verhältnis des Gewichts zum Volumen der Spindel und der vierte ist auf eine fehlerhafte Annahme der Gesamtlänge der Skale zurückzuführen. An den beiden äußersten Strichen der Skale gelangen nur die beiden letzten Fehler zur Wirkung. Wird das Instrument bei der Anfertigung an diesen

---

[1] Vgl. S. 152.

beiden Punkten durch Vergleichung mit einem Normal eingestellt, so werden die Ungenauigkeiten der Einstellungen in ihrer Wirkung auf die übrigen Punkte der Skale der Summe des dritten und vierten Fehlers entsprechen. Wir können daher beide Fehler durch die Einstellungsfehler an den äußersten Skalenstrichen ersetzen und unterscheiden demgemäß die vier Elementarfehler:

1. Teilfehler T,
2. Kaliberfehler K
3. Einstellungsfehler E am obersten und
4. Einstellungsfehler E am untersten Skalenstrich.

Aus den beiden letzten Fehlern können wir unter Annahme eines gleichmäßigen Kalibers, sowie einer völlig richtigen Teilung den Einstellungsfehler für jeden Skalenstrich berechnen.

Die Summe F dieser Elementarfehler bezeichnen wir als den **aräometrischen Fehler**.

Während im allgemeinen der Teilfehler und der Einstellungsfehler eines bestimmten Skalenstriches unschwer ermittelt werden können, bereitet die Bestimmung des Kaliberfehlers durch lineare Ausmessung der Stengeldicken erhebliche Schwierigkeiten. Die Abweichungen des Querschnitts von der Kreisform sind meist ziemlich groß, so daß schon zur genauen Ermittelung eines einzigen Querschnitts eine größere Zahl von Dickenmessungen erforderlich ist. Da aber zur Bestimmung des Kaliberfehlers die Querschnitte an sehr viel Stellen ausgemessen werden müssen und diese Messungen einen hohen Grad von Genauigkeit aufweisen müssen, um brauchbare Ergebnisse zu liefern, so pflegt man auch bei Normalinstrumenten von einer besonderen Bestimmung des Kaliberfehlers abzusehen, oder, falls die Kenntnis des Kaliberverlaufs aus irgend welchen Gründen erwünscht sein sollte, ihn aus der Gleichung: $T + K + E = F$ rückwärts abzuleiten.

Die Ermittelung des Einstellungsfehlers für den Strich s eines Aräometers nach spez. Gewicht geschieht nach den Formeln:

$$E = \mathfrak{A}\,s - \mathfrak{B}\,s^2$$

wo

$$\mathfrak{A} = \frac{s_u^2\, f_o - s_o^2\, f_u}{s_o\, s_u\, (s_u - s_o)} \qquad \mathfrak{B} = \frac{s_u\, f_o - s_o\, f_u}{s_o\, s_u\, (s_u - s_o)}.$$

Hier bezeichnet s_o die Dichte am obersten Skalenstrich,
$\quad\quad\quad\ s_u$,, ,, ,, untersten ,,
$\quad\quad\quad\ f_o$ und f_u die entsprechenden aräometrischen Fehler.

Die Ableitung dieser Formeln ist auf elementarem Wege recht umständlich und daher hier unterblieben, zumal diese Untersuchung für die Zwecke der Praxis im allgemeinen entbehrlich sein wird. Man verfährt hier meist so, daß man den Kaliberfehler von dem Einstellungsfehler nicht absondert, sondern ihre Summe, den sog. **scheinbaren Kaliberfehler** und seinen Verlauf genauer verfolgt. Dieser scheinbare Kaliberfehler stellt sich als Differenz des aräometrischen und des Teilfehlers dar.

12. Bestimmung der Fehler eines Normalaräometers. Aufstellung einer vollständigen Fehlertafel.

Die Untersuchung eines Normalaräometers setzt Hilfsmittel voraus, die man im allgemeinen in einem chemischen Laboratorium nicht antreffen wird. Die zur Ermittelung der Teilfehler dienende Ausmessung der Skale muß auf etwa 0,02 bis 0,03 mm genau sein; es genügt daher nicht die Anwendung eines Maßstabes allein, sondern es ist ein geeigneter Komparator erforderlich, der eine mikroskopische Ablesung gestattet. Auch die hydrostatischen Wägungen bedingen besondere Einrichtungen zur Erzielung einer konstanten Temperatur, ferner einen genau bestimmten Schwimmkörper und Normalgewichte.

Wenn der Chemiker hiernach auch nur in seltenen Ausnahmefällen dazu kommt, ein Normalaräometer vollständig zu bestimmen, so dürfte es dennoch nützlich sein, auf diese Untersuchung näher einzugehen, um zu zeigen, in welcher Weise sie von der amtlichen Prüfungsstelle (der Kaiserlichen Normal-Eichungskommission in Charlottenburg) ausgeführt zu werden pflegt. Es sei bemerkt, daß das hier zu schildernde Verfahren nur für Normale von geringerer Bedeutung (Gebrauchsnormale der Eichstellen) Anwendung findet; die Untersuchung der Urnormale und Hauptnormale erfordert dagegen viel präzisere, aber auch umständlichere Methoden, sowohl in bezug auf die experimentellen Bestimmungen, als auch auf die rechnerische Behandlung der Beobachtungsergebnisse.

Es liege ein Aräometer nach spez. Gewicht vor, welches bei 15^0 C. die Dichten von 1,09 bis 1,16 (auf Wasser von 4^0 C. bezogen) angibt und dessen Skale nach halben Einheiten der dritten Dezimalstelle der Dichte fortschreitet. Es ist der Fehler eines jeden Skalenstrichs, gültig für Sulfosprit, zu bestimmen.

Zunächst wird der Abstand der einzelnen Skalenstriche von dem die niedrigste Dichtenbezifferung tragenden äußersten (in diesem Falle: obersten) Endstrich auf einem sog. Schraubenkomparator gemessen. Dieser Apparat besteht im wesentlichen aus einer $\frac{1}{2}$ m langen, horizontal angeordneten Schraube von 1 mm Ganghöhe, welche einen mit einem Ablesemikroskop versehenen Schlitten bewegt. Das Mikroskop wird der Reihe nach auf die Teilstriche des ebenfalls horizontal gelagerten Aräometers eingestellt und die Drehung der Schraubenspindel an einer in 0,01 mm geteilten Trommel abgelesen. Das Protokoll einer solchen Messung soll hier nachstehend auszugsweise abgedruckt werden.

Die Spalten 1 bis 5 umfassen die eigentliche Teilfehlerbestimmung. In Spalte 3 sind die Soll-Längen, welche unter Zugrundelegung der gemessenen Gesamtlänge von 173,68 mm nach der Formel für l auf S. 26 berechnet sind, eingetragen. Spalte 4 gibt die Teilfehler in hundertstel Millimeter ausgedrückt; diese Beträge sind in Einheiten der 5. Dezimalstelle der Dichte (Spalte 5) umgerechnet durch Auflösung einer einfachen Proportion. Zur Umwandlung des Teilfehlers $+$ 0,07 mm (3. Zahl der Spalte 4) in Dichte hat man z. B. die Proportion:

$$\frac{\text{Teilfehler in Dichte}}{\text{Teilfehler in mm}} = \frac{\text{Dichtendifferenz zweier benachbarter Striche}}{\text{Entfernung dieser Striche in mm}},$$

1	2	3	4	5	6	7
Skalen-strich	Schrauben-ablesung (Istlänge)	Sollänge	Ist minus Soll in 0,01 mm	Dichte (0,00001)	Scheinb. Kaliber-fehler	Aräo-metrischer Fehler
1,0900	0,00	0,00	0	0	−198	−198
05	1,30	1,32	− 2	−1	−198	−199
10	2,71	2,64	+ 7	+3	−198	−195
15	4,04	3,96	+ 8	+3	−199	−196
20	5,25	5,28	− 3	−1	−199	−200
25	6,61	6,59	+ 2	+1	−199	−198
30	7,89	7,90	− 1	0	−199	−199
35	9,19	9,21	− 2	−1	−200	−201
.	.	.	.	.	.	.
1,1010	28,87	28,75	+12	+5	−209	−204
15	30,15	30,04	+11	+4	−209	−205
.	.	.	.	.	.	.
.	.	.	.	.	.	.
1,1080	46,76	46,75	+ 1	0	−219	−219
85	48,11	48,03	+ 8	+3	−220	−217
90	49,43	49,31	+12	+5	−220	−215
.	.	.	.	.	.	.
.	.	.	.	.	.	.
1,1140	62,12	62,02	+10	+4	−226	−222
45	63,29	63,28	+ 1	0	−226	−226
.	.	.	.	.	.	.
.	.	.	.	.	.	.
1,1470	142,99	143,02	− 3	−1	− 200	− 201
75	144,20	144,21	− 1	0	−201	− 201
80	145,44	145,40	+ 4	+2	−201	−199
.	.	.	.	.	.	.
.	.	.	.	.	.	.
1,1560	164,29	164,32	− 3	− 1	−205	− 206
65	165,50	165,49	+ 1	0	−205	− 205
70	166,64	166,66	− 2	−1	−205	−206
75	167,86	167,83	+ 3	+1	−206	− 205
80	169,02	169,00	+ 2	+1	−206	−205
85	170,08	170,17	− 9	−4	−206	− 210
90	171,34	171,34	0	0	−206	−206
95	172,51	172,51	0	0	−206	−206
1,1600	173,68	173,68	0	0	−206	−206

also hier:

$$\frac{\text{Teilfehler in Dichte}}{+\,0{,}07} = \frac{1{,}0915 - 1{,}0905}{3{,}96 - 1{,}32} = \frac{0{,}0010}{2{,}64}$$

mithin Teilfehler in Dichte $= +\,\dfrac{0{,}00007}{2{,}64} = +\,0{,}00003.$

Nachdem die Bestimmung der Teilfehler abgeschlossen ist, erfolgt die Ermittelung der aräometrischen Fehler durch sog. Fundamentalversuche, d. h. durch Dichtenbestimmung mittels hydrostatischer Wägung und gleichzeitiger Einsenkung und Ablesung des Aräometers. Derartige Fundamentalversuche sind im vorliegenden Falle an 16 verschiedenen Punkten der aräometrischen Skale ausgeführt worden und zwar an jedem Punkt 3 Schwimmkörperwägungen und dazwischen 2 Eintauchungen der Spindel. Die aus den 3 Wägungen berechneten Dichten sind zu einem Mittelwert vereinigt, ebenso die beiden Aräometer-Ablesungen. Die Ergebnisse sind hier zusammengestellt (die Fehler in Einheiten der 5. Dezimalstelle):

Punkt	Aräom. Fehler	Teilfehler	Scheinb. Kaliberfehler
1,0937	— 208	+ 2	— 210
1,0959	— 206	— 3	— 203˙
1,1020	— 199	+ 3	— 202
1,1057	— 200	0	— 200
1,1089	— 195	+ 2	— 197
1,1145	— 199	— 3	— 196
1,1192	— 196	0	— 196
1,1249	— 201	— 2	— 199
1,1289	— 205	— 2	— 203
1,1292	— 204	— 2	— 202
1,1300	— 203	— 1	— 202
1,1357	— 202	— 2	— 200
1,1437	— 206	— 1	— 205
1,1479	— 209	— 4	— 205
1,1519	— 209	— 2	— 207
1,1572	— 217	— 2	— 215

Die in der letzten Spalte aufgeführten scheinbaren Kaliberfehler, als Differenzen der aräometrischen und der Teilfehler ermittelt, müssen nach den vorhergehenden Darlegungen einen stetigen Verlauf zeigen. Man trägt sie auf Koordinatenpapier als Ordinaten zu den Beobachtungspunkten (Abszissen) auf und legt durch die eingezeichneten Punkte eine möglichst ungezwungene Kurve, welche nunmehr für jeden Teilstrich den scheinbaren Kaliberfehler abzulesen gestattet. Spalte 6 der Zusammenstellung auf S. 41 enthält diese Kurvenablesungen, welche zu den zugehörigen Teilfehlern addiert die aräometrischen Fehler ergeben.

Die Fundamentalversuche wurden in Sulfosprit ausgeführt, und für diese Flüssigkeit gelten auch die abgeleiteten Fehler. Ebenso wie für die aräometrischen Vergleichungen eignen sich nur gut benetzende Flüssigkeiten für die Fundamentalversuche. Man wählt zweckmäßig bei Dichten von etwa 0,62 bis 0,85 Mineral- oder Harzöle, darüber hinaus Sulfosprit, für Alkoholometer von 0 bis 30 Gewichtsprozent ebenfalls Sulfosprit, von 30 bis 100 Prozent dagegen reine Alkohol-Wasser-Mischungen. (Vgl. 7. Kap.)

Tafel 32.

Vergleichung von Aräometern willkürlicher Skale mit einem
Baumé-Aräometer rationeller Skale, dessen Formel lautet:

$$s = \frac{144{,}30}{144{,}30 + n}$$ und dessen Normaltemperatur 15 C. ist.

Für Dichten kleiner als 1.

Wenn ein richtiges Aräomet. mit rat. Bauméskale anzeigt:	so zeigt in derselben Flüssigkeit und bei derselben Temperatur ein richtiges Aräometer nach:									Wenn ein richtiges Aräomet. mit rat. Bauméskale anzeigt:
	Baumé	Baumé	Baumé (holländ.)	Baumé (amerikan.)	Balling	Beck	Brix, Fischer	Stoppani	Cartier	
	Formel: $s=\frac{146{,}78}{146{,}78+n}$	$s=\frac{146}{136+n}$	$s=\frac{144}{144+n}$	$s=\frac{140}{130+n}$	$s=\frac{200}{200+n}$	$s=\frac{170}{170+n}$	$s=\frac{400}{400+n}$	$s=\frac{166}{166+n}$	$s=\frac{136{,}8}{126{,}1+n}$	
	Normaltemp.; 17,5° C.	12,5° C.	12,5° C.	15° C.	17,5° C.	12,5° C.	12,5° R. 15,625 C.	12,5° R. 15,625° C.	12.5° C.	
0	—0,05	10,04	+ 0,04	10,00	—0,07	+ 0,05	—0,03	—0,01	10,74	0
2	+ 1,98	12,06	2,04	11,94	+ 2,70	2,41	+ 5,51	+ 2,29	12,64	2
4	4,02	14,09	4,03	13,88	5,47	4,76	11,05	4,59	14,53	4
6	6,05	16,11	6,03	15,82	8,24	7,12	16,60	6,89	16,43	6
8	8,08	18,14	8,03	17,76	11,01	9,48	22,14	9,19	18,32	8
10	10,12	20,16	10,02	19,70	13,78	11,83	27,69	11,49	20,22	10
12	12,15	22,18	12,02	21,64	16,56	14,19	33,23	13,79	22,12	12
14	14,18	24,21	14,01	23,58	19,33	16,54	38,78	16,09	24,02	14
16	16,22	26,23	16,01	25,52	22,10	18,90	44,32	18,39	25,91	16
18	18,25	28,26	18,01	27,46	24,87	21,26	49,86	20,69	27,81	18
20	20,28	30,28	20,00	29,40	27,64	23,62	55,40	22,99	29,71	20
22	22,31	32,30	22,00	31,34	30,41	25,97	60,94	25,29	31,60	22
24	24,35	34,33	24,00	33,28	33,18	28,33	66,49	27,59	33,50	24
26	26,38	36,35	25,99	35,23	35,95	30,68	72,03	29,89	35,40	26
28	28,42	38,38	27,99	37,17	38,72	33,04	77,58	32,19	37,29	28
30	30,45	40,40	29,99	39,11	41,50	35,40	83,12	34,50	39,19	30
32	32,48	42,42	31,98	41,05	44,27	37,76	88,66	36,80	41,09	32
34	34,52	44,45	33,98	42,99	47,04	40,12	94,21	39,10	42,98	34
36	36,55	46,47	35,98	44,93	49,81	42,47	99,75	41,40	44,88	36
38	38,59	48,50	37,97	46,87	52,58	44,83	105,30	43,70	46,78	38
40	40,62	50,52	39,97	48,81	55,35	47,19	110,84	46,00	48,67	40
42	42,65	52,54	41,96	50,75	58,12	49,54	116,39	48,30	50,57	42
44	44,69	54,57	43,96	52,69	60,89	51,90	121,93	50,60	52,46	44
46	46,72	56,59	45,96	54,63	63,66	54,25	127,48	52,90	54,36	46
48	48,76	58,62	47,95	56,57	66,44	56,61	133,02	55,20	56,26	48
50	50,79	60,64	49,95	58,51	69,21	58,97	138,56	57,50	58,15	50
52	52,82	62,66	51,95	60,45	71,98	61,32	144,10	59,80	60,05	52
54	54,86	64,69	53,94	62,39	74,75	63,68	149,64	62,10	61,95	54
56	56,89	66,72	55,94	64,33	77,52	66,04	155,19	64,40	63,85	56
58	58,93	68,74	57,94	66,27	80,29	68,39	160,73	66,70	65,74	58
60	60,96	70,76	59,93	68,21	83,06	70,75	166,27	69,00	67,64	60
62	62,99	72,78	61,93	70,15	85,83	73,11	171,81	71,30	69,54	62
64	65,03	74,81	63,92	72,09	88,60	75,47	177,36	73,61	71,43	64
66	67,06	76,83	65,92	74,03	91,37	77,83	182,90	75,91	73,33	66
68	69,10	78,86	67,92	75,97	94,15	80,18	188,45	78,21	75,23	68
70	71,13	80,88	69,91	77,91	96,92	82,54	193,99	80,51	77,12	70
72	73,16	82,90	71,91	79,85	99,69	84,90	199,53	82,81	79,02	72
74	75,20	84,93	73,91	81,79	102,46	87,25	205,08	85,11	80,92	74
76	77,23	86,95	75,90	83,74	105,23	89,61	210,62	87,41	82,81	76
78	79,27	88,98	77,90	85,68	108,00	91,97	216,17	89,71	84,71	78

Tafel 33.

Vergleichung von Aräometern willkürlicher Skale mit einem Baumé-Aräometer rationeller Skale, dessen Formel lautet:

$$s = \frac{144,30}{144,30 + n}$$ und dessen Normaltemperatur 15° C. ist.

Für Dichten kleiner als 1.

n	Baumé $s = \dfrac{146,78}{146,78 + n}$ Normaltemp.: 17,5° C.	Baumé $s = \dfrac{146}{136 + n}$ 12,5° C.	Baumé (holländ.) $s = \dfrac{144}{144 + n}$ 12,5° C.	Baumé (amerikan.) $s = \dfrac{140}{130 + n}$ 15° C.	Balling $s = \dfrac{200}{200 + n}$ 17,5° C.	Beck $s = \dfrac{170}{170 + n}$ 12,5° C.	Stoppani $s = \dfrac{166}{166 + n}$ 12,5° R. 15,625° C.	Cartier $s = \dfrac{136,8}{126,1 + n}$ 12,5° C.	n
	Wenn ein richtiges Aräometer nach die nebenstehenden Grade n anzeigt, so zeigt in derselben Flüssigkeit und bei derselben Temp. ein richtiges Aräometer mit rat. Baumèskale an:								
0	+ 0,05		— 0,04		+ 0,05	— 0,04	+ 0,01		0
2	2,02		+ 1,96		1,49	+ 1,66	1,75		2
4	3,98		3,97		2,94	3,36	3,49		4
6	5,95		5,97		4,38	5,05	5,22		6
8	7,91		7,97		5,83	6,75	6,96		8
10	9,88	— 0,04	9,98	0,00	7,27	8,45	8,70	— 0,78	10
12	11,85	+ 1,94	11,98	2,06	8,71	10,15	10,44	+ 1,33	12
14	13,81	3,91	13,99	4,12	10,15	11,84	12,18	3,44	14
16	15,78	5,89	15,99	6,19	11,60	13,54	13,91	5,55	16
18	17,75	7,86	17,99	8,25	13,04	15,23	15,65	7,66	18
20	19,72	9,84	20,00	10,31	14,48	16,93	17,39	9,77	20
22	21,68	11,82	22,00	12,37	15,92	18,63	19,13	11,88	22
24	23,65	13,79	24,00	14,43	17,37	20,32	20,87	13,99	24
26	25,61	15,77	26,01	16,49	18,81	22,02	22,61	16,09	26
28	27,58	17,74	28,01	18,55	20,26	23,72	24,35	18,20	28
30	29,55	19,72	30,01	20,61	21,70	25,42	26,09	20,31	30
32	31,51	21,70	32,02	22,67	23,14	27,12	27,83	22,42	32
34	33,48	23,67	34,02	24,73	24,59	28,81	29,57	24,53	34
36	35,44	25,65	36,02	26,80	26,03	30,51	31,30	26,64	36
38	37,41	27,62	38,03	28,86	27,48	32,20	33,04	28,75	38
40	39,38	29,60	40,03	30,92	28,92	33,90	34,78	30,86	40
42	41,35	31,58	42,03	32,98	30,36	35,60	36,52	32,97	42
44	43,31	33,55	44,04	35,04	31,81	37,30	38,26	35,07	44
46	45,28	35,53	46,04	37,11	33,25	38,99	39,99	37,18	46
48	47,25	37,50	48,04	39,17	34,70	40,69	41,73	39,29	48
50	49,22	39,48	50,05	41,23	36,14	42,39	43,47	41,40	50
52	51,19	41,46	52,05	43,29	37,58	44,09	45,21	43,51	52
54	53,15	43,43	54,06	45,35	39,03	45,79	46,95	45,62	54
56	55,12	45,41	56,06	47,42	40,47	47,48	48,69	47,73	56
58	57,09	47,38	58,06	49,48	41,92	49,18	50,43	49,84	58
60	59,06	49,36	60,07	51,54	43,36	50,88	52,17	51,95	60
62	61,02	51,34	62,07	53,60	44,80	52,58	53,91	54,06	62
64	62,99	53,31	64,08	55,66	46,24	54,27	55,65	56,17	64
66	64,95	55,29	66,08	57,72	47,69	55,97	57,38	58,27	66
68	66,92	57,26	68,08	59,78	49,13	57,66	59,12	60,38	68
70	68,89	59,24	70,09	61,84	50,57	59,36	60,86	62,49	70
72	70,85	61,22	72,09	63,90	52,01	61,06	62,60	64,60	72
74	72,82	63,20	74,09	65,96	53,46	62,76	64,34	66,71	74
76	74,79	65,17	76,10	68,03	54,90	64,45	66,08	68,82	76
78	76,76	67,15	78,10	70,09	56,35	66,15	67,82	70,93	78
80	78,73	69,13	80,10	72,15	57,79	67,85	69,56	73,04	80
82	80,70	71,11	82,11	74,21	59,23	69,55	71,30	75,15	82
84	82,67	73,08	84,11	76,27	60,68	71,24	73,04	77,26	84
86	84,63	75,06	86,11	78,34	62,12	72,94	74,78	79,36	86
88	86,60	77,03	88,12	80,40	63,57	74,64	76,52	81,47	88
90	88,56	79,01	90,12	82,46	65,01	76,33	78,25	83,58	90
92	90,53	80,99	92,12	84,52	66,45	78,03	79,99	85,69	92
94	92,49	82,96	94,13	86,58	67,90	79,73	81,73	87,80	94

Herstellung und Justierung des Skalenaräometers.

13. Allgemeine Bemerkungen.

Nachdem im ersten Abschnitt zunächst die wichtigsten Methoden der Dichtenbestimmung nebst den bei ihrer Anwendung notwendigen Apparaten besprochen worden sind, ist dem Hauptzweck dieses Buches entsprechend die Theorie des Skalenaräometers ausführlich dargelegt worden. Wir kommen nun im zweiten Abschnitt zum praktischen Teil unserer Aufgabe, zur Besprechung der werkstattsmäßigen Herstellung des Aräometers.

Unter den Sammelbegriff „Aräometer" schlechthin fällt eine große Gruppe verschiedener Apparate zur Dichtebestimmung von Flüssigkeiten, unter denen die wichtigsten nächst dem Skalenaräometer: die Nicholsonsche Senkwage, das Pyknoaräometer von Eichhorn, das Nansensche Schwebearäometer und das Neigungsaräometer von G. Guglielmo[1]) im folgenden zunächst kurz besprochen werden mögen.

Die Nicholsonsche Senkwage besteht aus einem spindelförmigen hohlen Senkkörper aus Metall oder Glas, auf welchem ein dünner, die Indexmarke tragender Stengel aufgesetzt ist, dessen oberes Ende ein zur Aufnahme von Gewichten bestimmtes Schälchen trägt. Bei dieser Senkwage wird ein konstantes Volumen zum Eintauchen in die zu untersuchende Flüssigkeit gebracht, und die genaue Einstellung auf die Marke am Stengel wird dadurch herbeigeführt, daß man Gewichte auf das Schälchen auflegt, aus deren Summen man dann entweder rechnerisch oder aus einer vorher aufgestellten Tabelle leicht die Dichte der untersuchten Flüssigkeit zu ermitteln vermag. Die Nicholsonsche Senkwage, welche in früherer Zeit viel benutzt wurde, diente nicht allein zur Ermittlung der Dichte von Flüssigkeiten, sondern auch zur Feststellung des spezifischen Gewichts fester Körper. Zu letzterem Zweck war an dem unteren Ende des spindelförmigen Körpers noch ein Körbchen zur Aufnahme der zu untersuchenden Körper angebracht. Der Körper wurde zunächst auf das obere Schälchen gelegt und so viel Gewichte dazu getan, bis das Instrument in Wasser von be-

---

[1]) Deutsche Mechaniker-Ztg. 1901, Nr. 15, S. 141.

stimmter Temperatur bis zur Indexmarke eintauchte. Dann kam der Körper in das untere Körbchen und wieder wurden so viel Gewichte auf die obere Schale getan, bis Einstellung auf die Marke erfolgte. Die Differenz der beiden Gewichtssummen ergab den Auftrieb des Körpers, welcher gleich dem Gewicht der von dem Körper verdrängten Wassermenge ist. Aus diesem und dem aus der ersten Einstellung erhaltenen Gewicht des Körpers konnte leicht das spezifische Gewicht des Körpers ermittelt werden, bezogen auf die Dichte des Wassers von der betreffenden Temperatur als Einheit.

Das Eichhornsche Pyknoaräometer besteht aus einem Skalenaräometer, an dessen unterem Ende ein kleines, durch einen eingeriebenen Glastöpsel verschließbares Pyknometer zur Aufnahme der zu untersuchenden Flüssigkeit angebracht ist. Als Eintauchflüssigkeit wird Wasser benützt. Aus der am Stengel abgelesenen Eintauchtiefe kann das spez. Gewicht leicht ermittelt werden. Auch kann natürlich im Stengel sogleich eine Skale angebracht werden, an welcher das spez. Gewicht der untersuchten Flüssigkeit unmittelbar abgelesen wird.

Das Neigungsaräometer von Guglielmo beruht auf einem ähnlichen Prinzip, wie die bekannte zu Briefwägungen benutzte Neigungswage. Das Instrument taucht ganz und gar in die zu untersuchende Flüssigkeit ein, stützt sich mittels zweier feiner Spitzen auf den Boden des Untersuchungsgefäßes und gestattet aus der Neigung eines Zeigers, welche man an einer Skale ablesen kann, das spezifische Gewicht der untersuchten Flüssigkeit rechnerisch oder aus einer Tabelle zu ermitteln.

Das Nansensche Schwebearäometer besteht aus einem spindelförmigen Körper, an dessen unterem Ende ein Ballastgefäß, an dessen oberem Ende ein kurzer Stutzen oder Stift zur Aufnahme ringförmiger Belastungsgewichte aus Platin angebracht ist. Dies Aräometer taucht ganz in die Flüssigkeit ein und läßt aus dem zur Herstellung des schwebenden Gleichgewichtszustandes notwendigen Gewichte das spezifische Gewicht der untersuchten Flüssigkeit rechnerisch oder aus einer Tabelle ermitteln. Die Nansensche Methode ist überaus empfindlich und gestattet eine außerordentlich genaue Dichtebestimmung, vorausgesetzt, daß man in der Lage ist, die Temperatur der untersuchten Flüssigkeit mit größter Genauigkeit zu messen bzw. konstant zu erhalten.

Von den bisher angeführten Aräometerformen kommt dem Skalenaräometer die größte Wichtigkeit zu, da es weitaus am meisten zur Anwendung gelangt. Wir werden im folgenden daher auch nur die Herstellung, Prüfung und Anwendung des Skalenaräometers besprechen.

Zur Herstellung von Skalenaräometern — weiterhin schlechthin „Aräometer" genannt — dienen verschiedene Stoffe, so: Holz, Knochen, Metall, vor allem aber Glas. Die aus anderem Material als Glas hergestellten Aräometer (Flußsäure-Aräometer werden aus Silber hergestellt; Milchprober hie und da aus Knochen oder Holz; in Rußland und England werden Alkoholometer auch aus Messing angefertigt), sollen hier nicht besprochen werden.

Es kann naturgemäß nicht die Aufgabe dieses Buches sein, eine Anleitung zur Herstellung von Glaspräzisionsinstrumenten überhaupt aus dem Rohmaterial zu geben. Es muß hier die Bekanntschaft mit allen, die Glasverarbeitung vor der Lampe und die Herstellung von Teilungen betreffenden Methoden vorausgesetzt werden. Unsere Aufgabe beschränken wir lediglich darauf, diejenigen besonderen praktischen Winke, Kunstgriffe und Vorsichtsmaßregeln anzugeben, durch welche speziell die Herstellung eines allen Anforderungen entsprechenden Präzisions-Skalenaräometers ermöglicht und erleichtert wird. So wird natürlich auch vorausgesetzt, daß eine fertig eingerichtete glastechnische Werkstatt zur Verfügung steht, und wir sprechen nur von denjenigen besonderen Materialien, Hilfsapparaten, Vorkehrungen und Arbeitsmethoden, auf welchen die Herstellung des Skalenaräometers beruht.

Wir wollen im folgenden Abschnitt zunächst einiges allgemeine über das Skalenaräometer in abgekürzter Form rekapitulieren.

4. Kapitel.

Gestalt und Gliederung des Skalenaräometers.

Das Aräometer hat in den weitaus meisten Fällen die Form eines hohlen Rotationskörpers. Derjenige Teil des Instrumentes, welchem die Aufgabe zufällt, das Schwimmen des Aräometers zu bewirken, ist der Körper, welcher in der Regel die aus der Weberei bekannte Form einer Spindel besitzt. Durch Erweiterung dieses Begriffes auf das ganze Instrument wird das Wort Spindel meist gleichbedeutend mit Aräometer gebraucht. Am unteren Ende des Aräometerkörpers befindet sich ein Gefäß zur Aufnahme des Ballastes, welcher zum großen Teil dem Aräometer das zum Eintauchen in die Flüssigkeit erforderliche Gewicht verleiht. Als Ballast wird vorwiegend Quecksilber oder Schrot benutzt. Bei solchen Aräometern, welche in ihrem unteren Teil ein Thermometer besitzen, dient dessen „Kugel" häufig als einziges Ballastgefäß. Am oberen Ende des spindelförmigen Schwimmkörpers ist ein Glasrohr von meist erheblich geringerem Querschnitt und von geringerer Wandstärke, der sog. Stengel aufgesetzt. In ihm befindet sich der wichtigste Teil des Aräometers, die Skale.

14. Schwimmkörper und Ballastkammer.

Die Ausgestaltung der Form des Schwimmkörpers mit seiner Fortsetzung, der Ballastkammer, wird in verschiedener Weise vorgenommen. Aus der großen Zahl verschiedener Typen sind in den nachstehenden schematischen Figuren die wichtigsten dargestellt. In dem mit Nr. 2 bezeichneten Aräometer finden wir die verbreitetste Form der Vereinigung von Ballastgefäß und Schwimmkörper In Nr. 3 a und 3 b haben wir Formen, wie sie für Aräometer mit Thermometer im Unterteil, bei denen das Thermometergefäß gleichzeitig die Rolle der Ballastkammer spielt, beliebt sind. In Figur 4 haben wir ein Instrument mit sog. Doppelkugel vor uns. Hier ist unter dem Quecksilbergefäß des Thermometers noch ein zweites als Ballastkammer dienendes Gefäß angeblasen. In Nr. 5 ist ein Aräometer dargestellt, bei dem Schrot als Ballast genommen ist, und bei dem das Ballastgefäß mit dem Schwimmkörper in Eins zusammen gearbeitet ist. Die Abgrenzung der Ballastkammer nach dem Schwimmkörper hin erfolgt durch einen Trichter oder Lochteller. Das Hinausrollen des Schrotes aus der Ballastkammer wird durch einen in die Öffnung des Trichters oder Tellers eingeführten Wattebausch verhindert. Nr. 6 stellt gleichfalls eine Form des Aräometers vor, bei welcher Schrot als Ballast dient. Hier ist die Ballastkammer vor der Justierung gegen den Schwimmkörper zu offen. Sie ist, um nach Einfüllung des Ballastes den unschönen Anblick des Schrotes zu verdecken, vorher mit ein wenig schwarzem Lack ausgekleidet worden. Der Abschluß des Ballastgefäßes nach oben erfolgt durch Watte oder ein wenig schwarzen Lack, den man

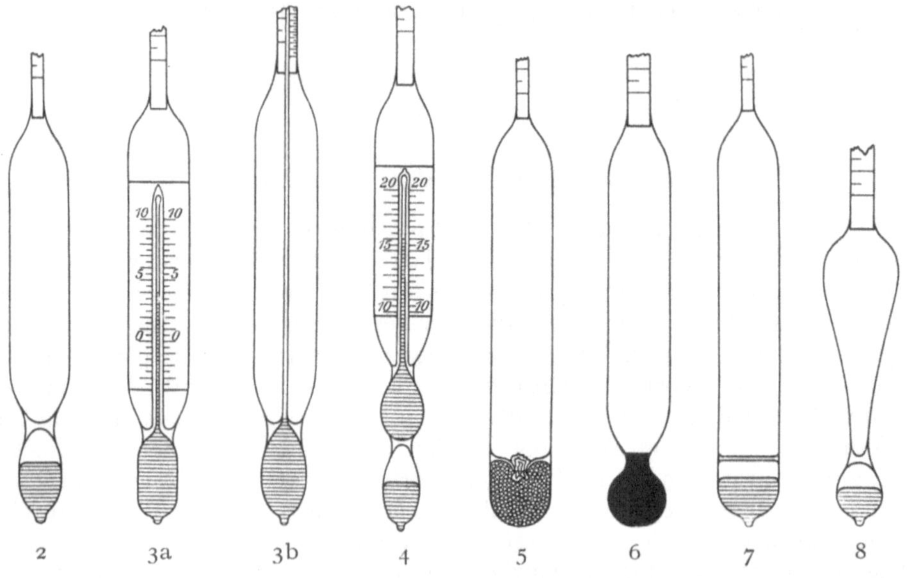

im Hals des Gefäßes zum Schmelzen bringt. Bei Nr. 7 ist ähnlich wie bei 5 keine Verjüngungsstelle zwischen Schwimmkörper und Ballastkammer. Zur Trennung beider dient ein eingeschmolzener Teller, als Ballast dient Quecksilber. (Nr. 8 vgl. S. 48.)

Für die angeführten und alle anderen Formen von Aräometerkörpern gilt der wichtige Gesichtspunkt, daß alle Verjüngungen, sowie alle Übergänge in der Form von Einschnürungen so stetig wie möglich verlaufen. Es sollen also Kanten sowie stark zur Achse des Aräometers geneigte Flächen vermieden werden. Auch sollen die Einschnürungsstellen so geformt sein, daß sie weder das Festhaften von Luftblasen ermöglichen oder begünstigen, noch auch beim Reinigen und Abtrocknen des Instrumentes hinderlich sind. Im übrigen mag darauf hingewiesen werden, daß hier mit der Erfüllung des praktischen Zweckes gewöhnlich auch die der ästhetischen Ansprüche, die man an das Äußere eines Aräometers zu stellen gewöhnt ist, Hand in Hand geht.

Auf eine besondere Gefahr, welche durch „Kanten", d. h. durch zu schroffe Übergänge von zylindrischen zu Kegelflächen bedingt ist, muß an dieser Stelle hingewiesen werden. Es ist die Gefahr des spontanen Springens des Glases (besonders durch schroffen Temperaturwechsel) in der Nähe derjenigen Stelle, wo die Verjüngung beginnt, wo also bei der Herstellung vor der Lampe kühl gebliebene und erweichte Glaspartien aneinander stoßen. Es ist durchaus notwendig, daß man auch die nicht zu bearbeitenden zylindrischen Partien, welche dem Beginn der Verjüngung benachbart sind, ziemlich stark, fast bis zum Erweichen erwärmt und dann mit den wirklich erweichten Stellen zusammen langsam abkühlen läßt, wenn man mit Sicherheit die spontane Entstehung eines Sprunges vermeiden will. Den Verfassern sind recht viele Fälle derartig verunglückter Instrumente vor Augen gekommen, und zwar war das Zerspringen regelmäßig erst längere Zeit nach der völligen Fertigstellung der Instrumente erfolgt. Da an derartig zersprungenen Aräometern natürlich nichts mehr zu retten ist, so tut man gut, sich diesen Hinweis zunutzen zu machen. Übrigens verhalten sich in bezug auf spontanes Zerspringen die Glasarten sehr verschieden. So sind manche Thüringer Gläser ganz besonders den Kühlsprüngen ausgesetzt, während z. B. das Jenaer Glas 16 III und besonders das Glas 59 III diese Neigung in erheblich geringerem Maße zeigen. Die Gefahr des spontanen Zerspringens liegt besonders auch dann vor, wenn bei der Herstellung eines und desselben Aräometers etwa verschiedene Glassorten Verwendung gefunden haben, was allerdings wohl nur in der Weise vorkommt, daß Körper und Stengel von verschiedenem Glas sind. Wenn die verarbeiteten verschiedenen Glassorten nicht einigermaßen dieselbe thermische Ausdehnung besitzen, so kann man sich besonders bei sehr kurzen mit Stichflamme erzeugten Verblasungsstellen mit einiger Sicherheit darauf verlassen, daß früher oder später an der Verschmelzungsstelle scheinbar von selbst ein Sprung entsteht. Das läßt sich aber selbst bei ziemlich verschiedenen Glassorten dadurch vermeiden, daß man die Verschmelzungsstelle sehr stark vor der Lampe durcharbeitet, indem man das Glas immer wieder aufbläst, auszieht und dann wieder zusammen laufen läßt. Aber einmal halten nur wenige Glassorten eine solche Behandlung aus, ohne zu entglasen, und zweitens sind gerade an der erwähnten Stelle des Überganges vom Körper in den Stengel lang ausgedehnte Verschmelzungsstellen durchaus zu vermeiden, damit man später nach Einführung der fertigen Skale eventuell noch eine, oft recht erwünschte, Verlegung des untersten Skalenstriches näher an den Körper heran vornehmen kann.

Die Form des Schwimmkörpers, besonders das Verhältnis seiner Länge zu seinem Querschnitt richtet sich natürlich nach denjenigen Zwecken, denen das Aräometer dienen soll. Es gibt ebensowohl sehr lange Schwimmkörper von geringem Querschnitt, als auch verhältnismäßig gedrungene kurze von großem Querschnitt. In besonderen Fällen, z. B. bei Spindeln, welche einen beträchtlichen Dichtenumfang der aräometrischen Skale besitzen, läßt es sich nicht umgehen, dem Schwimmkörper eine zur Horizontalebene unsymmetrische Gestalt zu geben, nämlich sein Hauptvolumen in seinen oberen Teil zu verlegen und den unteren Teil so weit als angängig auszuziehen, damit die Ballastkammer möglichst weit von dem Teil des

Schwimmkörpers entfernt ist, welcher den größten Teil des Auftriebes hervorbringt; oder mit anderen Worten, damit der Schwerpunkt des Aräometers möglichst tief liegt. Eine derartige Form des Schwimmkörpers findet sich oben in der Figur Nr. 8, S. 46 skizziert.

Bei solchen Aräometern, bei deren Anwendung in der Praxis die zur Verfügung stehende Flüssigkeitsmenge entweder sehr gering, oder von — wenig voneinander abstehenden — ebenen Flächen begrenzt ist, wie z. B. die Säure zwischen Akkumulatorenplatten, ist es nötig, die Form und Größe des Schwimmkörpers, ev. des ganzen Aräometers dem besonderen Zwecke genau anzupassen, was unter Umständen eine durch reines Probieren ohne die Möglichkeit, sich an vorhandene Muster anzulehnen, meist schwer zu lösende Aufgabe ist. Im 5. Kapitel werden wir zeigen, wie diese Schwierigkeit bei der Konstruktion von Aräometern durch Anwendung rechnerischer Methoden leicht überwunden werden kann.

Im Werkstattsbetriebe pflegt man den ganzen unteren Teil des Aräometers „Körper" oder „Korpus" zu nennen, falls er kein Thermometer enthält. Ist letzteres der Fall, so nennt man ihn „Unterteil". Dieser Ausdrücke werden wir uns in der Folge auch bedienen.

15. Der Stengel.

Der weitaus wichtigste Teil des Aräometers ist der Stengel, da in ihm die aräometrische Skale untergebracht wird. In den meisten Fällen erhalten die Aräometer Stengel von zylindrischer Form mit kreisförmigem Querschnitt. Die wichtigsten Bedingungen, welche an die Form des Aräometerstengels zu stellen sind, sind folgende:

1. Der Stengel muß gerade sein, genauer gesagt, er muß symmetrisch zu seiner zylindrischen Hauptachse gestaltet sein. Er darf also nicht bogenförmig gekrümmt sein, ein Fehler, der verhältnismäßig sehr häufig vorkommt, da die bisherigen Methoden, Stengelröhren zu ziehen, es mit sich bringen, daß das fertige Röhrenprodukt eine dauernde Krümmung beibehält. Bekanntlich ist das Ziehen von Stengelröhren eine besondere und in der Hüttenpraxis besonders hochgeschätzte Kunst. Es gibt auf diesem Gebiet geradezu Berühmtheiten unter den Röhrenziehern. Aber trotz aller Geschicklichkeit ist es diesen meist nicht möglich, bei der außerordentlichen Schnelligkeit, mit der während des Ziehens aus dem glühenden „Posten" besonders die dünnwandigen Stengelröhren sich abkühlen, einen geraden „Zug" fertig zu bekommen. Bei der verhältnismäßig großen Länge und Schwere des ausgezogenen Rohres teilt sich die von seinem Durchhängen herrührende Krümmung dem frisch gezogenen Rohr in der Nähe des „Postens" sogleich dauernd mit.

In neuerer Zeit geht man endlich daran, Einrichtungen zu schaffen, welche es ermöglichen, sowohl Stengel- als auch andere Röhren, besonders Kapillaren, so zu ziehen, daß eine einseitige Krümmung mit großer Sicherheit vermieden werden kann. Das wesentliche Merkmal dieser Einrichtungen besteht darin, daß man nicht wie bisher das Ziehen der Röhren in horizontaler Richtung in ebenen Zugbahnen mit ungleichmäßiger Temperaturverteilung, Luftzug von den Fenstern her und ähnlichen Mängeln, sondern in senkrechten Zugtürmen unter Anwendung von Aufzügen vornimmt. Gleichzeitig ist Vorsorge dafür getroffen, daß keine einseitige Abkühlung des entstehenden Röhrenzuges eintreten kann. Unseres Wissens sind derartige Zugtürme zuerst in amerikanischen Glashütten eingerichtet worden. Jedenfalls wird diese Neuerung von vielen Glasbläsern mit Freude begrüßt werden.

Geschickten Glasbläsern gelingt es mitunter, bogenförmig gekrümmte Stengelröhren vor der Flamme gerade zu richten, ohne daß sie dabei das gute Kaliber, d. h. den genauen zylindrischen Verlauf der äußeren Oberfläche zerstören. Das ist aber eine zeitraubende, mühsame Arbeit.

2. Ein weiteres wichtiges Erfordernis, das man an einen guten Aräometerstengel stellen muß, ist ein möglichst gleichmäßiges Kaliber, oder mit anderen Worten: der Querschnitt des Stengels muß sich über dessen ganze Länge durchaus gleich bleiben. Die Erfüllung dieser Bestimmung ist noch wichtiger als die der unter 1 genannten, da die durch ein schwankendes Kaliber bewirkten aräometrischen Fehler besonders störend in Erscheinung treten. Die Fehlertafel eines von Strich zu Strich untersuchten Aräometers mit guter, gleichmäßiger Skale, aber schlechtem Kaliber zeigt, als Folge des letzteren, keinen stetigen Gang, sondern ein Hin- und Herschwanken der Größe des aräometrischen Fehlers.

Von einem bei Stengelröhren häufig vorkommenden Mangel ist schon früher die Rede gewesen: es ist die „Keiligkeit". Sie fällt natürlich unter die gröberen Mängel, ist aber, wenn sie nur in geringem Betrage vorhanden ist und ganz regelmäßig verläuft, nicht so gefährlich als eine wellige Beschaffenheit der Stengeloberfläche. Man würde jedoch gezwungen sein, zur Herstellung eines einigermaßen zuverlässigen Aräometers, wenn dessen Stengel ein sog Keilstück ist, die Skale an unverhältnismäßig vielen Punkten durch Vergleichung mit einem Normaläräometer festzulegen. Die hierdurch bedingte Mehrarbeit lohnt sich nicht und es empfiehlt sich der Ersatz eines solchen mangelhaften Stengels durch einen guten.

3. Es ist schon oben davon die Rede gewesen, daß die Wandstärke eines Stengelrohres um den ganzen Querschnitt herum ganz gleichmäßig sein muß. Das ist notwendig, weil einmal Stengel mit ungleichmäßiger Wandstärke leichter zerbrechen und weil zweitens bei sehr leichten Spindeln mit langem Stengel und geringer Stabilität durch eine Ungleichmäßigkeit in der Wandstärke des Stengels leicht ein schiefes Schwimmen der Spindel hervorgebracht wird.

16. Thermometer-Unterteile.

Da bei der Bestimmung des spez. Gewichtes einer Flüssigkeit auch deren Temperatur eine besonders wichtige Rolle spielt, so hat man, um neben dem Aräometer nicht noch gleichzeitig immer ein Thermometer vorrätig halten zu müssen, diese beiden Instrumente vielfach zu einem Stück vereinigt und sog. Thermoaräometer geschaffen, welche in ihrem unteren Teil ein vollständiges Thermometer enthalten. Das Quecksilbergefäß des letzteren, die sog. „Kugel", dient, wovon bereits im § 14 die Rede war, gleichzeitig als Ballastgefäß. Häufig ist an die Thermometerkugel unten noch ein besonderes Ballastgefäß angeblasen. Nach den neuen

Eichvorschriften für Aräometer sind Thermoaräometer, welche eine solche, aus Thermometergefäß und daran geblasener Ballastkammer bestehende „Doppelkugel" haben, zur Eichung zugelassen. Da das genaue Abmessen des Thermometergefäßes für den Fall, daß es allein als Ballastgefäß dienen soll, verhältnismäßig schwierig ist, und man häufig gezwungen ist, bei zu kleinen Thermometergefäßen eine sehr bedeutende Menge Schrotlackballast im Innern der späteren Thermometerskale anzubringen (vgl. S. 51), so wird man die Zulassung der Doppelkugel als praktische Neuerung in Fachkreisen willkommen heißen. Diese Einrichtung hat noch den besonderen Nutzen, daß der Schwerpunkt der Spindel durch die besonders tiefe Anordnung des Ballastes eine gute Stabilität beim Schwimmen, besonders bei ganz herausragendem Stengel bedingt.

Man wird in der Regel eine vollständige Bestreitung des zur richtigen Beschwerung des Aräometers notwendigen Ballastes nicht allein durch Thermometergefäß und Ballastgefäß vornehmen, sondern wird einen gewissen Rest sich für die Beschwerung des Instruments mit Schrotlack vorbehalten: Da nämlich die seitliche Lage der Kapillare des Thermometers eine unsymmetrische Verteilung der Masse um die Achse des Zylinders bewirkt, so kann besonders bei Instrumenten, bei denen der Schwerpunkt nicht sehr tief unter dem Metazentrum liegt (vgl. Ausführung S. 47 f.), leicht ein schiefes Schwimmen der fertigen Aräometer eintreten. Diesem Übelstande kann man nun leicht dadurch vorbeugen, daß man die Wirkung der Kapillare durch innerhalb der Thermometerskale ihr gegenüber angeschmolzenen Schrotlack aufhebt.

Indessen hüte man sich, eine übergroße Menge von Schrotlackballast zu verwenden, da das Papier der Thermometerskale, trotzdem es an der Glaswand des Schwimmkörpers oder Unterteils mit Hausenblase festgekittet wird, bei starken Schüttel- oder Rüttelbewegungen, wie solche besonders bei der Versendung unvermeidlich sind, durch das große Gewicht des in übermäßiger Menge vorhandenen Schrotballastes gelegentlich von der Glaswand losgerissen und gänzlich verschoben wird, so daß das Thermometer dadurch unbrauchbar wird. Zur Not kann man sich, wenn dieses Unheil einem Thermoaräometer widerfahren ist, so helfen und den Schaden wieder gut machen, daß man, nachdem man die Skale durch geschicktes Schütteln oder Klopfen wieder an die richtige Stelle im Verhältnis zur Thermometerkapillare gebracht hat, durch Erwärmen des Schrotballastes in dem im 6. Kapitel § 22 geschilderten Apparat so stark breit laufen läßt — unter Umständen unterstützt man diesen Vorgang noch durch geeignetes Neigen des Aräometers —, daß ein wenig von dem Lack über oder unterhalb des Skalenpapiers überfließt und die Glasoberfläche von ihm berührt wird, an der er sich dann festschmilzt. Selbstverständlich muß man, ehe man zu diesem Notbehelf schreitet, durch Vergleichung des Thermometers mit einem Normalthermometer feststellen, ob man die Skale in der Tat an die richtige Stelle gerückt hat. Indessen kommt die Loslösung der Thermometerskale durch eine zu große Menge von Schrotballast immerhin selten vor.

Eine viel häufiger vorkommende Wirkung einer zu großen Menge einseitig festgeschmolzenen Schrotballastes besteht darin, daß das Aräometer schief schwimmt. Der Schrotlackballast wird in solchen Fällen ein wenig verteilt, indem man ihn bis zum Schmelzen erwärmt, und alsdann das Aräometer, indem man es horizontal hält, zwischen den Händen um seine Achse sehr langsam so hin und her bewegt, daß der Lack sich nicht allein der Kapillare gegenüber, sondern auch zu beiden Seiten der durch Kapillare und Aräometerachse gedachten Ebene symmetrisch anordnet. Auch kann man durch einfaches Umdrehen der horizontal gehaltenen Spindel, so daß die Kapillare nach unten zu liegen kommt, sich so viel Ballast an die der Thermometerkapillare anliegende Papierfläche ankitten lassen, daß eine ganz gleichmäßige Verteilung aller in Betracht kommenden Massen innerhalb des Unterteils erreicht ist, und das Aräometer gerade schwimmt, was man natürlich immer nur erst dann feststellen darf, wenn der Schrotlackballast wieder kühl und hart geworden ist.

Die Verwendung von Schrotlackballast verbietet sich übrigens völlig für alle Thermoaräometer, die in höheren Temperaturen, also etwa oberhalb 60° C. benutzt werden sollen, da der Schrotlackballast dann weich werden und in den unteren Teil des Thermometerkörpers fließen würde. Solche Instrumente müssen mit Doppelkugel versehen werden.

Über die Herstellung der Thermometer selbst können wir hier kurz weggehen, da sie sich in nichts von der Herstellung gewöhnlicher Einschlußthermometer unterscheidet. Doch muß erwähnt werden, daß es vorteilhaft ist, die Kapillare am oberen Ende mit einer kleinen Erweiterung zu versehen, damit bei unvorsichtiger Erwärmung des Thermometers über die höchste zulässige Temperatur nicht gleich ein Sprung des Gefäßes eintritt, was bei einfachem „Abstechen" der Kapillare, wobei das sich ausdehnende Quecksilber oben keinen Raum vorfindet, leicht vorkommen kann.

Auch hat eine Erweiterung bei der Kapillare den Vorteil, daß man die etwa im Quecksilber zurückgebliebenen Luft- und Feuchtigkeitsreste durch sog. Ausklopfen auch beim fertigen Instrument noch in den über der Quecksilbersäule befindlichen leeren Raum der Kapillare treiben kann.

Über die Anforderungen, welche man an das in einem Thermoaräometer befindliche Thermometer zu stellen hat, geben die im 12. Kapitel enthaltenen Instruktionsvorschriften für die amtliche Prüfung von Aräometern die nötige Aufklärung. Auch an dieser Stelle mag darauf hingewiesen werden, daß selbstverständlich jede Thermometerskale die Angabe der Skalengattung (Réaumur, Celsius, oder Grade des 100teiligen Thermometers, Fahrenheit) in der Aufschrift enthalten muß, und daß sie im Interesse der Identifizierung sowohl des einzelnen Unterteils, als auch des späteren Aräometers, abgesehen von einer Firmenbezeichnung, zweckmäßigerweise immer eine Geschäftsnummer tragen sollte.

5. Kapitel.

Rechnerische Konstruktion des Aräometers.

17. Praktische Näherungsformeln.

In der nebenstehenden schematischen Darstellung eines Aräometers bezeichne:

V das Volumen oder den Raumgehalt (oder auch die Verdrängung) des Körpers des Aräometers, gerechnet vom untersten Punkt der Ballastkammer bis zum untersten Strich der aräometrischen Skale im Stengel;

l die verlangte Länge der aräometrischen Skale vom untersten bis zum obersten Teilstrich;

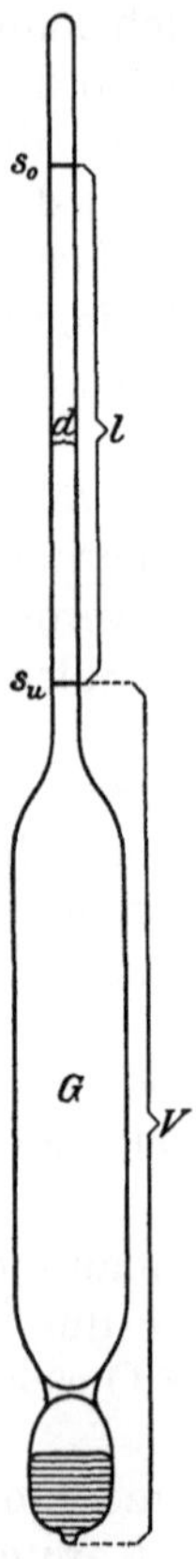

d den Durchmesser des Stengels des Aräometers;

s_o bzw. s_u das dem obersten bzw. dem untersten Skalenstrich entsprechende spez. Gewicht;

G das Gewicht des ganzen Aräometers.

Dann gelten folgende Beziehungen, deren Ableitung im Hinblick auf den beabsichtigten Zweck dieser Erläuterungen unter Vernachlässigung solcher Größen vorgenommen wird, welche praktisch von verschwindendem Einfluß auf die Konstruktion eines Aräometers sind, z. B. der Wirkung des Luftauftriebes und der Kapillarität. Vgl. die strengen Ableitungen in § 7 und 10.

Zunächst gilt die Gleichung

$$V \cdot s_u = G \qquad \ldots \qquad \ldots \qquad \ldots \qquad (I)$$

Diese Gleichung bedeutet, daß wenn das Aräometer bis zum untersten Skalenstrich in eine Flüssigkeit einsinkt, der Auftrieb, welcher (vgl. Kap. 3) dem Gewichte der verdrängten Flüssigkeitsmenge gleich ist, und demzufolge durch das Produkt $V \cdot s_u$ (Raumgehalt der verdrängten Flüssigkeitsmenge mal spez. Gewicht) ausgedrückt wird, dem Gewicht des Aräometers das Gleichgewicht hält. Eine ähnliche Gleichung läßt sich auch für den Fall aufstellen, daß das Aräometer bis zum obersten Skalenstrich in eine Flüssigkeit einsinkt. Dann wird das eintauchende Volumen des Aräometers dargestellt durch den Ausdruck:

$$V + \frac{d^2 \pi}{4} \cdot l$$

Fig. 9. worin $\frac{d^2 \pi}{4} \cdot l$ das Volumen des zwischen dem obersten und untersten Skalenstrich liegenden Stengelstückes bedeutet, welches, da es als Kreiszylinder angesehen werden darf, als Produkt aus Querschnitt und Achsenlänge berechnet wird. Das Gewicht der verdrängten Flüssigkeitsmenge bzw. die Größe des Auftriebes wird in diesem Falle dargestellt durch den Ausdruck

$$\left(V + \frac{d^2 \pi}{4} \cdot l \right) \cdot s_o.$$

Da auch hier der Auftrieb dem Gewicht der Spindel das Gleichgewicht hält, so gilt die Gleichung:

$$\left(V + \frac{d^2 \pi}{4} \cdot l \right) \cdot s_o = G \qquad \ldots \qquad \ldots \qquad (II)$$

In den Gleichungen I und II müssen die auf der linken Seite der Gleichheitszeichens stehenden Ausdrücke einander gleich sein, da jedes für sich genommen gleich dem Gewicht G der Spindel ist. So erhalten wir die neue Gleichung:

$$V \cdot s_u = \left(V + \frac{d^2 \pi}{4} \cdot 1\right) \cdot s_o.$$

Hieraus berechnen sich in einfacher Weise folgende drei Gleichungen:

$$d = \sqrt{\frac{4 V (s_u - s_o)}{\pi \cdot 1 \cdot s_o}} \quad \cdots \cdots \cdots \cdots \quad \text{(III)}$$

$$1 = \frac{4 \cdot V \cdot (s_u - s_o)}{d^2 \cdot \pi \cdot s_o} \quad \cdots \cdots \cdots \cdots \quad \text{(IV)}$$

$$V = \frac{d^2 \pi \cdot 1 \cdot s_o}{4 \cdot (s_u - s_o)} \quad \cdots \cdots \cdots \cdots \quad \text{(V)}$$

Mittels dieser Gleichungen kann man also, wenn die in dem Ausdruck auf der rechten Seite der Gleichungen verwendeten Größen bekannt sind, die auf der linken Seite stehenden leicht berechnen. Das Zeichen π bedeutet die Zahl 3,142, welche bekanntlich angibt, wie oft der Durchmesser eines Kreises in dessen Umfang aufgeht. Infolgedessen sind es also nur die Größen d (= Stengeldurchmesser), 1 (= Skalenlänge), V (= Volumen des Unterteils oder die Körperverdrängung), die entweder durch Festsetzung oder durch Rechnung zu bestimmen sind. Da jedoch die drei Größen d, 1 und V der Gleichung II genügen müssen, so können nicht alle drei gleichzeitig beliebig gewählt werden, sondern wenn zwei von ihnen willkürlich festgesetzt werden, so ist die dritte Größe ihrem Werte nach durch die Größe der andern beiden genau bedingt.

Wäre z. B. das Volumen des Körpers eines zu konstruierenden Aräometers, sowie seine Skalenlänge und die extremen Skalenpunkte in spez. Gewicht bekannt, so würde der Durchmesser des auf den Körper zu setzenden Stengels aus der Gleichung III durch Einsetzen der bekannten Werte 1, V, s_u, s_o und π leicht berechnet werden können. Oder wenn das Volumen des Körpers, der Skalenumfang und ein bestimmter Stengeldurchmesser vorgeschrieben sind, erfährt man die Länge der durch die gegebenen Größen bedingten aräometrischen Skale durch Berechnung der Gleichung IV; endlich, wenn die auf der rechten Seite der Gleichung V stehenden Bedingungsgrößen für ein Aräometer gegeben sind, so erhält man das Volumen, welches man dem Körper oder dem Unterteil geben muß, durch Einsetzen der gegebenen Größen in Gleichung V.

18. Erläuterung der einschlägigen Tafeln.

Da die Benutzung dieser Gleichungen etwas umständlich ist, wenn man in jedem einzelnen Falle die Rechnung in gewöhnlicher Weise ausführen will, so bedient man sich zweckmäßig zur Ausführung der Rechnungen entweder eines Rechenschiebers oder einer Rechentabelle (z. B. der von Zimmermann), einer Logarithmentafel, (diese braucht nur drei- oder vierstellig zu sein), oder endlich am besten der im Anhange gegebenen Tafel 53 für die Konstruktion von Aräometern.

Speziell für die Ermittlung des Durchmessers der auf fertige Körper oder Unterteile zu setzenden Stengel sind außerdem in Tafel 54a und 54b zwei Nomogramme gegeben, welche in der bequemsten Weise ohne jede Rechnung aus den gegebenen Grundgrößen v, l, s_0 und dem Dichteumfang der Skale den Durchmesser des zugehörigen Stengels durch bloße Auflegung eines Lineals oder straffen Fadens zu ermitteln gestatten.

Die in Tabelle 53 verzeichneten Zahlenwerte beruhen auf der logarithmischen Rechenmethode und sind so eingerichtet, daß man beispielsweise zur Ermittlung des Durchmessers des auf einen fertigen Körper von bekanntem Volumen zu setzenden Stengels lediglich die in den Rubriken: I. Bereich b der Skale; II. spez. Gewicht s_0 am obersten Teilstrich; III. Länge l der Skale; IV. Volumen v des Unterteils verzeichneten, in Betracht kommenden Zahlenwerte zu addieren braucht, um den zu der Summe aus Rubrik „V. Durchmesser d des Stengels" gehörigen Wert des Stengeldurchmessers zu ermitteln. Aus der auf S. *87* über der Tabelle notierten Gleichung (d) = (b) + (s_o) + (l) + (v) lassen sich natürlich ohne weiteres durch geeignete Umstellung auch alle anderen Größen berechnen. Es lassen sich die weiteren Gleichungen aufstellen:

$$(l) = (d) - (b) - (s_o) - (v) = (d) - [(b) + (s_o) + (v)]$$
$$(v) = (d) - (b) - (s_o) - (l) = (d) - [(b) + (s_o) + (l)].$$

Die Gleichungen für (s_o) und (b) aufzustellen erübrigt sich, da diese Größen zu den unbedingt vorgegebenen Grundgrößen für die Konstruktion eines Aräometers gehören.

Wir werden von diesen Gleichungen in der Folge den mannigfaltigsten Gebrauch machen, indem wir ihre Anwendung bei der rein rechnerischen Konstruktion von Aräometern aller wichtigen Arten an zahlreichen Beispielen erläutern.

Der Vorteil der rechnerischen Methode leuchtet ein, wenn man berücksichtigt, daß durch ihre Anwendung dem Praktiker das zeitraubende Ausprobieren von Aräometern vollkommen erspart wird. Es kommt ja leider häufig vor, daß die Besteller von Aräometern selbst zu wenig fachmännische Einsicht haben, um bei der Formulierung ihrer Wünsche bezüglich der bestellten Aräometer unmögliche Forderungen zu vermeiden.

So kommt es z. B. vor, daß Aräometer in Auftrag gegeben werden, bei denen eine bestimmte Skalenlänge, ein bestimmter Dichteumfang der Skale, sowie die Dimensionen des Unterteils vorgeschrieben werden, so daß der Durchmesser des passenden Stengels damit festgelegt ist; dieser hat dann manchmal einen so kleinen Wert, daß es unmöglich sein würde, eine Skale in ihn einzuführen, oder einen so großen Wert, daß Stengelröhren von solcher Weite einfach nicht zu beschaffen sind, oder eine zu geringe Festigkeit haben würden. In solchen Fällen macht sich der Praktiker oft viel Mühe mit dem Hin- und Herprobieren, indem er ein Aräometer nach dem andern bläst und wieder zerstört, bis er einsieht, daß die Herstellung der bestellten Instrumente an der Unerfüllbarkeit der Forderungen bzw. an den unsinnigen Formen scheitern muß.

Ferner kommt es wohl vor, daß für die Länge der Skale, deren Dichteumfang und für den Stengeldurchmesser Vorschriften gemacht werden, und es zeigt sich dann, daß die Dimensionen, welche der Körper oder das Unterteil annehmen würden, ebenfalls praktisch als unsinnig zu bezeichnen sein würden. In jedem Fall ist es um die bei der Ausprobierung verschwendete Arbeit und das verlorene Material schade, während die Aufdeckung der in verfehlten Bestellungen verborgenen technischen Unmöglichkeiten auf rechnerischem Wege in bequemster Weise und in kürzester Zeit gelingt und nicht mehr Aufwand an Material verursacht als ein wenig Papier und Tinte.

19. Praktische Beispiele.

Wir wollen nun die rechnerische Konstruktion des Aräometers an einer Reihe von Beispielen erläutern und beginnen zunächst mit der einfachsten Aufgabe, nämlich mit der Berechnung des Durchmessers für den auf ein fertig vorgegebenes Unterteil aufzusetzenden Stengel, wenn die Skalenlänge und der in Dichte ausgedrückte Skalenbereich, d. h. das dem obersten und das dem untersten Skalenstrich entsprechende spez. Gewicht gegeben sind.

Danach werden wir zur Stengelberechnung unter erschwerten Bedingungen übergehen, um endlich die Konstruktion des ganzen Aräometers, von leichten zu schweren Voraussetzungen fortschreitend, zu erläutern.

Wir wollen also zunächst annehmen, daß die Körper oder Unterteile für eine Anzahl von Dichtespindeln bereits fertig vorliegen und daß sie für die Bestimmung ihres Volumens oder ihrer Raumverdrängung geeignet vorbereitet, d. h. mit einem oben zugeschmolzenen Auszugstück am oberen Ende versehen sind.

1. Es sei der Durchmesser des Stengels zu bestimmen für ein kleines Thermoaräometer für Mineralöle nach spez. Gewicht, dessen aräometrische Skale von 0,750 bis 0,840 anzeigen, nach Einheiten der dritten Dezimalstelle des spez. Gewichts fortschreiten und eine Länge von 110 mm haben soll. Wir tauchen das fertig vorliegende Unterteil in einen Meßzylinder, welchen wir bis zum Punkt 103,0 ccm mit einer Alkoholwassermischung angefüllt haben. Da es ein verhältnismässig kleines Unterteil ist, so nehmen wir, da wir mehrere Meßzylinder zur Verfügung haben, denjenigen, der die genaueste Ablesung gestattet, d. h. den engsten in den wir das zu messende Unterteil einführen können. Denn je kleiner das Unterteil ist, desto genauer muß man selbstverständlich die Volumenbestimmung ausführen. Nach dem Eintauchen des Unterteils in den Meßzylinder bis zu demjenigen Punkte[1]) der Auszugröhre, an dessen Stelle beim fertigen Aräometer der unterste Skalenstrich liegen soll, steht die Flüssigkeit am Meßzylinder bei 123,5 ccm. Durch Subtraktion der Anfangslesung 103,0 von 123,5 ergibt sich ein Volumen des Unterteils von 20,5 ccm. Nun schlagen wir die Tafel 53 auf Seite *87* auf und suchen in der Untertabelle I ,,Bereich b der Skale" in der mit b überschriebenen Reihe die zu dem Skalenbereich oder Skalenumfang in spez. Gewicht von: $(0,840 - 0,750) = 0,090$ gehörigen Zahlen in der mit (b) überschriebenen Reihe, wir finden dort die Zahl 1628. Dann suchen wir in der Untertabelle ,,II. spez. Gewicht (s_0) am obersten Teilstrich", die zu $s_0 = 0,750$ gehörige Zahl in der mit (s_0) überschriebenen Reihe und finden 1063. Hierauf suchen wir in Untertabelle III die zu der verlangten Skalenlänge

---

[1]) Die Entfernung des untersten Skalenstriches von der Ansatzstelle des Stengels läßt man 5 bis 10 mm betragen. Hierbei ist unter Ansatzstelle die ganze Strecke gemeint, auf der die Stengelröhre infolge des Erweichens beim Ansetzen an den Körper ihre zylindrische Form verliert.

$l = 110$ mm gehörige Zahl und finden 883. Endlich ermitteln wir aus Untertabelle IV „Volumen v des Unterteils" die zu dem gefundenen Wert für v = 20,5 ccm gehörige Zahl in der mit (v) überschriebenen Reihe und finden durch Interpolation zwischen den für 20 ccm und 21 ccm verzeichneten Zahlen den Wert 1156. Wir addieren nun die vier ermittelten Zahlen und erhalten:

$$
\begin{array}{r}
1628 \\
1063 \\
883 \\
\underline{1156} \\
\text{Summe: (d)} = 4730
\end{array}
$$

Mit diesem Werte gehen wir in der Untertabelle V in die mit (d) überschriebene Zahlenreihe ein und finden die unserem Wert zunächstliegende Zahl 4732, entsprechend einem Werte für den Durchmesser d des Stengels von 5,4 mm. Wollten wir die Grösse des Durchmessers bis auf 0,01 mm genau ermitteln, so müssten wir zwischen den beiden Zahlen 4724 und 4732 (entsprechend den Werten für den Durchmesser 5,3 und 5,4 mm) interpolieren. Einem Fortschritt des Stengeldurchmessers um 0,1 mm entspricht an dieser Stelle eine Vermehrung der Zahl (d) um 8. Also entspricht einer Vermehrung der Zahl (d) um 1 eine Vermehrung des Wertes für den Stengeldurchmesser um $\frac{0,1}{8}$. Unser ermittelter Wert für (d) 4730 ist um 6 größer als der nächst kleinere Wert der Tabelle, 4724. Der dem Werte 4730 entsprechende Wert für den Durchmesser ist also um $\frac{0,1}{8}$. 6 größer als der — 4724 entsprechende — Wert 5,3, also um rund 0,08 mm. Demnach entspricht dem Wert 4730 für (d) ein Stengeldurchmesser von 5,38 mm. Da sämtliche hier angeführten Beispiele mit solchen Zahlenwerten durchgeführt werden, welche durch Messungen an fertigen Aräometern gewonnen worden sind, so entsprechen sämtliche Dimensionen einem wirklichen Tatbestande und können gegebenen Falls bei Neukonstruktionen mit zu Hilfe genommen werden. Eine Nachmessung des Stengels in dem oben behandelten Falle am fertigen Aräometer mittels des Mikrometertasters von Strasser und Rhode ergibt in der Tat einen Durchschnittswert für den Stengeldurchmesser von 5,38 mm.

2. Das Volumen des Körpers eines Aräometers für spez. Gewicht, von 1,38 bis 1,84 anzeigend, die Teilung fortschreitend nach Einheiten der zweiten Dezimalstelle, sei ähnlich wie im Beispiele 1 zu 15,8 ccm gefunden worden. Die Skalenlänge soll 156 mm betragen. In diesem Falle ist also:

$$
\begin{array}{llllllll}
b = 0,46 & \text{dem entspricht in Tafel 53 Tabelle I (b)} & = 1982 \\
s_o = 1,38 & ,, & ,, & ,, & ,, & ,, & ,, & \text{II } (s_o) = 930 \\
l = 156 \text{ mm} & ,, & ,, & ,, & ,, & ,, & ,, & \text{III (l)} = 806 \\
v = 15,8 \text{ ccm} & ,, & ,, & ,, & ,, & ,, & ,, & \text{IV (v)} = \underline{1099} \\
& & & & & & \text{Summe: (d)} & = 4817.
\end{array}
$$

Der Summe 4817 entspricht ein Wert des Stengeldurchmessers von 6,56 mm in Übereinstimmung mit dem durch Nachmessung an einer vorhandenen Spindel dieser Art festgestellten Durchmesser des Stengels.

3. Für ein Dichtearäometer, von 0,778 bis 0,825 anzeigend, Skalenlänge 194 mm, sei ein Unterteil von 74,0 ccm geblasen. Wir wollen in diesem Falle die Stengelberechnung mittels des in Tafel 54 a, S. *89* befindlichen Nomogrammes 1 ausführen. Wir verbinden den Punkt 0,778 der mit „spez. Gewicht des obersten Punktes" bezeichneten Linie mit dem Punkt 0,047 der mit „Umfang der Skale in spez. Gewicht" bezeichneten Linie durch die Kante eines Lineals (oder einen straffgespannten Faden). Diese schneidet die Hilfsskale A am Punkte 30,0. Diesen Punkt 30,0 der Hilfsskale A verbinden wir mit dem Punkte 74,0 der mit „Volumen des Aräometerkörpers in ccm" bezeichneten Linie. Die Verbindungslinie beider Punkte schneidet die Hilfsskale B im Punkte 22,6. Letzteren verbinden wir endlich mit dem Punkte 19,4, der mit „Länge der Skale in cm" bezeichneten

Linie. Die Verbindungslinie beider Punkte schneidet die mit „Durchmesser des Stengels in mm" bezeichnete Linie im Punkte 5,43.

Wir wiederholen die letzte Stengelbestimmung zur Kontrolle mit den Tabellen der Tafel 53:

$$\begin{aligned}
\text{für } b &= 0{,}047 \quad \text{finden wir} \quad (b) = 1487 \\
\text{,, } s_o &= 0{,}778 \quad \text{,,} \quad \text{,,} \quad (s_o) = 1055 \\
\text{,, } l &= 194 \quad \text{,,} \quad \text{,,} \quad (l) = 758 \\
\text{,, } v &= 74{,}0 \quad \text{,,} \quad \text{,,} \quad (v) = \underline{1435} \\
& \qquad\qquad\qquad \text{Summe: } (d) = 4735.
\end{aligned}$$

Zu diesem Wert der Summe erhalten wir für den Durchmesser den Wert 5,44 mm. Die beiden nach zwei verschiedenen Methoden ermittelten Werte stimmen also sehr gut mit einander überein. (Ein Ergebnis, welches durch Nachmessung am Stengel des fertigen Aräometers bestätigt wurde.)

4. Der Körper für ein Aräometer zur Bestimmung des spez. Gewichts von Bier hat ein Volumen von 140 ccm. Das Aräometer soll zwischen 1,032 und 1,056 anzeigen. Die Teilung soll nach Einheiten der 4. Dezimalstelle fortschreiten. Die Skale soll 192 mm lang sein.

$$\begin{aligned}
\text{für } b &= 0{,}024 \quad \text{finden wir} \quad (b) = 1341 \\
\text{,, } s_o &= 1{,}032 \quad \text{,,} \quad \text{,,} \quad (s_o) = 994 \\
\text{,, } l &= 192 \quad \text{,,} \quad \text{,,} \quad (l) = 760 \\
\text{,, } v &= 140 \quad \text{,,} \quad \text{,,} \quad (v) = \underline{1573} \\
& \qquad\qquad\qquad \text{Summe: } (d) = 4668.
\end{aligned}$$

Zu dem Wert $(d) = 4668$ ermitteln wir aus Tabelle V einen Stengeldurchmesser von 4,66 mm.

5. Das Volumen des Körpers eines Aräometers zur Bestimmung des spez. Gewichts von Butterfett beträgt 8,0 ccm. Die Skale, von 0,845 bis 0,870 anzeigend, soll 37 mm lang sein.

$$\begin{aligned}
\text{Für } b &= 0{,}025 \quad \text{finden wir} \quad (b) = 1350 \\
\text{,, } s_o &= 0{,}845 \quad \text{,,} \quad \text{,,} \quad (s_o) = 1036 \\
\text{,, } l &= 37 \quad \text{,,} \quad \text{,,} \quad (l) = 1118 \\
\text{,, } v &= 8{,}0 \quad \text{,,} \quad \text{,,} \quad (v) = \underline{\ 952} \\
& \qquad\qquad\qquad \text{Summe: } (d) = 4456.
\end{aligned}$$

Hierfür finden wir als Wert des Stengelsdurchmessers 2,85 mm.

6. Das Thermometerunterteil für eine Suchspindel nach Dichte, deren Skale von 0,750 bis 1,400 anzeigen und eine Länge von 159 mm haben soll, hat eine Raumverdrängung von 35,9 ccm.

$$\begin{aligned}
\text{Hier ist: } b &= 0{,}65 \quad \text{zugehöriger Tafelwert} \quad (b) = 2057 \\
s_o &= 0{,}750 \quad \text{,,} \quad \text{,,} \quad (s_o) = 1063 \\
l &= 159 \quad \text{,,} \quad \text{,,} \quad (l) = 802 \\
v &= 35{,}9 \quad \text{,,} \quad \text{,,} \quad (v) = \underline{1277} \\
& \qquad\qquad\qquad \text{Summe: } (d) = 5199.
\end{aligned}$$

Dieser Wert ist in Tabelle V nicht mehr verzeichnet. Eine Ergänzung der Tabelle für die Werte des Stengeldurchmessers von 14,0 bis 20,0 ist in der Anmerkung [1]) am Fusse dieser Seite gegeben. Man erhält d = 15,80 mm.

[1])

d	(d)	d	(d)	d	(d)	d	(d)	d	(d)	d	(d)	d	(d)
14,0	5146	15,0	5176	16,0	5204	17,0	5230	18,0	5255	19,0	5279	20,0	5301
14,2	5152	15,2	5182	16,2	5210	17,2	5236	18,2	5260	19,2	5283		
14,4	5158	15,4	5188	16,4	5215	17,4	5241	18,4	5265	19,4	5288		
14,6	5164	15,6	5193	16,6	5220	17,6	5246	18,6	5270	19,6	5292		
14,8	5170	15,8	5199	16,8	5225	17,8	5250	18,8	5274	19,8	5297		

7. Für ein Aräometer nach spez. Gewicht, von 0,800 bis 1,000 anzeigend, Skale fortschreitend nach halben Einheiten der zweiten Dezimalstelle 32 mm lang, ist ein Körper von 2,2 ccm Verdrängung vorhanden. Zur Berechnung des Stengeldurchmessers finden wir den zu

$$b = 0{,}200 \quad \text{gehörigen Tafelwert (b)} = 1801$$
$$s_o = 0{,}80 \qquad ,, \qquad\qquad ,, \qquad (s_o) = 1048$$
$$l = 32 \text{ mm} \qquad ,, \qquad\qquad ,, \qquad (l) = 1150$$
$$v = 2{,}2 \text{ ccm} \qquad ,, \qquad\qquad ,, \qquad (v) = \underline{671\ ^1)}$$
$$\text{Summe: (d)} = 4670.$$

Hierzu finden wir für d die Zahl 4,68 mm.

Bei sämtlichen vorstehenden Berechnungen ist die Normaltemperatur für die zu konstruierenden Aräometer sowie die Temperatur des Wassers, welche der Definition der Dichteeinheit zugrunde liegt, garnicht berücksichtigt worden, aus dem einfachen Grunde, weil, wie ein Blick auf die am Anfang dieses Abschnittes entwickelten Formeln lehrt, die betreffenden Temperaturgrössen sich herausheben und somit ohne Einfluss auf das Resultat bleiben.

Die Stengelberechnung für andere als Dichtearäometer unter Voraussetzung fertiger Körper oder Unterteile beruht auf der Verwendung von Tabellen, welche die Umrechnung der für die äussersten Skalenpunkte gegebenen Werte in spez. Gewicht ermöglichen. Eine Reihe solcher Tabellen findet sich in dem angehängten Tabellenwerk vor[2]).

Man verfährt in der Weise, daß man die für die äussersten Punkte der aräometrischen Skale gegebenen Zahlenwerte in spez. Gewicht umwandelt und dann die Berechnung in derselben Weise durchführt, wie das bereits in den vorstehenden Beispielen für Dichtespindeln geschehen ist.

Wir wollen dies an einigen weiteren Beispielen erläutern.

8. Aräometer nach Baumé (rat. Skale) für schwere Flüssigkeiten, Skale von 0^0 bis 4^0, Einteilung in $0{,}1^0$, vorgeschriebene Länge der Skale 60 mm, Körperverdrängung 41 ccm. Aus Tabelle 28 S. *33* finden wir

$$0{,}0^0 \text{ Bé} = 1{,}0000 \text{ spezifisches Gewicht} = s_o$$
$$4{,}0^0 \ ,, \ = \underline{1{,}0285} \qquad ,, \qquad\qquad ,, \qquad = s_u$$

demnach b = 0,0285 spezifisches Gewicht.

Es ist also
$$b = 0{,}0285 \quad \text{zugehöriger Tabellenwert (b)} = 1378$$
$$s_o = 1{,}000 \qquad ,, \qquad\qquad ,, \qquad (s_o) = 1000$$
$$l = 60 \text{ mm} \qquad ,, \qquad\qquad ,, \qquad (l) = 1013$$
$$v = 41{,}0 \text{ ccm} \qquad ,, \qquad\qquad ,, \qquad (v) = \underline{1306}$$
$$\text{Summe: (d)} = 4697$$
$$\text{demnach } d = 4{,}98 \text{ mm.}$$

9. Baumé Aräometer für Schwefelsäure, Skale von 0^0 bis 66^0 geteilt in ganze Grade, Skalenlänge 123 mm, Volumen des Körpers 10,5 ccm. Aus Tabelle 28 erhalten wir für:

$$0{,}0^0 \text{ Bé} = 1{,}0000 \text{ spezifisches Gewicht} = s_o$$
$$66{,}0^0 \ ,, \ = 1{,}8429 \qquad ,, \qquad\qquad ,, \qquad = s_u$$

---

[1]) Wenn sich die Zahl für v nicht in Tafel 53 vorfindet, so nimmt man den für 10 v eingetragenen (v) — Wert und zieht von ihm 500 ab. Also in unserem Falle: Statt für v = 2,2 suchen wir für 10 v = 22 den zugehörigen Tafelwert und finden 1171. Wir bilden nun 1171—500 = 671. Dies ist der zu v = 2,2 gehörige (v) — Wert.

[2]) Weitere für die vorliegenden Zwecke geeignete Tabellenwerke sind: Landolt und Börnstein, physikalisch-chemische Tabellen; der Chemikerkalender; Lunges Handbuch der Sodafabrikation und andere ähnliche Spezialwerke über Gebiete der chemischen Industrie.

demnach b = 0,843 zugehöriger Tafelwert (b) = 2115
s_0 = 1,000 ,, ,, (s_0) = 1000
l = 123 ,, ,, (l) = 858
v = 10,5 ,, ,, (v) = 1011

Summe: (d) = 4984.

Hieraus d = 9,65 mm.

10. Aräometer für leichte Flüssigkeiten nach Baumé, amtliche rat. Skale, Teilung von 21,5 bis 30,0, Skalenlänge 122 mm, Körpervolumen 40,2 ccm.

Aus Tabelle 27 S. *32* (ob wir s_{15} oder s_4 nehmen, ist praktisch gleichgültig) finden wir unter s_{15} für 21,5° Bé 0,8703 = s_u
,, 30,0° ,, 0,8278 = s_0

demnach b = 0,0425 zugehöriger Tafelwert (b) = 1465
s_0 = 0,870 (abgerundet) ,, ,, (s_0) = 1030
l = 122 ,, ,, (l) = 859
v = 40,2 ,, ,, (v) = 1302

Summe: (d) = 4656
d = 4,53 mm.

11. Thermoalkoholometer nach Gewichtsprozenten, Normaltemperatur 15°, Skale von 0 bis 100, in ganze Prozente geteilt, Länge 186 mm. Raumverdrängung des Unterteils 40,5 ccm. Tafel 13 S. *17* liefert

für: 0 % das spezifische Gewicht 1,00000 = s_u
,, 100 % ,, ,, ,, 0,79425 = s_0

demnach b = 0,20575.

Hier ist b = 0,206 zugehöriger Tafelwert (b) = 1807
s_0 = 0,794 ,, ,, (s_0) = 1050
l = 186 ,, ,, (l) = 767
v = 40,5 ,, ,, (v) = 1304

Summe: (d) = 4928
d = 8,48 mm.

12. Alkoholometer nach Tralles, Normaltemperatur $12^4/_9$° R. = 15,56° C., Skale von 0 bis 3 nach 0,1 % fortschreitend; 45 mm lang, Körperverdrängung 58,7 ccm. Aus Tafel 14 S. *18* finden wir

für 0 % das spezifische Gewicht 1,00000 = s_u
,, 3 % ,, ,, ,, 0,99555 = s_0

demnach b = 0,00445.

Hier ist b = 0,00445 zugehöriger Tafelwert (b) = 975
s_0 = 0,996 ,, ,, (s_0) = 1002
l = 45 ,, ,, (l) = 1075
v = 58,7 ,, ,, (v) = 1384

Summe: (d) = 4436
d = 2,73 mm.

13. Saccharimeter nach Gewichtsprozent, Normaltemperatur 20° C., Skale von 15 bis 20 % nach 0,05 % fortschreitend, 101 mm lang, Körperverdrängung 95,5 ccm. Aus Tafel 20 S. *24* erhalten wir

für 15 % das spezifische Gewicht s_{20} 1,05917 = s_0
,, 20 % ,, ,, ,, 1,08096 = s_u

demnach b = 0,02179.

$$\text{Hier ist } b = 0,0218 \text{ zugehöriger Tafelwert } (b) = 1320$$
$$s_o = 1,059 \qquad ,, \qquad ,, \qquad (s_o) = 988$$
$$l = 101 \qquad ,, \qquad ,, \qquad (l) = 901$$
$$v = 95,5 \qquad ,, \qquad ,, \qquad (v) = \underline{1490}$$
$$\text{Summe: } (d) = 4699.$$
$$\text{Hieraus } d = 5,00 \text{ mm.}$$

14. Saccharimeter nach Balling, Normaltemperatur $17,5^0$ C., Skale von 40 bis 90 % nach halben Prozenten fortschreitend, 149 mm lang, Körperverdrängung 23,9 ccm. Aus Tafel 20 S. *24* finden wir in der mit $s_{\frac{17,5}{17,5}}$ überschriebenen Spalte

$$\text{für 40 \% das spezifische Gewicht } 1,17895 = s_u$$
$$,, \ 90 \text{ \% } ,, \qquad ,, \qquad ,, \qquad \underline{1,48335 = s_o}$$
$$\text{demnach } b = 0,30440. \qquad .$$

$$\text{Hier ist } b = 0,304 \text{ zugehöriger Tafelwert } (b) = 1893$$
$$s_o = 1,179 \qquad ,, \qquad ,, \qquad (s_o) = 964$$
$$l = 149 \qquad ,, \qquad ,, \qquad (l) = 815$$
$$v = 23,9 \qquad ,, \qquad ,, \qquad (v) = \underline{1189}$$
$$\text{Summe: } (d) = 4861.$$
$$\text{Hieraus } d = 7,27 \text{ mm.}$$

Wenn sich in der Tafelsammlung keine Tabelle finden sollte, welche die d i r e k t e Umrechnung der äußersten Skalenpunkte in spez. Gewicht ermöglicht, so muß man zunächst eine bekannte Beziehung der Zahlen für die äußersten Skalenpunkte zu den Zahlen einer geeigneten aräometrischen Tabelle aufsuchen, welche den Zusammenhang zwischen den letzteren Zahlen und dem spez. Gewicht enthält.

Hierfür mögen einige Beispiele angeführt werden.

15. Es sei der Durchmesser des Stengels zu bestimmen, der auf den fertigen Körper eines Aräometers für schwere Flüssigkeiten nach Fischer aufzusetzen ist. Skale von 22^0 bis 50^0 118 mm lang. Raumverdrängung des Unterteils 36,9 ccm. Die Umwandlung der Grade Fischer in spez. Gewicht können wir nicht direkt vornehmen. Wir können aber mit Hilfe der Tabelle 31 auf S. *40* die Grade Fischer (Brix) zunächst in Grade der rationellen Bauméskale verwandeln.

$$\text{Es entsprechen } 22^0 \text{ Fischer } \quad 7,95^0 \text{ Bé rat.}$$
$$,, \qquad ,, \qquad 50^0 \qquad ,, \quad 18,06^0 \ ,, \ \ ,,$$

Zur Umwandlung rat. Bé-Grade in spez. Gewicht dient uns die schon bekannte Tabelle 28 S. *33* ff. Wir finden nunmehr

$$22^0 \text{ Fischer } = 7,95^0 \text{ Bé } = 1,05830 = s_o$$
$$50^0 \qquad ,, \quad = 18,06^0 \ ,, \ = 1,14307 = s_u.$$

$$\text{Hier ist also } b = 0,0848 \text{ zugehöriger Tafelwert } (b) = 1615$$
$$s_o = 1,058 \qquad ,, \qquad ,, \qquad (s_o) = 988$$
$$l = 118 \text{ mm} \qquad ,, \qquad ,, \qquad (l) = 867$$
$$v = 36,9 \text{ ccm} \qquad ,, \qquad ,, \qquad (v) = \underline{1283}$$
$$\text{Summe: } (d) = 4733$$
$$d = 5,66 \text{ mm.}$$

Wir hätten den Stengeldurchmesser in diesem Falle auch durch Anwendung des Nomogramms II in Tabelle 54b S. *90* ermitteln können. Dieses Nomogramm ist unmittelbar für die Ermittlung von Stengeldicken für Aräometer mit rationeller Baumé-Skale für schwere Flüssigkeiten konstruiert. Der Skalenumfang in Bé-Graden beträgt 18,06 bis 7,95 = 10,11^0. Wir verbinden den Punkt 10,11 der mit „Umfang der Skale in Bé-Graden" bezeichneten Linie mit dem Punkte 18,06 der

Linie „Baumégrade des untersten Punktes", die Verbindungslinie schneidet die Hilfsskale A im Punkte 11,1. Diesen Punkt verbinden wir mit dem Punkt 36,9 der Linie: „Volumen des Aräometerkörpers in ccm". Die Verbindungslinie schneidet die Hilfsskale B im Punkte 15,1. Endlich verbinden wir diesen Punkt mit dem Punkt 11,8 der Linie: „Länge der Skale in ccm". Die Verbindungslinie schneidet die Linie „Dicke des Stengels in mm" im Punkte 5,7. Dieser Wert für den Stengeldurchmesser unterscheidet sich von dem durch Benutzung der Tafel 53 ermittelten 5,66 mm um 0,04 mm, ein Unterschied, der durch kleine Einstellungsfehler bei der nomogrammatischen Ermittlung zu erklären ist.

Für die Berechnung des Stengeldurchmessers bei fertigen Körpern oder Unterteilen der herzustellenden Aräometer bedarf man jedenfalls, wie das auch aus den vorstehenden Beispielen zu Genüge erhellt, der Kenntnis der Gesamtlänge der aräometrischen Skale.

Für den Fall, daß diese Länge zahlenmäßig nicht gegeben ist, dafür aber Angaben etwa über die Grenzen, innerhalb deren sich die Gesamtlänge des ganzen Instruments zu halten hat, oder vielleicht über die untere Grenze für die Länge des kleinsten Skalenintervalls, hat man sich einen passenden Wert der Gesamtlänge erst auszurechnen.

Sind also z. B. über die Gesamtlänge der fertigen Spindel Angaben gemacht, so hat man nur nötig, die Länge des fertigen Körpers oder Unterteils, gerechnet vom untersten Punkt der ganzen Spindel bis zur Ansatzstelle des Stengels von der Gesamtlänge der Spindel in Abzug zu bringen. Alsdann erhält man die Länge, welche der fertige Stengel einzuhalten hat. Um dann aus der Stengellänge die Skalenlänge zu ermitteln, muß man über die zweckmäßigste Länge der unter und über der Teilung freibleibenden Stücke des Stengelrohres einen Entschluß fassen. Ein Aräometer, bei dem die Entfernung des obersten Skalenstrichs von der Stengelkuppe nur 10 mm oder noch weniger beträgt, handhabt sich schon schlecht. Insbesondere macht es während der Herstellung Schwierigkeiten, das Eindringen von Flüssigkeit beim Einsenken der Spindel in die Prüfungsflüssigkeit oder beim Abspülen zu vermeiden. Ferner ist es schwierig, die Übertragung des unvermeidlichen Hautfettes von den angreifenden Fingern auf solche Stengelstellen zu verhindern, die bereits für die Skale in Betracht kommen, ein Umstand, von dessen höchst ungünstiger Einwirkung auf die Einstellung des schwimmenden Aräometers noch ausführlich die Rede sein wird. Es kommt ferner hier und da beim Bearbeiten des noch offenen Instrumentes vor, daß von dem oberen Rande des Stengels ein Stück Glas absplittert, so daß man gezwungen ist, den Stengel etwas kürzer zu machen. Hat man die Länge der Stengelrohre nun von vornherein etwas kurz bemessen, so kommt man in diesem Falle unter Umständen in die Lage, den ganzen Stengel wieder abschneiden und einen neuen aufsetzen zu müssen, da sonst für das freie Stengelende ein zu geringer Raum vorhanden sein würde.

Ein weiterer störender Umstand, der bei zu gering bemessener Länge des oberen Stengelstückes in Betracht kommt, ist die Gefahr, sich beim Einsenken des Aräometers in ätzende Flüssigkeiten oder beim Herausheben die Finger zu benetzen und eventuell zu beschädigen. Allen diesen Unannehmlichkeiten begegnet man leicht dadurch, daß man die Länge der freibleibenden Stengelstücke von vornherein etwas reichlich bemißt. Im

Hinblick auf die besprochenen Gesichtspunkte sind auch in den Eichungsvorschriften für Aräometer [1]) für die Abstände des obersten und untersten Skalenstriches von den entsprechenden Stengelenden praktische Minimalgrenzen angegeben, und zwar muß die Stengelkuppe vom obersten Skalenstrich mindestens 15 mm, die Stelle, an der der Stengel in den Körper überzugehen beginnt vom untersten Skalenstrich mindestens 3 mm entfernt sein (vgl. die Anmerkung auf S. 55). Es ist aber zweckmäßig, die angegebenen Abstände erheblich reichlicher zu bemessen, und zwar gibt man dem oberen freien Stengelstück zweckmäßig durchschnittlich eine Länge von etwa 35 mm, dem unteren von etwa 10 mm; Zahlen, die man, wenn angängig, ruhig noch etwas vergrößern kann. Vor allen Dingen ist es wichtig, die Länge des offenen Stengelrohres besonders reichlich zu bemessen, denn abgesehen von dem schon oben besprochenen Nutzen, den dies unter gewissen Verhältnissen hat, ist es eine Kleinigkeit, mittels des Glasmessers beim Justieren des Aräometers nach Einführung der fertigen Skale ein etwa überflüssig erscheinendes Stück Stengelrohr abzutrennen.

Wenn man also unter der Voraussetzung fertig vorgegebener Körper oder Unterteile einerseits und einer bestimmten Angabe über die Gesamtlänge andererseits versuchen wird, für die freien Stengelstücke eine ausreichende Länge zu gewinnen, so wird man andererseits im Hinblick auf die Deutlichkeit und gute Ablesbarkeit der aräometrischen Skale, welche in gewisser Beziehung ihrer Gesamtlänge proportional sind, ebenfalls versuchen, letztere so ausgedehnt als möglich zu gestalten. Es gilt also ein Kompromiß zu schließen zwischen guter Handlichkeit und guter Ablesbarkeit oder Empfindlichkeit des ganzen Aräometers. Wie im einzelnen Falle diese beiden einander widersprechenden Forderungen miteinander zu vereinigen sind, läßt sich allgemein nicht angeben. Die Erfahrung läßt aber in kürzester Zeit den goldenen Mittelweg finden. Im übrigen sind ja bei der Bestellung von Aräometern nur verhältnismäßig selten sehr bestimmte und engbegrenzte Forderungen betreffs der Dimensionen eines Aräometers gegeben, vielmehr hat der Verfertiger meist einen gewissen Spielraum für die Abmessungen der einzelnen Aräometerteile, so daß es in der Regel auf einige Millimeter mehr oder weniger in der Richtung zur Achse nicht ankommen wird.

Für die Länge der aräometrischen Skale kann auch in der Weise eine Festsetzung seitens des Bestellers getroffen worden sein, daß eine Minimalbzw. Maximalgrenze angegeben ist, unter welche die Länge eines kleinsten Teilintervalls der Skale nicht sinken darf, bzw. über welche sie nicht hinausgehen darf.

Ist nun die herzustellende Skale eine gleichteilige (wie z. B. bei den Aräometern nach Baumé, Brix, Fischer, Stoppani, Beck), so ist die Minimal- bzw. Maximallänge der ganzen Skale dadurch leicht zu finden, daß man die Größe für das kleinste bzw. größte Teilintervall mit der Gesamtzahl aller auf die ganze Skale entfallenden Abschnitte multipliziert.

---

[1]) Vgl. § 55.

Ist die Skale jedoch nicht gleichteilig, so hat man sich zu überlegen, welches das kleinste Teilintervall der herzustellenden aräometrischen Skale ist, und man hat dann die Gesamtlänge der Skale unter Zugrundelegung eines angängigen Wertes für die Länge des kleinsten Teilabschnittes rechnerisch zu ermitteln. Dies ist in einfacher Weise mit Hilfe eines fertigen Aräometers der verlangten Art mit dem gleichen Skalenumfang oder einer Mutterskale, mit der die verlangte Teilung ausgeführt werden muß, oder einer Tabelle für Mutterskalen der in Betracht kommenden Art möglich. Die Teilmaschine selbst gibt eventuell ein Hilfsmittel für die mechanische Ermittlung der Gesamtlänge. Man spannt die in Betracht kommende Mutterskale ein, zieht auf einem Stück Skalenpapier zwei kurze parallele Linien, deren Abstand gleich der Minimal- bzw. Maximalgröße des kleinsten Teilintervalls ist und probiert diejenige Stellung des Führungsschlittens aus, bei welcher eine Verschiebung des drehbaren Lineals um das in Betracht kommende Intervall auf der Mutterskale eine Verschiebung des stählernen Lineals um den Abstand der beiden Linien entspricht. In dieser Lage des Führungsschlittens markiere man sich auf dem Papierstreifen die äußersten Punkte der verlangten Skale und hat an deren Abstand die gestattete Maximal- bzw. Minimallänge der ganzen Skale.

Für den Fall, daß man keine Mutterskale besitzt, auf welcher sich ein der verlangten aräometrischen Skale entsprechendes Stück Einteilung befindet, kann man sich in der Weise helfen, daß man eine fertige Spindel der verlangten Art benutzt. Man mißt das kleinste auf ihr enthaltene Teilintervall ab und bestimmt den zahlenmäßigen Wert des Bruches:

$$\frac{\text{Länge des kleinsten Teilintervalls bei der herzustellenden Skale}}{\text{Länge des entsprechenden kleinsten Intervalls bei der fertigen Skale}}$$

und multipliziert mit dem zahlenmäßigen Werte des Bruches die gemessene Gesamtlänge der fertigen Skale. Da die Bestimmung der Länge eines kleinsten Teilintervalls einer fertigen Aräometerskale wegen seiner kleinen Abmessung nur mit geringer Genauigkeit möglich ist, so kann man, da die benachbarten Teilintervalle eine nur wenig von der ersteren abweichende Länge haben, zunächst etwa die Länge von 2 oder 5 oder 10 um die erste Teilungsstelle symmetrisch gruppierten Teilintervallen messen und dann die Länge des kleinsten durch Division mit 2 oder 5 oder 10 in die abgemessene Länge erhalten.

Beispiel: Es ist ein Alkoholometer nach Gewichtsprozenten bestellt mit Teilung von 0 bis 100 % nach ganzen Prozenten fortschreitend, deren kleinstes Intervall nicht kleiner als 1 mm sein soll. Es sei ein fertiges Alkoholometer mit entsprechender Teilung vorhanden. Das kleinste Intervall der Teilung ist etwa das zwischen den Teilstrichen für 15 und 16 %. Wir messen den Abstand der Striche von 13 bis 18 % und finden ihn gleich 4,5 mm. Demnach hat das Intervall 15 bis 16 % eine Länge von $\frac{4,5}{5} = 0,9$ mm. Dann ist der Wert des Bruches

$$\frac{\text{vorgeschriebene Minimalgröße des kleinsten Teilintervalls}}{\text{Länge des kleinsten Intervalls der fertigen Skale}} = \frac{1,0}{0,9} = 1,11.$$

Die abgemessene Gesamtlänge der Skale des fertigen Alkoholometers beträgt 186 mm. Wir nehmen das Produkt 186.1,11 und erhalten 206 mm als Minimalgröße der ganzen Skale für das herzustellende Alkoholometer.

Die hier durchgeführte Rechnung gründet sich auf die Tatsache, daß Aräometerskalen derselben Art und von demselben Umfang einander ähnlich sind, d. h. daß sich irgend zwei entsprechende Teilabschnitte bei einer Reihe von ähnlichen Skalen so zueinander verhalten, wie die Gesamtlängen der Skalen, ein Satz, der wie man leicht sieht, die Voraussetzung und Grundlage für die Herstellung aräometrischer Skalen auf der Teilmaschine unter Zuhilfenahme von Mutterskalen bildet (vgl. die theoretischen Entwickelungen im 3. Kap., § 8).

Wir hätten uns in dem besprochenen Fall auch in der Weise helfen können, daß wir die Mutterskalentabelle für Alkoholometer nach Gewichtsprozenten in Tafel 47 benutzten. Wir finden in ihr als Länge des kleinsten Prozentintervalls 15 % — 16 %, die Differenz (92,969—88,125) = 4,844 oder rund 4,8 mm. Die Länge der ganzen Alkoholometerskale von 0—100 % beträgt 1000 mm. Wir hätten demnach folgende Rechnung auszuführen:

$$\frac{1,0}{4,8} \cdot 1000$$

und erhalten als Wert für die kleinste zulässige Länge der ganzen Skale des herzustellenden Instrumentes 208 mm. Der Unterschied zwischen der zuerst gefundenen Zahl 206 mm und der zuletzt ermittelten erklärt sich unschwer aus der verhältnismässig ungenauen, im obigen Beispiel angeführten Messung des Intervalls 13—18. Im übrigen kommt es natürlich auf die Differenz von 2 mm garnicht an, sie beträgt 1 % der ganzen Skalenlänge und würde eine Änderung in der Länge des kleinsten Intervalls um nur 0,01 mm hervorrufen.

Mit der so ermittelten Minimallänge von im Mittel 207 mm der Skale wäre nun die Berechnung des Stengeldurchmessers für das zu konstruierende Alkoholometer auszuführen. Das Unterteil des Alkoholometers habe eine Verdrängung von 50 ccm. Aus Tafel 13 finden wir für Alkohol von 0 % die Dichte 0,99 913 (= s_u), für 100 %: 0,79 356 (= s_o), demnach in unserem Fall

$$
\begin{aligned}
b &= 0,206 \quad \text{zugehöriger Tafelwert} \quad (b) &&= 1808 \\
s_o &= 0,794 \quad\quad\quad ,, \quad\quad\quad\quad ,, \quad (s_o) &&= 1050 \\
l &= 207 \quad\quad\quad ,, \quad\quad\quad\quad ,, \quad (l) &&= 744 \\
v &= 50\,\text{ccm} \quad\quad ,, \quad\quad\quad\quad ,, \quad (v) &&= \underline{1349} \\
&\quad\quad\quad\quad\quad\quad\quad \text{Summe:} \quad (d) &&= 4951 \\
&\quad\quad\quad\quad\quad \text{demnach } d &&= 8,94\,\text{mm.}
\end{aligned}
$$

Die im obigen Beispiel gegebene Anregung dürfte hinreichen, um die rechnerische Ermittlung der Gesamtskalenlänge bei vorgeschriebener Minimalgröße des kleinsten Intervalls klar zu machen. Wie man sich in allen ähnlichen Fällen zu helfen hätte, findet man bei einigem Nachdenken leicht.

In den ganzen bisherigen Beispielen sind die vorkommenden Rechnungen absichtlich mit übermäßiger Genauigkeit ausgeführt worden. Es wird in der Praxis meist auf eine so hohe Genauigkeit in der Ermittlung des Stengeldurchmessers nicht ankommen und man kann daher, wie im übrigen die Erfahrung bald genug lehrt, die in Betracht kommenden Hilfsrechnungen in der Regel mit geringerer Genauigkeit ausführen.

Es ist von großem praktischem Interesse zu erfahren, in welchem Maße sich die Länge der Skale des Aräometers ändert, wenn man den mit ihrer Hilfe berechneten Stengeldurchmesser um einen kleinen Betrag abändert. Dies kann man ohne Schwierigkeit berechnen, indem man sich der auf S. 54 verzeichneten Formel:

$$(l) = (d) - (b) - (s_o) - (v)$$

bedient.

Wenn wir erfahren wollen, wie sich in dem Beispiel 1 (auf S. 55) die Skalenlänge ändert, wenn wir den Durchmesser des berechneten Stengels um 0,12 mm größer oder kleiner als 5,38 mm nehmen, so haben wir entsprechend der angeführten Formel, welche man auch folgendermassen schreiben kann:

$$(l) = (d) - [(b) + (s_o) + (v)]$$

die Rechnung auszuführen:

$$
\begin{array}{llll}
d = 5{,}50 & \text{zugehöriger Tafelwert} & (d) & = 4740 \\
b = 0{,}090 & \text{,,} \quad\quad \text{,,} & (b) & = 1628 \\
s_o = 0{,}750 & \text{,,} \quad\quad \text{,,} & (s_o) & = 1063 \\
v = 20{,}5 \ \text{ccm} & \text{,,} \quad\quad \text{,,} & (v) & = 1156 \\
& & & \overline{\ -3847} \\
& & & 4740 \\
& & & \overline{893 = (l).}
\end{array}
$$

Hierfür erhalten wir aus der „Tabelle III. Länge l der Skale" S. *88*, den Wert 105 mm. Die Skale wird also dadurch, daß wir den Durchmesser um 0,12 mm g r ö ß e r genommen haben, um 5 mm k ü r z e r.

Wäre aber der Stengeldurchmesser um 0,12 mm k l e i n e r genommen worden, so hätten wir in ähnlicher Weise eine Skalenlänge von 115 mm, also eine um 5 mm größere erhalten, ein Resultat, welches nach der oben angeführten Rechnung zu erwarten war. Es entspricht also, wenn man die beiden erhaltenen Ergebnisse vereinigt, einer Gesamtschwankung des Stengeldurchmessers um 0,24 mm eine Änderung der Skalenlänge um 10 mm, einen Betrag, den man bei der Herstellung ganzer Sätze von Aräometern der besprochenen Art, die möglichst gleichmäßig ausfallen sollen, nicht gern überschreiten wird. Man wird also beim Aussuchen des Stengels keine größere Abweichung zulassen als etwa ± 0,1 mm.

Man kann aber den E i n f l u ß d e r A b w e i c h u n g d e s D u r c h m e s s e r s eines Stengels von dem berechneten Betrag auf die G e s a m t l ä n g e d e r v e r l a n g t e n a r ä o m e t r i s c h e n S k a l e auch so ermitteln, daß man eine gewisse Zahl berechnet (den sog. F e h l e r f a k t o r), welche man mit dem Unterschied zwischen dem berechneten und dem faktischen Wert für den Stengeldurchmesser zu multiplizieren hat, um so die Abweichung der tatsächlichen Skalenlänge von der verlangten zu ermitteln. Dieser Faktor hat in Buchstaben den folgenden Wert:

$$- \frac{2l}{d}.$$

Die Ableitung dieser Formel ist nur mit Hilfe höherer Mathematik möglich [1]).

Man hat also die doppelte Länge der verlangten Skale durch den Durchmesser zu dividieren, wobei es keineswegs darauf ankommt, die Zahlen für l und d ganz genau zu nehmen, es genügen genäherte Werte. Mit dem zahlenmäßigen Wert des Bruches hat man alsdann die Abweichung des tatsächlich benutzten Stengels von dem berechneten Werte zu multiplizieren, um die Abweichung der tatsächlichen Skalenlänge von dem verlangten Betrage zu ermitteln. Diese Rechnung ist von hohem Werte für den Arbeiter in der Werkstatt, da man einen Stengel mit dem der Rechnung ganz genau entsprechenden Durchmesser im Röhrenlager nur selten vorfindet. Es

---

[1]) Durch logarithmische Differentiation der Formel IV, S. 53, ergibt sich:

$$\frac{\delta l}{\delta d} = - \frac{2l}{d}.$$

wird daher für jenen von besonderem Interesse sein, zu wissen, innerhalb welcher Grenzen er mit dem Durchmesser von dem berechneten Betrage abweichen darf, ohne damit eine praktisch in Betracht kommende Abweichung der Gesamtskalenlänge herbeizuführen.

Wir wollen das vereinfachte Rechenverfahren mit dem Fehlerfaktor an einigen der bisher behandelten Konstruktionsbeispielen erläutern und beginnen mit dem bereits oben behandelten Beispiel 1.

Bei dem dort besprochenen Mineralölaräometer sollte die Skalenlänge 110 mm betragen, der berechnete Stengeldurchmesser betrug 5,38 mm, der Wert des Bruches $-\dfrac{2l}{d}$ beträgt demnach $-\dfrac{220}{5,4} = \text{rund} - 41$.

Der Wert des vom Stengeldurchmesser abhängigen Fehlerfaktors der Skalenlänge ist also — 41. Wollen wir nun z. B. wissen, welche Änderung der Länge der Aräometerskale eintritt, wenn wir statt eines Stengeldurchmessers von 5,38 mm, etwa einen von 5,5 mm nehmen, so haben wir die Differenz 5,5 — 5,38 = 0,12 mit — 41 zu multiplizieren und erhalten — 4,92 mm. Die dem um 0,12 mm zu dick genommenen Stengel entsprechende Skale ist also um rund 5 mm kürzer als verlangt wurde. Ein Betrag, der mit dem oben in elementarer, aber umständlicher Weise berechneten übereinstimmt.

Natürlich ist eine bestimmte Abweichung vom berechneten Stengeldurchmesser von um so größerem Einfluß auf die Skalenlänge, je kleiner der Stengeldurchmesser überhaupt ist. Man tut also gut, die Auswahl des Stengels um so sorgfältiger auszuführen, je geringer der Stengeldurchmesser ist.

Nehmen wir zur Erläuterung dieser Bemerkung den in Beispiel 5 (S. 57) behandelten Fall vor: Die Skale sollte 37 mm lang sein, der berechnete Stengeldurchmesser betrug 2,85 mm. Wenn wir diesen Wert um denselben Betrag vergrößern, wie im vorhergehenden Beispiel, also um 0,12 mm, so erhalten wir 2,97 mm. Wollen wir die diesem Durchmesser entsprechende Skalenlänge finden, so haben wir zunächst den Fehlerfaktor zu ermitteln. Hier ist

$$-\frac{2l}{d} = -\frac{74}{2,85} = -26.$$

Eine Abweichung von 0,12 mm im Stengeldurchmesser würde also eine Längenänderung der Skale von — 0,12.26 = — 3,1 mm ergeben, d. h. die Skale fällt um diesen Betrag kürzer aus, ist also rund 34 statt 37 mm lang.

In diesem Falle beträgt also die durch die Differenz des Durchmessers hervorgerufene Abweichung der Skalenlänge etwa 8 % derselben, während diese im erstgenannten Fall nicht ganz 5 % betrug.

Will man die Skalenlänge im mehr oder minder bis auf 10 mm genau haben, so kann man den Betrag, um den man beim Aussuchen des Stengels von dem berechneten Wert des Durchmessers abweichen darf, ohne weiteres in der Weise ermitteln, daß man für die beiden extremen Werte der Skalenlänge die zugehörigen Stengeldurchmesser berechnet. Diese Berechnung ist wiederum mittels des Fehlerfaktors weit einfacher auszuführen.

Da die Gleichung gilt: Abweichung der Skalenlänge = Abweichung des Stengeldurchmessers mal Fehlerfaktor, so gilt auch die folgende, welche man durch Umformung der letzteren Gleichung erhält:

$$\text{Abweichung des Stengeldurchmessers} = \frac{\text{Abweichung der Skalenlänge}}{\text{Fehlerfaktor}}.$$

Wünscht man also in dem erst besprochenen Beispiel, daß die Skalenlänge des Mineralölaräometers um nicht mehr als 5 mm im mehr oder minder von dem verlangten Betrag abweicht, so hat man diesen Betrag durch den bereits vorhin berechneten Fehlerfaktor —41 zu dividieren und erhält + 0,12 mm als zulässige Abweichung des Stengeldurchmessers von seinem berechneten Betrage. In welchem Sinne die mit dem Fehlerfaktor berechnete Abweichung der Skalenlänge (oder des Stengeldurchmessers) aufzufassen ist, ergibt sich sowohl aus dem Vorzeichen als auch durch die Überlegung, daß für dasselbe Aräometer einer

Zu(Ab)nahme des Stengeldurchmessers eine
Ab(Zu)nahme der Skalenlänge entspricht und umgekehrt.

Um die Berechnung des Stengeldurchmesser-Fehlerfaktors für die Skalenlänge nicht jedesmal ausführen zu müssen, ist im folgenden eine Tabelle angegeben, in welche man mit der verlangten Skalenlänge l und dem berechneten Durchmesser d eingeht. An der Kreuzungsstelle der entsprechenden Zeile und Reihe findet man den zugehörigen Fehlerfaktor.

$$\text{Tabelle für den Fehlerfaktor:} \quad -\frac{2l}{d}.$$

Skalen-länge l mm	Durchmesser d des Stengels in mm											
	2,5	3,0	3,5	4,0	4,5	5,0	5,5	6	7	8	9	10
25	—20	—17	—14	—13	—11	—10	— 9	— 8	— 7	— 6	— 6	— 5
50	—40	—33	—29	—25	—22	—20	—18	—17	—14	—12	—11	—10
75	— 60	—50	—43	—38	— 33	—30	—27	—25	—21	—19	—17	—15
100	—80	—67	— 57	— 50	—44	— 40	—36	—33	—29	— 25	—22	—20
125	—100	—84	— 71	—63	— 56	—50	—45	—42	—36	—31	—28	— 25
150	—120	—100	—86	—75	—67	— 60	—55	—50	—43	— 37	—34	—30
175	—140	—117	—100	—88	—78	— 70	—64	—59	—50	—44	—40	—35
200	—160	—134	—114	—100	—89	—80	—73	— 67	—58	—50	—45	—40
225	—180	—150	—129	—113	—100	—90	—82	—75	—65	—56	—51	—45

Beispiel: 1 Einem Stengeldurchmesser von 4,5 mm und einer Skalenlänge von 175 mm entspricht der Fehlerfaktor — 78.
2. Für d = 3,3 und l = 110 erhält man den Fehlerfaktor — 67.

Stengelberechnung für große Posten gleichartiger Aräometer.

Den größten Nutzen gewährt die in den bisherigen Beispielen besprochene Art der Stengelberechnung für Aräometer, deren Körper fertig vorliegen, wenn es sich um die Herstellung großer Posten gleichartiger Aräometer handelt. In diesem Falle verfährt man so, daß man zunächst die Volumina (Verdrängungen) sämtlicher Körper oder Unterteile mittels des Meßglases bestimmt, wobei man, um Verwechslungen vorzubeugen, ein Protokoll aufnimmt. Dieses ist unter Umständen von Wert, da es die Wiederholung der Verdrängungsbestimmung an demselben Unterteil erspart, wenn ja einmal durch Stengelbruch die Notwendigkeit eintritt, die Stengelrechnung für dasselbe Unterteil nochmals vornehmen zu müssen. Auch kann man dadurch, daß man die am Meßglas gemachten Ablesungen notiert hat, jederzeit feststellen, ob bei der Differenzbildung ein Rechenirrtum untergelaufen ist.

Zu diesem Zweck fertigt man sich zunächst eine genügende Anzahl von Papierzetteln an, auf welche man die Nummer und die Verdrängung der einzelnen Unterteile aufschreibt, und die man, nachdem man ein Loch hineingemacht hat, über das stehengebliebene Stück Auszugrohr überschiebt.

Sind die Verdrängungen sämtlicher Stücke bestimmt und im Protokollbuch und auf den Zetteln notiert, so sucht man den größten und kleinsten Wert der Verdrängung auf. Hierauf rundet man die größte Verdrängung nach oben, die kleinste nach unten auf ganze ccm ab und berechnet für sie in bereits bekannter Weise den zugehörigen Stengeldurchmesser. Alsdann kann man durch Interpolation die Durchmesser für alle übrigen Stengel, welche naturgemäß zwischen den extremen Werten liegen müssen, berechnen. Wir wollen dieses Verfahren an einem praktischen Fall erläutern.

Es seien 10 Stück Thermosaccharimeter nach Gewichtsprozenten von 15 bis 31 %, Teilung nach 0,2 % fortschreitend, herzustellen. Die Skalenlänge soll 90 mm betragen, die Thermometerunterteile seien bereits hergestellt, mit Auszugröhren versehen und mögen der Größe nach angeordnet folgende Verdrängung aufweisen:

[628]	1	26,7
[632]	2	26,3
[630]	3	26,0
[633]	4	25,6
[629]	5	25,5
[632]	6	24,9
[637]	7	24,3
[638]	8	23,8
[635]	9	23,4
[631]	10	23,2

Links sind die auf den Thermometerskalen befindlichen Geschäftsnummern aufgeschrieben; gleichzeitig sind, um die langen Geschäftsnummern nicht wiederholt schreiben zu müssen, laufende Nummern hinzugefügt, welche auf den auf die Auszugrohre gesteckten Zetteln nebst dem betreffenden Volumen notiert werden.

Wir berechnen nun den Stengeldurchmesser etwa für die beiden Verdrängungen 27 ccm und 23 ccm, zwischen welchen Beträgen sämtliche notierten Verdrängungen enthalten sind. Aus Tabelle 20 finden wir

$$\text{für } 15 \% \text{ die Dichte } s_{\frac{15}{15}} = 1{,}06134 = s_o$$

$$\text{,, } 31 \% \text{ ,, } \text{,, } \text{,, } = 1{,}13445 = s_u$$

$$b = 0{,}0731.$$

Wir finden nun mit Hilfe von Tabelle 53:

$$b = 0{,}0731 \text{ zugehöriger Tafelwert } (b) = 1583$$
$$s_o = 1{,}061 \text{ ,, ,, } (s_o) = 988$$
$$l = 90 \text{ ,, ,, } (l) = \underline{924}$$
$$3495.$$

Der Bequemlichkeit halber addieren wir zunächst diese drei Größen und erhalten 3495. Der zu $v = 27$ gehörige Tafelwert ist dann 1216
$$\text{Hierzu die obige Summe } \underline{3495}$$
$$(d) = 4711.$$
$$\text{Hierfür } d = 5{,}14 \text{ mm.}$$

$$\text{Für } v = 23 \text{ ist } (v) = 1181$$
$$\text{Hierzu die Summe } \underline{3495}$$
$$(d) = 4676, \text{ hierfür kommt } d = 4{,}74 \text{ mm.}$$

Demnach liegen die Durchmesser sämtlicher Stengel für die oben notierten Unterteile zwischen 5,14 und 4,74 mm. Wir können nun leicht für die zwischen 27 und 23 ccm Verdrängung liegenden ganzen Zahlen die gehörigen Stengeldurchmesser durch Interpolation berechnen:

$$\frac{5,14 - 4,74}{4} = 0,10.$$

v	d	
27 ccm	5,14	— 0,10 mm
26 ,,	5,04	— 0,10 ,,
25 ,,	4,94	— 0,10 ,,
24 ,,	4,84	— 0,10 ,,
23 ,,	4,74	,,

Mittels dieser kleinen Tabelle können wir nun sehr leicht für sämtliche notierten Verdrängungen die zugehörigen Stengeldurchmesser berechnen. Wir erhalten alsdann folgende Zusammenstellung:

Nr.	v	d
1	26,7 ccm	5,11 mm
2	26,3 ,,	5,07 ,,
3	26,0 ,,	5,04 ,,
4	25,6 ,,	5,00 ,,
5	25,5 ,,	4,99 ,,
6	24,9 ,,	4,93 ,,
7	24,3 ,,	4,87 ,,
8	23,8 ,,	4,82 ,,
9	23,4 ,,	4,78 ,,
10	23,2 ,,	4,76 ,,

Um über die Genauigkeit, mit welcher wir die Stengelröhren nach dem Durchmesser aussuchen müßten, bzw. über die im Hinblick auf die gestattete Skalenabweichung erlaubte Durchmesserabweichung ein Urteil zu gewinnen, sehen wir zunächst in der Hilfstabelle auf S. 67 nach, welcher Fehlerfaktor der mittleren Skalenlänge von 90 mm und dem der mittleren Verdrängung von 25 ccm entsprechenden Stengeldurchmesser von 4,94 mm entspricht, und finden rund die Zahl 36. Wollen wir Abweichungen der einzelnen Aräometerskalen von der vorgeschriebenen Skalenlänge von 90 mm um 5 mm im mehr oder minder zulassen, so würde also die zulässige Abweichung der einzelnen Stengeldurchmesser von ihrem berechneten Betrage 5 : 36 = 0,14 mm im mehr oder minder betragen.

Wenn aber die größte zulässige Skalenschwankung im mehr oder minder auf 10 mm erhöht wird, können wir uns bereits mit der für ganze ccm aufgestellten Tabelle der Stengeldurchmesser begnügen und brauchen nur für jede der notierten Verdrängungen, nachdem wir sie auf ganze ccm abgerundet, aus jener Tabelle den zugehörigen Stengeldurchmesser zu entnehmen. Denn der ausgesuchte Stengeldurchmesser darf nun von seinem berechneten Werte um 10 : 36 = 0,28, rund 0,3 mm im mehr oder minder abweichen. Hierbei begehen wir, da es sich bei der Abrundung der Verdrängungen auf ganze ccm im Höchstfalle um eine Abweichung von ihrem wirklichen Wert von 0,5 ccm handeln kann, in der Angabe des Stengeldurchmessers, wie sich durch Betrachtung der Tabelle leicht ergibt, höchstens einen Fehler von 0,05 mm, ein Betrag, welcher im Hinblick auf die einer zulässigen Skalenabweichung von ± 10 mm entsprechende Toleranz für den Durchmesser von ± 0,3 mm, praktisch in der Tat zu vernachlässigen ist. Beim Aussuchen der Stengel würde man in dem zuletzt beschriebenen Falle nur nötig haben, ihre Durchmesser nach der auf ganze ccm berechneten Tabelle auf ± 0,2 mm genau auszusuchen. Dabei würde man bei der Abmessung der Länge für die einzelnen Stengelstücke vorsichtshalber immer die einer Skalenlänge von 95 mm entsprechende größte notwendige Länge, welche also auf etwa 130 mm zu bemessen wäre, abschneiden.

Durch derartige Behandlung der konstruktiven Aufgaben auf dem Papier mit Hilfe der Rechnung, kann man sich, wie man sieht, die Mühe des praktischen Ausprobierens vollkommen ersparen.

Ganz besonders nützlich ist es, jedesmal mittels der Fehlerrechnung die beim Stengelaussuchen zulässige Abweichung vom berechneten Stengeldurchmesser zu ermitteln, da man über den Einfluß einer Abweichung auf die Gesamtlänge auf andere Weise, etwa durch praktisches Ausprobieren, nur mit großem Zeitaufwand und in umständlicher Weise Aufschluß finden kann.

Mit Hilfe der Fehlerrechnung kann man auch stets leicht entscheiden, ob im Notfall ein Stück stark abweichendes Stengelrohr, wenn man nur über eine geringe Auswahl verfügt und daher mit dem Stengelmaterial sehr haushälterisch umgehen muß, überhaupt brauchbar sein würde.

Jeder auf dem Gebiete der Aräometrie bereits etwas erfahrene Fachmann wird wissen, daß man um so weniger Arbeit von der Herstellung großer Posten gleichartiger Aräometer hat, je gleichmäßiger die einzelnen Instrumente hergestellt werden.

Am einfachsten läßt sich eine völlige Gleichmäßigkeit bei Spindeln erzielen, die kein Thermometer im Unterteil haben. Hier kann man die Verdrängungen der einzelnen Körper einander sehr nahe gleich herstellen, so daß, wenn es sich um nicht allzu empfindliche Instrumente handelt, es vollkommen genügt, die Stengelberechnung für die mittlere aus sämtlichen vorhandenen Zahlen berechnete Verdrängung durchführen.

Es seien z. B. 50 Stück Dichtearäometer von 1,000 bis 1,500 anzeigend, Teilung nach 0,005 fortschreitend, Skalenlänge 160 mm, herzustellen. Die Instrumente sollen Dichten $\dfrac{17,5}{17,5}$ anzeigen. Bei der verhältnismäßigen Unempfindlichkeit der Spindeln brauchen wir auf den Umstand, daß die Dichteangaben auf Wasser von $17,5\,^{0}$ C. und nicht von $4\,^{0}$ C. als Einheit sich beziehen, keine Rücksicht zu nehmen, da der durch diese Vernachlässigung begangene Fehler, wie sich aus Tabelle 12, erste Spalte ergibt, nur 6 Einheiten der 4. Dezimalstelle der Dichte auf die ganze Länge der Skale ausmacht.

$$\left(\text{Dichte } 1,0 : \mathrm{F}_{\underset{1,75}{17,5}} - \mathrm{F}_{\underset{4}{15}} = +\,0,00123 \text{ (vgl. S. 31)}\right.$$

$$\left.\text{,,}\quad 1,5 : \text{,,}\qquad \text{,,}\; = \underline{+\,0,00184} \atop 0,0006.\right)$$

Dieser Wert muß bei er späteren Behandlung der Spindeln, vor allem bei der Vergleichung mit einem $s_{\underset{4}{1}}$ zeigenden Normal allerdings in Betracht gezogen werden. Bei den Konstruktionsrechnungen dagegen kann man ihn ohne weiteres vernachlässigen.

Die sämtlichen Körper mögen so nahe mit gleicher Verdrängung hergestellt worden sein, daß sie von dem durchschnittlichen Betrag von 14 ccm — (man findet diesen, indem man die Summe sämtlicher Verdrängungen durch die Zahl der Instrumente dividiert) — um nicht mehr als 1 ccm im mehr oder minder abweichen.

Wir führen nun die Stengelberechnung unter Annahme der durchschnittlichen Verdrängung von 14 ccm in bekannter Weise durch.

$$\text{Es ist } s_o = 1,000$$
$$s_u = \underline{1,500}$$
$$b = 0,500.$$

$$
\begin{array}{llll}
\text{Demnach: } & b = 0,500 & \text{zugehöriger Tafelwert} & (b) = 2000 \\
& s_o = 1,000 & \text{,,} \qquad\qquad \text{,,} & (s_o) = 1000 \\
& l = 160 & \text{,,} \qquad\qquad \text{,,} & (l) = 801 \\
& v = 14 \text{ ccm} & \text{,,} \qquad\qquad \text{,,} & (v) = \underline{1073} \\
& & \text{Summe: } & (d) = 4874 \\
& & & d = 7,48, \text{ rund } 7,5 \text{ mm.}
\end{array}
$$

Der Fehlerfaktor zur Berechnung des Einflusses einer Abweichung im Stengeldurchmesser auf die Skalenlänge ergibt sich aus der Hilfstabelle auf S. 67 für eine Länge von 160 mm und einen Durchmesser von 7,5 mm zu rund 43. Eine Abweichung des Stengeldurchmessers von dem errechneten Betrag 7,5 mm um 0,1 mm bringt also eine Änderung der Skalenlänge um $0,1 \times 43$ mm $= 4,3$ mm hervor, also nur einen geringen Betrag. Würden wir im Hinblick auf die verhältnismäßig grobe Teilung der Spindel eine Gesamtschwankung der Skalenlänge um 20 mm zulassen, so würden wir den Stengeldurchmesser im mehr oder minder um 20 : 43, also um rund 0,5 mm von dem errechneten Betrage von 7,5 mm abweichen lassen dürfen.

Ähnlich wie man für eine bestimmte Verdrängung den Einfluß einer Abweichung im Stengeldurchmesser auf die Skalenlänge ermitteln kann, läßt sich auch der Einfluß einer Abweichung in der Verdrängung v auf den Stengeldurchmesser d sowohl, als auch auf die Skalenlänge l ausrechnen. Im ersteren Fall unter der Voraussetzung eines bestimmten Durchmessers, im zweiten einer bestimmten Skalenlänge.

Der Fehlerfaktor, welcher den Einfluß einer Verdrängungsabweichung auf den Stengeldurchmesser zu berechnen gestattet, hat die Form des Bruches $\dfrac{d}{2\,v}$.

Der Fehlerfaktor, welcher den Einfluß einer Abweichung im Volumen auf die Skalenlänge zu berechnen gestattet, wird durch den Bruch $\dfrac{l}{v}$ dargestellt.

Wollten wir z. B. wissen, welche größte Abweichung der Skalenlänge von der vorgeschriebenen Länge 160 mm im vorigen Beispiel dadurch eintritt, daß wir allen Instrumenten gleichmäßig einen der Durchschnittsverdrängung von 14 ccm entsprechenden Stengeldurchmesser von 7,5 mm geben statt der dem tatsächlich vorhandenen Volumen entsprechenden, so müssen wir die größte Abweichung der wirklichen Verdrängung von dem Durchschnittsbetrag, die wir als 1 ccm betragend angenommen haben, mit dem Wert des Bruches $\dfrac{l}{v} = \dfrac{160}{14}$ multiplizieren, also $\dfrac{160}{14} \times 1 = 11$ mm. D. h.: bei demjenigen Körper, dessen Verdrängung um 1 ccm größer (kleiner) als 14 ccm ist, würden wir durch Aufsetzen eines Stengels von genau 7,5 mm Durchmesser eine Skalenlänge von $160 + 11 = 171$ mm (bzw. $160 - 11 = 149$ mm) erhalten.

Wollten wir dagegen wissen, welche Abweichung von dem Stengeldurchmesser von 7,5 mm wir eintreten lassen müßten, um bei einer Verdrängung von 13,2 ccm die vorgeschriebene Skalenlänge von 160 mm genau zu erhalten, so hätten wir den Fehlerfaktor $\dfrac{d}{2\,v} = \dfrac{7,5}{28}$ zu berechnen. Mit dem zahlenmäßigen Wert dieses Bruches hätten wir die Abweichung der tatsächlichen Verdrängung von dem Durchschnittsbetrag, also $14 - 13,2 = 0,8$ zu multiplizieren und erhalten $\dfrac{7,5}{28} \times 0,8 = 0,19$ mm. Wir hätten also statt eines Stengeldurchmessers von 7,5 mm einen solchen von $7,5 - 0,19 =$ rund 7,3 mm nehmen müssen, um trotz des veränderten Volumens die verlangte Skalenlänge von 160 m zu erzielen.

Auch die beiden letztgenannten Fehlerfaktoren sind nur mittels höherer Mathematik ableitbar. Zu beachten ist als ganz besonders wichtig, daß man bei der Berechnung der sog. Fehlerfaktoren unter allen Umständen den Durchmesser und die Skalenlänge in mm, die Verdrängung oder das Volumen stets in ccm anzugeben hat. Keinesfalls darf man etwa innerhalb derselben Rechnung Längenangaben teils in mm, teils in cm machen.

Die rechnerische Konstruktion des vollständigen Aräometers.

Die rein rechnerische Konstruktion von Aräometern wird mit besonderem Nutzen auch in allen den Fällen angewendet, in denen es sich um das Einhalten eng gesteckter Grenzbedingungen für die Dimensionen der Spindeln handelt und in denen das übliche Werkstattsverfahren des Ausprobierens unter merklichen Opfern an Material, Zeit und Arbeit sich ziemlich umständlich gestaltet.

Man verfährt beim rechnerischen Konstruieren eines Aräometers stets in der Weise, daß man von einer bestimmten Annahme entweder über den Stengeldurchmesser, die Skalenlänge, oder über die Verdrängung des Körpers oder Unterteils ausgeht und die betreffenden anderen Teile dem angenommenen Teil entsprechend berechnet. Hierbei leistet naturgemäß einige Erfahrung in aräometrischen Dingen oder ein größeres Musterlager insofern gute Dienste, als man in seinen Annahmen von vornherein nicht zu weit fehlgreift.

Wenn nun die aus der erstmaligen Rechnung resultierende Form des Aräometers in irgend einem Punkte den Anforderungen nicht entspricht, oder unzweckmäßige oder bedenkliche Abweichungen von den für den praktischen Gebrauch bekannten Minimal- und Maximalgrenzen der einzelnen aräometrischen Dimensionen zeigt, so führt man dieselbe Rechnung noch einmal in der Weise durch, daß man die Annahmen für den als unzweckmäßig erkannten Teil des Aräometers zweckentsprechend abändert.

Wenn alsdann immer noch nicht eine geeignete Form herauskommt, so wiederholt man die Rechnung unter weiterer Abänderung im richtigen Sinne so oft, bis man auf eine gute und den Ansprüchen genügende Form kommt. Auch hier bringt eine kurze Zeit der Übung bereits soviel „Konstruktionsgefühl" für den Fachmann hervor, daß eine mehr als dreimalige Wiederholung dieser ohnehin nur wenige Minuten währenden Rechnung später kaum mehr vorkommen dürfte.

Der wichtigste und gleichzeitig empfindlichste Teil des Aräometers ist der Stengel und es ist daher natürlich, wenn man im allgemeinen bei der rein rechnerischen Konstruktion von Aräometern von einer bestimmten Annahme über den anzuwendenden Stengeldurchmesser ausgeht und die übrigen Dimensionen des Aräometers nach ihm berechnet.

Es ist gut, den Stengeldurchmesser der Länge des Stengels in der Weise anzupassen, daß man für lange Stengel einen nicht zu kleinen Durchmesser wählt. Als praktischer Durchmesser für Stengel von etwa 150 bis 200 mm Länge dürfte im allgemeinen ein solcher von 4—6 mm angenommen werden.

Alsdann wird man sich eine geeignete Länge der Skale überlegen, wobei als leitender Gesichtspunkt die deutliche Erkennbarkeit des kleinsten Teilintervalls, das die künftige Skale enthält, gelten wird. Unter diesem Gesichtspunkt dürfte sich für das kleinste Skalenintervall eine Länge von

1—3 mm empfehlen, wonach sich im gegebenen Falle die Länge der ganzen Skale leicht berechnen läßt. Da der Skalenbereich natürlich bekannt sein wird, so sind nunmehr von den für die Konstruktion notwendigen fünf Elementen: Stengeldurchmesser, Skalenlänge, Skalenbereich, Dichte im obersten Punkte und Körpervolumen die ersten vier bekannt, und es ist daher möglich, das fünfte Element aus ihnen zu berechnen.

Hierzu dienen uns die auf S. 53 aufgestellten Formeln, sowie die in Tafel 53 enthaltene Konstruktionstabelle.

Findet man einen Wert für das Körpervolumen, welcher, wie die bloße Anschauung lehrt, unpraktisch groß oder klein ist, so ändert man die für den Stengeldurchmesser und die Skalenlänge angenommenen Werte im richtigen Sinne ein wenig ab, wobei man, um über den erforderlichen Grad der Abänderung einen Anhaltspunkt zu gewinnen, Überschlagsrechnungen mittels der bereits oben öfters angewandten Fehlerfaktoren anstellen kann und führt die Rechnung unter so veränderten Annahmen abermals durch.

Eine Reihe von praktischen Beispielen, welche der Werkstattspraxis entnommen sind, mag dazu dienen, das angewendete Verfahren ausführlich zu erläutern.

Beispiel 1.

Es sei ein Thermo-Alkoholometer nach Volumenprozent (Tralles) von 0—5 %, Teilung nach Zehntelprozent fortschreitend herzustellen, dessen ganze Länge 270 mm nicht überschreiten darf.

Wir beginnen damit, daß wir zunächst für den Stengeldurchmesser einen Wert, etwa 6 mm annehmen. Für die Skalenlänge gewinnen wir mit Hilfe der Tabelle 48, in welcher die Zahlen für eine Mutterskale für Alkoholometer nach Volumenprozent (Tralles) von 0—100 % enthalten sind, folgende Anhaltspunkte:

In der Tabelle hat die Prozentstrecke 0,0—5,0 eine Länge von 27,97, rund 28 mm, so daß bei einer Einteilung in Zehntelprozent in der Nähe von 5 % für das kleinste Teilungsintervall wenig mehr als 0,5 mm heraus kommen, ein Betrag, der für eine gute Ablesbarkeit des Instruments zu gering erscheint. Wollen wir, daß an der engsten Stelle der Teilung, welche in der Nähe von 5 % sich befindet, die Länge des kleinsten Skalenintervalls 2,5 mm beträgt, so müssen wir die Länge für die ganze Skale in demselben Verhältnis vergrößern, in dem die gewünschte Länge des kleinsten Intervalls, 2,5 mm, im Vergleich zu dem aus der Tabelle folgenden Werte von 0,53 mm vergrößert erscheint, d. h. wir müssen sie rund 5 mal größer nehmen als sie in der Tabelle enthalten ist, also 5 × 28 = 140 mm lang. Da die Länge des ganzen Stengels die Skalenlänge zweckmäßig um mindestens 25 mm übertreffen muß, so kommt für die Stengellänge der Betrag von 165 mm heraus. Demnach bleibt für das Unterteil eine Länge von 270—165 = 105 mm. Die Verdrängung des letzteren können wir nun leicht berechnen.

Es entspricht 0 Vol. % das spezifische Gewicht 1,00000 = s_u

5 ,, % ,, ,, ,, 0,99279 = s_o

demnach b = 0,00721.

Es ist b = 0,00721 zugehöriger Tafelwert (b) = 1079

s_o = 0,993 ,, ,, (s_o) = 1001

l = 140 ,, ,, (l) = 829

Summe: 2909.

Diese Summe haben wir von dem $d = 6{,}0$ mm entsprechenden Tafelwert 4778 zu subtrahieren also 4778

$-\ \underline{2909}$

und erhalten 1869 als Wert für (v).

In der Tabelle IV. Tafel 53 finden wir einen so hohen Wert von (v) überhaupt nicht verzeichnet. Der höchste, in der Tabelle verzeichnete Wert für (v) ist 1739 und entspricht einer Verdrängung von 300 ccm. Es ist ohne weiteres klar, daß ein so gewaltiges Volumen ein Aräometer von ganz unmöglichen Formen ergeben würde.

Wir sind daher gezwungen, die Rechnung unter Abänderung der obigen Annahme für den Stengeldurchmesser und die Skalenlänge zu wiederholen.

Nehmen wir also für den Stengeldurchmesser statt 6 mm den beträchtlich kleineren Wert von 3 mm an und für die Skalenlänge einen solchen Wert, daß das kleinste Skalenintervall nicht kürzer als 1,2 mm wird. Die aus der Tabelle ersichtliche Länge der Skale von rund 28 mm werden wir daher nur $\dfrac{1{,}2}{0{,}53} = 2{,}3$ mal vergrößern d. h. ihr eine Länge von rund 65 mm geben. Führen wir nun die obige Rechnung unter den veränderten Annahmen noch einmal durch, so erhalten wir, da die Werte für b und s_0 die gleichen bleiben,

$$(b) + (s_0) = 2080$$
$$l = 65 \text{ mm, zugehöriger Tafelwert } (l) = \underline{\ 995\ }$$
$$\text{zusammen } 3075.$$

Dies abgezogen von dem aus der Tabelle für $d = 3{,}0$ zu entnehmenden Werte für (d) = 4477

$$\text{also } \quad 4477$$
$$-\ \underline{3075\ }$$
$$\text{ergibt für } (v) = 1402.$$

Dem entspricht ein Volumen von rund 64 ccm. Diese Verdrängung für das Unterteil würde bereits eine brauchbare Form des Instrumentes ergeben. Dies ist um so mehr der Fall, als durch die Annahme einer erheblich kürzeren Skale, welche für den Gesamtstengel jetzt nur noch eine Länge von $64 + 25 = 89$ mm bedingt, eine Länge von rund $270 - 90 = 180$ mm für das Unterteil zur Verfügung steht. Man würde also im vorliegenden Falle schon nach einer einmaligen Wiederholung der Rechnung am Ziel angekommen sein. Die weitere Herstellung des fraglichen Alkoholometers würde dann keinerlei besondere Probleme mehr bieten. Um über die Größe des Unterteils sich eine ungefähre Anschauung zu verschaffen, sucht man in der Sammlung der Verdrängungsatrappen dasjenige Stück aus, welches bei einer Verdrängung von ca. 64 ccm eine so schlanke Form besitzt, daß sie sich dem Betrage von 180 mm Länge nähert. Da in der Bestellung nur die Bedingung gestellt war, daß die Gesamtlänge des Instruments 270 mm nicht überschreiten sollte, wären wir nun eventuell in der Lage, dadurch, daß wir dem Unterteil eine etwas gedrungenere Form geben und auf diese Weise mehr Raum für den Stengel gewinnen, das obere und untere, keine Teilung enthaltende Stengelende etwas zu verlängern, was durchaus im Interesse einer besseren Handlichkeit des Aräometers liegen würde.

Beispiel 2.

Es sei ein Aräometer für Salpetersäure nach Gewichtsprozent mit der Normaltemperatur 15^0 C. herzustellen, dessen Teilung von $0-100\%$ reicht und nach ganzen Prozenten fortschreitet. Auch in diesem Falle gehen wir davon aus, daß wir zunächst für den Stengeldurchmesser einen bestimmten Wert festsetzen, etwa 4,5 mm.

Bezüglich einer praktischen Länge der Skale müssen wir unter Zuhilfenahme der in Tabelle 59 verzeichneten Mutterskalentabelle für Salpetersäure nach Gewichtsprozent eine kleine Sonderrechnung ausführen. Diese Tabelle gibt die Zahlen für zwei Mutterskalen, deren eine von $0-52\%$, die andere von $48-100\%$ reicht, wobei jede der Skalen eine Gesamtlänge von 500 mm aufweist. Die beiden Skalen greifen also in dem Bereich von $48-52\%$ übereinander. Dieser Umstand ermöglicht uns die Berechnung einer einheitlichen Mutterskale für den Gesamtbereich von o—100 %. Sobald wir nämlich sämtliche Zahlen der von 48—100 reichenden Tabelle durch Division mit einer geeigneten Zahl soweit verkleinern, daß das Skalenintervall von 48—52, welches in der zweiten Tabelle eine Länge von 64,6 mm aufweist, statt dessen eine Länge von 28,8 mm, wie in der ersten Tabelle, erhält, haben wir in den über 52 % hinausreichenden Zahlen der so verkürzten zweiten Tabelle die ordnungsmäßige und im richtigen Verhältnis stehende Fortsetzung der ersten Tabelle. Um nun das Intervall 48—52 % der zweiten Tabelle von 64,6 mm auf 28,8 mm zu verkürzen, müssen wir es mit dem Bruch $\frac{28,8}{64,6}$ = rund

0,45 multiplizieren (denn $64,6 \times \frac{28,8}{64,6} = 28,8$).

Mit demselben Faktor 0,45 müssen wir auch die Länge des Abschnitts von 52—100 % der zweiten Skale multiplizieren, um ihn so zu verkürzen, daß er die ordnungsmäßige Fortsetzung der ersten Skale darstellt. Die Länge des Mutterskalenabschnittes in der zweiten Tabelle von 52—100 % beträgt: 500,0—64,6 = 435,4 mm. Wir bilden nun das Produkt $435,4 \times 0,45$ = rund 196 mm. Addieren wir diesen Betrag zu der Länge der ersten Mutterskale, so erhalten wir 500 + 196 = 696 mm als Länge der ganzen von o—100 % reichenden Skale. Als kleinstes Intervall der Gesamtskale wird sich, wie man durch eine oberflächliche Musterung der Länge der einzelnen Prozentintervalle an verschiedenen Stellen der einzelnen Skalen unschwer feststellen kann, das Intervall von 95—96 % herausstellen, welches bei der unveränderten Gesamtlänge der zweiten Skale von 500 mm eine Länge von 2,4 mm besitzt. Um zu erfahren, welche Länge dieses Intervall innerhalb der durchweg in ganze Prozente gedachten ganzen Mutterskale haben würde, haben wir die Intervalllänge von 2,4 mm auch mit dem Reduktionsfaktor $\frac{28,8}{64,6} = 0,45$

zu multiplizieren. Wir erhalten $2,4 \times 0,45$ = rund 1,1 mm als Länge des kleinsten Intervalls der Gesamtmutterskale. Da diese eine Länge von 696 mm besitzt, so würde, wenn man die Länge der Skale des herzustellenden Aräometers auch schon reichlich lang, etwa 300 mm wählen würde, doch eine außerordentlich kleine Länge des Intervalls von 95—96 % herauskommen. Dieses würde sich nämlich bei der Herstellung einer 300 mm langen Aräometerskale im Verhältnis der Gesamtlänge, d. h. im Verhältnis von 696:300 zu verkürzen. Es würde also das fragliche Intervall bei der fertigen Skale eine Länge von $\frac{300}{696} \times 1,1 = 0,47$ mm erhalten. Auf jeden Fall wird das Aräometer eine verhältnismäßig unhandliche Form erhalten, da bei der großen Länge des Stengels der Körper, um die Stabilität des Aräometers beim Schwimmen, besonders in der Nähe des untersten Punktes, zu sichern, gleichfalls verhältnismäßig lang genommen werden muß. Zunächst wollen wir nun unsere oben begonnene Berechnung unter der Annahme einer Skalenlänge von 300 mm in bekannter Weise durchführen.

$$\begin{array}{lllll}
\text{Es ist } b = 0,523 & \text{zugehöriger Tafelwert} & (b) & = 2010 \\
s_0 = 0,999 & ,, & ,, & (s_0) & = 1000 \\
l = 300 & ,, & ,, & (l) & = \underline{663} \\
& & & & 3673 \\
\text{Für } d = 4,5 \text{ mm finden wir} & (d) & = \underline{4653} \\
\text{Demnach} & (v) & = 980 \\
\text{und } v = 9 \text{ ccm.}
\end{array}$$

Ein Blick auf die Verdrängungsatrappe von 9 ccm lehrt uns ohne weiteres, daß es im Hinblick auf die bedeutende Länge des Stengels kaum möglich sein wird, einen Körper von so kleinem Volumen so zu gestalten, daß das Instrument am untersten Skalenpunkte aufrecht schwimmt und gleichzeitig nicht allzu zerbrechlich geformt ist. Wir führen daher die Rechnung mit einem etwas größeren Werte für den Stengeldurchmesser, welcher, wie wir bereits oben gesehen haben bei gleichbleibender Skalenlänge eine größere Verdrängung des Körpers zur Folge hat, noch einmal durch und nehmen für d den Wert von 8 mm an.

Oben haben wir bereits berechnet:

$$(b) + (s_o) + (l) = 3673; \text{ für } d = 8,0 \text{ mm finden wir}$$
$$(d) = \underline{4903}$$

demnach $(v) = 1230$. Hierfür kommt $v = 28,9$ ccm. In der Sammlung von Verdrängungsatrappen finden wir einen Körper von 28 ccm, einen weiteren von 30 ccm Volumen. Die berechnete Größe von 28,9 ccm liegt ungefähr in der Mitte von beiden. Wir gewinnen aus der Anschauung der Stücke die Überzeugung, daß die bei der zweiten Rechnung ermittelte Körperverdrängung eine für die Anfertigung des fraglichen Instruments richtige Größe hat. Bei der Herstellung des Körpers wird man darauf achten, daß man ihm eine solche Form gibt, die geeignet ist, einen Stengel von großer Länge auszubalancieren; hierfür eignet sich besonders die in Fig. 8 S. 46 angedeutete Form, welche den Vorteil hat, daß der Schwerpunkt des ganzen Aräometers sich bequem tief legen läßt, und dies ist, wie sich aus den im 4. Kapitel § 14 enthaltenen Entwickelungen ergibt, eine notwendige Bedingung für eine gute Stabilität des schwimmenden Aräometers.

Beispiel 3.

Es sei ein Saccharimeter nach Gewichtsprozent, mit Teilung von 0—10 % nach 0,05 % fortschreitend für die Normaltemperatur 17,5° C. herzustellen. Das Instrument soll so klein als möglich hergestellt werden, dabei soll aber Fürsorge getroffen sein, daß die Skale eine deutliche Ablesbarkeit besitzt und die Länge eines einzelnen Intervalls nicht unter 0,8 mm sinkt.

Wir nehmen für das Instrument einen Stengel von 5 mm an. Die Skalenlänge wählen wir zunächst, um die Deutlichkeit der Einteilung noch zu erhöhen, so groß, daß ein einzelnes Teilintervall die Länge von 1 mm hat. Wie ein Blick auf die in Tafel 49 enthaltene Mutterskale für Saccharimeter nach Gewichtsprozent lehrt, ist deren Teilung in dem fraglichen Intervall von 0—10 % ungemein gleichmäßig. Die Länge eines ganzen Prozents beträgt in diesem Gebiet fast genau 10,8 mm. Diese Mutterskalentabelle gilt allerdings für eine Normaltemperatur von 15° C. Wie bereits in dem Kapitel über Mutterskalen erwähnt worden ist, unterscheiden sich die für verschiedene Normaltemperaturen geltenden Mutterskalen für Saccharimeter nach Gewichtsprozent nur in so geringem Maße voneinander, daß man, ohne praktisch wesentliche Fehler zu begehen, die für 15° gültige Mutterskale sowohl zum Zwecke der Berechnung, als auch der Herstellung der Teilungen der Saccharimeterskalen für alle andern Normaltemperaturen benutzen darf. Die Länge des Skalenintervalls 0—10 % beträgt in der Tabelle rund 108 mm.

Bei Einteilung in zwanzigstel Prozent würde im Hinblick auf die Gleichmäßigkeit der Teilung dem kleinsten Teilintervall eine durchschnittliche Länge von $\dfrac{10,8}{20} = 0,54$ mm zukommen.

Um nun die Skalenlänge so zu vergrößern, daß die Länge eines kleinsten Intervalls den Betrag von 1 mm erreicht, würden wir die Gesamtlänge etwa zu verdoppeln haben, d. h. wir würden auf eine Länge der herzustellenden Skale von etwa 200 mm kommen. Unter Zugrundelegung dieses Betrages für die Gesamtlänge führen wir nun versuchsweise eine Konstruktionsrechnung durch. Es ist, wie sich aus Tabelle 20 ergibt

$$s_o \text{ entsprechend } 0 \text{ % Zucker} = 1,00000$$
$$s_u \qquad ,, \qquad 10 \text{ % } ,, \quad = 1,04005$$

demnach $b = 0,04005$, zugehöriger Tafelwert $(b) = 1452$

$$s_o = 1,000 \qquad ,, \qquad\qquad ,, \qquad (s_o) = 1000$$
$$l = 200 \qquad\quad ,, \qquad\qquad ,, \qquad (l) = \underline{752}$$
$$3204$$

für $d = 5,0$ mm kommt aus der Tafel $(d) = \underline{4699}$

$$(v) = 1495.$$

Dem entspricht ein v von 97,7 ccm.

Da dies ein verhältnismäßig großes Volumen ist, wie uns die Anschauung bei Betrachtung des in der Sammlung von Verdrängungskörpern enthaltenen Stückes von 100 ccm lehrt, so werden wir die Rechnung noch einmal durchführen, und zwar unter Verringerung des Stengeldurchmessers auf einen erheblich kleineren Betrag. Wir setzen ihn auf 3,5 mm fest und erhalten für $d = 3,5$ (d) = 4544. Hiervon ist die oben bereits berechnete Zahl 3204 abzuziehen. Wir erhalten 1340 = (v); hieraus kommt $v = 48$ ccm.

Da die Aufgabe gestellt war, ein möglichst kleines Instrument herzustellen, andererseits aber die ziemlich beträchtliche Skalenlänge von 200 mm aus Stabilitätsgründen ein verhältnismäßig langgestrecktes Unterteil erfordert, so würden wir bei der ermittelten Verdrängung von 48 ccm bereits stehen bleiben können.

Indessen wollen wir versuchen, die Größenverhältnisse des Instruments noch mehr zu reduzieren. Wir wollen also für den Stengeldurchmesser einen noch kleineren Wert, etwa 3,0 mm annehmen und gleichzeitig die Skalenlänge der in der gestellten Bedingung angegebenen Minimallänge für das kleinste Teilintervall von 0,8 mm anpassen, was für die Gesamtskalenlänge einen Betrag von $\dfrac{0,8}{1} \times 200 = 160\,\text{mm}$ ergeben würde. Wir führen die Rechnung unter diesen neuen Annahmen noch einmal durch:

$$
\begin{aligned}
&& \text{(b)} &= 1452 \\
&& (s_o) &= 1000 \\
l = 160 \text{ zugehöriger Tafelwert} && \text{(l)} &= \underline{801} \\
&& & 3253 \\
\text{für } d = 3,00 && \text{(d)} &= \underline{4477} \\
&& \text{(v)} &= 1224.
\end{aligned}
$$

Dem entspricht $v = 28$ ccm.

Mit diesem Betrag für die Körperverdrängung dürften wir etwa an der Grenze der Verkleinerungsmöglichkeit angekommen sein und können annehmen, daß wir ohne das Aräometer zu zerbrechlich gestaltet zu haben, die Dimensionen so weit als möglich reduziert haben. Die Auswahl einer geeigneten Form für den Körper, welche man im Interesse der Erfüllung der gestellten Bedingungen möglichst kurz halten wird, hat natürlich wiederum unter dem Gesichtspunkte einer genügenden Stabilität des Aräometers beim Eintauchen bis zum tiefsten Skalenpunkt zu geschehen.

Die angeführten Beispiele für die bei der rechnerischen Konstruktion von Aräometern zu befolgende Methode dürften genügen, um für alle praktischen Fälle den nötigen Anhalt zu gewähren. Es heißt auch auf diesem wie auf jedem anderen Gebiete praktischer Betätigung: „Übung macht den Meister“. Man lasse sich keinesfalls durch die Mühe, welche die Einarbeitung in die durch gelegentliche Anwendung einfacher mathematischer Formeln scheinbar etwas unbequeme Methode bereitet, abhalten, sich diese soweit anzueignen, daß sie ein gefügiges Werkzeug in der Hand des Konstrukteurs wird. Ihr Wert wird nach kurzer Zeit klar erkannt werden, und ein Wiederabgehen von der so durchaus bequemen Konstruktionsweise dürfte für den, der sich daran gewöhnt hat, gänzlich ausgeschlossen sein. Wir empfehlen den interessierten Lesern dieses Buches im übrigen, sich selbst auf Grund von ihnen vielleicht aus der Praxis bereits bekannten Fällen schwierigerer Ausprobierungen von Aräometern, Beispiele für die rechnerische Konstruktion zusammenzustellen und auszuführen. Sie werden, wenn sie die Erinnerung an die Mühe des Probierens mit der ungemeinen Leichtigkeit und Schnelligkeit vergleichen, mit denen auf rechnerischem Wege die Lösung der gestellten Probleme erreicht wird, den Vorteil dieser Methode gewiß zugeben.

6. Kapitel.

Hilfsmittel und Apparate.

20. Der Arbeitsraum.

Die wichtigsten Erfordernisse, welche an einen zur Vornahme aräometrischer Arbeiten bestimmten Raum gestellt werden müssen, sind gutes Licht und einigermaßen konstante Temperatur. Von besonderem Vorteil ist es, wenn der betreffende Raum einen erkerartigen Vorbau besitzt, in welchem von drei Seiten her das Licht frei hereinfallen kann. Da die Sonnenstrahlen wegen ihrer Wärmewirkung eine starke Störung der aräometrischen Arbeiten hervorbringen können, so ist es am zweckmäßigsten, einen nach Norden zu gelegenen Raum zu wählen. Da bei der Verfertigung von Aräometern vielfach Wasser, sowie Gas zur Verfügung stehen muß, so ist es gut, wenn der Raum ausreichend mit beidem versehen ist.

Zur Winterszeit, sowohl in den Morgen- wie in den Abendstunden reicht das natürliche Licht oft nicht allein aus und man muß gegebenenfalls zur Benutzung künstlicher Lichtquellen seine Zuflucht nehmen. Hierzu eignet sich nun am besten das Licht elektrischer Glühlampen. Einmal strahlt diese Lampe von allen Beleuchtungsquellen die geringste Wärme aus, zweitens wird bei dieser Beleuchtungsart eine Gefahr vermieden, welche mit Gas-, Petroleum- oder Spiritusglühlampen verbunden ist: Das Arbeiten mit den überaus leicht verdunstenden Petroleumdestillaten von kleinem spez. Gewicht kann wegen der damit verbundenen Feuersgefahr in der Nähe der zuletzt genannten Lichtquellen überhaupt nicht vorgenommen werden (vgl. die Ausführungen in § 32).

Um den Raum so hell als möglich zu machen, streicht man ihn am besten mit weißer Ölfarbe an, und zwar auch an der Decke. Letzteres hat den Vorteil, daß der von Mörtel, der nur mit Wasserfarbe gestrichen ist, sich loslösende Staub vermieden wird, welcher wegen der in ihm in äußerst feiner Verteilung enthaltenen Kieselsplitter unvorteilhafte Wirkungen an offen dastehende Glasgerätschaften, insbesondere an Aräometern ausübt. Reiben sich, was fortwährend vorkommt, wenn Spindeln dicht aneinander gedrängt stehen, zwei mit solchem harten Staub, wenn auch nur in geringster Menge, bedeckte, frisch hergestellte Aräometer aneinander, so können leicht mikroskopische Risse in der Glasoberfläche entstehen, welche dann in der Folge meist die Ursache verderblicher Sprünge im Glas werden. Aus diesem Grunde ist es überhaupt von Vorteil, Aräometer so wenig als möglich offen herum stehen zu lassen und man versehe daher den Arbeitsraum mit einfachen großen und tiefen Schränken mit versetzbaren Schichten, in denen man die gerade nicht unmittelbar zu bearbeitenden Posten von Aräometern so lange unterbringt, bis sie gebraucht werden. Zur Vornahme gewisser aräometrischer Arbeiten bedarf man eines festen, großen, mit einigen Schubkästen versehenen Tisches, um dessen mit Linoleum belegte Platte herum eine etwa 5—10 mm hohe Schutzleiste genagelt ist.

Das Linoleum ist gegen die Einwirkung von verschiedenen in der Aräometrie gebrauchten Flüssigkeiten, insbesondere gegen Sulfosprit nicht so empfindlich wie Holz. Auch kann man etwa sich auf der Platte verbreitende, herumgespritzte Quecksilbertropfen viel leichter wieder sammeln, als dies auf einem Holztisch möglich ist, der gewöhnlich nach einiger Zeit an der Oberfläche uneben und rauh oder gar rissig wird.

Gibt es die Größe des Arbeitsraumes her, so ist es gut, in ihm zur Aufbewahrung von fertigen Unterteilen, Skalenformularen aller Art, fertigen Aräometern, des Mutterskalenvorrates, der aräometrischen Normale, sowie einer Reihe von in den folgenden Paragraphen zu besprechenden Hilfsapparaten noch einige geeignete Schränke mit Schichtenbrettern aufzustellen, damit man alles Notwendige immer rasch bei der Hand hat.

Ferner ist es von besonderem Vorteil, die Prüfungsflüssigkeiten, welche zum Teil in hohen Standgläsern aufbewahrt werden, in dem Arbeitsraum selbst unterzubringen, damit ihre Temperatur mit derjenigen des Raumes stets nahezu übereinstimmt. Besonders geeignet sind einfache Holzregale, die aber fest und zum Tragen größerer Lasten eingerichtet sein müssen und in denen oben die Flaschen, unten die Standzylinder in doppelter Reihe hintereinander übersichtlich angeordnet werden können. Damit diese nicht in Gefahr geraten, von außen her angestoßen zu werden, ist es gut, wenn vor jeder Schicht des Regales eine starke Schutzleiste angebracht ist, die sich leicht entfernen und wieder einsetzen läßt.

Größere glasbläserische Arbeiten dürfen in dem zur Aräometerprüfung bestimmten Raume nicht vorgenommen werden, da einmal die Gefährlichkeit der offenen Flamme und zweitens die unvermeidliche starke Erwärmung der Luft durch diese von schädlichem Einfluß sind; abgesehen davon, daß die vielfach eine starke Konzentration der Aufmerksamkeit und eine große Anstrengung des Auges und der Hand bedingenden Ablesungs- und Übertragungsarbeiten, durch die mit der verhältnismäßig geräuschvollen Arbeit vor der Lampe verbundenen Störungen stark beeinträchtigt werden.

Trotzdem ist es gut, einen Glasblasetisch im Arbeitsraume selbst zur raschen Vornahme gelegentlich notwendig werdender kleiner Arbeiten, z. B. Ansetzen, Zuschmelzen oder Auftreiben eines Stengels, Zuschmelzen eines Ballastgefäßes, Größer- oder Kleinermachen der Verdrängung eines Unterteils usw. zur Verfügung zu haben.

Von einer Reihe von anderen Hilfsmitteln und Apparaten, welche man im Arbeitsraum zur Verfügung haben muß, wird in dem folgenden Paragraphen die Rede sein.

21. Der Beobachtungstisch.

Von besonderer Wichtigkeit bei der Vorprüfung, Einstellung und Nachprüfung der Aräometer ist ein geeigneter Arbeitstisch, in dessen Nähe sich, wenn irgend angängig, eine Wasserleitung befinden muß. Am zweckmäßigsten jedoch ist ein lediglich zu aräometrischen Zwecken eingerichteter Beobachtungsbock von folgender Form: eine ca. 5 cmm starke quadratische

Platte von 40 cm Seitenlänge aus gutem, dauerhaftem Holz wird von vier kräftigen Stützen getragen; an der Platte befindet sich in der Mitte einer Seite ein Spültrichter, in dessen obere Öffnung der Ausflußring eines auf der Platte befestigten Wasserzuführungsrohres mit Hahn hineinragt. Der Trichter, aus starkem Bleiblech hergestellt, hat oben eine Öffnung von etwa 8 cm lichter Weite. Die innere Weite des Wasserzuführungsringes beträgt etwa 5 cm. Der Trichter läuft an seinem unteren Ende in ein Rohr aus, welches seitlich bis unter die Mitte der oberen Holzplatte des Bockes reicht. Unter dieser Auslaufsöffnung ist ein gut emaillierter Eimer zum Auffangen des Spülwassers gestellt. Der Wasserzuführungsring ist mit nach innen gerichteten Bohrungen in größerer Zahl versehen, aus denen das zugeführte Wasser in genügend lebhaften Strahlen hervorfließt. Die geschilderte Abspülvorrichtung hat den Zweck im Falle der Verwendung von Sulfosprit für Prüfungsflüssigkeiten eine vollkommene Abspülung der zu bearbeitenden Spindeln in bequemer und sicherer Weise zu ermöglichen. Die Höhe des Beobachtungsbockes richtet sich natürlich nach der Größe des betreffenden Beobachters und muß so abgemessen sein, daß beim Aufstellen der Standzylinder mit den Prüfungsflüssigkeiten sich deren Oberfläche in bequemer Augenhöhe befindet. Ein derartiger Beobachtungsbock hat vor der meist üblichen

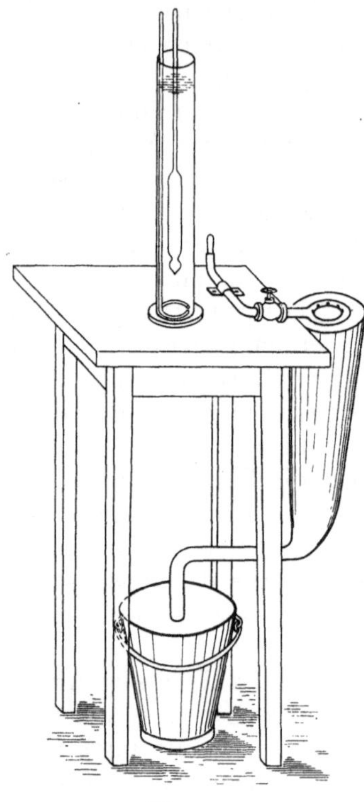

Fig. 10.

Aufstellung der Standzylinder auf Fensterbänken oder gewöhnlichen Tischen den großen Vorzug, daß man ihn wegen seiner verhältnismäßig kleinen Abmessungen überall bequem unterzubringen vermag, insbesondere unter Umständen in Fensterwinkeln, in denen man eventuell von zwei Seiten gleichzeitig das Tageslicht empfängt, und daß man bei der ganz unvermeidlichen Verunreinigung der Holzplatte durch Schwefelsäure, Sulfosprit, salpetersaures Quecksilber, Mineralöle usw. jedenfalls kein besonders kostbares Möbelstück der Zerstörung preisgibt. Auch hat er den weiteren Vorzug, was in vielen Fällen von Wert ist, daß man rings um ihn herum gehen und das in der Prüfungsflüssigkeit schwimmende Aräometer von allen Seiten gut betrachten kann. Ferner ist die Befestigung der Spülvorrichtung unmittelbar am Bock selbst insofern angenehm, als man mit dem Aräometer, an dem eventuell noch Sulfosprit haftet, nicht erst eine Strecke weit bis zur Wasserleitung zu gehen braucht, wobei leicht Kleider, Schuhwerk, Fußboden u. a. der Zerstörung durch herabfallende Tropfen der ätzenden Prüfungsflüssigkeit ausgesetzt sind. Jedenfalls kann nicht dringend genug zur Verwendung fließenden Wassers bei der Abspülung der Aräometer geraten werden. Unter Umständen wird sich empfehlen mangels einer Wasserleitung ein genügend großes Wasserreservoir in Gestalt eines größeren Fasses, oder eines ähnlichen großen Gefäßes im Beobachtungsraum etwas erhöht aufzustellen und von ihm aus eine einfache Leitung mittels Gummischläuchen und Glasröhren o. ä. bis in die Nähe des Beobachtungsplatzes herzustellen. Wenn man nämlich, wie das hier und da geschieht, das Abspülen der Aräometer während des Prüfens so vornimmt, daß man eine Reihe von mit reinem Wasser gefüllten Standzylindern neben den Beobachtungsplatz stellt und das abzuspülende Aräometer nacheinander in jeden von ihnen etwa 4—5 mal eintaucht, so findet doch eine allmähliche Verschleppung von ˙Spuren von Sulfosprit von einem in die übrigen Standzylinder statt, und von dem letzten Standzylinder gelangen diese Spuren dann an die Trockentücher, deren Zerstörung in verhältnismäßig kurzer Zeit sie mit Sicherheit herbeiführen. Da die in sehr beträchtlichem Vorrat zu haltenden Trockentücher immerhin ein Wertobjekt darstellen, so liegt es gewiß im Interesse des Aräometerfabrikanten, jede Zerstörungsursache von ihnen fernzuhalten. Zur gründlichen Abspülung von Aräometern in fließendem Wasser gehört keineswegs etwa mehr von letzterem als man solches bei der Standzylindermethode auch verwenden müßte. Denn um bei dieser die besprochene Zerstörung der Tücher nicht eintreten zu lassen, ist man genötigt das Wasser in den Zylindern oft zu wechseln.

22. Apparat zum Anschmelzen des Schrotlackballastes in Thermometer-Unterteilen.

Auf einer Platte (vgl. Fig. 11) von 26 cm im Quadrat Flächen- und ca. 2,5 cm Dickenausdehnung sind in der Nähe der 4 Ecken 4 gerade hölzerne Träger von quadratischem Querschnitt befestigt. Sie haben eine Höhe von ungefähr 26 cm und tragen (senkrecht zur Ebene der Figur) zwei horizontale Träger mit geeigneten Ausschnitten zur sicheren Auflage der Aräometer. Diese horizontalen Träger sind mit Klemmschrauben an den vertikalen Trägern festzuklemmen, und nach Belieben in den im oberen Ende der Träger angebrachten Schlitzführungen höher und tiefer zu stellen.

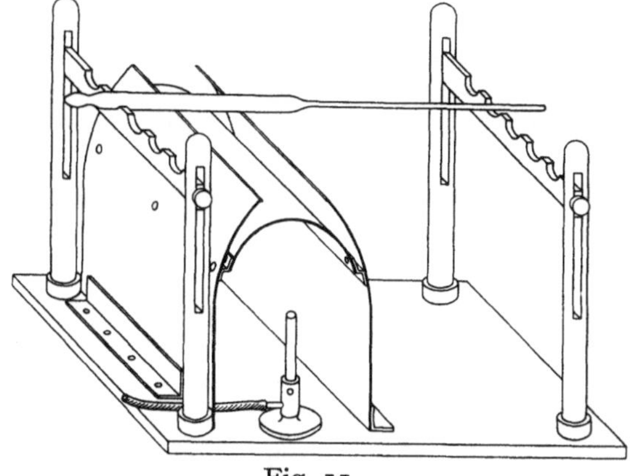

Fig. 11.

Zwei ein wenig gewölbte Platten aus Schwarzblech von ca. 18 × 24 cm Flächenausdehnung und ungefähr 0,75 mm Dicke sind auf der Platte so angeordnet, daß der oben zwischen ihnen befindliche offene Spalt von ca. 3,5 cm Breite sich parallel zu dem horizontalen Träger erstreckt. Er liegt dem einen dieser Träger so nahe, daß — wenn man ein Aräometer auf die horizontalen Träger legt, mit der Kugel auf den dem Spalt benachbarten Träger — diejenige Stelle im Unterteil, an welcher im Inneren der Schrotlackballast befestigt werden soll, einigermaßen genau über dem Spalt zu

liegen kommt. Unterhalb des Spaltes ist eine parabolisch gebogene Schutz-
rinne angeordnet, welche durch seitliche, an den vertikalen Trägern
befestigte metallene Stützen getragen wird. Sie dient dazu, um die von
einem Bunsenbrenner aufsteigende warme Luft in der Richtung der horizontalen Träger zu verteilen und die unmittelbare Umspülung der Unterteile von den Brennergasen zu verhindern. Der Bunsenbrenner darf bei
der Festkittung des Ballastes nur mit ganz kleiner Flamme brennen, damit
sich die Schutzkappe nicht zu stark erwärmt und eine zu hohe Temperatur entsteht, welche einmal die Papierskalen zur Vergilbung bringen
kann und zweitens die Ursache dafür werden kann, daß der Lack des
Ballastes durch zu starke Verflüssigung das Skalenpapier durchfettet. Die
richtige Flammengröße zur Erwärmung der Schutzkappe muß eben aus-
probiert werden und bedarf einer steten aufmerksamen Kontrolle.

Die beiden Schutzbleche haben bei dem Ankittungsprozeß die Aufgabe,
eine über die in Betracht kommende Stelle der Unterteile hinausgehende
Erwärmung, insbesondere der Thermometerkugeln, zu verhindern. Der Ankittungsprozeß vollzieht sich am besten, wenn man eine ganze Reihe von Aräometern zu bearbeiten hat, man bleibt dann in einem beständigen Ab- und Zu-
tragen von Instrumenten und die ständige Kontrolle vollzieht sich ganz von
selbst. Jedenfalls ist sehr davor zu warnen, während der Apparat im Gange
ist, noch andere Arbeiten vorzunehmen und sich darauf verlassen zu wollen,
daß man schon zur rechten Zeit nachsehen werde. Dies führt regelmäßig
zum Verunglücken einiger Instrumente durch die oben erwähnten beiden
Möglichkeiten. Der Anschmelzungsprozeß des Schrotlackes ist als beendet
anzusehen, wenn sämtliche im Unterteile befindlichen Ballaststangen ihre
Form zum Teil verloren haben. Es ist nicht notwendig, daß der gesamte
Ballast zu einem breiten Kuchen auseinander fließt, wichtig ist jedoch,
daß er auf einer hinreichend großen Fläche sich dem Papier der Skale fest
anschmiegt, was man leicht erkennt, wenn man die Spindel einen Augenblick so gegen das Licht hält, daß man den Schattenriß der Anschmelz-
stelle sich deutlich abheben sieht. Erscheint bei einem Aräometer der Anschmelzungsprozeß beendet, so bringe man es für einen ganz kurzen Moment
in senkrechte Lage und sofort wieder in die horizontale Lage zurück. Es
geschieht dies um festzustellen, daß keine losen Lackpartikel mehr vorhanden sind. Alsdann lege man das Aräometer horizontal auf eine Trage-
vorrichtung, die man sich am besten aus einer leeren Kiste herstellt, in
deren einander gegenüberstehende Seitenbretter man am oberen Rande
eine Reihe einander entsprechender keilförmiger Einschnitte gemacht hat,
in welchen die Aräometer eine sichere Lage haben. Es versteht sich von selbst,
daß während des Anschmelzungsprozesses die Aräometer genau horizontal
liegen müssen. Ferner möge die Höhenlage der Aräometer so justiert werden,
daß die untere Glasfläche sich etwa 4 cm über der Schutzkappe befindet.

23. Standzylinder, Glastrichter, Pipetten, Meßgläser u. dgl.

Das Hantieren mit den zu den wichtigsten Hilfsmitteln in der Aräometrie gehörenden Prüfungsflüssigkeiten (vgl. 7. Kap.) bedingt die Beschaffung einer ganzen Anzahl von Vorrichtungen und Gerätschaften.

Vor allem bedarf man zur Aufnahme der Prüfungsflüssigkeiten während des Abwiegens und Nachprüfens von Aräometern einer großen Zahl geeigneter Standzylinder mit breitem Fuß. Diese müssen eine solche Größe haben, daß auch die längsten Formen von Aräometern bis zum obersten Skalenstrich darin einsinken können ohne den Boden des Glases zu berühren. Die Höhe der Zylinder muß also etwa 550 mm betragen. Ferner muß die innere Weite der Zylinder so abgemessen sein, daß unter Umständen zwei Aräometer mit dicken Unterteilen und außerdem ein gläserner Rührer nebeneinander darin Platz haben, ohne daß die Aräometer am freien und unbeeinflußten Schwimmen verhindert werden. Der innere Durchmesser der Standzylinder beträgt daher zweckmäßig etwa 8—9 cm. Natürlich dürfen sie eine nicht zu geringe Wandstärke haben; diese muß etwa 3,5—5 mm betragen. Die Wandungen der Gläser müssen wenigstens in einem Gebiete bis zu 10 cm unter dem oberen Rande und mindestens über den halben Umfang rein von Blasen, Schlieren, Knötchen und unregelmäßigen Krümmungen sein, damit der Beobachter, welcher die Skale der eingetauchten Aräometer durch das Glas und die Flüssigkeit hindurch abzulesen hat, einen tadellosen Durchblick auf die Aräometerskale besitzt. Die Zylinder müssen an ihrem oberen Rande eben abgeschliffen sein und müssen außen und innen eine kleine Facette tragen, da ein scharfer Rand häufig Veranlassung für Verletzungen von Spindeln, die mit ihm in Berührung geraten, abgibt.

Im Interesse der Haltbarkeit derjenigen Prüfungsflüssigkeiten, welche man ein für allemal in den Standzylindern aufhebt (vgl. 7. Kap.), ist es wünschenswert, daß zu jedem Zylinder eine runde, abgeschliffene Glasplatte gehört, über welche dann, um ihr Herabgleiten zu verhindern, ein gläserner oder aus Porzellan bestehender Überfangdeckel kommt. Zu Überfangdeckeln eignen sich z. B. die im Handel käuflichen sog. chemischen Krystallisierschalen.

Zur Bezeichnung der wesentlichen Eigenschaften der in den Standzylindern enthaltenen Prüfungsflüssigkeiten (Dichte, Prozentgehalt, Baumégrade usw., und der Art z. B. Sulfosprit, Alkohol usw.) muß man die Zylinder mit einer Aufschrift versehen, wozu sich gewöhnliche Papieretiketten aus dem einfachen Grunde nicht sehr eignen, da sie von den an den Standzylindern gelegentlich herunterlaufenden Tropfen der Prüfungsflüssigkeit aufgeweicht oder ganz zerstört werden. Man kann freilich diese Unzuträglichkeit durch vorsichtiges Arbeiten sehr einschränken. Besser jedoch ist es, von vornherein bei der Beschaffung der Zylinder eine etwa 4 cm hohe und 6 cm breite, mattierte Fläche auf dem Zylinder anbringen zu lassen, etwa durch Ätzung oder mittels des Sandstrahlgebläses. Auf einer solchen Fläche kann man mit einem Bleistift die notwendigen Angaben haltbar notieren und kann sie, was bei Papieretiketten immer verhältnismäßig schwer möglich ist, mit Leichtigkeit abändern, indem man die alte Schrift mittels eines feuchten Tuches abwischt.

Gut ist es, die zusammengehörigen Standzylinder, Glasplatten und Überfangdeckel durch übereinstimmende Numerierung zu kennzeichnen, was mit dem Schreibdiamanten oder mit Ätztinte ausgeführt werden kann.

Bei der Bestellung von Standzylindern in einer Glashütte mache man von vornherein die einwandsfreie Beschaffenheit des oberen Teils der Standzylinder sowie eine gute Feinkühlung zur Bedingung. Letztere aus dem Grunde, weil bei den sonst in den dicken Glasmassen des Fußes von der Herstellung zurückbleibenden inneren Spannungen und bei der unvermeidlichen Anrauhung der inneren Oberfläche der Zylinder durch die Reibung der gläsernen Rührer (vgl. weiter unten) ein Abplatzen des zylindrischen Teils vom Fuße und dann ein — unter Umständen recht bedenkliche Folgen zeitigendes — Auslaufen der im Standzylinder aufbewahrten Flüssigkeit erfolgt.

Zum Ein- und Überfüllen von Prüfungsflüssigkeiten in die Standzylinder bedient man sich großer fester Glastrichter aus dickem Glase von etwa 20 cm oberen Durchmesser. Vorteilhaft ist es, von ihnen etwa 2—3 Stück zur Verfügung zu haben. Auch bei ihnen läßt man zweckmäßig mattierte Flächen anbringen, um diejenige Flüssigkeit, für welche jeder Trichter bestimmt ist, darauf notieren zu können. Denn da vielfach als Prüfungsflüssigkeit Mineralöle verwandt werden, welche auf dem benutzten Trichter Rückstände hinterlassen, so würde, wenn man aus Versehen etwa Sulfosprit oder Alkohol durch denselben Trichter gießen würde, die betreffende Flüssigkeit unter Umständen völlig verderben.

Gelegentlich ist es nötig, aus einem Standzylinder, in dem durch Zumischen von Korrektionsflüssigkeit das Niveau zu hoch angestiegen ist, ein Quantum Flüssigkeit zu entfernen. Hierzu eignen sich gläserne Pipetten, welche den in chemischen Betrieben benutzten ähneln, bei denen aber das weite Einsaugrohr bis auf ein etwa 5 cm langes Stück abgeschnitten und abgerundet ist. Diese Pipetten dienen lediglich als Stechheber und können daher ganz roh gearbeitet sein. Jedenfalls brauchen sie nicht mit einer Inhaltsangabe versehen zu werden. Man benutzt sie so, daß man sie mit dem kurzen Rohrende nach unten in die Flüssigkeit senkt, von der man ein Quantum entfernen will, wobei man das lange in eine Spitze ausgezogene Rohr am oberen Ende in der rechten Hand hält. In der linken Hand hält man bereits ein Becherglas bereit, welches man, wenn die Pipette nach Bedarf vollgelaufen ist und nach Aufsetzen des Daumens auf die obere kleine Öffnung aus der Flüssigkeit langsam herausgehoben wird, über der Mündung des Standzylinders vorsichtig aber rasch unter die untere Pipettenöffnung hebt, so daß etwa herabfallende Tropfen und aus der Pipette herausfließende Flüssigkeit sogleich in das Glas fallen; in dieser Lage von Pipette und Becherglas zueinander bringt man die Pipette über die Mündung derjenigen Vorratsflasche, in welche man die herausgeheberte Flüssigkeitsmenge entleeren will, was wiederum durch geeignete Handhabung des Becherglases so geschehen kann, daß nicht ein Tropfen daneben fällt. Es mag auch an dieser Stelle darauf hingewiesen werden, daß beim Arbeiten, besonders mit Sulfosprit und mit Quecksilberlösungen die größte Vorsicht geboten ist. Man kann aber bei einiger Aufmerksamkeit eine solche Übung im Umgehen mit diesen Flüssigkeiten gewinnen, daß man bei allen in der aräometrischen Werkstatt mit ihnen vorzunehmenden Arbeiten nicht die geringste Quantität vorbeitropfen läßt.

Von den Pipetten beschafft man sich eine ganze Anzahl in verschiedenen Größen und sorgt dafür, daß sie stets zur Hand sind. Am besten bringt man sie in einem kleinen an die Wand zu hängenden Repositorium mit Löchern für die Aufnahme des unteren Rohrstückes unter. Es versteht sich von selbst, daß man jede Pipette nach der Benutzung, wenn man sie nicht mehr zu dem gleichen Zweck verwenden will, vor dem Wegstellen gründlich von jeder Spur Prüfungsflüssigkeit innen und außen reinigt, falls es sich um gefährliche Flüssigkeiten handelt.

Dies geschieht beispielsweise nach dem Arbeiten mit Sulfosprit, indem man die Pipette, ähnlich wie bei der praktischen Verwendung, in Wasser untertaucht, vollaufen läßt und während des Auslaufens energisch auf und nieder bewegt, so daß das in der Pipette enthaltene Wasser während des Auslaufens den Aufnahmeraum der Pipette gut rein spült.

Zu verschiedenen Zwecken sind in einer aräometrischen Werkstatt graduierte Meßzylinder verschiedener Größe notwendig, sowohl für die Abmessung der zur Herstellung der Prüfungsflüssigkeiten notwendigen Ausgangsflüssigkeiten, als auch für die Bestimmung des äußeren Volumens fertiger Aräometerkörper durch Verdrängung von Alkohol, welcher in das Meßglas gefüllt ist (vgl. § 19). Es empfiehlt sich, um den Folgen eines etwaigen Bruchschadens von vornherein vorzubengen, die Bereithaltung der notwendigen Meßgläser in je zwei Exemplaren. Etwa folgende Größen und Einteilungen der Meßzylinder sind zu wählen:

1. Gesamtgröße 1 Liter, Teilung von 10 zu 10 ccm;
2. Gesamtgröße 200 ccm, Teilung fortschreitend von 2 zu 2 ccm;
3. Gesamtgröße 100 ccm, Teilung in einzelne ccm;
4. Gesamtgröße 10 ccm, Teilung in halbe ccm.

Am zuverlässigsten sind natürlich geeichte Meßzylinder.

Um während des Arbeitens mit einer Prüfungsflüssigkeit jeder Zeit in der Lage zu sein, deren Dichte zu vergrößern oder· zu verringern, stellt man von den hierzu erforderlichen Korrektionsflüssigkeiten sich ein genügendes Quantum in Bechergläsern neben den benutzten Standzylinder auf den Beobachtungstisch. Um ein äußeres Merkmal dafür zu haben, in welchem Becherglas die kleinere und in welchem die größere Dichte ist, gewöhnt man sich von vornherein daran, die Flüssigkeit mit der kleineren Dichte in das kleinere, die mit der größeren Dichte in das größere Becherglas einzufüllen. Dieser kleine Kunstgriff ist recht nützlich, denn er verhütet, indem er Verwechslungen nahezu unmöglich macht, Verluste an Zeit und Arbeit mit großer Sicherheit.

Von solchen Bechergläsern hält man sich ein oder zwei ganze Sätze, bei denen immer ein Becherglas im nächst größeren Platz findet, vorrätig, so daß man Gläser von jeder Größe bis zu einem halben Liter Inhalt zur Verfügung hat.

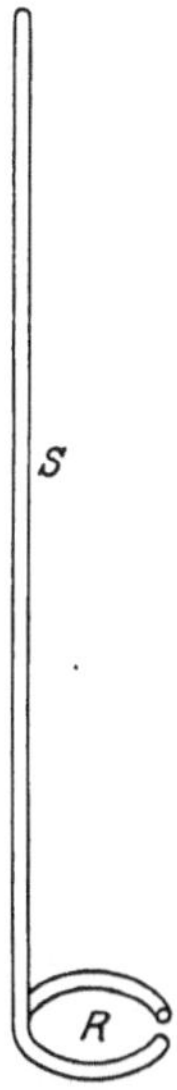

Zum Durcheinandermischen der Prüfungsflüssigkeiten in den Standgläsern dienen gläserne Rührer von der aus beistehender Figur ersichtlichen Form. An einem starken Glasrohr S, welches etwa 10 cm länger ist als die innere Höhe der Standzylinder, ist an einem Ende ein aus starkem Glasrohr gebildeter ringförmiger Körper R ange-

Fig. 12.

schmolzen, dessen Ringebene senkrecht zu dem Rohre S steht. Der Ring ist nicht vollständig, die Rohrenden, zwischen denen sich die Lücke befindet, sind zugeschmolzen, ebenso das Rohr S. Das obere Ende des Rührers muß aus so starkem Glas hergestellt sein, daß er auch in den schwersten vorkommenden Flüssigkeiten nicht schwimmt, sondern durch sein eigenes Gewicht auf dem Boden des Standzylinders aufsteht. Der Ring R habe einen Durchmesser, welcher etwa $\frac{1}{2}$—$\frac{3}{4}$ des inneren Durchmessers der Standzylinder beträgt.

24. Teilmaschine und Teiltisch.

Die Teilmaschine (s. Fig. 13) (in der Werkstattsprache wohl auch Thüringer Hackebrett genannt) besteht im wesentlichen aus einer massiven Grundplatte von festem Holz von ungefähr 34 × 80 Flächen- und etwa 6 cm Tiefenausdehnung, welche an ihrer linken Kante eine Klemmfassung von ca.

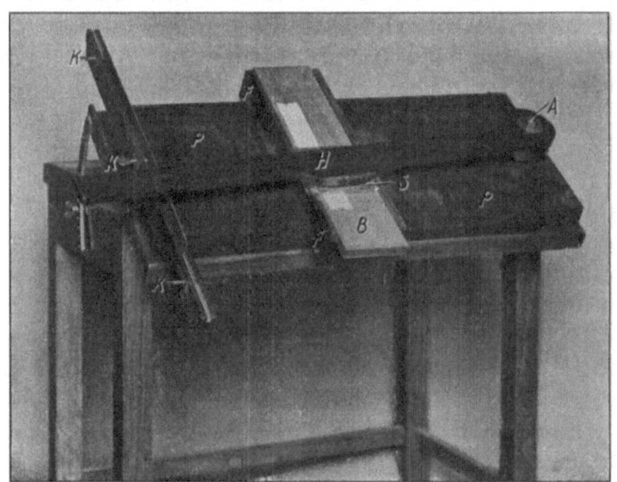

Fig. 13.

74 cm Länge für die Mutterskalen besitzt, die etwa 2 cm höher steht als die obere Fläche der Platte. In der Mitte der rechten Seite der Grundplatte P befindet sich eine zu ihr senkrechte Achse (A). Um diese vermag sich ein eigenartig geformter Hebel (H) zu drehen, welcher nahezu in seiner gesamten Ausdehnung eine stählerne Führungskante und an seinem freien Ende eine Einstellschneide von genügender Länge besitzt. Von der Mitte der Achse bis zu seinem freien Ende hat der Hebel eine Länge von ca. 91 cm. Die stählerne Führungskante ist ca. 68 cm, die Einstellschneide ca. 18 cm lang. Das rechte Ende des Hebels besteht aus einem zylindrischen Achsenkopf von 10 cm Durchmesser und 5 cm Dicke. Der Hebel selbst ist ungefähr 15 mm dick. Die stählerne Führungskante sowie die Einstellschneide fallen genau zusammen mit einer geraden Linie, welche genau durch die mathematische Achse der stählernen Drehungsachse geht. Ein weiterer wichtiger Bestandteil der Teilmaschine ist der Führungsschlitten für das Teilungs-

lineal, welcher im wesentlichen aus einem horizontal verschiebbaren, aus Massivholz gearbeiteten, die obere und untere Kante der Grundplatte umfassenden Führungsstück F besteht. Dessen Breite beträgt ca. 15 cm, die Brettstärke ca. 15 mm. Die seitliche Höhe der Führungsbacken beträgt ca. 3 cm, die Länge des ganzen Stückes ca. 44 cm. Es liegt an der oberen Kante der Hauptplatte unmittelbar, an der unteren mit dem durch eine Klemmfeder bedingten, zur genügenden Sicherung seiner Stellung ausreichenden Druck an. Auf der oberen Seite enthält der Führungsschlitten Nuten, eine untere von ungefähr $11\frac{1}{2}$ cm Breite und 1,8 cm Tiefe, in welcher die linke Führungsfläche durch eine messingene Schiene dargestellt ist, deren rechte Seite einige genügend starke stählerne Klemmfedern enthält, welche dazu dienen, einem genau parallelepipedisch gearbeiteten Buchsbaumbrett (B) von nahezu den gleichen Dimensionen wie die Nut (es ist jedoch um etwa 6 cm länger) in allen Lagen den nötigen Halt zu geben. Die zweite Führungsnut, welche um ca. 0,7 cm breiter ist als die erstgenannte und deren Führungskanten aus stählernen Leisten gebildet sind, dient dazu, um dem aus einer ca. 5 mm dicken quadratischen Stahlplatte (S) von ca. 12,5 cm Seitenlänge gebildeten Teillineal genau geradlinige Führung zu gewähren. Sämtliche in Betracht kommenden Führungskanten, also die stählerne Führungskante des Hebels, die obere und untere Begrenzungskante der Grundplatte, die übergreifenden Stützklötze des Führungsstückes F, die Führungskanten der beiden erwähnten Nuten, die Kanten des Buchsbaumbrettes und endlich die obere und die beiden Seitenkanten des quadratischen Lineals müssen vollkommen geradlinig bearbeitet sein. Die Fixierung der zu benutzenden Mutterskalen in der seitlichen Klemmvorrichtung geschieht mittels dreier Klemmschrauben K.

Die zu teilenden Skalenformulare werden auf dem Buchsbaumbrett durch am oberen und unteren Ende in möglichst dünner Schicht aufgetragenes Klebewachs festgehalten. Da es darauf ankommt, daß die Hauptlängsrichtung der Papierskale genau parallel zur Mutterskale eingestellt wird, so ist auf dem Buchsbaumbrett eine Orientierungslinie mit schwarzer Farbe aufgetragen, mittels welcher man die richtige Lage der Papierskalen leicht erreicht. Auf dem quadratischen Stahllineal sind zwei kurze, stählerne Stützen angebracht, von denen die eine (obere) ständig an der stählernen Führungskante des drehbaren Hebels anliegt und die andere der Mitte einer nach beiden Seiten auslaufenden stählernen Spannfeder als Widerlager dient, welche ständig die obere Stütze unter gleichem Druck gegen die Führungskante des drehbaren Hebels preßt.

Um das Arbeiten an der Teilmaschine bequem und leicht zu gestalten, läßt man sich am besten einen geeigneten Tisch zum Aufstellen der Teilmaschine bauen. Es ist dies ein fester, erschütterungsfreier Tisch mit einer vorn mit Scharniere versehenen Platte, welcher man mittels einer Stützvorrichtung mit Klemmführung jede beliebige Neigung zur Horizontalen geben kann. An der die Scharniere tragenden Seite der Tischplatte befindet sich eine Schutzleiste, welche der Teilmaschine als Stütze dient.

25. Hilfsskalen (Notskalen oder Formeln).

Unter Notskalen oder Formeln versteht man gleichteilige, auf lange Papierstreifen aufgeklebte, bezifferte Strichteilungen, welche dazu dienen, provisorisch an Stelle der späteren eigentlichen Skalen in den Stengel der einzustellenden Aräometer eingeführt zu werden und durch die Vergleichung mit einem Normalaräometer diejenigen Punkte des Stengels festzulegen oder zu markieren, welche geeignet verteilten, bestimmten Strichen der herzustellenden eigentlichen Skale, den „Fundamentalpunkten", entsprechen. Es sind verschiedene Arten von Formeln üblich. Mancher bevorzugt Formeln mit recht enger Teilung, sie sind meist in halbe mm geteilt. Ein anderer zieht Formeln mit Einteilung in ganze Millimeter vor. Es muß dem Geschmacke oder dem Bedürfnis eines jeden vorbehalten bleiben, sich für die eine oder die andere Art zu entscheiden. Die erstgenannte Art von Skalen mit ihrer engen Teilung erfordert scharfe und starke Augen, um einerseits die Durchtrittsstelle des Stengels durch die Flüssigkeitsoberfläche mit Sicherheit festzustellen, andererseits bei langem, andauernden Beobachten nicht zu ermüden. Sie eignet sich besonders für solche Beobachter, welche keine große Sicherheit im Abschätzen oder bzw. Ablesen besitzen, denn solche können selbst bei ungenauer Ablesungsschätzung infolge der engen Teilung schlechterdings keine großen Fehler machen. Die zweite Art von Formeln mit mm-Teilung gewährt einen viel angenehmeren und weniger ermüdenden Anblick für das Auge des Beobachters, erfordert jedoch eine beträchtlich größere Übung im Abschätzen von Bruchteilen. Die Verfasser halten es für vorteilhaft, beide Arten von Formeln vorrätig zu haben, um unter allen Umständen für alle vorkommenden Fälle gerüstet zu sein.

26. Neigungswage.

Für viele mit der Herstellung und Prüfung von Aräometern zusammenhängende Rechnungen bedarf man der Kenntnis des Gewichts von Unterteilen oder ganzen Aräometern. Dieses bestimmt man mit der für die angegebenen Zwecke ausreichenden Genauigkeit mit Hilfe einer Neigungswage, wie solche als Briefwage gebräuchlich ist, nur biegt man sich den zum Auflegen der Briefe bestimmten Teller etwas muldenförmig, so daß man ein Aräometer zuverlässig auflegen kann. Am besten eignet sich eine Neigungswage mit doppelter Skale und verstellbarem Gegengewicht, welche so empfindlich ist, daß man alle Gewichte bis etwa 250 g mit einer Genauigkeit von etwa 0,2—0,5 g festzustellen vermag. Bei der Auswahl der Neigungswage prüfe man die Teilungen durch Auflage geeichter Gewichte auf die Skale und nehme nur eine Wage, welche die oben angegebenen Genauigkeitsgrenzen bei Wägungen einzuhalten gestattet.

27. Präzisionslineal, Schublehre, Dosen-Mikrometer.

Zur Messung von Längen oder von Dicken, bzw. Röhrendurchmessern muß eine aräometrische Werkstatt mit folgenden Meßgerätschaften ausgerüstet sein:

1. Ein guter Zeichenmaßstab mit Präzisionsteilung in ganze

und halbe Millimeter von 300 bis 500 mm Länge, etwa eines der bekannten aus Buchsbaum hergestellten A. W. Faberschen Präzisionslineale.

2. Eine gute, leicht gehende Schiebelehre mit Noniusteilung auf dem Schieber, zum Ablesen der halben Zehntel eingerichtet. Die Bezifferung und Strichabstufung des Nonius soll so eingerichtet sein, daß man nicht die zwanzigstel Millimeter, sondern die Zehntel und deren Hälften abliest. Also nicht, wie das meist der Fall ist, so:

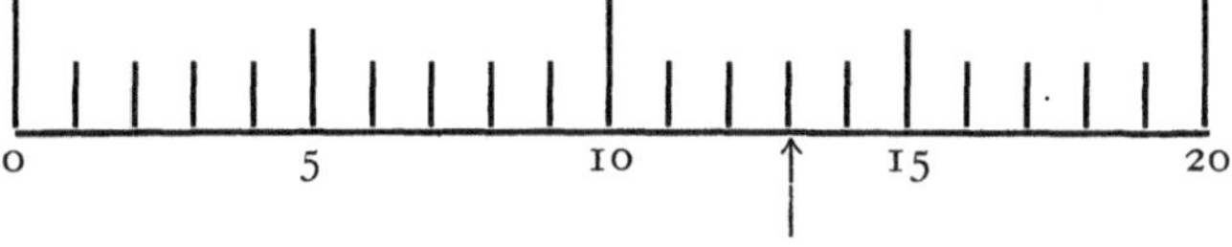

sondern so:

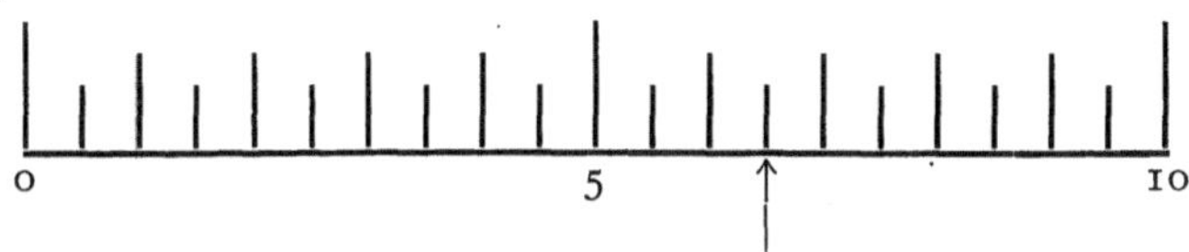

daß die zweite Art der Teilung besser ist, erkennt man leicht, wenn man die durch Pfeile bezeichnete Stelle (0,65) abzulesen versucht.

Nonien der ersten Art lassen sich ohne große Mühe in die der zweiten Art verwandeln, was durchaus empfohlen werden kann.

3. Für feinere Dickenmessungen, besonders für genaue Durchmesserbestimmungen an Stengelröhren eignet sich vortrefflich der dosenförmige

Fig. 14.

Mikrometertaster von Strasser und Rhode in Glashütte, den die beistehende Abbildung darstellt. Die Bewegung des beweglichen Kontaktes gegenüber dem festen wird durch Zahn und Trieb auf einen Zeiger übertragen, der über einer Kreisteilung spielt, auf der man die hunsderttel Millimeter direkt ablesen kann. Die ganzen Millimeter werden an einer auf der Triebstange angebrachten Hilfsteilung oder auf besonderem Zifferblatt abgelesen.

Die Beschaffung eines Fühlhebeltasters der beschriebenen Art erscheint im Hinblick auf den verhältnismäßig hohen Preis (ca. 50—60 Mk.) zunächst etwas kostspielig. Indessen hat man das Instrument bei vorsichtiger Behandlung unter Umständen jahrzehntelang in dauernder Benutzung und genießt bei der Verwendung desselben gegenüber den gewöhnlichen Schiebelehren oder sog. Zehntelmaßen große Vorteile (man verletzt viel weniger leicht die zu messenden Stengel, man erhält mühelos die zu messende Größe bis auf 0,01 mm genau u. a. m.), so daß die Beschaffung nach kurzer Zeit schon in befriedigender Weise rentiert. Allerdings ist das Instrument für den Gebrauch in der Werkstatt selbst in den Händen eines gewöhnlichen Arbeiters wohl nicht recht am Platze. Aber für den Werkmeister oder sonstigen Leiter der aräometrischen Betriebe ist es doch eine große Annehmlichkeit, stets einen Meßapparat für kleine Dicken von hoher Genauigkeit zur Verfügung zu haben. Bei der Verwendung des Dosentasters vermeide man streng das Berühren der stählernen Kontaktstücke, um das Ansetzen von Rost zu verhüten. Ebenso reinige man die zu messenden Röhren vorher sorgfältig von allem anhaftenden Schmutz und Staub, auch versteht es sich von selbst, daß man einen derartigen Apparat nicht in der Nähe von solchen Flüssigkeiten aufbewahrt, welche saure Dämpfe entwickeln oder in Räumen, deren feuchte Atmosphäre ein Verderben des Mechanismus herbeiführen könnte.

28. Mutterskalen.

Im 3. Kapitel sind die Formeln entwickelt, mit denen man die Abstände der einzelnen Skalenstriche einer Aräometerteilung vom Anfangsstrich berechnen kann. Es würde natürlich möglich sein, unter Zugrundelegung der Gesamtlänge einer Aräometerskale die Lage der einzelnen Striche zu den Begrenzungsstrichen zu berechnen und dann mit einer Teilmaschine oder selbst mittels eines feinen Lineals (eventuell unter Verwendung einer Lupe), auf das Skalenformular aufzutragen. Das würde indessen ein äußerst mühevolles, zeitraubendes und auch ungenaues Verfahren sein, insbesondere würde die Notwendigkeit, für jedes einzelne Instrument die ganze Rechnung und experimentelle Bestimmung der Lage der einzelnen Striche auszuführen, zu einer bedeutenden Verzögerung der Arbeiten führen müssen. Dem entgeht man durch die Verwendung der Mutterskalen, welche auf der perspektivischen Ähnlichkeit gleichartiger Aräometerskalen beruht.

Unter einer Mutterskale versteht man ein Lineal, meist aus Metall (Stahl, Eisen, Messing) bestehend, in dessen eine Kante (unter Umständen tragen auch beide Kanten Teilungen) eine Reihe von Kerben in solchen Abständen eingefräst oder eingefeilt ist, daß sie den Zahlen der betreffenden Mutterskalen-Tabelle entsprechen. Für Aräometer derselben Art muß man, um Skalen in jeder beliebigen Unterteilung herzustellen, eine ganze Anzahl verschiedener Mutterskalen in Bereitschaft halten. So wird man bei Aräometern nach spezifischem Gewicht für die empfindlicheren Arten, welche eine nach Einheiten der vierten oder nach halben Einheiten der dritten Dezimalstelle verlaufende Teilung haben sollen und dementsprechend einen verhältnismäßig kleinen Skalenumfang (Skalenumfang = Differenz der Benennungszahlen für den untersten und obersten Skalenstrich) haben, andere Mutterskalen zur Anwendung bringen müssen, als für grobe Dichteäraometer, deren Teilung nach ganzen Einheiten der zweiten Dezimalstelle fortschreitet und einen großen Skalenumfang besitzt. Ähnliches gilt für die Mutterskalen zu jeder besonderen Art von Aräometern. In einem wohl assortierten Lager von Mutterskalen steckt ein nicht unbeträchtliches Kapital, doch sind die Anschaffungskosten nur einmalige, denn bei der geringfügigen Abnutzung, welcher die Mutterskalen im Betriebe unterworfen sind, ist von einem eigentlichen Unbrauchbarwerden wohl kaum je die Rede, natürlich einigermaßen vorsichtige Behandlung und Aufbewahrung vorausgesetzt.

Als beste Länge für die gangbarsten Mutterskalen hat sich der Abstand der äußersten Kerben von 500 mm herausgestellt, und der Umfang und die Einteilung der Mutterskalen werden zweckmäßig so gewählt, daß beim Teilen der Skalen auf der Teilmaschine das Skalenformular ungefähr in die Mitte zwischen dem Drehungspunkt des Hebels und der Mutterskale zu liegen kommt.

Im folgenden sind eine Reihe von Mutterskalensätzen für die gangbarsten Arten von Aräometern dem Umfange und der Einteilung nach zusammengestellt:

I. Mutterskalen nach spezifischem Gewicht.

A. Ein Satz in der dem feinsten Normalsatz für spez. Gewicht entsprechenden Abstufung:

1. 0,600—0,670; 2. 0,660—0,740; 3. 0,730—0,810; 4. 0,800—0,880; 5. 0,870 bis 0,950; 6. 0,940—1,020; 7. 1,010—1,090; 8. 1,080—1,160; 9. 1,150—1,230; 10. 1,220 bis 1,300; 11. 1,290—1,370; 12. 1,360—1,440; 13. 1,430—1,510; 14. 1,500—1,580; 15. 1,570—1,650; 16. 1,640—1,720; 17. 1,710—1,790; 18. 1,780—1,860; 19. 1,850 bis 1,930; 20. 1,920—2,000.

Die Teilung jeder einzelnen Mutterskale schreitet nach 0,0005 der Dichte fort und hat eine Länge von 500 mm.

B. Ein entsprechender Satz in der Stückelung:

1. 0,600—1,100; 2. 1,050—1,550; 3. 1,500—2,000, Teilungen nach 0,005 fortschreitend und 500 mm lang.

C. 2 Mutterskalen nach spez. Gewicht für Milch- und Bierspindeln:

1. 1,0100—1,0330; 2. 1,0320—1,0560; Teilungen nach 0,0001 fortschreitend und 500 mm lang.

D. Ein Satz von 3 Mutterskalen, bestimmt für die Teilung hochempfindlicher Glyzerinspindeln:

1. 1,2200—1,2380; 2. 1,2370—1,2550; 3. 1,2540—1,2720. Teilungen nach 0,0001 fortschreitend und 500 mm lang.

II. Mutterskalen für Alkoholometer nach Gewichtsprozent. Normaltemperatur 15° C.

A. Ein Satz von 5 Mutterskalen für feinste Alkoholometer, Teilungen nach 0,1 % fortschreitend, 500 lang.

1. 0—18%; 2. 17—35%; 3. 34—60%; 59—80%; 5. 79—100%.

B. Ein Satz von 4 Mutterskalen von je 500 mm Länge für Alkoholometer nach der Gebrauchsnormal-Stückelung:

1. 0—33 in $^1/_5$%; 2. 30—67 in $^1/_5$%; 3. 65—85 in $^1/_{10}$%; 4. 80—100 in $^1/_{10}$%. Hierfür kann aber die Mutterskale unter A5 dienen.

C. Zwei Skalen: 0—12% in $^1/_2$% und 10—67% in $^1/_2$%, je 50 mm lang.

D. Zwei Skalen: 0—64% in $^1/_1$% und 50—100% in $^1/_1$%, je 330 mm lang.

E. Eine Skale 0—100 in $^1/_1$%, 500 mm lang.

III. Mutterskalen für Alkoholometer nach Volumenprozent (Tralles), Temperatur 12 $^4/_9$ Ré. = 15,56 C.

Diese Mutterskalen können nach Maßgabe der unter II. angeführten Sätze abgestuft sein.

IV. Mutterskalen für Saccharimeter, Normaltemperatur 20° C. (Sämtliche Skalen können auch für alle anderen Normaltemperaturen benutzt werden. Die entstehenden Fehler sind so klein, daß sie praktisch zu vernachlässigen sind.)

A. Satz von 5 Skalen für feinste Saccharimeter in $^1/_{10}$ geteilt, 500 mm lang. 1. 0—21; 2. 20—41; 3. 40—61; 4. 60—81; 5. 80—100%.

B. Satz von 3 Skalen, nach 0,2% fortschreitend, 500 mm lang. 1. 0—33; 2. 32—66; 3. 65—90%.

V. Satz von 5 Mutterskalen für Schwefelsäure nach Gewichtsprozent, Normaltemperatur 15° C., Teilung in $^1/_{10}$%, je 500 mm lang. 1. 0—25; 2. 23—48; 3. 46—71; 4. 69—85; 5. 83—95%.

VI. Mutterskale für leichte und schwere Öle, 10—80°, in $^1/_1$ geteilt, 500 mm lang.

Die Herstellung der Teilung bei einer Mutterskale wird am zweckmäßigsten mittels einer sog. Schraubenteilmaschine ausgeführt, wie solche z. B. von der Firma Sommer und Runge in Berlin in guter Ausführung geliefert wird. Mittels einer solchen Schraubenteilmaschine ist es ein leichtes, die Abstände der einzelnen Striche vom Anfangsstrich auf das Metallineal bis auf 0,01 mm genau aufzuteilen (eine höhere Genauigkeit ist praktisch niemals erforderlich). Die Herstellung der Kerben, deren Winkelspitzen genau mit den Strichen der Teilung zusammen fallen müssen, erfolgt mittels einer scharfen kleinen Dreikantfeile und muß mit großer Vorsicht ausgeführt werden, da die Kerben nicht zu tief werden dürfen und jede Korrektur einer etwas zu seitlich geratenen Einfeilung die betr. Kerbe notwendig etwas tiefer werden läßt. Die zweckmäßigste Tiefe der Kerben dürfte etwa 1,5 bis 2 mm sein, und man richte es im Interesse der guten Ausführung und Verwendbarkeit der Mutterskalen möglichst so ein, daß die Entfernung der einzelnen Mutterskalenstriche von einander nicht unter 2 mm (höchstens 1 mm) sinkt.

Wer über keine Schraubenteilmaschine verfügt, kann sich auch so helfen, daß er mit Hilfe einer Art von Longitudinaltransporteur, bestehend aus einem etwa 1 m langen Stab, welcher an einem Ende eine Einstell- und am anderen Ende eine Reisserspitze trägt, die Angaben der Mutterskalentabelle von einem Zeichenlineal auf das Mutterskalenlineal überträgt.

Es geschieht das in der Weise, daß die Einstellspitze successive auf die den Zahlen der Mutterskalentabelle entsprechenden Stellen der Linealteilung eingestellt wird, und während die Spitze hier festgehalten wird, am anderen Ende des Transporteurs mittels der Reisserspitze ein zarter Strich auf dem Mutterskalenlineal erzeugt wird. Natürlich ist diese Art der Herstellung der Mutterskalenteilung nicht so genau als diejenige mit der Schraubenteilmaschine, reicht aber für die meisten Fälle der Praxis vollkommen aus. Die in dem Anhang zu diesem Buch befindlichen Mutterskalentabellen liefern bereits die Möglichkeit, sich die wichtigsten Arten von Mutterskalen selbst herzustellen. Wer über einige mathematische Kenntnisse verfügt, kann sich jede, in dem Werke nicht vorhandene Mutterskalentabelle ohne allzugroße Mühe nach Maßgabe der im ersten Abschnitt im 3. Kapitel § 8 auseinandergesetzten Methode auf Grund der zwischen den Zahlen der verlangten Skalen und den zugehörigen spez. Gewichten die betreffende Tabelle ausrechnen. Solche Tabellen für die Beziehung zwischen irgendwelchen aräometrischen Zahlen und dem spez. Gewichte, soweit sie in diesem Buche nicht zu finden sind, kann man aus Tabellenwerken entnehmen wie: Landolt und Börnstein, Physikalisch-chemische Tabellen, dem Chemikerkalender, sowie Spezialwerken über die einzelnen Zweige der chemischen Industrie usw. Von besonderer Wichtigkeit ist es, jede Mutterskale mit einer genauen Bezeichnung ihres Bereiches und ihrer Art zu versehen. Auch ist eine ausreichende Bezifferung der Kerben für ein rasches und sicheres Arbeiten mit der Mutterskale von großem Nutzen.

Wenn man gezwungen ist, für die Herstellung einer Aräometerskale zwei einander direkt fortsetzende Mutterskalen zu benutzen, so ist es mißlich, wenn einer der bei der Bestimmung des Aräometers festgelegten Fundamentalpunkte sich in der Nähe der Anschlußstelle beider Mutterskalen nur auf einer von ihnen befindet, da man alsdann nicht in der Lage ist, mit der folgenden Skale den Anschluß zu gewinnen. Jeder Praktiker hat gewiß derartige Fälle schon erlebt und wird wissen, daß es sehr erwünscht ist, zur Vermeidung solcher Übelstände, Mutterskalensätze zu besitzen, deren einzelne Teilungen um einen praktischen Betrag übereinandergreifen. Dies ist auch für den mit der Bestimmung der Aräometer betrauten Beamten von besonderem Vorteil, da er, um dem Teiler die oben geschilderten Verlegenheiten zu ersparen, nicht mehr gezwungen ist, bei der Bestimmung der in Betracht kommenden Aräometer genau den Punkt, in dem die fraglichen Mutterskalen aneinanderstoßen, einzustellen, sondern sich innerhalb des Gebietes, in dem die beiden Mutterskalen einander überdecken, einen beliebigen Punkt auswählen kann. Es empfiehlt sich daher unbedingt, bei der Herstellung oder bei der Bestellung von Mutterskalen dafür Sorge zu tragen, daß die einzelnen Teilungen in zweckmäßiger Weise übereinander greifen. Bei den oben angeführten Mutterskalensätzen ist dieser Gesichtspunkt bereits berücksichtigt. Im übrigen ist es meist möglich, bei schon vorhandenen Sätzen von Mutterskalen mit nicht übereinander greifenden Teilungen unter Benutzung der freien Enden der Skale die Teilung noch ein kleines Stückchen fortzusetzen, so daß man auf diese Weise nachträglich das Übereinandergreifen der Skalen herbeiführen kann.

Man wird bei der Bestellung der notwendigen Mutterskalen als Normaltemperatur diejenige angeben, welche am häufigsten bei den betr. Aräometern vorkommt. Bei den Mutterskalen für Aräometer nach spez. Gewicht spielt die Normaltemperatur überhaupt keine Rolle Wohl aber ist dieses bei der Berechnung aller Prozentskalen der Fall. Indessen ist es glücklicherweise nicht nötig, für alle in Betracht kommenden Normaltemperaturen besondere Sätze zu beschaffen, da die durch die ungleichmäßige Ausdehnung der Flüssigkeiten durch die Wärme in den verschiedenen Prozentbereichen entstehenden Abweichungen der verschiedenen Skalen voneinander verhältnismäßig so klein sind, daß sie praktisch nicht ins Gewicht fallen. Dies ist um so weniger der Fall, als für die von der Normaltemperatur der vorhandenen Mutterskale am weitesten entfernten Normaltemperaturen von Prozentinstrumenten ohnehin aus anderen Gründen die Sicherheit der Prozentbestimmung eine weit geringere ist, als bei den niedrigeren Normaltemperaturen. Man kann also unbedenklich für die Teilung eines für eine Normaltemperatur von 70° C. bestimmten Saccharimeters eine Mutterskale verwenden, welche für 20° C. richtig ist.

Es sei hier noch bemerkt, daß für den Prozentbereich von 0 bis etwa 50% die Skale nach Gewichtsprozenten Zucker überhaupt so gleichmäßig ist, daß die meisten Aräometerfabrikanten für die Herstellung der Saccharimeterteilungen in diesem Gebiet einfach nur eine gleichteilige Skale verwenden. Eine Betrachtung der in der Tabelle 49 für die Mutterskalen für Saccharimeter nach Gewichtsprozent verzeichneten Zahlen liefert unmittelbar den Beweis von der praktischen Zulässigkeit dieses Verfahrens.

29. Sammlung von Verdrängungskörpern (Atrappen).

Wir wollen hier noch ein weiteres schätzenswertes Hilfsmittel anführen, nämlich eine gut abgestufte Sammlung von Atrappen von Unterteilen oder Körpern aller Formen und Größen. Diese leisten als Anhalt für die Anschauung bei der Berechnung von Aräometern sehr gute Dienste. Denn da die Besteller von Aräometern häufig nur Angaben über die Gesamtlänge des Instruments und über den Skalenumfang ev. auch die Skalenlänge machen, so bleibt dem Verfertiger die Bestimmung der Größe des Unterteils des Stengeldurchmessers ev. auch der Skalenlänge überlassen. Da man bei der rechnerischen Konstruktion, wie wir gesehen haben, in diesen Fällen von der Skalenlänge, dem Skalenumfang und dem Stengeldurchmesser ausgehend das Volumen des zugehörigen Unterteils oder Körpers berechnet, so ist es notwendig, sich von diesem eine Anschauung machen zu können, da eine Vorstellung bestimmter Körpergrößen nach ccm bei der komplizierten Form eines Aräometers kaum recht möglich ist. So z. B. ist das Aussehen eines Unterteils von 55 ccm bei einer schlanken Form ein völlig anderes, als bei einer kurzen gedrungenen, besonders wenn im ersteren Falle die Verbindung zwischen Schwimmkörper und Ballastkammer lang ausgezogen ist, während im zweiten Falle ev. das Ballastgefäß in den Unterteil des Schwimmkörpers fällt, so daß man kaum in der Lage sein würde, durch die bloße Anschauung beide für gleich groß zu taxieren, geschweige denn, sich das eine oder das andere durch die bloße Angabe des Wertes des Volumens 55 cm vorzustellen. Es empfiehlt sich, etwa zwei Sätze solcher Verdrängungskörper herzustellen aus gewöhnlichem Glas, und wie schon oben gesagt, nur als Atrappen, den einen mit schlanker Form der einzelnen Körper, den anderen mit gedrungener Form. Die Abstufung der Sätze, wie solche sich praktisch bereits gut bewährt hat, kann etwa folgendermaßen gewählt werden: 5, 6, 7, 8, 9 etc. 20; 22, 24, 26, 28, 30; 35, 40, 45, 50, 55, 60, 70, 80, 90, 100, 120, 140, 160, 180, 200 ccm. Da in jeder aräometrischen Werkstatt gewöhnlich im Laufe der Jahre sich eine große Zahl von unbrauchbaren ganzen Spindeln oder auch Körpern oder Unterteilen anzusammeln pflegt, die bei der Inventur jedesmal nur als eine Last empfunden werden, so bietet sich hier eine ganz gute Gelegenheit, eine nutzbringende Anwendung dieser Gegenstände zu machen, indem man, was mit keinerlei besonderer Mühe verknüpft ist, von sämtlichen das Volumen ihrer Körper oder Unterteile bestimmt und die geeigneten Größen mit zur Zusammenstellung eines der genannten Sätze von Verdrängungskörpern verwendet. Es empfiehlt sich ferner, diese Verdrängungskörper so aufzubewahren, daß man sie leicht zu überblicken vermag, wozu sich am besten flache Kästen eignen, in denen man einfache, mit halbkreisförmigen Ausschnitten versehene Leisten so anbringt, daß die Verdrängungskörper in den Kästen nicht herumrollen können. Man versieht jeden Verdrängungskörper entweder mit einem Etikett oder mit einer mittels schwarzen Lackes hergestellten Aufschrift oder auch mit einem bei der Neuherstellung von Verdrängungskörpern leicht einzuführenden ringförmigen Papierstreifen mit geeigneter Aufschrift, so daß man auf den ersten Blick die Raumverdrängung des betreffenden Stückes in ccm festzustellen vermag.

30. Die aräometrischen Normale.

Der wertvollste Bestandteil des Inventars einer aräometrischen Werkstatt sind die aräometrischen Normale, denn auf ihrer Verwendung beruht vornehmlich die Möglichkeit, die zur Herstellung von Aräometerskalen erforderlichen Fundamentalpunkte festzustellen. Von der guten Beschaffenheit der Normale hängt infolgedessen die Güte der mit ihrer Hilfe hergestellten Erzeugnisse allermeist ab.

Bei der außerordentlich großen Zahl gebräuchlicher Aräometerarten gehört schon ein gewisses Kapital dazu, um sich die zur Lösung aller vorkommenden Aufgaben notwendigen Normale zu beschaffen und prüfen zu lassen. Aber je vielseitiger der Bestand einer Werkstatt an aräometrischen Normalen ist, eine desto raschere Erledigung der vorkommenden Arbeiten wird ihr ermöglicht.

Das angenehmste wäre ja, von jeder vorkommenden Gattung von Aräometern ein amtlich geprüftes Musterstück zu besitzen. Das ist aber bei den nach Hunderten zählenden Arten und Formen von Aräometern natürlich ganz unmöglich. Man muß sich also bei der Einrichtung eines Normalschatzes eine gewisse Beschränkung auferlegen. Im folgenden ist die Abstufung der Sätze einiger wichtiger Arten von Normalen gegeben, wie sie einer gut eingerichteten Werkstatt für die Lösung der am häufigsten vorkommenden Arbeitsaufgaben zur Verfügung stehen müssen. Natürlich ist eine solche Zusammenstellung durchaus nicht maßgebend, und es muß dem freien Ermessen des Einzelnen überlassen bleiben, wieweit er sich den im folgenden gemachten Vorschlage anschließt und inwieweit er ihn einschränken oder erweitern will.

I. Normale für Aräometer nach spez. Gewicht.

Am wichtigsten von allen aräometrischen Normalen sind wegen ihrer fundamentalen Bedeutung die Normale für spez. Gewicht. Mit ihrer Hilfe kann man unter Benutzung geeigneter Umrechnungstabellen jede andere Art von Aräometern herstellen. Auf die tadellose Beschaffenheit dieser Normale ist daher ganz besonders Wert zu legen.

Es empfiehlt sich, mehrere Sätze von Dichtenormalen zu beschaffen von verschiedener Feinheit der Unterteilung der einzelnen Aräometerskalen.

A. Für die feinsten Zwecke wird ein Satz Dichtespindeln dessen Gesamtdichtebereich von 0,60 bis 2,00 oder wenigstens bis 1,86 reicht, benötigt. Die nach dem Skalenumfang der einzelnen Spindeln geordnete Stückelung dieses Satzes ist folgende (um bei der Bezeichnung sofort den Skalenbereich erkennen zu können, gibt man jeder Spindel die Bezifferung ihres unteren Skalenstriches als Kennzahl).

Kennziffer des Normals	Skalenbereich
67	0,60—0,67
74	0,67—0,74
81	0,74—0,81
88	0,81—0,88
95	0,88—0,95
102	0,95—1,02
109	1,02—1,09
116	1,09—1,16
123	1,16—1,23
130	1,23—1,30
137	1,30—1,37
144	1,37—1,44
151	1,44—1,51
158	1,51—1,58
165	1,58—1,65
172	1,65—1,72
179	1,72—1,79
186	1,79—1,86
193	1,86—1,93
200	1,93—2,00

Die Normaltemperatur dieses Satzes ist 15° C. Als Einheit gilt die Dichte des Wassers bei + 4° C.

Die Teilung der einzelnen Spindeln schreitet nach halben Einheiten der dritten Dezimalstelle der Dichte fort. Die einzelnen Skalen sind so abgemessen, daß das kleinste Skalenintervall im Durchschnitt eine Länge von 1,2—1,5 mm hat. Die Spindeln in dem Dichte-Bereich von 0,60 bis 1,02 sind für Mineralöl justiert, die von 1,02 bis 1,86 für Schwefelsäure-Wassermischungen, die Spindeln über 1,86 für Quecksilbernitratlösungen. Man läßt jede Spindel des Satzes an 5 möglichst gleichmäßig verteilten Punkten prüfen und bittet die betreffende amtliche Prüfungsstelle um Angabe der Fehler in Einheiten der 4. Dezimalstelle der Dichte sowohl für Schwefelsäurewasser als auch für Sulfosprit. Prüfungen dieser Art führt die Kaiserliche-Normal-Eichungskommission in Charlottenburg, die Großherzoglich Sächsische Prüfungsanstalt in Ilmenau und das Herzoglich Gothaische Eichamt in Gehlberg aus.

B. Für weniger feine Aräometer beschafft man sich einen geprüften Dichte-Normal-Satz, dessen Spindeln folgendermaßen anzeigen:

  1. 0,60—0,70;   2. 0,70—0,80;   3. 0,80—0,90;   4. 0,90—1,00;
  5. 1,00—1,10;   6. 1,10—1,20;   7. 1,20—1,30;   8. 1,30—1,40;
  9. 1,40—1,50;   10. 1,50—1,60;   11. 1,60—1,70;   12. 1,70—1,80;
13. 1,80—1,90;   14. 1,90—2,00.

C. Zur Bestimmung von Milch- und Bierspindeln werden noch feiner geteilte Normale gebraucht, in der Abstufung 1,012—1,035
                            1,032—1,056.

Die Teilung schreitet nach ganzen Einheiten der 4. Dezimalstelle fort. Die hierfür gebrauchten Normale läßt man so prüfen, daß die Fehlerangabe in Einheiten der fünften Dezimalstelle für Sulfosprit erfolgt. Diese Normale geben die Dichte $s_{17,5}^{17,5}$ an.

D. Zur Bestimmung der Dichte von Glyzerin werden sehr empfindliche Spindeln benutzt. Zu ihrer Herstellung hat man Normale in folgender Stückelung:
                                1,220—1,238
                                1,237—1,255
                                1,254—1,272.

Die Teilung schreitet nach ganzen Einheiten der 4. Dezimalstelle fort. Die Spindeln geben die Dichte s_{15}^{15} an. Fehlerangabe auf 0,00001 für Sulfosprit.

Um gelegentlich sogenannte Suchspindeln d. h. Aräometer mit bedeutendem Skalenbereich, aber grober Unterteilung herstellen zu können, bedarf man der Suchspindelnormale:

Spindel 1.   0,60—1,00
,,   2.   1,00—1,40
,,   3.   1,40—1,84

Die Teilung nach ganzen Einheiten der 2. Dezimalstelle fortschreitend. Die Normale geben Dichte s_{15}^{4} an. Fehlerangabe auf 0,001 für Sulfosprit.

II. Baumé-Normale rationeller Skale für schwere Flüssigkeiten.

$$\left(s_{\frac{15}{15}} = \frac{144,3}{144,3-n} \cdot \right)$$

Für die Bestimmung von Baumé-Spindeln braucht der Aräometerfabrikant wegen der überaus großen Zahl verschiedener Formen und Arten dieses gleichteiligen Aräometers eine ganze Anzahl verschiedener Normale. Indessen kann er, wenn er sich im Besitz einiger gutbestimmter Sätze mit Skalen nach obiger Definitionsformel und verschiedener Einteilung der Skalen befindet, sich leicht alle notwendigen Normale selbst herstellen und prüfen. Folgende Sätze werden, wenn sie amtlich geprüft sind, hinreichen:

A. 1 Normalsatz von 7 Spindeln für Schwefelsäurewasser, Teilung in $^1/_{10}$, in folgender Stückelung:

1. 0^0—10^0; 2. 10^0—20^0; usw. 7. 60^0—70^0.

B. Satz von 3 Spindeln, Justierung für Schwefelsäurewasser:

1. 0^0—30^0; 2. 20^0—50^0; 3. 40^0—70^0, Teilung in $^1/_5{}^0$.

C. Satz von 2 Spindeln, Justierung für Schwefelsäurewasser:

1. 0^0—40^0; 30^0—70^0, Teilung in $^1/_2{}^0$.

D. Suchspindel-Normal, Justierung für Schwefelsäurewasser:

0^0—66^0 Teilung in $^1/_1{}^0$.

Die Fehlerangabe bei der amtlichen Prüfung geschieht für alle Bé-Normale zweckmäßig bis 66^0 Bé sowohl für Schwefelsäurewasser, als auch für Sulfosprit.

III. Normale für andere Aräometer mit arbiträrer Skale.

Da die Tafeln 30—33 die Umrechnung der wichtigsten Aräometerarten mit gleichteiliger Skale in rationelle Baumégrade ermöglichen, so hat man im Grunde besondere Normale für jene Spindelarten nicht nötig. Sollte der Besitz solcher Normale trotzdem erwünscht sein, so ist die Herstellung derselben mit Hilfe der Baumé-Normale und der genannten Tabellen mit Leichtigkeit auszuführen.

In ähnlicher Weise stellt man sich nun auch für Alkoholometer nach Gewichtsprozent, nach Volumenprozent-Tralles, für Saccharimeter, Milchprober usw. Normalsätze für feinere und gröbere Zwecke nach Bedarf zusammen (vgl. § 28).

31. Stative zum Aufstellen der Aräometer.

Da man meistenteils eine größere Anzahl gleichartiger Aräometer zu gleicher Zeit zu bearbeiten hat, so bedarf man zur Ordnung der Instrumente nach den ihnen zugeteilten Nummern und zur sicheren Aufstellung geeigneter Vorrichtungen. Man kann sich in einfacher Weise eine recht brauchbare Aufstellvorrichtung aus hölzernen Versandkisten herstellen, indem man in den inneren Rand eines der beiden längeren Seitenbretter in solchen Abständen mit dem Messer keilförmige Kerben einschneidet, daß, wenn man die Aräometer mit ihrem untersten Ende gegen die gegenüberliegende innere Bodenkante und mit dem Stengel in die entsprechend gegenüberliegende Kerbe stützt, die Aräometerkörper voneinander noch einen Abstand von einigen Millimetern haben. Das ist notwendig, weil bei der Reinheit der Glasoberfläche durch Reibung der Aräometer aneinander leicht eine Verletzung der Glasoberfläche eintreten kann, welche später bei den fast stets vorhandenen, unausgeglichenen inneren Spannungen im Glase zur Selbstzertrümmerung Veranlassung geben kann.

Eine andere Möglichkeit der Aufbewahrung besteht darin, daß man in den Deckel einer vollständig geschlossenen Holzkiste von einer Höhe, die ein wenig kleiner als die Länge der Körper ist, einige Reihen von Bohrlöchern anbringt, deren Durchmesser den der Aräometerkörper ein wenig übertrifft und in einem auf dem Boden der Kiste befestigten Einsatzbrett den oberen Bohrlöchern entsprechende kleinere Löcher zur Aufnahme des unteren Endes der durch die oberen Löcher eingeführten Aräometer anbringt. Letztere Vorrichtung eignet sich besonders auch zum längeren Aufbewahren halbfertiger Instrumente, die man am oberen Stengelende, um das für die Formeln und Skalen verderbliche Hineinfallen von Staub zu verhindern, mit kleinen eingeführten Wattebäuschchen verschließt.

7. Kapitel.

Die Prüfungsflüssigkeiten.

Da das Aräometer ein zur Ermittelung der Dichte bzw. gewisser mit dieser durch gesetzmäßige Beziehungen verknüpfter Eigenschaften von Flüssigkeiten bestimmtes Instrument ist, so ist natürlicherweise der Verfertiger von Aräometern bei der Herstellung auf die Verwendung geeigneter Prüfungsflüssigkeiten angewiesen. Das einfachste wäre es nun, wenn man jedes Aräometer in derjenigen Flüssigkeit bestimmen könnte, für deren Untersuchung es verwendet werden soll.

Das ist auch in einigen Fällen möglich. Es können nämlich 1. Aräometer zum Bestimmen des spez. Gewichts von Mineralölen innerhalb des Dichtebereichs von der niedrigsten Dichte bis etwa 0,88 in Mineralölen, Harzölen oder Benzol von geeigneter Dichte bestimmt werden; 2. Alkoholometer nach Gewichtsprozent in dem Prozentbereich von 30 bis 100 %, Volumen-Alkoholometer nach Tralles im Prozentbereich von 37 bis 100 % in Spiritus.

Über diese beiden Arten von Prüfungsflüssigkeiten wird in den nächsten beiden Paragraphen einiges zu sagen sein.

32. Mineralöle.

Aräometer, welche zur Bestimmung des spez. Gewichtes von Mineralölen in den Dichteintervallen von 0,62—0,88 bestimmt sind, können, wie bereits erwähnt, in den betreffenden Gebrauchsflüssigkeiten, das heißt also in Mineralölen, eventuell auch in Harzölen, bestimmt und geprüft werden.

Da es wünschenswert ist, das ganze Prüfungs- und Bestimmungsverfahren möglichst von allen beschwerlichen Nebenumständen zu befreien, so wird man zweckmäßig solche Mineralöle wählen, welche eine leichte Reinigung resp. Abtrocknung des Aräometers nach dem Eintauchen in die Flüssigkeit gestatten.

Für die spez. Gewichte 0,62—0,71 benutzt man daher diejenigen Petroleumdestillate, die man in technisch reiner Form im Handel beziehen kann. Das leichteste Produkt dieser Art führt den Namen Rhigolen. Man erhält Rhigolen bereits im spez. Gewicht von 0,62. Am Ende dieser Reihe von Destillaten befindet sich das Benzin mit einem spez. Gewicht von ca. 0,70—0,71. Diejenigen Destillate, die ein höheres spez. Gewicht besitzen, haben in immer steigendem Maße die Eigenschaft, nicht verdunstende Rückstände zu hinterlassen, so daß man gezwungen ist, das Aräometer nach dem Herausheben aus der Flüssigkeit vor dem Abtrocknen mit einem Tuche noch einmal in Benzin abzuspülen. Man kann die Flüssigkeiten dieser Art umgehen, indem man Mischungen herstellt aus einem im Handel ziemlich rein zu erhaltenden Stoffe, dem Benzol im spez. Gewicht von 0,88, welches man mit Benzin in jedem beliebigen Grade verdünnen kann. Man erhält auf diese Weise leicht Flüssigkeiten von allen zwischen 0,71 und 0,88 gelegenen spez. Gewichten. Die Kapillarität dieser Mischungen stimmt nahezu völlig mit der von Mineral- oder Harzölen der gleichen Dichte überein, so daß man jene ganz unbedenklich benutzen kann.

Von den Ausgangsmaterialien Benzin und Benzol wird man stets größere Mengen in Bereitschaft halten, um jederzeit in der Lage zu sein, neue Flüssigkeiten herzustellen oder alte Flüssigkeiten abzuändern.

Für die Bestimmung von Mineralölaräometern in dem Dichteintervall von 0,88—0,95 kann man Harzöle oder auch zweckmäßig Alkohol-Wassermischungen benutzen, welche gleichfalls gut benetzen, keine lästigen Rückstände hinterlassen, leicht abzutrocknen sind und deren Kapillarität derjenigen der Mineralöle gleicher Dichte so nahe gleich ist, daß die durch Vernachlässigung des Kapillaritätsunterschiedes begangenen Fehler praktisch meist zu vernachlässigen sind.

Sollte man den Kapillaritätsunterschied doch nicht zu vernachlässigen wünschen, was indessen nur bei Instrumenten von äußerster Feinheit (etwa solchen, bei denen die Teilung nach Einheiten der 4. Dezimalstelle fortschreitet) notwendig ist, so kann man durch Benutzung der in Tafel 37 bzw. 42a, 42b und 42c (eventuell unter Zuziehung von Tafel 13) vorhandenen Zahlen die Kapillaritäts-Reduktionen leicht ermitteln, worüber im 9. Kapitel berichtet wird.

Für Mineralölaräometer für Dichten höher als 0,95 bis zu den höchsten vorkommenden Dichten benutzt man als Bestimmungsflüssigkeit Sulfosprit, wobei man, wenn man nicht ein den Dimensionen nach mit dem herzustellenden Aräometer identisches Normal besitzt, die Kapillaritäts-Reduktionen von Sulfosprit und Mineralöl aus Tafel 42a und 42c entnehmen kann.

Die Lieferung von Mineralöl übernimmt jede größere chemische Fabrik.

Wegen der hohen Feuergefährlichkeit der Destillate des Petroleums, besonders der leichteren (die leichtesten beginnen schon bei gewöhnlicher Sommertemperatur zu sieden), ist es notwendig, sie in besonderen feuer-

und explosionssicheren Kannen, die im Handel zu haben sind, aufzubewahren. Es versteht sich von selbst, daß man mit Flüssigkeiten dieser Art in der Nähe brennender Flammen überhaupt nicht arbeitet, sondern die Bestimmung von Aräometern in ihnen tunlichst bei Tageslicht vornimmt. Es ist vorgekommen, daß der von einem geöffneten mit Rhigolen gefüllten Gefäß aufsteigende Dampfstrom durch Zugluft in die Nähe einer Flamme gelangte und sich dort entzündete, worauf die Flamme an dem ganzen Dampfstrom entlang bis zur Flüssigkeit selbst zurückschlug und diese entzündete. Es ist also hier die größte Vorsicht geboten. Jedenfalls halte man in dem Raume, in dem man mit solchen Flüssigkeiten arbeitet, stets eine einfache Löschvorrichtung, etwa in Form eines Minimax-Apparates, bereit und habe auch einige größere Decken zur Hand, um damit sofort etwa am Körper in Brand geratene Kleidungsstücke zu umgeben und so den Brand zu ersticken. Die Aufbewahrung der genannten feuergefährlichen Flüssigkeiten in offenen oder verdeckten Zylindern oder in Glasflaschen ist tunlichst zu vermeiden. Auch die solideste Glasflasche kann gelegentlich einmal der heimtückischen Erscheinung der spontanen Selbstzertrümmerung anheimfallen. Dann läuft die Flüssigkeit aus, verdunstet, erfüllt den Raum mit einer explosiblen Luft-Dampfmischung, und wenn sich dann jemand mit einer offenen Flamme in den Raum begibt, so ist eine Explosion unvermeidlich. Auf diese Weise sind leider schon öfter Menschenleben vernichtet worden.

Über die praktische Abstufung der Prüfungsflüssigkeiten für Mineralöl-Aräometer lassen sich vielleicht folgende Gesichtspunkte aufstellen:

Im Handel scheinen besonders geeichte Mineralöl-Aräometer immer noch in denjenigen Skalenumfängen verlangt zu werden, welche durch die früheren, nunmehr veralteten Eichvorschriften gegeben waren, also a) 0,62 bis 0,70; b) 0,68—0,77; c) 0,75—0,84; d) 0,82—0,91; e) 0,89—0,99. Da die Bestimmung dieser Mineralöl-Aräometer gewöhnlich an drei Punkten zu erfolgen pflegt, so ergibt sich eine Anzahl von Dichten, welche man zweckmäßig fertig vorrätig hält, also etwa 0,62; 0,65; 0,68; 0,70; 0,72; 0,75; 0,77; 0,79; 0,82; 0,84; 0,86. Hierzu kämen dann noch an Alkohol-Wassermischungen die Dichten von 0,89; 0,91; 0,94 und Sulfosprit 0,99.

33. Spiritus.

Für die Bestimmung von Alkoholometern in dem Bereich von 30 bis 100 Gewichtsprozenten, bzw. 37—100 Volumenprozenten, benutzt man Alkohol-Wassermischungen. Man stellt sich dieselben bis 95 Gewichtsprozent durch Mischung des im Handel allgemein käuflichen Alkohols mit destilliertem Wasser her. Bei der Mischung beider Flüssigkeiten entsteht immer eine Temperaturerhöhung und damit eine Verminderung des spez. Gewichts bzw. eine scheinbare Erhöhung des Prozentgehaltes und man tut daher gut, vor der Feststellung der Prozentigkeit mittels eines Thermometers nachzuprüfen, ob die Mischung wieder die herrschende Zimmertemperatur angenommen hat, andernfalls man zu gewärtigen hat, daß sich die Mischung um mehrere Prozente „schwerer" herausstellt, als ursprünglich beabsichtigt war.

Tafel 58.
Reduktionstafel für Schwefelsäure-Wasser-Mischungen.

Die Tafel enthält in Einheiten der 4. Dezim. der Dichte diejenigen Beträge, welche an den mit einem Glasinstrument (Aräometer, Pyknometer etc.) bei verschiedenen Temperaturen ermittelten Dichten angebracht die Dichte bei 15° C. ergeben.

Abgeles. Dichte	Abgelesene Temperatur in Celsiusgraden																Abgeles. Dichte
	10°	11°	12°	13°	14°	15°	16°	17°	18°	19°	20°	21°	22°	23°	24°	25°	
	Reduktion auf die Normaltemperatur 15° C. in Einheiten der 4. Dezim. der Dichte																
1,40	−38	−30	−23	−15	− 8	0	+ 8	+15	+23	+30	+38	+45	+53	+60	+68	+76	1,40
41	38	30	23	15	8	0	8	15	23	30	38	45	53	60	68	76	41
42	38	31	23	15	8	0	8	15	23	31	38	46	54	61	69	77	42
43	39	31	23	15	8	0	8	15	23	31	39	46	54	62	69	77	43
44	39	31	23	16	8	0	8	16	23	31	39	47	55	62	70	78	44
1,45	−39	−31	−24	−16	− 8	0	+ 8	+16	+24	+31	+39	+47	+55	+63	+71	+78	1,45
46	40	32	24	16	8	0	8	16	24	32	39	47	55	63	71	79	46
47	40	32	24	16	8	0	8	16	24	32	40	48	56	64	72	79	47
48	40	32	24	16	8	0	8	16	24	32	40	48	56	64	72	80	48
49	41	32	24	16	8	0	8	16	24	32	40	48	56	65	73	81	49
1,50	−41	−33	−25	−16	− 8	0	+ 8	+16	+24	+33	+41	+49	+57	+65	+73	+81	1,50
51	41	33	25	17	8	0	8	16	25	33	41	49	57	66	74	82	51
52	41	33	25	17	8	0	8	17	25	33	41	50	58	66	74	82	52
53	42	33	25	17	8	0	8	17	25	33	42	50	58	67	75	83	53
54	42	34	25	17	8	0	8	17	25	34	42	50	59	67	75	84	54
1,55	−42	−34	−25	−17	− 8	0	+ 8	+17	+25	+34	+42	+51	+59	+68	+76	+84	1,55
56	43	34	26	17	9	0	9	17	26	34	43	51	60	68	76	85	56
57	43	34	26	17	9	0	9	17	26	34	43	51	60	69	77	86	57
58	43	35	26	17	9	0	9	17	26	35	43	52	60	69	77	86	58
59	44	35	26	18	9	0	9	17	26	35	43	52	61	69	78	87	59
1,60	−44	−35	−26	−18	− 9	0	+ 9	+18	+26	+35	+44	+52	+61	+70	+78	+87	1,60
61	44	35	27	18	9	0	9	18	26	35	44	53	62	71	79	88	61
62	45	36	27	18	9	0	9	18	27	36	44	53	62	71	80	89	62
63	45	36	27	18	9	0	9	18	27	36	45	54	63	72	80	89	63
64	45	36	27	18	9	0	9	18	27	36	45	54	63	72	81	90	64
1,65	−46	−37	−27	−18	− 9	0	+ 9	+18	+27	+36	+46	+55	+64	+73	+82	+91	1,65
66	46	37	28	18	9	0	9	18	27	37	46	55	64	73	83	92	66
67	46	37	28	19	9	0	9	18	28	37	46	56	65	74	83	92	67
68	47	38	28	19	9	0	9	19	28	37	47	56	65	75	84	93	68
69	47	38	28	19	9	0	9	19	28	38	47	57	66	76	85	94	69
1,70	−48	−38	−29	−19	−10	0	+10	+19	+29	+38	+48	+57	+67	+76	+86	+95	1,70
71	48	39	29	19	10	0	10	19	29	39	48	58	68	77	87	97	71
72	49	39	29	20	10	0	10	20	29	39	49	59	69	79	88	98	72
73	50	40	30	20	10	0	10	20	30	40	50	60	70	80	90	100	73
74	50	40	30	20	10	0	10	20	30	40	50	60	71	81	91	101	74
1,75	−51	−41	−31	−20	−10	0	+10	+20	+31	+41	+51	+61	+72	+82	+93	+ 103	1,75
76	52	41	31	21	10	0	10	21	31	42	52	62	73	83	94	105	76
77	53	42	32	21	11	0	11	21	32	42	53	63	74	84	95	105	77
78	53	42	32	21	11	0	11	21	32	42	53	64	74	84	95	105	78
79	53	43	32	21	11	0	11	21	32	42	53	63	74	84	94	105	79
1,80	−53	−42	−32	−21	−11	0	+11	+21	+32	+42	+53	+63	+73	+83	+93	+104	1,80
81	53	42	32	21	11	0	11	21	31	42	52	62	72	82	92	103	81
82	52	41	31	21	10	0	10	21	31	41	51	61	71	81	90	100	82
83	52	41	31	20	10	0	10	20	30	40	50	+60	+70	+79	+88	+97	83
84	50	40	30	20	10	0	+10	+20	+29	+39	+48						84
1,85	−48	−39	−29	−19	−10	0											1,85

Tafel 59.

Reduktionstafel für Schwefelsäure-Wasser-Mischungen.

Die Tafel enthält diejenigen Beträge, welche an den mit einem Aräometer nach Bé (rat. Skale) bei verschiedenen Temperaturen erhaltenen Ablesungen angebracht die Grade Bé bei 15° C. ergeben.

Abgeles. Grade Bé	Abgelesene Temperatur in Celsiusgraden.																Abgeles. Grade Bé
	10°	11°	12°	13°	14°	15°	16°	17°	18°	19°	20°	21°	22°	23°	24°	25°	
	Reduktion auf die Normaltemperatur 15° C. in Graden Bé																
0	−0,07	−0,06	−0,05	−0,03	−0,02	0,00	+0,02	+0,04	+0,06	+0,08	+0,11	+0,14	+0,17	+0,20	+0,23	+0,26	0
1	0,08	0,07	0,06	0,04	0,02	0,00	0,02	0,05	0,07	0,10	0,13	0,16	0,19	0,22	0,25	0,29	1
2	0,10	0,09	0,07	0,05	0,03	0,00	0,03	0,05	0,08	0,11	0,14	0,17	0,21	0,24	0,28	0,32	2
3	0,12	0,10	0,08	0,06	0,03	0,00	0,03	0,05	0,09	0,12	0,16	0,19	0,23	0,27	0,31	0,35	3
4	−0,14	−0,12	−0,09	−0,06	−0,03	0,00	+0,03	+0,07	+0,10	+0,13	+0,17	+0,21	+0,25	+0,29	+0,34	+0,38	4
5	−0,15	−0,13	−0,09	−0,06	−0,03	0,00	+0,03	+0,07	+0,11	+0,14	+0,18	+0,22	+0,26	+0,31	+0,36	+0,40	5
6	0,17	0,14	0,10	0,07	0,04	0,00	0,04	0,07	0,11	0,15	0,19	0,23	0,28	0,33	0,38	0,43	6
7	0,18	0,15	0,11	0,08	0,04	0,00	0,04	0,08	0,12	0,16	0,21	0,25	0,30	0,35	0,40	0,45	7
8	0,20	0,16	0,12	0,08	0,04	0,00	0,04	0,08	0,12	0,17	0,22	0,27	0,32	0,37	0,42	0,47	8
9	−0,21	−0,17	−0,13	−0,09	−0,04	0,00	+0,04	+0,09	+0,13	+0,18	+0,23	+0,28	+0,33	+0,38	+0,43	+0,49	9
10	−0,23	−0,19	−0,14	−0,10	−0,05	0,00	+0,05	+0,10	+0,14	+0,19	+0,24	+0,29	+0,34	+0,40	+0,45	+0,51	10
11	0,24	0,20	0,15	0,10	0,05	0,00	0,05	0,10	0,15	0,20	0,26	0,31	0,36	0,42	0,47	0,53	11
12	0,25	0,20	0,15	0,10	0,05	0,00	0,05	0,11	0,16	0,21	0,27	0,32	0,38	0,44	0,49	0,55	12
13	0,26	0,21	0,16	0,11	0,05	0,00	0,06	0,11	0,17	0,22	0,28	0,34	0,39	0,45	0,51	0,56	13
14	−0,27	−0,22	−0,16	−0,11	−0,06	0,00	+0,06	+0,12	+0,18	+0,23	+0,29	+0,35	+0,41	+0,47	+0,52	+0,58	14
15	−0,28	−0,23	−0,17	−0,12	−0,06	0,00	+0,06	+0,12	+0,18	+0,24	+0,29	+0,35	+0,41	+0,47	+0,53	+0,59	15
16	0,29	0,23	0,17	0,12	0,06	0,00	0,06	0,12	0,18	0,24	0,30	0,36	0,42	0,48	0,54	0,60	16
17	0,29	0,23	0,18	0,12	0,06	0,00	0,06	0,12	0,18	0,24	0,30	0,36	0,42	0,49	0,55	0,61	17
18	0,30	0,24	0,18	0,12	0,06	0,00	0,06	0,12	0,19	0,25	0,31	0,37	0,43	0,50	0,56	0,62	18
19	−0,30	−0,24	−0,18	−0,12	−0,06	0,00	+0,06	+0,12	+0,19	+0,25	+0,31	+0,37	+0,43	+0,51	+0,57	+0,63	19
20	−0,31	−0,25	−0,18	−0,12	−0,06	0,00	+0,06	+0,13	+0,20	+0,26	+0,32	+0,38	+0,44	+0,51	+0,57	+0,63	20
21	0,31	0,25	0,18	0,12	0,06	0,00	0,06	0,13	0,20	0,26	0,32	0,38	0,44	0,51	0,58	0,64	21
22	0,32	0,26	0,19	0,13	0,06	0,00	0,06	0,13	0,20	0,26	0,32	0,38	0,44	0,51	0,58	0,64	22
23	0,32	0,26	0,19	0,13	0,06	0,00	0,06	0,13	0,20	0,26	0,32	0,38	0,45	0,52	0,58	0,65	23
24	−0,32	−0,26	−0,19	−0,13	−0,06	0,00	+0,06	+0,13	+0,20	+0,26	+0,32	+0,38	+0,45	+0,52	+0,58	+0,65	24
25	−0,33	−0,26	−0,20	−0,13	−0,07	0,00	+0,07	+0,13	+0,20	+0,26	+0,32	+0,38	+0,45	+0,52	+0,58	+0,65	25
26	0,33	0,26	0,20	0,13	0,07	0,00	0,07	0,13	0,20	0,26	0,32	0,38	0,45	0,52	0,58	0,65	26
27	0,33	0,26	0,20	0,13	0,07	0,00	0,07	0,13	0,20	0,26	0,32	0,38	0,45	0,51	0,58	0,64	27
28	0,32	0,26	0,20	0,13	0,07	0,00	0,07	0,13	0,20	0,26	0,32	0,38	0,45	0,51	0,57	0,64	28
29	−0,32	−0,26	−0,20	−0,13	−0,07	0,00	+0,07	+0,13	+0,20	+0,26	+0,32	+0,38	+0,44	+0,51	+0,57	+0,64	29
30	−0,32	−0,26	−0,20	−0,13	−0,07	0,00	+0,06	+0,13	+0,20	+0,26	+0,32	+0,38	+0,44	+0,51	+0,57	+0,63	30
31	0,31	0,25	0,19	0,13	0,06	0,00	0,06	0,12	0,19	0,25	0,31	0,37	0,44	0,50	0,56	0,63	31
32	0,31	0,25	0,19	0,12	0,06	0,00	0,06	0,12	0,19	0,25	0,31	0,37	0,43	0,50	0,56	0,62	32
33	−0,31	−0,25	−0,19	−0,12	−0,06	0,00	+0,06	+0,12	+0,19	+0,25	+0,31	+0,37	+0,43	+0,49	+0,55	+0,62	33

Die Abstufung der Alkohol-Wassermischungen nach Prozenten, welche am praktischsten für den Werkstattbetrieb ist, läßt sich natürlich von vornherein nur schwer angeben, doch ist es gut, sich so viel Mischungen wie möglich vorrätig herzustellen. Das Anlagekapital, welches in einer größeren Zahl von Standzylindern und in größeren Flüssigkeitsquantitäten steckt, macht sich, wie schon mehrfach erwähnt, in der Folgezeit sehr bezahlt, indem man die viele zum Mischen notwendige Zeit erspart. Zunächst wird man gut tun, etwa eine von 5 zu 5% fortschreitende Abstufung der Flüssigkeiten zu wählen, also 30, 35, 40, 45 und so fort bis 95 Gewichtsprozent. Die zwischen 95 und 99% notwendigen Mischungen stellt man sich her aus dem käuflichen 95 und 99%igen Alkohol. Den Alkohol von 100% darf man niemals verändern, da sich diese Veränderungen nie wieder rückgängig machen lassen.

Es versteht sich von selbst, daß man zur Herstellung der Prüfungsflüssigkeiten niemals denaturierten Spiritus nehmen darf. Da die ganz hochprozentigen Alkohole hygroskopisch sind und sich allmählich durch Wasseraufnahme aus der Luft verdünnen und entwerten, so ist es gut, sie nicht in Standzylindern, sondern in gut verschlossenen Glasflaschen aufzubewahren.

34. Sulfosprit.

Für viele Arten von Aräometern kann man sich derjenigen Flüssigkeiten, für die sie bestimmt sind (der sog. Gebrauchsflüssigkeiten) bei der Herstellung nicht bedienen, aus Gründen, welche in den der Theorie des Aräometers gewidmeten Kapiteln 2. und 3. ausführlich auseinander gesetzt sind. Es ist dort erläutert worden, daß die richtige Einstellung eines Aräometers in einer Flüssigkeit von der möglichst vollkommenen Ausbildung des kapillaren Wulstes abhängt, welcher an der Durchtrittsstelle des Stengels durch die Flüssigkeitsoberfläche am Stengel in die Höhe steigt. Die Ausbildung dieses Wulstes nun ist in den bereits genannten Flüssigkeiten schon bei Anwendung der gewöhnlichen Reinigungsmaßregeln eine so vollkommene, daß ein in sie eingetauchtes Aräometer eine der idealen sehr angenäherte Gleichgewichtslage einnimmt. Es gibt aber eine große Zahl von Flüssigkeiten, welche das Zustandekommen eines hinreichend guten kapillaren Wulstes nur dann ermöglichen, wenn man ganz außerordentlich mühsame und zeitraubende Vorkehrungen trifft, von denen später noch die Rede sein wird. Bei Anwendung der gewöhnlichen Reinlichkeitsmaßregeln aber liefern diese Flüssigkeiten, zu denen vornehmlich alle wässerigen Salz-, Zucker-, Säure- und Gaslösungen, sowie die Alkohol-Wassermischungen im Prozentbereich von 0 bis 30 Gewichtsprozent gehören, eine so schlechte Benetzung des Aräometerstengels und damit eine so unvollkommene Wulstbildung, daß die Gleichgewichtslage des Aräometers in derselben Flüssigkeit innerhalb weiter Grenzen zu schwanken vermag. Denn je besser der kapillare Wulst sich ausbildet, desto schwerer ist er und desto tiefer sinkt das Aräometer in der betreffenden Flüssigkeit ein, und die tiefste erreichbare Einstellung ist zugleich diejenige, welche der idealen am nächsten ist. Es leuchtet ein, daß man sich dieser Flüssigkeiten selbst höchstens in solchen Fällen bei der Herstellung von Aräometern bedienen kann, in denen es nur auf eine sehr geringe Genauigkeit der Instrumente ankommt. Da indessen die meisten der genannten Flüssigkeiten sich noch nicht einmal auf die Dauer unverändert aufbewahren lassen, vielmehr früher oder später durch Schimmel, Zersetzung usw. zu verderben pflegen, so ist es von Vorteil, in allen diesen Fällen sich bei der Herstellung von Aräometern solcher Prüfungsflüssigkeiten zu bedienen, welche einmal den Vorzug einer möglichst guten Stengelbenetzung bzw. Wulstbildung, sodann den einer genügenden Haltbarkeit und Unveränderlichkeit besitzen. Den langjährigen Bemühungen der Normal-Eichungskommission in Berlin ist es gelungen, eine allen Anforderungen genügende Flüssigkeit zu ermitteln, welche neben den bereits genannten Vorzügen auch noch den besitzt, innerhalb eines sehr großen Dichteintervalls benutzbar zu sein. Es ist dies der im 2. Kapitel erwähnte sog. Sulfosprit. Er besteht aus einer Mischung von chemisch reiner Schwefelsäure und einem Branntwein (Alkohol) von 80 Gewichtsprozent und ist daher in dem ganzen Dichtebereich von 0,85 bis 1,84 benutzbar. Wenn man sich mit einer hinreichend großen Anzahl von Sulfospritflüssigkeiten der verschiedensten Dichten versehen hat, so ist man in der Lage, dieselben Flüssigkeiten jahrzehntelang in Benutzung zu haben. Man hat nur nötig, die beim Gebrauch unvermeidliche Verringerung der Flüssigkeitsmenge von Zeit zu Zeit durch Nachfüllung von Sulfosprit der betreffenden Dichte auszugleichen.

Bei der Mischung von Sulfosprit verfährt man unter allen Umständen so, daß man die Schwefelsäure in den Alkohol schüttet, nie umgekehrt. Es tritt nämlich bei der Vermischung von Alkohol und Schwefelsäure eine bedeutende Erwärmung infolge von chemischen Reaktionen der beiden Flüssigkeiten aufeinander ein, welche beim Eingießen von Alkohol in Schwefelsäure leicht zu explosionsartigen Erscheinungen führt, bei denen die gefährliche Flüssigkeit den mit ihr Beschäftigten aufs schwerste schädigen kann, insbesondere an den Augen. Am besten verfährt man bei der Herstellung in der Weise, daß man die Schwefelsäure aus einem mit einem Hahn versehenen gläsernen Scheidetrichter von Kugelform tropfenweise in einen hohen mit dem gehörigen Quantum 80%igen Alkohols gefüllten Zylinder einfließen läßt. Hierbei ist die Erwärmung kaum wahrnehmbar. Allerdings dauert die Mischung auf diese Weise ein wenig lange, sie ist aber unter allen Umständen als die sicherste Methode zu empfehlen. Kann man eine rasche Mischung nicht umgehen, so führe man dieselbe in einem etwa 20 l fassenden, gut glasierten Bunzlauer Tontopf aus, in den man vorher das erforderliche Quantum Alkohol gegossen hat. Die Schwefelsäure gießt man aus einem Gefäß, welches die Herstellung eines dünnen Strahls ermöglicht, so langsam als angängig unter stetem Umrühren der Mischung mittels eines oben und unten zusammengeschmolzenen fingerstarken Glasrohres zu. Hierbei erwärmt sich die Mischung meist recht stark[1]), oft bis zum Sieden und man tut gut, zur rascheren Abkühlung den Mischtopf von vornherein in ein großes Gefäß mit kaltem Wasser zu stellen. Hierbei hat man gleich-

---

[1]) Durch Verdampfen des Alkohols wird der so hergestellte Sulfosprit dichter, als es der nachfolgenden Tabelle entspricht.

zeitig den Vorteil, daß bei etwaigem Rissigwerden oder Springen des Topfes kein weiteres Unheil geschehen kann, als daß die Mischung in das Kühlwasser übertritt. Sulfosprit, vor allem aber reine Schwefelsäure, greifen organische Substanzen (menschliche Haut, Kleidungsstücke usw.) heftig an und bewirken dadurch, daß sie den betreffenden Substanzen das chemisch gebundene Wasser entziehen, in der Regel deren Verkohlung. Sollte trotz aller Vorsichtsmaßregeln ein Tropfen Sulfosprit oder Schwefelsäure auf die Haut gelangt sein, so tupfe man ihn so rasch als möglich mit einem Stückchen Fließpapier ab, welches zu diesem Zweck stets bereit liegen muß und spüle mit viel reinem Wasser nach. Ausdrücklich muß darauf hingewiesen werden, daß es darauf ankommt, viel Wasser zu nehmen, da eine kleine Quantität unter Umständen durch die eintretende Erhitzung Brandwunden hervorrufen kann. Tropfen von Sulfosprit oder Schwefelsäure, welche auf die Kleidung gelangt sind, neutralisiert man nach dem Abtupfen mit Fließpapier mittels Salmiakgeist und spült die betroffenen Stellen hinterher gut mit reinem Wasser ab. So wird die Entstehung von Flecken oder Löchern in · der Kleidung mit Sicherheit verhindert, allerdings nur, wenn die geschilderten Maßnahmen sofort getroffen werden.

Um einen Sulfosprit von bestimmter Dichte rasch herstellen zu können, ist es notwendig, das für den betreffenden Fall passende Mengenverhältnis von Alkohol und Schwefelsäure zu kennen. In folgender Tabelle sind eine Anzahl von Dichten und die zur Herstellung von 1000 Raumteilen Sulfosprit der betreffenden Dichte notwendigen Mengen Alkohol und Schwefelsäure aufgeführt.

Dichte	Raumteile Schwefelsäure	Raumteile Spiritus (80 Gew. %)
0,85	0	1000
0,90	40	970
0,95	83	935
1,00	128	896
1,05	177	849
1,10	226	801
1,15	278	746
1,20	332	688
1,25	386	629
1,30	440	570
1,35	493	514
1,40	545	459
1,45	597	405
1,50	648	353
1,55	699	301
1,60	750	250
1,65	800	198
1,70	851	146
1,75	901	94
1,80	952	44

Abgesehen von der guten Benetzung des Sulfosprits sind noch folgende Vorzüge dieser Flüssigkeit zu bemerken: Die Kapillaritätskonstante zeigt in dem ganzen Dichtenbereich nur verhältnismäßig geringe Änderungen. Die extremen Werte von α sind 2,92 und 3,34, also die größte Differenz 0,42, während beispielsweise bei reinen Alkohol-Wassermischungen diese Differenz 4,47, also 10 mal so groß ist. Ferner ändert sich die Kapillaritätskonstante nicht merklich, wenn man anstatt eines Spiritus von 80% einen solchen von 75 oder 85% zur Mischung verwendet.

Die für den Gebrauch vorbereiteten Mengen Sulfosprit werden am besten in Standzylindern (vgl. § 23) mit gläsernem Überfangdeckel aufgehoben, damit sie für die Verwendung zu aräometrischen Zwecken nicht jedesmal erst aus einer Flasche in die betreffenden Standzylinder gegossen werden müssen. Will man sich aber nicht so viel Standzylinder halten, als man Sulfosprit verschiedener Dichte benutzt, so muß man eine Anzahl größerer gläserner Flaschen mit eingeschliffenen Glasstopfen zur Verfügung haben; dazu auch 2—3 größere Glastrichter von etwa 20 cm oberem Durchmesser.

Beim Umschütten von Sulfosprit suche man es stets so einzurichten, daß der Sulfosprit an der Wand des Zylinders oder Trichters entlang fließt und nicht etwa in einem Strahl aus der Höhe in eine schon vorhandene Menge hineinfällt, da so ein Herumspritzen von Tropfen unvermeidlich ist, und hierdurch besonders die Augen leicht in Gefahr geraten.

Die beiden Ausgangsmaterialien zur Herstellung von Sulfosprit, 80%igen Alkohol und chemisch reine Schwefelsäure halte man in größerer Menge vorrätig, damit man jederzeit frischen Sulfosprit herstellen kann, falls solcher erforderlich werden sollte. Es ist durchaus nicht zweckmäßig oder sparsam, wenn man irgendwelche nicht vorrätigen Dichten des Sulfosprits durch Mischung bereits vorhandener Sulfosprite herstellt, da diese später fehlen könnten; und es ist durchaus keine Verschwendung, wenn man sich soviel verschiedene Dichten ein für allemal vorrätig hält, als solche für alle in Betracht kommenden aräometrischen Zwecke notwendig werden können.

Frisch zubereiteter Sulfosprit hat die Neigung sich zu entmischen, d. h. der Alkohol und die Schwefelsäure trennen sich zum Teil wieder und bilden Schichtungen. Erst nach einigen Tagen pflegt der chemische Prozeß, welcher zwischen den beiden Flüssigkeiten eintritt und zur Bildung von Äthylschwefelsäure und Aldehyden führt, beendet zu sein, und der Sulfosprit ist „reif". Frischen Sulfosprit muß man daher in den ersten Tagen möglichst nicht zu aräometrischen Arbeiten benutzen. Wohl aber tut man gut, ihn während des „Reifens" hie und da einmal gründlich durchzumischen.

Eine sehr angenehme Eigenschaft des Sulfosprits ist seine Haltbarkeit. Jahrzehntelang kann man den gleichen Sulfosprit in Benutzung haben, ohne daß er seine wertvollen Eigenschaften verliert.

35. Quecksilberoxydnitratlösungen.

Zur Herstellung von Aräometern für Flüssigkeiten, deren Dichte größer ist als 1,84 (Dichte der reinen Schwefelsäure), benutzt man als Prüfungsflüssigkeit eine Auflösung von salpetersaurem Quecksilberoxyd in einer Salpetersäure vom spez. Gewicht 1,20. Man kann mittels dieser Substanzen Flüssigkeiten herstellen mit dem spez. Gewicht von 1,20—2,50, indessen wird man wegen des sauren Geruchs, welcher den Atmungsorganen gefährlich werden kann, diese Quecksilberlösungen nur für solche Dichten benutzen, welche 1,84 überschreiten. Man kann fertige Quecksilberoxydlösung von der Dichte 2,5 von der chemischen Fabrik von Kahlbaum in Berlin beziehen. Aus ihr kann man sich dann leicht durch Verdünnung mit reiner Salpetersäure von der Dichte 1,20 alle gewünschten Dichten zurechtmischen. Im übrigen kann man sich im Notfalle Quecksilberlösung auch selbst herstellen, indem man im Freien, an einer Stelle, wo die entstehenden Dämpfe von Untersalpetersäure weder Lebewesen, noch tote Gegenstände schädigen können, Quecksilber (es braucht keineswegs sehr rein zu sein) in konzentrierter Salpetersäure auflöst. Die Auflösung nehme man in einem recht tiefen Glas oder Porzellangefäß vor und sorge dafür, daß im Anfange der Lösungsprozeß durch eine leichte Erwärmung in Gang kommt. Sobald die Salpetersäure das Quecksilber anzugreifen beginnt, entwickelt sich durch die chemischen Vorgänge von selbst so viel Wärme, daß die Einwirkung der Salpetersäure auf das Quecksilber zuletzt sehr stürmisch wird. Es bilden sich hierbei rote ätzende Dämpfe in solcher Menge, daß sie innerhalb eines geschlossenen Raumes für den mit der Lösung Beschäftigten geradezu lebensgefährlich werden können. Man hüte sich daher auch im Freien Spuren davon einzuatmen. Sollte es dennoch passieren, daß man solchen Dampf in die Lunge bekommt, so rieche man vorsichtig an einer Flasche, welche Salmiakgeist (Ammoniakflüssigkeit) enthält. Letztere Substanz bindet chemisch die sauren Dämpfe und es entsteht eine harmlose Substanz: salpetersaures Ammoniak, welches in keiner Weise gefährlich ist. Ist der Lösungsprozeß beendet, was man daran erkennt, daß an überschüssigem in der Flüssigkeit befindlichem Quecksilber sich keine Gasblasen mehr entwickeln, so lasse man die Lösung sich abkühlen, wobei ein gelblich weißer Kristallbrei von salpetersaurem Quecksilber sich bilden wird. Sodann löst man unter stetem Umrühren und vorsichtigem Erwärmen (man stellt hierzu das Gefäß, in dem die Lösung sich befindet, in ein größeres Gefäß mit schwach erwärmten Wasser) das Kristallmehl in Salpetersäure von der Dichte 1,20 auf. Man setzt die Säure in ganz kleinen Portionen zu, bis schließlich alles Kristallmehl gelöst ist. Die so entstandene Lösung hat ein spez. Gewicht von ungefähr 2,5 und kann, wie oben angegeben, weiter verdünnt werden. Man halte stets sowohl konzentrierte Lösung als auch ein hinreichendes Quantum Salpetersäure von 1,20 Dichte zur Herstellung neuer Mischungen in Vorrat. Diese Flüssigkeiten dürfen nicht in offenen Standzylindern, sondern nur in Glasflaschen mit eingeriebenem Stöpsel aufgehoben werden, da sie saure Dämpfe entwickeln.

8. Kapitel.

Materialien zur Herstellung der Aräometer.

36. Glasröhren für Körper und Stengel, Thermometerkapillaren.

Die Auswahl des zur Herstellung von Aräometern notwendigen gläsernen Röhrenmaterials hat unter folgenden Gesichtspunkten zu geschehen.

Die Röhren, sowohl die für die Körperunterteile bestimmten als auch die Stengelröhren müssen aus möglichst schlieren-, knoten- und blasenfreiem Glas bestehen. Besonders wichtig ist, daß das Glas frei ist von in die Länge gezogenen, strichartigen Blasen, weil diese beim Verarbeiten gewöhnlich zur Bildung örtlicher, dann meist sehr dünnwandiger, oft die Oberfläche durchbrechender Blasen Veranlassung geben. Es kommt z. B. vor, daß an denjenigen Stellen des Aräometerkörpers, wo dieser nach oben oder nach unten sich verjüngt, eine solche Blase bei der Verarbeitung sich bildet und nach dem Innern zu aufplatzt. Nach außen ist dann unter Umständen die über der Blase stehengebliebene Glasschicht äußerst dünn und wird bei der späteren Bearbeitung oder ev. erst bei der Anwendung des fertigen Aräometers leicht eingestoßen, so daß eine weitere Bearbeitung oder Verwendung des so verletzten Instrumentes nicht mehr möglich ist.

Das Röhrenmaterial sei ferner von durchaus gleichmäßiger Wandstärke. Eine ungleichmäßige Wandstärke kann die Ursache für schiefes Schwimmen des Aräometers werden, wie auch derartige Röhren bei der Verarbeitung vor der Lampe sich meist unrund aufblasen, sodaß die Erzielung guter Verbindungen Zeitversäumnis verursacht, wenn nicht die Verwendung überhaupt aus dem angedeuteten Grunde unmöglich wird. Ferner seien die Röhren von möglichst gut rundem, also kreisförmigem Querschnitt, abgesehen natürlich von den Fällen, in denen es dem Fabrikanten auf die Herstellung von Aräometern mit flachem Querschnitt ankommt, z. B. bei der Herstellung von Aräometern für Akkumulatorensäure. Eine Abweichung von der Kreisform hat neben dem bezweckten Nutzen manche Mängel und Unbequemlichkeiten zur Folge, z. B. die große Zerbrechlichkeit. Auch lassen sich die Papierskalen viel schwerer gerade und im Verhältnis zum Stengelumfang an eine bestimmte Stelle einbringen, als bei Röhren von gut kreisförmigem Querschnitt.

Was die Wahl der Glassorten anbetrifft, so lege man Wert darauf, möglichst säure- und laugebeständiges, vor der Lampe nicht leicht entglasendes Rohrmaterial zu beschaffen, da beim Gebrauch in der Praxis das Glas des Aräometers vielfach starken chemischen Einwirkungen ausgesetzt werden muß und alsdann durch Zersetzung leicht an Gewicht verliert, auch rauh und unansehnlich wird.

Es empfiehlt sich bei der Einordnung von Röhren in das Röhrenlager sogleich eine Sortierung der Röhren nach ihrem äußeren Durchmesser eintreten zu lassen, etwa in der Weise, daß man alle diejenigen Röhren zu einer Gruppe zusammenlegt, deren Durchmesser z. B. kleiner oder gleich 5, aber größer als 4 mm ist. Man wird eine solche von vornherein durchgeführte Ordnung bei der Fabrikation angenehm empfinden, indem das Aussuchen der passenden Rohrstärken außerordentlich erleichtert wird.

Vor der Verarbeitung empfiehlt es sich ferner, das zu benutzende Röhrenmaterial im Interesse eines guten, blanken Aussehens der fertigen Instrumente stets auf das Sorgfältigste zu reinigen, auch dann, wenn die Röhren noch ziemlich frisch sein sollten. Man wird diese einfache Vorsicht schätzen lernen, da die Verminderung der nach der Herstellung durch spontanes Zerspringen verunglückten Instrumente die Nützlichkeit derselben erweist; auch wird durch unreines Glas unter dem Einfluß der aus dem Papier der Skalen stammenden Feuchtigkeit leicht ein trübes und unvorteilhaftes Aussehen der Instrumente verursacht.

Eine wichtige Eigenschaft, welche von den zur Herstellung feinerer Aräometer bestimmten Glassorten gefordert werden muß, ist eine geringe thermische Nachwirkung. Unter thermischer Nachwirkung ist diejenige Formänderung zu verstehen, welche ein aus Glas hergestellter Körper nach der Erwärmung auf höhere Temperaturen allmählich zu erleiden pflegt. In der Thermometer-Fabrikation macht sich die thermische Nachwirkung des Glases in Gestalt des sog. säkularen Anstiegs und der Depression des Eispunktes der Thermometer geltend. Die erstgenannte Erscheinung wird dadurch hervorgebracht, daß die äußeren Schichten eines Glasgerätes während der Erstarrung durch die Berührung mit der umgebenden Luft zuerst erkalten und fest werden, während die inneren Schichten noch weich sind, und bei der Abkühlung noch eine starke Kontraktion erfahren. Die äußeren Schichten vermögen wegen ihrer bereits eingetretenen Starrheit dieser Zusammenziehung der inneren Schichten nicht mehr zu folgen; so entsteht eine bedeutende Spannung innerhalb der ganzen Glasmasse, und zwar befinden sich die äußeren Schichten unter einem starken Druck, die inneren dagegen unter einem starken Zug, d. h. die einzelnen Glasmoleküle üben aufeinander in der äußeren bzw. inneren Schicht eine Kraft aus, wie sie in der Figur durch die zwei gegeneinander gerichteten resp. voneinander abgewandten fliegenden Pfeile dargestellt ist.

Die so in der Glasmasse vorhandenen Spannungen gleichen sich nun infolge der Plastizität des Glases je nach der Glasart im Verlaufe kürzerer oder längerer Zeit zum Teil aus, wodurch naturgemäß Veränderungen sowohl der Form wie auch des Volumens des betreffenden Glasgegenstandes hervorgerufen werden. Bei einem Thermometer z. B. wird im Laufe der Zeit durch den Ausgleich der inneren Spannungen das Quecksilbergefäß kleiner; und dadurch entsteht der bereits erwähnte säkuläre Anstieg des Eispunktes. Ein Aräometer ist nun in mancher Hinsicht einem Thermometer zu vergleichen; auch bei ihm findet dadurch, daß nach der Herstellung ein Ausgleich der Spannungen in der Glasschicht stattfindet und so sein Volumen sich ändert, eine Veränderung der Angaben statt. Es ist daher wichtig, zur Herstellung zuverlässiger Aräometer stets Glassorten zu wählen, bei denen erfahrungsgemäß die hier besprochenen Erscheinungen in möglichst geringem Maße auftreten. Solche Glasarten sind z. B. das bekannte Jenaer Geräteglas 16III, welches in den Glaswerken von O. Schott und Genossen zu Jena in Thüringen hergestellt wird, oder das in der Glashütte von Greiner & Friedrichs in Stützerbach in Thüringen erzeugte Resistenzglas. Diese Glassorten zeigen eine sehr geringe thermische Nachwirkung. Während z. B. Thermometer aus einem schlechteren Glas nach Erwärmung auf höhere Temperatur eine tiefere Lage des Eispunktes als vor der Erwärmung zeigen (sog. Depression des Eispunktes), welche nur sehr allmählich wieder zu verschwinden pflegt, zeigen Thermometer aus Jenaer Glas 16III oder aus Resistenzglas nur eine äußerst geringe Depression des Eispunktes. Diese wertvolle Eigenschaft kommt nun auch für Aräometer in Betracht, besonders für solche, die abwechselnd in hoch und niedrig temperierten Flüssigkeiten gebraucht werden sollen. Auch hat dieses Glas die oben geforderte Widerstandsfähigkeit gegen chemische Einflüsse von seiten der Gebrauchsflüssigkeiten in hohem Maße.

Bei der Besprechung des Röhrenmaterials muß auch auf die zur Herstellung von Thermometerunterteilen für Aräometer notwendigen Kapillarröhren kurz eingegangen werden. Die Thermometer, um die es sich in der Aräometerfabrikation handelt, sind meist verhältnismäßig unempfindlich. Die für sie bestimmten Kapillaren brauchen daher nicht durchaus den hohen Anforderungen zu genügen, welche man an die für Präzisionsthermometer bestimmten zu stellen hat. Die hier in Betracht kommenden Thermometer haben selten Teilungen mit kleineren Abschnitten als $0{,}5^{0}$. Da überdies die Thermometergefäße meist gleichzeitig als Ballastkammer dienen und daher verhältnismäßig groß sind, so sind in der Regel nur Kapillaren von größerer lichter Weite erforderlich. Immerhin müssen die Kapillaren den schon oben genannten Anforderungen an das Glasmaterial überhaupt genügen, also vor allem blasen-, knötchen-, schlierenfrei sein. Das ist besonders deswegen nötig, weil die Striche der Thermometerskalen auch durch das Glas der Kapillare hindurch deutlich und unverändert erkennbar sein sollen. (Vgl. Instr. 3, f. § 55) Die Aufbewahrung der Kapillarröhren im Röhrenlager geschieht zweckmäßig so, daß man sie an beiden Enden zuschmilzt. Sollte sich bei der Besichtigung einer Kapillare eine Entglasung der inneren Oberfläche zeigen oder sollte Staub in sie eingedrungen sein, so empfiehlt sich vor der Benutzung eine gründliche Reinigung, indem man mittels einer Wasserstrahlluftpumpe unter Einschaltung einer Zwischenflasche in starkem Strome geeignete Flüssigkeiten, am besten nacheinander rauchende Salpetersäure, alkoholische Natronlauge, destilliertes Wasser und endlich durch ein Wattefilter, welches mittels eines Schlauches vor die Kapillare geschaltet wird, staubfreie Luft hindurchsaugt.

Von dem einen der Verfasser, der an den Großherzogl. Sächs. Präzisionstechnischen Anstalten zu Ilmenau in Thüringen die Herstellung von Thermometern und Aräometern zu leiten hatte, wurde die vorherige Reinigung der Kapillaren in allen Fällen vorgenommen. Diese Vorsicht machte sich dadurch bezahlt; daß die aus so behandeltem Ausgangsmaterial hergestellten Instrumente stets eine tadellose innere Reinheit zeigten; insbesondere eine durchaus regelmäßige Meniskusbildung der Quecksilbersäule in der Kapillare und eine gleichmäßige und ruhige Bewegung des Quecksilbermeniskus beim Fallen oder Steigen der Temperatur.

37. Das Quecksilber.

Sowohl als thermometrische Flüssigkeit wie auch als Belastungsmaterial für bessere Aräometer wird meistenteils Quecksilber genommen. Das Quecksilber erhält man im Handel in der Regel in gußeisernen Flaschen. Solches ist für die meisten hier in Betracht kommenden Zwecke von genügender Reinheit. Erforderlich ist jedoch Filtrierung durch ein Papierfilter. Dies stellt man her, indem man ein Stück reines festes Schreibpapier doppelt zusammenfaltet und dann so auseinander sperrt, daß es einen Trichter ergibt. In der Nähe von dessen Spitze steche man mittels einer spitzen Nadel möglichst viele feine Löcher in das Papier. Ist dies geschehen, so bringe man das Filter in einen Glastrichter, welcher in dem Hals der vorher sorgfältig gereinigten und getrockneten Aufnahmeflasche steckt und gieße das zu filtrierende Quecksilber hinein. Dieses rinnt in feinen Tropfen oder Strählchen durch die Löcher im Papier und setzt die in ihm enthaltenen Unreinigkeiten großen Teils an dem Papierfilter ab, wo sie nachher deutlich wahrgenommen werden können. Man wiederholt die Filtration unter steter Erneuerung der Papierfilter so oft, bis sich keine Unreinigkeiten mehr am Papier absetzen. Da das Quecksilber gern etwas Feuchtigkeit aus der Luft aufnimmt, so ist es notwendig, es — besonders vor seiner Verwendung zu thermometrischen Zwecken — zu trocknen.' Dies geschieht, indem man es in einer reinen Porzellanschale auf ca. 110° C. erhitzt (nicht höher, da das Quecksilber sich sonst oxydiert und auch zu stark verdampft!). So vorbereitetes aus den eisernen Handelsflaschen entnommenes Quecksilber ist sogar meist für feinere thermometrische Zwecke bereits gut brauchbar.

38. Der Quecksilberreinigungsapparat.

Wenn sich größere Mengen von Quecksilberresten, die durch Staub, lösliche Metalle und Oxyd verunreinigt sind, im Betriebe angesammelt haben, so werden solche am besten in der Weise gereinigt, daß man das Quecksilber zunächst mehrmals filtriert, wodurch die gröberen und nicht im Quecksilber aufgelösten Unreinigkeiten entfernt werden. Sodann läßt man das Quecksilber aus einem, in eine feine Spitze ausgezogenen Glastrichter durch eine etwa 1 m hohe Schicht einer Salpetersäure vom spez. Gewicht 1,10 in einem feinen Tropfenregen hindurchfallen. Man bereitet sich zu diesem Zwecke ein weites Glasrohr in der Weise vor, wie das aus der beistehenden Figur ersichtlich ist. Das Glasrohr wird am unteren Ende ausgezogen und durch ein Biegrohr verlängert, das man schwanenhalsartig zunächst senkrecht nach oben und sodann ein kurzes Stück horizontal biegt. Der senkrechte nach oben gebogene Teil des Verlängerungsrohres muß so lang gemacht werden, daß eine Quecksilbersäule von derselben Länge einer Säule von Salpetersäure von der Länge des weiten Rohres das Gleichgewicht zu halten vermag, also etwa 9—10 cm lang. Man füllt in das Fallrohr, nachdem es in ein geeignetes Stativ geklemmt worden ist, ein kleines Quantum gereinigten Quecksilbers ein, welches der darüber zu schichtenden

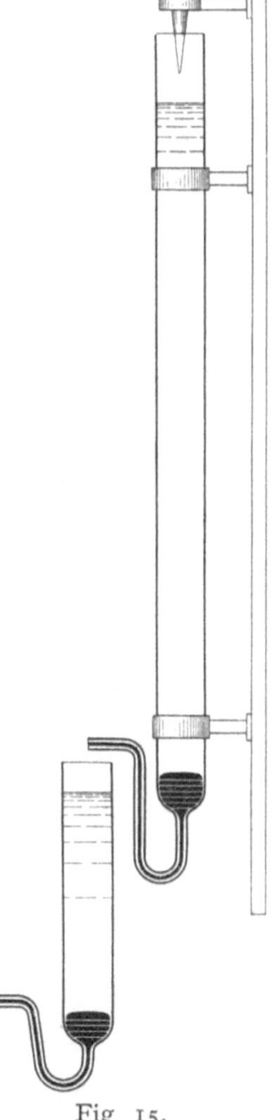

Fig 15.

Salpetersäure den Ausfluß aus dem Rohre versperrt. Dann füllt man die Salpetersäure bis etwa 4 cm unterhalb der oberen Rohrmündung ein. Den für die Aufnahme des unreinen Quecksilbers bestimmten Trichter steckt man zweckmäßig in einen, in das weitere Rohr passenden und es gut verschließenden durchbohrten Korkstöpsel ein. Gießt man nun das zu reinigende Quecksilber in den Trichter, so fällt es aus dessen feiner Spitze in einem zarten Tropfenregen durch die Salpetersäure und verliert hierbei die Unreinigkeiten (gelöste Metalle und Oxyd), welche in der Säure sich auflösen. In dem Maße, wie das Quecksilber sich unten in dem weiten Rohr ansammelt, läuft es aus dem doppelt gebogenen Ansatzrohr ab, unter dessen Mündung zum Auffangen eine reine Schale oder Flasche gestellt worden ist.

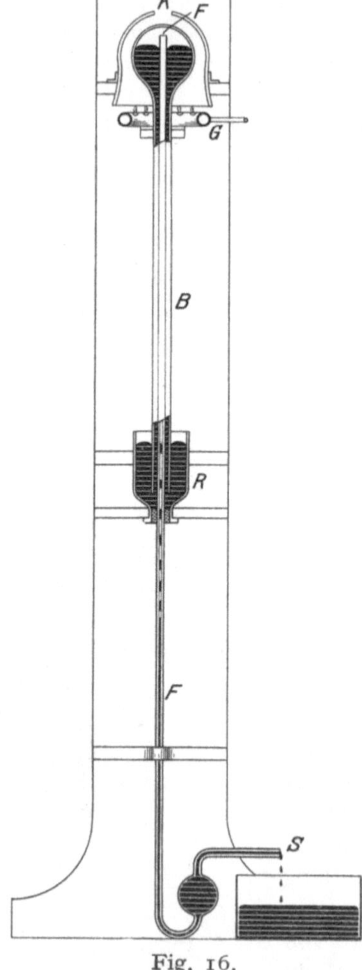

Fig. 16.

Das Quecksilber ist alsdann noch mehrfach mit destilliertem Wasser durchzuschütteln, um etwaige Spuren von Salpetersäure zu entfernen[1]). Zuletzt wird es mit reinem Fließpapier, welches man in Rollenform biegt und wie einen Rührer im Quecksilber herum bewegt, von dem noch darin enthaltenen Wasser befreit und endlich in der oben angegebenen Weise getrocknet. Solches Quecksilber ist zur Verwendung als Beschwerungsmaterial wohl geeignet. Um es für die Verwendung zu thermometrischen Zwecken zu reinigen, muß es erst noch destilliert werden. Dies geschieht in einem Destillierapparat von der in beistehender Figur dargestellten recht zweckmäßigen Form.

39. Der Quecksilberdestillierapparat.

Das zu destillierende Quecksilber kommt in ein Reservoir R, welches trichterförmig gestaltet ist und in dessen nach unten gekehrten Hals mittels eines Korkens ein langes Glasrohr F quecksilberdicht eingesetzt ist. Das Rohr F hat etwa doppelte Barometerlänge und ist in seinem oberen Teile aus gewöhnlichem, ungefähr 0,5 cm im Durchmesser fassenden Biegerohr hergestellt, während es in seinem unteren Ende etwa von der Stelle an, wo das Reservoir sich befindet, eine nicht zu enge Kapillare darstellt, von etwa 1—1½ mm lichter Weite. Über den oberen Teil des Rohres F ist ein Rohr B gestülpt, welches in der lichten Weite 2 mm mehr mißt als F und an seinem oberen Ende in eine Kugel K von etwa

---

[1]) Auch kann man es (wie dies in der Fig. dargestellt ist) durch ein zweites kürzeres mit destilliertem Wasser gefülltes Fallrohr fließen lassen.

5 cm Durchmesser aufgeblasen ist. Dieses Rohr ist an seinem unteren Ende
schräg abgeschliffen, seine Länge muß so abgemessen sein, daß sie der durchschnittlichen Höhe des Barometerstandes am Orte der Aufstellung entspricht.
Unterhalb der Kugel K ist ein Rundbrenner G aus Messingrohr angeordnet,
dessen Ring mit etwa 10—20 kleinen Löchern versehen ist, aus denen das
zur Heizung bestimmte Gas ausströmt. Der Apparat wird in der Weise in Gang
gesetzt, daß man mit einer guten Wasserstrahl- oder einer Quecksilberluftpumpe
aus der unteren Spitze S des Rohres F die Luft soweit wie möglich entfernt.
Alsdann steigt das im Reservoir R befindliche unreine Quecksilber in dem
Zwischenraum zwischen den Rohren F und B in die Höhe und gelangt schließlich in den unteren Teil der Kugel K. Das obere Ende des Rohres F muß
alsdann noch ein gutes Stück oberhalb des Quecksilberniveaus in der Kugel
hinaufragen. Sodann zündet man die Flammen des Rundbrenners G an und
läßt sie zunächst ganz klein brennen, um den Apparat nicht durch zu rasche
Erhitzung zu gefährden. In dem Maße, wie sich das Quecksilber in der Kugel
K erwärmt, beginnt es sich zu verflüchtigen und setzt sich an den kühleren
Stellen des Apparates in Form kleiner Tröpfchen an, so auch im oberen
in die Kugel hinaufragenden Ende des Rohres F. Die Quecksilberkügelchen
fallen, sobald sie eine gewisse Größe überschritten haben, von selbst in dem
Rohre F herunter und gelangen in den untersten Teil dieses Rohres, welcher
halsförmig umgebogen ist und in seinem aufsteigenden Teil zu einer Kugel
von solcher Größe aufgeblasen ist, daß ihr Inhalt mindestens dem Raumgehalt
eines Stückes der Kapillare F von Barometerstandslänge entspricht. Wenn
soviel Quecksilber herüberdestilliert ist, daß es diese Kugel nahezu füllt,
kann man die Verbindung der Auslaufsspitze S mit der Luftpumpe vorsichtig lösen. Das Quecksilber in der Kugel wird durch den äußeren Luftdruck alsdann in dem kapillaren Teil von F in die Höhe gedrückt, bis die
gehobene Quecksilbersäule dem äußeren Luftdruck das Gleichgewicht hält,
alsdann befindet sich der Destillierapparat für lange Zeit in gebrauchs-
fähigem Zustand. Man hat nur nötig, in das Reservoir R von Zeit zu Zeit
vorgereinigtes Quecksilber nachzufüllen und ein unter die Auslaufspitze S
gesetztes Auffangegefäß in reine Vorratsflaschen zu entleeren. Der be-
schriebene Destillierapparat hat sich unter allen, von dem einen der Verf.
benutzten Quecksilberdestillierapparaten am besten bewährt und fand insbesondere Verwendung bei der Herstellung von reinstem Quecksilber zur
Füllung hochgradiger Thermometer, welche an die Reinheit des Quecksilbers wohl von allen mit Quecksilber gefüllten Meßapparaten die höchste
Anforderung stellen. Wichtig ist, daß man das Quecksilber, welches in
das Reservoir R gegossen werden soll, vorher gründlich filtriert und trocknet.
Vorteilhaft ist es ferner, über der Kugel K eine Kappe von dünnem Eisen-
blech so anzuordnen, daß sich die, von dem Rundbrenner aufsteigende warme
Luft darin sammelt und den oberen Teil der Kugel K heizen hilft.

40. Das Papier zu den thermometrischen und aräometrischen Skalen.

Das Papier, aus dem die Skalen gemacht werden sollen, muß je nach
seiner Bestimmung von verschiedener Beschaffenheit sein. Das Papier zu

den thermometrischen Skalen wird zweckmäßig so dick gewählt, daß es mit einer gewissen elastischen Spannung sich auszudehnen strebt, wenn man es, wie dies ja im Thermometer der Fall ist, rund zusammenbiegt, auch muß das Papier kräftig genug sein, um das unter Umständen nicht unbeträchtliche Gewicht des zur Vervollständigung des Ballastes verwendeten Schrotlackes auszuhalten. Das Papier muß selbstverständlich von guter Beschaffenheit sein und muß insbesondere frei von eingeschlossenen groben Eisen- und Holzpartikeln, Flecken und dgl. sein und darf unter dem Einfluß des Lichtes sich nicht gelb färben. Das Papier für die aräometrischen Skalen muß zwei sich widersprechenden Bedingungen genügen: es muß sowohl fest genug sein, um sich ohne Stauchung, Knickung oder Zerrung in die oft langen, und dünnen Stengel von Aräometern einführen zu lassen und es muß möglichst dünn sein, weil besonders bei wenig stabilen Aräometern die senkrechte Einstellung der in einer Flüssigkeit schwimmenden Spindel durch die Schwere der aräometrischen Skale leicht gestört wird. Man wird daher gut tun, sich mit verschiedenen Sorten von Skalenpapier zu versehen, damit man in jedem einzelnen Falle das bestgeeignete aussuchen kann. Das Papier muß auch möglichst wenig hygroskopisch sein, da sonst durch die in ihm enthaltene Feuchtigkeit sich die mit dem Papier in unmittelbarer Berührung stehende innere Glasoberfläche zersetzt und so dem Aräometer ein unansehnliches Aussehen gibt. Ferner pflegen die Skalen, welche aus hygroskopischem Papier hergestellt sind, allmählich zu verblassen, auch wohl ihre Form zu ändern.

41. Das Material für die Beschwerung und für die letzte Ballastjustierung.

Der zur Herstellung von Ballast verwendete L a c k besteht meist aus einem weiß gefärbten, ziemlich leicht erweichenden Siegellack, den man zweckmäßigerweise in Stäbchen von etwa $2—2\frac{1}{2}$ mm Dicke und 10 cm Länge ausrollt und vorrätig hält. Zweckmäßig wird zur Herstellung von s c h w e r e m Ballast solcher Lack mit feinem Schrot von 0,5 mm Korngröße versetzt und gleichfalls in Form von Stäbchen derselben Dimensionen aufbewahrt. Dieser Schrotlackballast ist unentbehrlich für die Beschwerung von Thermoaräometern ohne Doppelkugel.

Zur Herstellung des zur letzten Justierung bestimmten sog. sekundären Ballastes bedarf man gut teilbarer Materialien, welche gestatten, eine allmähliche Vermehrung des Ballastes herbeizuführen, und ihn gleichzeitig genügend zu befestigen. Der sekundäre Ballast wird innerhalb des Stengels angebracht ganz in der Nähe seiner Ansatzstelle am Körper. Die hauptsächlich in Betracht kommenden Materialien sind Watte, grobes und feineres Schrot, sowie ausgeglühter weicher Messingdraht. Die Watte soll wenigstens soweit gereinigt sein, daß sie keine das Papier der Skale verunreinigenden Substanzen mehr enthält, insbesondere soll sie nicht fetten. Das Schrot sei für die gröbere Ausgleichung etwa von 1 mm Kugeldurchmesser, das feinere so fein als möglich (sog. Vogeldunst). Von Messingdraht hält man sich verschiedene Stärken in Vorrat von 0,2—0,75 mm Stärke. Der Draht soll ausgeglüht und ganz weich sein, er muß sich leicht zwischen den Fingern zusammenbiegen und drücken lassen. Von der Art der Verwendung dieser Justiermaterialien wird bei der Besprechung der Justierung die Rede sein (§ 47).

42. Der Leim zum Ankleben der Skalen.

Zum Anleimen oder Ankitten der Papierskalen an der inneren Glasfläche nimmt man zweckmäßig Hausenblase oder auch guten Fischleim, den man in solcher Zubereitung vorrätig hält, daß er bei gewöhnlicher Temperatur gallertartig ist und erst bei gelindem Erwärmen sich verflüssigt.

9. Kapitel.

Vorbereitung, erste Justierung und Bestimmung (Abwiegen) des Aräometers.

43. Herstellung des Körpers oder Unterteils. Aufsetzen des Stengels.

Sind mit Hilfe der im 5. Kapitel mitgeteilten rechnerischen Konstruktionsmethoden die wesentlichen Dimensionen des herzustellenden Aräometers ermittelt, so kann man zur praktischen Anfertigung schreiten.

Zunächst beginnt man mit der Herstellung des Körpers oder Unterteils, dessen Verdrängung rechnerisch ermittelt wurde. Das richtige Gewicht des Aräometers würde man aus ihr gleichfalls berechnen können, indem man diese Verdrängung mit der dem untersten Skalenstrich des herzustellenden Aräometers entsprechenden Dichte multipliziert. Denn da das Gewicht des fertig gedachten ganzen Instruments, wenn dieses bis zu seinem untersten Skalenpunkte in eine Flüssigkeit einsinkend im Gleichgewicht ist, seinem Auftrieb, d. h. dem Gewicht der verdrängten Flüssigkeitsmenge gleich sein muß, so brauchen wir nur dieses letztere zu berechnen, um das erstere zu ermitteln. Der Auftrieb — oder das Gewicht der verdrängten Flüssigkeitsmenge — ist aber gleich dem Produkt aus ihrem Volumen und ihrem spez. Gewicht. Nun würde also ein Körper von berechneter Verdrängung zu blasen und dann auf einer 0,1 g gebenden Wage zu wiegen sein. Die Differenz: berechnetes Spindelgewicht minus (Körper + Stengel [ungefähr] + Skale) ergibt dann das Gewicht des einzuführenden Quecksilber- oder Schrotballastes.

Indessen kann sich der Glasbläser auch auf eine andere, in den Werkstätten übliche, Weise bei der Ermittelung des Gewichtes des Körpers oder Unterteils bzw. der für das letztere notwendigen Quecksilbermenge, nach welcher er seine Kapillare aussuchen muß, helfen. Er bläst eine, der rechnerisch ermittelten Verdrängung angepaßte Atrappe, senkt diese in die dem untersten Skalenpunkte des herzustellenden Instrumentes entsprechende Prüfungs-Flüssigkeit und füllt nun soviel Ballast (Quecksilber, Schrot etc.) in das offene Rohr der Atrappe, bis sie soweit einsinkt, daß sie etwa noch mit einem 25—30 mm langen Stück aus der Flüssigkeit herausragt. Der so festgestellten Menge Ballast paßt er dann das Thermometergefäß oder die Ballastkammer an.

Hierbei spielt natürlich die Wandstärke der benutzten Röhrensorte eine Rolle, weil sie bei Röhren gleicher Dicke in weiten Grenzen schwankt, daher muß bei der Abmessung der Größe der Ballastkammer darauf Rücksicht genommen und diese nicht zu klein geblasen werden, um gegebenenfalls ein über die erstmalig ausprobierte Ballastmenge überschießendes Quantum Ballast bequem aufnehmen zu können.

Alsdann wird der Körper oder das Unterteil, letzteres nebst dem in ihm enthaltenen Thermometer, soweit fertig gestellt, daß an die Ausmessung der Verdrängung gegangen werden kann. Die Ballastkammern an gewöhnlichen Körpern und an Unterteilen mit Doppelkugel sind in diesem Zustande noch leer, aber mit einem etwas langen zugeschmolzenen Auszugrohr versehen, damit späterhin das Abschneiden und Abbrechen eines Rohrstückes zum Zwecke der Öffnung der Ballastkammer vor der Einfüllung des Ballastes leicht möglich ist.

Am oberen Ende sind die Körper oder Unterteile bereits so ausgezogen wie dies etwa dem späteren Stengel des Aräometers entspricht, d. h. es ist ein etwa 10 cm langes Stück Auszugrohr stehen gelassen und oben zugeschmolzen worden. Dieses Auszugrohr dient bei der Einsenkung der Körper oder Unterteile zwecks Verdrängungsbestimmung in ein mit Alkohol-Wassermischung gefülltes Meßglas als bequeme Handhabe.

Die Feststellung der Verdrängung geschieht, wie wir bereits in einem früheren Abschnitt angaben (vgl. § 19) in folgender Weise: Man gießt in einen Meßzylinder soviel Alkohol-Wassermischung, daß nach Einsenken des zu messenden Körpers oder Unterteils bis zu der Stelle des Auszugrohres, an der beim späteren Stengel ungefähr der unterste Skalenstrich liegt, die Flüssigkeit nicht über die Teilung des Meßzylinders emporsteigt. Es ist notwendig, daß man eine Anzahl von diesen in verschiedener Größe in Bereitschaft hält (vgl. § 23), um jede Art von Körpern oder Unterteilen mit der größtmöglichen Genauigkeit messen zu können. Man wird für jede Größe den engsten anwendbaren Meßzylinder wählen. Je nach Bezifferung der am Meßzylinder befindlichen Teilung bildet man die Differenz zwischen den beiden Ablesungen vor und während der Einsenkung des Körpers oder Unterteils und erhält so die Verdrängung, welche man möglichst bis auf 0,1 ccm festzustellen versucht.

Es ist eine zweckmäßige und wertvolle Maßnahme, für die Verdrängungsbestimmungen ein für allemal ein Protokollbuch anzulegen, auf dessen Inhalt man gelegentlich wieder zurückkommen kann. Die festgestellte Verdrängung jedes Körpers und die Geschäftsnummer bzw. eine laufende Nummer notiert man außerdem auf einem Papierstreifen, den man auf das Auszugrohr aufspießt.

So verfährt man mit allen gleichzeitig zu bearbeitenden gleichartigen Spindeln.

Auf Grund der ermittelten Zahlen für die Verdrängungen werden die entsprechenden Stengeldurchmesser nach § 19 berechnet und auf den Begleitzetteln gleichfalls notiert.

Dann folgt das Aussuchen und Aufsetzen der passenden Stengel, wobei das Aussuchen unter Berücksichtigung der mittels des Fehlerfaktors festgestellten Grenzen geschieht, innerhalb deren man den Durchmesser des Stengels von dem berechneten Wert abweichen lassen darf.

Hierbei werden diejenigen Gesichtspunkte berücksichtigt, welche hinsichtlich der Länge der Skale durch die Bestellung bzw. Konstruktion gegeben sind. Handelt es sich z. B. darum, daß man eine bestimmte Skalenlänge nicht überschreiten soll, so wird man mangels eines genau passenden Stengels innerhalb der berechneten Grenzen den nächstbest passenden von größerem Durchmesser wählen.

Daß das Aufsetzen des Stengels auf den Körper mit möglichst spitzer Flamme zu geschehen hat, so daß nur eine ganz kurze Verblasungsstelle entsteht, ist schon oben erwähnt worden (vgl. § 14).

Nach Aufsetzung der Stengel, die am oberen Ende etwas aufgetrieben werden, sind die Aräometer zur Einführung des erforderlichen Ballastes vorbereitet.

44. Beschwerung der Aräometer, Einziehen der Formeln und Einfüllen des Hilfsballastes.

Die Beschwerung der Aräometer mit dem Quecksilber-Ballast wird in der Weise vorgenommen, daß man das Aräometer, dessen Stengel oben noch offen ist, in derjenigen Flüssigkeit, deren spez. Gewicht dem untersten Skalenpunkt entspricht (kurz „in der unteren Flüssigkeit"), eintauchen läßt und nun mittels eines geeigneten kleinen Glasinstruments, der jedem Glasbläser bekannten Quecksilberpipette, soviel Quecksilber oben in den Stengel einfüllt, bis das Instrument schwer genug wird, um bis zum Hals, d. h. bis zur Ansatzstelle des Stengels an den Körper einzusinken. Weiter treibt man die Beschwerung mit Ballast nicht. Denn für die zweite Justierung, welche nach der Bestimmung des Instruments bzw. nach der Einführung der fertigen Skale zu erfolgen hat, bedarf man noch eines gewissen Ballastspielraumes.

Wenn nämlich Abnahme eines Stückes Stengel (falls der letztere gar zu lang geraten war) notwendig ist, oder wenn die fertige Skale leichter, als die vorher benutzte Hilfsskale ist, so ist das Ergänzen des verminderten Spindelgewichts durch etwas Ballast natürlich ohne weiteres möglich.

Wenn aber etwa einmal die fertige Skale beträchtlich schwerer ist als die vorher benutzte Hilfsskale, so tritt bei der zweiten Justierung der sehr unerwünschte Fall ein, daß man das Gewicht der Spindeln verringern muß, was für den Fall, daß kein variabler Ballast zur Verfügung steht, — oder nicht zufällig das Stengelrohr besonders lang geraten ist, so daß man von ihm ein Stück abnehmen kann —, unmöglich ist. Dann bleibt weiter nichts übrig als die fertige Skale zu verschieben. Hierdurch wird aber unter Umständen die Richtigkeit der Angabe der fertigen Spindel in Frage gestellt, da es bei einem nicht gut kalibrischen Stengel darauf ankommt, daß die fertige Skale genau in der richtigen Höhe im Stengel sitzt, d. h. in derjenigen, welche bei der Bestimmung der Fundamentalpunkte auf der Hilfsskale festgelegt worden ist.

Für den Fall, daß man ein anderes Material zum Ballast verwenden will, z. B. Schrot, verfährt man ganz ähnlich, wie bei der Verwendung von Quecksilber. Man füllt es oben in den Stengel der in der „unteren" Flüssigkeit schwimmenden Spindel einfach ein. Hierbei hält man die Spindel zweckmäßig so schräg wie möglich, damit die durch die ganze Länge der Spindel herunterfallenden Belastungskörper nicht mit zu starker Geschwindigkeit auf dem Grund des Schwimmkörpers anlangen und dort etwa eine Zerstörung anrichten. Beim Quecksilbereinfüllen kommt es leicht vor, daß durch Zerteilung und Hochspringen Quecksilberkügelchen zwischen dem Papier der Thermometerskale und der Glaswand des Schwimmkörpers sich in die Höhe schieben.

Sehr vorsichtig muß man auch die Stängelchen von Schrotlack, die besonders bei Thermoaräometern gebraucht werden, einführen. Da diese ziemlich gewichtig sind, so können sie bei zu heftigem Herunterfallen nicht nur selbst zersplittern, was das Anschmelzen erschwert, sondern auch die Thermometerkapillare gefährden. Auch kann bei unvorsichtigem Hineinfallenlassen der Schrotballaststängelchen der Fall eintreten, daß sich ein solches Stück, wenn es in einem leicht keilförmigen Stengel herunterfällt, womöglich erst in der Nähe des unteren Stengelendes, so fest einkeilt, daß man es überhaupt nicht wieder los bekommt und gezwungen ist, den Stengel durch einen anderen zu ersetzen. Dem allen entgeht man, wenn man in jedem Falle die Einführung der Schrotlackstangen bei möglichst schräg gehaltener Spindel vornimmt.

Beabsichtigt man, was bei Thermoaräometern mit Doppelkugel gelegentlich vorkommen kann, sowohl Quecksilber- als auch Schrotlackballast, letzteren zur Ausbalancierung des einseitigen Übergewichtes der Thermometerkapillare zu verwenden, so wird man natürlich zuerst den Quecksilberballast und erst nachdem dieser in der Ballastkugel untergebracht ist, den Schrotballast einführen.

Ist die Abmessung des Ballastes bei allen in Betracht kommenden Spindeln vollendet, so wird der Ballast je nach seiner Natur und nach der Art des Instruments in geeigneter Weise untergebracht.

Das Quecksilber läßt man, indem man den Stengel oben mit dem Finger zuhält, bei schwacher Neigung der Spindel sich in dem oberen Teil des Stengels sammeln und dann vorsichtig in ein bereit gestelltes Porzellan- oder Glasschälchen fließen. Alsdann schneidet man das Auszugsrohr an dem Ballastgefäß ab, steckt in die entstehende Öffnung ein kleines Trichterchen mit genügend feinem Rohr und füllt das Quecksilber in die Ballastkammer ein, die man hinterher zuschmilzt. Daß dies Zuschmelzen in der Weise zu geschehen hat, daß man nach dem Zugehen der Öffnung des Ballastgefäßes dieses etwas erwärmt, um so die Schmelzstelle von innen her etwas aufzublasen, versteht sich für jeden Glasbläser von selbst. Wenn nämlich beim Zuschmelzen des Ballastgefäßes nach innen zu sich einbuchtende Stellen entstehen, so ist bei dem unvermeidlichen gelegentlichen starken Anprall des in der Ballastkammer befindlichen Quecksilbers ein Aufspalten der Zuschmelzstelle von innen heraus nahezu unvermeidlich.

Das Festschmelzen des Schrotlackballastes an der Innenseite der Thermometerskale gegenüber der Kapillare ist bereits im vorigen Paragraphen und im 6. Kapitel § 22 geschildert worden.

Wenn die Hauptmenge des zur Beschwerung der Spindeln erforderlichen Ballastes in geeigneter Weise endgültig untergebracht ist, so geht man an das Einführen der Hilfsskalen oder „Formeln" in die Stengel, von denen bereits im 6. Kapitel § 25 die Rede war.

Die Formeln müssen vor der Einführung in die Stengel zunächst gerollt werden. Es geschieht dies in dem Skalenroller, einer einfachen kleinen Hilfsvorrichtung, die man sich aus einem etwa 2 mm dicken sehr genau gerade gerichteten Stück Stahldraht von etwa 30 cm Länge und einem Stück Pausleinewand leicht selbst herstellen kann. Man schneidet von der Pausleinwand ein fadengerades Stück von etwa 26 cm Breite und 10 cm Länge ab und leimt mit gutem Leim den Stahlstab an die breitere Seite der Pausleinwand so an, daß er möglichst ganz von solcher umgeben ist. Sodann rollt man, indem man die Vorrichtung auf eine gut ebene Tischplatte legt, die ganze Vorrichtung wie eine Art Rouleau unter starkem Druck der ausgespreizten Finger vollständig auf und überläßt das ganze solange sich selbst, bis der Leim getrocknet ist.

Zweckmäßig stellt man sich für die verschiedenen Skalengrößen Roller von verschiedener Größe her.

Man schneidet die Formeln in solcher Breite zurecht, daß sie innerhalb des Stengels nur etwa noch 1—2 mm übereinander greifen. Alsdann legt man, nachdem man die Rollvorrichtung ganz auseinander gerollt hat, eine Formel mit der bedruckten Seite nach unten genau parallel zu dem Stahlstab auf die Pausleinwand und rollt nun ganz gleichmäßig die Vorrichtung wieder zusammen, dafür Sorge tragend, daß das Aufwickeln so fest und dicht wie möglich geschieht. Wenn man die zusammengewickelte Vorrichtung eine Weile unter starkem Druck auf dem Tisch hin und her gerollt hat, wozu man sich der Finger oder des Rollbrettes bedient, und alsdann die Vorrichtung wieder aufrollt, so hat die Formel ungefähr zylindrische Gestalt angenommen und läßt sich, indem man sie mit demjenigen Ende, welches für das untere anzusehen ist, etwas stärker zwischen den Fingern zusammenrollt, bequem in den Stengel einführen. Natürlich paßt man auch die Länge der Formel dem Stengel einigermaßen an, wobei man dafür Sorge trägt, daß sie über das unbedingt erforderliche Maß ein Stück hinausgeht. Die einzelnen Formeln versieht man vorher mit laufenden Nummern[1]).

Die Formeln dürfen bei der Einführung in den Stengel nicht zu fest zusammengerollt sein, weil sie sich dann leicht verschieben würden, sondern sich mit einer gewissen elastischen Spannung an die innere Stengelwandung genügend fest anpressen. Wenn die Formeln, was bei langen Stengeln leicht eintritt, sich von der Mitte an nicht mehr mit den Fingern allein gut einführen lassen, so leistet eine Rattenschwanzfeile mit nicht zu grobem Hieb und passendem Durchmesser gute Dienste, indem man sie in den aus dem Stengel herausragenden Teil der Formel weit genug hineinsteckt und dann der Formel unter Zusammenbiegung und leichter Anpressung an die Feile

---

[1]) Um Zeit zu sparen tut man gut daran, sich Sammlungen von Formeln bestimmter Breiten und Längen anzulegen, welche man in gesonderten Kästen aufbewahrt, auf denen man Länge und Breite der Formeln, bzw. Länge und Durchmesser der Stengel, für die sie geeignet sind, notiert. Denn auch auf diesem Gebiete gilt das Wort: „Ordnung lehrt Euch Zeit gewinnen".

genügenden Halt gibt, um sie nun unter sanftem Druck weiter in den Stengel hineinzuschieben, wobei man von Zeit zu Zeit die Feile etwas zurückzieht. In den letzten Stadien der Einführung der Formel muß man den Stengel am oberen Ende gegen den Daumen der linken Hand lehnen und mittels der Feile, die man unter passendem Druck genau parallel zur Stengelwandung gegen das Papier der Formel preßt, so weit einschieben, wie man es wünscht. Hierbei muß man sich, wie schon in früheren Paragraphen erwähnt worden ist, sehr in acht nehmen, daß man die innere Stengelwandung nicht etwa mit der Feile ritzt, da dies mit absoluter Sicherheit früher oder später zur Entstehung eines Sprunges im Stengel führt. ·

Sind die Formeln in sämtliche Aräometerstengel eingezogen, so reinigt man die ganzen Aräometer auf das Sorgfältigste, indem man sie zunächst mit Seife und fließendem Wasser behandelt und nach darauffolgender Abtrocknung mittels eines reinen weichen Leinentuches in einen Zylinder mit etwa 95 % igem Alkohol einsenkt und mit einem zweiten reinen Tuche in der Weise abtrocknet, daß man sie, außer am obersten Stengelende, gar nicht mit den Händen berührt. Es mag auch an dieser Stelle nochmals darauf hingewiesen werden, daß von der strengen und konsequenten Durchführung der sorgfältigsten Reinlichkeitsmaßregeln der ganze Erfolg bei der Herstellung guter Aräometer mindestens in demselben Maße abhängt, wie von der Verwendung tadellosen Materials und genauer Abmessung, Teilung und Justierung. Es versteht sich von selbst, daß man auch seine Hände vor dem Beginn aräometrischer Arbeiten stets ganz gründlich reinigt und daß man insbesondere dafür Sorge trägt, daß alle irgendwie bei der Herstellung in Betracht kommenden Gegenstände und Flüssigkeiten absolut von jeglichem Fett frei bleiben, besonders von dem sich immer wieder erneuernden, von der Haut der Hände ausgesonderten Fett. Bei der Herstellung allerfeinster Aräometer ist es sogar von großem Vorteil, auch das oberste Stengelende der Aräometer nicht mit den Fingern, sondern nur mehr mit ganz reinen Tüchern anzufassen und diese selbst nur auf einer, am besten mit einem Farbstift zu bezeichnenden Seite mit den Händen zu berühren, so daß die behandelten Aräometer mit vollkommener Sicherheit gegen die Übertragung irgend welcher fettigen Verunreinigungen geschützt sind.

Die mit Formeln versehenen gut gereinigten Aräometer, welche gemeinsam weiter behandelt werden sollen, stellt man nun, nach laufenden Nummern der Formeln geordnet, (man wird aus leicht einzusehenden Gründen dafür sorgen, daß die Reihenfolge etwaiger Geschäftsnummern der Aräometer und der in dem Stengel befindlichen Formeln einander im Sinne des Fortschreitens von kleineren zu größeren Zahlen angepaßt sind), in einem geeigneten Stativ (vgl. § 31) auf, und senkt sie nun zur Einführung des Hilfsballastes nacheinander in die mittels eines Normalaräometers kontrollierte „untere Flüssigkeit“ ein. Da die bisherige Beschwerung der Instrumente mit Ballast so eingerichtet worden war, daß noch ein kleiner Betrag von Ballast einzuführen übrig blieb, so nimmt man aus einer bereit gestellten Schachtel mit feinem Schrot eine „Prise“ davon und läßt die einzelnen Körnchen in das obere Ende des Stengels hineinfallen. Das setzt man fort, bis die Spindel so weit einsinkt, daß der unterste Punkt der späteren Skale etwa 3—5 mm höher als die obere Begrenzung der Verblasungsstelle des Stengels zu liegen kommt.

Ist die „untere Flüssigkeit" nicht Mineralöl oder Alkohol, sondern Sulfosprit, den man wegen seiner gefährlichen Eigenschaften nicht unmittelbar mit Tüchern abtrocknen darf, so muß man die einzelnen Spindeln nach dem Herausheben aus der Flüssigkeit zunächst abspülen. Dies geschieht am besten mittels fließenden Wassers, also etwa unter dem Hahn einer Wasserleitung, wobei man sich allerdings vorsehen muß, daß kein Wasser oben in die Stengel hineinläuft. Die Abspülvorrichtung, welche an dem in § 21 geschilderten Arbeitstisch angebracht ist, eignet sich am allerbesten, da bei ihr die Gefahr eines Senkens der Stengelöffnung unter das seitlich aus der ringförmigen Zuflußröhre auf die Spindel zu strömende Wasser bei einiger Vorsicht gar nicht vorkommen kann, auch wird dadurch, daß die Spindel von allen Seiten zugleich abgespült wird, die anhaftende Flüssigkeit sehr rasch heruntergespült. Hat man weder eine Wasserleitung noch die geschilderte Abspülvorrichtung zur Verfügung, so hilft man sich in folgender Weise beim Arbeiten mit Sulfosprit. Jede Spindel wird nach dem Herausziehen aus dem Sulfosprit zunächst in ein niedriges weites Standglas von der Größe eines mittleren Einmacheglases vorsichtig hineingestellt, damit die anhaftende Flüssigkeit so viel als möglich abfließt. In demselben Augenblick, indem man die nächste Spindel zum Abtropfen in das Glas hineinstellt, ergreift man das bereits im Glas stehende Aräometer am obersten Stengelende und taucht es der Reihe nach in das Wasser von vier nebeneinander aufgestellten Abspülzylindern von der Beschaffenheit der in § 23 beschriebenen Standzylinder. In dem ersten bewegt man es so lange auf und nieder, bis es das zunächst auftretende „fettige" Aussehen verloren hat. Sodann bewegt man es im zweiten Zylinder vier bis fünfmal auf und nieder, immer das Aräometer nach jedem Einsenken vollständig bis an die Oberfläche herausziehend und so fort bis zum letzten Zylinder. In das Wasser des letzteren tut man etwas reinen Salmiakgeist und solange das Wasser schwach nach diesem riecht, ist man sicher, daß keine Säure an dem Aräometer nach der letzten Spülung mehr haftet.

Dies Verfahren ist etwas umständlich, aber doch immerhin ein praktischer Notbehelf. Man tut gut, das Wasser der drei ersten Zylinder möglichst oft zu wechseln.

Nach der Abspülung wird die Spindel mit reinen Tüchern abgetrocknet. Von Vorteil ist es, das Abtrocknen nicht mit ein und demselben Tuch zu Ende zu führen, sondern zunächst die gröbste Wassermenge mit einem Vortrockentuch rasch abzutupfen und die definitive Abtrocknung mit einem zweiten Tuch vorzunehmen, welches wegen der minimalen Feuchtigkeitsmenge, die dann nur noch an der Spindel haftet, kaum merklich naß wird.

Hat man große Posten von Aräometern gleichzeitig zu bearbeiten, so ist es von Vorteil eine Hilfskraft zur Seite zu haben, welche das Abspülen und das Abtrocknen übernimmt.

Handelt es sich bei der Beschwerung der Spindel mit dem Hilfsballast um eine solche „untere" Flüssigkeit, welche die Tücher nicht angreift, beispielsweise Alkohol, Benzol oder Mineralöl, so bedarf es natürlich eines Abspülens vor der Abtrocknung nicht. Aber auch hier ist es gut, zwei Tücher hintereinander, ähnlich wie in dem oben geschilderten Falle zu benutzen.

Die hier gegebenen Anweisungen zu einer praktischen Behandlung der Spindeln nach dem Herausheben aus der Prüfungsflüssigkeit und während des Abtrocknens finden auch bei den späterhin zu besprechenden Bestimmungs- und Nachprüfungsarbeiten verschiedenfach Anwendung, so daß alsdann ein Hinweis auf die hier besprochene Art und Weise genügen dürfte.

Ist in sämtlichen gleichzeitig zu bearbeitenden Aräometern der Hilfsballast eingeführt, so sind sie nunmehr zur Bestimmung der Fundamentalpunkte auf der Formel, welche die Grundlage für die Herstellung der eigentlichen Skale bilden, fertig. Es versteht sich von selbst, daß man bei allen später kommenden Manipulationen die Spindeln, aus denen, da sie ja oben offen sind, der aus Schrot bestehende Hilfsballast leicht einmal herausrollen kann, niemals umkehren darf. Denn wenn von dem Hilfsballast unversehens etwas verloren geht, ohne daß man sofort die herausgerollten Schrotkügelchen selbst wieder bekommen und zurücktun kann, so ist die Vorjustierung der betr. Spindel verändert und jede bis dahin vorgenommene Prüf- oder Bestimmungsarbeit muß als verloren angesehen werden. Daher wird zweckmäßig nach Einfüllung des Hilfsballastes oben in den Stengel ein kleines Bäuschchen Watte, welches mit Sicherheit das Herausrollen von Schrotkügelchen verhindert, hineingesteckt.

Wenn ja einmal das Unglück passieren sollte, beim Eintauchen oder Abspülen der Spindeln etwas Flüssigkeit oben in den Stengel zu bekommen, so leistet ein solches Wattebäuschchen auch gute Dienste, indem es die Flüssigkeit zurückhält und so dem Verderben der Formel oder eventuell der Thermometerskale vorbeugt. Es muß dann natürlich sogleich entfernt werden, wobei die Spindel umzukehren ist. Die Bestimmung muß freilich als verloren angesehen und wiederholt werden.

Wenn etwa kleine Mengen Mineralöl, Alkohol oder Wasser bis ins Innere eines Aräometers vorgedrungen sind, so entfernt man sie in folgender Weise: Die Spindel wird vorsichtig so weit erwärmt, wie das, ohne das Thermometer oder die Skale des Aräometers zu gefährden, geschehen kann, und mittels eines in den Stengel eingeführten langen Glasrohres einige Zeit mit der Wasserstrahlpumpe Luft durch die Spindel gesaugt (nicht geblasen).

Ist jedoch Sulfosprit in ein mit Thermometerskale versehenes Aräometer bis unten hin eingedrungen, so ist an dem Instrument nichts mehr zu retten, da diese Flüssigkeit wegen ihres Gehaltes an reiner Schwefelsäure die Papierskale sofort angreift. Auch aus diesem Grunde heißt es also bei dem Arbeiten mit Sulfosprit gehörig vorsichtig sein.

45. Bestimmung der Fundamentalpunkte auf der Hilfsskale.
(Abwiegen der Spindel.)

Um die Skale für ein Aräometer herstellen zu können, müssen wir von ihr mindestens zwei hinreichend weit auseinanderliegende Punkte, sog. „Fundamentalpunkte" kennen. Für ganz ungenaue grobe Aräometer genügt in der Tat die Bestimmung des obersten und untersten Skalenpunktes, um auf der Teilmaschine unter Anwendung der passenden Mutterskalen die erforderliche Teilung herzustellen.

Bei jedem Aräometer jedoch, welches auf eine größere Zuverlässigkeit Anspruch erheben soll, ist man gezwungen, mehrere, also mindestens drei unter Umständen vier ja fünf Punkte der künftigen Skale zu bestimmen.

Dies geschieht durch Vergleich des mit der Formel im Stengel versehenen Aräometers mit geeigneten Normalaräometern.

Am einfachsten ist diese Aufgabe zu lösen, wenn man sich im Besitz eines (praktisch) fehlerfreien Musteraräometers von genau der gleichen Art, wie die herzustellenden Instrumente befindet. Man hat dann nur nötig, nachdem man sich die für die zu bestimmenden Fundamentalpunkte notwendigen Prüfungsflüssigkeiten so zurecht gemischt hat, daß das Musteraräometer bzw. das Normalaräometer genau bis zu den gewünschten Skalenstrichen einsinkt, die abzuwiegenden Spindeln nacheinander in die betreffenden Flüssigkeiten einzusenken, abzulesen und die Ablesungen zu protokollieren. Über die hierbei zu beobachtenden Vorsichtsmaßregeln gibt die im 12. Kapitel mitgeteilte Instruktion für die Prüfung von Aräometern hinreichenden Aufschluß. Wir empfehlen, diese Vorschriften vor der weiteren Vornahme der hier zu beschreibenden Arbeiten gründlich zu studieren. Da es sich in den Instruktionsvorschriften indessen um die Prüfung fertiger Aräometer, in diesem Kapitel aber um die Herstellungsarbeiten an unfertigen und nur mit Hilfsskalen versehenen Aräometern handelt, so werden wir hier verschiedene Ergänzungen und praktische Winke zu den am angeführten Ort gegebenen Anweisungen hinzuzufügen haben.

Wir wollen zunächst, ohne uns auf Einzelheiten oder auf die spezielle Behandlung einer besonderen Art von Aräometern näher einzulassen, schildern, wie sich rein äußerlich die Bestimmung der Fundamentalpunkte oder das Abwiegen der Spindeln abspielt.

Zunächst vergewissert man sich, ehe man mittels des passenden Normals oder mehrerer Normale die in Betracht kommenden in Standzylinder gefüllten oder befindlichen Prüfungsflüssigkeiten auf das richtige spez. Gewicht bringt, ob die Temperatur der Flüssigkeiten mit der der umgebenden Luft übereinstimmt. Zu diesem Zwecke hängt man ein für allemal an einer weder durch Sonnenstrahlen noch durch Heizungswärme beeinflußten Stelle des Beobachtungsraumes ein einigermaßen gutes Thermometer auf und hält ein zweites, am besten ein Einschlußthermometer, für die Messung der Flüssigkeitstemperaturen in Bereitschaft.

Ist die Temperatur der Prüfungsflüssigkeit wesentlich (etwa um mehr als $0{,}5^0$) niedriger als die des umgebenden Raumes, so ist es unbedingt notwendig, die Erwärmung der in ihm befindlichen Flüssigkeit durch Hineinsetzen des Standzylinders in ein großes Gefäß mit $10—20^0$ höher temperiertem Wasser unter fortwährendem Rühren der Prüfungsflüssigkeit mittels eines der in § 23 geschilderten gläsernen Rührer zu bewirken, bis die Temperatur der Flüssigkeit etwa $\frac{1}{4}—\frac{1}{3}^0$ höher als die der umgebenden Luft ist.

So verfährt man mit jeder der in Betracht kommenden Prüfungsflüssigkeiten.

Die Unterlassung dieser Vorsichtsmaßregel hat notwendig zur Folge, daß während der Bestimmungsarbeiten die Temperatur der Flüssigkeit fortwährend ansteigt. Infolgedessen sinkt ihr spez. Gewicht, wodurch gegebenen Falles ganz beträchtliche Fehler bei der Feststellung der Fundamentalpunkte der Spindeln vorkommen können.

Die Spindeln selbst sollen sich gleichfalls vor dem Beginn des Abwiegens einige Zeit in dem Beobachtungsraum befinden, um dessen Temperatur möglichst anzunehmen, zu „temperieren".

Ist die Temperierung der Flüssigkeit und Spindeln ausreichend, so stellt man nach Vornahme gewisser später näher zu beschreibender Rechnungen die zunächst zu benutzende Prüfungsflüssigkeit durch geeignetes Vermischen mit leichter oder schwerer Zusatzflüssigkeit so ein, daß das Normal beim Einsenken in die Flüssigkeit die durch jene Rechnung sich ergebende Ablesung genau zeigt. Ist dies der Fall, so notiert man in dem für die Vorprüfung (das „Abwiegen") bestimmten Protokollbuch diese Normallesung und senkt nun in geordneter Reihenfolge die einzelnen Spindeln in die Flüssigkeit ein, wobei man jedesmal vor dem Einsenken einer Spindel die Flüssigkeit durchmischt, um jede etwa inzwischen eingetretene Temperatur- oder Dichteschichtung sofort zu beseitigen und notiert die Einstellung, die man bei jeder eingesenkten Spindel, sobald sie ihre Gleichgewichtslage angenommen hat, an deren Formel abliest, im Protokollbuch.

Dieses richtet man vor Beginn der Prüfung ein, d. h. man schreibt an dem Kopf einer Seite die Art und die Zahl der herzustellenden oder zu prüfenden Spindeln nebst dem Namen des Bestellers oder Empfängers auf und notiert das Datum. Sodann schreibt man links untereinander zunächst die genaue Bezeichnung des Normals, danach je nach dem Grade der Genauigkeit, welchen die zu prüfenden Spindeln haben sollen, die Formel- und Geschäftsnummer von etwa 5—10 Spindeln und darunter wieder die Bezeichnung des benutzten Normals. Es empfiehlt sich, nicht mehr als 10 Spindeln zwischen zwei Normallesungen einzuschalten, da der Einfluß etwa eintretender Änderungen der Dichte der Prüfungsflüssigkeit um so geringer ist bzw. sich um so leichter rechnerisch eliminieren läßt, je kürzer die Zeit ist, welche seit der ersten Normallesung verstrich. Da im übrigen die Einsenkung des Normals keine besondere Vermehrung der Arbeit bedeutet, andererseits auf diese Weise eine etwa eingetretene Änderung der Flüssigkeitsdichte sofort erkannt und wieder ausgeglichen werden kann, wodurch man sich manche Rechenarbeit sparen kann, so kann für alle Fälle ein ausreichend häufiges Ablesen des Normals bzw. die Einschaltung von möglichst wenigen zu prüfenden Spindeln zwischen zwei Normallesungen als gute Arbeitsregel nur empfohlen werden.

Bei der Ablesung der Spindeln bedient man sich, wenn die gegebene Erhellung der Skalen durch die natürlichen oder künstlichen Lichtquellen zu einer schnellen, mühelosen Ablesung nicht ausreicht, eines Beleuchtungsspiegels. Die zweckmäßigste Form eines solchen ist in der Figur ab-

gebildet (Fig. 17). Ein quadratisches Stück gutes Spiegelglas von 15 cm
Seitenlänge wird in Weißblech oder noch besser in Messingblech, welches die
ganze Rückseite der Spiegelplatte bedeckt, so eingefügt, daß der
ringsherumlaufende, wulstartige Rand das Aufliegen der Platte
beim Hinlegen des Spiegels verhindert. Als Handhabe dient
ein zweimal im rechten Winkel gebogener, die Mitte zweier
Seitenkanten verbindender Blechstreifen. Man hält den Spiegel
so vor das Gesicht, daß man mit den Augen über den oberen
Rand hinwegsieht, und neigt ihn so, daß das von ihm reflektierte
Himmels- oder künstliche Licht voll auf die abzulesende Skale
fällt.

Um die leicht sich einschleichenden gröberen Ablesungs-
irrtümer tunlichst zu vermeiden, wirft man nach Notierung
einer jeden Ablesung im Protokollbuch noch einmal einen kurzen
Blick auf die abgelesene Skalenstelle und überzeugt sich von
der Ordnungszahl der bei der Ablesung in Betracht kommenden
Skalenstriche.

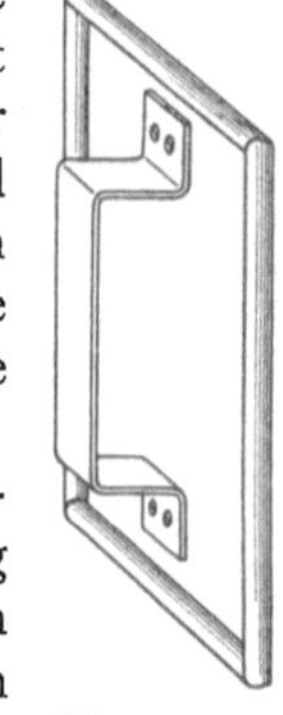

Fig. 17.

Vielleicht ist es von Nutzen, hier auf einen naheliegenden Ablesungsfehler
hinzuweisen. Wie aus der oben angegebenen Instruktion hervorgeht, liest man die
Skale eines schwimmenden Aräometers in der Weise ab, daß man das Auge zunächst
unter die Höhe des Flüssigkeitsspiegels im Standglas senkt, und sich in dieser Lage von
der „Rohlesung" der Stelle, an der der Flüssigkeitsspiegel die Skale schneidet, überzeugt, um dann das Auge allmählich so weit heben, bis die von der Bildung des
kapillaren Wulstes am Stengel herrührende Unterbrechung des Flüssigkeitsspiegels
zu einer ganz zarten schwarzen Linie zusammenschrumpft, und der Flüssigkeitsspiegel selbst nahezu in eine einzige Linie zusammenfällt. In dieser Stellung liest
man die Skale ab. Da der Flüssigkeitsspiegel bei solcher Lage des Auges des Beobachters infolge totaler Reflexion undurchsichtig erscheint und von dem über
ihm befindlichen Skalenteil nichts mehr erkennen läßt, so tritt, wenn die Zahl
5 durch den Flüssigkeitsspiegel halbiert wird, der Fall ein, daß der untere Teil
der 5 sich im Flüssigkeitsspiegel wie in einem Metallspiegel genau wiederholt. Es
entsteht so in täuschender Ähnlichkeit die Form der Ziffer 3. In dem Falle, wo
tatsächlich die Ziffer 3 auf der Skale steht und von dem Flüssigkeitsspiegel genau
halbiert wird, entsteht ganz dasselbe. Man überzeuge sich daher in jedem Falle,
wo scheinbar an der abgelesenen Stelle die Ziffer 3 steht, ob es wirklich eine 3 oder
eine 5 ist. Noch stärker wird die Täuschung, wenn es sich um die Zahlen 13 und
15 oder 31 und 51 handelt, wovon man sich gelegentlich durch entsprechende Einstellung eines Aräometers in der Flüssigkeit, mit Leichtigkeit überzeugen kann.
Die schnelle und dabei sichere Ablesung der Skale eines schwimmenden
Aräometers, sei sie nun eine Formel oder eine eigentliche aräometrische Teilung,
erfordert eine gewisse Übung, die allerdings bei dauernder Betätigung auf aräometrischem Gebiet sich sehr rasch entwickelt. Für den Anfänger ist eine Kontrolle
durch einen erfahrenen Fachmann durchaus zu empfehlen, da er sich, abgesehen
von gröberen Irrtümern, leicht gewisse Fehler bei der Abschätzung von Bruchteilen
eines Skalenintervalls angewöhnt. Eine besondere Rolle spielt hierbei der Umstand,
daß man bei der Ablesung der Skale nicht beide Teile, in welche das geschnittene
Skalenintervall vom Flüssigkeitsspiegel geteilt wird, sieht, sondern nur den einen
von beiden, und zwar den unteren. Man ist nun gezwungen, die Größe des letzteren
im Verhältnis zu dem nächst tiefer gelegenen ganzen Teil-Intervall in Dezimalteilen oder Bruchteilen des letzteren abzuschätzen, was für den Anfänger zunächst
seine großen Schwierigkeiten hat. Das kann man leicht feststellen, wenn ein geübter
Arbeiter gleichzeitig mit dem Anfänger ein Aräometer abliest. Es kommen sehr
bedeutende Differenzen zwischen den Angaben der beiden Beobachter vor, die oft
mehrere Zehntel des kleinsten Skalenintervalls betragen, während die Ablesungen

zweier geübter Leser bei einer Länge des Skalenintervalls von 1 mm ohne weiteres bis auf etwa 0,05—0,02 mm übereinstimmen. Da kann nun folgende Ablesungsmethode dem Anfänger gute Dienste leisten:

Die Flüssigkeitsoberfläche in dem Standzylinder verhält sich, wie schon gesagt, ähnlich wie ein guter Spiegel. Man erblickt in ihr, wenn man das Auge hinreichend hoch hebt, das scharfe Spiegelbild des unter der Flüssigkeitsoberfläche befindlichen Teiles der Skale. Auch der unterhalb der Oberfläche ihr zunächst gelegene Skalenstrich spiegelt sich, wenn man das Auge bis nahezu in die Höhe des Flüssigkeitsniveaus hebt, in der Oberfläche und schließt mit seinem Spiegelbild ein Intervall von gerade der doppelten Größe des unterhalb des Flüssigkeitsspiegels befindlichen Intervallbruchteiles ein. Denn das Spiegelbild eines Gegenstandes befindet sich bekanntlich scheinbar in genau derselben senkrechten Entfernung hinter der Spiegelebene, als der Gegenstand selbst sich vor ihr befindet. Es ist nun, besonders wenn die Größe dieses „Spiegelbild-Intervalls" kleiner oder höchstens gleich derjenigen eines ganzen Teilintervalles der Skale ist, sehr gut möglich, diese Größe im Verhältnis zu dem nächst tiefer gelegenen ganzen Skalenintervall in Bruch- oder Dezimalteilen genau abzuschätzen, weil das „Spiegelbild-Intervall" — ebenso wie das benachbarte Skalen-Intervall — durch wirkliche Striche begrenzt erscheint, während dies bei dem eigentlich abzuschätzenden Intervall nicht der Fall ist.

Die in Bruch- oder Dezimalteilen abgeschätzte Größe des „Spiegelbild-Intervalls" dividiert man dann in Gedanken durch 2, worauf man die gesuchte Größe des unter der Flüssigkeitsoberfläche liegenden Intervall-Bruchteils erhält. Je nachdem nun die Teilung, welche abzulesen ist, von oben nach unten oder von unten nach oben beziffert ist, hat man das so erhaltene Schätzungsergebnis von der Ordnungszahl des nächst unter der Flüssigkeitsoberfläche gelegenen Skalenstriches zu subtrahieren oder im zweiten Falle zu ihr zu addieren, um die vollständige Skalenablesung zu erhalten.

Die Zuverlässigkeit dieser Art von Ablesung unter Benutzung des „Spiegelbild-Intervalls" fällt besonders deutlich ins Auge, wenn die Flüssigkeitsoberfläche ein Skalenintervall zufällig einmal genau halbiert, was sich dadurch kenntlich macht, daß das „Spiegelbild-Intervall,, dieselbe Größe hat, wie der nächst darunter gelegene ganze Skalenteil. Die Gleichheit der beiden genannten Größen kann man in diesem Fall sehr scharf beurteilen und auf Grund dieses Urteils mit voller Sicherheit seine Bruchteil-Schätzung dahin abgeben, daß man genau die Hälfte des betreffenden Skalenintervalls zur Berechnung der vollständigen Ablesung annimmt. Wenn man sich bemüht, ohne Zuhilfenahme der Spiegelung, lediglich durch Abschätzung der Höhe, in welcher die zu einer Linie zusammenschrumpfende Unterbrechungsstelle der Flüssigkeitsoberfläche durch den kapillaren Wulst die Skale schneidet, so wird man bestimmt den unter der Oberfläche liegenden Bruchteil des geschnittenen Skalenintervalls zu klein abschätzen, etwa zu 0,4—0,35, ja 0,3 eines Skalenintervalls, was von der Dicke der Skalenstriche abhängt. Je dicker die Striche, desto schlechter das Taxat, da das Auge nur schwer von der Strichdicke zu abstrahieren vermag und die abgegebene Schätzung nicht, wie es richtig wäre, auf die Strichmitte bezieht, sondern gewöhnlich von der oberen Strichbegrenzung an rechnet.

Die Anwendung des hier geschilderten einfachen Kunstgriffes ist, wie schon oben erwähnt, von besonderem Nutzen nur bis zur maximalen Größe des „Spiegelbild-Intervalls" von einem ganzen Skalenintervall. Ist das Spiegelbild eines Striches von diesem selbst weiter entfernt, so wird die Abschätzung dieses Abstandes immer unsicherer, und man ist in diesem Falle allerdings darauf angewiesen, die direkte Abschätzung vorzunehmen.

Eine weitere Methode, die durch Schätzungsfehler entstehenden Ungenauigkeiten möglichst einzuschränken, ist folgende:

Man stellt die Prüfungsflüssigkeit zunächst um einen kleinen Betrag „zu leicht" ein, so daß also das Normal und die abzuwiegenden Spindeln etwas tiefer hineinsinken, als es der genauen Rechnung entspricht und macht eine Reihe von Ablesungen, an deren Anfang und Ende, wie schon oben erwähnt, eine Normal-Lesung vorzunehmen ist. Sodann ändert man die Dichte der Flüssigkeit durch

Hinzufügen von etwas schwererer Zusatzflüssigkeit so ab, daß das Normal um eben denselben Betrag, um den es bei der ersten Reihe zu tief einsank, nunmehr zu hoch aus der Flüssigkeit herausragt. Man schreibt die entsprechenden Lesungen beider Reihen für das Normal und für jede Spindel unmittelbar untereinander und bildet aus ihnen das Mittel, indem man je zwei sich auf dieselbe Spindel beziehenden Lesungen addiert und die Summe durch 2 dividiert.

Dadurch daß man infolge der Verschiedenheit der Einstellung der einzelnen Spindeln in beiden Ablesungsreihen Schätzungen von verschiedener Größe vorzunehmen hat, ist es möglich, die bei Vornahme einer einzigen Lesungsreihe entstehenden systematischen Schätzungsfehler auf ein geringeres Maß zurückzuführen. Hält man es für erforderlich, so kann man diese Methode an demselben Punkte mehrmals wiederholen, man muß es nur immer so einrichten, daß das Mittel aus den Normallesungen zuletzt genau den erforderlichen Wert hat.

Wenn trotz aller auf die Temperierung der Prüfungsflüssigkeit gerichteten Vorsichtmaßregeln eine allmähliche Änderung der Flüssigkeitstemperatur eintritt, so kann man ihren schädlichen Einfluß auf die Bestimmung der Fundamentalpunkte dadurch verringern, daß man möglichst wenig Spindelablesungen zwischen zwei Normallesungen einschaltet und jede Lesungsreihe sofort in umgekehrter Reihenfolge wiederholt. Aber vor Beginn der in umgekehrter Reihenfolge vorzunehmenden Ablesungen ändert man die Einstellung der Prüfungsflüssigkeit durch Zugießen von Korrektionsflüssigkeit so ab, daß unter der Voraussetzung einer im gleichen Maße wie bei der ersten Lesungsreihe fortschreitenden Temperaturänderung die Dichte der Prüfungsflüssigkeit am Ende der umgekehrten Lesungsreihe wieder der ersten Normallesung entsprechen muß. Wie man leicht sieht, muß man vor dem Beginn der Rückgangslesung die Flüssigkeit so verändern, daß die Normallesung um denselben Betrag, um den sie durch die Temperaturänderung der Flüssigkeit während der ersten Lesungsreihe sich von der ersten Normallesung im einen Sinne unterscheidet, nunmehr von ihr um denselben Betrag, aber im entgegengesetzten Sinne, abweicht.

Nehmen wir z. B. den Fall, daß wir eine Anzahl von Dichtespindeln abzuwiegen hätten und daß die erforderliche Lesung des zu benutzenden Normals in der Prüfungsflüssigkeit 1,4998 beträgt. Am Ende der ersten Lesungsreihe habe sich die Temperatur der Flüssigkeit soweit erhöht und infolgedessen ihre Dichte soweit erniedrigt, daß die Normallesung am Ende 1,4993 beträgt. Handelt es sich nun um Spindeln, deren Teilung etwa nach ganzen Einheiten der dritten Dezimalstelle der Dichte fortschreiten soll, so wird man, da die Änderung der Einstellung der Flüssigkeit bereits ½ Skalenintervall ausmacht, die eben geschilderte „Kompensationsmethode" anwenden.

Wir gießen also zu der benutzten Prüfungsflüssigkeit (diese würde nach Maßgabe der Ausführungen des 7. Kap. Sulfosprit sein müssen) nach und nach soviel konzentrierten Sulfosprit unter beständigem Rühren und wiederholter Kontrolle mittels des Normals zu, bis die Ablesung von 1,4993 auf 1,5003 gestiegen ist. Nunmehr wiederholen wir die erste Messungsreihe in umgekehrter Reihenfolge. Da beim „Hingang" die Dichte der Flüssigkeit um 0,0005 gesunken war, so ist bei dem die gleiche Zeit in Anspruch nehmenden „Rückgang" die gleiche Änderung zu erwarten, d. h. es wird höchstwahrscheinlich nach Beendigung der umgekehrten Lesungsreihe die am Normal abzulesende Dichte von 1,5003 auf 1,4998 gesunken sein.

Bilden wir nun das arithmetische Mittel aus je zwei zusammengehörigen Lesungen, so erhalten wir nun eine Reihe von Zahlen, welche, wie eine einfache Überlegung lehrt, sehr nahe denjenigen Werten entsprechen wird, welche man erhalten haben würde, wenn die Flüssigkeit während der ganzen Zeit eine völlig unveränderte Temperatur und Dichte bewahrt hätte.

Das angeführte Beispiel dürfte wohl genügen, um den Nutzen der Kompensationsmethode zu verdeutlichen.

Eine weitere wirksame Schutzmaßregel gegen die so ungemein lästige Temperatursteigerung der Prüfungsflüssigkeit besteht darin, daß man den betreffenden Standzylinder in ein großes Gefäß mit Wasser stellt, welches man genau auf die Temperatur des Beobachtungsraumes bringt, nachdem man das gleiche bei der Prüfungsflüssigkeit selbst vorgenommen hat. Man richtet es so ein, daß die Oberfläche der Prüfungsflüssigkeit im Standzylinder etwa 7—10 cm über dem Rande des Schutzgefäßes sich befindet. Von Zeit zu Zeit rührt man auch das Wasser in dem Schutzgefäß tüchtig durcheinander. Von diesem Hilfsmittel wird man besonders während derjenigen Jahreszeiten nützlichen Gebrauch machen, in denen gewöhnlich schlechte Temperaturverhältnisse herrschen, also im Sommer und besonders im Winter. Im Frühling und Herbst, wo oft lange Zeit hindurch die Zimmertemperatur mit der der Außenluft nahezu übereinstimmt, wird es des Temperaturschutzbades kaum bedürfen. Es genügt dann, um die allmähliche Erwärmung der Prüfungsflüssigkeit durch die vom Körper des Beobachters ausströmende Wärme zu vermeiden, um den benutzten Standzylinder herum einen bis ungefähr 5 cm unter die Flüssigkeitsoberfläche reichenden weiten Glaszylinder zu setzen. Ja es genügt hierfür auch eine einfache, in passender Weise zum Aufstellen eingerichtete Glasplatte. Glas läßt ja bekanntlich die sog. dunklen Wärmestrahlen, wie solche der menschliche Körper aussendet, nicht hindurch.

Ist der unterste Fundamentalpunkt bei allen gemeinsam zu bearbeitenden Spindeln bestimmt, „sind sie am untersten Punkt abgewogen", so wird in der gleichen Weise, wie vorher, der nächsthöhere bestimmt und so fort bis zum obersten Fundamentalpunkt.

Die Zahl und Lage der Fundamentalpunkte richtet sich hauptsächlich nach der für die Spindeln erstrebten Genauigkeit. Bei gleichteiligen Skalen ordnet man die Fundamentalpunkte in gleichen Abständen an. Bei nicht gleichteiligen Skalen richtet man es so ein, daß je zwei Hauptpunkte eine nahezu gleiche Anzahl von Skalenintervallen einschließen. Also z. B. bei einem Alkoholometer nach Gewichtsprozent von 0—50 % mit Teilung in ½ %, Skalenlänge ca. 170 mm, welches man an vier Punkten abwiegen will, wird man diese etwa auf 0, 16, 33 und 50 % verlegen, und nicht, wie dies gleichen Längenabständen entsprechen würde, auf die Punkte 0, 20, 37,5 und 50 % (vgl. Tafel 47) Im zweiten Fall würden auf eine absolute Länge des untersten Intervalls von ca. 57 mm 20 %, auf die gleiche Länge des obersten nur 12,5 % entfallen, so daß das letzte abgestochene Skalenintervall viel genauer behandelt werden würde, als das die engste Skalenstelle (16%) enthaltende erste Intervall. Da nämlich bei ungleichteiligen Skalen die zwischen den Fundamentalpunkten etwa vorhandenen Kaliberfehler an den engsten Skalenstellen am stärksten, an den weitesten am schwächsten zur Wirkung gelangen, so ergibt sich von selbst die Notwendigkeit, die Fundamentalpunkte nach dem oben angegebenen Gesichtspunkte zu verteilen. Dann wird der Einfluß der Abwiege- und Justierungsfehler und der etwa vorhandenen Kaliberabweichungen am gleichmäßigsten verteilt.

Die „Einstellung" der Prüfungsflüssigkeiten mit Hilfe der Normale.

Nachdem im vorstehenden der mehr äußerliche Verlauf der Bestimmung der Fundamentalpunkte dargestellt ist, müssen wir die höchst wichtige „Einstellung" der Prüfungsflüssigkeiten besprechen, d. h. die Antwort auf folgende Frage geben: Welche Ablesung in der Abwiege- oder Prüfungsflüssigkeit muß das zu benutzende aräometrische Normal ergeben, damit die Einstellung der gemeinsam zu bearbeitenden gleichartigen Spindeln in derselben Flüssigkeit genau auf den gewünschten Fundamentalpunkt — also auf den entsprechenden vollen Teilstrich der fertig gedachten Skale — erfolgt?

Die Antwort lautet verschieden, je nachdem die Prüfung 1. in der Gebrauchsflüssigkeit, 2. in einer anderen als der Gebrauchsflüssigkeit, hier stets Sulfosprit, vorgenommen wird (vgl. 7. Kapitel). Und in jedem dieser beiden Fälle ist wiederum verschieden zu verfahren, je nachdem Normal und abzuwägende Spindeln

a) von gleicher,

b) von verschiedener

Art sind. (Hierfür liefern bereits Abschnitt 5 der Instruktion (12. Kap.), sowie die in Anlage A zur Instruktion zusammengestellten Beispiele Anhalt und Anregungen.)

Unter 1. fallen die Abwiege- oder Prüfungsarbeiten, namentlich bei Mineralölspindeln, welche in Rhigolen (0,62), Benzin (0,70), Benzol (0,88) oder in Mischungen dieser Flüssigkeiten; über 0,88 bis 0,96 in Alkohol-Wassermischungen abgewogen werden, deren wesentliche aräometrische Eigenschaften mit denen der Mineralöle in diesem Dichtebereich genügend übereinstimmen; ferner an Alkoholometern von den höchsten Prozentangaben bis herab zu 30 Gewichts- oder 36 Volumenprozenten; endlich alle in Quecksilbernitratlösungen (von der Dichte 1,85 an aufwärts) vorzunehmenden Vergleichungen (vgl. § 35).

Unter 2. fallen alle übrigen Bestimmungsarbeiten, so besonders die an allen für Salz- und Säurelösungen mit Dichten über 1 bestimmten Aräometern nach Dichte, Prozentgehalt, Baumégraden u. a. m., und die an Alkoholometern mit kleineren Prozentangaben als 30 Gewichts- oder 37 Volumenprozent, sowie die an Mineralölaräometern in dem Dichtebereich über 0,95. Für alle diese Arbeiten dient wegen seiner in § 34 geschilderten ausgezeichneten Eigenschaften Sulfosprit als Prüfungsflüssigkeit.

In den unter I. aufgeführten Fällen ist die Einstellung der Prüfungs-flüssigkeit, wenn man Normale von der gleichen Art wie die herzustellenden Spindeln, besitzt, am einfachsten. Die Flüssigkeit muß in diesem Falle so zurecht gemischt werden, daß das Normal die dem fraglichen Fundamentalpunkt entsprechende, aber um den Betrag seines Fehlers an dieser Stelle gefälschte Ablesung zeigt.

Beispiele: 1. Es sei der Punkt s_{15} = 0,750 für Mineralölaräometer ein-
$\phantom{s_{15}}{}_4$
zustellen und das zu benutzende Normal, welches gleichfalls Dichten $\frac{15}{4}$ angibt, zeige an dieser Stelle um 0,00054 zu hoch. Dann hat man die Flüssigkeit so einzu-stellen, daß das Normal die Lesung 0,75054 gibt, denn dann ist die wahre Dichte = 0,75054 — 0,00054 = 0,750. Ferner sei der Punkt 0,840 einzustellen und das betreffende Normal zeige an dieser Stelle um 0,00029 zu niedrig. Dann muß es in der richtig eingestellten Flüssigkeit, die in beiden Fällen eine Benzol-Benzinmischung ist, die Lesung 0,83971 geben. Denn die wahre Dichte ist dann = 0,83971 + 0,00029 = 0,840.

2. Es sei die Flüssigkeit für den Punkt 66,5 % für Alkoholometer nach Ge-wichtsprozent einzustellen. Das Normal zeige an dieser Stelle um 0,13 % zu niedrig, dann muß es in der richtig eingestellten Alkohol-Wassermischung 66,37 % an-zeigen.

3. Eine Quecksilbernitratlösung sei zur Abwiegung des Punktes 1,975 für Dichtespindeln einzustellen. Das Normal zeige an dieser Stelle fehlerfrei an. Dann muß also die Flüssigkeit so gemischt werden, daß das Normal 1,975 darin anzeigt.

Hat man nicht mit den abzuwiegenden Spindeln gleichartige Normale zur Verfügung, so muß man unter Zuhilfenahme geeigneter Umrechnungs-tabellen die einem bestimmten Fundamentalpunkt entsprechende Normal-einstellung ermitteln.

Beispiele: 4. Für Spindeln, welche Dichten $s_{17,5}$ anzeigen sollen, soll mit
${}_{17,5}$
einem s_{15} zeigenden Normal der Fundamentalpunkt 0,750 eingestellt werden.
$\phantom{s_{15}}{}_4$
Aus Tafel 12, erste Spalte, erfahren wir, daß in der gleichen Flüssigkeit eine fehler-frei gedachte Spindel $\frac{17,5}{17,5}$ am Punkte 0,750 um 0,00092 mehr anzeigt, als eine fehler-freie Spindel $\frac{15}{4}$. Diese, also das Normal, muß demnach, wenn es fehlerfrei ist, 0,750 — 0,00092 = 0,74908 anzeigen, damit die Flüssigkeit für den Fundamental-punkt $s_{17,5}$ = 0,750 richtig eingestellt ist.
${}_{17,5}$
Zeigt das Normal an dem betr. Punkt etwa um 0,00047 zu hoch an, so hat man zu bilden: 0,750 — 0,00092 + 0,00047 = 0,74955. Dies ist dann die dem Punkte 0,750 der Skale $\frac{17,5}{17,5}$ entsprechende Normallesung.

5. Für die Abwiegung von Alkoholometern nach Gay-Lussac (franz.) soll der Punkt 53,5 % mit einem Normal nach Tralles eingestellt werden. Aus Tafel 16, zweite Tabelle, entnehmen wir, daß in derjenigen Alkohol-Wassermischung, in der ein fehlerfreies G.-L.-Alkoholometer 53,5 anzeigt, ein fehlerfreies Tr.-Alkoholo-meter 53,54 angibt. Das benutzte Tr.-Normal zeige an dieser Stelle um 0,14 % zu hoch an. Dann müßte es also 53,54 + 0,14 = 53,68 % in der Prüfungsflüssigkeit anzeigen, wenn in dieser ein fehlerfreies G.-L.-Alkoholometer den gewünschten Punkt 53,5 anzeigt.

6. Für holländische Baumé-Aräometer für schwere Flüssigkeiten, deren Skale durch die Formel $s_{12,5} = \dfrac{144}{144 - n}$ definiert ist, soll mittels eines rationelle
${}_{12,5}$

Baumégrade anzeigenden Normals in Quecksilbernitratlösung der Punkt 69° eingestellt werden.

Aus Tafel 31 erfahren wir, daß 69° Bé (holl.) = 69,17° Bé rat. entspricht. Unser Normal zeige an dieser Stelle um 0,09° zu hoch an. Dann ist die Prüfungsflüssigkeit bei einer Ablesung des rationellen Baumé-Normals 69,17 + 0,09 = 69,26° richtig auf Punkt 69° Bé holl. eingestellt.

Wenn nicht die Gebrauchsflüssigkeit, sondern Sulfosprit zum Abwiegen der Spindeln genommen werden muß, so gibt es nur einen Fall, in dem das Einstellverfahren einfach ist: nämlich, wenn man identische Normale besitzt. Unter identischen Normalen sind solche zu verstehen, deren für die Abwiegung wesentliche Dimensionen, d. h. Stengeldurchmesser und absolute Länge der Teilungseinheit, vollkommen mit denjenigen der herzustellenden Spindeln übereinstimmen. In diesem Fall verhält man sich, wie in den Beispielen 1—3. Wegen dieses großen mit dem Besitz identischer Normale verknüpften Vorteils pflegt man sich für alle typischen Arten von Aräometern, die zu Hunderten oder Tausenden angefertigt werden, identische Normale herzustellen.

Hat man solche jedoch nicht, wohl aber gleichartige Normale, so rechnet man zunächst, wenn dies nicht bereits bei der amtlichen Prüfung geschehen war, deren für die Gebrauchsflüssigkeiten aufgestellten Fehlertafeln auf Sulfosprit um. Zu diesem Zwecke rechnet man sich nach einer der in § 10 beschriebenen Methoden die Kapillaritätsreduktion für jede geprüfte Stelle aus und bringt sie an dem im Fehlerverzeichnis notierten Fehler mit dem richtigen Vorzeichen an. Dieses ist mit Sicherheit durch die einfache Überlegung festzustellen, daß das betreffende Normal wegen der kleineren Kapillarität des Sulfosprits (d. h. wegen des geringeren Wulstgewichtes am Stengel) in diesem weniger tief einsinkt als in jeder hier in Betracht kommenden Gebrauchsflüssigkeit. Man hat also die in der Richtung: Sulfosprit-Gebrauchsflüssigkeit berechnete Kapillaritätsreduktion bei Spindeln, deren Skalenziffern von unten nach oben zunehmen (z. B. Alkoholometer), zu dem gewöhnlichen Fehler zu addieren, dagegen bei allen von oben nach unten laufend bezifferten Spindeln (z. B. Dichtespindeln), sie von dem gewöhnlichen Fehler zu subtrahieren.

Beispiel 7: Ein Alkoholometernormal nach Gew.-Proz. wiege 60 g und habe einen Stengeldurchmesser von durchweg 4,8 mm. Seine Teilung geht von 0 bis 20 %. Es hat eine für die 3 Punkte 0, 10, 20, aufgestellte, für Alkoholwasser gültige Fehlertafel. Wir ermitteln mit Tafel 42 a die Hilfsgröße k zu 80. Gehen wir hiermit in Tafel 42 b bei den obigen Prozentstellen, so erhalten wir als Kapillaritätsreduktionen:

$$\text{für } 0 \% \qquad + 0{,}60 \%$$
$$\text{,, } 10 \text{ ,,} \qquad + 0{,}44 \text{ ,,}$$
$$\text{,, } 20 \text{ ,,} \qquad + 0{,}26 \text{ ,,}$$

d. h. wenn wir 3 Sulfospritlösungen haben, in denen das fragliche Alkoholometer 0, 10, 20 % anzeigt, so würde es in 3 Alkoholwassermischungen von genau gleicher Dichte anzeigen:

$$\text{Sulfo.} = \text{Alk.}$$
$$(0) \qquad 0{,}60 \%$$
$$(10) \qquad 10{,}44 \text{ ,,}$$
$$(20) \qquad 20{,}26 \text{ ,,}$$

Umgekehrt würde es in 3 Sulfospriten, die genau die gleiche Dichte wie 0, 10, 20-prozentiges Alkoholwasser haben, anzeigen:

Domke-Reimerdes, Aräometrie.   9

Alk. = Sulfo.

0	— 0,60
10	9,56
20	19,74

Lautet nun die gewöhnliche Fehlertafel des betr. Normals etwa so:

Wenn in einer Alkoholwassermischung ein fehlerfreies Alkoholometer nach Gewichtsprozent anzeigt	so zeigt die geprüfte Spindel in derselben Flüssigkeit
0 %	0,02 %
10 ,,	10,05 ,,
20 ,,	19,93 ,,

so würde die für Sulfosprit umgerechnete Fehlertafel so aussehen:

In Sulfosprit von genau dem gleichen spezifischen Gewicht, wie eine Alkoholwassermischung von	zeigt die geprüfte Spindel
0 %	—0,58 %
10 ,,	9,61 ,,
20 ,,	19,67 ,,

Wenn nun mit diesem Normal zum Abwiegen einiger gleichartiger Alkoholometer, welche einen durchschnittlichen Stengeldurchmesser von 4,0 mm und ein Gewicht von 30 g haben, die Fundamentalpunkte 0 %, 10 %, 20 % eingestellt werden sollen, so berechnen wir uns zunächst für diese Stellen die Kapillaritätsreduktionen. Die Hilfsgröße k ergibt sich aus Tafel 42a zu 133. Hiermit finden wir aus Tafel 42b für

0 % die Kap.-Red. 1,01 %   ⎫ d. h. um diese Beträge würden die mit fehlerfreien
10 ,, ,,   ,,   0,75 ,, ⎬ Skalen gedachten Spindeln in Sulfosprit vom genau
20 ,, ,,   ,,   0,44 ,, ⎭ gleichen spez. Gewicht, wie die links verzeichneten

Alkohole zu wenig anzeigen (,,zu hoch herausschauen'').

Es ist nun zunächst unser Ziel, einen solchen Sulfosprit herzustellen, in dem die abzuwiegenden Spindeln genau bis zu dem Punkt 0 % der fertig gedachten Skalen einsinken. Stellen wir uns nun zunächst vor, wir hätten das Normal und eine der Spindeln zugleich in einen Sulfosprit von genau dem gleichen spez. Gewicht eines Alkohols von 0 % eingesenkt. Der an den Stengeln hängende kapillare Wulst ist in Sulfosprit so erheblich leichter, daß das Normal um 0,58 %, die Spindel gar um 1,01 % zu hoch herausschaut. Wir müssen also den Sulfosprit nun so verdünnen, daß die Spindel bis zu ihrem späteren Skalenpunkte 0 %, also um 1,01 % tiefer, einsinkt. Dann sinkt das Normal gleichfalls um 1,01 % tiefer, also bis zur Stelle (— 0,58 + 1,01) = + 0,43 ein, und dies ist also die gesuchte, dem 0 %-Punkte der abzuwiegenden Spindeln entsprechende Normaleinstellung. (An den übrigen Punkten entsprechend.)

Beispiel 8. Ein für Schwefelsäure justiertes Normal nach Baumé, rationelle Skale, habe am Punkte 10° den Fehler — 0,07° und mit seiner Hilfe sei der Fundamental-Punkt 10° für ein für Natronlauge bestimmtes Bé-Aräometer in Sulfosprit einzustellen.

In einer Schwefelsäure von genau 10° Bé würde unser Normal anzeigen 10,07°. In Sulfosprit von genau derselben Dichte wie jene Schwefelsäure würde es weniger tief einsinken und zwar um den Betrag der Kapillaritätsreduktion. Es habe einen Stengeldurchmesser von 5,1 mm und ein Gewicht von 45,9 g. Aus Tafel 41 entnehmen wir für

Schwefelsäure von 10° Bé die Hilfsgröße B gleich + 180. Die Kapillaritätsreduktion ist dann dem bloßen Zahlenwert nach gleich $\left(\dfrac{D}{g} . B\right) \dfrac{5,1}{45,9}$. 180 = 0,20° Bé. In einem Sulfosprit von genau 10° Bé würde also unser Normal 10,07 + 0,20 = 10,27° anzeigen. (Sein „Sulfospritfehler" betrüge also — 0,27° Bé.)

Nach Tafel 41 beträgt die Hilfsgröße B für die Berechnung der Kap.-Red. der abzuwiegenden Spindel von Natronlauge auf Sulfosprit + 188, und wenn der Stengeldurchmesser der Spindel 6,9 mm, ihr Gewicht 39,2 g beträgt, so kommt rein zahlenmäßig für die Kapillaritätsreduktion der Betrag $\dfrac{6,9}{39,2}$. 188 = 0,33° Bé heraus. In Sulfosprit von genau 10° Bé würde also unsere abzuwiegende Spindel um 0,33° Bé weniger tief einsinken, daher um 0,33° Bé mehr anzeigen, als in Natronlauge von genau 10° Bé.

Wenn wir demnach in Gedanken das Normal und die abzuwiegende Spindel gleichzeitig in Sulfosprit von 10° Bé schwimmen lassen, so lesen wir

<table>
<tr><td>am Normal</td><td>an der (fertig gedachten) Skale der abzuwiegenden Spindel</td></tr>
<tr><td>10,27°</td><td>10,33°</td></tr>
</table>

ab.

Verdünnen wir nun in Gedanken (durch Zumischen von 80%igem Alkohol oder dünnem Sulfosprit) den Sulfosprit von 10° Bé, so sinken beide Spindeln allmählich tiefer ein, zeigen immer weniger an, und wenn wir den Sulfosprit um 0,33° leichter gemacht haben, so steht die abzuwiegende Spindel genau am gewünschten Punkte 10,0° Bé der künftigen Skale, das Normal am Punkte 10,27 — 0,33 = 9,94° Bé ein. Dies ist also die verlangte rein rechnerisch gefundene „Einstellung" des Sulfosprits für den Punkt 10° Bé der abzuwiegenden Natronlaugespindel.

Diese Normaleinstellung hätten wir kurz in der Weise berechnen können, daß wir schrieben:

Gebrauchsflüssigkeit der abzuwiegenden Spindel: Natronlauge.

Fundamentalpunkt	10° Bé	I.
Hilfsgröße B	188	
Spindeldurchmesser D	6,9 mm	
„ gewicht G	39,2 g	
Kapillaritätsreduktion, Sulfo-Natronlauge . .	— 0,33° Bé	II.

Normal-Fehler am Punkt 10° in Schwefelsäure	— 0,07° Bé	III
Durchmesser D	5,1 mm	
Gewicht G	45,9 g	
Hilfsgröße B	180	
Kapillaritätsreduktion, Sulfo-Schwefelsäure . .	— 0,20° Bé	IV.

Normaleinstellung für den Punkt 10° der Bé-Spindel für Natronlauge: I — III — IV + II = 10° + 0,07° + 0,20° — 0,33° = 9,94° Bé. Hat man, wie das oben empfohlen wurde, für alle in Sulfosprit zu benutzenden Normale bereits fertige Sulfospritfehlertafeln, so stellt sich natürlich die Berechnung der erforderlichen Einstellung noch einfacher, indem die gesonderte Berechnung von III und IV fortfällt.

Beispiel 9. Zum Abwiegen von einigen Saccharimetern mit der Normaltemperatur 17,5° C. (Ballingsaccharimetern) an den Punkten 40, 47, 54 und 60% sollen mittels eines Normalsaccharimeters, welches für 20° C. justiert ist, die Prüfungsflüssigkeiten eingestellt werden. Der Stengeldurchmesser der abzuwiegenden Spindeln betrage im Durchschnitt 4,8 mm, das Gewicht 68,5 g.

Das Normal Nr. 3 habe die schon für Sulfosprit aufgestellte Fehlertafel:

In Sulfosprit von der gleichen Dichte wie eine reine wässerige Rohrzuckerlösung von	zeigt das Saccharimeternormal Nr. 3
40 %	39,77 %
47 ,,	46,81 ,,
54 ,,	53,91 ,,
60 ,,	59,89 ,,

Wie sind die 4 Sulfosprite einzustellen?

Wir denken uns zunächst 4 Zuckerlösungen von genau 40, 47, 54 und 60 % bei der Temperatur 17,5 ° C. hergestellt. In diesen würden die (fertig und fehlerfrei gedachten) abzuwiegenden Saccharimeter genau bei den gewünschten Fundamentalpunkten einstehen.

Nach Hilfstafel 1 der Anlage B zur Instruktion (12. Kap. S. 194) würde nun ein fehlerfreies Saccharimeter mit der Normaltemperatur 20° C., in die gleichen Flüssigkeiten eingesenkt, anzeigen: 40,18; 47,18; 54,19 und 60,19 %, d. h. es würde an den einzelnen Punkten um 0,18; 0,18; 0,19 und 0,19 % mehr anzeigen müssen, als ein fehlerfreies Balling-Saccharimeter.

Weiter denken wir uns 4 Sulfosprite von demselben spez. Gewicht, wie die 4 vorerwähnten Zuckerlösungen, hergestellt. In ihnen würde ein fehlerfreies fertiges Balling-Saccharimeter von denselben Dimensionen, wie die abzuwiegenden Spindeln um den Betrag der betr. Kapillaritätsreduktionen mehr anzeigen, ,,höher herausstehen‘‘, müssen. Diese ermitteln wir entweder mittels des Nomogrammheftes[1]) oder der Tafeln 42 a und 42 d. Für die Hilfsgröße k erhalten wir 70. Und als Kap.-Red. für

40 %	0,19 %
47 ,,	0,18 ,,
54 ,,	0,18 ,,
60 ,,	0,17 ,,

(Die Kapillaritätsreduktionen für Balling-Saccharimeter kann man nämlich unbedenklich mit den für 20°-Saccharimeter eingerichteten Hilfsmitteln berechnen.)

Die abzuwiegenden Spindeln würden also bei den ihrer (fertig gedachten) Skale entsprechenden Punkten 40,19; 47,18; 54,18 und 60,17 % in jenen 4 Sulfospriten einstehen.

Das Normal würde in diesen die um die Korrektionswerte aus Hilfstafel 1, Anl. B. z. Instr. vermehrten Angaben seiner Sulfosprit-Fehlertafel anzeigen, also:

$$39,77 + 0,18 = 39,95 \%$$
$$46,81 + 0,18 = 46,99 ,,$$
$$53,91 + 0,19 = 54,10 ,,$$
$$59,89 + 0,19 = 60,08 ,,$$

Es zeigen also in den gedachten 4 Sulfospriten gleichzeitig:

die abzuwiegenden Balling-Spindeln:	das 20°-Normal:
40,19 %	39,95 %
47,18 ,,	46,99 ,,
54,18 ,,	54,10 ,,
60,17 ,,	60,08 ,,

Verdünnen wir die 4 Sulfosprite so, daß für die abzuwiegenden Spindeln der glatte Prozentstrich zur Ablesung kommt, so erhalten wir nun für die

Balling-Fundamentalpunkte:	als Einstellungen des 20°-Normals:
40,0 %	39,76 %
47,0 ,,	46,81 ,,
54,0 ,,	53,92 ,,
60,0 ,,	59,91 ,,

[1]) Vgl. § 55, S. 184.

Wenn keine den abzuwiegenden Spindeln gleichartigen Normale für die Einstellung der Prüfungsflüssigkeit vorhanden sind, so leisten die Dichte-Normale in Verbindung mit Umrechnungstabellen gute Dienste.

Beispiel 10. Es sei ein Prozentaräometer für Essigsäure am Punkt 40 % in Sulfosprit abzuwiegen. Die Teilung der Spindel soll von 20 bis 40 % nach $\frac{1}{2}$ Prozent fortschreiten und eine Länge von 120 mm haben. Der Stengel der Spindel habe einen Durchmesser von 5,2 mm. Aus Tafel 24 finden wir als spez. Gewicht der Essigsäure von 40 %: $s_{\frac{15}{4}} = 1{,}0523$. Wir denken uns die Spindel und das Dichtenormal Nr. 109 für Schwefelsäure (§ 30) in einem Sulfosprit vom spez. Gewicht 1,0523 gleichzeitig schwimmend. Beide zeigen zuviel an; diesen Betrag müssen wir für die Essigspindel mangels einer geeigneten Hilfstabelle besonders berechnen.

Wir benützen die Formel für die Kapillaritätsreduktion: $\dfrac{4\,(\alpha - \alpha_0)}{p \cdot d}$ (vgl. § 10).

Hierin bedeutet

    α die Kapillaritätskonstante des Essigs,

    α_0 ,,   ,,   des Sulfosprits,

    p die Länge eines Prozents auf der fertig gedachten Skale in mm,

    d den Durchmesser des Spindelstengels in mm.

Die Differenz $4\,(\alpha - \alpha_0)$ finden wir aus Tafel 38 für 40 % zu 4,25. Der Durchmesser war gleich 5,2 mm. Und p endlich finden wir aus Tafel 52 aus der Spalte: Essigsäure. Die Länge der Teilung von 20 bis 40 % in der Tafel ist 188,0 mm, die Länge eines Prozents am Punkte 40 % etwa 7,9 mm. Da die verlangte Skalenlänge der Spindel 120 mm beträgt, so haben wir, wenn p die unbekannte Prozentlänge auf der fertig gedachten Skale ist, die Proportion:

$$188{,}0 : 7{,}9 = 120 : p, \quad \text{oder} \quad p = \frac{120 \cdot 7{,}9}{188{,}0} = 5{,}0 \text{ mm}. \quad \text{Die Kapillaritätsreduktion}$$

beträgt also nach obiger Formel für die abzuwiegende Spindel: $\dfrac{4{,}25}{5{,}0 \cdot 5{,}2} = 0{,}16\ \%$. Um diesen Betrag zeigt die letztere in Sulfosprit vom spezifischen Gewicht 1,0523 der 40 %igen Essigsäure zu viel an. In demselben Sulfosprit zeige das Dichtenormal zufolge seiner Sulfospritfehlertafel 1,05371 an. Wenn wir nun in Gedanken den Sulfosprit so verdünnen, daß die abzuwiegende Spindel um 0,16 % tiefer einsinkt, bzw. weniger anzeigt — auf ihrer fertig gedachten Skale würden wir nun genau 40,0 % ablesen — so sinkt auch das Normal tiefer ein und zeigt weniger an, und zwar um 0,00016 weniger. Denn da am Punkte 40 % zufolge Tafel 24 einem Fortschritt um 1 % eine Dichteänderung gleichen Vorzeichens um 0,0010 entspricht, so entspricht 0,16 % die Dichteänderung 0,00016. Das Normal muß also 1,05371 — 0,00016 = 1,05355 anzeigen, wenn der Sulfosprit auf den Fundamentalpunkt 40 % der abzuwiegenden Essigspindel eingestellt sein soll.

Die angeführten Beispiele mögen für die Erläuterung des Verfahrens, in wissenschaftlich strenger Weise die Einstellung der Prüfungsflüssigkeiten zu bewirken, genügen. Vielfache Betätigung auf diesem Gebiete und eigenes Nachdenken werden den interessierten Fachmann noch eine Fülle weiterer Berechnungsmöglichkeiten in diesen und allen von den angeführten verschiedenen Fällen finden lassen.

Anm. Bei der Verdünnung oder Verdichtung des Sulfosprits oder anderer Prüfungsflüssigkeiten ist es nützlich, jedesmal die Zusatzflüssigkeiten vor der Verwendung gewissermaßen zu eichen, indem man mit dem Normal die ändernde Kraft einer bestimmten Anzahl Tropfen auf die gerade zu benutzende Prüfungsflüssigkeit feststellt. Zur Beseitigung der letzten kleinen Unterschiede zwischen berechneter Einstellung und tatsächlicher Normaleinstellung braucht man dann nur eine kleine Kopfrechnung auszuführen, um die zur Einstellungsänderung genau notwendige

Anzahl von Zusatztropfen zu ermitteln. Das führt viel rascher zum Ziel als fortwährendes Hin- und Herprobieren.

Beim Prüfen in Sulfosprit sind die Spindeln ganz langsam aus der Flüssigkeit herauszuheben, damit wenig Sulfosprit adhäriert!

10. Kapitel.

46. Abstechen, Teilen und Einführen der aräometrischen Skalen.

Wenn die Bestimmung des Aräometers mittels der im Stengel befindlichen Notskale, Hilfsskale oder Formel beendet ist, d. h. wenn man durch den Vergleich des Aräometers mit einem Normal diejenigen Punkte auf der Hilfsskale festgestellt hat, welche praktisch gelegenen Hauptstrichen der späteren Skale entsprechen, so gilt es die Lage dieser Punkte auf den Papierstreifen, auf dem die eigentliche Skale aufgestellt werden soll (Skalenformular), zu übertragen.

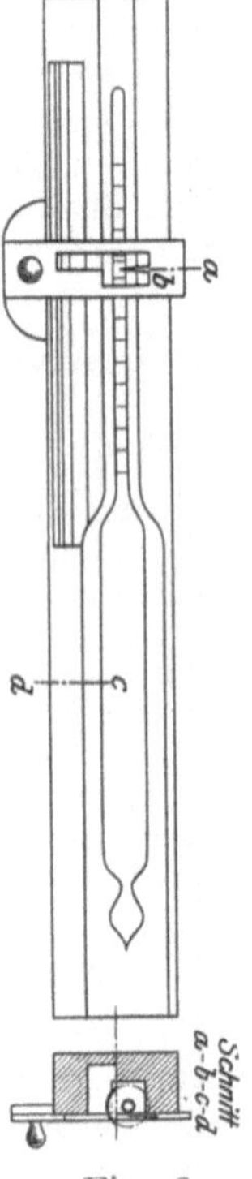

Es geschieht das in der Weise, daß man ein parallel zur Achsenrichtung des in dem Abstechbrett geeignet festgelegten Aräometers verschiebbares Lineal, welches unten beschrieben wird, mittels einer in seinen Ausschnitt hineinragenden Spitze auf die betreffenden Punkte der noch im Stengel des Aräometers befindlichen Hilfsskale einstellt, um dann mit einer Nadel, „der Abstechnadel"[1], an der in der Verlängerung jener Spitze liegenden inneren Kante des Lineals einen zarten Punkt in das Skalenformular, welches an der breiteren Seite des Abstechbrettes mit etwas Wachs befestigt ist, einzustechen.

Wie aus der Figur ersichtlich, besteht das Abstechbrett im wesentlichen aus einem parallelepipedisch gestalteten, ca. 50 cm langen, 6 cm breiten und 3 cm hohen Holzbrett von Pappel- oder Lindenholz, in welches ein zur Aufnahme von Aräometern jeder Größe geeignetes, vertieftes Bett eingegraben ist. Das Festlegen des Aräometers geschieht zweckmäßig, indem man in den für die Aufnahme des Körpers bestimmten Teil der Vertiefung im Brett etwas Watte so anordnet, daß das Aräometer, wenn man es mit sanftem Druck auf die Watte auflegt, hinreichend fest gelagert erscheint. In die Nähe des oberen Stengelendes drückt man in die für die Aufnahme des Stengels in das Holzbrett gearbeitete Vertiefung ein Stück Wachs ein, das man vorher etwas weich knetet und mittels eines zylindrischen Körpers, welcher denselben Durchmesser hat wie der Stengel, etwa eines runden Bleistiftes oder dickwandigen Glasrohres, einen solchen Eindruck in dem Wachs herstellt, daß, wenn man den Stengel vorsichtig an das Wachs andrückt und gleichzeitig das Aräometer leicht hin- und herbewegt, der Stengel mit genügender Festigkeit an dem Wachs haftet. Alsdann muß

Fig. 18.

---

[1] Eine feine, mit Siegellack in einem Stück gläserner Kapillare festgekittete Nähnadel.

der zu höchst liegende Teil des Stengels parallel zu der oberen Fläche des Abstechbrettes und ein ganz klein wenig (etwa 0,2—0,5 mm) tiefer als diese liegen.

Das Lineal besteht aus Stahl und hat einen aus der Figur ersichtlichen Ausschnitt, in welchen eine Spitze hineinragt. Die Entfernung dieser Spitze von der zum Gleiten an der Abstechvorrichtung bestimmten Kante des Anschlages muß so gewählt sein, daß sie bei einem in dem Abstechbrett gut eingebetteten Aräometer ungefähr über der Mitte der Stengelprojektion steht. Diejenige Kante des Linealausschnittes, in deren Verlängerung die Spitze sich befindet und welche bei der Verschiebung des Lineals über dem Skalenformular hingleitet, muß natürlich vollkommen gerade und genau senkrecht zur führenden Kante des Lineals stehen, damit es gleichgültig sei, an welcher Stelle der Abstechkante man die Abstechnadel einsetzt.

Die Spitze in dem Ausschnitt des Lineals habe einen Winkel von etwa 10^0. Durch einen einfachen Kunstgriff verleiht man dieser eine matte, schwarze Farbe, welche den äußersten Punkt der Spitze sich ganz besonders deutlich von der Hilfsskale abheben läßt: Man hält nämlich unter das mit der Oberseite nach unten gekehrte Lineal an der Stelle der Spitze an diese einen Augenblick die Flamme eines brennenden Zündholzes. Hierdurch bezieht sich die Spitze mit einer ganz schwachen Rußschicht, welche die geschilderte nützliche Wirkung hervorbringt.

Man verfährt beim Abstechen so, daß man zunächst für jeden Fundamentalpunkt an der Übertragungsstelle einen sehr zarten Punkt etwa über der Mitte der späteren Teilstriche einsticht und dann am Rande des Skalenformulars zur leichteren Auffindung des mit bloßem Auge oft sehr schwer aufzufindenden zarten Pünktchens einen etwas kräftigeren Orientierungspunkt einsticht. Wenn sämtliche Punkte übertragen worden sind, markiert man, etwa durch Anlegen der dem Aräometerkörper zugewandten Seite des Lineals an diesen, in der Nähe der Übergangsstelle des Stengels in dem Körper den unteren Skalenrand durch einen Bleistiftstrich, längs welchem man nach Vollendung der Teilung den Skalenstreifen abschneidet. In der Nähe der starken Orientierungspunkte notiert man die Bedeutung derselben mit einem Bleistift, indem man die dem betreffenden Skalenstrich entsprechende Zahl aufschreibt.

Wäre z. B. ein Saccharimeter herzustellen, für dessen Skale man die Punkte 12, 18 und 24% bestimmt hat, so notiert man sich neben den Orientierungspunkten die Zahlen 12,0, 18,0 und 24,0; außerdem notiert man am Kopfe der Skale die Nummer der in dem Aräometerstengel befindlichen Formel und, falls es sich um Thermoaräometer mit einer auf der Thermometer-Skale befindlichen Geschäftsnummer handelt, auch noch die letztere unter der Formelnummer.

Man tut gut daran, die Befestigung des Skalenformulars auf dem Übertragungsbrett lediglich am oberen und unteren Ende vorzunehmen und die Skalenstreifen jedenfalls immer so lang zu wählen, daß die mit dem Wachs in Berührung kommenden Stellen dem Bereich der eigentlichen Skale nicht mehr angehören. Es empfiehlt sich nur ganz reines Bienenwachs für die genannten Zwecke zu verwenden und dieses für die Befestigung des Papiers auf dem Brett nur in sehr dünner Schicht aufzutragen, indem man mit einem Wachsklumpen auf der betreffenden Stelle unter leichtem Drucke mehrere Male hin- und herfährt.

Da sich die Oberfläche des Wachses allmählich mit Papierfasern verunreinigt und ihre Klebkraft verliert, so muß man von Zeit zu Zeit die Wachsschicht vorsichtig vom Brett entfernen, ohne dieses mit dem betreffenden Werkzeug irgendwie zu verletzen, da andernfalls das glatte gute Aufliegen des Skalenpapiers auf dem Brett beeinträchtigt werden könnte, und muß neues Wachs auftragen.

Es ist zweckmäßig, die Stahloberfläche des Übertragungslineals zu brünieren, da der ständige Anblick glänzenden Metalles bei dem die Augen ohnehin etwas angreifenden Abstechgeschäft, besonders bei künstlichem Licht, auf die Dauer unerträglich ist.

Wenn man die Übertragungs- oder Abstechvorrichtung so vor sich liegen hat, daß der Stengel des eingebetteten Aräometers nach links gerichtet ist, muß das (eventuell vorgedruckte) Skalenformular so auf der breiteren Auflagefläche befestigt werden, daß die Aufschrift dem Hersteller zugewandt ist, damit beim Teilen der Skale die „Parallele", d. h. diejenige Linie, von der aus bei der Teilung der Skale die einzelnen Teilstriche gezogen werden müssen, richtig zu liegen kommt.

Sind sämtliche gleichzeitig zu behandelnden Skalen „abgestochen", so sind sie für die Ausführung der Teilung vorbereitet. Die Teilung der Skalen wird auf der in § 24 beschriebenen Teilmaschine vorgenommen.

Zunächst klebt man, ähnlich wie auf der Vorrichtung zum Abstechen, das zu teilende Skalenformular auf das in dem horizontal verschiebbaren Führungsstück eingeklemmte Buchsbaumbrett mit etwas Wachs unter Anlehnung an die Orientierungslinie genau parallel zu den Kanten der Führung für das Teillineal glatt auf.

Alsdann klemmt man die — das oberste auf dem Skalenformular abgestochene Skalenintervall enthaltende — Mutterskale an der linken Seite der Teilmaschine mittels der dort vorhandenen Klemmschrauben fest, und zwar muß die dem untersten Punkte des genannten Skalenintervalls entsprechende Kerbe der Mutterskale so stehen, daß der drehbare Hebel der Teilmaschine beim Einstellen der Schneide in diese Kerbe genau horizontal steht. Zur leichteren Auffindung dieser Lage für die bezeichnete Kerbe ist auf der inneren Holzbacke der Klemmvorrichtung ein die richtige Stellung bezeichnender feiner Strich oder eine Pfeilmarke angebracht. Diese Orientierung der Mutterskale ist notwendig, weil bei der horizontalen Verschiebung des die Skale tragenden Führungsschlittens zum Zwecke der „Einstellung in Linie" der drei Punkte: Drehungsmittelpunkt des Hebels, oberster Punkt des Skalenintervalls, entsprechende Kerbe der Mutterskale, die Einstellung der drei Punkte: Drehpunkt des Hebels, unterster Punkt des Skalenintervalls, entsprechende Kerbe der Mutterskale nicht verändert wird. Ist das Führungsstück in horizontaler Richtung so verschoben worden, daß beide Einstellungen genau zutreffen, so befinden sich Skalenformular und Mutterskale in der richtigen Entfernung voneinander. Läßt man nun die Schneide des drehbaren Hebels sukzessive in die aufeinander folgenden Kerben des besprochenen Intervalls der Mutterskale einfallen, so rückt das mit seinem senkrechten Stift durch den Druck einer Klemmfeder an dem Hebel anliegende Teilungslineal in seiner senkrechten Führung um solche Strecken weiter, welche der genauen Einteilung des obersten Skalenintervalls im Verhältnis zu dessen Gesamtlänge entsprechen.

Zieht man nun mittels einer guten Reißfeder unter Anwendung von Tusche als Farbflüssigkeit, die den aufeinander folgenden Lagen des Teillineals entsprechenden Striche auf dem Skalenformular, jeden Strich genau von der sog. Parallelen aus, so erhält man die verlangte Teilung in dem obersten abgestochenen Skalenintervall.

Ist nun auch noch das dem nächsten abgestochenen Fundamentalpunkt entsprechende Skalenintervall auf derselben Mutterskale vorhanden, so verrückt man das horizontal verschiebbare Führungsstück so, daß beim Einstellen der Schneide des Hebels in die dem untersten Punkte dieses Skalenintervalls entsprechende Kerbe der Mutterskale die Kante des Teilungslineals genau durch den untersten Punkt dieses zweiten Skalenintervalls hindurchgeht.

Nun setzt man das Teilgeschäft im zweiten Intervall mit genau der gleichen Strichdicke wie im ersten Intervall fort. Es erfordert eine gewisse Übung und Erfahrung, die Dicke der mit chinesischer Tusche und Wasser anzureibenden Farbflüssigkeit richtig zu treffen, damit sie beim Ziehen der Teilstriche einerseits weder zu blaß erscheint, noch andererseits zu rasch in der Reißfeder eintrocknet und diese zum Versagen bringt. Dies tritt indessen auch bei gut brauchbarer Tuschlösung nach einiger Zeit infolge Verdunstung des Wassers und allmählicher Versetzung der Spitze der Reißfeder durch mitgenommene Papierfasern ein. In dem Falle reinigt man die Feder durch von innen nach außen zwischen den Spitzen durchgezogene Papierstückchen, welche man mit der Schere aus einem dünnen, aber festen, möglichst wenig fasernden Papier ausschneidet.

Um immer gleiche Strichdicke zu erzielen, zieht man, bevor man nach Veränderung des Abstandes der Reißfederspitzen wieder weiter teilt, auf einem Stück Skalenpapier sich einige Probestriche (gewöhnlich bleibt hierfür oben und unten auf dem Skalenformular genügender Platz frei), bis deren Dicke nach geeigneter Bedienung der Justierschraube der Feder genau derjenigen der erst gezogenen Striche entspricht.

Einfacher und sicherer erreicht man den beabsichtigten Zweck, indem man solche Reißfedern benutzt, deren Stellschraube mit eingekerbtem und beziffertem Rande versehen ist, in dessen Kerben bei allmählichem Drehen der Schraubenmutter eine kleine Blattfeder einspringt. Mittels dieser Hilfsvorrichtung ist man in der Lage nach gelegentlicher Veränderung des Abstandes der Reißfederspitzen ohne weiteres jede gewünschte Strichdicke immer wieder genau einstellen zu können.

Die weitere Fortführung des Teilungsgeschäftes erfolgt nun eventuell unter Benutzung mehrerer Mutterskalen entsprechend dem bisher beschriebenen Vorgang.

Durch geeignete Abstufung der Strichlänge sorgt man für eine gute Übersichtlichkeit der Teilung.

Nach beendeter Teilung folgt die Bezifferung der Hauptskalenstriche, wobei man die Größe der Ziffern in ein passendes Verhältnis zu der Länge der Teilintervalle setzt z. B. so, daß, wenn in der Nähe des unteren Endes der Skale die Höhe der Ziffern gleich zwei kleinsten Skalenintervallen ist, dies auch an allen übrigen bezifferten Stellen der Fall ist. Auf diese Weise erhält die Bezifferung ein gleichmäßiges und die Ablesung wesentlich erleichterndes Aussehen.

Nach dem Teilen und Schreiben beschneidet man die Skalen auf die richtige Länge und Breite. Der untere Rand der Skale war, wie oben angegeben, durch einen Bleistiftstrich markiert worden, an dem entlang man nun den Schnitt führt. Am oberen Ende schneidet man die Skalen in einer Entfernung von etwa 1 mm über dem oberen Rande der obersten Bezifferung ab. Ist eine Bezifferung des letzten Teilstriches nicht vorhanden, so schneidet man die Skale etwa 3 mm über dem letzten Teilstrich ab.

Die Breite der Skale richtet man so ein, daß ihre senkrechten Ränder beim Einführen in den Stengel des Aräometers ganz wenig, etwa 1—2 mm, übereinander greifen. Hierbei schneidet man zunächst, genau parallel zur letzten linken Parallele, das Papier soweit ab, daß nur ein etwa 0,5 mm breites Rändchen stehen bleibt. Sodann erst bringt man die Breite der Skale durch Beschneiden der rechten Seite auf das richtige Maß. Dieses probiert man vorher am besten durch Einführen eines kleinen Stückes Streifen in den Aräometerstengel aus.

Um Verwechslungen der einzelnen Skalen miteinander vorzubeugen, notiert man auf deren Rückseite mit Bleistift die Nummer der betreffenden Formel und eventuell die Geschäftsnummer des Aräometers, bevor man sie beschneidet.

Sind die Skalen beschnitten, so werden sie in der in § 44 bereits beschriebenen Rollvorrichtung gerollt und in der gleichen Weise, wie dies bei der Einführung der Formeln geschehen war, so in die Stengel eingeführt, daß die Teilstriche in einer zur Stengelachse senkrechten Ebene verlaufen und bei Thermoaräometern die zwischen Ziffern und Teilung stehende Parallele in die Verlängerung der Kapillare zu liegen kommt, wobei jede Verdrehung der Skale möglichst zu vermeiden ist.

Damit man die Skale in die richtige Höhe im Stengel einstellt, hat man vor der Entfernung der Formeln an dem untersten abgewogenen und abgestochenen Fundamentalpunkte einen Tintenpunkt auf den Stengel gemacht, den man bei den folgenden Manipulationen sich hütet zu verwischen. Auf diesen Punkt stellt man beim Einführen der geteilten Skale den entsprechenden Skalenstrich genau ein und hat dann die Gewißheit, daß die Skale eine der Stellung der benutzten Formel genau entsprechende Lage im Stengel einnimmt.

47. Letzte Justierung und Fertigstellung des Aräometers (Nachprüfung).

Nunmehr sind die Spindeln zur endgültigen Justierung bereit. Bevor man diese vornimmt, besichtigt man bei sämtlichen Spindeln das obere frei gebliebene Stengelende. Wo dessen Länge über die zur bequemen Handhabung des Aräometers notwendige Länge hinausgeht (vgl. die Ausführung in § 19 S. 61), verkürzt man es durch Anritzen mit dem Glasmesser und vorsichtiges unter leichtem Zug bewerkstelligtes Abbrechen auf das richtige Maß. Zugleich revidiert man die sämtlichen Aräometer auf etwa in ihnen zurückgebliebenen Hilfsballast, den man nach erledigter Bestimmung der Aräometer entfernt hatte. Da man im Hinblick hierauf weiß, daß die Einführung einer kleinen Menge letzten Ballastes noch unbedingt notwendig sein wird (vgl. § 44), so bringt man in jeden Stengel von vornherein etwas Watte hinein. Das geschieht, indem man mit einem gut gerade gerichteten Messingstab von hinreichender Länge den zu einer Art Pfropfen gedrehten Wattebausch bis in eine Entfernung von etwa 2 cm über dem unteren Rande der Papierskale hinunterstößt. Hierbei sucht man sich durch den beim Weiterstoßen und Stauchen des Wattepfropfens verursachten Reibungswiderstand darüber ein Urteil zu bilden, ob der Wattepfropfen sich innerhalb der Papierskale mit genügender Festigkeit einklemmt, um den darüber zu füllenden letzten Justierballast in der Gestalt von Schrot oder Draht zu tragen. Nötigenfalls bringt man noch etwas mehr Watte in den Stengel ein, bis beim Zusammenstoßen mit dem ersten Bausch ein genügend festsitzender Wattepfropf sich gebildet hat.

Damit man gelegentlich die Watte wieder aus dem Stengel entfernen kann, versieht man den spitz zugefeilten Draht am Ende mit einigen scharfen Unebenheiten, indem man — besonders an der Spitze — etwa mit einem Messer immer schräg von oben ringsherum leicht mehreremal dagegen hackt. Man braucht dann nur mit dieser Spitze die Watte im Stengel zu berühren und den Stab vorsichtig zwischen den Fingern zu drehen. Die Watte wickelt sich dann fest um die Spitze und kann leicht aus dem Stengel herausgezogen werden.

Bevor man die Spindeln nun weiter behandelt, ist eine gründliche Reinigung derselben erforderlich. Besonders die vom Übertragungsbrett her am oberen Stengelende klebenden Wachsreste müssen sorgfältigst entfernt werden. Hierzu eignet sich gut mit Benzol oder Alkohol getränkte Watte.

Alsdann müssen die Prüfungsflüssigkeiten für die Justierungsprüfung vorbereitet werden. Dies geschieht an der Hand des Protokollbuches, indem man genau die gleiche Einstellung, die bei der Bestimmung der Fundamentalpunkte notiert war, mittels derselben Normale wiederholt. Während der nun folgenden Arbeiten achte man auf häufige Kontrolle der Einstellung mit dem Normal und fleißiges Durchmischen vor jedem Einsenken einer Spindel!

Jedes Aräometer wird jetzt, während es in der „untersten" Prüfungsflüssigkeit schwimmt, von oben her mit Justierballast in Gestalt feinen Schrotes versehen, welches man zwischen Daumen und Zeigefinger aufnimmt und in die Stengelöffnung nach und nach hineinfallen läßt. Ist hierbei das Aräometer soweit tiefer gesunken, daß nur noch 0,5—1 mm an der Einstellung auf den untersten Strich fehlen, so macht man einen Verschlußwattebausch, indem man etwas Watte zwischen den Fingern zu einer spitzen Spindel zusammendreht und läßt ihn oben in den Stengel fallen, ohne dem Aräometer dabei einen Stoß nach unten zu versetzen. Ist nun das genaue Einstehen der Spindel auf den untersten Hauptstrich erreicht, so schiebt man mit dem schon oben erwähnten Messingstabe die

Watte in den Stengel hinunter, bis sie sich mit genügendem Druck auf den Justierballast aufsetzt und diesen festhält. Wenn noch kein Einstehen erfolgt, so ändert man durch Fortnehmen oder Hinzutun von Watte den Verschlußpfropfen, bis er genau die richtige Schwere hat und stößt ihn dann sehr vorsichtig im Stengel auf dem Ballast fest. (Vergl. Anm.)

Sind alle Spindeln am untersten Punkt richtig beschwert, so prüft man sie am nächsten Fundamentalpunkt durch. Zeigen sich hierbei keine wesentlichen Abweichungen, so nimmt man den dritten Punkt vor. Befinden die Spindeln sich auch hier und an den weiteren Punkten in guter Übereinstimmung mit ihrer Sollangabe, so sind sie zum Ankitten der Skale und Zuschmelzen des Stengels fertig.

Wenn jedoch bei der Nachprüfung des zweiten Punktes sich Abweichungen bei der einen und anderen Spindel von ihrer Sollangabe zeigen, so fügt man je nach dem Sinne der Abweichung noch etwas Watte zu oder nimmt von der bereits im Stengel befindlichen etwas fort. Man richtet es hierbei immer so ein, daß der am untersten — anfänglich genau justierten — Punkte nun notwendig auftretende Fehler die gleiche Größe, aber entgegengesetztes Vorzeichen hat, wie der noch verbleibende Fehlerrest am zweiten Punkte.

Finden sich bei der Prüfung des dritten Punktes noch bei einigen Spindeln Abweichungen und sind diese größer, als die an den beiden ersten Punkten, so bewirkt man durch geschicktes Ändern des Ballastes eine möglichst gleichmäßige Verteilung der vorhandenen Fehler. Dies kann man auch wohl durch vorsichtiges Verschieben der Skale bewirken, deren erste Lage man vorher durch feine Punkte über 4—5 Strichen mit Tinte oder Tusche genau markiert hat, um den Grad der Verschiebung mit voller Sicherheit beurteilen zu können.

Ist die letzte Justierung der Spindeln beendet, so werden die Skalen am oberen Ende mit möglichst wenig Fischleim oder Hausenblase (vgl. § 42) an der inneren Stengelwandung vorsichtig festgeklebt. Ist die Leimstelle getrocknet, so werden die Stengel vor der Lampe zugeschmolzen, was unter sorgfältiger Beachtung etwa abspringender Glassplitter zu geschehen hat. Hat man solche bemerkt, so muß man sie alsbald mit der erweichten Stengelkuppe zusammenschmelzen. Letztere wird durch kurze Erwärmung des Spindelkörpers in der Flamme hübsch rund aufgetrieben. Will man ganz sicher gehen, so unterwirft man die Aräometer nach dem Zumachen der Stengel noch einer Nachprüfung an 1—2 Punkten.

Damit ist die Herstellung des Aräometers beendet. Die fertigen Spindeln bringt man, um sie vor Bruch und Verschmutzung zu schützen, in passenden Papp-, Holz- oder Blechfutteralen, die man oben und unten mit etwas Watte polstert, oder in Etuis unter und bewahrt sie im Magazin auf.

Sehr kostbare Spindeln bettet man vor weiten Transporten in Weißblechfutteralen ganz in geschmolzenem Rindertalg ein, die beste Art, um Bruchschaden beim Versand mit Sicherheit zu vermeiden.

Anm. Die letzte Justierung kann man auch so ausführen, daß man zunächst wie oben von dem noch erforderlichen Ballast einschließlich des für den Aufsatzpfropfen bestimmten Wattebäuschchens nur soviel einführt, daß die einzelnen Spindeln am untersten Punkt noch um einen Betrag, der einen Skalenteil nicht überschreitet, zu leicht sind. Dann nimmt man ausgeglühten weichen Messingdraht, welcher folgender Tabelle für den Durchmesser entspricht:

Stengeldurchmesser:	3	4	5	6	7	8 mm
Drahtdurchmesser:	0,25	0,3	0,4	0,5	0,6	0,7 mm

Man bestimmt nun diejenige Drahtlänge, deren Gewicht die einzelne Spindel am untersten Punkt um einen Skalenteil tiefer in die Prüfungsflüssigkeit einsinken läßt. Zu diesem Zweck hängt man ein 100 mm langes hakenförmig gebogenes Stück oben in den Stengel der schwimmenden Spindel; sie sinke beispielsweise um 4,2 Skalenteile tiefer ein. Alsdann hat dasjenige Drahtstück, dessen Gewicht die Spindel um einen Skalenteil tiefer eintauchen läßt, eine Länge von $\frac{100}{4,2} = 23,8$ mm.

Diese Strecke trägt man auf Papier auf und teilt sie in 10 gleiche, mit 0,1; 0,2; . . . . 0,9; 1,0 bezifferte Teile. Mittels dieser Hilfsteilung kann man leicht Drahtstücke jeder Länge auf ein halbes Zehntel der ganzen Strecke genau abmessen.

Nun senkt man die vorjustierten Spindeln eine nach der anderen in die „unterste" Flüssigkeit ein und liest in Bruchteilen des Skalenintervalls den Betrag ab, um den eine jede noch „zu leicht" ist. Ein diesem Betrag entsprechendes Stück Draht wird an der Hilfsteilung abgemessen, abgeschnitten, zu einem kleinen Bündelchen zusammengebogen und in den Stengel eingeführt, worauf das vorher aus dem Stengel gezogene Wattebäuschchen eingeschoben und festgedrückt wird. Damit sind die Spindeln am untersten Punkt ohne jedes Probieren haarscharf einjustiert. Da beim Abmessen und Abschneiden der Drahtstücke sicher keine den Betrag von 0,05 der Hilfsteilung überschreitenden Fehler begangen werden, so ist der in unserm Beispiel durch diesen Fehler verursachte Justierungsfehler am untersten Punkt sicher nicht größer als 0,05 Skalenintervall!

Dies Verfahren ist abgesehen von seiner Genauigkeit viel bequemer und dabei trotz der zweimaligen Einsenkung der Spindeln weniger zeitraubend, als das oben geschilderte Ausprobieren der letzten Beschwerung.

III. Abschnitt.

11. Kapitel.

Beschreibung einiger besonders wichtiger Arten von Aräometern.

48. Aräometer mit willkürlicher Skale.

Die Skalenaräometer lassen sich in zwei Hauptgruppen teilen: die erste gibt unmittelbar die Dichte einer Flüssigkeit an oder eine mathematische Funktion der Dichte, d. h. eine Größe, welche mit der Dichte durch einen mathematischen Ausdruck verbunden ist derart, daß eine Änderung der Dichte stets eine Änderung jener Größe zur Folge hat. Die zweite Gruppe umfaßt diejenigen Aräometer, deren Angaben zwar ebenfalls Funktionen der Dichte sind, sich jedoch nicht mittels einer gegebenen Formel unmittelbar auf Dichten zurückführen lassen; der Zusammenhang muß vielmehr erst durch besondere experimentelle Untersuchungen ermittelt werden.

Zur ersten Gruppe gehören alle Aräometer, welche Dichten oder spezifische Volumina angeben, ferner solche, deren Angaben n mit der Dichte durch einfache Formeln, wie $s = \dfrac{a}{b+n}$ oder $s = \dfrac{a+n}{b}$, verbunden sind, wo den Größen a und b willkürliche aber unveränderliche, ein für allemal festgesetzte Werte zugeteilt sind. Wenn bei diesen Instrumenten noch die Normaltemperatur und nötigenfalls die Einheit der Dichte oder des spez. Volumens sowie (wegen der Verschiedenheit der Kapillarität) die Flüssigkeit, für welche die Justierung gilt, angegeben wird, so sind die Angaben eindeutig definiert.

Leider ist man bei der Einführung neuer Skalen meist nicht von strengen Formeln ausgegangen. Typisch in dieser Hinsicht ist der Ursprung der viel gebrauchten Bauméskale, die auf folgende Weise entstand. Ihr Erfinder, Baumé, konstruierte zwei Aräometer, das eine für spezifisch leichtere Flüssigkeiten als Wasser, das andere für spezifisch schwerere Flüssigkeiten. Beiden Instrumenten lagen verschiedene Ausgangspunkte zugrunde. Zur Konstruktion der ersten Skale stellte Baumé eine Lösung von 10 Gewichtsteilen Kochsalz und 90 Gewichtsteilen Wasser dar, senkte das Aräometer hinein und bezeichnete die Stelle, bis zu welcher es einsank, an der Skale mit Null; denjenigen Punkt aber, bis zu welchem dasselbe

Aräometer in Wasser eintauchte, bezeichnete er mit 10. Der Zwischenraum zwischen den beiden Marken wurde in 10 gleiche Teile geteilt und die Einteilung aufwärts in gleichen Abständen fortgesetzt. Zur Herstellung der zweiten Skale für spezifisch schwerere Flüssigkeiten als Wasser nahm Baumé eine Lösung von 15 Gewichtsteilen Kochsalz in 85 Gewichtsteilen Wasser und bezeichnete den Einstellpunkt am Aräometer mit 15, den Einstellpunkt in Wasser dagegen mit Null. Der Zwischenraum wurde in 15 gleiche Teile geteilt und die so erhaltene Skale in gleichen Intervallen abwärts weitergeführt. Abgesehen davon, daß eine genauere Temperaturangabe fehlt, ist diese ursprüngliche Definition der Bauméskale so unglücklich wie möglich gewählt. Wasser und Kochsalzlösungen gehören zu den am schlechtesten benetzenden Flüssigkeiten und sind daher zum Einstellen eines Aräometers völlig ungeeignet; dazu kommt aber noch, daß die konstruierten Skalen, die erste gänzlich, die zweite zum bei weitem größten Teile durch Extrapolation entstanden sind, so daß die unvermeidlichen Einstellfehler die Skale in stark vergrößertem Maßstabe verfälschen. Es ist von verschiedenen Physikern der Versuch gemacht worden, die Angaben der nach Baumés Vorschrift konstruierten Aräometer in spez. Gewicht umzuwandeln; die Ergebnisse zeigen, wie nach den vorstehenden Ausführungen nicht anders zu erwarten ist, so starke Differenzen untereinander, daß von einer Brauchbarkeit dieser Instrumente, selbst bei ganz geringen Anforderungen bezüglich der Genauigkeit, keine Rede sein kann. Als Beispiel sei angeführt, daß einer Aräometerangabe von 60^0 Bé nach Delezennes die Dichte 1,7501, nach Francoeur 1,6522 und nach Gilpin 1,717, sämtlich bei 10^0 R., entspricht.

Es ergibt sich hieraus, daß eine Skalendefinition, wie sie ursprünglich dem Bauméaräometer zugrunde gelegt worden ist, nicht ausreicht. Der einzige gangbare Weg besteht darin, daß man eine Formel einführt, welche die Angaben des Instruments mit der Dichte verbindet und die Normaltemperatur ein für allemal festsetzt. Die folgende Zusammenstellung enthält eine Reihe von Aräometerskalen, wie sie den jetzt gebräuchlichen Annahmen entsprechen.

Aräometer für schwere Flüssigkeiten.
Aräometer nach Baumé (ältere Skale).

Definitionsformel: $s = \dfrac{146,78}{146,78 - n}$; Normaltemperatur $17,5^0$ C.

Der Angabe n dieses Aräometers entspricht die gleichzeitige (durch unmittelbare Vergleichung in derselben Flüssigkeit und bei derselben Temperatur erhaltene) Angabe A eines zweiten Aräometers, welches für eine Normaltemperatur von 15^0 C. und für die auf Wasser von 4^0 C. bezogene Dichte justiert ist:

$$A_{\frac{15}{4}} = \frac{146,600}{146,78 - n} \quad \text{und umgekehrt:} \quad n = 146,78 - \frac{146,600}{A_{\frac{15}{4}}} \,{}^{1)}.$$

---

[1] Nach der auf S. 33 abgeleiteten Formel berechnet.

Die gleichzeitige Angabe B eines Bauméaräometers rationeller Skale mit der Gleichung: $s = \dfrac{144,3}{144,3 - B}$ und der Normaltemperatur 15^0 C. ergibt sich aus der Formel:

$$B = 0,98\,345\,n - 0,051,$$ deren Umkehrung lautet:

$$n = 1,01683\,B + 0,052\,[1]).$$

Beispiel: Ein richtiges Bauméaräometer älterer Skale zeige in einer Flüssigkeit bei irgend einer Temperatur $53,88^0$; welche gleichzeitigen Angaben liefert a) ein Aräometer, welches bei 15^0 C. Dichten bezogen auf Wasser von 4^0 C. anzeigt, b) ein Bauméaräometer rationeller Skale?

$$\text{a)}\quad A_{\frac{15}{4}} = \frac{146,600}{146,78 - 53,88} = \frac{146,600}{92,90} = 1,57\,804;$$

$$\text{b)}\quad B = 0,98\,345 \cdot 53,88 - 0,051 = 52,988 - 0,051 = 52,94^0\,[2]).$$

Aräometer mit holländischer Bauméskale.

Definitionsformel: $s = \dfrac{144}{144 - n}$; Normaltemperatur $12,5^0$ C.

Gleichzeitige Angabe eines Aräometers nach Dichte $(A_{\frac{15}{4}})$:

$$A_{\frac{15}{4}} = \frac{143,914}{144 - n} \quad \text{und umgekehrt:} \quad n = 144 - \frac{143,914}{A_{\frac{15}{4}}}.$$

Gleichzeitige Angabe eines Bauméaräometers rationeller Skale:
$$B = 1,00\,180\,n + 0,040 \quad \text{und umgekehrt:} \quad n = 0,99\,820\,B - 0,040.$$

Aräometer mit amerikanischer Bauméskale.

Definitionsformel: $s = \dfrac{145}{145 - n}$; Normaltemperatur 15^0 C.[3]).

$$A_{\frac{15}{4}} = \frac{144,873}{145 - n} \quad \text{und umgekehrt:} \quad n = 145 - \frac{144,873}{A_{\frac{15}{4}}}.$$

$$B = 0,99\,517\,n \quad \text{und umgekehrt:} \quad n = 1,00\,485\,B.$$

Aräometer nach Balling.

Definitionsformel: $s = \dfrac{200}{200 - n}$; Normaltemperatur $17,5^0$ C.

$$A_{\frac{15}{4}} = \frac{199,755}{200 - n}; \qquad n = 200 - \frac{199,755}{A_{\frac{15}{4}}}$$

$$B = 0,72\,174\,n - 0,050; \quad n = 1,38\,551\,B + 0,070.$$

Aräometer nach Beck.

Definitionsformel: $s = \dfrac{170}{170 - n}$; Normaltemperatur $12,5^0$ C.

---

[1]) Nach der Formel auf S. 32.
[2]) Vgl. auch Tafel 30 und 31.
[3]) Auch 60^0 F. (= $15,556^0$ C.) Der Unterschied ist praktisch belanglos.

$$A_{\frac{15}{4}} = \frac{169,899}{170-n}; \qquad n = 170 - \frac{169,899}{A_{\frac{15}{4}}}$$

$$B = 0,84\,858\,n + 0,040; \quad n = 1,17\,843\,B - 0,047.$$

Aräometer nach Brix (auch nach Fischer).

Definitionsformel: $s = \dfrac{400}{400-n}$; Normaltemperatur $12,5^0$ R. $= 15,625^0$ C.

$$A_{\frac{15}{4}} = \frac{399,618}{400-n}; \qquad n = 400 - \frac{399,618}{A_{\frac{15}{4}}}$$

$$B = 0,36\,078\,n - 0,012; \quad n = 2,77\,178\,B + 0,032.$$

Aräometer nach Stoppani.

Definitionsformel: $s = \dfrac{166}{166-n}$; Normaltemperatur $12,5^0$ R. $= 15,625^0$ C.

$$A_{\frac{15}{4}} = \frac{165,842}{166-n}; \qquad n = 166 - \frac{165,842}{A_{\frac{15}{4}}}$$

$$B = 0,86\,935\,n - 0,011; \quad n = 1,150\,29\,B + 0,013.$$

Aräometer nach Gay - Lussac.

Definitionsformel: $s = \dfrac{100}{n}$; Normaltemperatur 4^0 C.

$$A_{\frac{15}{4}} = \frac{99,973}{n}; \qquad n = \frac{99,973}{A_{\frac{15}{4}}}$$

$$B = 144,3 - 1,44\,214\,n; \quad n = 100,060 - 0,69\,342\,B.$$

Densimeter nach Fleischer.

Definitionsformel: $s = \dfrac{100+n}{100}$; Normaltemperatur $17,5^0$ C.

$$A_{\frac{15}{4}} = 0,009\,8775\,(100+n); \quad n = 100,123\,A_{\frac{15}{4}} - 100$$

$$B = 144,3 - \frac{14\,435,1}{100+n}; \qquad n = \frac{14\,435,1}{144,3 - B} - 100.$$

Aräometer nach Twaddle[1]).

Definitionsformel: $s = \dfrac{200+n}{200}$; Normaltemperatur 60^0 F. $= 15^5/_9{}^0$ C.

$$A_{\frac{15}{4}} = 0,004\,995\,3\,(200+n); \quad n = 200,189\,A_{\frac{15}{4}} - 200$$

$$B = 144,3 - \frac{28\,862,1}{200+n}; \qquad n = \frac{28\,862,1}{144,3 - B} - 200.$$

---

[1]) Vgl. Tafel 34.

Aräometer für leichte Flüssigkeiten.

Aräometer nach Baumé (ältere Skale).

Definitionsformel: $s = \dfrac{146,78}{146,78 + n}$; Normaltemperatur $17,5^0$ C.

Die Angabe n dieses Aräometers entspricht der gleichzeitigen Angabe $A_{\frac{15}{4}}$ eines zweiten Aräometers, welches bei einer Normaltemperatur von 15^0 C. Dichten bez. auf Wasser von 4^0 C. anzeigt:

$$A_{\frac{15}{4}} = \frac{146,600}{146,78 + n} \quad \text{und umgekehrt:} \quad n = \frac{146,600}{A_{\frac{15}{4}}} - 146,78.$$

Die gleichzeitige Angabe B eines Bauméaräometers rationeller Skale mit der Gleichung: $s = \dfrac{144,3}{144,3 + B}$ und der Normaltemperatur 15^0 C. ergibt sich aus der Formel:

$$B = 0,98\,345\,n + 0,051, \quad \text{deren Umkehrung lautet:}$$
$$n = 1,01\,683\,B - 0,052.$$

Beispiel: Ein richtiges Bauméaräometer älterer Skale zeige in einer Flüssigkeit bei irgend einer Temperatur $32,75^0$; welche Angabe liefert in derselben Flüssigkeit und bei derselben Temperatur a) ein Aräometer, welches bei einer Normaltemperatur von 15^0 C. Dichten bez. auf Wasser von 4^0 C. angibt, b) ein Bauméaräometer rationeller Skale?

$$\text{a)} \quad A_{\frac{15}{4}} = \frac{146,600}{146,78 + 32,75} = \frac{146,600}{179,53} = 0,81\,658$$
$$\text{b)} \quad B = 0,98\,345 \cdot 32,75 + 0,051 = 32,208 + 0,051 = 32,26^0\,[1]).$$

Aräometer nach Baumé (zweite ältere Skale).

Definitionsformel: $s = \dfrac{146}{136 + n}$; Normaltemperatur $12,5^0$ C.

$$A_{\frac{15}{4}} = \frac{145,913}{136 + n}; \qquad n = \frac{145,913}{A_{\frac{15}{4}}} - 136$$

$$B = 0,98\,808\,n - 9,921; \quad n = 1,012\,06\,B + 10,041.$$

Aräometer mit holländischer Bauméskale.

Definitionsformel: $s = \dfrac{144}{144 + n}$; Normaltemperatur $12,5^0$ C.

$$A_{\frac{15}{4}} = \frac{143,914}{144 + n}; \qquad n = \frac{143,914}{A_{\frac{15}{4}}} - 144$$

$$B = 1,00\,180\,n - 0,040; \quad n = 0,99\,820\,B + 0,040.$$

Aräometer mit amerikanischer Bauméskale.

Definitionsformel: $s = \dfrac{140}{130 + n}$; Normaltemperatur 15^0 C.

---

[1]) Vgl. auch Tafel 32 und 33.

$$A_{\frac{15}{4}} = \frac{139{,}878}{130 + n}; \qquad n = \frac{139{,}878}{A_{\frac{15}{4}}} - 130$$

$$B = 1{,}03\,072\,n - 10{,}307; \qquad n = 0{,}97\,020\,B + 10.$$

Aräometer nach Balling.

Definitionsformel: $s = \dfrac{200}{200 + n}$; Normaltemperatur $17{,}5^0$ C.

$$A_{\frac{15}{4}} = \frac{199{,}755}{200 + n}; \qquad n = \frac{199{,}755}{A_{\frac{15}{4}}} - 200$$

$$B = 0{,}72\,174\,n + 0{,}050; \qquad n = 1{,}38\,551\,B - 0{,}070.$$

Aräometer nach Beck.

Definitionsformel: $s = \dfrac{170}{170 + n}$; Normaltemperatur $12{,}5^0$ C.

$$A_{\frac{15}{4}} = \frac{169{,}899}{170 + n}; \qquad n = \frac{169{,}899}{A_{\frac{15}{4}}} - 170$$

$$B = 0{,}84\,858\,n - 0{,}040; \qquad n = 1{,}17\,843\,B + 0{,}047.$$

Aräometer nach Brix (auch nach Fischer).

Definitionsformel: $s = \dfrac{400}{400 + n}$; Normaltemperatur $12{,}5^0$ R. $= 15{,}625^0$ C.

$$A_{\frac{15}{4}} = \frac{399{,}618}{400 + n}; \qquad n = \frac{399{,}618}{A_{\frac{15}{4}}} - 400$$

$$B = 0{,}36\,078\,n + 0{,}012; \qquad n = 2{,}77\,178\,B - 0{,}032.$$

Aräometer nach Stoppani.

Definitionsformel: $s = \dfrac{166}{166 + n}$; Normaltemperatur $12{,}5^0$ R. $= 15{,}625^0$ C.

$$A_{\frac{15}{4}} = \frac{165{,}842}{166 + n}; \qquad n = \frac{165{,}842}{A_{\frac{15}{4}}} - 166$$

$$B = 0{,}86\,935\,n + 0{,}011; \qquad n = 1{,}150\,29\,B - 0{,}013.$$

Aräometer nach Cartier.

Definitionsformel: $s = \dfrac{136{,}8}{126{,}1 + n}$; Normaltemperatur $12{,}5^0$ C.

$$A_{\frac{15}{4}} = \frac{136{,}718}{126{,}1 + n}; \qquad n = \frac{136{,}718}{A_{\frac{15}{4}}} - 126{,}1$$

$$B = 1{,}05\,453\,n - 11{,}324; \qquad n = 0{,}94\,829\,B + 10{,}738.$$

Zur unmittelbaren Vergleichung eines Aräometers nach Cartier mit einem bei 15^0 C. richtigen Gewichtsalkoholometer dient die nachstehende Tabelle:

Gew. % Alk.	Cartier
0	10,74°
2	11,25
4	11,73
6	12,18
8	12,59
10	12,98
12	13,34
14	13,69
16	14,04
18	14,38
20	14,73
22	15,10
24	15,48
26	15,89
28	16,32
30	16,78
32	17,27
34	17,79

Gew. % Alk.	Cartier
34	17,79°
36	18,34
38	18,92
40	19,52
42	20,14
44	20,79
46	21,47
48	22,16
50	22,86
52	23,58
54	24,32
56	25,07
58	25,84
60	26,62
62	27,41
64	28,22
66	29,04
68	29,87

Gew. % Alk.	Cartier
68	29,87°
70	30,71
72	31,57
74	32,44
76	33,33
78	34,24
80	35,17
82	36,12
84	37,09
86	38,08
88	39,10
90	40,16
92	41,27
94	42,41
96	43,61
98	44,86
100	46,19

Aräometer nach Gay - Lussac.

Definitionsformel: $s = \dfrac{100}{n}$; Normaltemperatur 4^0 C.

$$A_{\frac{15}{4}} = \frac{99,973}{n}; \qquad n = \frac{99,973}{A_{\frac{15}{4}}}$$

$$B = 1,44\,214\,n - 144,3; \qquad n = 0,69\,342\,B + 100,060.$$

Die Vielartigkeit dieser und ähnlicher willkürlicher Skalen, deren Zahl weit über 100 betragen dürfte, bildet einen Übelstand, welcher der Aräometrie zum größten Nachteil gereichen muß. Er bringt eine starke Verwirrung und Unklarheit hinein und erinnert an die Zeit vor der Einführung des metrischen Maßsystems in Deutschland, in der jedes Ländchen sein eigenes System hatte. Hier brachten erst gesetzliche Bestimmungen Einheitlichkeit in das Maß- und Gewichtswesen. In der Aräometrie ist eine Klärung auf diesem Wege leider nicht möglich, sie sollte aber von einem jeden, der mit der Herstellung und dem Verkauf von Aräometern zu tun hat, in erster Linie aber von dem Chemiker selbst, der am meisten unter der Vielartigkeit der Skalen zu leiden hat, mit allen Mitteln angestrebt werden.

49. Alkoholometer.

Die Alkoholometrie ist von Gilpin begründet worden, welcher auf Veranlassung der englischen Regierung im Jahre 1790 den Zusammenhang zwischen Alkohol-Gewichtsprozenten und dem spez. Gewicht, sowie die thermische Ausdehnung von Spiritus verschiedener Stärke untersuchte. Die stärkste von ihm dargestellte Flüssigkeit hatte indessen nur 89,2 Gewichtsprozent Alkohol. Tralles (1811) in Berlin rechnete die Gilpinschen Gewichtsprozente auf Volumenprozente um und legte seiner Tafel die Gilpinsche Temperatur 60⁰ F. zugrunde, während er als Einheit der Dichten die Wasserdichte bei 4⁰ C. annahm. Brix (1847) rechnete dann die Trallesschen Dichten auf die Wasserdichte bei 60⁰ F. ($= 12^4/_9{}^0$ R.) als Einheit um und schuf damit eine Tafel, welche noch jetzt als Grundlage für die Konstruktion von Volumenalkoholometern dient (Alkoholometer nach Tralles).

Da der Begriff „Volumenprozent nach Tralles" nicht ohne weiteres verständlich ist, so mag hier eine strenge Erklärung desselben Platz finden. Die Volumenprozentzahl gibt an, wieviel Liter reinen Alkohols, bei $12^4/_9{}^0$ R. gemessen, in 100 Liter einer Alkohol-Wassermischung, ebenfalls bei $12^4/_9{}^0$ R. gemessen, enthalten sind. Wenn z. B. ein Spiritus eine Stärke von 50 Volumenprozenten nach Tralles besitzt, so gewinnt man aus 100 Liter desselben (bei $12^4/_9{}^0$ R.) durch Entfernung des gesamten Wassers (ca. 53,6 Liter), von der Schwierigkeit der technischen Ausführung abgesehen, genau 50 Liter reinen Alkohols, bei $12^4/_9{}^0$ R. gemessen. Beim Mischen von Alkohol und Wasser tritt stets eine Volumenverminderung (Kontraktion) ein, und man erhält durch Vereinigung von 50 Liter Alkohol und 50 Liter Wasser nicht 100 Liter Spiritus, sondern nur 96,4 Liter, und der gewonnene Spiritus hat daher nicht eine Stärke von 50%, sondern von 51,9%. Dabei wurde vorausgesetzt, daß alle Abmessungen bei $12^4/_9{}^0$ R. erfolgten [1]).

Da die thermische Ausdehnung von Alkohol und Wasser nicht gleich ist, so leuchtet ein, daß die Volumenprozentzahl an sich mit der Temperatur veränderlich ist; es muß daher zur Definition einer Prozentskale nach Volumen notwendig eine Normaltemperatur angegeben sein, die im Fall der Trallesschen Skale $12^4/_9{}^0$ R. beträgt.

In Frankreich ist seit 1824 das Volumenalkoholometer von GayLussac in Gebrauch [2]). Es ist auf eine Normaltemperatur von 15⁰ C. bezogen und stimmt mit dem Tralles-Alkoholometer nahezu überein. Die ursprünglichen Zahlen von Gay-Lussac, welche die Dichten von Spiritus verschiedener Stärke angeben, haben häufig Abänderungen erfahren durch Neuberechnung und Ausgleichung, so daß man jetzt in verschiedenen Ländern auch verschiedene Gay-Lussac-Skalen antrifft.

Die Schwierigkeiten, welche die Anwendung von Volumenalkoholometern im Gefolge hat, fallen fort durch Einführung des Gewichtsalkoholometers. Die Gewichtsprozentzahl ist naturgemäß von der Temperatur völlig unabhängig und die Kontraktion ist beim Mischen von Alkohol und Wasser nach Gewicht ohne Belang. 50 kg Alkohol mit 50 kg Wasser vereinigt gibt 100 kg Spiritus von 50 Gewichtsprozenten.

---

[1]) Vgl. F. Plato, Anleitung zum Mischen von Branntweinen nach Maß und Gewicht. Berlin 1895. Jul. Springer.

[2]) Vgl. Tafel 14 und 16. ·

Die im Deutschen Reiche im Jahre 1888 amtlich eingeführte Gewichtsprozentskale beruht im wesentlichen auf den vorzüglichen experimentellen Bestimmungen des Physikers Mendeleef (1869).

In England ist das Spiritometer von Sykes allgemein in Gebrauch. Die Sykessche Skale geht von einem Normalspiritus (proofspirit) aus, welcher 49,33 Gewichtsprozente Alkohol (57,15% Tralles) enthält und unterscheidet dann Grade over proof und under proof, je nachdem der Spiritus stärker oder schwächer ist als proofspirit[1]). Das Spiritometer ist eine Spindel aus Metall (Messing oder Argentan) mit kurzem Stengel. Ihm werden eine Anzahl Metallringe beigegeben, welche über den Stengel geschoben werden können und die Masse und das Volumen des Instruments sukzessive vergrößern, so daß das letztere zur Spindelung sämtlicher Alkohol-Wassermischungen ausreicht.

Die Arbeiten im chemischen Laboratorium lassen es gelegentlich wünschenswert erscheinen, neben den Gewichts- und Trallesprozenten auch Volumenprozente bei 15^0 C. einzuführen. Diese, auch „Maßprozente" genannt, lassen sich aus den Gewichtsprozenten leicht mittels der Formel berechnen:

$$p_v = p_g \cdot \frac{s}{0{,}79\,425} = 1{,}25\,905 \cdot s \cdot p_g,$$

oder logarithmisch: $\log p_v = 0.10\,0043 + \log s + \log p_g,$

wo p_v die Anzahl der Volumenprozente bei 15^0 C.,

p_g die Anzahl der Gewichtsprozente,

s die Dichte des Spiritus bei 15^0 C., bezogen auf Wasser von 15^0 C. bezeichnet und 0,79425 die Dichte $s_{\frac{15}{15}}$ des reinen, wasserfreien Alkohols ist.

Die Dichte des Spiritus ist dabei aus der Tafel 13 zu entnehmen. Eine ausführliche Tafel, welche auf denselben Grundzahlen beruht, ist von Windisch[2]) berechnet worden. Sie gibt zu den nach Einheiten der vierten Dezimale fortschreitenden Spiritusdichten die Gewichtsprozente, die Maßprozente bei 15^0 C., sowie die gemischten Prozente: Gramm Alkohol in 100 ccm bei 15^0 C. Die letzteren Werte (p_m) sind aus den Maßprozenten (p_v) mittels der Formel abgeleitet:

$$p_m = 0{,}999\,154 \cdot 0{,}79\,425 \cdot p_v = 0{,}79\,358 \cdot p_v;$$

hier bedeutet 0,999154 das Gewicht von 1 ccm Wasser von 15^0 C. Diese Zahl ist nach unserer Tafel 1 durch 0,999 126 (Masse von 1 ccm in Gramm ausgedrückt) zu ersetzen, so daß dann die Formel lauten würde:

$$p_m = 0{,}79\,356 \cdot p_v.$$

Der Unterschied ist indes so geringfügig, daß er für alle Zwecke der Praxis vernachlässigt werden kann.

Man findet häufig Alkoholometer, welche neben der Skale für Gewichtsprozente auch eine solche für Trallesprozente enthalten, so daß man an einem derartigen Instrument bei seiner Normaltemperatur (meist 15^0 C.)

---

[1]) Vgl. Tafel 17 und 18.
[2]) K. Windisch, Ermittelung des Alkoholgehalts von Alkohol-Wassermischungen. Berlin 1893, J. Springer.

die wahre Stärke in beiden Prozentarten ablesen kann. Für diese Spindeln hat sich die Bezeichnung „Alkoholometer nach Richter und Tralles" erhalten, die insofern unrichtig ist, als die alte Skale nach Richter tatsächlich längst durch die Gewichtsprozentskale ersetzt ist. Dies war auch unbedingt notwendig, denn die Richtersche Skale ist sehr unzuverlässig und weicht an einigen Punkten bis zu 7 ganzen Prozenten von der Gewichtsprozentskale ab! Die Doppelskalenalkoholometer mit der Normaltemperatur 15° C. hat man als reine Gewichtsalkoholometer aufzufassen, denen eine Tabelle in graphischer Form zur Entnahme der Trallesprozente beigegeben ist. Diese Tabelle muß inhaltlich mit den Angaben der Tafel 15 (nicht 19) übereinstimmen. Es ist nützlich, dies festzustellen, denn die bei einer von der Normaltemperatur 15° C. abweichenden Temperatur erhaltenen Ablesungen müssen stets an der Gewichtsprozentskale erfolgen und die Reduktion auf 15° C. darf nur in Gewichtsprozenten ermittelt werden, z. B. mit Hilfe der Tafel 55. Hat man nach Anbringung der Reduktion die wahre Stärke in Gewichtsprozenten erhalten, so kann man aus der beigefügten Trallesskale leicht die zugehörige Stärke in Trallesprozenten finden.

Ein Beispiel wird den Sachverhalt klarstellen. Es möge an einem als fehlerfrei vorausgesetzten Doppelskalenalkoholometer bei einer Temperatur von 25° C. (= 20° R.) abgelesen sein: 91,00 Gewichtsprozent und 93,99 % Tralles. Gesucht sei die wahre Stärke in beiden Prozentarten ausgedrückt. Nach Tafel 55 ist die Reduktion in Gewichtsprozenten — 3,26, folglich die wahre Stärke 87,74 Gewichtsprozent. Diesem Wert entspricht nach Tafel 15 eine wahre Stärke von 91,58% Tralles. Wollte man die Reduktion in Trallesprozenten vornehmen, so müßte man die Tafel 56 benutzen und erhielte die Reduktion — 2,25%, mithin die wahre Stärke 91,74 % Tralles, d. h. einen um 0,16% falschen Wert.

Zu verwerfen ist es, einem Alkoholometer eine Temperatur-Reduktionsskale beizugeben, da eine derartige Skale immer nur für eine einzige Konzentration richtig sein kann. Hätte man z. B. ein Gewichtsalkoholometer, welches von 80—100% reicht, mit einer für 90% richtigen Reduktionsskale versehen, so würde diese für eine Temperatur von 10° C. + 1,56 % angeben müssen (Tafel 55); der abgelesenen Stärke 97 % würde daher die wahre Stärke 98,56 % entsprechen, während der richtige Wert 98,36 % ist. Bei hohen Temperaturen wird die Differenz noch erheblich größer, z. B. für 100% und 25° C. 0,56%! Hieraus ergibt sich, daß es sich unter allen Umständen empfiehlt, auf eine Temperatur-Reduktionsskale zu verzichten und die Reduktion aus Tafeln zu entnehmen. Bequemer als die Tafel 55 aber weniger genau (infolge Abrundung) sind die in Deutschland amtlich eingeführten Alkoholtafeln für Gewichtsprozente. Ihr Titel lautet: Branntweinsteuer-Ausführungsbestimmungen. VII. Teil: Alkoholermittelungsordnung. Berlin 1900. Julius Springer.

50. Saccharimeter.

Das Saccharimeter ist ein Aräometer, welches in einer Lösung von reinem Rohrzucker in destilliertem Wasser bei seiner Normaltemperatur die Stärke der Lösung in Gewichtsprozenten angibt. Als Normaltemperatur gilt im allgemeinen 15, 17½ oder 20⁰ C., jedoch werden in Zuckerfabriken auch Instrumente mit hoher Normaltemperatur, z. B. 80⁰ C., zur Spindelung heißer Zuckerabläufe benutzt. Die Beziehungen zwischen der Konzentration und den Dichten bei verschiedenen Temperaturen sind von der Normal-Eichungskommission eingehend untersucht worden. Die Ergebnisse dieser Untersuchungen werden in den wissenschaftlichen Abhandlungen dieser Kommission, II. Heft [1]) ausführlich mitgeteilt. Ähnliche Untersuchungen wurden im Jahre 1883 von der österreichischen Normal-Eichungskommission angestellt [2]), deren Ergebnisse mit denjenigen der Berliner Beobachtungen sehr gut übereinstimmen.

Die Verwendung der Saccharimeter ist sehr mannigfaltig. Man benutzt sie nicht nur zur Untersuchung chemisch reiner Zuckerlösungen, sondern auch zur Spindelung von Flüssigkeiten, welche neben dem Zucker als Hauptbestandteil noch andere Stoffe gelöst enthalten. In diesem Falle verliert die Saccharimeterskale zum Teil ihre ursprüngliche Bedeutung und nimmt mehr oder weniger den Charakter einer arbiträren Aräometerskale an.

Diese Art der Anwendung kann zweierlei Mißstände im Gefolge haben. Erstens können die gespindelten Flüssigkeiten eine Oberflächenspannung besitzen, welche von derjenigen der reinen Zuckerlösungen verschieden ist, und zweitens kann die thermische Ausdehnung eine abweichende sein, so daß die rein saccharimetrischen Tafeln zur Reduktion auf die Normaltemperatur des Instruments ungenaue Werte liefern. Der zuletzt genannte Übelstand läßt sich dadurch vermeiden, daß man die zu spindelnde Flüssigkeit nahezu oder genau auf die Normaltemperatur bringt und daher nur eine sehr kleine oder gar keine Reduktion nötig hat. Der Unterschied der Kapillaritätskonstanten geht jedoch mit seinem vollen Betrage ein und kann zur Folge haben, daß die mit einem richtigen Saccharimeter ermittelte Dichte einer zuckerhaltigen Flüssigkeit von der nach anderen Methoden (Pyknometer, hydrostatische Wägung) gefundenen erheblich abweicht.

Ein typisches Beispiel für diesen Fall ergibt sich aus der Verwendung des Saccharimeters bei der Untersuchung von Bierwürze. Diese Flüssigkeit enthält neben dem Zucker noch andere Stoffe, die von Fall zu Fall wechseln, je nach der Art des herzustellenden Bieres. Die Oberflächenspannung der Bierwürze scheint nun weniger von dem Zuckergehalt abhängig zu sein, als vielmehr von den übrigen gelösten Stoffen, so daß man gezwungen ist, einen mittleren Wert der Kapillaritätskonstanten für sämtliche Würzesaccharimeter einzuführen. (Vgl. auch § 53, Mostwagen.)

Eingehende Untersuchungen über die kapillaren Eigenschaften der Bierwürze hat J. Satava [3]) angestellt. Er findet als Konstante für helle Brauereiwürze im Mittel 3,90, für dunkle Würze 3,91. Die Einzelwerte weichen im ersten Falle im Maximum um 0,37, im zweiten um 0,33 voneinander ab. Stellen wir der Bierwürze eine Zuckerlösung von 10 Gewichtsprozent, welche etwa dieselbe Dichte besitzt, gegenüber, so ist die Kapillari-

---

[1]) F. Plato, Die Dichte, Ausdehnung und Kapillarität von Lösungen reinen Rohrzuckers in Wasser. Berlin 1900. Jul. Springer.

[2]) W. Marek, Das österreichische Saccharometer. Wien 1906.

[3]) Zwei Studien über das Saccharometer. Prag 1908.

tätskonstante dieser Lösung gleich 7,17 zu setzen (vgl. Tafel 37), und wir erhalten als Differenz der Konstanten den auffallend großen Wert 3,27. Die Kapillaritätsreduktion R von Zuckerlösung (10 %) auf Bierwürze, in Einheiten der Dichte ausgedrückt, ist hiernach (vgl. S. 36):

$$R = \frac{3,27 \cdot U s^2}{G}, \text{ wo } s = 1,04 \text{ anzunehmen ist.}$$

Um diese Reduktion in Zuckerprozenten wiederzugeben, hat man zu berücksichtigen, daß bei 10 % einer Änderung in der Konzentration von 1 % eine Änderung der Dichte um 0,00415 entspricht. Führt man noch die Dicke des Stengels d (U = dπ) ein und gibt das Gewicht des Saccharimeters wieder in Gramm an, so lautet die Reduktionsformel:

$$R_p = 2,68 \frac{d}{G} \text{ (in Einheiten des Zuckerprozents).}$$

Beispiel: Ein richtiges Saccharimeter zeige in einer Zuckerlösung 10,00 % an; welche Angabe liefert diese Spindel, deren Stengel eine Dicke von 4,2 mm besitzen und deren Gewicht 52 g betragen mag, in einer Bierwürze von derselben Dichte?

Der Unterschied der Ablesungen ergibt sich nach vorstehendem:

$$R_p = 2,68 \cdot \frac{4,2}{52} = 0,22 \,^0/_0,$$

und zwar muß das Instrument in Bierwürze, welche die kleinere Kapillarität besitzt, weniger tief einsinken als in Zuckerlösung, folglich eine größere Ablesung ergeben. Die gesuchte Angabe in Bierwürze ist somit: 10,22 %.

Im Jahre 1897 sind auf der Normal-Eichungskommission ebenfalls einige Untersuchungen der Kapillarität von Bierwürze ausgeführt worden, deren Ergebnisse von denjenigen Satavas nicht unerheblich abweichen. Es wurde gefunden nach der Methode der Steighöhen in engen Röhren (vgl. S. 22) für drei frische Würzen:

$\alpha = 4,91$ bei einer Saccharimeterangabe von 18,4 %,
$\alpha = 4,55$ „ „ „ „ 16,6 %,
$\alpha = 5,39$ „ „ „ „ 8,0 %.

Zu diesen Bestimmungen wurden fünf Kapillarröhren benutzt mit einem Radius des inneren Querschnitts von 0,377, 0,391, 0,424, 0,522 und 0,586 mm. Die Einzelmessungen mit den verschiedenen Röhren stimmen befriedigend überein (größte Abweichung in α: 0,2).

Im Hinblick auf die große Unsicherheit, welche auf dem Gebiete der Biersaccharimeter z. Zt. herrscht, wird man nicht umhin können, auch aus den obigen drei Beträgen einen Mittelwert zu bilden und zu setzen: $\alpha = 4,95$. Nimmt man wiederum die Kapillarität der Zuckerlösung (10 %) zu 7,17 an, so erhält man die Reduktionsformel:

$$R_p = 1,82 \cdot \frac{d}{G} \text{ (in Einheiten des Zuckerprozents).}$$

Nach dieser Formel würde sich in dem vorhergehenden Beispiel ein Unterschied in den Ablesungen von 0,15 % ergeben (gegen 0,22).

Wenn nun auch die hier gefundene Differenz von 0,07 % für die Praxis nicht sonderlich ins Gewicht fällt, so können doch Fälle eintreten, wo die

Differenz erheblich den Betrag von 0,1 % überschreitet (nämlich wenn das Gewicht der Spindel gering ist), so daß erneute Untersuchungen über die Kapillarität der Bierwürze auch für die Zwecke der Praxis dringend erwünscht sind.

Da die Bierwürze von dunklen Bieren undurchsichtig ist, so kann in diesem Falle das Saccharimeter nur von oben abgelesen werden, und es muß die Reduktion auf den Flüssigkeitsspiegel an der Ablesung angebracht werden. Die Höhe des Wulstes ist aus der Tabelle auf S. 24 zu entnehmen; man hat jedoch zu beachten, daß dieser Wert in Millimeter angegeben ist und durch Division mit der Prozentlänge in Prozent umgewandelt werden muß; vgl. das Beispiel auf S. 35.

Die Würzesaccharimeter sind meist für eine Normaltemperatur von 17,5 ^{0} C. eingerichtet. Erfolgt die Spindelung bei einer anderen Temperatur, so kann die Reduktion auf 17,5 ^{0} C. vermittels der Tafel 57 b erfolgen, denn es ist durch die Untersuchungen von O. Mohr [1]) festgestellt worden, daß die thermische Ausdehnung der Bierwürze praktisch derjenigen der reinen Rohrzuckerlösungen gleich zu setzen ist.

Bei der Vergleichung von Saccharimetern mit verschiedener Normaltemperatur hat man die Hilfstafel I der Instruktion (S. 194) oder die Tafel 23 anzuwenden. Um sich vor groben Fehlern (etwa im Vorzeichen der den Tafeln entnommenen Reduktionen) zu schützen, muß man die Regel berücksichtigen, daß von zwei in derselben Flüssigkeit schwimmenden Saccharimetern dasjenige die größere Prozentangabe liefern muß, welches die höhere Normaltemperatur besitzt. Vgl. die Beispiele S. 225.

Die für den Gebrauch der Zollbehörden vorgesehenen Thermosaccharimeter sind in der Tabelle S. 204 enthalten. Sie sind für Normaltemperaturen von 15 ^{0} und 20 ^{0} C. eingerichtet und dürfen nur in geeichtem Zustande amtlich benutzt werden.

Gelegentlich kann es für den praktischen Gebrauch von Nutzen sein, Saccharimeter mit thermometrischer Reduktionsskale zu verwenden. Wenn der Skalenbereich des Instruments nur gering ist (etwa bis 20 %), wird man dabei einen größeren Fehler (über 0,1 %) nicht zu befürchten haben, vorausgesetzt, daß die Reduktionsskale für eine Zuckerlösung richtig konstruiert ist, deren Konzentration etwa in der Mitte der saccharimetrischen Skale liegt. Ist z. B. ein Bierwürze-Saccharimeter, dessen Skale von 0 bis 20 % reicht, mit einer Reduktionsskale für eine Zuckerlösung von 10 % versehen, welche die Reduktionen von — 0,3 bis + 0,4 % umfaßt (entsprechend dem Temperaturbereich von + 10 bis + 25 ^{0} C.), so wird man, wie ein Blick auf die Tafel 57 b lehrt, in den extremen Fällen (0 und 20 %) bei einer Beobachtungstemperatur von 10 ^{0} C. einen Fehler von 0,1 %, bei einer solchen von 25 ^{0} C. aber nur einen Fehler von 0,05 % zu gewärtigen haben.

Man findet häufig Saccharimeter, welche angeben, wieviel Gramm Zucker in 100 ccm einer Zuckerlösung enthalten sind. Die Normaltemperatur dieser Instrumente pflegt 15, 17,5 oder 20 ^{0} C. zu sein. Derartige „gemischten

---

[1]) Über die thermische Ausdehnung von Würzen bei niederen Temperaturen. Wochenschr. f. Brauerei. 13. Aug. 1910.

Prozente" lassen sich aus den Gewichtsprozenten leicht ableiten, wenn die Dichten der Lösungen bei den betreffenden Normaltemperaturen bekannt sind.

Bezeichnen wir die Zahl der gemischten Prozente bei der Temperatur t mit P_t diejenige der Gewichtsprozente mit p und die zugehörige Dichte mit $s_{\frac{t}{4}}$, so gilt die Formel:

$$P_t = p\, s_{\frac{t}{4}}.$$

In der Tafel 20 sind die Dichten $s_{\frac{15}{15}}$, $s_{\frac{20}{4}}$ und $s_{\frac{17,5}{17,5}}$ der Zuckerlösungen für jedes Gewichtsprozent angegeben. Um die gemischten Prozente für die Temperaturen 15, 20 und 17,5° C. zu ermitteln, müssen die Dichten der Tafel für 15 und 17,5° C. auf Wasser von 4° C. umgerechnet werden. Nach den Ableitungen auf S. 3 hat man zu setzen:

$$s_{\frac{15}{4}} = \frac{s_{\frac{15}{15}}}{1,000\,874} = [9,999\,620]\, s_{\frac{15}{15}}\ ^{1)} \quad \text{und}$$

$$s_{\frac{17,5}{4}} = \frac{s_{\frac{17,5}{17,5}}}{1,001\,289} = [9,999\,441]\, s_{\frac{17,5}{17,5}}$$

und die Formeln für die Berechnung der gemischten Prozente lauten:

$$P_{15} = [9,999\,620]\, p\, s_{\frac{15}{15}} = 0,99\,9125\, p\, s_{\frac{15}{15}}$$

$$P_{17,5} = [9,999\,441]\, p\, s_{\frac{17,5}{17,5}} = 0,99\,8714\, p\, s_{\frac{17,5}{17,5}}$$

$$P_{20} = p\, s_{\frac{20}{4}}.$$

Beispiel. Es sollen die gemischten Prozente für die drei Normaltemperaturen berechnet werden, welche der Konzentration 16,80 Gewichtsprozent entsprechen.

Wir entnehmen aus der Tafel 20 durch Interpolation die Dichten:

$$s_{\frac{15}{15}} = 1,06\,915 \qquad s_{\frac{17,5}{17,5}} = 1,06\,896 \qquad s_{\frac{20}{4}} = 1,06\,692$$

und rechnen logarithmisch (5-stellig):

	15°	17,5°	20°
Const. log	9,999 62	9,999 44	
log p	1,225 31	1,225 31	1,225 31
log s	0,029 04	0,028 96	0,028 13
log P	1,253 97	1,253 71	1,253 44
P	17,946	17,935	17,924

Der Unterschied der Werte P für die drei Temperaturen ist hier nur gering; er wächst jedoch mit zunehmender Konzentration, wie das folgende Beispiel bei 60 Gewichtsprozent erkennen läßt:

	15°	17,5°	20°
s	1,289 97	1,289 30	1,286 46
Const. log	9,999 62	9,999 44	
log p	1,778 15	1,778 15	1,778 15
log s	0,110 58	0,110 35	0,109 40
log P	1,888 35	1,887 94	1,887 55
P	77,330	77,257	77,188

---

[1]) Die in eckigen Klammern stehenden Ziffern sind Logarithmen.

In der Tafel 21 ist eine Spalte enthalten, welche angibt, wieviel Gramm Zucker in einem Liter Lösung bei 20^0 C. enthalten sind. Mit Hilfe der zugehörigen Spalten, in welchen die Dichte $s_{20}^{\overline{4}}$ und die Gewichtsprozentzahl angegeben sind, kann man die gemischten Prozente für 20^0 C. sowohl aus der Dichte, als auch aus der Gewichtsprozentzahl durch eine einfache Interpolation leicht entnehmen, indem man berücksichtigt, daß die Zahl der Gramm im Liter der zehnfachen Zahl der gemischten Prozente gleich ist. Die Ermittelung der Werte P_{20} unserer beiden Beispiele gestaltet sich bei der Benutzung der Tafel 21 folgendermaßen:

Dem Wert $p = 16,59$ entspricht: $P_{20} = 17,68$

„   „ $p = 16,82$ „ $P_{20} = 17,95$,

also haben wir zu interpolieren: $\dfrac{16,80 - 16,59}{16,82 - 16,59} = \dfrac{x - 17,68}{17,95 - 17,68}$,

mithin: $\dfrac{0,21}{0,23} = \dfrac{x - 17,68}{0,27}$ und $x = 17,68 + \dfrac{0,21 \cdot 0,27}{0,23} = 17,68 + 0,25 = 17,93 = P_{20}$.

Im zweiten Fall ist für $p = 59,92$ $P_{20} = 77,06$

$p = 60,09$ $P_{20} = 77,34$.

Die Interpolation ergibt für $p = 60,00$:

$$P_{20} = 77,06 + \frac{0,08 \cdot 0,28}{0,17} = 77,06 + 0,13 = 77,19.$$

Um die Tafel 21 auch zur Ermittelung der gemischten Prozente für 15^0 und $17,5^0$ C. benutzen zu können, fügen wir hier eine kleine Tabelle bei, aus welcher die Beträge $P_{15} - P_{20}$ und $P_{17,5} - P_{20}$ zu dem Argument P_{20} unmittelbar entnommen werden können.

P_{20}	$P_{15} - P_{20}$	$P_{17,5} - P_{20}$
0	$+ 0,00$	$+ 0,00$
10	0,01	0,00$_5$
20	0,02$_5$	0,01
30	0,04	0,02
40	$+ 0,06$	$+ 0,03$
50	$+ 0,08$	$+ 0,04$
60	0,10$_5$	0,05
70	0,13	0,06
80	0,15	0,07$_5$
90	$+ 0,17$	$+ 0,08$_5$
100	$+ 0,19$_5$	$+ 0,10$

Gehen wir zu unseren beiden Beispielen zurück. Im ersten Falle hatten wir aus der Tafel 21 gefunden: $P_{20} = 17,93$. Zu diesem Wert gibt die Tabelle die Beträge $P_{15} - P_{20} = + 0,02$ und $P_{17,5} - P_{20} = + 0,01$; wir erhalten somit:

$P_{15} = 17,95$ und $P_{17,5} = 17,94$ in genügender Übereinstimmung mit den direkt berechneten Werten: $17,946$ und $17,935$. Im zweiten Falle entnehmen wir zu dem Argument $P_{20} = 77,19$ die Beträge $P_{15} - P_{20} = + 0,14$ und $P_{17,5} - P_{20} = + 0,07$, so daß sich ergibt $P_{15} = 77,33$ und $P_{17,5} = 77,26$.

51. Aräometer für Mineralöle.

Diese Aräometer sind meist mit einem Thermometer versehen (Thermoaräometer) und zeigen bei 15° C. Dichten bezogen auf Wasser von 4° C. an. Nach den früheren Eichvorschriften vom 23. Dezember 1891 waren nur Mineralölspindeln in folgender Abstufung zulässig:

$$\text{für den Dichtenbereich } 0{,}61 \text{ bis } 0{,}70,$$
$$0{,}68 \quad ,, \quad 0{,}77,$$
$$0{,}75 \quad ,, \quad 0{,}84,$$
$$0{,}82 \quad ,, \quad 0{,}91,$$
$$0{,}89 \quad ,, \quad 0{,}99.$$

Diese Staffelung hat sich sehr gut bewährt, so daß die meisten zur Eichung gelangenden Spindeln auch jetzt noch nach vorstehendem Schema abgestuft sind; ebenso ist die früher vorgeschriebene Skaleneinteilung nach Einheiten der dritten Dezimalstelle der Dichte allgemein im Gebrauch geblieben.

Die Mineralöle, Rohöle sowohl wie Destillationsprodukte, zeigen sämtlich eine gute Benetzung und liefern daher recht günstige Bedingungen für die aräometrische Dichtenbestimmung. Dazu kommt, daß die verschiedenen Öle von der gleichen Dichte auch nahezu dieselbe Konstante der Kapillarität aufweisen, so daß die Mineralöläraometer durchgängig für sämtliche Öle zu benutzen sind (vgl. Tafel 35).

Bei zahlreichen Ölen, besonders bei Rohölen, ist infolge ihrer Undurchsichtigkeit nur eine aräometrische Ablesung am oberen Rande des Flüssigkeitswulstes möglich; die abgelesene Dichte muß daher mit Hilfe der auf S. 24 gegebenen Tabelle mit einer der Wulsthöhe entsprechenden Reduktion versehen werden, und zwar ist diese Reduktion in allen Fällen zu der abgelesenen Dichte hinzuzufügen.

Beispiel. Es sei die Ablesung eines richtigen Aräometers in undurchsichtigem amerikanischen Rohöl am Wulstrande: 0,8124, die Stengeldicke 4,8 mm und die Entfernung des Skalenintervalls von 0,81 bis 0,82 (mit einem Kantmaßstab gemessen) 27,5 mm.

Die Tafel 35 gibt zunächst die Kapillaritäts-Konstante $\alpha = 3{,}36$. Mit diesem Wert und der Stengeldicke 4,8 mm geht man dann in die Tabelle S. 24 ein und findet eine Wulsthöhe von 1,7 mm. Dieser lineare Betrag muß in Dichte umgewandelt werden; man erhält dann die Reduktion der Wulstablesung auf das Niveau (nach dem auf S. 38 mitgeteilten Beispiel):

$$\frac{1{,}7}{27{,}5}\,(0{,}82 - 0{,}81) = 0{,}0006,$$

so daß die zugehörige Ablesung im Niveau gelautet haben würde:

$$0{,}8124 + 0{,}0006 = 0{,}8130.$$

Da der Dichtenbereich eines Mineralöläraometers im allgemeinen nicht groß zu sein pflegt, so ist es zulässig, die Reduktion der in undurchsichtigen Ölen erhaltenen ,,oberen'' Ablesungen auf das Niveau über die ganze Skale der Spindel als konstant anzunehmen. Es empfiehlt sich für diesen Fall, diese Reduktion für ein Öl, dessen Dichte etwa der Mitte der Skale entspricht, ein für allemal zu berechnen.

Werden Mineralöle bei einer von der Normaltemperatur des Instruments abweichenden Temperatur gespindelt, so muß die relative Ausdehnung der Öle gegenüber dem Glase des Aräometers in Rechnung gezogen werden. Ist die Normaltemperatur wie gewöhnlich 15° C. und liegen die Beobachtungstemperaturen zwischen 10 und 25° C., so können die Tafeln 67 bis 69 zweckmäßig Anwendung finden; für ihren Gebrauch sind auf S. 234 Beispiele angegeben. Ist die Beobachtungstemperatur niedriger als 10° oder höher als 25° C., so reichen jene Tafeln nicht aus und es sind die unter dem Titel: „Tafeln zu den Bestimmungen über die Zollbehandlung der Mineralöle" vom Reichsschatzamt (Berlin 1906, Deckers Verlag) herausgegebenen amtlichen Tafeln zu benutzen. Es bedarf kaum des Hinweises, daß sich unsere Tafel 67 innerhalb ihres Gültigkeitsbereichs mit der amtlichen Tafel, abgesehen von der Abkürzung der letzteren auf drei Dezimalstellen, inhaltlich in Übereinstimmung befindet.

Die Reduktionstafeln geben darüber Auskunft, wie weit es angängig ist, Mineralölaräometer mit thermometrischen Reduktionsskalen zu versehen. Die Ausdehnungen der Öle variieren ziemlich stark mit der Dichte, so daß die Reduktionsskalen im allgemeinen nur einen geringen Temperaturbereich berücksichtigen dürfen, wenn die reduzierte Ablesung noch auf eine Einheit der dritten Stelle sicher sein soll.

Die Einstellung und Prüfung der Aräometer erfolgt am besten in Mineralöl oder Harzöl; auch Benzol und andere Teerdestillate sind gut geeignet. Soll die Einstellung in Spiritus vorgenommen werden, so muß berücksichtigt werden, daß Spiritus eine andere Kapillaritätskonstante besitzt als Mineralöl. Nur in dem Falle, daß das einzustellende Instrument und das Normal in ihren Abmessungen ähnlich sind, kann von einer Reduktion der Ablesungen von Spiritus auf Mineralöl abgesehen werden. Es braucht kaum erwähnt zu werden, daß schwache Alkohol-Wassermischungen, etwa unter 30 Gewichtsprozent, wegen ihrer schlechten Benetzung unter allen Umständen zu vermeiden sind.

Die Reduktionsrechnung für den Übergang von Spiritus auf Mineralöl mag durch ein Beispiel erläutert werden. Es sei am Punkte 0,860 ein Mineralölaräometer mit einem fehlerfreien Normal in Spiritus verglichen worden. Das Normal habe die Stengeldicke 4,4 mm und die Entfernung der Teilstriche 0,85 und 0,87 betrage 53 mm; an dem zu prüfenden Instrument seien die entsprechenden Beträge 5,5 und 24,5 mm. Zunächst müssen die Kapillaritäts-Konstanten ermittelt werden: Nach der Tafel 13 entspricht der Dichte 0,860 eines Spiritus der Prozentgehalt 75 (Gew.-%) und zu dieser Konzentration erhält man aus der Tafel 37 die Konstanten $4\alpha = 12{,}30$ für Spiritus und $13{,}95$ für Mineralöl der gleichen Dichte. Die Reduktion für die Ablesung des Normals lautet dann nach der Formel auf S. 36.

$$L_{\text{Min.}} - L_{\text{Spir.}} = -\frac{1{,}65}{53 \cdot 4{,}4}(0{,}87 - 0{,}85) = -0{,}00014,$$

für die Ablesung der zu prüfenden Spindel:

$$L_{\text{Min.}} - L_{\text{Spir.}} = -\frac{1{,}65}{24{,}5 \cdot 5{,}5}(0{,}87 - 0{,}85) = -0{,}00024.$$

Um diese Beträge sind demnach die Ablesungen in Spiritus zu verbessern. Nehmen wir die letzteren zu 0,86045 und 0,86085 an, so würde man in einem Mineralöl derselben Dichte abgelesen haben: 0,86031 und 0,86061. Die zu prüfende Spindel würde also in Mineralöl eine um 0,00030 zu große Ablesung geliefert haben.

Der Unterschied der beiden Reduktionen ist nicht erheblich, trotzdem die beiden Instrumente in ihren Abmessungen starke Abweichungen zeigen; und dabei liegt der im Beispiel gewählte Punkt der Vergleichung in bezug auf die Kapillaritätsdifferenz sehr ungünstig. Ob es im Einzelfalle notwendig ist, die Reduktionen zu berücksichtigen, wird sich nach den Ergebnissen des Beispiels unschwer beurteilen lassen.

52a. Aräometer für leichte und schwere Öle (Teeröle).

Das sog. „Aräometer für leichte und schwere Öle" dient zur Prüfung von Teerdestillaten, deren spezifisches Gewicht je nach der Fraktioniertemperatur etwa 0,80 bis 1,20 betragen kann. Eine genaue Definition der Skale dieser Ölwage ist nicht zu ermitteln, doch entsprechen ihre Grade — nach Gerlach — mit großer Wahrscheinlichkeit der folgenden Tabelle:

Grade n:	spezif. Gewicht $s_{\frac{17,5}{17,5}}$ C.:
0	0,80
10	0,85
20	0,90
30	0,95
40	1,00
50	1,05
60	1,10
70	1,15
80	1,20
90	1,25
100	1,30

Aus dieser Tabelle kann man die Definitionsformel:

$$s_{\frac{17,5}{17,5}} = \frac{n + 160}{200}$$

ableiten, sowie deren Umkehrung:

$$n = 200 \cdot s_{\frac{17,5}{17,5}} - 160,$$

und ein Grad der Skale ist gleich einem Dichtefortschritt von 0,005.

Am meisten scheinen Spindeln mit dem Skalenbereich 10^0—50^0 (für leichte Öle) und 50^0—80^0 (für schwere Öle), Einteilung in ganze Grade, im Handel vorzukommen. Weniger gebräuchlich sind Spindeln mit Skalenangaben von 30^0—72^0.

Das Unterteil dieser Spindeln enthält ein Reduktionsthermometer, dessen Skale lediglich Korrektionswerte angibt und seitlich die Gebrauchsanweisung enthält:

„Grade über 0 werden zugezählt,
Grade unter 0 werden abgezogen."

Dem Punkte 0 der Reduktionsskale entspricht die Normaltemperatur $17,5^0$ C. des Aräometers und ein Grad der Reduktionsskale ist gleich $7,15^0$ C. Dieser Zahl liegt die Annahme einer durchschnittlichen „scheinbaren" — d. h. um den Einfluss der Glasausdehnung des Aräometers verminderten — thermischen Dichtenänderung der Teeröle von 0,0007 für 1^0 C. zugrunde (was einer mittleren absoluten Dichtenänderung von 0,00073 entsprechen würde). Für die verhältnismäßig groben Zwecke der Teerölspindeln reicht diese Annahme aus.

Für die Herstellung und Prüfung von Teerölspindeln kann man sich in Ermangelung gleichartiger Normale der folgenden Tabelle bedienen, welche nach der Formel:

$$A_{\frac{15}{4}} = 0{,}79\,902 + 0{,}00\,499\,39\,n$$

berechnet ist, in welcher $A_{\frac{15}{4}}$ die Ablesung an einer fehlerfreien, für Mineralöl oder Teeröl justierten Dichtespindel mit Angaben $s_{\frac{15}{4}}$ und n die gleichzeitige Ablesung an einer fehlerfreien Teerölspindel in einem und demselben Teerdestillat bedeutet.

Grade des Ölprobers	Dichtearäometer $A_{\frac{15}{4}}$	Grade des Ölprobers	Dichtearäometer $A_{\frac{15}{4}}$
0	0,79 902	50	1,04 872
5	0,82 399	55	1,07 368
10	0,84 896	60	1,09 865
15	0,87 393	65	1,12 362
20	0,89 890	70	1,14 859
25	0,92 387	75	1,17 356
30	0,94 884	80	1,19 853
35	0,97 381	85	1,22 350
40	0,99 878	90	1,24 847
45	1,02 375	95	1,27 344
50	1,04 872	100	1,29 841

Wird die Vergleichung bzw. das Abwiegen eines Ölprobers mittels eines Dichtenormals nicht in der Gebrauchsflüssigkeit, sondern etwa in Sulfosprit vorgenommen, so ist die Kapillaritätsdifferenz zwischen Prüfungs- und Gebrauchsflüssigkeit zu berücksichtigen, wofür die Ausführungen in den §§ 10 und 45, sowie die Tafel 35 den nötigen Anhalt gewähren. (Tafel 52 enthält eine Mutterskalen-Tabelle für diese Ölprober.)

52b. Ölwage nach Fischer (für fette Öle).

Die Ölwage nach Fischer ist ein Musterbeispiel für die in den allgemeinen Ausführungen des § 48 besprochenen Übelstände, welche auf aräometrischem Gebiet durch den Mangel an klaren, und vollständigen Definitionen für viele der älteren Spindelarten entstanden sind. Der Mechaniker Carl Fischer in Leipzig verfertigte um die Mitte des vorigen Jahrhunderts zur Prüfung fetter Öle pflanzlichen und tierischen Ursprungs bestimmte Spindeln, welche bald sehr verbreitet waren und deren Angaben sogar von der Börse für Ölhandel in Leipzig der Qualitätsbestimmung von Rüböl usw. zugrunde gelegt wurden. Fischer lieferte zwar zu seinen Ölwagen eine Gebrauchsanweisung, in welcher die Grade angegeben waren, die seine Ölwagen in verschiedenen reinen Ölen anzeigen sollten, aber über die prinzipielle Grundlage der Gradeinteilung seiner Ölwage hat er nie etwas verlauten lassen. Da nun auch andere Aräometerfabrikanten „Ölwagen nach Fischer" herstellten, so waren sie bei ihrer Unkenntnis von deren Prinzip gezwungen, lediglich die Originalspindeln zu kopieren; diese Kopien wurden dann wieder von Dritten zum Muster genommen und so fort. Die Folge war, daß Ölwagen nach Fischer verschiedener Herkunft in ihren Angaben häufig um mehrere ganze Grade voneinander abwichen.

Gerlach[1]) hat sich das Verdienst erworben, hierin Klarheit zu schaffen dadurch, daß er eine ganze Anzahl Fischerscher Ölwagen mit einer genauen Dichtespindel und mit einem zuverlässigen Aräometer nach Brix für leichte Flüssigkeiten an verschiedenen Punkten verglich und die Identität der Fischerschen Skale mit der Brixschen nachwies, deren

Definitionsformel lautet: $s_{\frac{12,5}{12,5}} R. = \dfrac{400}{400 + n}$.

Hiernach erübrigt sich ein weiteres Eingehen auf die Fischersche Skale und es genügt der Hinweis auf die auf S. 147 und in Tafel 32 enthaltenen Angaben über die Skale nach Brix.

Zur Vergleichung oder zum Abwiegen einer Fischerschen Ölwage eignet sich sehr gut ein richtiges Mineralölaräometer mit Angaben nach Dichte. Die Einstellung geschieht am besten in Mineral- oder Harzöl (auch Benzol), da diese Flüssigkeiten in ihren kapillaren Eigenschaften den fetten Ölen sehr ähnlich sind[2]).

Die nachstehende kleine Tabelle gibt an, welche Ablesungen $A_{\frac{15}{4}}$ eines richtigen Mineralölprobers nach Dichte $(s_{\frac{15}{4}})$ den einzelnen Graden (n) der Fischerschen Ölwage bei unmittelbarer Vergleichung entsprechen.

n	$A_{\frac{15}{4}}$	n	$A_{\frac{15}{4}}$
20°	0,9515	36°	0,9166
21	9492	37	9145
22	9470	38	9124
23	9448	39	9103
24	9425	40	0,9082
25	0,9403	41	9061
26	9381	42	9041
27	9359	43	9020
28	9337	44	9000
29	9315	45	0,8980
30	0,9294	46	8960
31	9272	47	8940
32	9251	48	8920
33	9229	49	8900
34	9208	50	0,8880
35	0,9187	51	8860
36	9166	52	8840

[1]) Dr. G. Th. Gerlach, Über die Gradeinteilung der gebräuchlichen Ölwagen.
[2]) Die Kapillaritätskonstante der fetten Öle beträgt nach den Untersuchungen der Normal-Eichungskommission im Durchschnitt 3,58; vgl. dazu die Konstanten für Mineralöle in der Tafel 35.

Die Skale der Ölwage reicht etwa von 22^0 bis 45^0, in selteneren Fällen auch bis 52^0; sie kann nach den Ausführungen auf S. 27 als gleichteilig betrachtet werden.

Im Unterteil enthält die Fischersche Ölwage ein Reduktionsthermometer, dessen „Grade über Null" von der Ablesung der aräometrischen Skale abzuziehen, „Grade unter Null" zu ihr zuzuzählen sind. Da durchschnittlich einer Temperaturänderung um 3^0 C. eine Änderung der Grädigkeit fetter Öle um 1^0 Fischer entspricht [1]), so kann das Reduktionsthermometer hiernach leicht justiert und geteilt werden. Der Punkt „Null" der Reduktionsskale entspricht natürlich $12,5^0$ R. $= 15,625^0$ C.

53. Mostwagen.

Der durch Kelterung der Weintrauben erhaltene Saft, der Most, stellt eine wässerige Lösung organischer Extraktivstoffe dar, welche in der Kellerwirtschaft vom Praktiker der Hauptsache nach in Zucker und „Nichtzucker" eingeteilt werden. In letzterem unterscheidet man wieder Säuren und Neutralkörper. Von besonderem Interesse für den Weinerzeuger ist die Kenntnis des Zuckergehaltes im Moste, für dessen Feststellung es mehrere Arten von sog. Mostwagen gibt, deren bekannteste Typen folgende sind:

1. Die am meisten in Österreich angewendete sog. Klosterneuburger Mostwage, die von dem Direktor der gleichnamigen k. k. önologischen Versuchs- und Lehranstalt bei Wien, Frhr. von Babo, konstruiert worden ist [2]).

2. Die verbesserte Babosche oder Klosterneuburger Mostwage von Haas-Wien [3]).

3. Die in Ungarn vielfach verwendete Wagnersche Mostwage, die im wesentlichen ein Bauméaräometer für schwere Flüssigkeiten darstellt.

4. Das in romanischen Ländern gebräuchliche Gleucomètre Guyot, welches drei Skalen besitzt: eine nach reinen Zuckerprozenten, eine zweite nach Baumégraden und eine dritte, gewissermaßen prophetische Skale, welche angibt, wieviel Volumprozente Alkohol der aus dem betreffenden Most gewonnene Wein wahrscheinlich enthalten wird. Diese letztere Skale beruht auf der Voraussetzung, daß 1,5 Gewichtsprozenten Zucker im Most 1 Volumprozent Alkohol im fertigen Wein entspricht.

5. Die vorwiegend in Deutschland gebrauchte Oechslesche Mostwage, von Mechaniker Oechsle in Pforzheim, deren Skale im wesentlichen spezifisches Gewicht anzeigt.

6. Die Normal-Mostwage von M. Barth.

Die unter 1, 2, 5 und 6 genannten Mostwagen mögen hier kurz besprochen werden.

Da ein Aräometer im Grunde nur das spezifische Gewicht einer Flüssigkeit anzeigt, dieses aber beim Moste durch die gemeinsame Wirkung von

[1]) Nach Untersuchungen der Normal-Eichungskommission.
[2]) „Weintraube" 1869 S. 227.
[3]) Zeitschr. anal. Chem. 1878, XVII. S. 422.

Zucker und Nichtzucker hervorgebracht wird, so leuchtet ein, daß nur unter gewissen Bedingungen aus dem spezifischen Gewicht des Mostes auf seinen Zuckergehalt ein Rückschluß möglich sein würde. Entweder müßte der Gehalt aller Moste an Nichtzucker konstant sein oder er müßte zu dem Zuckergehalte in einem bekannten festen Verhältnis stehen. Beides ist aber, wie die in der einschlägigen Literatur veröffentlichten Mostanalysen lehren, keineswegs der Fall, vielmehr zeigen die beiden gelösten Komponenten innerhalb der Grenzen, zwischen denen sie schwanken, ein durchaus veränderliches Verhältnis zueinander.

Daher muß man die Angaben von Mostwagen, deren Konstruktion auf der einen oder anderen der beiden genannten Voraussetzungen beruht, als ziemlich illusorisch ansehen. Das gilt besonders für die Babosche Klosterneuburger Mostwage. Besser ist die von Haas vorgeschlagene verbesserte Ausführungsform des Baboschen Instruments.

Babo nahm an, daß ein Most, in dem ein Saccharimeter nach Balling 20 Prozent anzeigt, durchschnittlich 17 % Zucker und 3 % Nichtzucker enthält. Denkt man sich die Ballingskale aus elastischem Material hergestellt und unter Festhaltung ihres Nullpunktes gleichmäßig in die Länge gezogen, bis der Teilstrich 17 % an die Stelle vorgerückt ist, an der ursprünglich der Teilstrich 20 % sich befand, so hat man die Babosche Mostwagenteilung vor sich, die also auf der Voraussetzung beruht, daß in jedem Moste der Zucker- zum Nichtzuckergehalt sich wie 17 : 3 verhält. Danach müßte einem Zuckergehalt des Mostes von 25 % bezw. 10 % ein Nichtzuckergehalt von 4,4 % bzw. 1,8 % entsprechen. Nach Babos eigener Angabe sind aber Moste beobachtet worden, deren Zuckergehalt gegenüber der Angabe seiner Mostwage um bis zu 5 % abwich.

Von Haas [1]) wurde, gleichfalls an der oben erwähnten Staatsanstalt in Klosterneuburg, auf Grund der Untersuchungen an 380 verschiedenen Mosten dreier Jahrgänge aus reifen Trauben festgestellt, daß deren durchschnittlicher Nichtzuckergehalt 4,22 % betrug, eine Zahl, welche durch eine Reihe anderer Beobachter bestätigt worden ist. Allerdings schwankt der Nichtzuckergehalt des Traubensaftes nach diesen Untersuchungen zwischen etwa 1,8 und 6,5 %, so daß Haas zu dem Schluß kommt: „Eine Mostwage, für deren Konstruktion nur der durchschnittliche Nichtzuckergehalt einer großen Anzahl von Mosten dient, ist für wissenschaftliche Untersuchungen ganz ungeeignet. Für reine praktische Zwecke hingegen ist eine solche Mostwage anwendbar; doch soll sie nur bei reifen Trauben oder solchen, die nicht zu weit vom Reifestadium entfernt sind, angewendet werden.

Haas konstruierte also eine verbesserte Mostwage nach folgenden Gesichtspunkten: „Der Zuckergehalt der Moste schwankt (in Österreich) von 11 bis 24 %. Es genügt daher für praktische Zwecke eine Mostwage, die von 10 bis 25 % Zucker anzeigt, vollständig. Da der durchschnittliche Nichtzuckergehalt der Moste 4,2 % beträgt, so hat man diese Zahl von dem jeweiligen Extraktgehalte desselben abzuziehen, um den Zuckergehalt

---

1) „Weintraube" Nr. X. S. 199.

zu erfahren. Der Extraktgehalt eines Mostes wird aber am einfachsten und für praktische Zwecke hinreichend genau mittels des Ballingschen Saccharometers gefunden. Man braucht also nur die Grade von dessen Skale um 4,2 % zu vermindern, um die Skale für die Mostwage zu erhalten. Die Skale der Mostwage, die von 10—25 % Zucker im Moste anzeigen soll, muß daher bei 14,2 % des Ballingschen Saccharometers beginnen und bis 29,2 % fortschreiten. Der erste Punkt ist natürlich mit 10 %, der letzte mit 25 % zu bezeichnen."

Wenn man bedenkt, daß die genaue Bestimmung des Zuckergehaltes im Moste nur nach der Fehlingschen Methode mittels alkalischer Kupferlösung möglich ist und daß diese, wenn sie nicht von einem geübten Chemiker unter ganz strenger Befolgung der nötigen Vorsichtsmaßregeln angewandt wird, leicht Fehler von 3—5 % und darüber ergibt, so stellt die Haassche Mostwage, deren Angaben im Maximum nur etwa um 2,5 % von dem wirklichen Tatbestande abweichen, für den Praktiker in der Tat ein recht brauchbares und bequemes Hilfsmittel zur Bestimmung des Zuckergehaltes im Moste dar.

Die Skale der Oechsleschen Mostwage ist in Grade (n) eingeteilt, deren Zusammenhang mit dem spezifischen Gewicht $s_{\frac{17,5}{17,5}C.}$ durch die Gleichung

$$s_{\frac{17,5}{17,5}C.} = \frac{1000 + n}{1000}$$

oder deren Umkehrung: $n = 1000 \cdot \left(s_{\frac{17,5}{17,5}C.} - 1\right)$ dargestellt wird. Sie gibt also den Überschuß des spezifischen Gewichts des Mostes über 1 in Einheiten der dritten Dezimalstelle an, ähnlich wie das Laktodensimeter von Quevenne und Gerber. Beispielsweise entsprechen 78° Oechsle einer Dichte von 1,078; oder 127° Oe. = 1,127. Aus dem spezifischen Gewicht eines Mostes oder seiner Grädigkeit nach Oechsle läßt sich dann sein Gesamtextraktgehalt in Zuckerprozenten mittels geeigneter Vergleichstabellen leicht ermitteln. Sind die Ablesungen bei einer anderen Temperatur als der Normaltemperatur 17,5° C. erhalten, so genügt es, für jeden Temperaturgrad $\left\{\begin{matrix}\text{über}\\\text{unter}\end{matrix}\right\}$ 17,5° C. $\left\{\begin{matrix}\text{zu}\\\text{von}\end{matrix}\right\}$ der Angabe der Oechsleschen Mostwage 0,2° zu $\left\{\begin{matrix}\text{addieren.}\\\text{subtrahieren.}\end{matrix}\right.$

Nachstehende Vergleichstabelle enthält eine Zusammenstellung der einander entsprechenden Angaben

    I. einer Mostwage nach Oechsle;

    II. einer Dichtespindel, welche $s_{\frac{17,5}{17,5}}$ bezw. $s_{\frac{15}{4}}$ angibt;

    III. eines Saccharimeters, nach Gewichtsprozenten mit der Normaltemperatur 17,5° C., dessen Angaben nicht die Fehler der alten Ballingskale enthalten, sondern mit Tafel 20 des Anhangs übereinstimmen;

    IV. einer von einem solchen Saccharimeter abgeleiteten Klosterneuburger Mostwage nach Babo;

    V. einer ebensolchen nach Haas.

| I. | II. | | III. | IV. | V. |
| Grade Öchsle | Dichte | | Saccharimeter nach Gew.-Pr. | Klosterneuburg. | Mostwage |
	$\frac{17,5}{17,5}$	$\frac{15}{4}$	$17,5^0$ C.	nach Babo	nach Haas
50	1,050	1,04 871	12,37	10,5	8,2
60	60	05 870	14,72	12,5	10,5
70	70	06 869	17,03	14,5	12,8
80	80	07 868	19,31	16,4	15,1
90	90	08 867	21,55	18,3	17,3
100	1,100	1,09 865	23,75	20,2	19,5
110	10	10 864	25,92	22,0	21,7
120	20	11 863	28,05	23,8	23,8
130	1,130	1,12 862	30,15	25,6	25,9

Übrigens kann man zufällig aus den Angaben einer Oechsleschen Mostwage leicht die entsprechenden Angaben einer Baboschen Mostwage mit ziemlicher Genauigkeit erhalten, indem man die Oechslegrade durch 5 dividiert.

Vielfach sind die Oechsleschen Mostwagen aus versilbertem Messing hergestellt. Sie haben den großen Nachteil, daß die kleinste Beule, die das Instrument erhält, oder die geringste Grünspanbildung die Angaben stark fälscht, so daß der Vorteil der Unzerbrechlichkeit hierdurch ganz wertlos wird.

Die neue Normal-Mostwage von M. Barth ist eine Art kombinierten Oechsleschen und Baboschen Instruments. Die Skale enthält zwei Teilungen, eine nach Oechsle, die andere nach Zuckerprozenten, deren Angaben auf einer geschickten Ausnutzung des von der deutschen Kommission für Ausarbeitung einer Weinstatistik gesammelten Materials beruht. Auf Grund dieses Materials darf das spezifische Gewicht der Moste innerhalb gewisser Grenzen als eine Art charakteristischer Konstanten der einzelnen Traubensorten angesehen werden. Und wiederum ist das Verhältnis des Zuckers zum Nichtzucker innerhalb dieser Grenzen gewissermaßen eine Funktion der Dichte. Daher läßt sich eine empirische Zuckerprozentskale im Anschluß an die Oechsleskale aufstellen, in der die angegebenen Zuckergehalte die Durchschnittswerte derjenigen Traubensorten darstellen, bei deren Mosten das betreffende spezifische Gewicht bzw. die Oechslegrädigkeit am häufigsten beobachtet worden ist. So hat Barth für die Grade der Oechsleskale 40—70⁰ die Zuckergehalte der Moste der Elbling-, Gutedel-, Ortlieber-, Trollinger-, Portugieser-Trauben, für 70—85⁰ die der Sylvaner-, Ruländer-, Gamay- und Schwarzburgundermoste usf. seiner Skale zugrunde gelegt. Die Angaben seiner Mostwage sollen im allgemeinen bis auf 0,5 % zuverlässig sein.

54. Milchprober (Laktodensimeter, Galaktometer, Laktometer, Milchwage).

Die Kenntnis des spezifischen Gewichtes der Milch ist sowohl für die Beurteilung ihrer Güte, wie für die Berechnung gewisser wichtiger Eigenschaften derselben von großer Bedeutung. Die zur Dichteprüfung der Milch dienenden Aräometer (Milchprober) müssen daher verhältnismäßig empfindlich und genau sein. Die gebräuchlichsten Typen von Milchprobern sind:

1. Das hauptsächlich in Frankreich und in der Schweiz gebräuchliche Thermolaktodensimeter von Quevenne, um dessen Einführung und Verbreitung sich besonders Dr. R. Gerber in Zürich[1]) und Dr. Chr. Müller in Bern[2]) verdient gemacht haben;

2. Das Thermolaktodensimeter von Prof. Dr. v. Soxhlet[3]) in München;

3. Geeichte Milcharäometer, die den deutschen Eichvorschriften für Aräometer entsprechen (vgl. § 55, S. 175);

4. Der polizeiliche Milchprober von Dr. Bischoff in Berlin.

Die äußersten Grenzwerte, zwischen denen das spezifische Gewicht $(s_{\frac{15}{15}})$ der Milch einzelner Kühe zu schwanken vermag, scheinen nach der uns vorliegenden Literatur 1,016—1,045 zu sein. Diese Werte sind jedoch nur von speziellem physiologischen Interesse, während es sich bei den hier in Betracht kommenden Milchprüfungen stets um Mischmilch handelt, d. h. um solche, die durch Zusammenschütten der an zahlreichen Kühen erhaltenen Melkergebnisse gewonnen wurde. Das spezifische Gewicht der Mischmilch schwankt zufolge der einschlägigen Statistik nur zwischen 1,029 und 1,033. Die Skale der Milcharäometer braucht sich daher nur über ein verhältnismäßig kleines Dichtenintervall zu erstrecken.

Um vergleichbare Dichtenangaben zu erhalten, muß man die Dichtenbestimmungen der Milch stets entweder bei einer bestimmten Temperatur (konventionell 15^0 C.) vornehmen oder mittels geeigneter Reduktionstabellen von der Beobachtungstemperatur auf 15^0 C. umrechnen. Die zu dieser Umrechnung meist benutzten Reduktionstabellen sind von Dr. Chr. Müller[4]) in Bern aufgestellt und bereits seit etwa einem halben Jahrhundert in Gebrauch. Für Vollmilch (nicht abgerahmte) und Magermilch (abgerahmte, sog. blaue Milch) ist von Müller je eine besondere Reduktionstabelle berechnet worden. Diese Tabellen finden sich fast in allen Lehrbüchern über Milchprüfung abgedruckt. Sie sind jedoch nur als ein Notbehelf zu betrachten, denn die Ausdehnung der Milch ist, wie neuere Untersuchungen der Normal-Eichungskommission dargetan haben, weniger von der Dichte, als von dem Fettgehalt abhängig. Man wird deshalb bestrebt sein müssen, die Spindelung möglichst in der Nähe der Normaltemperatur vorzunehmen.

1. Das Thermolaktodensimeter von Quevenne besitzt eine die Dichte $s_{\frac{15}{15}}$ anzeigende, von 1,014 bis 1,042 reichende und nach 0,001 fortschreitende Teilung, die meist so eingerichtet ist, daß die einzelnen Teilstriche

---

[1]) R. Gerber, Die praktische Milchprüfung. Leipzig 1900, M. Heinsius Nachf.
[2]) Chr. Müller, Anl. z. Prüfg. d. Kuhmilch. Berlin 1883, B. F. Haller.
[3]) Milchzeitung 1888, S. 567.
[4]) Von Eichloff sind im Verlage von Heinsius, Bremen, die Müllerschen Tabellen mit ausführlicher Interpolation herausgegeben worden. (Milchztg. 1896, 511.)

etwa nur 2 mm voneinander entfernt sind. Bei der Bezifferung sind die 1 und die 0 fortgelassen, es entsprechen also 14^0 Quevenne einer Dichte 1,014; 28^0 Quevenne = 1,028 usw. Da in Milch wegen ihrer Undurchsichtigkeit die Ablesung der Skale des hineingesenkten Milchprobers am oberen Wulstrande geschehen muß, so erscheint die Quevennesche Teilung im Hinblick auf die relative Ungenauigkeit dieser Art Ablesung unpraktisch eng. Ebenso ist es unnötig, daß die Teilung von 1,014—1,042 reicht, da ihre Grenzzahlen die bei Mischmilch vorkommenden Extremwerte der Dichte erheblich unter- bzw. überschreiten. Die Thermometerskale ist oberhalb der aräometrischen Skale in einer zu diesem Zwecke vorgesehenen zylindrischen Erweiterung des Stengels untergebracht, damit die Ablesung des Thermometers während des Eintauchens der Spindel erfolgen kann. Das Instrument gewinnt hierdurch eine etwas ungewöhnliche Form.

Auf der aräometrischen Skale des Quevenneschen Milchprobers — wie auch auf der der meisten älteren Milchprober — finden sich in der Regel Angaben über den Grad der Verfälschung der Milch durch Wasserzusatz, welche vollkommen wertlos sind. Denn wenn z. B. eine gute Vollmilch, deren Dichte bekannt ist, zunächst entrahmt und hierdurch spezifisch schwerer gemacht wurde, so braucht man nur Wasser hinzuzusetzen, um sie wieder leichter zu machen und so auf das frühere spezifische Gewicht zurückzuführen. Das Aräometer allein würde in diesem Falle also völlig für die Feststellung dieses Wasserzusatzes versagen und in der Vollmilch die gleiche Angabe machen, wie in der abgerahmten und gewässerten Milch. Daher reicht auch beim forensischen Verfahren die bloße Prüfung der Milch mittels eines Aräometers zur Feststellung von Wasserzusatz nicht aus; Hand in Hand mit ihr muß eine Bestimmung des Fett- und womöglich des Trockensubstanzgehaltes der Milch gehen.

2. Erheblich empfindlicher als das Quevennesche Instrument ist das in Deutschland gebräuchliche Thermolaktodensimeter von Soxhlet in München. Seine Skale, deren Definition und Bezifferung derjenigen der Quevenne-Skale gleicht, erstreckt sich nur von 24^0 bis 38^0 (= 1,024 bis 1,038 der Dichte $s_{\frac{15}{15}}$) und ist daher weitläufiger geteilt, so daß auf 1^0 eine Länge von ca. 7,5 bis 8 mm entfällt. Die Teilung schreitet nach halben Graden (= 0,0005 der Dichte) fort und man kann daher bei einiger Übung die Skale bequem und sicher auf 0,0001 genau ablesen.

Die Soxhletschen — wie die ihnen ähnlichen, der geringeren Zerbrechlichkeit wegen aus Hartgummi hergestellten Recknagelschen — Laktodensimeter sind in Bayern nach Stohmann der amtlichen Eichung unterworfen.

3. Auch seitens der Kaiserlichen Normal-Eichungskommission sind Milcharäometer zur Eichung zugelassen. Diese müssen aber das spezifische Gewicht $s_{\frac{15}{4}}$ anzeigen und müssen für Ablesung am oberen Wulstrand justiert sein. Wenn ein solches geeichtes Instrument mit einem Soxhletschen Aräometer in Milch verglichen werden würde, wobei vorausgesetzt werden mag, daß beide völlig fehlerfrei sind, so würden seine Angaben

um einen gewissen Betrag kleiner sein, als die des Soxhletschen Instruments. Aus Tafel 12 können wir diesen Betrag leicht ermitteln, wenn wir zu dem Argument 1,03 in der Reihe, die mit $F_{\frac{15}{15}} - F_{\frac{15}{4}}$ überschrieben ist, den zugehörigen tabulierten Wert aufsuchen. Er beträgt $+ 0,00090$, also beinahe 1^0 der Milchproberskale.

Bei dieser Vergleichung wäre also das den Eichvorschriften entsprechende Aräometer am obersten Wulstrande, das Soxhletsche Instrument in der Höhe des Flüssigkeitsspiegels abzulesen. Denn merkwürdigerweise sind die Laktodensimeter nach Soxhlet wie auch die nach Quevenne und nach Bischoff für diese letztere Ablesungsart justiert. Es muß also an jeder Ablesung solcher Spindeln eine Verbesserung angebracht werden, welche von den meisten Fachmännern (so Stohmann, Bartel, Teichert) zu $+ \frac{1}{10}$ Grad ($= 0,0001$ der Dichte) angegeben wird und gleich der Höhe des vom Aräometerstengel getragenen kapillaren Wulstes in Skalenteilen ist.

Auf diese Verhältnisse ist beim Vergleich von Milchprobern verschiedener Justierung und der mit ihnen erhaltenen Messungsergebnisse wohl zu achten.

4. Der Milchprober nach Dr. Bischoff, der hauptsächlich in Berlin zur Ausübung polizeilicher Milchkontrolle in Gebrauch ist, unterscheidet sich nicht wesentlich von den unter 1 und 2 besprochenen Laktodensimetern. Nur gibt seine Skale nicht den ganzen, sondern den halben Überschuß der Milchdichte bei 15^0C. über 1,0 in Einheiten der dritten Dezimalstelle an. Es entspricht z. B. einer Dichte $s_{\frac{15}{15}} = 1,028$ an der Skale von Bischoff eine Ablesung von $\frac{28}{2} = 14^0$; $s'_{\frac{15}{15}} = 1,031 = 15\frac{1}{2}^0$ Bischoff.

Im Unterteil ist das Bischoffsche Aräometer mit einem Reduktionsthermometer versehen, das zwei Skalen trägt, die eine für Magermilch, die andere für Vollmilch. Für die mit diesem Milchprober verfolgten Zwecke mag ein solches Reduktionsthermometer wohl ausreichen.

Bei der Vergleichung eines nach den deutschen Vorschriften eichfähigen Milcharäometers mit einem gewöhnlichen Dichtenormal in Sulfosprit ist es notwendig, die Angaben des Milcharäometers bei Ablesung im Niveau der Prüfungsflüssigkeit („Ablesung unten") auf Ablesung am oberen Wulstrande in Milch zu reduzieren. Diesem Zweck dient die nachfolgende kleine Tabelle, in welche man mit dem Stengeldurchmesser des zu prüfenden Milchprobers eingeht, dessen Gewicht man außerdem auf 1 g genau bestimmt. Man findet die dem betreffenden Durchmesser entsprechende Hilfsgröße M. Diese dividiert man durch das Gewicht der Spindel und erhält so in Einheiten der vierten Dezimalstelle der Dichte die Reduktion „von Sulfosprit untere Ablesung auf Milch obere Ablesung", welche von der „Ablesung in Sulfosprit unten" abzuziehen ist.

Tafel zur Ermittelung der Hilfsgröße M

für die Reduktion „Sulfosprit unten auf Milch oben".

D mm	M	D mm	M	D mm	M	D mm	M
2,0	127	3,5	324	5,0	624	6,5	1028
1	137	6	341	1	648	6	1059
2	147	7	358	2	672	7	1090
3	158	8	376	3	697	8	1122
2,4	169	3,9	394	5,4	722	6,9	1154
2,5	181	4,0	412	5,5	747	7,0	1187
6	193	1	431	6	773	1	1220
7	206	2	450	7	800	2	1253
8	219	3	470	8	827	3	1287
2,9	233	4,4	491	5,9	854	7,4	1322
3,0	247	4,5	512	6,0	882	7,5	1357
1	261	6	534	1	910	6	1393
2	276	7	556	2	939	7	1429
3	291	8	578	3	968	8	1465
3,4	307	4,9	601	6,4	998	7,9	1502
3,5	324	5,0	624	6,5	1028	8,0	1539

Beispiel: Ein eichfähiges Milcharäometer für Ablesung oben werde in Sulfosprit mit einem Dichtenormal verglichen, dessen Sulfosprit-Fehler bekannt sind. Das Milcharäometer habe einen Stengeldurchmesser von 4,4 mm und ein Gewicht von 70 g. Demnach ist M = 491 und die Reduktion $= \frac{491}{70} = 7$, d. h. — 0,0007.

$$
\begin{aligned}
&\text{Lesung des Normals} \ldots \ldots \ldots && 1,0314 \\
&\text{Sulfosprit-Fehler des Normals} \ldots && -0,0013 \\
&\text{Verbesserte Lieferung des Normals} \ . && 1,0301 \\
&\text{Lesung des Milchprobers (im Niveau)} && 1,0312 \\
&\text{Reduktion auf Milch oben} \ \ldots \ldots && -0,0007 \\
&\text{Reduzierte Lesung des Milchprobers} \ . && 1,0305 \\
&\text{Fehler des Milchprobers} \ \ldots \ldots && -0,0004.
\end{aligned}
$$

Die Kapillaritätskonstante der Vollmilch ist von ihrem Fettgehalt abhängig; jedoch genügt es, für aräometrische Zwecke einen mittleren Wert ($\alpha = 4,12$) zugrunde zu legen, wie dies auch bei der Aufstellung der vorstehenden Tabelle geschehen ist.

Amtliches Prüfungswesen.

12. Kapitel.

Prüfungswesen in Deutschland.

55. Eichvorschriften nebst Instruktion.

Das aräometrische Prüfungswesen in Deutschland ist, soweit rein amtliche. Prüfungen in Frage kommen, dem Eichwesen angegliedert und liegt in den Händen der Eichbehörden. Diese Organisation ist durch die Entwicklung des Maß- und Gewichtswesens im vorigen Jahrhundert begründet. Schon die Maß- und Gewichtsordnung vom Jahre 1868 setzte fest, daß die im Handel mit Spiritus benutzten Alkoholometer vorschriftsmäßig geeicht und gestempelt sein mußten. Sie ging von der Anschauung aus, daß die alkoholometrische Spindelung nicht eine Qualitätsbestimmung des Spiritus bedeute, sondern daß durch eine solche Spindelung in Verbindung mit der Ermittlung der Menge des Spiritus die Menge des darin enthaltenen reinen Alkohols bestimmt werde. Dieser Standpunkt ist bis jetzt nicht verlassen worden, denn auch die neue, am 1. April 1912 in Kraft tretende Maß- und Gewichtsordnung bestimmt in § 8: Für den Verkauf weingeistiger Flüssigkeiten nach Stärkegraden dürfen nur geeichte Thermo-Alkoholometer angewendet und bereit gehalten werden. Einer Nacheichung, wie sie jene Maß- und Gewichtsordnung allgemein vorschreibt, werden jedoch die Thermo-Alkoholometer nicht unterworfen werden, wie aus der Begründung zu § 10 dieses Gesetzes hervorgeht. Die Ausführungsbestimmungen zu der neuen Maß- und Gewichtsordnung, die sog. „Eichordnung" ist noch nicht veröffentlicht worden. Indes ist anzunehmen, daß die bisherigen Eichvorschriften für Aräometer ohne wesentliche sachliche Änderungen in die neue Eichordnung übergehen werden. Die Vorschriften sind nicht allein auf die der Eichpflicht unterliegenden Thermo-Alkoholometer beschränkt. Es können vielmehr auch Aräometer anderer Art, die gewisse Bedingungen erfüllen, zur Eichung zugelassen werden.

Die Vorschriften für die Eichung der Aräometer sowie die dazu gehörige Instruktion für die Eichbeamten sind für die Aräometrie und ihre Entwicklung von wesentlicher Bedeutung und sollen deshalb hier ohne Kürzung mitgeteilt werden.

Eichvorschriften für Aräometer[1]).

Allgemeine Vorschriften.

§ 1.
Zulässige Aräometer.

Zulässig sind Aräometer, welche angeben:

a) die Dichte einer Flüssigkeit, bezogen auf Wasser größter Dichte als Einheit;

b) den Prozentgehalt oder die Grädigkeit einer Flüssigkeit in Graden einer willkürlichen Skale.

§ 2.
Material.

Als Material ist nur durchsichtiges Glas zulässig.

§ 3.
Gestalt und Einrichtung.

1. Zulässig sind Aräometer mit und ohne Thermometer, soweit nicht die besonderen Vorschriften für gewisse Arten von Aräometern einschränkende Bestimmungen enthalten.

2. Die Glasflächen sollen einen gleichmäßigen, zur Achse symmetrischen Verlauf haben. Zulässig sind Stengel mit kreisförmigem und auch solche mit flachem Querschnitte, falls nicht die besonderen Vorschriften den flachen Querschnitt ausschließen. Beim Eintauchen soll sich das Aräometer lotrecht einstellen.

3. Die Stengelkuppe soll gleichmäßig gerundet sein und darf keine der Stempelung hinderlichen Erhöhungen oder Vertiefungen zeigen.

4. Die Skalen sollen unveränderlich befestigt sein. Die Teilstriche sollen in Ebenen liegen, welche zur Achse des Aräometers senkrecht stehen.

5. Die Länge des kleinsten Teilabschnitts soll in der Regel mindestens 1 Millimeter betragen, sofern nicht die besonderen Vorschriften andere Bestimmungen enthalten. Sie darf unter besonderen Umständen bei der aräometrischen Skale auch unter diesen letzteren Betrag, nicht aber unter 0,5 Millimeter hinabgehen. Die Teilstriche der aräometrischen Skale sollen sich über mindestens ein Viertel des Stengelumfanges erstrecken. Durch geeignete Anordnung der Strichlängen soll für eine hinreichende Übersichtlichkeit der Einteilung Fürsorge getroffen sein. Letzteres gilt auch für die thermometrische Skale. Auf dieser sollen die Striche zu beiden Seiten der Kapillare mindestens je 1 mm hervortreten.

6. Der obere Rand der Aräometerskale soll mindestens 10 mm, der oberste Teilstrich aber mindestens 15 mm von der Stengelkuppe entfernt sein. Der unterste Teilstrich soll mindestens 3 mm über derjenigen Stelle liegen, an welcher der Stengel in den Glaskörper überzugehen beginnt.

7. Der obere Rand der Thermometerskale soll mindestens 15 mm unterhalb derjenigen Stelle liegen, an welcher die Verjüngung des Glas-

---

[1]) Veröffentlicht in den „Mitteilungen der Kaiserl. Normal-Eichungs-Kommission", 2. Reihe, Nr. 22 vom 20. April 1907. Julius Springer, Berlin.

körpers nach oben zu beginnt. Teilstriche darf sie nach unten nur bis 3 mm vor Beginn der Biegung der Kapillare tragen.

8. Die Aräometerskale darf bei

a) Dichte-Aräometern nur in 0,001, 0,0005, 0,0002 und 0,0001 Einheiten der Dichte,

b) Prozent- und Grad-Aräometern nur in ganze, halbe, fünftel oder zehntel Prozente oder Grade

eingeteilt sein.

Für die Thermometerskale sind nur Einteilungen nach ganzen, halben, fünftel oder zehntel Graden der hundertteiligen Skale (C.) zulässig.

9. Nebenteilungen irgend welcher Art sind weder auf der aräometrischen noch auf der thermometrischen Skale zulässig.

10. Die Bezifferung der Skalen muß eindeutig und klar sein.

11. Die für die Einstellung erforderliche Beschwerung ist bei Thermo-Aräometern im allgemeinen durch das Gefäß des Thermometers zu bewirken. Die letzte Ausgleichung darf durch besondere Beschwerungsmittel erfolgen, die jedoch unveränderlich auf der Innenseite der Skalen anzubringen sind.

Zulässig ist es, zum Zwecke der Beschwerung und ihrer letzten Ausgleichung außer dem Thermometergefäße noch ein zweites, allseitig geschlossenes Gefäß anzubringen, welches Beschwerungsmaterial enthält. Die Anordnung ist dabei so zu treffen, daß nicht zwischen beiden Gefäßen eine Einschnürung entsteht, welche einer Reinigung der Spindel hinderlich sein könnte.

Bei Aräometern ohne Thermometer muß sich das Beschwerungsmaterial stets in einem allseitig geschlossenen Gefäße befinden. In allen Fällen soll das Gefäß, wenn zur Beschwerung Schrot verwandt wird, so bemessen sein, daß es durch die Beschwerungskörper möglichst ausgefüllt wird.

§ 4.

Bezeichnung.

1. Die Aufschriften sollen in der Regel auf den Skalen angebracht sein. Die Aufschrift der Aräometerskale soll die Art des Instruments und seiner Anwendung unzweideutig kennzeichnen, insbesondere soll sie, falls der Name des Aräometers dies nicht schon kenntlich macht, angeben, für welche Flüssigkeit das Aräometer bestimmt ist, ebenso, bei welcher Temperatur (Normaltemperatur) es richtig anzeigen soll. Bei den Angaben sind unzweideutige Abkürzungen zulässig. Ist das Aräometer für undurchsichtige Flüssigkeiten bestimmt, so daß die Ablesung nur an der oberen Begrenzung des Flüssigkeitswulstes erfolgen kann, so soll die Aufschrift einen entsprechenden Hinweis enthalten, z. B. „Ablesung am Wulstrande", „Ablesung oben", „obere Ablesung" oder ähnlich. Bei Aräometern ohne Thermometer ist es auch zulässig, die Aufschrift auf einem besonderen Papierstreifen, der sich im Innern des Glaskörpers befindet, anzubringen.

2. Die Thermometerskale muß die Bezeichnung tragen: „Grade des hundertteiligen Thermometers" oder „Grade C." oder ähnlich.

3. Jedes Aräometer soll mit einer Geschäftsnummer versehen sein,

auch darf Name und Sitz eines Geschäfts sowie Jahr und Tag der Anfertigung angegeben sein (vgl. Ziffer 1).

<h2 style="text-align:center">§ 5.</h2>

<h3 style="text-align:center">Fehlergrenzen.</h3>

1. Die Abweichungen der Angaben von der Richtigkeit dürfen an der Aräometerskale höchstens betragen:

a) bei den Prozent- und Grad-Aräometern, je nachdem die Aräometerskale eingeteilt ist in

ganze	Prozente / Grade	 0,4	Prozent / Grad
halbe	Prozente / Grade	 0,25	Prozent / Grad
fünftel	Prozente / Grade	 0,15	Prozent / Grad
zehntel	Prozente / Grade	 0,1	Prozent / Grad;

b) bei den Dichte-Aräometern: in der Regel den Wert eines kleinsten Teilabschnitts, soweit nicht die besonderen Vorschriften abweichende Bestimmungen enthalten.

2. An der Thermometerskale dürfen die Abweichungen der Angaben von der Richtigkeit höchstens betragen, je nachdem diese Skale eingeteilt ist in

ganze Grade	0,4 Grad,
halbe oder fünftel } „	0,2 Grad,
zehntel „	0,1 Grad.

3. Die Einteilung beider Skalen darf keine augenfälligen Teilungsfehler aufweisen.

<h2 style="text-align:center">§ 6.</h2>

<h3 style="text-align:center">Stempelung [1]).</h3>

1. Die Stempelung erfolgt mit dem Eichstempel unter Hinzufügung des Reichsadlers, der in der Regel über dem Eichstempel angebracht wird.

Sie geschieht bei Thermo-Aräometern oberhalb der Thermometerskale, bei Aräometern ohne Thermometer auf der Mitte des Körpers oder oberhalb des die Aufschrift tragenden Streifens. Außerdem wird jedes Instrument auf der Kuppe des Stengels mit dem Eichstempel (ohne Adler) versehen.

2. Ferner wird auf dem Glaskörper eine Nummer und das Gewicht des Instrumentes auf 5 mg abgerundet angegeben und auf dem Stengel unmittelbar über dem obersten und unter dem untersten Teilstriche der Aräometerskale je ein Strich aufgeätzt, der sich mindestens über die Hälfte des Stengelumfanges erstreckt und mit seiner dem betreffenden Teilstriche zugekehrten Grenzlinie in dessen Ebene fällt.

---

[1]) Mitteilungen der Kaiserl. Normal-Eichungs-Kommission, 3. Reihe, Nr. 1 vom 14. März 1908.

3. Der Jahresstempel wird dem Bandstempel auf dem Körper beigefügt. Zulässig ist es, auf dem Körper des Aräometers die Bezeichnungen $(\overline{\text{I. C.}})$ (International Congreß) oder $(\overline{\text{C. I.}})$ (Congrès International) hinzuzufügen.

Besondere Vorschriften.

§ 7.

I. Alkoholometer.

1. Zulässig sind nur Thermo-Alkoholometer, welche bei der Temperatur 15 Grad den Alkoholgehalt weingeistiger Flüssigkeiten, einschließlich des denaturierten Branntweins in Gewichtsprozenten angeben.

2. Die Länge eines ganzen Prozents auf der Alkoholometerskale muß bei einer Einteilung in halbe Prozente mindestens 2 mm, bei einer Einteilung in ganze oder fünftel Prozente mindestens 4 mm und bei einer Einteilung in zehntel Prozente mindestens 6 mm betragen.

3. Zulässig sind nur Thermo-Alkoholometer, deren Stengel kreisförmigen Querschnitt haben.

II. Saccharimeter.

1. Zulässig sind Saccharimeter, welche bei zuckerhaltigen Lösungen den Gehalt an reinem Zucker in Gewichtsprozenten angeben.

2. Die Länge eines ganzen Prozents auf der Saccharimeterskale muß bei einer Teilung in ganze, halbe oder fünftel Prozente mindestens 4 mm, bei einer Teilung in zehntel Prozente mindestens 6 mm betragen.

III. Aräometer für Mineralöle.

1. Zulässig sind Aräometer für Mineralöle, welche bei 15^0 die Dichte angeben.

2. Die Aräometerskale darf keine Dichteangaben unter 0,61 und keine über 0,99 enthalten.

3. Die Stengel der Aräometer müssen kreisförmigen Querschnitt haben.

4. Die Abweichungen von der Richtigkeit dürfen an der Aräometerskale in dem Dichtebereiche 0,83—0,99 höchstens eine ganze Einheit des kleinsten Teilabschnitts, in dem Dichtebereiche 0,61—0,829 höchstens eine halbe Einheit des kleinsten Teilabschnitts, jedoch bei Teilungen in 0,0002 und 0,0001 eine ganze Einheit betragen.

IV. Aräometer für Schwefelsäure.

Zulässig sind Aräometer, welche in schwefelsäurehaltigen Flüssigkeiten den Gehalt an reiner Schwefelsäure in Gewichtsprozenten und zwar innerhalb des Bereichs von 0—97 % angeben.

V. Aräometer nach Dichte.

Zulässig sind Aräometer nach Dichte für
a) Schwefelsäure   innerhalb des Dichtebereichs von 1,00—1,85,
b) Salpetersäure   „   „   „   „ 1,00—1,55,
c) Salzsäure   „   „   „   „ 1,00—1,25,

d) Natronlauge innerhalb des Dichtebereichs von 1,00—1,55,
e) Glyzerin   ,,   ,,   ,,   ,, 1,00—1,30,
f) Kochsalzlösung   ,,   ,,   ,,   ,, 1,00—1,23,
g) Ammoniak   ,,   ,,   ,,   ,, 0,85—1,00,
h) Seewasser   ,,   ,,   ,,   ,, 1,00—1,04,
i) Milch (nur für
   obere Ablesung)   ,,   ,,   ,,   ,, 1,015—1,04,
k) Rosmarinöl   ,,   ,,   ,,   ,, 0,89—0,93,
l) Branntwein   ,,   ,,   ,,   ,, 0,79—1,00.

VI. Aräometer nach Baumé-Graden.

1. Zulässig sind Aräometer, welche bei der Temperatur 15° die Baumé-Grade angeben, von

a) Schwefelsäure innerhalb des Bereichs von 0—70°,
b) Salpetersäure   ,,   ,,   ,,   ,, 0—50°,
c) Salzsäure   ,,   ,,   ,,   ,, 0—30°,
d) Farb- und Gerbstoff-
   Auszügen (nur für
   obere Ablesung)   ,,   ,,   ,,   ,, 0—30°,
e) Kochsalzlösung   ,,   ,,   ,,   ,, 0—30°.

2. Die Grade Baumé sollen mit der zugehörigen Dichte bei 15°, bezogen auf Wasser von 15°, durch die Formel verbunden sein:

$$n = 144,3 - \frac{144,3}{s_{\frac{15}{15}}},$$

wo n die Grade Baumé, $s_{\frac{15}{15}}$ die zugehörige Dichte bezeichnet.

§ 8.
Eichgebühren.

An Gebühren sind zu erheben:

1. Für die Eichung:
   bei Aräometern, die vorschriftsmäßig an mindestens 5 Punkten der
      Aräometerskale geprüft werden:
      Thermo-Aräometer . . . . 2,00 Mark,
      Aräometer ohne Thermometer . . . . 1,20 ,, ;
   bei Aräometern, die vorschriftsmäßig an nicht mehr als
      3 Punkten der Aräometerskale geprüft werden:
      Thermo-Aräometer . . . . 1,50 Mark,
      Aräometer ohne Thermometer . . . . 0,70 ,, .

2. Für Prüfung ohne Stempelung:
   die Hälfte der Gebühren unter 1.

§ 9[1]).

Die Eichung der Aräometer erfolgt durch die Kaiserliche Normal-Eichungs-Kommission oder unter ihrer unmittelbaren Aufsicht durch Eich-

[1]) Mitteilungen der Kaiserl. Normal-Eichungs-Kommission, 3. Reihe, Nr. 1 vom 14. März 1908.

ämter, die hierzu im Einvernehmen mit der Normal-Eichungs-Kommission ermächtigt werden.

Instruktion für die Eichung der Aräometer [1].
1. Prüfung der allgemeinen Beschaffenheit und Einrichtung.

a) Hinsichtlich der äußeren Form der Aräometer ist besonders darauf zu achten, daß die einzelnen Teile des Instruments, Belastungskammer, Körper und Stengel, gleichmäßig ineinander übergehen. Die Wandungen sollen möglichst frei sein von Schlieren, Knötchen, Streifen usw. Eine Kennzeichnung der Glassorte durch einen eingeschmolzenen Glasstreifen ist bis auf weiteres nur zulässig bei Jenaer Normalglas durch einen roten, bei Resistenzglas durch einen blauen Streifen, und nur dann, wenn mindestens der ganze untere Glaskörper aus diesen Glassorten hergestellt ist.

Zur Untersuchung der Massenverteilung taucht man die Instrumente in eine Flüssigkeit, in der sie etwa bis zum untersten Skalenstrich einsinken. Zeigen sie hierbei eine erkennbare Abweichung von der lotrechten Richtung, so sind sie zurückzuweisen.

b) Die Befestigung der Skalen geschieht zweckmäßig mit Hausenblase oder Gummi. Schellack, Siegellack und andere schon bei geringerer Erwärmung flüssig werdende Stoffe eignen sich nicht hierzu. Besonders zu beachten ist dies bei denjenigen Aräometern, welche bis zu 70^0 erwärmt werden, wie z. B. manche Saccharimeter. Skalen auf Milchglasstreifen werden mittels geeigneter Lager unverrückbar zu befestigen sein. Ob die Skale hinreichend festsitzt, ist in Zweifelfällen durch Schütteln oder Klopfen zu prüfen. Die vorschriftsmäßige Lage der Skalenstriche gegen die Stengelachse erkennt man am besten bei der Richtigkeitsprüfung (4 d) daran, daß sie gleichgerichtet zur Flüssigkeitsoberfläche verlaufen.

c) Die Gesamtlänge des Aräometers, Länge des kleinsten Teilabschnitts, die Entfernung des oberen Randes der Aräometerskale von der Stengelkuppe und ihres untersten Teilstrichs von der Erweiterung des Stengels in den Glaskörper, ferner des Abstandes des oberen Randes der Thermometerskale von der Verjüngung des Glaskörpers und ihres untersten Teilstrichs von der Biegung der Kapillare ist mit einem Maßstabe, etwa einem Kantmaßstabe, zu ermitteln. Zweckmäßig ist es, daß der obere Skalenrand mindestens 10 mm von der Stengelkuppe entfernt ist. Die Länge der Teilstriche kann nach dem Augenmaße beurteilt werden.

d) Die Teilungen dürfen keine augenfälligen Unregelmäßigkeiten zeigen, anderenfalls ist das Instrument ohne weitere Prüfung zurückzuweisen. Bestehen Zweifel, so ist die Prüfung der Richtigkeit vorzugsweise an denjenigen Stellen der Skale auszuführen, an denen merkliche Einteilungsfehler vorhanden zu sein scheinen.

e) Das geeignetste Beschwerungsmittel zur letzten Berichtigung ist Watte oder Papier in Form von Streifen, die an der Innenseite der Aräometer- oder der Thermometerskale eingeschoben und an ihr befestigt sind. Indessen sind auch Schrotkörner zulässig, wenn sie mit einem schwer schmelz-

---

[1] Mitteilungen der Kaiserl. Normal-Eichungs-Kommission, 3. Reihe, Nr. 2 vom 11. Mai 1908.

baren Lacke umhüllt und an der Innenseite der Skalen so befestigt sind, daß sie sich durch Klopfen und Schütteln nicht loslösen. Lockern sich einzelne Körner, oder finden sich bei der Einreichung schon losgelöste Schrote, Papierstreifen oder Lackstücke im Innern des Instruments vor, so ist dieses zurückzuweisen.

f) Unter die nach Artikel 6 § 3 Nr. 9 a. a. O. verbotenen Nebenteilungen sind nicht nur die in außerdeutschen Ländern jetzt oder früher oder in Deutschland früher üblichen, aber in Deutschland jetzt nicht mehr zulässigen Skalen zu verstehen, sondern auch sogenannte Reduktionsskalen, gleichviel ob sie aus einer vollständigen Einteilung, aus einzelnen Strichen oder auch aus Zahlenangaben bestehen, die etwa zur Ausführung von Reduktionsrechnungen dienen sollen.

2. Allgemeine Prüfungsvorschriften.

a) Aräometer, die weder aus Jenaer Normalglas, noch aus Resistenzglas bestehen, sind vor der Richtigkeitsprüfung einer vierwöchigen Lagerung in der Amtsstelle zu unterziehen.

b) Thermo-Aräometer, deren Quecksilbergefäß oder Kapillarrohr Einschlüsse von Luft unmittelbar zeigt oder mittelbar dadurch erkennen läßt, daß ein losgelöster oder durch Umkehren des Instruments abgetrennter Quecksilberfaden sich nur schwer wieder mit dem übrigen Quecksilber vereinigen läßt, sind zurückzuweisen. Das Vereinigen eines losgelösten Fadens ist durch leises Klopfen oder durch vorsichtiges Erwärmen des Gefäßes zu versuchen.

c) Bei den Instrumenten mit Thermometer soll in der Regel die Prüfung bei dem Thermometer beginnen, doch darf auf Wunsch der Beteiligten auch die Aräometerskale zuerst untersucht werden.

d) Die Prüfung der Angaben des Thermometers hat sich auf 5 Stellen der Skale zu erstrecken, wenn die letztere mehr als 15^0 enthält, sonst nur auf 3 Stellen, die Prüfung der Aräometerskale in der Regel auf 5 Stellen, jedoch bei den Instrumenten, deren Skalen weniger als 31 Teilstriche enthalten, nur auf 3 Stellen. Diese Stellen sind so auszuwählen, daß je eine nahe an jedem Ende der Skale liegt, die übrigen möglichst gleichmäßig dazwischen verteilt sind (vgl. jedoch auch 3). Da indessen die Untersuchung der 5 Skalenstellen keine vollständige Gewähr für die Richtigkeit der ganzen Skale bietet, so ist durch geeignete Auswahl der zu prüfenden Stellen dafür zu sorgen, daß in einer gewissen, nicht zu langen Frist wenigstens für die Gesamtheit der von einem Fabrikanten eingereichten Instrumente eine auf nahezu alle Stellen der Skale sich ausdehnende Kontrolle stattfindet. Es ist daher bei derselben Eichstelle von Eichung zu Eichung mit den zu prüfenden Stellen zu wechseln. Den Fabrikanten darf ein Einfluß auf die Wahl dieser Stellen nicht eingeräumt werden.

3. Prüfung des Thermometers.

a) Bei den Thermometern soll die Prüfung mit der Bestimmung des Eispunkts, wenn ein solcher vorhanden ist, beginnen. Die Prüfung soll stets von den unteren zu den oberen Skalenstellen fortschreiten. Eine Prüfung des Thermometers unter 0^0 und über 50^0 findet nicht statt.

b) Die Prüfung des Eispunkts geschieht in einem gläsernen Gefäße der nebenstehend dargestellten Art, das im wesentlichen die Form einer umgekehrten weitbauchigen Flasche hat und am Boden mit einer Öffnung zum Ablassen des Schmelzwassers versehen ist. Nachdem das Gefäß mit klein geschabtem oder gestoßenem Eise angefüllt ist, wird das Instrument in dieses so tief hineingesenkt und derartig eingebettet, daß sein Thermometer bis einige Grade über dem Nullpunkte von Eis vollständig umgeben ist. Nach 10 Minuten drückt man das Eis um das Instrument vorsichtig zusammen und liest bald darauf den Stand der Quecksilbersäule ab. Für die Sicherheit der Prüfung ist es von größter Wichtigkeit, daß das Instrument vom Eise eng umschlossen ist, so daß sich nicht etwa zwischen dem Eise und dem Quecksilbergefäß eine wärmere Luftschicht bilden kann. Das Eis ist daher wegen des Abschmelzens nötigenfalls öfter zusammen und vorsichtig gegen das Instrument zu drücken.

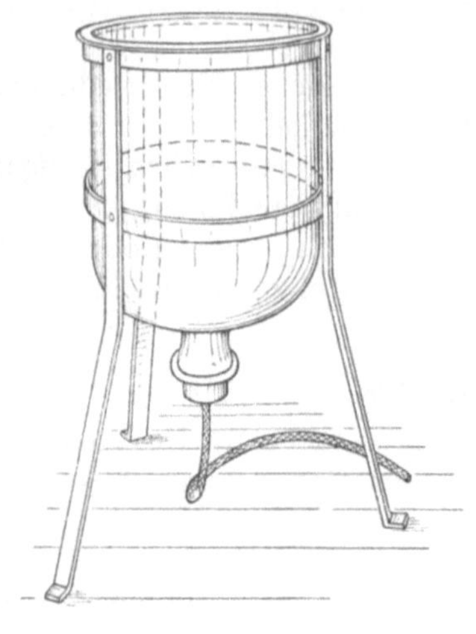

Fig. 19.

Kunsteis ist zu den Eispunktsbestimmungen nicht zu benutzen, weil es meist einen Schmelzpunkt unter 0^0 hat, aber auch bei der Verwendung von Natureis wird man dessen Reinheit von Zeit zu Zeit durch gleichzeitige Mitbeobachtung des Eispunkts des Normals kontrollieren müssen. Im Winter dürfen Bestimmungen des Eispunkts nur in geheizten Räumen vorgenommen werden. Zweckmäßig ist es, das zerkleinerte Eis mit destilliertem Wasser zu durchtränken.

c) Die weiteren Prüfungen der Thermometer geschehen im Wasserbade durch Vergleichung ihrer Angaben mit denjenigen des in das gleiche Wasserbad gestellten Gebrauchsnormals. Das Wasserbad muß hierbei in einem gegen die Einflüsse der äußeren Temperatur hinreichend geschützten Gefäße sich befinden und unmittelbar vor den Ablesungen gehörig umgerührt

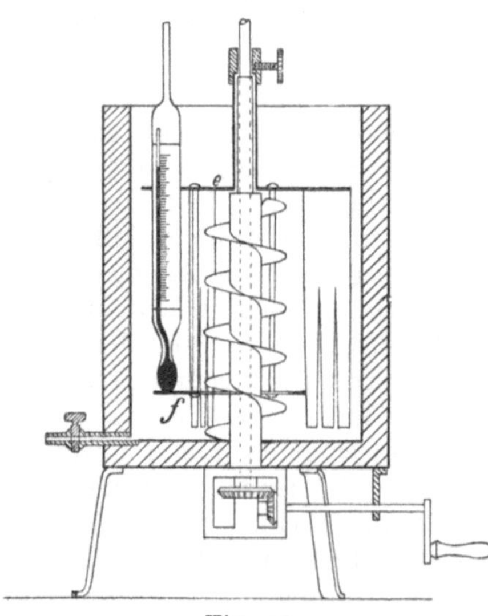

Fig. 20.

werden. Eine einfache und zweckmäßige Form eines derartigen Thermometer-Vergleichungsapparats ist in Figur 20 dargestellt. Der Apparat besteht aus einem zylindrischen Gefäße von Zinkblech, welches mit einem starken Filzmantel umkleidet wird oder doppelte Wandungen hat, deren

Zwischenraum mit einem schlecht leitenden Stoffe, z. B. Schlackenwolle, Infusorienerde usw., ausgefüllt ist. In der Mitte des Gefäßes ist ein Rohr festgelötet, welches sich etwas über den Rand des Gefäßes erhebt. Durch das Rohr und den Boden des Gefäßes geht eine Welle hindurch, an welcher unter dem Gefäß ein konisches Zahnrad befestigt ist. In dieses Zahnrad greift ein zweites mit einer Kurbel versehenes Zahnrad derartig ein, daß durch Drehen der Kurbel die Welle in eine drehende Bewegung versetzt werden kann. Über die Welle ist eine bewegliche Schelle aufgeschoben, die mit einer Klemmschraube in jeder Höhe festgestellt werden kann. An der Schelle sitzt der Thermometerträger, der aus zwei fest miteinander verbundenen kreisförmigen Blechplatten e und f besteht, welche mit geeigneten Ausschnitten zur Aufnahme des Gebrauchsnormals und der zu vergleichenden Thermo-Aräometer versehen sind. Die untere Scheibe umgibt das Rohr frei. Mit der Stange kann daher auch der Thermometerträger gedreht werden, wenn die Schelle festgeklemmt ist, so daß ein Beobachter die im Träger stehenden Instrumente ohne Veränderung seiner eigenen Stellung der Reihe nach leicht ablesen kann. Der Thermometerträger dient gleichzeitig als Rührer. Um die Durchmischung der Flüssigkeit noch wirksamer zu gestalten und namentlich Schichtungen nach verschiedenen Höhenlagen möglichst auszuschließen, ist das Rohr noch von einer breiten Schraube umgeben, an der die Flüssigkeit beim Rühren emporsteigt, so daß wirbelnde Bewegungen entstehen.

d) Zur Ausführung der Vergleichungen wird der Apparat nach Hineinstellen des Gebrauchsnormals und der zu vergleichenden Instrumente zunächst mit Wasser von der Temperatur der niedrigsten zu prüfenden Stelle gefüllt. Nachdem die Vergleichung an dieser Stelle beendet ist, wird warmes Wasser zugegossen, bis die Temperatur der nächst höheren zu prüfenden Stelle erreicht ist. So wird fortgefahren, bis die Temperatur der höchsten zu prüfenden Stelle erreicht ist. Vor jeder Vergleichung ist durch mehrmaliges schnelles Drehen des Thermometerträgers das Wasser gehörig durchzumischen. Sodann wird zuerst das Gebrauchsnormal abgelesen und sofort darauf werden die zu prüfenden Instrumente, indem man sie durch Drehen des Trägers am Auge vorbeiführt, abgelesen. Zuletzt wird das Gebrauchsnormal abermals abgelesen.

e) Bei allen Vergleichungen müssen die zu prüfenden Thermometer so tief in das Wasserbad eintauchen, daß die Enden der Quecksilbersäulen möglichst wenig und möglichst gleich weit über den Wasserspiegel hinausragen. Wenn jedoch das als Gebrauchsnormal dienende Thermometer eine erheblich längere Quecksilbersäule hat als die zu prüfenden Thermometer, oder wenn die Längen der Quecksilbersäulen der letzteren untereinander erheblich verschieden sind, ist es unter gewöhnlichen Verhältnissen von größerer Wichtigkeit, daß die sämtlichen Quecksilbergefäße in der gleichen wagerechten Wasserschicht liegen, als daß die sämtlichen Ablesungen in der gleichen Höhe über dem Wasserspiegel stattfinden.

f) Bei der Ablesung der Thermometer muß das Auge des Beobachters sich möglichst genau in der gleichen Höhe befinden wie die abzulesende Quecksilberkuppe, was daran erkannt wird, daß die der letzteren benachbarten Teilstriche ihrem ganzen Verlaufe nach geradlinig erscheinen. Das Gebrauchsnormal-Thermometer reicht von -1^0 bis $+51^0$ C. und ist in zehntel Grad geteilt. Bei den Ablesungen der Thermometer ist daher auf die Verschiedenheiten in den Einteilungen besonders zu achten. Ist eine größere Anzahl von Thermo-Aräometern zu prüfen, so können bei den Temperaturen aufwärts bis zu 35^0 nacheinander die Ablesungen von 10, bei den Temperaturen über 35^0 aber nur die von 5 Instrumenten zwischen die Anfangs- und Endablesung des Gebrauchsnormals eingeschlossen werden.

Wenn hierbei die beiden einschließenden Ablesungen des Gebrauchsnormals bei den in ganze Grade geteilten Thermometern um mehr als $0,2^0$, bei den in halbe, fünftel oder zehntel Grade geteilten Thermometern um mehr als $0,1^0$ voneinander abweichen, so sind die sämtlichen Ablesungen nach wiederholtem Durchrühren des Wassers nochmals auszuführen. Stimmen dagegen die beiden einschließenden Ablesungen des Gebrauchsnormals innerhalb der angegebenen Grenzen miteinander überein, so ist der nach den Angaben der zu den Normalen gehörigen Fehlertafeln verbesserte Mittelwert aus diesen Ablesungen für die Ermittelung der Fehler der zu prüfenden Thermometer maßgebend.

g) Bei Aräometern, deren Temperaturangaben bis $+50^0$ und darüber reichen, ist nach erfolgter Prüfung eine Erwärmung bis zu der höchsten auf der Skale angegebenen Temperatur vorzunehmen und darauf sofort die Lage des Eispunkts oder der Fehler bei der niedrigsten Prüfungstemperatur nochmals zu bestimmen. Erweist sich diese Lage jetzt um mehr als den vierten Teil der Fehlergrenze tiefer als bei der ersten Bestimmung, oder ergibt sich ein Fehler, welcher um diesen Betrag positiv größer ist als zuvor, so ist das Instrument zurückzuweisen.

h) Die Thermometerangaben unter 0^0 und über 50^0 werden nicht durch Vergleichung mit einem Normale geprüft. Es genügt, mit einem guten Kantmaßstabe die Länge der Teilung vom 0. und 50. Gradstriche bis zu den Gradstrichen -5^0, -10^0 und $+55^0$, $+60^0$ usw. nachzumessen. Die gefundenen Längen dürfen von den aus der Länge der ganzen Teilung sich ergebenden Sollbeträgen für 5^0, 10^0 usw. nicht so weit abweichen, daß unter Berücksichtigung des bei 0^0 und 50^0 durch Vergleichung mit dem Normale gefundenen Fehlers auf ein Überschreiten der Fehlergrenzen geschlossen werden muß.

i) Überschreitet der gefundene Fehler der Angaben des zu prüfenden Instruments an irgend einer Stelle die nach Artikel 6 § 5 a. a. O. zugelassene Fehlergrenze, und liefert eine Wiederholung der Prüfungen keine besseren Ergebnisse, so ist die Prüfung abzubrechen und das Instrument zurückzuweisen.

4. Die Prüfung der Aräometerskale. Allgemeine Vorschriften.

a) Die Prüfung der Aräometerskale geschieht durch Vergleichung ihrer Angaben in einer Flüssigkeit mit den Angaben, die das Gebrauchsnormal in derselben Flüssigkeit macht. Welche Flüssigkeiten als Prüfungsflüssigkeiten dienen, ist bei den Sondervorschriften für die einzelnen Gattungen von Aräometern angegeben. Zweckmäßig wird die Vergleichung in zylindrischen gläsernen Standgefäßen vorgenommen, die mit der Flüssigkeit so weit angefüllt werden, daß nach dem Eintauchen des Instruments der Flüssigkeitsspiegel noch mindestens 2 cm unterhalb des Randes sich befindet, jedenfalls aber an einer Stelle, wo die Ablesungen nicht durch etwaige Unregelmäßigkeiten im Glase (Schlieren, Blasen u. dgl.) verfälscht werden können.

Der innere Durchmesser der Standgläser soll mindestens 70 mm, ihre Höhe mindestens 55 cm betragen, ihre Wandung soll mindestens in dem oberen Drittel des Glases schlierenfrei sein. Da es unter Umständen vorteilhaft ist, die Vergleichsflüssigkeiten in den Standgefäßen selbst aufzubewahren, so soll der Rand glatt abgeschnitten und abgeschliffen sein, um den Verschluß durch ebene aufgeschliffene Glasplatten zu ermöglichen. Im übrigen kann das Aufbewahren der Flüssigkeiten auch in Flaschen mit eingeriebenem Glasstöpsel oder in sonst zweckmäßiger Weise geschehen, z. B. bei den Mineralölen in den Blechkannen, in denen der Versand erfolgt.

b) Die Vergleichsflüssigkeiten müssen chemisch und physikalisch möglichst rein oder aus reinen Bestandteilen hergestellt sein. Insbesondere ist darauf zu achten, daß sie keinen Staub enthalten und einen sauberen und glatten Spiegel bilden. Mischungen und Lösungen, z. B. Wasser-Alkoholmischungen, Schwefelsäure-Alkoholmischungen usw., dürfen erst einige Tage nach ihrer Herstellung benutzt werden.

Da in den Flüssigkeiten auf- und abwärtsgerichtete Strömungen, Entmischungen, Ausscheidungen fester Bestandteile usw. leicht beim ruhigen Stehen eintreten, so müssen sie vor Ingebrauchnahme kräftig durchgerührt werden.

Als Rührer empfiehlt sich eine durchlöcherte kreisrunde Messingscheibe mit einem Führungsstabe. Für Flüssigkeiten, die Metalle angreifen, ist der Rührer aus Glas mit entsprechender Beschwerung herzustellen. Die Scheibe kann hierbei auch durch ein ganz oder zum Teil kreisrund gebogenes und flach gedrücktes Glasrohr ersetzt werden, an das ein gläserner Führungsstab angeschmolzen ist. Gläserne Rührer können in allen Flüssigkeiten benutzt werden.

Das Rühren geschieht durch schnelles Auf- und Abwärtsbewegen des Rührers von der Oberfläche bis zum Boden der Flüssigkeit, wobei die Oberflächenschicht jedesmal zu durchstoßen ist. Mit dem Beginne der Prüfung ist so lange zu warten, bis die beim Rühren in die Mischung gelangten Luftblasen emporgestiegen sind und die Flüssigkeit wieder verlassen haben.

Unmittelbar vor der Prüfung ist das Rühren ohne Durchstoßen der Oberfläche zu wiederholen, damit nicht von neuem Luft in die Flüssigkeit gelangt.

Die Flüssigkeiten sollen in dem Prüfungsraume selbst aufbewahrt werden, oder es soll mit den Vergleichungen mindestens so lange gewartet werden, bis die Flüssigkeiten möglichst die Temperatur der umgebenden Luft angenommen haben.

c) Die Instrumente sind vor der Vergleichung in möglichst hochprozentigen, mindestens aber 95-prozentigen Branntwein einzutauchen und dann mit einem weichen Leinentuche sorgfältig abzureiben. Auch während der Vergleichung ist jedes Instrument nach jeder Eintauchung, wo es erforderlich ist (siehe die besonderen Bestimmungen), zu reinigen, jedenfalls aber immer sauber abzutrocknen und so lange beiseite zu setzen, bis es wieder nahezu die Temperatur der umgebenden Luft angenommen hat.

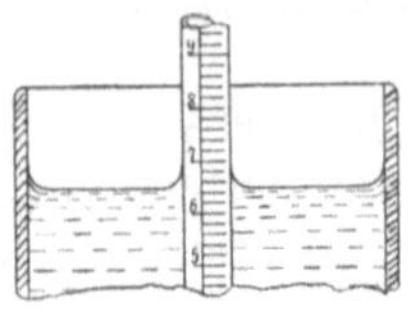

Fig. 21.

d) Bei der Vergleichung wird das Instrument langsam in die Mischung gesenkt. Die Ablesung erfolgt an der Linie, an welcher der Flüssigkeitsspiegel den Stengel schneidet. Die Ermittelung dieser Schnittlinie wird aber dadurch erschwert, daß um den Stengel infolge der kapillaren Anziehung ein kleiner, die Schnittlinie verdeckender Flüssigkeitswulst sich bildet, wie in der nebenstehenden Figur angedeutet ist.

Um die Schnittlinie zu erkennen, bringt man das Auge in eine Stellung dicht unterhalb des Flüssigkeitsspiegels. Man erblickt dann an der Stelle, über welcher der Flüssigkeitswulst liegt, nur noch einen Strich, der aus dem Flüssigkeitsspiegel deutlich hervortritt und sich scharf von dem Stengel abhebt. Dieser Strich, wie ihn die Fig. 22 andeutet, gibt die Schnittlinie. Hält man das Auge zu tief, so sieht man statt des Striches eine länglich runde Fläche, die sich erst, wenn man das Auge hebt, zu dem Striche zusammenzieht.

Fig. 22.

Die Ablesung an der Skale geschieht in der Regel, indem man den Zwischenraum zwischen der Ablesungslinie und dem unter ihr liegenden Skalenstriche mit dem nächst darunter liegenden Teilabschnitte der Skale vergleicht und den so abgeschätzten Betrag des Zwischenraums bei Aräometern, deren Skalenangaben von unten nach oben wachsen, wie z. B. bei Alkoholometern, zu dem Ablesungswerte des zunächst unter dem Flüssigkeitsspiegel liegenden Skalenstrichs hinzufügt; bei Aräometern dagegen, deren Skalenangaben von unten nach oben abnehmen, wie z. B. bei Saccharimetern, von dem Ablesungswerte des zunächst unter dem Flüssigkeitsspiegel liegenden Skalenstrichs abzieht.

Obwohl Aräometer zulässig sind für Ablesungen am oberen Wulstrande (z. B. solche für Farbstoffauszüge und für Milch), geschieht doch auch hier bei der Prüfung die Ablesung im Flüssigkeitsspiegel, da dabei immer nur durchsichtige Flüssigkeiten Verwendung finden und die Genauigkeit der Ablesung im Flüssigkeitsspiegel erheblich größer ist als die am oberen Wulstrande. Vgl. 5, V, letzter Absatz.

e) Vor der aräometrischen Vergleichung stellt man das Standglas fest auf und rührt die Flüssigkeit kräftig durch. Nachdem die aufsteigenden Luftblasen die Flüssigkeit verlassen haben und letztere noch einmal ohne Durchstoßen der Oberfläche durchgerührt ist, wird das Gebrauchsnormal eingetaucht, etwa $\frac{1}{2}$ Minute sich selbst überlassen und dann abgelesen. Bei den Vergleichungen wird wegen der Abschätzung der Skalenteile auf die etwaigen Verschiedenheiten in den Einteilungen des Normals und der zu prüfenden Instrumente besonders zu achten sein. Nachdem die Ablesung des Normals ausgeführt ist, nimmt man es heraus, reinigt es, falls erforderlich, trocknet es sauber ab, stellt es beiseite und taucht das zu prüfende Instrument ein. Mit diesem verfährt man in gleicher Weise wie mit dem Normal. Ist eine größere Anzahl von Instrumenten mit gleichen Angaben eingereicht, so werden sie nacheinander eingetaucht, abgelesen, herausgenommen, nötigenfalls gereinigt, abgetrocknet und wieder beiseite gesetzt. Spätestens nach jedem zehnten Instrumente wird die Einsenkung und Ablesung des Normals wiederholt. Nach der Herausnahme des Normals am Schlusse jeder Reihe wird die Flüssigkeit durchgerührt und mit der abermaligen Eintauchung des Normals eine neue Prüfungsreihe begonnen. Liegt nur ein Instrument zur Prüfung vor, so wartet man zwischen der Anfangseintauchung des Normals, der Eintauchung des Instruments und der Endeintauchung des Normals etwa je 3 Minuten, so daß zwischen der Anfangs- und Endablesung des Normals etwa 7—9 Minuten verfließen. Auch zwischen der letzten Ablesung des Normals bei einer Reihe und der ersten Ablesung des Normals bei der nächsten Reihe soll mindestens die gleiche Zeit vergehen, damit das Normal genügende Zeit hat, wieder die Temperatur seiner Umgebung anzunehmen.

f) Wenn bei der Vergleichung die beiden einschließenden Ablesungen des Normals bei der Prüfung von in fünftel oder zehntel Prozent oder Grad geteilten Aräometern um mehr als 0,1 Prozent oder Grad, bei in halbe oder ganze Prozent oder Grad geteilten Instrumenten um mehr als 0,2 Prozent oder Grad voneinander abweichen, so sind sämtliche Ablesungen nach erneutem Durchrühren zu wiederholen. Gleiches gilt bei Dichte-Aräometern mit der Maßgabe, daß eine Einheit der dritten Dezimale wie ein Prozent anzusehen ist. Bei den Vergleichungen sind die den Eichstellen bekannt gegebenen Fehler der Normale in Rechnung zu ziehen. Die Prüfungen sind, abgesehen von der durch die oben erwähnten Umstände bedingten Wiederholung, für jede Stelle an der Aräometerskale zweimal auszuführen. Für jede einzelne Prüfungsreihe ist der Mittelwert aus den einschließenden Ablesungen des Normals für die Ermittelung der Fehler der zu prüfenden Instrumente maßgebend. Als Endergebnis für diese Fehler gilt das Mittel der in den beiden Einzelreihen unter Beachtung der etwa erforderlichen Umrechnung (5) gefundenen Fehler.

g) Wenn bei den vorstehenden Prüfungen an zwei der geprüften Stellen Fehler vorgefunden werden, welche beide, und zudem der eine im Sinne des Mehr, der andere im Sinne des Minder, die nach § 5 a. a. O. zulässige Fehlergrenze nahezu erreichen, so sind außer den bereits geprüften 5 Stellen weitere Stellen der Skale zu vergleichen. Diese zusätzlichen Prüfungen sind vorzugsweise an solchen Stellen vorzunehmen, an welchen Einteilungsfehler vorhanden zu sein scheinen; ihre Anzahl wird im allgemeinen nach der Zahl jener Stellen zu bemessen, aber jedenfalls auf 5 einzuschränken sein.

Die zusätzlichen Prüfungen sollen auch dann ausgeführt werden, wenn unter den an 5 Stellen gefundenen Fehlern 2 oder mehr der Fehlergrenze sehr nahe liegen, und die Art ihres Verlaufs die Überschreitung der Fehlergrenze an dazwischen liegenden Stellen der Skale befürchten läßt.

5. Die Prüfung der Aräometerskale. Besondere Vorschriften.

Es wäre der Sachlage entsprechend, die Aräometer auf die Richtigkeit ihrer Skalenangaben in den Flüssigkeiten zu prüfen, in denen sie später benutzt werden sollen. Der Ausführung dieses Grundsatzes stellen sich indessen mehrfache Schwierigkeiten entgegen. Zunächst müßten die Eichstellen mit einer erheblichen Anzahl von Prüfungsflüssigkeiten ausgerüstet werden, von denen ein großer Teil schnell verdirbt und deshalb häufig zu erneuern wäre. Dann aber bildet sich der unter 4d erwähnte kapillare Wulst in vielen Flüssigkeiten, wenn nicht der Stengel des Aräometers und die Flüssigkeitsoberfläche unbedingt rein ist, so unregelmäßig aus, daß hierdurch die Einstellungen um ein Mehrfaches der Fehlergrenze verfälscht werden können. Es ist deshalb erforderlich, die Vergleichungen da, wo die Flüssigkeiten, in denen das Aräometer gebraucht werden soll — „Gebrauchsflüssigkeiten" — keine zuverlässigen Einstellungen erwarten lassen, in einer Mischung von konzentrierter reiner Handels-Schwefelsäure mit 80 %igem Branntwein vorzunehmen, weil diese Mischung, sogenannter „Sulfosprit", die günstigsten Bedingungen für genaueres Arbeiten bietet. Das Mischen, bei dem stets die Schwefelsäure in den Branntwein, nie der Branntwein in die Schwefelsäure zu gießen ist, muß mit besonderer Vorsicht ausgeführt werden, weil dabei eine starke Temperaturerhöhung eintritt. Es geschieht deshalb am besten in einem irdenen Gefäße, das womöglich in einen größeren mit kaltem Wasser gefüllten Behälter gestellt wird. Die Schwefelsäure darf nur langsam und in kleinen Mengen zu dem Branntweine gegossen werden. Sieht die fertige Mischung trübe aus, so ist zu warten, bis der entstandene Niederschlag zu Boden gesunken ist, und dann ist die klare Flüssigkeit von dem Bodensatze vorsichtig abzugießen. Wird die Mischung auch nach längerem Stehen nicht klar, so war die Schwefelsäure zu unrein und muß durch eine bessere ersetzt werden.

Bei Prüfungen in Schwefelsäure-Branntweinmischungen sind die Aräometer nach jeder Eintauchung und Ablesung zur Vermeidung eines starken Abtropfens ganz langsam aus der Flüssigkeit herauszuziehen, darauf zuerst in reinem Wasser und dann in 95 %igem Branntwein abzuspülen und hiernach sauber abzutrocknen, bevor sie von neuem eingetaucht werden. Die erste Reinigung mit Wasser muß sehr sorgfältig geschehen, am besten in der Art, daß das Aräometer in einem geeigneten Drahtgestell unter einem Wasserleitungshahne dem ausfließenden Wasser etwa ½ Minute lang ausgesetzt wird. Dabei müssen Hände und Kleidung sorgfältig vor der Berührung mit dem Sulfosprit bewahrt werden, da derselbe stark ätzend wirkt.

Finden die Prüfungen nicht in den Gebrauchsflüssigkeiten statt, so bedürfen die Angaben der zu prüfenden Instrumente wegen der Verschiedenheit der kapillaren Wirkungen noch einer Umrechnung auf die Gebrauchsflüssigkeiten. Diese Umrechnung geschieht mit Hilfe graphischer Tafeln, sogenannter Nomogramme, die auf Wunsch von der Normal-Eichungskommission abgegeben werden. In diese Umrechnung gehen ein: der Durchmesser (d) des Stengels in Millimeter, das Gewicht des Aräometers in Gramm, das in diesem Falle schon vor der Berechnung der Fehler (siehe 6) bestimmt werden muß, und die verbesserte Ablesung des Normals. Für die

Abmessung von d genügt bei kreisförmigem Querschnitt ein Kantmaßstab und eine Genauigkeit von 0,2 mm. Bei flachem Querschnitte geschieht die Messung mit Hilfe eines besonders für den vorliegenden Zweck konstruierten Instruments, sogenannten Peripherimeters, welches ohne Umrechnung den mittleren Durchmesser d angibt. Das Peripherimeter kann auch im Falle eines kreisförmigen Querschnitts angewendet werden. •

In der Anlage A zu dieser Instruktion ist die Berechnung der aräometrischen Fehler aus den Ablesungen des Normals und denjenigen des zu eichenden Instruments für alle Arten eichfähiger Aräometer durch Beispiele erläutert.

I. Alkoholometer.

Die Angaben der Alkoholometerskalen bis zu 30% abwärts werden in Wasser-Alkoholmischungen, die Angaben unter 30% in Schwefelsäure-Branntweinmischungen geprüft. Die Wasser-Alkoholmischungen sind aus destilliertem Wasser und käuflichem Alkohol oder einem Branntweine von mindestens 98 % herzustellen. Als Normale dienen 4 Spindeln, die von 0 bis 33, von 30—67, von 65—85 und von 80—100% reichen. Die Prozentabschnitte sind bei den beiden unteren Instrumenten in fünftel, bei den beiden oberen in zehntel Prozent eingeteilt. Die Fehlertafeln der drei letzten Spindeln gelten für Wasser-Alkoholmischungen, die Fehlertafel der ersten von 0—33% reichenden Spindel gilt für Schwefelsäure-Branntweinmischungen. Die bei der Vergleichung mit diesem Normal unmittelbar erhaltenen Ablesungen der zu eichenden Spindeln sind daher mit einer Verbesserung zu versehen, welche den Übergang auf Branntwein vermittelt und aus dem entsprechenden Nomogramme zu entnehmen ist.

Bei den Prüfungen in Wasser-Alkoholmischungen ist ein besonderes Abspülen nicht erforderlich, vielmehr genügt ein sorgfältiges Abtrocknen, um die Alkoholometer für die weitere Benutzung gebrauchsfähig zu machen.

II. Saccharimeter.

Die Saccharimeter werden ausschließlich in Schwefelsäure-Branntweinmischungen geprüft. Das Gebrauchsnormal besteht aus 5 Spindeln, die von 0—21, von 19—41, von 39—61, von 59—76 und von 74—90% reichen. Die Prozentabschnitte sind durchweg in zehntel Prozent eingeteilt. Die Fehlertafeln des Gebrauchsnormals gelten für eine Normaltemperatur von 20° C. und sind für Schwefelsäure-Branntweinmischungen aufgestellt. Die bei der Vergleichung in diesen Flüssigkeiten erhaltenen Ablesungen der zu eichenden Saccharimeter sind daher mit Hilfe des entsprechenden Nomogramms auf Zuckerlösung umzurechnen. Hat das zu eichende Instrument die Normaltemperatur 15° oder 17,5° C., so ist an den Ablesungen außerdem noch eine Verbesserung anzubringen, welche aus der Hilfstafel 1 der Anlage B zu dieser Instruktion zu entnehmen ist. Instrumente mit Angaben über 90% sind bis auf weiteres der Normal-Eichungskommission einzureichen, ebenso solche Saccharimeter, die für eine andere Normaltemperatur als 15°, 17,5° und 20° C. eingerichtet sind.

III. Aräometer für Mineralöle.

Die Prüfung der Aräometerskalen geschieht für das Dichtebereich von 0,620—0,840 in Mischungen von Petroleumdestillaten, für Dichten über

0,840 in Harzölen. Dichteangaben unter 0,620 werden nicht geprüft. Das Gebrauchsnormal besteht aus 6 Spindeln, die von 0,599—0,671, von 0,669 bis 0,741, von 0,739—0,811, von 0,809—0,881, von 0,879—0,951 und von 0,949—1,021 reichen. Die Skalen der Spindeln sind in halbe Einheiten der dritten Dezimale der Dichte eingeteilt. Nach der Eintauchung in Petroleummischungen oder Harzöl sind die Spindeln in Benzin (Naphtha von der Dichte 0,70—0,72) zu reinigen und dann sauber abzutrocknen. Die Fehlertafeln der Gebrauchsnormale gelten für Mineralöl bzw. Harzöl. Eine Umrechnung der Angaben der zu eichenden Aräometer wegen der Unterschiede der Kapillaritätskonstanten von Mineralöl und Harzöl ist nicht erforderlich.

IV. Aräometer für Schwefelsäure nach Gewichtsprozent.

Die Prüfung der Aräometer geschieht in Schwefelsäure-Branntweinmischungen. Das Gebrauchsnormal ist für die Normaltemperatur 15^0 C. eingerichtet; es umfaßt 4 Spindeln, die nach fünftel Prozent geteilt sind und den folgenden Skalenumfang haben: 0—28, 27—55, 54—81, 80—91 %.

Prozent-Aräometer, die in zehntel Prozent eingeteilt sind und solche, die Angaben über 90 % enthalten, sind bis auf weiteres an die Kaiserliche Normal-Eichungskommission einzureichen; das gleiche gilt von Prozent-Aräometern, welche für andere Normaltemperaturen als 15^0, $17,5^0$ und 20^0 C. eingerichtet sind.

Die bei der Vergleichung in Schwefelsäure-Branntweinmischungen erhaltenen Ablesungen der zu eichenden Instrumente bedürfen einer Verbesserung, welche den Übergang auf Schwefelsäure-Wassermischungen vermittelt und dem entsprechenden Nomogramme zu entnehmen ist. Ist die Normaltemperatur $17,5^0$ oder 20^0 C., so ist außerdem an der Ablesung des zu eichenden Instruments noch eine zweite Verbesserung anzubringen, deren Betrag in der Hilfstafel 2 der Anlage B verzeichnet ist.

V. Aräometer nach Dichte.

Die Prüfung der Aräometer geschieht an den Dichtepunkten unter 1,0 in Harzöl, an dem Punkte 1,0 und darüber in Schwefelsäure-Branntweinmischungen. Im ersten Falle ist das Gebrauchsnormal für Mineralöl-Aräometer zu benutzen und dabei die Ablesung an der zu eichenden Spindel zum Übergang auf die Gebrauchsflüssigkeit mit einer aus dem entsprechenden Nomogramme zu entnehmenden Verbesserung zu versehen. Das Gebrauchsnormal für die Dichten 1,0 und darüber besteht aus 12 Spindeln, die nacheinander reichen

von 0,999—1,071,	von 1,069—1,141,	von 1,139—1,211,
„ 1,209—1,281,	„ 1,279—1,351,	„ 1,349—1,421,
„ 1,419—1,491,	„ 1,489—1,561,	„ 1,559—1,631,
„ 1,629—1,701,	„ 1,699—1,771,	„ 1,769—1,841.

Die Spindeln sind in halbe Einheiten der dritten Dezimale der Dichte geteilt. Die Fehlertafeln gelten für Ablesungen in Schwefelsäure-Branntweinmischungen und für eine Normaltemperatur von 15^0 C.

Die bei der Vergleichung in Schwefelsäure-Branntweinmischungen erhaltenen Angaben der zu eichenden Aräometer sind mit Hilfe des entsprechenden Nomogramms auf die Gebrauchsflüssigkeit umzurechnen.

Ist die Normaltemperatur eines Aräometers nach Dichte nicht 15° C., sondern 0°, 17,5° oder 20° C., so werden die Ablesungen an diesem Instrument außer mit der Kapillaritätsreduktion noch mit je einer zweiten Verbesserung versehen, welche den Übergang auf die Normaltemperatur vermittelt und der Hilfstafel 3 aus der Anlage B zu dieser Instruktion zu entnehmen ist.

Aräometer mit Dichteangaben, deren Teilung nach zwei oder nach einer Einheit der vierten Dezimale der Dichte fortschreitet, ferner solche Aräometer, die für eine andere Normaltemperatur als 0°, 15°, 17,5° und 20° C. eingerichtet sind, werden bis auf weiteres nur von der Kaiserlichen Normal-Eichungskommission geeicht. Jedoch können Aräometer mit Dichteangaben innerhalb des Intervalls 0,9996—1,0404 auch von den nach § 9 a. a. O. befugten Stellen geeicht werden, falls die geeigneten Normale dazu vorhanden sind. Als Normale dienen zwei Spindeln, die von 1,00 bis 1,02 und von 1,02—1,04 der Dichte reichen, und deren Teilungen nach 0,0002 fortschreiten. Ihre Normaltemperatur ist 15° C.

Die Prüfung von Aräometern für undurchsichtige Flüssigkeiten erfolgt genau in derselben Art wie bei denjenigen für durchsichtige Flüssigkeiten (4 d, letzter Absatz). Die zum Übergang auf die Gebrauchsflüssigkeit dienenden Nomogramme oder Hilfstafeln (Anlage B, 4 a und 4 b) enthalten bereits den Unterschied zwischen der Ablesung im Niveau und am oberen Rande des Wulstes.

VI. Aräometer nach Baumé.

Die Prüfung der Aräometer nach Baumé erfolgt in Schwefelsäure-Branntweinmischungen. Das Gebrauchsnormal besteht aus 3 Spindeln mit den Skalenumfängen: 0—24, 23—46, 45—70. Es genügt auch, wenn die letzte Skale von 45—66 reicht. Die Skalen sind in fünftel Grad eingeteilt und mit Fehlerverzeichnissen für Schwefelsäure-Branntweinmischungen versehen.

Die Angaben der zu eichenden Spindeln sind zum Übergang auf die Gebrauchsflüssigkeit mit Verbesserungen zu versehen, die aus dem entsprechenden Nomogramme zu entnehmen sind. Über die Prüfung von Baumé - Aräometern für undurchsichtige Flüssigkeiten gilt das unter V am Schlusse Gesagte. Die Kaiserliche Normal-Eichungskommission behält sich bis auf weiteres die Eichung der in zehntel Grad geteilten und derjenigen Aräometer nach Baumé vor, die Angaben über 66° enthalten.

6. Gewichtsbestimmung.

Hat die Prüfung der Thermometer- und Aräometerskale nicht zu einer Beanstandung des Instruments geführt, so ist dessen Gewicht, und zwar in Milligramm, festzustellen. Bei Instrumenten, die nicht in der Gebrauchsflüssigkeit geprüft werden, ist das Gewicht vor der aräometrischen Prüfung festzustellen. Man legt das Aräometer auf die eine Schale der besonders für diesen Zweck vorgesehenen und für eine Tragfähigkeit von 100 g bis 20 g bestimmten Eichamtswage Nr. 5b oder einer ähnlichen Wage von mindestens der gleichen Empfindlichkeit vorsichtig auf und tariert auf der anderen Schale aus, bis die Wage einspielt. Hierauf wird das Aräometer durch Normalgewichte ersetzt bis die Zunge der Wage abermals in ihre Einspielungslage dauernd zurückkehrt. Die Summe der aufgesetzten Normalgewichte ergibt dann unmittelbar das Gewicht des Instruments. Übersteigt das Gewicht einer Spindel den Betrag von 100 g, so ist die nächstgrößere Eichamtswage zu benutzen.

7. Stempelung.

Die Stempelung geschieht ausschließlich durch Trockenätzung (Instruktion, zweiter Abschnitt, II, Nr. 11). Der Stempel über der Thermometerskale wird mittels einer Vorrichtung, welche zugleich den Jahresstempel und die Nummer über dem Bande enthält und sich dementsprechend für das Instrument einstellen läßt, auf der Vorderseite des Glaskörpers aufgebracht, darüber kommt der Adler. Als Nummer ist diejenige aufzuätzen, welche das Instrument bei der Eichstelle führt. Auf Wunsch des Einsenders ist unter dem Eichstempel oder an anderer Stelle die Bezeichnung (I. C.) oder (C. I.) hinzuzufügen.

Die Angabe des Gewichts wird, nach vorheriger Abrundung der letzten Zahlenstelle auf 0 oder 5, seitwärts von dem Hauptstempel in der Längsrichtung des Glaskörpers mit einer Vorrichtung aufgeätzt, in welcher die entsprechende Zahl vor der Bezeichnung mg sich einstellen läßt.

8. Nachprüfung geeichter Instrumente.

Bei der Nachprüfung geeichter Instrumente ist zunächst darauf zu achten ob die Skalen noch festsitzen und sich nicht verschoben haben, und ob das Instrument keine Sprünge aufweist.

Bietet ein eingereichtes Instrument in dieser Beziehung keine Bedenken, so erfolgt die Prüfung in der gleichen Weise wie bei der Neueichung, mit dem alleinigen Unterschiede, daß die unter 2a für Instrumente, die nicht aus bestimmten Glassorten hergestellt sind, vorgeschriebene Lagerfrist von vier Wochen bei der Nacheichung fortfällt. Genügt das Instrument bei der Prüfung auf seine allgemeine Beschaffenheit den Anforderungen des § 3 a. a. O. nicht, oder überschreiten die an der Thermometer- oder Aräometerskale bei der Vergleichung gefundenen Fehler die Verkehrsfehlergrenzen, so erfolgt die Rückgabe mit vernichtetem Hauptstempel, wobei auch der Adlerstempel vernichtet werden muß und ebenso die etwaige Bezeichnung (I. C.) oder (C. I.). Wenn dagegen das Instrument im übrigen sich als zulässig erwiesen hat, die Gewichtsangabe aber nicht mehr zutreffend ist, so soll hierin kein Grund zur Zurückweisung liegen. Es ist vielmehr, falls das wirkliche von dem aufgeätzten Gewicht um mehr als 10 mg abweicht, die vorhandene Gewichtsangabe durch Aufätzung eines Querstrichs zu vernichten und die neugefundene neben der alten aufzuätzen.

9. Berichtigungen.

Zur Vornahme von Berichtigungen irgendwelcher Art an Aräometern sind die Eichstellen nicht berechtigt.

10. Behandlung und Fehlergrenzen der Normale.

a) Das Gebrauchsnormal für Thermometer und die Gebrauchsnormale für Aräometer sind nach jeder Benutzung noch besonders mit einem reinen, weichen Leinentuche abzutrocknen und dann in dem für sie bestimmten Kasten in verschlossenem Schranke aufzubewahren.

Die Fehlergrenze des Gebrauchsnormals für Thermometer ist auf 0,08° C. festgesetzt. Ferner ist bestimmt, daß die Fehler der Gebrauchsnormale der Aräometer mindestens die Fehlergrenzen der Gebrauchsinstrumente einhalten, für die sie bestimmt sind. Außerdem ist jedem Gebrauchsnormal für Aräometer eine besondere Tafel beigegeben, welche eine Angabe der Fehler bei den Prozent-Aräometern bis auf 0,01 %, bei den Grad-Aräometern bis auf 0,01° und bei den Dichte-Aräometern bis auf eine Einheit der fünften Dezimalstelle der Dichte enthält. Ebenso ist für das Gebrauchsnormal für Thermometer eine Fehlertafel in 0,01° C. aufgestellt. Bei den Ablesungen an der Aräometer- und an der Thermometerskale sind die angegebenen Fehler in Rechnung zu ziehen. Das Normal darf nur in derjenigen Flüssigkeit gebraucht werden, für welche die Fehlertafel gilt. Die Ablesungen des Normals bedürfen daher in keinem Falle einer Kapillaritätsreduktion.

Bei den Normalthermometern ist alljährlich eine Bestimmung des Eispunkts vorzunehmen. Da bei Temperaturen unter 0° namentlich frisch geschnittenes Eis nicht selten unterkühlt ist, so wird diese Bestimmung zweckmäßig nicht in den Wintermonaten ausgeführt. Zeigt der Eispunkt eine Änderung, welche die Hälfte der Fehlergrenze erreicht, so ist der Kaiserlichen Normal-Eichungskommission hiervon Mitteilung zu machen.

Im übrigen wird die Normal-Eichungskommission in bestimmten, von ihr festzusetzenden Fristen sowohl die Normale für Thermometer wie die Normale für Aräometer zum Zwecke einer wiederkehrenden Prüfung einfordern.

b) Die zur Gewichtsbestimmung der Aräometer bestimmte Wage muß so weit berichtigt sein, daß sie bei der größten Belastung für eine Zulage von 1 mg noch einen deutlichen Ausschlag gibt.

Der Gewichtssatz muß allen Anforderungen entsprechen, welche an die Kontrollnormale für Präzisionsgewichte zu stellen sind.

Für die Nachprüfung der Normalgewichte haben die Aufsichtsbehörden Sorge zu tragen.

Amtliches Prüfungswesen.

Anlage A.

Musterbeispiele.

Beispiele für die Berechnung des aräometrischen Fehlers aus der Ablesung des Normals und derjenigen des zu eichenden Instruments:

Stelle der Eichvorschriften	Art des zu eichenden Instruments. Gebrauchstemperatur G k d	Normal. Gebrauchstemperatur des Normals	Prüfungsflüssigkeit	Lesung des Normals. Tafelfehler des Normals. Berichtigte Lesung	Lesung des Instruments. Kapill.-Reduktion (Nomogr.). Reduzierte Lesung des Instruments	Fehler des Instruments in der Gebrauchsflüssigkeit
§ 7. I.	Alkoholometer nach Gewichtsprozent von 31—100 %. + 15° C. 39,0 g 7,8 mm 200	Gebrauchsnormal für Alkoholometer + 15° C.	Alkohol-Wasser-Mischung	49,28 % — 0,06 49,22 %	49,31 % — 49,31 %	— 0,09 %
I.	Alkoholometer nach Gewichtsprozent von 8—16 %. + 15° C. 31,6 g 2,7 mm 85	Gebrauchsnormal für Alkoholometer + 15° C.	Sulfosprit	12,32 % + 0,03 12,35 %	12,07 % + 0,42 12,49 %	— 0,14 %
II.	Saccharimeter nach Gewichtsprozent. + 17,5° C. 58,7 g 5,6 mm 95	Gebrauchsnormal für Saccharimeter + 20° C.	Sulfosprit	48,46 % + 0,06 48,52 %	48,65 % — 0,24 + 0,19 (Hilfstaf. 1) 48,60 %	— 0,08 %
III.	Aräometer für Mineralöle. + 15° C. 22,5 g 6,2 mm 276	Gebrauchsnormal für Mineralöl-Aräometer + 15° C.	Mineralöl	0,698 60 — 20 0,698 40	0,698 55 — 0,698 55	— 0,000 15
III.	Aräometer für Mineralöle (Harzöl). + 15° C. 40,7 g 4,8 mm 117	Gebrauchsnormal für Mineralöl-Aräometer + 15° C.	Harzöl	0,970 99 — 128 0,969 71	0,969 52 — 0,969 52	+ 0,000 19

Stelle der Eichvorschriften	Art des zu eichenden Instruments. Gebrauchstemperatur G k d	Normal. Gebrauchstemperatur des Normals	Prüfungsflüssigkeit	Lesung des Normals. Tafelfehler des Normals. Berichtigte Lesung	Lesung des Instruments. Kapill.-Reduktion (Nomogr.). Reduzierte Lesung des Instruments	Fehler des Instruments in der Gebrauchsflüssigkeit
IV.	Aräometer für Schwefelsäure nach Gewichtsprozent. + 17,5° C. 35,1 g 6,2 mm 176	Gebrauchsnormal für Schwefelsäure nach Gewichtsprozent. + 15° C.	Sulfosprit	53,21 % + 0,05 ――― 53,26 %	53,62 % — 0,24 — 0,19 (Hilfstaf. 2) ――― 53,19 %	+ 0,07 %
Va.	Aräometer für Schwefelsäure nach Dichte. + 15° C. 27,0 g 5,8 mm 215	Gebrauchsnormal für Dichte-Aräometer. + 15° C.	Sulfosprit	1,187 52 — 18 ――― 1,187 34	1,190 26 — 302 ――― 1,187 24	+ 0,000 10
Vb.	Aräometer für Salpetersäure nach Dichte. + 15° C. 73,4 g 5,8 mm 79	Gebrauchsnormal für Dichte-Aräometer. + 15° C.	Sulfosprit	1,156 42 — 21 ――― 1,156 21	1,157 35 — 101 ――― 1,156 34	— 0,000 13
Vc.	Aräometer für Salzsäure nach Dichte. + 20° C. 62,8 g 5,6 mm 89	Gebrauchsnormal für Dichte-Aräometer. + 15° C.	Sulfosprit	1,136 25 + 37 ――― 1,136 62	1,137 84 — 115 + 14 (Hilfstaf. 3) ――― 1,136 83	— 0,000 21
Vd.	Aräometer für Natronlauge nach Dichte. + 15° C. 71,8 g 5,6 mm 77	Gebrauchsnormal für Dichte-Aräometer. + 15° C.	Sulfosprit	1,195 78 — 51 ――― 1,195 27	1,196 40 — 133 ――― 1,195 07	+ 0,000 20
Ve.	Aräometer für Glyzerin nach Dichte. + 20° C. 65,2 g 4,9 mm 75	Gebrauchsnormal für Dichte-Aräometer. + 15° C.	Sulfosprit	1,126 97 + 22 ――― 1,127 19	1,128 02 — 86 + 14 (Hilfstaf. 3) ――― 1,127 30	— 0,000 11

Stelle der Eich-vor-schriften	Art des zu eichenden Instruments. Gebrauchstemperatur G k d	Normal. Gebrauchstemperatur des Normals	Prüfungs-flüssigkeit	Lesung des Normals. Tafelfehler des Normals. Berichtigte Lesung	Lesung des Instruments. Kapill.-Reduktion (Nomogr.). Reduzierte Lesung des Instruments	Fehler des Instruments in der Gebrauchs-flüssigkeit
§ 7. Vf.	Aräometer für Kochsalzlösung nach Dichte. + 15° C. 63,4 g 5,1 mm 80	Gebrauchsnormal für Dichte-Aräometer. + 15° C.	Sulfosprit	1,207 45 + 12 1,207 57	1,208 52 — 144 1,207 08	+ 0,000 49
Vg.	Aräometer für Ammoniak nach Dichte. + 15° C. 54,3 g 4,8 mm 89	Gebrauchsnormal für Mineralöl-Aräometer. + 15° C.	Harzöl	0,982 70 — 21 0,982 49	0,983 59 — 98 0,982 61	— 0,000 12
Vh.	Aräometer für Seewasser nach Dichte. 0° C. 119,5 g 3,8 mm 31	Gebrauchsnormal für Dichte-Aräometer. + 15° C.	Sulfosprit	1,012 38 + 36 1,012 74	1,013 52 — 44 — 38 (Hilfstaf. 3) 1,012 70	+ 0,000 04
Vi.	Aräometer für Milch (obere Ablesung). + 15° C. 85,2 g 5,4 mm	Gebrauchsnormal für Dichte-Aräometer. + 15° C.	Sulfosprit	1,026 51 + 42 1,026 93	1,027 94 — 84 1,027 10	— 0,000 17
Vk.	Aräometer für Rosmarinöl nach Dichte. + 17,5° C. 21,9 g 3,65 mm 167	Gebrauchsnormal für Dichte-Aräometer. + 15° C.	Harzöl	0,896 75 — 8 0,896 67	0,896 82 + 16 + 6 0,897 04	— 0,000 37
Vl.	Aräometer für Branntwein nach Dichte. + 15° C. 71,5 g 4,1 mm 57	Gebrauchsnormal für Mineralöl-Aräometer. + 15° C.	Mineralöl	0,792 51 + 11 0,792 62	0,792 74 + 4 0,792 78	— 0,000 16

VI.	Aräometer für Branntwein nach Dichte. + 15° C. 29,4 g 108 3,2 mm	Gebrauchsnormal für Mineralöl-Aräometer. + 15° C.	Harzöl	0,982 35 + 5 0,982 40	0,983 12 — 62 0,982 50	— 0,000 10
VI 1a.	Baumé-Aräometer für Schwefelsäure. + 15° C. 36,2 g 155 5,65 mm	Gebrauchsnormal für Baumé-Aräometer. + 15° C.	Sulfosprit	29,38° — 0,02 29,36°	29,52° — 0,20 29,32°	+ 0,04°
VI 1b.	Baumé-Aräometer für Salpetersäure. + 15° C. 40,8 g 150 6,15 mm	Gebrauchsnormal für Baumé-Aräometer. + 15° C.	Sulfosprit	13,64° + 0,05 13,69°	13,90° — 0,25 13,65°	+ 0,04°
VI 1c.	Baumé-Aräometer für Salzsäure. + 15° C. 63,0 g 88 5,6 mm	Gebrauchsnormal für Baumé-Aräometer. + 15° C.	Sulfosprit	9,43° + 0,07 9,50°	9,72° — 0,16 9,56°	— 0,06°
VI 1d.	Baumé-Aräometer für Farb- und Gerbstoffauszüge. + 15° C. 30,8 g H = *) 4,95 mm 6,9	Gebrauchsnormal für Baumé-Aräometer. + 15° C. *) Hilfstafel 4a)	Sulfosprit	20,39° + 0,03 20,42°	20,69° — 0,23 (Hilfstaf. 4 b) 20,46°	— 0,04°
VI 1e.	Baumé-Aräometer für Kochsalzlösung. + 15° C. 35,1 g 201 7,1 mm	Gebrauchsnormal für Baumé-Aräometer. + 15° C.	Sulfosprit	17,45° + 0,06 17,51°	17,72° — 0,37 17,35°	+ 0,16°

Anlage B.

Hilfstafeln.

Hilfstafel 1

zur Prüfung von Saccharimetern (5, II), deren Normaltemperatur
+ 15° C. oder + 17,5° C. beträgt.

Vorbemerkung: Das zu eichende Saccharimeter wird mit dem Gebrauchsnormal-Saccharimeter in Sulfosprit verglichen. An der Lesung des Normals ist der aus der zugehörigen Fehlertafel zu entnehmende Fehler mit seinem Vorzeichen anzubringen; an der Lesung des geprüften Saccharimeters ist außer der Kapillaritätsreduktion von Sulfosprit auf Zuckerlösung noch eine zweite Verbesserung anzubringen, welche den Übergang auf die Normaltemperatur 15° bzw. 17,5° C. vermittelt und aus der nachstehenden Tabelle zu entnehmen ist. Die Kapillaritätsreduktion ist von der Lesung des zu eichenden Instruments abzuziehen, die Reduktion wegen Normaltemperatur jedoch stets zu der Lesung hinzuzufügen.

Berichtigte Lesung des Normals	Reduktion auf		Berichtigte Lesung des Normals	Reduktion auf	
%	15° %	17,5° %	%	15° %	17,5° %
0	0,20	+ 0,11	20	+ 0,28	+ 0,14
1	0,20	0,11	21	0,28	0,15
2	0,21	0,11	22	0,29	0,15
3	0,21	0,11	23	0,29	0,15
4	0,21	0,12	24	0,30	0,15
5	0,22	0,12	25	0,30	0,15
6	0,22	0,12	26	0,30	0,16
7	0,23	0,12	27	0,31	0,16
8	0,23	0,12	28	0,31	0,16
9	0,24	0,12	29	0,32	0,16
10	0,24	0,13	30	0,32	0,16
11	0,24	0,13	31	0,32	0,16
12	0,25	0,13	32	0,33	0,17
13	0,25	0,13	33	0,33	0,17
14	0,26	0,13	34	0,33	0,17
15	0,26	0,13	35	0,34	0,17
16	0,26	0,14	36	0,34	0,17
17	0,27	0,14	37	0,34	0,17
18	0,27	0,14	38	0,34	0,18
19	0,28	0,14	39	0,35	0,18
20	0,28	0,14	40	0,35	0,18

Berichtigte Lesung des Normals %	Reduktion auf	
	15° %	17,5° %
40	+ 0,35	+ 0,18
41	0,35	0,18
42	0,35	0,18
43	0,36	0,18
44	0,36	0,18
45	0,36	0,18
46	0,36	0,18
47	0,36	0,18
48	0,36	0,19
49	0,37	0,19
50	0,37	0,19
51	0,37	0,19
52	6,37	0,19
53	0,37	0,19
54	0,37	0,19
55	0,37	0,19
56	0,38	0,19
57	0,38	0,19
58	0,38	0,19
59	0,38	0,19
60	0,38	0,19
61	0,38	0,19
62	0,38	0,19
63	0,38	0,19
64	0,38	0,19
65	0,38	0,19

Berichtigte Lesung des Normals %	Reduktion auf	
	15° %	17,5° %
65	+ 0,38	+ 0,19
66	0,38	0,19
67	0,38	0,19
68	0,39	0,19
69	0,39	0,19
70	0,39	0,19
71	0,39	0,19
72	0,39	0,19
73	0,39	0,19
74	0,39	0,19
75	0,39	0,19
76	0,39	0,19
77	0,39	0,20
78	0,39	0,20
79	0,39	0,20
80	0,39	0,20
81	0,39	0,20
82	0,39	0,20
83	0,39	0,20
84	0,39	0,20
85	0,39	0,20
86	0,39	0,20
87	0,39	0,20
88	0,39	0,20
89	0,39	0,20
90	0,39	0,20

Beispiel: Ein Saccharimeter mit der Normaltemperatur + 17,5° C. wird mit dem Gebrauchsnormal in Sulfosprit verglichen. Es habe das Gewicht 58,7 g und den Stengeldurchmesser 5,6 mm, so daß nach dem Nomogramm 1 die Hilfsgröße k = 95 wird.

Lesung des Normals . 48,46 %
Tafelfehler . . . . . + 0,06
Berichtigte Lesung . . 48,52 %

Lesung des Instruments . 48,65 %
Kapill.-Red. (Nomogramm) − 0,25
Red. auf 17,5° C.. . . . . + 0,19
Reduzierte Lesung des Instr. 48,59 %

Fehler des Instruments . . − 0,07 %

Hilfstafel 2

zur Prüfung von Schwefelsäure-Aräometern nach Gewichtsprozent (5, IV),
deren Normaltemperatur $+ 17,5^0$ C. oder $+ 20^0$ C. beträgt.

Vorbemerkung: Das zu eichende Instrument wird mit dem Gebrauchsnormal für Schwefelsäure-Prozentaräometer in Sulfosprit verglichen. An der Lesung des Normals ist der aus der zugehörigen Fehlertafel zu entnehmende Fehler mit seinem Vorzeichen anzubringen; an der Lesung des geprüften Instruments ist außer der Kapillaritäts-Reduktion von Sulfosprit auf Schwefelsäure noch eine zweite Verbesserung anzubringen, welche den Übergang auf die Normaltemperatur $17,5^0$ bzw. 20^0 C. vermittelt und aus der nachstehenden Tabelle zu entnehmen ist. Beide Reduktionen sind von der Lesung des zu eichenden Instruments abzuziehen.

Berichtigte Lesung des Normals %	Reduktion auf $17,5^0$ %	Reduktion auf 20^0 %	Berichtigte Lesung des Normals %	Reduktion auf $17,5^0$ %	Reduktion auf 20^0 %
	von der Lesung abzuziehen			von der Lesung abzuziehen	
0	0,05	0,11	20	0,18	0,36
1	0,06	0,13	21	0,18	0,37
2	0,07	0,15	22	0,19	0,37
3	0,08	0,17	23	0,19	0,38
4	0,09	0,18	24	0,19	0,39
5	0,10	0,20	25	0,20	0,39
6	0,10	0,21	26	0,20	0,40
7	0,11	0,22	27	0,20	0,40
8	0,12	0,24	28	0,20	0,40
9	0,12	0,25	29	0,20	0,41
10	0,13	0,26	30	0,21	0,41
11	0,13	0,27	31	0,21	0,41
12	0,14	0,29	32	0,21	0,41
13	0,14	0,30	33	0,21	0,41
14	0,15	0,31	34	0,21	0,41
15	0,16	0,32	35	0,21	0,42
16	0,16	0,33	36	0,21	0,42
17	0,17	0,34	37	0,21	0,41
18	0,17	0,35	38	0,21	0,41
19	0,18	0,35	39	0,21	0,41
20	0,18	0,36	40	0,21	0,41

Berichtigte Lesung des Normals %/₀	Reduktion auf	
	17,5° %/₀	20° %/₀
	von der Lesung abzuziehen	
40	0,21	0,41
41	0,20	0,41
42	0,20	0,40
43	0,20	0,40
44	0,20	0,40
45	0,20	0,40
46	0,20	0,40
47	0,20	0,39
48	0,19	0,39
49	0,19	0,39
50	0,19	0,39
51	0,19	0,39
52	0,19	0,38
53	0,19	0,38
54	0,19	0,38
55	0,19	0,38
56	0,19	0,38
57	0,19	0,38
58	0,19	0,38
59	0,19	0,37
60	0,19	0,37
61	0,19	0,37
62	0,19	0,38
63	0,19	0,38
64	0,19	0,38
65	0,19	0,38

Berichtigte Lesung des Normals %/₀	Reduktion auf	
	17,5° %/₀	20° %/₀
	von der Lesung abzuziehen	
65	0,19	0,38
66	0,19	0,38
67	0,19	0,38
68	0,19	0,38
69	0,19	0,38
70	0,19	0,38
71	0,19	0,38
72	0,19	0,38
73	0,19	0,38
74	0,19	0,39
75	0,20	0,39
76	0,20	0,39
77	0,20	0,40
78	0,21	0,41
79	0,21	0,42
80	0,22	0,44
81	0,23	0,46
82	0,24	0,48
83	0,25	0,51
84	0,27	0,54
85	0,29	0,58
86	0,32	0,62
87	0,35	0,68
88	0,38	0,74
89	0,42	0,82
90	0,47	0,91

Beispiel: Ein Schwefelsäure-Aräometer nach Gewichtsprozent mit der Normaltemperatur $+ 20°$ C. wird mit dem Gebrauchsnormal in Sulfosprit verglichen. Es habe das Gewicht 61,3 g und den Stengeldurchmesser 5,3 mm, so daß nach dem Nomogramm 1 die Hilfsgröße $k = 85$ wird.

Lesung des Normals .	39,27 %		Lesung des Instruments .	39,74 %
Tafelfehler	—0,03		Kapill.-Red. (Nomogramm)	—0,14
Berichtigte Lesung. .	39,24 %		Red. auf 20° C.	—0,41
			Reduzierte Lesung des Instr.	39,19 %
			Fehler des Instruments . .	$+ 0,05$ %

Hilfstafel 3

zur Prüfung von Dichte-Aräometern (5, V), deren Normaltemperatur
0°, 17,5° oder 20° C. beträgt.

Vorbemerkung: An der Lesung des zu eichenden Aräometers ist
außer der Kapillaritätsreduktion von der Prüfungsflüssigkeit auf die Gebrauchsflüssigkeit noch eine zweite Reduktion anzubringen, welche den
Übergang auf die Normaltemperatur 0°, 17,5° oder 20° C. vermittelt und
aus der nachstehenden Tabelle zu entnehmen ist. Diese in Einheiten der
5. Dezimalstelle der Dichte angegebene Reduktion ist im Falle der Normaltemperatur 0° von der Lesung abzuziehen, bei den Normaltemperaturen
17,5° und 20° C. dagegen zu der Lesung hinzuzufügen.

Berichtigte Lesung des Normals	Reduktion auf			Berichtigte Lesung des Normals	Reduktion auf			Berichtigte Lesung des Normals	Reduktion auf		
	0°	17,5°	20°		0°	17,5°	20°		0°	17,5°	20°
0,79	− 30	+ 5	+ 10								
0,80	− 30	+ 5	+ 10	1,05	− 39	+ 7	+ 13	1,30	− 49	+ 8	+ 16
81	30	5	10	06	40	7	13	31	49	8	16
82	31	5	10	07	40	7	13	32	50	8	17
83	31	5	10	08	41	7	14	33	50	8	17
0,84	− 32	+ 5	+ 11	09	− 41	+ 7	+ 14	1,34	− 50	+ 8	17
0,85	− 32	+ 5	+ 11	1,10	− 41	+ 7	+ 14	1,35	− 51	+ 8	+ 17
86	32	5	11	11	42	7	14	36	51	9	17
87	33	5	11	12	42	7	14	37	51	9	17
88	33	6	11	13	42	7	14	38	52	9	17
0,89	− 33	+ 6	+ 11	1,14	− 43	+ 7	+ 14	1,39	− 52	+ 9	+ 17
0,90	− 34	+ 6	+ 11	1,15	− 43	+ 7	+ 14	1,40	− 53	+ 9	+ 18
91	34	6	11	16	44	7	15	41	53	9	18
92	35	6	12	17	44	7	15	42	53	9	18
93	35	6	12	18	44	7	15	43	54	9	18
0,94	− 35	+ 6	+ 12	1,19	− 45	+ 7	+ 15	1,44	− 54	+ 9	+ 18
0,95	− 36	+ 6	+ 12	1,20	− 45	+ 8	+ 15	1,45	− 54	+ 9	+ 18
96	36	6	12	21	45	8	15	46	55	9	18
97	36	6	12	22	46	8	15	47	55	9	18
98	37	6	12	23	46	8	15	48	56	9	19
0,99	− 37	+ 6	+ 12	1,24	− 47	+ 8	+ 16	1,49	− 56	+ 9	+ 19
1,00	− 38	+ 6	+ 13	1,25	− 47	+ 8	+ 16	1,50	− 56	+ 9	+ 19
01	38	6	13	26	47	8	16	51	57	9	19
02	38	6	13	27	48	8	16	52	57	10	19
03	39	6	13	28	48	8	16	53	57	10	19
1,04	− 39	+ 7	+ 13	1,29	− 48	+ 8	+ 16	1,54	− 58	+ 10	+ 19
1,05	− 39	+ 7	+ 13	1,30	− 49	+ 8	+ 16	1,55	− 58	+ 10	+ 19

Berichtigte Lesung des Normals	Reduktion auf			Berichtigte Lesung des Normals	Reduktion auf			Berichtigte Lesung des Normals	Reduktion auf		
	0^0	$17,5^0$	20^0		0^0	$17,5^0$	20^0		0^0	$17,5^0$	20^0
1,55	− 58	+ 10	+ 19	1,65	− 62	+ 10	+ 21	1,75	− 66	+ 11	+ 22
56	59	10	20	66	62	10	21	76	66	11	22
57	59	10	20	67	63	10	21	77	66	11	22
58	59	10	20	68	63	11	21	78	67	11	22
1,59	− 60	+ 10	+ 20	1,69	− 63	+ 11	+ 21	1,79	− 67	+ 11	+ 22
1,60	− 60	+ 10	+ 20	1,70	− 64	+ 11	+ 21	1,80	− 68	+ 11	+ 23
61	60	10	20	71	64	11	21	81	68	11	23
62	61	10	20	72	65	11	22	82	68	11	23
63	61	10	20	73	65	11	22	83	69	11	23
1,64	− 62	+ 10	+ 21	1,74	− 65	+ 11	+ 22	1,84	− 69	+ 12	+ 23
1,65	− 62	+ 10	+ 21	1,75	− 66	+ 11	+ 22	1,85	− 69	+ 12	+ 23

Beispiel: Ein Aräometer für Salzsäure nach Dichte mit der Normaltemperatur $+ 20^0$ C. ist mit dem Gebrauchsnormal für Dichte-Aräometer in Sulfosprit verglichen worden. Das zu eichende Instrument habe das Gewicht 62,8 g und den Stengeldurchmesser 5,6 mm, so daß die Hilfsgröße k = 89 wird (aus dem Nomogramm 1 zu bestimmen).

Lesung des Normals .	1,13625		Lesung des Instruments .	1,13784
Tafelfehler	+ 37		Kapill.-Red. (Nomogramm)	− 115
Berichtigte Lesung . .	1,13662		Red. auf 20^0 (vorst. Tabelle)	+ 14
			Reduzierte Lesung des Instr.	1,13683
			Fehler des Instruments	− 0,00021

Hilfstafeln 4a und 4b

zur Prüfung von Baumé - Aräometern für Farbholz- und Gerbstoff-Auszüge
(5, VI).

Vorbemerkung: Diese Aräometer werden in Sulfosprit mit dem Gebrauchsnormal für Baumé - Aräometer verglichen und dabei im Flüssigkeitsniveau abgelesen. An der Lesung des Normals ist der aus der zugehörigen Fehlertafel zu entnehmende Fehler mit seinem Vorzeichen anzubringen; an der Lesung des zu eichenden Instruments ist eine aus den nachstehenden Tabellen zu ermittelnde Reduktion anzubringen, welche sowohl die Kapillaritäts-Reduktion von Sulfosprit auf Farbholz-Auszüge als auch die Höhe des Wulstes dieser Flüssigkeit am Aräometerstengel berücksichtigt. Man entnimmt zunächst zu den Argumenten „Berichtigte Lesung des Normals" und „Stengeldurchmesser" (des zu eichenden Instruments) aus der Hilfstafel 4a die Hilfsgröße H, geht dann mit dieser Größe und mit dem Gewichte der zu eichenden Spindel in die Hilfstafel 4b ein und erhält die gesuchte Reduktion, welche von der Lesung in Sulfosprit abzuziehen ist.

Hilfstafel 4a.

Berichtigte Lesung des Normals	Stengeldurchmesser der zu eichenden Spindel in mm																	Berichtigte Lesung des Normals
	4,0	4,2	4,4	4,6	4,8	5,0	5,2	5,4	5,6	5,8	6,0	6,2	6,4	6,6	6,8	7,0	7,2	
	Hilfsgröße H																	
0°	5,1	5,6	6,1	6,6	7,1	7,6	8,2	8,7	9,3	9,9	10,5	11,1	11,8	12,5	13,2	13,9	14,6	0°
1	5,1	5,6	6,1	6,6	7,1	7,6	8,2	8,7	9,3	9,9	10,5	11,1	11,8	12,5	13,2	13,9	14,6	1
2	5,1	5,6	6,1	6,6	7,1	7,6	8,2	8,7	9,3	9,9	10,5	11,1	11,7	12,4	13,1	13,9	14,6	2
3	5,1	5,6	6,0	6,5	7,0	7,5	8,1	8,6	9,2	9,8	10,5	11,1	11,7	12,4	13,1	13,8	14,6	3
4	5,1	5,5	6,0	6,5	7,0	7,5	8,1	8,6	9,2	9,8	10,4	11,1	11,7	12,4	13,1	13,8	14,5	4
5	5,1	5,5	6,0	6,5	7,0	7,5	8,1	8,6	9,2	9,8	10,4	11,0	11,7	12,4	13,1	13,8	14,5	5
6	5,1	5,5	6,0	6,5	7,0	7,5	8,1	8,6	9,2	9,8	10,4	11,0	11,7	12,4	13,1	13,8	14,5	6
7	5,1	5,5	6,0	6,5	7,0	7,5	8,1	8,6	9,2	9,8	10,4	11,0	11,6	12,3	13,0	13,7	14,5	7
8	5,1	5,5	5,9	6,4	6,9	7,4	8,0	8,5	9,1	9,7	10,4	11,0	11,6	12,3	13,0	13,7	14,4	8
9	5,0	5,5	5,9	6,4	6,9	7,4	8,0	8,5	9,1	9,7	10,3	11,0	11,6	12,3	13,0	13,7	14,4	9
10	5,0	5,4	5,9	6,4	6,9	7,4	8,0	8,5	9,1	9,7	10,3	10,9	11,6	12,2	12,9	13,6	14,4	10
11	5,0	5,4	5,9	6,4	6,9	7,4	8,0	8,5	9,1	9,7	10,3	10,9	11,5	12,2	12,9	13,6	14,3	11
12	5,0	5,4	5,9	6,3	6,8	7,3	7,9	8,4	9,0	9,6	10,2	10,8	11,5	12,1	12,8	13,5	14,3	12
13	5,0	5,4	5,8	6,3	6,8	7,3	7,9	8,4	9,0	9,6	10,2	10,8	11,5	12,1	12,8	13,5	14,2	13
14	4,9	5,4	5,8	6,2	6,7	7,2	7,8	8,3	8,9	9,5	10,1	10,8	11,4	12,1	12,8	13,4	14,1	14
15	4,9	5,3	5,8	6,2	6,7	7,2	7,8	8,3	8,9	9,5	10,1	10,7	11,4	12,0	12,7	13,4	14,1	15
16	4,9	5,3	5,8	6,2	6,7	7,2	7,8	8,3	8,9	9,4	10,0	10,7	11,3	12,0	12,6	13,3	14,0	16
17	4,8	5,2	5,7	6,1	6,6	7,1	7,7	8,2	8,8	9,4	10,0	10,6	11,3	11,9	12,6	13,3	14,0	17
18	4,8	5,2	5,7	6,1	6,6	7,1	7,7	8,2	8,8	9,3	9,9	10,6	11,2	11,9	12,6	13,2	13,9	18
19	4,8	5,2	5,6	6,0	6,5	7,0	7,6	8,1	8,7	9,3	9,9	10,5	11,1	11,8	12,5	13,2	13,9	19
20	4,7	5,2	5,6	6,0	6,5	7,0	7,6	8,1	8,7	9,2	9,8	10,4	11,1	11,7	12,4	13,1	13,8	20
21	4,7	5,1	5,6	6,0	6,5	7,0	7,6	8,1	8,7	9,2	9,8	10,4	11,0	11,7	12,4	13,0	13,7	21
22	4,6	5,1	5,5	5,9	6,4	6,9	7,5	8,0	8,6	9,1	9,7	10,3	11,0	11,6	12,3	13,0	13,7	22
23	4,6	5,0	5,5	5,9	6,4	6,9	7,5	8,0	8,6	9,1	9,7	10,3	10,9	11,6	12,3	12,9	13,6	23
24	4,6	5,0	5,4	5,8	6,3	6,8	7,4	7,9	8,5	9,0	9,6	10,2	10,8	11,5	12,2	12,8	13,5	24
25	4,5	4,9	5,4	5,8	6,3	6,8	7,4	7,9	8,5	9,0	9,6	10,2	10,8	11,5	12,1	12,8	13,5	25
26	4,5	4,9	5,4	5,8	6,3	6,8	7,4	7,9	8,5	9,0	9,5	10,1	10,7	11,4	12,1	12,7	13,4	26
27	4,5	4,9	5,4	5,8	6,3	6,8	7,3	7,8	8,4	8,9	9,5	10,1	10,7	11,3	12,0	12,7	13,4	27
28	4,5	4,9	5,3	5,7	6,2	6,7	7,3	7,8	8,4	8,9	9,5	10,1	10,7	11,3	12,0	12,6	13,3	28
29	4,5	4,9	5,3	5,7	6,2	6,7	7,2	7,7	8,3	8,8	9,4	10,0	10,6	11,2	11,9	12,6	13,3	29
30	4,4	4,8	5,3	5,7	6,2	6,7	7,2	7,7	8,3	8,8	9,4	10,0	10,6	11,2	11,9	12,5	13,2	30

Hilfstafel 4b.

Ge- wicht der Spindel g	Hilfsgröße H												Ge- wicht der Spindel g
	4,0	5,0	6,0	7,0	8,0	9,0	10,0	11,0	12,0	13,0	14,0	15,0	
	Reduktion von Sulfosprit (Lesung im Niveau) auf Farbholz-Auszüge (Lesung am Wulstrand) in Graden Baumé. Von der Lesung in Sulfosprit stets abzuziehen.												
20	0,20	0,25	0,30	0,35	0,40	0,45	0,50	0,55	0,60	0,65	0,70	0,75	20
21	0,19	0,24	0,29	0,33	0,38	0,43	0,48	0,52	0,57	0,62	0,67	0,71	21
22	0,18	0,23	0,27	0,32	0,36	0,41	0,45	0,50	0,55	0,59	0,64	0,68	22
23	0,17	0,22	0,26	0,30	0,35	0,39	0,43	0,48	0,52	0,57	0,61	0,65	23
24	0,17	0,21	0,25	0,29	0,33	0,38	0,42	0,46	0,50	0,54	0,58	0,63	24
25	0,16	0,20	0,24	0,28	0,32	0,36	0,40	0,44	0,48	0,52	0,56	0,60	25
26	0,15	0,19	0,23	0,27	0,31	0,35	0,38	0,42	0,46	0,50	0,54	0,58	26
27	0,15	0,19	0,22	0,26	0,30	0,33	0,37	0,41	0,44	0,48	0,52	0,56	27
28	0,14	0,18	0,21	0,25	0,29	0,32	0,36	0,39	0,43	0,46	0,50	0,54	28
29	0,14	0,17	0,21	0,24	0,28	0,31	0,34	0,38	0,41	0,45	0,48	0,52	29
30	0,13	0,17	0,20	0,23	0,27	0,30	0,33	0,37	0,40	0,43	0,47	0,50	30
31	0,13	0,16	0,19	0,23	0,26	0,29	0,32	0,35	0,39	0,42	0,45	0,48	31
32	0,13	0,16	0,19	0,22	0,25	0,28	0,31	0,34	0,38	0,41	0,44	0,47	32
33	0,12	0,15	0,18	0,21	0,24	0,27	0,30	0,33	0,36	0,39	0,42	0,45	33
34	0,12	0,15	0,18	0,21	0,24	0,26	0,29	0,32	0,35	0,38	0,41	0,44	34
35	0,11	0,14	0,17	0,20	0,23	0,26	0,29	0,31	0,34	0,37	0,40	0,43	35
36	0,11	0,14	0,17	0,19	0,22	0,25	0,28	0,31	0,33	0,36	0,39	0,42	36
37	0,11	0,14	0,16	0,19	0,22	0,24	0,27	0,30	0,32	0,35	0,38	0,41	37
38	0,11	0,13	0,16	0,18	0,21	0,24	0,26	0,29	0,32	0,34	0,37	0,39	38
39	0,10	0,13	0,15	0,18	0,21	0,23	0,26	0,28	0,31	0,33	0,36	0,38	39
40	0,10	0,13	0,15	0,18	0,20	0,23	0,25	0,28	0,30	0,33	0,35	0,38	40
41	0,10	0,12	0,15	0,17	0,20	0,22	0,24	0,27	0,29	0,32	0,34	0,37	41
42	0,10	0,12	0,14	0,17	0,19	0,21	0,24	0,26	0,29	0,31	0,33	0,36	42
43	0,09	0,12	0,14	0,16	0,19	0,21	0,23	0,26	0,28	0,30	0,33	0,35	43
44	0,09	0,11	0,14	0,16	0,18	0,20	0,23	0,25	0,27	0,30	0,32	0,34	44
45	0,09	0,11	0,13	0,16	0,18	0,20	0,22	0,24	0,27	0,29	0,31	0,33	45
46	0,09	0,11	0,13	0,15	0,17	0,20	0,22	0,24	0,26	0,28	0,30	0,33	46
47	0,09	0,11	0,13	0,15	0,17	0,19	0,21	0,23	0,26	0,28	0,30	0,32	47
48	0,08	0,10	0,13	0,15	0,17	0,19	0,21	0,23	0,25	0,27	0,29	0,31	48
49	0,08	0,10	0,12	0,14	0,16	0,18	0,20	0,22	0,24	0,27	0,29	0,31	49
50	0,08	0,10	0,12	0,14	0,16	0,18	0,20	0,22	0,24	0,26	0,28	0,30	50
52	0,08	0,10	0,12	0,13	0,15	0,17	0,19	0,21	0,23	0,25	0,27	0,29	52
54	0,07	0,09	0,11	0,13	0,15	0,17	0,19	0,20	0,22	0,24	0,26	0,28	54
56	0,07	0,09	0,11	0,13	0,14	0,16	0,18	0,20	0,21	0,23	0,25	0,27	56
58	0,07	0,09	0,10	0,12	0,14	0,16	0,17	0,19	0,21	0,22	0,24	0,26	58
60	0,07	0,08	0,10	0,12	0,13	0,15	0,17	0,18	0,20	0,22	0,23	0,25	60

Ge-wicht der Spindel g	Hilfsgröße H												Ge-wicht der Spindel g
	4,0	5,0	6,0	7,0	8,0	9,0	10,0	11,0	12,0	13,0	14,0	15,0	
	Reduktion von Sulfosprit (Lesung im Niveau) auf Farbholz-Auszüge (Lesung am Wulstrand) in Graden Baumé. Von der Lesung in Sulfosprit stets abzuziehen.												
60	0,07	0,08	0,10	0,12	0,13	0,15	0,17	0,18	0,20	0,22	0,23	0,25	60
62	0,06	0,08	0,10	0,11	0,13	0,15	0,16	0,18	0,19	0,21	0,23	0,24	62
64	0,06	0,08	0,09	0,11	0,13	0,14	0,16	0,17	0,19	0,20	0,22	0,23	64
66	0,06	0,08	0,09	0,11	0,12	0,14	0,15	0,17	0,18	0,20	0,21	0,23	66
68	0,06	0,07	0,09	0,10	0,12	0,13	0,15	0,16	0,18	0,19	0,21	0,22	68
70	0,06	0,07	0,09	0,10	0,11	0,13	0,14	0,16	0,17	0,19	0,20	0,21	70
72	0,06	0,07	0,08	0,10	0,11	0,13	0,14	0,15	0,17	0,18	0,19	0,21	72
74	0,05	0,07	0,08	0,09	0,11	0,12	0,14	0,15	0,16	0,18	0,19	0,20	74
76	0,05	0,07	0,08	0,09	0,11	0,12	0,13	0,14	0,16	0,17	0,18	0,20	76
78	0,05	0,06	0,08	0,09	0,10	0,12	0,13	0,14	0,15	0,17	0,18	0,19	78
80	0,05	0,06	0,08	0,09	0,10	0,11	0,13	0,14	0,15	0,16	0,18	0,19	80
85	0,05	0,06	0,07	0,08	0,09	0,11	0,12	0,13	0,14	0,15	0,17	0,18	85
90	0,04	0,06	0,07	0,08	0,09	0,10	0,11	0,12	0,13	0,14	0,16	0,17	90
95	0,04	0,05	0,06	0,07	0,08	0,09	0,11	0,12	0,13	0,14	0,15	0,16	95
100	0,04	0,05	0,06	0,07	0,08	0,09	0,10	0,11	0,12	0,13	0,14	0,15	100
110	0,04	0,05	0,05	0,06	0,07	0,08	0,09	0,10	0,11	0,12	0,13	0,14	110
120	0,03	0,04	0,05	0,06	0,07	0,08	0,08	0,09	0,10	0,11	0,12	0,13	120

Beispiel: Ein Baumé - Aräometer für Farbholz- und Gerbstoff-Auszüge wird in Sulfosprit mit dem Gebrauchsnormal für Baumé - Aräometer verglichen; es habe das Gewicht 30,8 g und den Stengeldurchmesser 4,95 mm.

Lesung des Normals . $20,39^0$
Tafelfehler . . . . . $+ 0,03^0$
Berichtigte Lesung . . $20,42^0$

Lesung des Instruments . $20,69^0$
Nach Tafel 4a ist H = 6,9
„ „ 4b Red. a. Farbh.
(obere Ablesung) . . . . . $- 0,23^0$
Reduzierte Lesung . . . . $20,46^0$
Fehler in Farbh. für obere Ablesung . . . . $- 0,04^0$

56. Eichämter und Prüfungsämter.

Die Befugnis zur Eichung der zulässigen Aräometer aller Arten besitzen außer der Normal-Eichungskommission die folgenden Eichämter: Berlin, Gehlberg i. Thür. und Ilmenau. Zur Eichung von Thermo-Alkoholometern und Aräometern für Mineralöle sind berechtigt die Ämter zu Erfurt, Suhl und Straßburg, zur Eichung von Thermo-Alkoholometern allein die Ämter zu Magdeburg, Dresden, Schwerin und Karlsruhe. Die Zuständigkeit der Kaiserlichen Normal-Eichungskommission erstreckt sich auf das ganze Reich mit Ausnahme von Bayern. Die Königlich Bayerische Normal-Eichungskommission in München hat die gleichen Befugnisse für Bayern wie die Kaiserliche Kommission im übrigen Reichsgebiete. Sie erläßt Eichvorschriften und Instruktionen in Übereinstimmung mit den für das übrige Reichsgebiet ergehenden Bestimmungen. Meßgeräte, die den Vorschriften entsprechend geeicht sind, dürfen nach der neuen Maß- und Gewichtsordnung (s. S. 153) im ganzen Reichsgebiet angewendet werden.

Die Tätigkeit der Eichämter zu Gehlberg und Ilmenau erstreckt sich nicht allein auf die Eichung der Aräometer, sondern sie prüfen auch Aräometer, die nicht eichfähig sind, und fertigen Scheine aus, in welchen die Ergebnisse der Prüfung zahlenmäßig wiedergegeben sind. Die Gebühren entsprechen in diesem Falle den Eichgebühren.

57. Aräometer für den Gebrauch der Zoll- und Steuerbehörden.

Für zoll- und steueramtliche Zwecke finden Aräometer verschiedener Art Verwendung, die in den Ausführungsbestimmungen zu den einschlägigen Gesetzen näher bezeichnet sind. Diese Aräometer müssen sämtlich geeicht oder von der Normal-Eichungskommission als richtig beglaubigt sein. In der folgenden Tabelle (S. 204 und 205) geben wir eine Zusammenstellung derjenigen Spindeln, für deren Einrichtung besondere Vorschriften bestehen.

13. Kapitel.

Prüfungswesen im Ausland.

58. Internationale Vorschriften.

Der Internationale Kongreß für angewandte Chemie hat in Anlehnung an die deutschen Eichvorschriften besondere Bestimmungen für Aräometer und chemische Meßgeräte ausarbeiten lassen, welche im Jahre 1909 bei seiner Tagung in London zur Annahme gelangt sind. Wir lassen diese Bestimmungen hier wörtlich folgen:

Zulässig sind:
I. Meßgeräte für die Maßanalyse,
1. Allgemeine Meßgeräte,
2. Besondere Meßgeräte,

Thermo-Aräometer für zoll- und steueramtliche Zwecke.

Aufschrift der Aräometerskale	Aufschrift der Thermometerskale	Erstreckung der Aräometerskale	Erstreckung der Thermometerskale	Äußere Beschaffenheit	Fehlergrenze	Bemerkungen
1. Thermo-Saccharimeter zur Bestimmung des Extraktgehalts von Branntwein. (Anleitung für die Zoll-Abfertigung Teil III, Ziff. 24.)						
„Saccharimeter nach Gewichtsprozenten" Normaltemperatur $+ 20^0$ C.	Grade des hundertteiligen Thermometers. Name des Fabrikanten. Geschäftsnummer.	$0-5\%$ in $^1/_2\%$ geteilt.	-1 bis $+35^0$ in $^1/_1{}^0$ geteilt.	Länge von der Spitze der Quecksilberfüllung bis zum obersten Teilstriche 180 bis 230 mm. Durchmesser des Spindelkörpers höchstens 18 mm.	Die Instrumente werden geeicht, falls sie die notwendigen äußeren Anforderungen erfüllen und die für ihre Skaleneinteilung geltenden aräometrischen und thermometrischen Fehlergrenzen innehalten. (Vgl. Mitteilungen der Kaiserlichen Normal-Eichungskommission, 2. Reihe, Nr. 22. Berlin, Julius Springer.)	
2. Thermo-Saccharimeter zur Abfertigung von Verschnittweinen und Mosten sowie von Weinen überhaupt. (Anweisung für die zollamtliche Untersuchung von Verschnittwein und Verschnittmost auf den Weingeist- oder den Fruchtzucker- und den Extraktgehalt.) (Anlage zu Ziff. 26, Teil III der Anleitung etc., zweiter Nachtrag.)						
„Saccharimeter nach Gewichtsprozenten" Normaltemperatur $+ 15^0$ C.	Grade des hundertteiligen Thermometers. Name des Fabrikanten. Geschäftsnummer.	2 Spindeln 1. $0-16\%$ 2. $15-31\%$ in $^1/_5\%$ geteilt.	$+ 10$ bis $+ 20^0$ in $^1/_2{}^0$ geteilt.	Länge von der Spitze der Quecksilberfüllung bis zum obersten] Teilstriche höchstens 240 mm. Durchmesser des Spindelkörpers höchstens 18 mm.	.	Wie zu 1.
3. Thermo-Alkoholometer für Verschnittweine, Moste und Weine. (Verschnittwein-Zollordnung. Anlage zu Teil III, Ziff. 26.)						
„Alkoholometer nach Gewichtsprozenten" Normaltemperatur $+ 15^0$ C.	Grade des hundertteiligen Thermometers. Name des Fabrikanten. Geschäftsnummer.	2 Spindeln 1. $0-12\%$ 2. $10-22\%$ in $^1/_5\%$ geteilt.	$+ 10$ bis $+ 20^0$ in $^1/_2{}^0$ geteilt.	Länge von der Spitze der Quecksilberfüllung bis zum obersten Teilstriche höchstens 240 mm. Durchmesser des Spindelkörpers höchstens 18 mm.	.	Wie zu 1.
4. Lutterprober zur Untersuchung der Fuselöle auf den Weingeistgehalt und zur Abfertigung von Branntwein unter 10 Gewichtsprozent scheinbarer Stärke. (Anleitung für die Zoll-Abfertigung Teil III, Ziff. 88.) (Alkoholermittelungsordnung § 2, Abs. 3.)						
„Alkoholometer nach Gewichtsprozenten" Normaltemperatur $+ 15^0$ C.	Grade des hundertteiligen Thermometers. Name des Fabrikanten. Geschäftsnummer.	$0-12\%$ in $^1/_1\%$ geteilt.	$0-25^0$ in $^1/_1{}^0$ geteilt, 15^0 durch einen roten Strich markiert.	.	.	Wie zu 1.
5. Thermo-Aräometer zur Ermittelung der Baumégrade von Farb- und Gerbstoffen. (Anleitung für die Zoll-Abfertigung Teil III, Ziff. 82, 2.)						
„Aräometer nach Baumé für Farb- und Gerbstoffau.züge". Normaltemperatur $+ 15^0$ C. Ablesung am oberen Wulstrande.	Grade des hundertteiligen Thermometers. Name des Fabrikanten. Geschäftsnummer.	2 Spindeln 1. $10-20^0$ oder $10-21^0$ 2. $20-30^0$ „ $19-30^0$ in $^1/_{10}{}^0$ geteilt.	$0-30^0$ in $^1/_2{}^0$ geteilt, 15^0 durch einen roten Strich markiert. (Nicht unbedingt erforderlich.)	.	.	Wie zu 1.

6. Thermo-Aräometer zur Ermittelung der Prozente Brix in Zucker-Abläufen.

(Zentralblatt für das Deutsche Reich 1903, Seite 302.)

„Saccharimeter nach Gewichtsprozenten" Normaltemperatur + 20° C.	Grade des hundertteiligen Thermometers. Name des Fabrikanten. Geschäftsnummer.	2 Spindeln 1. 19–35% } in $\frac{1}{5}$ % 2. 34–50% } geteilt.	0 bis + 35° in $\frac{1}{2}$° geteilt.	Gesamtlänge der Spindel 280 mm. Abstand des obersten Teilstrichs der Aräometerskale von der Spitze der Quecksilberfüllung = 265 mm. Durchmesser des Spindelkörpers höchstens 28 mm.	.	Wie zu 1.

7. Thermo-Alkoholometer zur Prüfung von denaturiertem Spiritus.

(Alkoholermittelungsordnung § 2, Abs. 5.)

„Alkoholometer nach Gewichtsprozenten." Normaltemperatur + 15° C.	Grade des hundertteiligen Thermometers. Name des Fabrikanten. Geschäftsnummer.	75–85 % geteilt in $\frac{1}{5}$ %.	0 bis + 30° geteilt in $\frac{1}{2}$°.	$\frac{1}{2}$° mindestens 1 mm Abstand. Gesamtlänge der Spindel etwa 200 mm.	.	Wie zu 1.

8. Thermo-Aräometer für Rosmarinöl.

(Anleitung für die Zoll-Abfertigung Teil III, Ziff. 13.)

„Aräometer für Rosmarinöl." Normaltemperatur + 15° C.	Grade des hundertteiligen Thermometers. Name des Fabrikanten. Geschäftsnummer.	0,890–0,930 geteilt in $\frac{1}{2}$ Einheiten der dritten Dezimale.	0 bis + 30° in $\frac{1}{1}$° geteilt. 15° durch einen roten Strich markiert. (Nicht unbedingt erforderlich.)	Gesamtlänge der Spindel etwa 250 mm.	.	Wie zu 1.

9. Thermo-Aräometer zur Prüfung des Denaturierungs-Äthers und zur Untersuchung des zur Ausfuhr angemeldeten Äthers.

(Branntweinsteuer-Befreiungsordnung. Anlage 23 zu § 75 und Zentralblatt für das Deutsche Reich 1901, Seite 93.)

Dichte bezogen auf Wasser größter Dichte. Normaltemperatur + 15° C.	Aräometer für Äther. Name des Fabrikanten. Geschäftsnummer.	0,700–0,760 geteilt in 0,001.	0 bis + 30° geteilt in $\frac{1}{1}$°.	Länge der Aräometerskale nicht unter 60 mm. Teilstriche etwa $\frac{2}{5}$ des Stengelumfanges. Die Striche 0,01 und 0,005 etwas länger. Zu beziffern sind die Zehnerstriche. Länge der Thermometerskale nicht unter 30 mm.	Aräometer: 0,0005 Thermometer: 0,4°.	Wird von der Kaiserlichen Normal-Eichungskommission beglaubigt.

10. Thermo-Alkoholometer für Liköre und Essenzen.

(Ermittelung mit Hilfe einer besonderen Brennvorrichtung.) (Alkoholermittelungsordnung § 2, Abs. 4.)

„Alkoholometer nach Gewichtsprozenten." Normaltemperatur + 15° C.	Grade des hundertteiligen Thermometers. Name des Fabrikanten. Geschäftsnummer.	2 Spindeln 1. 0–30% } 0–10 in $\frac{1}{1}$ % geteilt, über 10 in $\frac{1}{2}$ % 2. 29–57% } in $\frac{1}{2}$ % geteilt.	0 bis + 30° in $\frac{1}{1}$° geteilt.	Größenverhältnisse wie bei Nr. 1, 2 und 3.	Aräometer für 0–10%: 0,4 % über 10%: 0,25 % Thermometer: 0,25°.	Wie zu 9.

11. Lutterprober nach Raumprozenten zur Bestimmung des Alkoholgehalts der Maische.

(Brennereiordnung. Anlage 39 zu §§ 301 und 305.)

„Alkoholometer nach Volumenprozenten." Normaltemperatur + 15,5° C. Name des Fabrikanten. Geschäftsnummer.	Ohne Thermometer. Die Aufschrift im Spindelkörper.	2 Spindeln 1. 0–9 % 2. 8–16 % in 0,2 % geteilt.	.	Länge der ganzen Spindel etwa 225 mm. Durchmesser des Spindelkörpers 20 mm.	0,2 %.	Wie zu 9.

Im übrigen finden bis auf weiteres die Bestimmungen für die eichfähigen Thermo-Aräometer sinngemäße Anwendung.

II. Meßgeräte für die Gasanalyse,
III. Pyknometer,
IV. Aräometer.

Geräte, welche den nachfolgenden Vorschriften entsprechen, erhalten den Stempel (I. C.).

Für die mit Stempel versehenen Geräte werden auf Antrag die gefundenen Fehler angegeben.

I. Meßgeräte für die Maßanalyse.

1. Allgemeine Meßgeräte.

Zulässig sind:

a) Kolben und Vollpipetten mit einer Marke oder mit mehreren Marken, Überlauf- und automatische Pipetten.

b) Meßgläser mit Fuß, Büretten, Meßpipetten, mit vollständiger, unvollständiger, oder unterbrochener Teilung.

A. Maßeinheit, Inhalt und Gebrauch.

1. Die Maßeinheit bildet das Liter[1]).

2. Die Ablesung geschieht bei durchsichtigen Flüssigkeiten an der tiefsten Stelle des Flüssigkeitsspiegels. Bei nicht benetzenden Flüssigkeiten erfolgt sie am höchsten Punkte, bei undurchsichtigen am Rande des Meniskus. In den letzteren Fällen ist, sofern nicht auf dem Geräte die Flüssigkeit angegeben ist, für die es bestimmt ist, eine Umrechnung auf die Lesung bei Wasser erforderlich.

3. Der Raumgehalt kann durch eine in das trockene Meßgerät eingefüllte Flüssigkeit (Meßgeräte auf Einguß) oder durch eine aus ihm ausgeflossene Flüssigkeit (Meßgeräte auf Ausguß) verkörpert sein. Geräte für eine Maßgröße dürfen auf Einguß und Ausguß gleichzeitig eingerichtet sein.

4. Der Raumgehalt der Meßgeräte auf Ausguß soll seinem Sollwert entsprechen, wenn die Entleerung in folgender Weise geschieht:

Geräte mit Mündung neigt man beim Ausgießen allmählich, bis sie sich nach beendetem zusammenhängenden Ausflusse nahezu in senkrechter Lage befinden und streicht nach Verlauf einer halben Minute die Mündung an dem die Füllung aufnehmenden Gefäße ab.

Geräte mit Auslauföffnung läßt man in senkrechter Stellung auslaufen und zwar Büretten frei, andere Geräte, indem man die Ausflußspitze mit der Wandung des Gefäßes in Berührung hält. Bei Vollpipetten mit zwei Marken und bei Meßpipetten erfolgt die genaue Einstellung auf die zweite Marke, beziehungsweise die Ablesung nach einer Viertelminute unter gleichzeitigem Abstreichen der Ablaufspitze am Aufnahmegefäße, bei Büretten nach einer halben Minute.

Andere Wartezeiten, als die angegebenen, sind zulässig, sind jedoch auf den Geräten in der Form: Wartez. 2 Min., 15 Sek. usw. zu vermerken.

5. Die Temperatur (Normaltemperatur) des Geräts, bei der es den richtigen Inhalt haben soll, kann beliebig gewählt sein, muß jedoch auf dem Geräte angegeben sein.

B. Material, Marken, Hähne etc.

1. Die Meßgeräte müssen aus gut gekühltem schlierenfreiem Glase, das gegen chemische Einwirkungen hinlänglich widerstandsfähig ist und nur geringe thermische Nachwirkung zeigt, oder aus Quarz hergestellt sein.

2. Die Geräte sollen in der Regel kreisförmigen Querschnitt haben; doch sind auch solche mit flachgedrücktem oder elliptischem Querschnitte zulässig.

3. Die Marken sollen fein, aber deutlich hergestellt sein und senkrecht zur Achse des Geräts liegen.

---

[1]) Das Liter ist der Raum, den bei Normaldruck ein Kilogramm reinen Wassers größter Dichte (4^0) einnimmt. Das Gewicht ist auf den luftleeren Raum zu reduzieren.

4. Bei ungeteilten zylindrischen Geräten sind die Marken ganz um den Umfang der Glaswand zu ziehen. Bei geteilten Geräten mit kreisförmigem Querschnitt müssen die Marken mindestens die Hälfte der Glaswand umfassen, während mindestens jede zehnte Marke ganz herumzuziehen und zu beziffern ist. Die Bezifferung muß deutlich sein.

Die Teilung muß ohne ersichtliche Ungleichheiten ausgeführt sein.

Zulässig ist die Einteilung und Bezifferung nach Prozent oder einer willkürlichen Einheit; dann muß jedoch auf dem Geräte der Raum in ml angegeben sein, der der Einheit entspricht.

6. Der Abstand zweier benachbarter Marken soll in der Regel mindestens 1 mm betragen.

7. Aus- und Überlaufspitzen dürfen am Ende gebogen und scharf abgeschnitten sein.

8. Hähne und Stopfen müssen flüssigkeitsdicht eingeschliffen sein.

9. Auf den Geräten ist ihr Raumgehalt in Liter (l) oder in Milliliter (ml) oder in Kubikzentimeter (ccm oder cm³), ferner in Graden der internationalen Temperaturskale die Normal-Temperatur t, bei der ihre Angaben dem Sollwert entsprechen sollen, anzubringen (A 5).

10. Ob ein Gerät auf Einguß oder auf Ausguß eingerichtet ist, muß durch Worte oder durch Buchstaben (z. B. durch to contain, par vidange, „E." beziehungsweise „A.", „In", beziehungsweise „Ex") kenntlich gemacht sein.

C. Besondere Einrichtung.

a) Kolben.

1. Kolben mit mehreren Marken dürfen zwischen den Marken ausgebaucht sein.

2. In der Nähe der Marke soll die innere Weite des Halses in der Regel betragen bei

Kolben

von mehr als ml	.	25	50	200	500	1000	1500	2000	3000	4000	5000
bis einschließlich ml	25	50	200	500	1000	1500	2000	3000	4000	5000	10000
höchstens mm	6	10	12	15	18	20	25	30	35	40	50

b) Vollpipetten.

Die Auslauföffnung muß so weit sein, daß die Entleerung von Wasser

bei einem Raumgehalte von mehr als ml	.	10	50	100	250	500	1000
bis einschließlich ml	10	50	100	250	500	1000	2000
in Sekunden dauert	15—20	22—30	32—40	45—60	65—80	90—120	130—180

Bei Kapillarpipetten darf die Auslaufzeit bis zu 60 Sekunden betragen.

c) Meßwerkzeuge mit Einteilung.

1 Bei allen geteilten Geräten darf die Teilung unvollständig oder unterbroc .n sein; an den Unterbrechungsstellen darf das Gerät sich ausbauchen oder eingezogen sein.

2. Die Auslauföffnung der Büretten und der Meßpipetten auf Ausguß muß eine solche Weite haben, daß der Auslauf von Wasser

bei einer Gesamtlänge der Teilung von mehr als mm	.	200	350	500
bis einschließlich	200	350	500	700
dauert Sekunden	25—35	35—45	45—55	55—70

Die Auslaufzeit wird bei ganz geöffnetem Hahne bestimmt. An Quetschhahnbüretten wird dabei mittels Kautschukschlauchs die Ablaufspitze mit dem Meßrohre so in Verbindung gebracht, daß ihre Mündung 6 cm unter dem unteren Ende der Bürette liegt.

d) Hilfsteilungen.

Hilfsteilungen, auch solche in mm, sind zulässig bei Kolben am Halse, bei Vollpipetten an den Rohren.

D. Fehlergrenzen.

Die Abweichungen von der Richtigkeit dürfen betragen für:

a) Kolben.

von mehr als ml	.	10	25	50	100	250	400	600	1000	1500	2000	3000	4000	5000
bis einschl. ml	10	25	50	100	250	400	600	1000	1500	2000	3000	4000	5000	10000
auf Einguß ml	0,008	0,015	0,02	0,05	0,08	0,11	0,14	0,18	0,25	0,35	0,5	0,8	1,2	2,0
auf Ausguß ml	0,016	0,03	0,04	0,10	0,16	0,22	0,28	0,36	0,50	0,70	1,0	1,6	2,4	4,0

b) Bei Kolben für mehrere Maßgrößen darf außerdem der Unterschied der Fehler des von zwei benachbarten Marken abgegrenzten Raumgehalts nicht mehr als die Hälfte des für den Raumgehalt bis zur ersten Marke zulässigen Fehlers betragen.

c) Vollpipetten.

von mehr als ml	.	2	5	10	20	30	50	100	150	250	400	600	1000	1500
bis einschl. ml	2	5	10	20	30	50	100	150	250	400	600	1000	1500	2000
auf Einguß ml	0,003	0,005	0,008	0,01	0,013	0,018	0,025	0,035	0,04	0,055	0,07	0,09	0,13	0,18
auf Ausguß ml	0,006	0,01	0,015	0,02	0,025	0,035	0,05	0,07	0,08	0,11	0,14	0,18	0,25	0,35

d) Meßgläser.

von mehr als ml	.	5	10	30	50	100	200	400	600
bis einschließlich ml	5	10	30	50	100	200	400	600	1000
auf Einguß ml	0,02	0,03	0,05	0,08	0,15	0,40	1,0	1,5	2,0
auf Ausguß ml	0,04	0,06	0,10	0,16	0,30	0,80	2,0	3,0	4,0

e) Büretten und Meßpipetten.

von mehr als ml	.	2	10	30	50	75	100	200
bis einschließlich ml	2	10	30	50	75	100	200	300
auf Einguß wie auf Ausguß	0,008	0,02	0,03	0,04	0,06	0,08	0,12	0,18

f) Die für Meßgeräte mit Einteilung angeführten Fehlergrenzen gelten für den Gesamtraumgehalt und für Abschnitte, welche die Hälfte des Gesamtraumgehalts und mehr betragen. Für kleinere Abschnitte gilt die Hälfte der Fehlerbeträge.

g) Hilfsteilungen.

Der gesamte von ihnen eingeschlossene Raumgehalt soll bis auf die Hälfte eines kleinsten Teilabschnittes richtig sein. Die Teilung darf keine ersichtlichen Teilfehler aufweisen.

2. Besondere Meßgeräte.

Zulässig sind:
a) Meßgeräte ohne Einteilung,
   1. Zylinder.
b) Meßgeräte mit Einteilung,
   2. Meßröhren, Butyrometer, Fuselölapparate u. dgl.

Für diese Geräte gelten sinngemäß die vorstehend unter A und B für allgemeine Meßgeräte erlassenen Bestimmungen.

Fehlergrenzen.

a) Zylinder.

von mehr als ml	.	30	50	100	200	400	600	1000	1500	2000	3000	4000
bis einschl. ml	30	50	100	200	400	600	1000	1500	2000	3000	4000	5000
auf Einguß ml	0,06	0,10	0,20	0,5	1,0	1,5	2,0	2,5	3,0	4,0	6,0	9,0
auf Ausguß ml	0,12	0,20	0,40	1,0	2,0	3,0	4,0	5,0	6,0	8,0	12,0	18,0

b) Geteilte Geräte.

Die für maßanalytische Geräte gleicher Art und Größe geltenden Beträge.

II. Meßgeräte für die Gasanalyse.

Zulässig sind:
   1. Meßkugeln,
   2. Pipetten, für eine oder mehrere Maßgrößen,
   3. Meßröhren, Gasbüretten, Absorptionsröhren, Eudiometer, Nitrometer u. dgl. mit vollständiger, unvollständiger und unterbrochener Einteilung.
   4. Geräte mit Einteilung nach Längen (Zentimeter, Millimeter), Druckröhren u. a.

A. Allgemeine Bestimmungen.

1. Die Geräte sollen den Raum angeben, den das in ihnen eingeschlossene Gas einnimmt.

Zulässig sind jedoch auch Geräte mit Teilung nach Prozenten des Gesamtinhalts oder nach einer willkürlichen Einheit, dann muß jedoch auf dem Geräte der Raum in ml angegeben sein, der der Einheit entspricht. Bei Teilung nach Längen bedarf es einer solchen Angabe nicht.

2. Die Ablesung erfolgt wie bei den Geräten für Maßanalyse (I, 1 A. 2).

B. Material und Einrichtung.

1. Auf den Geräten ist außer den Bezeichnungen, die für maßanalytische Geräte vorgesehen sind, auch die Sperrflüssigkeit anzugeben, mit der sie bei ihrem Gebrauche gefüllt sind (z. B. Wasser, Hg trocken, Quecksilber benetzt u. dgl.).

2. Die Geräte dürfen eine namentliche Bezeichnung tragen (z. B. Gasbürette nach Hempel, Nitrometer nach Lunge u. dgl.).

3. Ferner kommen die für maßanalytische Geräte unter A 1 sowie unter B aufgeführten Bestimmungen zur Anwendung.

C. Fehlergrenzen.

a) Bei Meßgeräten ohne Einteilung.

Dieselben wie für maßanalytische Geräte gleicher Art, wobei Meßkugeln wie Kolben zu behandeln sind.

b) Bei Meßgeräten mit Einteilung.

Für den Gesamtinhalt, wie für Teilabschnitte der Sollwert eines Abschnittes von 1 mm.

Hat das Meßrohr Teile mit verschiedenem Durchmesser, so gilt als Fehlergrenze für den Gesamtinhalt der Sollwert eines Abschnitts von 1 mm des weitesten Teiles; für die Raumgehalte, die den einzelnen Teilen entsprechen, je der Sollwert eines Abschnitts von 1 mm in dem betreffenden Teile.

Meßwerkzeuge mit Längenteilung sollen ohne ersichtliche Teilfehler sein.

III. Pyknometer, Dilatometer usw.

1. Pyknometer müssen aus gegen chemische Einflüsse besonders widerstandsfähigem und geringe thermische Nachwirkung zeigendem Glase, z. B. Verre dur, Jenaer Glas 16 III, 59 III usf. hergestellt und fein gekühlt sein. Letzteres ist durch eine amtliche Bescheinigung oder sonst glaubhaft nachzuweisen.

2. Es finden die für maßanalytische Meßgeräte unter A 1 und 2 sowie unter B erlassenen Vorschriften Anwendung.

3. Hilfsteilungen, auch solche in mm, sind zulässig.

4. Fehlergrenzen.

von mehr als	ml	.	10	25	50	75	100	150	200
bis einschließlich	ml	10	25	50	75	100	150	200	250
	ml	0,003	0,005	0,008	0,010	0,012	0,015	0,020	0,025

Bei Pyknometern, bei denen der Raumgehalt durch eingeschliffene Teile (Stopfen, Thermometer usf.) begrenzt wird, dürfen durch verschiedenes Einsetzen dieser Teile keine größeren Abweichungen entstehen, als die den Beobachtungen innewohnende Unsicherheit beträgt.

5. Hilfsteilungen: Dieselben wie unter I. D. g.

IV. Aräometer.

Zulässig sind:

Aräometer, welche angeben:

1. Die Dichte einer Flüssigkeit bezogen auf Wasser größter Dichte,

2. den Prozentgehalt einer Lösung,

3. die Grade Baumé in Flüssigkeiten. Diese Grade (n) müssen mit den zugehörigen Dichten $s_{\frac{15}{15}}$ durch die Formel $n = 144{,}3 - \dfrac{144{,}3}{s_{\frac{15}{15}}}$ verbunden sein.

A. Allgemeine Bestimmungen.

1. Bei durchsichtigen Flüssigkeiten erfolgt die Ablesung der aräometrischen Skale an der Stelle, an welcher der Flüssigkeitsspiegel den Stengel schneidet, bei undurchsichtigen Flüssigkeiten am Wulstrande.

2. Als Temperatur (Normaltemperatur), für welche die Angaben der Aräometer abgeglichen sind, gelten im allgemeinen 15^0 oder 20^0 der internationalen Temperaturskale, doch sollen andere Temperaturen gleichfalls zulässig sein. Werden die Aräometer bei anderen Temperaturen als ihrer normalen gebraucht, so sind ihre Angaben mittels besonderer, von dem internationalen Kongreß für angewandte Chemie herauszugebender Tafeln auf diejenigen bei der Normaltemperatur zu reduzieren.

B. Gestalt und Einrichtung.

1. Die Aräometer sind aus gut gekühltem, schlierenfreiem Glase herzustellen, das gegen chemische Einwirkungen hinlänglich widerstandsfähig und dessen thermische Nachwirkung gering ist.

2. Die Aräometer sollen in der Regel mit einem Thermometer verbunden sein, das im Schwimmkörper anzubringen ist (Thermo-Aräometer).

3. Bei Thermo-Aräometern muß die für die Einstellung nötige Beschwerung in der Regel durch das Gefäß des Thermometers bewirkt sein. Zulässig ist jedoch auch, das Beschwerungsmaterial in einem zweiten Gefäße unterhalb des Thermometergefäßes anzubringen.

4. Der Querschnitt der Aräometer soll in der Regel kreisförmig sein, doch darf er auch elliptisch oder flach gedrückt sein.

5. Die Glasflächen müssen einen gleichmäßigen, zur Achse symmetrischen Verlauf haben; das Aräometer muß sich beim Eintauchen in eine Flüssigkeit senkrecht einstellen.

6. Die Skalen sind aus Papier oder einem anderen geeigneten Material herzustellen und an der Glaswand unverrückbar zu befestigen.

7. Die Teilungen sind ohne ersichtliche Unregelmäßigkeit auszuführen.

8. Die Teilstriche der Aräometerskale müssen mindestens auf ein Viertel des Stengelumfanges herumgeführt, die der Thermometerskale zu beiden Seiten der Kapillare sichtbar sein. Mindestens jeder zehnte Strich ist zu beziffern. Die bezifferten Striche müssen länger gezogen sein als die unbezifferten. Alle Striche müssen in Ebenen senkrecht zur Achse der Spindel verlaufen.

9. Der Abstand zweier benachbarter Striche muß mindestens 1 mm betragen; ausnahmsweise darf er bis auf 0,5 mm herabgehen.

10. Ist das Aräometer für eine besondere Flüssigkeit bestimmt, so muß diese auf seiner Skale angegeben sein. Geht die Art der Flüssigkeit aus einer allgemein gebräuchlichen Benennung des Aräometers hervor, so genügt es, diese auf der Skale anzuführen (z. B. Alcoomètre, Saccharimeter).

11. Für Aräometer, die für mehrere Flüssigkeiten dienen sollen, werden besondere Reduktionstafeln herausgegeben.

12. Auf einer der Skalen muß außer der Temperatur, bei der die Angaben der Aräometer ihrem Sollwert entsprechen sollen (A. 2), die Art der Ablesung mit ausgeschriebenen oder unzweideutig abgekürzten Worten, (z. B. „Niveau", „Niv.", „Meniskus", „Men.") angegeben sein.

13. Aräometer nach Gewichtsprozent sollen mit p/p, solche nach Volumenprozent mit v/v bezeichnet werden, falls sie nicht die ganze Bezeichnung tragen.

14. Die Thermometerskale muß die Bezeichnung tragen: „Grade des hundertteiligen Thermometers" oder „Grade C.".

C. Fehlergrenzen.

| | Thermo-meterskale | | | | Aräometerskale bei Teilung in | | | | | | | | |
					Prozent oder Grad				Dichten				
Teilung in	$^1/_1$ ⁰	$^1/_2$ ⁰	$^1/_5$ ⁰	$^1/_{10}$ ⁰	$^1/_1$	$^1/_2$	$^1/_5$	$^1/_{10}$	0,01	0,001	0,0005	0,0002	0,0001
nicht mehr als	0,4 ⁰	0,2 ⁰		0,1 ⁰	0,4	0,25	0,15	0,1	{ die Hälfte eines kleinsten Teilabschnittes			ein kleinster Teilabschnitt	

Im folgenden sind die vorhandenen ausländischen Eichvorschriften für Aräometer abgedruckt. Von einer wörtlichen Wiedergabe bzw. von einer wortgetreuen Übersetzung ins Deutsche wurde dabei abgesehen, um Raum zu sparen. Wir begnügten uns damit, den Sinn dieser Vorschriften möglichst vollständig wiederzugeben und haben solche Bestimmungen, die selbstverständlich sind, z. B. diejenige, daß die Aräometer senkrecht schwimmen müssen, unerwähnt gelassen. Im übrigen ist stets auf die Originalveröffentlichungen Bezug genommen, so daß diese leicht zu beschaffen sind, wenn die Kenntnis des genauen Wortlauts notwendig sein sollte.

59. Eichvorschriften in Österreich.

I. Alkoholometer. Eichordnung vom 19. Dez. 1872 und Verordnungsblatt für das Eichwesen. Nr. 1, 1874, Nr. 32, 1889, Nr. 33, 1890.

Zur Eichung und Stempelung werden nur solche aus Glas angefertigte Alkoholometer zugelassen, welche den Alkoholgehalt einer weingeistigen Flüssigkeit in Volumenprozenten für die Normaltemperatur von 12° R. angeben und mit einem eingeschmolzenen Thermometer versehen sind, dessen außerhalb des Aräometerkörpers befindliches Quecksilbergefäß als Belastung für das damit verbundene Alkoholometer ohne weitere Beschwerung ausreicht.

Der äußere Durchmesser des Quecksilbergefäßes darf 13 mm nicht überschreiten.

Die Prozentskale des Alkoholometers kann entweder die volle Skale von 0 bis 100, oder auch nur einen Bruchteil derselben und zwar in ganzen Prozenten oder mit Angabe von Bruchteilen enthalten. Die Unterteilung kann nach halben, Fünftel- oder Zehntel-Prozenten ausgeführt sein.

Der Abstand von zwei unmittelbar aufeinander folgenden Prozentstrichen darf nicht weniger als 1,6 mm, und der Abstand von zwei benachbarten Teilstrichen der Unterteilung nicht weniger als 0,7 mm betragen.

Die Bezeichnung der Alkoholometerskale hat zu lauten: „Alkoholometer für Volum-Prozente Alkohols von der Dichte 0,7950 bei + 12° R. Von oben abzulesen". Außerdem muß Name und Wohnort des Verfertigers und das Gewicht in Zentigramm angegeben sein.

Der Ort des obersten Teilstriches der Skale ist auf der Spindel durch einen zarten Diamantstrich zu fixieren.

Die Teilung der Thermometerskale ist nach Réaumur auszuführen und als solche zu bezeichnen; sie muß mindestens bis zu — 10° R. fortgesetzt und bei + 12° mit einem roten Striche versehen sein.

Zulässige Fehler thermometrisch: ¼° R.

                      alkoholometrisch: ¼ %.

Die Alkoholometerskale darf bei der Vergleichung mit dem zu diesem Zwecke dienenden Normal-Skalennetze keine Abweichungen zeigen, welche $^1/_{10}$ eines Skalenteiles überschreiten.

Die Stempelung erfolgt auf der Papierskale des Alkoholometers, auf welcher auch die Jahreszahl und die amtliche Protokollszahl aufgetragen wird.

II. Saccharometer. Eichordnung vom 19. Dez. 1872.

Die zur Bestimmung des Extraktgehaltes der Bierwürze eingeführten Saccharometer müssen, um zur Eichung und Stempelung zugelassen zu werden, die Gewichtsprozente des in einer Lösung von reinem Zucker in destilliertem Wasser enthaltenen Zuckers für die Normaltemperatur von 14° Réaumur angeben, aus Glas verfertigt und mit einem eingeschmolzenen Thermometer versehen sein, dessen außerhalb des Aräometerkörpers befindliches Quecksilbergefäß als Belastung für das damit verbundene Saccharometer ohne weitere Beschwerung ausreicht.

Der äußere Durchmesser des Quecksilbergefäßes darf 13 mm nicht überschreiten.

Die Saccharometerskale darf nicht weniger als 24 Grade (Prozente) von 0 an umfassen; sie muß wenigstens 130 mm lang und in Fünftel-Grade geteilt sein. Sie muß den Namen und Wohnort des Verfertigers, das Gewicht in Zentigramm und die Bezeichnung: „Saccharometer für Gewichtsprozente bei + 14° R. — Von oben abzulesen" enthalten. Der Ort des obersten Teilstriches ist durch einen zarten Diamantstrich zu fixieren.

Die von 0 bis 25° R. reichende Thermometerskale ist auf der linken Seite der Thermometerröhre in schwarzer Farbe zu teilen, der Strich 14° ist in Rot auszuziehen und nach der rechten Seite hin zu verlängern. Er bildet den Nullpunkt für die auf dieser Seite in roter Farbe anzubringende Korrektionsskale.

Um diese Skale zu erhalten, ist der Raum zwischen 14 und 4 ⁰ R. in vier, jener zwischen 14 und 24 ⁰ in sechs gleiche Teile zu teilen; die Teilstriche unter o sind mit 1 2 3 4, jene über o mit 1 2 3 usw. zu bezeichnen. Auf der Skale muß vermerkt sein, daß diese roten Zahlen Zehntel-Prozente bedeuten und über o zu den Angaben der Saccharometerskale zu addieren, unter o davon zu subtrahieren sind.

Zulässige Fehler thermometrisch: $^1/_2$ ⁰ R.

saccharometrisch: $^1/_5$ Grad.

Die Saccharometerskale darf bei der Vergleichung mit dem Normal-Skalennetze keine Abweichungen zeigen, welche 0,1 Grad überschreiten.

Die Stempelung erfolgt auf der Saccharometerskale, auf welcher auch die Jahreszahl und die amtliche Protokollzahl aufgetragen wird.

III. Dichten-Aräometer. (Verordnungsblatt für das Eichwesen, Nr. 131, 1905.)

Zulässig sind Thermo-Aräometer, welche bei + 15 ⁰ C. die Dichten bezogen auf die Dichte des Wassers bei 4 ⁰ C. angeben. Die Gesamtlänge darf nicht mehr als 440 mm, der Stengeldurchmesser nicht weniger als 4 mm betragen.

Die Kuppe des Stengels und der unmittelbar anschließende Teil desselben in der Länge von mindestens 2 mm müssen innen mit einem Überzuge aus rotem Siegelwachs versehen sein. Vom unteren Rande dieses Überzuges muß der obere Rand der Papierskale mindestens 10 mm abstehen. Der untere Rand des Papierstreifens darf höchstens um 10 mm höher liegen, als die Anschmelzungsstelle zwischen Aräometerkörper und Stengel.

Die Aräometerskale ist nach ganzen Dichtegraden einzuteilen, wobei die Wasserdichte bei 4 ⁰ C. gleich 1000 Dichtegraden gesetzt wird. Die Skale darf nur ein zwischen 650 und 900 Dichtegraden gelegenes Intervall umfassen. Die mittlere Intervall-Länge muß mindestens 4 mm betragen.

Die Bezifferung hat von 10 zu 10 Dichtegraden dreiziffrig zu erfolgen. Die Zehnerstriche sollen länger als die Fünferstriche, und diese wiederum länger als die Gradstriche sein.

Der unterste Teilstrich muß mindestens 10 mm über der Anschmelzungsstelle des Stengels liegen, der oberste mindestens 20 mm von der Kuppe des Stengels entfernt sein.

Aufschrift der Aräometerskale: „Dichtegrade bei 15 ⁰ C. — Wasser bei 4 ⁰ C. = 1000. — Von oben abzulesen." Ferner muß eine Fabrikationsnummer, sowie Jahr und Monat angegeben sein.

Die Thermometerskale soll von — 1 ⁰ bis + 30 ⁰ C. reichen und die Bezeichnung „Celsius" tragen; die Zehner- und Fünferstriche sind entsprechend zu verlängern. Die Zehnerstriche tragen die Bezifferung. Mindestentfernung der Gradstriche o und 30: 75 mm.

Die Rückseite der Thermometerskale enthält den Namen und Wohnort des Verfertigers und die Aufschrift: „Die Angaben dieses Instruments sind nach den zugehörigen amtlichen Tafeln zu reduzieren".

Zulässiger Fehler der Aräometerskale: 0,5 Dichtegrade.

Die Angaben des Thermometers dürfen höchstens um 0,1 ⁰ zu hoch und höchstens um 0,2 ⁰ zu niedrig sein.

Eichgebühr 2 K 50 h.

Die Eichung geschieht durch die k. k. Normal-Eichungs-Kommission in Wien (II., Prager Reichsstraße 1).

IV. Mostwagen. (Verordnungsblatt für das Eichwesen, Nr. 135, 1906.)

Gesamtlänge höchstens 250 mm bei einem Stengeldurchmesser von mindestens 4 mm. Nur als Thermo-Aräometer zulässig.

Die äußere Anordnung entspricht den Vorschriften für Dichten-Aräometer (vgl. oben).

Die Aräometerskale muß den Bereich von 10 bis 30 Mostgraden umfassen und nach ganzen Graden fortschreiten. 17 Mostgrade sind dabei gleich 20 Graden der eichfähigen Saccharometer (vgl. oben) zu setzen.

Die mittlere Länge eines Intervalls muß mindestens 3 mm betragen.

Aufschrift der Aräometerskale: „Mostgrade bei $17,5^0$ C. — 17 Mostgrade = 20 Saccharometergrade. — Von oben abzulesen"; ferner Fabrikationsnummer, Jahreszahl und Monatszahl.

Die Thermometerskale reicht von — 1^0 bis + 30^0 C. Die Normaltemperatur $17,5^0$ C. ist durch einen roten Strich zu markieren. Teilung nach ganzen Graden. Die Skale muß die Bezeichnung „Celsius" tragen und auf der Rückseite den Namen und Wohnort des Verfertigers enthalten.

Zulässiger Fehler aräometrisch: 0,2 Mostgrade.

Die Angaben des Thermometers dürfen um höchstens $0,1^0$ zu hoch und um höchstens 0,2 Grad zu niedrig sein.

Eichgebühr 60 h.

Die Eichung erfolgt durch die k. k. Normal-Eichungs-Kommission in Wien.

V. Aräometer für Kupfervitriollösungen. (Verordnungsblatt für das Eichwesen, Nr. 135, 1906. Beilage.)

Zulässig sind Thermo-Aräometer, welche den Gehalt wässeriger Kupfervitriollösungen bei der Temperatur von 15^0 C. an kristallisiertem Kupfervitriol in Gewichtsprozenten angeben.

Die für Dichten-Aräometer geltenden Vorschriften (vgl. oben) finden sinngemäße Anwendung unter Berücksichtigung folgender Sonderbestimmungen:

Die Aräometerskale ist nach Zehntel-Prozent geteilt und reicht von — 0,2 % bis + 4,2 %. Mittlere Intervall-Länge mindestens 4 mm.

Aufschrift der Aräometerskale: „Gewichtsprozente Kupfervitriol bei 15^0 C. — Von oben abzulesen".

Zulässiger Fehler aräometrisch: 0,1 %.

VI. Aräometer mit Dichtegraden über 900. (Verordnungsblatt für das Eichwesen, Nr. 135, 1906. Beilage).

Zulässig sind Thermo-Aräometer, welche bei 15^0 C. die Dichte von Alkohol-Wassermischungen, sowie von Schwefelsäure-Wassermischungen bezogen auf die Dichte des Wassers bei 4^0 C. angeben.

Auf diese Instrumente finden die Vorschriften für Dichten-Aräometer, S. 213, sinngemäße Anwendung.

VII. Normal-Alkoholometer für Zwecke der Finanzverwaltung. (Verordnungsblatt für das Eichwesen, Nr. 142, 1908.)

VIII. Saccharometer von 0 bis 8 %. (Verordnungsblatt für das Eichwesen, Nr. 136, 1906.)

60. Eichvorschriften in Ungarn.

(Märzheft 1909 der „Volkswirtschaftlichen Mitteilungen aus Ungarn").
Vorschriften vom Jahre 1908.

1. Spiritusgradmesser.

Zulässig sind Instrumente, welche bei 15^0 C. oder 12^0 R. Volumenprozente (Grade) Alkohol angeben und mit einem Thermometer nach R. versehen sind. (Die Dichte des Alkohols ist 0,7950 zu setzen). Stengeldurchmesser mindestens 5 mm.

Die Prozentskale enthält entweder alle Grade von 0 bis 100 oder nur einen Teil davon. Von 0 bis 70 % schreitet die Teilung nach halben, von 70 bis 100 % nach Fünftelprozenten fort. Die sämtliche Grade enthaltende vollständige Skale soll mindestens 250 mm lang sein, bei einer unvollständigen Einteilung dürfen die einzelnen Grade nicht kleiner sein, als die entsprechenden Grade der vollständigen Skale. Die einzelnen Teilstriche dürfen von den entsprechenden Strichen der Normaleinteilung keine größere Abweichung aufweisen als 0,1 Grad.

Neben der Einteilung ist der Name des Fabrikanten, der Sitz der Fabrik, das Gewicht des Instruments in Gramm mit einer Genauigkeit bis zu 10 mg und die Aufschrift anzubringen: „Spiritusgradmesser für Volumenprozente eines 0,7950 dichten Spiritus bei einer Temperatur von 12^0 R."

Die Skale ist so anzubringen, daß sowohl zwischen der obersten Linie und dem oberen Ende des Rohres, als auch zwischen der untersten Linie und dem unteren Rohrende ein Intervall von mindestens 10 mm verbleibt. Die oberste Linie ist auf der Außenfläche des Rohres zu bezeichnen.

Das Thermometer soll in Réaumurgrade geteilt von — 10^0 bis $+ 30^0$ reichen. Der 12. Grad ist mit einer roten Linie zu markieren.

Zulässiger Fehler der thermometrischen Skale: $1/4^0$ R.
der alkoholometrischen Skale
zwischen 0 und 70 %: $1/4$ %
,, 70 ,, 100 %: $1/5$ %.

Die Eichung erfolgt in zwei Teilen; zuerst wird die Einteilung vor Einlegen in das Rohr untersucht; genügt sie, so wird eine Protokollnummer und ein Stempel aufgebracht. Das fertige Instrument erhält ein Zertifikat.

Für die Eichung zuständig ist das Kgl. Zentralinstitut für Maße und Gewichte in Budapest. Der periodischen Nacheichung sind die Spiritusgradmesser nicht unterworfen.

2. Zuckergradmesser.

Zulässig sind Instrumente, welche mit einem Réaumurthermometer versehen sind und bei 14^0 R. Gewichtsprozente Zucker angeben. Stengeldurchmesser mindestens 5 mm.

Die Prozentskale soll von 0 bis 24 % in Fünftelgrade geteilt sein. Mindestlänge 120 mm.

Die Vorschriften über die Einrichtung der Spindeln entsprechen denjenigen der Alkoholometer. Nur ist in der Aufschrift zu setzen: ,,Zuckergradmesser für Gewichtsprozente bei einer Temperatur von $+ 14^0$ R.''

Die Einteilung des Thermometers soll in Réaumurgraden von 0 bis 25^0 reichen, der Strich 14^0 in Rot.

Zulässiger Fehler der thermometrischen Skale: $1/2^0$ R.
,, ,, ,, saccharometrischen ,, : $1/5$ %.
Die Eichung erfolgt wie bei den Alkoholometern.

3. Aräometer.

Zulässig sind Thermo-Aräometer, welche bei 15^0 C. d. h. 12^0 R. die Dichte (auf die Wasserdichte bei 4^0 C. bezogen) zwischen 0,6 und 1,0 angeben. Stengeldurchmesser zwischen 5 und 7 mm, Durchmesser des Körpers höchstens 25 mm.

Die Aräometerskale muß einen Bereich von mindestens 0,050 und höchstens 0,100 umfassen und nach 0,001 der Dichte fortschreiten. Die einem Umfange von 0,100 entsprechende Teilung muß mindestens 200 mm lang sein. Bei geringerem Umfange dürfen die einzelnen Intervalle nicht kleiner sein, als die entsprechenden Grade einer den ganzen Umfang von 0,100 enthaltenden Skale. Jeder zehnte Strich ist zu beziffern mit 3-zifferigen Dezimalbrüchen, z. B. 0,750, 0,760 usf.

Äußere Beschaffenheit wie bei den Alkoholometern. In der Aufschrift muß es heißen: ,,Aräometer bei einer Temperatur von 15^0 C. oder 12^0 R. Einheit: Dichte des Wassers bei 4^0 C. Von oben abzulesen.''

Das Thermometer ist in Celsius- oder Réaumurgrade zu teilen, und muß mindestens von — 5^0 C. bis $+ 25^0$ C., bezw. — 4^0 R. bis $+ 20^0$ R. reichen. Das Gradintervall muß mindestens 2 mm lang sein. Die Striche 15^0 C. bezw. 12^0 R. in Rot.

Zulässige Fehler der thermometrischen Skale: $0,5^0$ C. bezw. $0,4^0$ R.
,, ,, ,, aräometrischen ,, : 0,0005.
Die Eichung erfolgt wie bei den Alkoholometern.

61. Eichvorschriften in Italien.

Eichvorschriften vom 31. Jan. 1909 (veröffentlicht in der Gazetta Ufficiale vom 1. Juni 1909, Nr. 128).

Alkoholometer sind mit und ohne Thermometer zulässig. Ist ein Thermometer vorhanden, so darf es nur Celsiusgrade anzeigen.

Zur Fixierung des Eispunktes sowie des obersten Striches der Alkoholometerskale, der mindestens 15 mm vom Ende des Stengels entfernt sein muß, soll je ein Strich auf der äußeren Glasfläche angebracht sein. Der Durchmesser des Körpers darf 3 cm nicht überschreiten.

Ein Intervall des Thermometers muß mindestens 1 mm lang sein; ein Intervall der alkoholometrischen Skale soll bei Teilung in ganze Prozente größer als 1 mm, bei Teilung in Bruchteile des Prozents größer als ½ mm sein.

Das Alkoholometer muß die Angabe seines Gewichts in Zentigramm enthalten.

Fehlergrenze der alkoholometrischen Angaben bei Teilung in ganze oder halbe Prozent: ¼ %, die Fehlergrenze des zugehörigen Thermometers: 0,4° C.; bei Teilung in ⅕ oder ¹⁄₁₀ Prozent: 0,1 %, des Thermometers: 0,2° C.

Die Eichung erfolgt in dem „Laboratorio metrico dell' Ufficio centrale" in Rom.   Daselbst müssen die Instrumente vor der Prüfung 40 Tage lagern.

62. Eichvorschriften in der Schweiz.

Vollziehungsverordnung über Maß und Gewicht, nebst Instruktion für die schweizerischen Eichmeister, vom 24. Nov. 1899. VII. Abschnitt.

Zulässig sind Thermo-Alkoholometer, welche bei 15° C. den Alkoholgehalt in Volumenprozenten und die Temperatur in Celsiusgraden angeben.

Nur bei Instrumenten, deren Skale nach Zehntelprozent fortschreitet, ist es zulässig, das erforderliche Belastungsmaterial (z. B. feinkörniges Schrot) in einem besonderen Gefäß anzubringen.

Die Entfernung des obersten Skalenstriches von der Stengelkuppe soll mindestens 10 mm betragen.

Die Alkoholometerskale kann in halbe, fünftel oder zehntel Prozent geteilt sein.   Bei Teilung in halbe Prozente darf die Skale nicht mehr als 60 % umfassen und die Länge des Intervalls von 1 % darf nirgends kleiner als 3 mm sein.   Die Thermometerskale soll in diesem Fall eine Teilung nach ganzen oder halben Graden tragen und mindestens von − 10° bis + 25° C. reichen. Die Länge des Intervalls, von 1° darf nicht kleiner als 1,5 mm sein.

Trägt die Alkoholometerskale eine Teilung in fünftel oder zehntel Prozent, so darf sie nicht mehr als 30 % umfassen und die Länge des Intervalls von 1 % darf nirgends kleiner sein als 5 mm.   Die Thermometerskale hat in diesem Fall eine Teilung in halbe oder fünftel Grad und soll ebenfalls von − 10° bis + 25° C. reichen.   Die Länge des Intervalls von 1° darf nicht kleiner als 2,5 mm sein.

Die Alkoholometerskale soll die Bezeichnung: „Alkoholometer für Volumprozente Alkohols von der Dichte 0,7950 bei + 15° C." tragen, außerdem die lfd. Fabriknummer, die Firma des Fabrikanten und die Jahreszahl.   Die Thermometerskale trägt die Bezeichnung „nach Celsius".

Die Alkoholometerskale wird im Flüssigkeitsniveau abgelesen.

Die Fehlergrenze beträgt
> bei Teilung der Alkoholometerskale in halbe Prozente:
>> alkoholometrisch: 0,25 %
>> thermometrisch: 0,4°;
> bei Teilung in fünftel oder zehntel Prozente:
>> alkoholometrisch: 0,15 %
>> thermometrisch: 0,2°.

Die Eichung erfolgt durch die eidgenössische Eichstätte in Bern.

63. Eichvorschriften in Frankreich.

(Bulletin des poids et mesures, 1902, 1904. Ateliers graphiques du Süd-est. St. Marcellin, Isère.) Vorschriften für die Eichung von Alkoholometern vom 27. Dez. 1884 und vom 27. Aug. 1889.

Zulässig sind Alkoholometer (ohne Thermometer), welche bei 15° C. die Stärke in Volumenprozenten nach Gay-Lussac[1] angeben, und besondere Thermometer, welche von 0° bis 30° C. in ½ Grade geteilt sind.

____

[1] Vgl. die Tafeln 14 und 16.

Die Stengeldicke muß mindestens 3 mm betragen, die Länge eines Prozentintervalls mindestens 5 mm. Die Ablesung erfolgt im Flüssigkeits-Niveau.

Mindestlänge eines Grades der thermometrischen Skale ist 3 mm.

Jedes vorgelegte Alkoholometer muß auf dem Körper aufgeätzt enthalten: den Namen des Fabrikanten oder seine Fabrikmarke, eine laufende Nummer und das Gewicht des Instruments in mg. Das aufgeätzte Gewicht darf von dem wirklichen Gewicht um höchstens $\frac{1}{10000}$ seines Betrages abweichen.

Die Thermometer tragen den Namen oder die Fabrikmarke des Verfertigers und eine laufende Nummer.

Eichfehler des Alkoholometers $\frac{1}{10}$ Prozent.

,,   ,,   Thermometers $\frac{1}{10}$ Grad C. nach Berücksichtigung des Eispunktfehlers.

Die Eichung erfolgt im Versuchs-Laboratorium des Conservatoire national des arts et métiers zu Paris.

Vorschriften für die Eichung von Dichten-Aräometern für Zuckerlösungen vom 2. Aug. 1889.

Zulässig sind Aräometer (ohne Thermometer), welche bei 15° C. das spezifische Gewicht von Zuckerlösungen angeben. Die Ablesung geschieht im Flüssigkeitsniveau. Der Stengel muß mindestens 3 mm dick sein und kreisförmigen Querschnitt haben. Die Teilung der Skale entspricht einer Einheit der 3. Dezimale der Dichte oder 2 oder 1 Einheit der 4. Dezimale. Im ersten Falle darf die Länge des kleinsten Intervalls nicht unter 3 mm, in den beiden letzten nicht unter 1 mm hinabgehen.

Die Aufschrift entspricht derjenigen der Alkoholometer.

Eichfehlergrenze 0,00025 der Dichte.

Die zugehörigen Thermometer reichen von 0 bis 50° C. und sind in ½ Grade geteilt. Das Intervall eines ganzen Grades muß mindestens 3 mm lang sein.

Die Eichfehlergrenze ist 0,15° C.

64. Eichvorschriften in Rußland.

I. Saccharimeter für die Zollbehörden. (Vorschriften vom 26. April 1901).

Saccharimeter, die zur Bestimmung des Extraktgehaltes der Bierwürze bei der Erhebung der Akzise von Bier dienen, müssen von dem Technischen Komitee der Hauptverwaltung der indirekten Steuern und des Staatsverkaufs der Getränke geeicht sein.

Privatpersonen oder Gesellschaften können die Saccharimeter entweder direkt oder durch Bevollmächtigte dem Technischen Komitee zur Eichung vorlegen. Mit der Post eingesandte Instrumente werden nicht angenommen.

Die Saccharimeter müssen mit einem Thermometer nach Réaumur versehen sein und aus dem Jenaer Glase 16 III bestehen. Die Normaltemperatur ist 14° R. Die Grundlagen für die saccharimetrische Skale sind mit den deutschen Grundzahlen (abgeleitet von der Kaiserl. Normal-Eichungskommission in Berlin) identisch. Ablesung am oberen Ende des Wulstes.

Die Skalen der Saccharimeter reichen bei einer Teilung in 0,1 % von 0,2 bis 8,2 %, von 7,8 bis 16,2 % oder von 15,8 bis 24,2 %.

Die Thermometerskale muß nach halben Graden Réaumur fortschreiten und von — 1° bis + 30° R. reichen. Der Strich 14° muß in roter, die übrigen in schwarzer Farbe gezogen sein.

Die saccharimetrische Skale muß oben mit Fischleim, unten mit weißem Siegellack befestigt sein; die Thermometerskale ist mit Fischleim anzuleimen und zwar vorn an ihrem oberen Ende an die Thermometerröhre und hinten oben und unten mit ihrem Rand an den Körper des Instruments.

Die Gesamtlänge der Saccharimeter muß zwischen 390 und 420 mm liegen, die Stengeldicke etwa 5 mm, diejenige des Körpers etwa 27 mm betragen. Länge eines Prozentintervalls nicht weniger als 18 mm, Länge eines Réaumurgrades mindestens 2,5 mm. Der äußerste Strich der saccharimetrischen Skale darf nicht weniger als 20 mm von dem oberen Ende des Stengels entfernt sein.

Aufschrift der Saccharimeterskale:

САХАРОМЕТРЪ Т. К. Г. У. Н. Сб. № [1]) .... Отсчеть по верхнему краю мениска.

Aufschrift der Thermometerskale
links von der Kapillaren: Термометръ по Реомюру.

Нормальная температура 14° Р.

rechts: Firma des Fabrikanten und Sitz der Firma.

Von der Einlieferung bis zum Beginn der Prüfung müssen mindestens vier Monate vergehen.

Zulässiger Fehler saccharimetrisch: 0,07 %
thermometrisch: 0,15° R.

II. Aräometer für Naphtha-Produkte für die Zollbehörden. (Vorschr. vom 15. Juni 1904.)

Die Formalitäten bei der Vorlage dieser Instrumente entsprechen genau den Festsetzungen für Saccharimeter.

Die Aräometer müssen aus Jenaer Glas 16 III bestehen und bei 15° C. Dichten auf Wasser von 15° C. bezogen angeben. Die Stückelung des Satzes ist folgende:

0,650 bis 0,712	0,768 bis 0,832
0,708 bis 0,772	0,828 bis 0,892

0,888 bis 0,950

Ablesung am oberen Rande des Wulstes.

Befestigung der Skalen wie bei den Saccharimetern.

Teilung der Aräometerskale in 0,0005 des spez. Gewichts, der Thermometerskale nach ganzen Graden C. Umfang der letzteren von — 30° C. bis + 50° C. Der Strich 15° C. in Rot, die anderen in Schwarz.

Dimensionen: Durchmesser des Stengels etwa 5 mm, des Körpers etwa 18 mm. Mindestlänge eines Intervalls der aräometrischen Skale 1,5 mm, der thermometrischen 0,7 mm. Der oberste Skalenstrich muß mindestens 25 mm von dem Ende des Stengels entfernt sein.

Aufschrift der Aräometerskale:

Ареометръ Т. К. Г. У. Н. сб. для нефтяныхъ продуктовъ № [2]) Отчётъ по верхнему краю мениска.

Aufschrift der Thermometerskale:
links von der Kapillaren: Термометръ по Цельзію. Нормальная температура + 15° Ц.,
rechts: Firma des Fabrikanten und Sitz der Firma.

Zulässiger Fehler aräometrisch: 0,0003 in spez. Gewicht,
thermometrisch: 0,3° C.

Zwischen der Einlieferung und dem Beginn der Prüfung liegt ein Zeitraum von mindestens einem Monat.

III. Alkoholometer für die Zollbehörden. (Vorschr. vom 23. Mai 1908.)

Dieselben Formalitäten bei der Einreichung wie bei I und II. Außerdem: Die Skalen der gläsernen Alkoholometer und der zugehörigen Thermometer müssen zunächst vorgelegt werden. (Die Vorschriften betr. die Eichung metallener Alkoholometer können hier unbeachtet bleiben.)

Die Alkoholometerskale gibt Volumenprozente nach Tralles-Brix, das Thermometer Réaumurgrade.

Skalenumfang und Einteilung sind nicht vorgeschrieben. Mindestlänge eines Intervalls 1 mm.

Lagerung der Instrumente 4 Monate, bei Jenaer Glas nur 1 Monat.

Es werden auch Alkoholometer ohne Thermometer, letztere dann besonders geeicht. Gebühr für Alkoholometer ohne Thermometer 30 Kop., mit Thermometer 45 Kop., für Thermometer allein 15 Kop.

---

[1]) Personen, die Saccharimeter zur Eichung einzureichen wünschen, müssen dem T.-Komitee eine besondere, stempelsteuerpflichtige Anzeige einreichen und erhalten darauf eine Liste der aufzubringenden Nummern.

[2]) Vgl. die Aufschrift der Saccharimeter.

Zulässige Fehler alkoholometrisch

a) bei Teilung in ganze oder halbe Prozente

für Skalen von   o bis 10 % . . .   1 %

10 ,, 40 % . . . $^1/_2$ %

41 ,, 100 % . . . $^1/_4$ %

b) bei Teilung in fünftel Prozent . . . . $^1/_{10}$ %.

Zulässiger Fehler thermometrisch: $^1/_4^0$ R.

Die zur Eichung vorgelegten Alkoholometer und Thermometer müssen enthalten: die Firma des Fabrikanten, die Nummer nach der Anweisung des Technischen Comités und den Stempel des Comités.

IV. Aräometer aller Art für den Verkehr (Vorschr. vom 17. Juli 1908).

Das Hauptamt für Maße und Gewichte nimmt zur Eichung an Aräometer (Alkoholometer, Saccharimeter, Salzprober . . .), die so geteilt sind, daß sie bei der Normaltemperatur 15° C. die Dichten bez. auf Wasser von 4° C. in Einheiten der 3. Dezimalstelle angeben.

Es sind auch Instrumente mit anderen Angaben (z. B. nach Baumé) zulässig; in diesem Falle müssen aber für mindestens zwei Stellen der Skale die entsprechenden Dichten in Einheiten der dritten Dezimalstelle angegeben sein.

Folgende Aufschriften sind vorgeschrieben:

a) Benennung des Instruments und seiner Zweckbestimmung mit genauer Angabe, ob es zur Ermittelung der Dichte einer näher zu bezeichnenden oder verschiedener Flüssigkeiten dienen soll;

b) die Angabe Точный (genau) oder Обыкновенный (gewöhnlich);

c) Firma des Fabrikanten;

d) Mindestens jeder zehnte Skalenstrich muß beziffert sein;

e) Angabe des Gewichts in mg und der Länge in mm.

Diese Bezeichnungen dürfen auf einem Papierstreifen angegeben sein, der im Instrumente unbeweglich befestigt ist.

Durchmesser des Stengels mindestens 3 mm, Strichdicke höchstens $^1/_{10}$ des Intervalls. Intervall-Länge zwischen 1 und 8 mm zulässig.

Das Produkt aus der Länge eines Intervalls und der Stengeldicke darf nicht kleiner als 10 qmm sein. Ist z. B. die Stengeldicke 3 mm, so muß das kleinste Intervall der Skale mindestens $3^1/_3$ mm lang sein.

Lagerung der Instrumente nach dem Einliefern 4 Monate, nur für solche aus Jenaer Glas 1 Monat.

Aräometer für genaue Messungen, deren Fehler kleiner als 0,001 der Dichte sind, erhalten als Stempel das Kaiserliche Wappen und die Initialen Г. И. Sind die Fehler größer als 0,001, aber kleiner als 0,005, so lautet der Stempel nur Г. И.

Jedem Instrument wird ein Fehlerschein beigegeben.

Aräometer für gewöhnliche Messungen, deren Fehler kleiner als 0,005 sind, erhalten das Kaiserliche Wappen und die Initialen Г. И. Sind die Fehler größer als 0,005, aber kleiner als 0,01, so lautet der Stempel nur Г. И.

Auch diesen Instrumenten wird ein Fehlerschein beigegeben.

„Genaue" Aräometer, deren Fehler den Betrag von 0,005 überschreiten und „gewöhnliche" Aräometer, deren Fehler größer als 0,01 sind, werden nicht geeicht.

Gebühren für genaue Instrumente 5 Rubel, für gewöhnliche 1 Rubel 50 Kop.

Bei Einlieferung von mindestens 6 gleichartigen Spindeln tritt ein Gebührennachlaß ein.

65. Eichvorschriften in England.

(H. J. Chaney, Our weights and measures, London, 1897.)

In England ist zum Messen der Spiritusstärke das Hydrometer von Sykes im Jahre 1817 amtlich eingeführt und jetzt noch im Gebrauch. Es ist ein Metallinstrument aus Messing oder Neusilber, über dessen Stengel eine Anzahl Scheibengewichte geschoben werden können, deren Masse so gewählt ist, daß die Spindel den ganzen Bereich der Dichten, vom absoluten Alkohol bis zum Wasser, umfaßt.

Die Skale am Stengel ist in 10 Hauptabschnitte, jeder Hauptabschnitt in 5 Intervalle geteilt. Die Spindel gibt weder Dichten noch Prozente Alkohol, vielmehr muß die wahre Stärke der gespindelten Flüssigkeit erst mit Hilfe der „Tables for ascertaining the Strength of Spirits with Sykes' Hydrometer" ermittelt werden.

Die Wertbestimmung weingeistiger Flüssigkeiten erfolgt in England nicht nach dem Gehalt an wasserfreiem Alkohol, sondern nach der Menge des darin enthaltenen oder durch Zusatz von Wasser daraus herzustellenden sog. Probespiritus (proof spirit). Dies ist nach der gesetzlichen Festsetzung ein Spiritus, dessen Gewicht bei 51^0 F. $(8^4/_9{}^0$ R.) genau $^{12}/_{13}$ des Gewichts eines gleichen Volumens destillierten Wassers erreicht. Er entspricht einem Spiritus von 49,33 Gewichtsprozent oder von 57,15 % Tralles. Weingeistige Flüssigkeiten, deren Stärke 49,33 Gewichtsprozente übersteigt, enthalten mehr, Mischungen von geringerer Stärke enthalten weniger Alkohol als der Probespiritus. Es ist aber üblich, nicht unmittelbar den Gehalt an Probespiritus anzugeben, sondern zu sagen, wieviel Probespiritus aus der Mischung, in Prozenten derselben, gewonnen werden kann. Man spricht daher von Prozenten overproof und von Prozenten underproof, je nachdem die Mischung an Alkohol reicher oder ärmer als der Probespiritus ist. Ein Spiritus ist x^0 overproof (o. p.), wenn 100 Raumteile desselben durch Verdünnung mit Wasser $100 + x$ Raumteile Probespiritus liefern; ein Spiritus ist dagegen x^0 underproof (u. p.), wenn 100 Raumteile desselben $100 - x$ Raumteile Probespiritus enthalten.

Zur bequemen Umwandlung der Grade overproof und underproof in Gewichtsprozente und in Volumenprozente Tralles und umgekehrt dienen die Tafeln 17 u. 18.

66. Eichvorschriften in Rumänien.

Thermo - Alkoholometer (Vorschr. vom 8. Juni 1906; vgl. Monitor official Nr. 59 vom 13. Juni 1906).

Zulässig sind Thermo-Alkoholometer, welche bei 15^0 C. die Stärke in Volumenprozenten angeben.

Ein Satz besteht aus zwei Spindeln, die von 0 bis 66 % (Teilung in halbe Prozente) und von 66 bis 100 % (Teilung in $^1/_5$ Prozent) reichen.

Die Thermometerskale soll mindestens das Intervall von -10^0 bis $+ 35^0$ C. umfassen und mindestens in ganze Grade geteilt sein. Der Strich 15^0 ist rot auszuziehen. Der äußere Durchmesser der Quecksilberkugel darf 13 mm nicht übersteigen.

Die Papierskale des Alkoholometers soll folgende Bezeichnungen tragen:
a) Alcoometru în % pe volum la temperatura normală de $+ 15^0$ C.;
b) Densitatea alcoolului 0,7950 la $+ 15^0$ C.;
c) Citirea se face de asupra meniscului[1]);
d) Greutatea alcoometrului exprimată în centigrame cu roșu[2]);
e) Numarul curent de fabricațiune[3]);
f) Luna și anul fabricațiunei[4]).

Die Gesamtlänge der alkoholometrischen Skale soll bei jedem Instrument mindestens 166 mm, das kleinste Intervall mindestens 0,7 mm messen. Die geringste zulässige Entfernung vom obersten Teilstrich bis zum Ende des Stengels ist 1 cm. Neben den äußersten Teilstrichen sollen auf der Glasfläche mit dem Diamanten Striche eingeritzt sein, um eine eventuelle Skalenverrückung anzuzeigen.

Die Thermometerskale soll die Bezeichnung „Termometru centigrad" enthalten. Länge eines Gradintervalls mindestens 1,5 mm.

Auf der Skale des Alkoholometers oder auf der äußeren Glasfläche des Körpers (in diesem Fall durch Ätzung) soll der Name oder die Fabrikmarke des Verfertigers oder des Verkäufers angegeben sein.

---

[1]) Die Ablesung erfolgt am oberen Rande des Meniskus.
[2]) Das in Zentigramm ausgedrückte Gewicht des Instruments in Rot.
[3]) Die laufende Nummer der Anfertigung.
[4]) Monat und Jahr der Anfertigung.

Eichfehler thermometrisch: $\frac{1}{4}$ ° C.

„ alkoholometrisch: $\frac{1}{4}$ %.

Die Eichung erfolgt einstweilen bei dem Zentraldienst für Maße und Gewichte in Bukarest.

67. Eichvorschriften in Norwegen.

Eichvorschriften für Alkoholometer: „Reglement og Instrux for Iustering og Stempling af Alkoholometre, Thermometre, og Thermo-Alkoholometre" vom 25. Jan. 1899.

Zulässig sind gläserne Alkoholometer mit oder ohne Thermometer, welche bei 15 ° C. Volumenprozente nach Gay-Lussac angeben. Sie müssen in fertigem Zustand der „Kristiania Justerkammer" vorgelegt werden.

Der Stengel muß kreisförmigen Querschnitt besitzen.

Die Alkoholometerskale darf in ganze oder halbe Prozente geteilt sein und beliebigen Umfang haben. Sie muß enthalten eine laufende Nummer, den Namen des Verfertigers und die Angabe der Normaltemperatur (15 ° C.) oder statt dessen die Bezeichnung als Skale nach Gay-Lussac.

Der Abstand des oberen Papierrandes der Skale von der Stengelkuppe soll mindestens 15 mm betragen.

Die Länge der Alkoholometerskale soll bei einem Umfange

von 0 bis 50 % mindestens 150 mm

„ 50 „ 100 %   „   225 mm sein.

Bei anderem Skalenbereich sollen diese Mindestbeträge so bemessen sein, daß auf ein Prozentintervall unter 50 % im Durchschnitt 3 mm, auf ein solches über 50 % aber 4,5 mm kommen.

Das eingeschmolzene Thermometer darf nach ganzen Graden Celsius oder nach Bruchteilen des Grades geteilt sein und muß von — 20 ° bis + 30 ° C. reichen. Das Intervall von 10 Graden muß mindestens 25 mm lang sein. Das Quecksilbergefäß darf einen Durchmesser von höchstens 13 mm besitzen.

Die Thermometerskale ist mit der Aufschrift: „Thermometre efter Celsius" zu versehen. Der obere Papierrand muß mindestens 20 mm unterhalb der Stelle liegen, wo der Stengel angeschmolzen ist.

Die Ablesung des Alkoholometers geschieht im Niveau der Flüssigkeit.

Es können auch Alkoholometer als Präzisionsinstrumente eingereicht und beglaubigt werden; sie sind ausdrücklich als solche zu bezeichnen.

Zulässige Fehler der Verkehrsinstrumente alkoholometrisch: $\frac{1}{4}$ %,

thermometrisch: $\frac{1}{4}$ ° C.;

„   „   „ Präzisionsinstrumente alkoholometrisch: 0,1 %,

thermometrisch: 0,1 ° C.

Gebühren für die Eichung von

Alkoholometern ohne Thermometer 2 Kr.

„   mit   „   2,50 Kr.

Für Beglaubigung der Präzisionsinstrumente wird die dreifache Gebühr erhoben.

Wird ein Alkoholometer aus irgendwelchem Grunde zurückgewiesen, so wird nur die Hälfte der Gebühren in Rechnung gestellt.

Erläuterungen zu den Tafeln.

Tafeln 1 bis 3. Diesen Tafeln liegen die Beobachtungsergebnisse von Thiesen, Scheel, und Dießelhorst zugrunde. (Vgl. Zeitschr. f. Instrumentenkunde 1897, S. 331 und Abhandl. der Phys. Techn. Reichsanstalt Bd. 4, S. 32, 1904.) Bei den Logarithmen der Dichte (Tafel 2), die von 0 ° bis 35,9 ° C. siebenstellig, von 36 ° bis 100,9 ° C. sechsstellig gegeben sind, ist die Kennziffer nicht mit aufgeführt.

Tafel 4 ist nach den auf S. 2 abgeleiteten Formeln berechnet:

$$s_{t \over 15} - s_{t \over 4} = + 0{,}000\,874\; s_{t \over 4}$$

$$s_{t \over 4} - s_{t \over 15} = - 0{,}000\,873\; s_{t \over 15}$$

Der Kürze halber ist dabei s_4 und s_{15} statt $s_{t \over 4}$ und $s_{t \over 15}$ gesetzt worden. Mit Hilfe der Tafel gestaltet sich die Umrechnung von Dichten, bezogen auf Wasser von 4^0 C. in solche, die auf Wasser von 15^0 C. bezogen werden sollen, folgendermaßen: Es sei gegeben $s_4 = 1{,}084\,37$ und gesucht das dazu gehörige s_{15}. Die Tafel liefert zu dem Werte $1{,}08$ den Betrag $s_{15} - s_4 = + 944$ Einheiten der 6. Dezimale, zu $1{,}09$ den Betrag $+ 953$. Durch Interpolation findet man zu dem gegebenen Werte $1{,}08437$ den Betrag $+ 948$ oder in Einheiten der 5. Dezimale $+ 95$, also $+ 0{,}00095$. Dies zu der gegebenen Dichte s_4 addiert gibt $s_{15} = 1{,}08532$.

Ist s_{15} gegeben und s_4 gesucht, so geht man mit dem Werte s_{15} in den zweiten (rechten) Teil der Tafel ein und entnimmt den Betrag $s_4 - s_{15}$. Dieser ist negativ; man muß ihn also von s_{15} abziehen und erhält dann s_4.

Tafel 5 bis 7 dienen dazu, die Dichten $s_{15 \over 4}$ und $s_{15 \over 15}$ aus pyknometrischen Bestimmungen ohne wesentliche Rechnungen zu ermitteln. Vorausgesetzt wird, daß die Pyknometer, welche bei 15^0 C. auf 25, 50 oder 100 ccm justiert sind, bei dieser Temperatur gefüllt und darauf mit Messinggewichten in Luft von der Dichte $0{,}00121$ (mittlere Luftdichte) gewogen werden. Das so ermittelte Gewicht p der Flüssigkeit wird in drei Teile zerlegt, p_1, p_2, p_3; p_1 gibt die ganzen Gramme an, p_2 die Zentigramme und p_3 die Milligramme, so daß also $p = p_1 + p_2 + p_3$ wird. Mit den 3 Werten $p_1\, p_2\, p_3$ geht man in die Tafeln ein und erhält die entsprechenden Dichtebeträge s s' und s'', welche addiert die gesuchte Dichte ergeben. Die Teilbeträge s sind für alle 3 Maßgrößen sowohl auf Wasser von 4^0 C., als auch von 15^0 C. bezogen angegeben; s' nur für den Fall eines Pyknometers von 25 ccm. Im Übrigen können die Beträge s' und s'' sowohl zur Ermittelung der Dichten $s_{15 \over 4}$ als auch $s_{15 \over 15}$ benutzt werden. In der Tafel 7 für 100 ccm werden die Werte s' und s'' mit der 4. und 5. Dezimale der Dichte identisch und sind daher nicht besonders aufgeführt worden.

Beispiel: Ein für 25 ccm bei 15^0C. genau justiertes Pyknometer sei bei dieser Temperatur mit Flüssigkeit bis zur Marke gefüllt und halte der Gewichtssumme $41{,}375$ g auf der Wage das Gleichgewicht. Vor der Füllung sei das Gewicht des leeren, vollständig trockenen Pyknometers zu $12{,}198$ g ermittelt. Das Gewicht p der Flüssigkeit $29{,}177$ g wird zerlegt: $p_1 = 29$, $p_2 = 0{,}17$, $p_3 = 0{,}007$. Die Tafel 5 liefert dann die Teilbeträge der Dichte: $s_{15 \over 4} = 1{,}16104$, $s'_{15 \over 4} = 0{,}00680$, $s'' = 0{,}00028$, welche addiert die gesuchte Dichte $1{,}16812$ ergeben. Wird die auf Wasser von 15^0 C. als Einheit bezogene Dichte gewünscht, so ergibt die Tafel die entsprechenden Teilwerte $1{,}16206$, $0{,}00681$ und $0{,}00028$, mithin wird die Gesamtdichte $1{,}16915$.

Den Tafeln 6 und 7 sind besondere Beispiele unten beigegeben. Die Berechnung der Tafeln 5 bis 7 ist nach den Ableitungen auf S. 7 ff. unter Zugrundlegung einer mittleren Luftdichte von $0{,}00121$ erfolgt.

Tafel 8 dient gleichfalls zur bequemen Ermittelung der Dichte (aber nur $s_{15 \over 4}$) bei pyknometrischer Messung. Sie enthält die Gewichtskorrektionen in Milligramm, welche den Luftauftrieb bei mittlerer Luftdichte sowohl der Flüssigkeit als auch der Gewichtsstücke berücksichtigen und ist nur bei solchen Pyknometern zu benutzen, deren Inhalt bei 15^0 C. genau 5, 10, 20, 25, 50, 75, 100, 150 oder 200 ccm beträgt. Das für die Tafel 5 vorher angegebene Beispiel kann auch zur Erläuterung der Tafel 8 dienen. Es war dort das Gewicht der Flüssigkeit, welche ein bei 15^0 C.

auf 25 ccm justiertes Pyknometer enthält, zu 29,177 g angenommen. Die Tafel 8 liefert für den Inhalt 25 ccm und 30 g die Korrektion + 26 mg.

Das berichtigte Gewicht 29,203 g durch 25 dividiert ergibt die Dichte $s_{\frac{15}{4}} = 1,16812$, die auch vordem gefunden wurde.

Zur Berechnung der Gewichts-Korrektion C diente die Formel:
$$C = 1,21\, J - 0,1424\, p,$$
wo J den Inhalt des Pyknometers und p das Gewicht der Flüssigkeit bezeichnet.

Die Tafel kann auch Verwendung finden, wenn das benutzte Pyknometer für eine andere Normaltemperatur, z. B. $17,5^0$ C. berichtigt ist. Man erhält dann die auf Wasser von 4^0 C. bezogenen Dichten der Flüssigkeit bei $17,5^0$ C.

Beispiel: Ein für $17,5^0$ C. berichtigtes Pyknometer von 50 ccm Inhalt wiege leer 24,635 g, bei $17,5^0$ gefüllt: 87,488 g. Die Flüssigkeit hat demnach ein Gewicht von 62,853 g. In der Spalte 50 ccm findet man zu diesem Gewicht die Korrektion 52 mg, folglich ist das verbesserte Gewicht 62,905 g und die Dichte

$$s_{\frac{17,5}{4}} = \frac{62,905}{50} = 1,25810.$$

Tafel 9 zur bequemen Berechnung hydrostatischer Dichtebestimmungen ist nach den Ableitungen § 5 aufgestellt. Die am Fuße der Tafel angeführten Beispiele dürften zur Erläuterung genügen. Zu bemerken ist, daß die Tafel auch bei pyknometrischen Dichtebestimmungen mit Vorteil angewendet werden kann, wenn die Temperatur der Flüssigkeit in einem Pyknometer von nicht näher bestimmtem Inhalt von der Temperatur des zur Auswägung des Meßgerätes benutzten Wassers abweicht (vgl. S. 10 und 11).

Beispiel: Das Gewicht eines leeren Pyknometers von unbestimmtem Inhalt sei 24,765 mg; mit Wasser von $18,40^0$ C. bis zur Marke gefüllt wiege es 82,940 g und mit Flüssigkeit von $21,88^0$ C. gefüllt 108,735 g. Gesucht ist die Dichte der Flüssigkeit bei $21,88^0$ C. auf Wasser von 4^0 C. bezogen.

$$
\begin{aligned}
\text{Es ist } p_0 &= 24,765 & p_2 - p_0 &= 83,970 \\
p_1 &= 82,940 & p_1 - p_0 &= 58,175 \\
p_2 &= 108,735 & & \\
t_1 &= 18,40^0 & t_2 - t_1 &= +3,48^0 \\
t_2 &= 21,88^0 & &
\end{aligned}
$$

und damit wird $s_{\frac{21,88}{4}} = \dfrac{83,970}{58,175} \cdot \dfrac{1}{n} + 0,0012$.

Zu den Werten $t_1 = 18,40$ und $t_2 - t_1 = +3,48$ liefert die Tafel den Betrag $\log n = 0,00120$. Die Ausrechnung gestaltet sich dann folgendermaßen:

$$
\begin{aligned}
\log 83,970 &= 1,92412 \\
\log 58,175 &= 1,76474 \\
\cline{1-2}
&\ \ 0,15938 \\
\log n\ \ &\ \ 0,00120 \\
\cline{1-2}
&\ \ 0,15818 \quad \text{Num.} = 1,4394 \\
& \qquad\qquad \text{dazu } 0,0012 \\
& \qquad s_{\frac{21,88}{4}} = 1,4406.
\end{aligned}
$$

Tafeln 10 und 11 liefern die sog. Glaskorrektion für Aräometer nach Dichte und für Bé-Aräometer rationeller Skale. Wenn derartige Aräometer bei einer von ihrer Normaltemperatur (hier 15^0 C.) abweichenden Temperatur benutzt werden, so werden die Ablesungen dadurch verfälscht, daß die Spindeln, deren Volumen mit der Temperatur veränderlich ist, nicht den ihrer Normaltemperatur entsprechenden Raum einnehmen. Bei höherer Temperatur werden sie zu weit herausragen und daher eine zu große Angabe liefern, bei Temperaturen unter 15^0 wird der umgekehrte Fall eintreten (vgl. § 9).

1. Beispiel: Ein bei 15^0 C. richtiges Aräometer ergebe bei 35^0 C. die Ablesung 1,2248; wie groß ist die wahre Dichte der Flüssigkeit bei 35^0 C.?

Die Tafel 10 gibt für die Temperatur 35^0 und die Ablesung 1,20 die Korrektion — 58 Einheiten der 5. Dezimale, für dieselbe Temperatur und 1,25 die Korrektion — 60. Da die Ablesung nur auf Einheiten der 4. Dezimale erfolgte, hat man eine Korrektion von rund — 0,0006 anzubringen und erhält die gesuchte Dichte $s_{\frac{35}{4}} = 1,2242$.

2. Beispiel: Die Ablesung eines Bé-Aräometers rationeller Skale bei 28^0 C. sei $12,77^0$ Bé. Dann liefert die Tafel 11 die Korrektion — $0,041^0$ Bé und die berichtigte Ablesung wird $12,73^0$ Bé.

Tafel 12 findet Anwendung bei der Vergleichung von Dichte-Aräometern, deren Angaben auf verschiedene Dichte-Einheiten bezogen sind und die verschiedene Normaltemperaturen besitzen. Unter „Fehler" ist jedesmal diejenige Größe zu verstehen, welche mit ihrem Vorzeichen zu der Ablesung addiert die richtige Dichte ergibt. Im besonderen mag mit $F_{\frac{t_1}{t_2}}$ der Fehler eines Aräometers bezeichnet werden, welches bei der Normaltemperatur t_1 Dichten bezogen auf Wasser von der Temperatur t_2 angeben sollte. Sei $A_{\frac{t_1}{t_2}}$ die Ablesung eines solchen Instruments, so wird die zu dieser Ablesung gehörige Dichte:

$$s_{\frac{t_1}{t_2}} = A_{\frac{t_1}{t_2}} + F_{\frac{t_1}{t_2}}.$$

Hat man den Fehler $F_{\frac{t_1}{t_2}}$ durch Vergleichung mit einem richtigen Instrument, durch pyknometrische Messung oder durch hydrostatische Wägung ermittelt, so ist es leicht, den Fehler der zu prüfenden Spindel unter Zugrundlegung einer anderen Normaltemperatur und einer anderen Dichteneinheit anzugeben. Nach den Ausführungen auf S. 30 ist zu setzen:

$$F_{\frac{t_3}{t_4}} = F_{\frac{t_1}{t_2}} + A_{\frac{t_1}{t_2}} \cdot \frac{1}{\sigma_{\frac{t_4}{4}}} \left[\sigma_{\frac{t_2}{4}} - \sigma_{\frac{t_4}{4}} + \varepsilon \left(t_1 - t_3 \right) \right]$$

Nach dieser Formel ist die Tafel berechnet. Die Anwendung wurde bereits (S. 31) durch Beispiele erläutert.

Tafeln 13 bis 19 sind alkoholometrische Hilfstafeln, welche bei der Herstellung und bei der Vergleichung von Alkoholometern verschiedener Art Verwendung finden können. Tafel 13 gibt die Dichten der Alkohol-Wasser-Mischungen $s_{\frac{15}{15}}$ und $s_{\frac{15}{4}}$ für jedes Gewichtsprozent, Tafel 14 die entsprechenden Zahlen für Volumenprozente nach Tralles und Gay-Lussac, die letzteren nach den sowohl in Frankreich wie in Schweden durch amtliche Veröffentlichung getroffenen Festsetzungen. (Vgl. § 63.)

Tafel 15 dient zur Verwandlung von wahren Gewichtsprozenten Alkohol in wahre Volumenprozente Tralles und umgekehrt. Bei Vergleichungen von Gewichts- und Volumenalkoholometern ist diese Tafel nicht zu benutzen, dafür ist der zweite Teil der Tafel 16, sowie Tafel 19 bestimmt.

Beispiel: Ein Alkoholometer mit französischer Gay-Lussac-Skale wird mit einem richtigen Tralles-Alkoholometer verglichen. Letzteres zeige 90,46 %, ersteres 90,68 %; gesucht ist der Fehler der Gay-Lussac-Spindel. Nach der Tafel 16 (2. Teil) entspricht der abgelesenen Tralles-Prozentzahl 90 das Gay-Lussac-Prozent 90,06. An der Ablesestelle muß also ein richtiges Gay-Lussac-Alkoholometer 0,06 % mehr angeben, als ein richtiges Alkoholometer nach Tralles, in unserm Falle 90,52. Der tatsächlichen Ablesung 90,68 % entspricht daher der Fehler — 0,16% Gay-Lussac.

Tafeln 20 bis 23 sind saccharimetrische Hilfstafeln Tafel 20 gibt zu der Konzentration der Zuckerlösungen in Gewichtsprozent die Dichten $s_{\frac{15}{15}}$, $s_{\frac{20}{4}}$ und $s_{\frac{17,5}{17,5}}$ nach den Ermittelungen der Kaiserl. Normal-Eichungs-Kommission[1]). Die mitgeteilten Zahlen haben dadurch eine erhöhte Bedeutung gewonnen, daß sie von der Internationalen Kommission für einheitliche Methoden der Zuckeruntersuchung am 31. Mai 1909 in London angenommen worden sind.

Tafel 21 dient zur Ermittelung der Konzentration von Zuckerlösungen aus der Dichte $s_{\frac{20}{4}}$. Die Konzentration ist sowohl nach Gewichtsprozenten als auch nach sog. „gemischten Prozenten" angegeben, welche die Masse des in einem Liter Lösung bei 20⁰ C. enthaltenen Zuckers darstellen[2]).

Tafel 22 ist bei der pyknometrischen Bestimmung der Stärke einer Zuckerlösung anzuwenden. Vorausgesetzt wird die Benutzung eines Kolbens oder Pyknometers, welches bei 20⁰ C. genau 50 ccm Flüssigkeit faßt. Die Justierung eines solchen Gerätes durch Auswägung mit Wasser geschieht nach den Angaben auf S. 5. Hier mag dabei bemerkt werden, daß bei mittlerer Luftdichte (0,00121) 50 ccm destilliertes Wasser bei 20⁰ C. einem Gewicht von 49,858 g das Gleichgewicht halten.

Beispiel: Ein für 50 ccm bei 20⁰ C. justiertes Dichtefläschchen möge leer 24,866 g, mit einer Zuckerlösung bei derselben Temperatur gefüllt aber 78,584 g wiegen; welches ist die Konzentration der Lösung in Gewichtsprozenten, und wieviel Gramm Zucker sind in einem Liter bei 20⁰ C. enthalten? — Das Gewicht der Lösung ist 78,584 — 24,866 = 53,718 g. Die Tafel 22 gibt zu 53,708 g die Stärke 18,7 % zu 53,730 g 18,8 %. Durch Interpolation erhält man die dem gefundenen Gewicht 53,718 g entsprechende Stärke:

$$18,70 + \frac{53,718 - 53,708}{53,730 - 53,708} \cdot 0,1 = 18,70 + \frac{0,010}{0,022} \cdot 0,1 = 18,70 + 0,05 = 18,75\,\%.$$

Mit dieser Zahl geht man in die zweite Spalte der Tafel 21 ein und findet zu 18,65 % 200,5 g Zucker im Liter, zu 18,88 % 203,1 g. Für die gefundene Stärke 18,75, welche zwischen diesen beiden Werten liegt, erhält man

$$200,5 + \frac{18,75 - 18,65}{18,88 - 18,65} \cdot (203,1 - 200,5) = 200,5 + \frac{0,10}{0,23} \cdot 2,6 = 201,6\,\text{g}.$$

Die untersuchte Flüssigkeit besitzt demnach eine Stärke von 18,75 % und zwar sind 201,6 g Zucker bei 20⁰ C. in einem Liter Lösung enthalten.

Tafel 23 dient bei der Vergleichung von Saccharimetern mit hoher Normaltemperatur mit einem bei 20⁰ C. richtigem Normal zur Vereinfachung der Umrechnung. Eine z. B. für 80⁰ C. berichtigte Spindel muß bei 20⁰ C. in einer Zuckerlösung eine zu große Stärke anzeigen, da sich die Flüssigkeit bei der Abkühlung von 80⁰ auf 20⁰ in höherem Maße zusammenzieht, als das Glas des Saccharimeters, während die Konzentration sich nicht ändert. Der Unterschied der Ablesungen ist in der Tafel für eine Reihe von Normaltemperaturen und für Konzentrationen von 1 bis 70 % angegeben. Beispiel: Ein Saccharimeter mit der Normaltemperatur 60⁰ C. sei mit einem bei 20⁰ C. fehlerfreien Normalinstrument bei irgend einer Temperatur verglichen; die Ablesungen seien am Normal 35,42 %, am Instrument 39,18 %. Die Tafel gibt in der mit 60 überschriebenen Spalte für die Ablesung 39,18 % die Reduktion — 3,62 %. Die reduzierte Ablesung 35,56 % (39,18—3,62) ist jetzt unmittelbar mit der Angabe des Normals 35,42 % vergleichbar und es ergibt sich für den Punkt 39,18 % des zu prüfenden Instruments der Fehler — 0,14 %.

Tafel 24 enthält die Dichten einiger Säuren von verschiedener Konzentration; von Schwefelsäure nach den Untersuchungen der Kais. Normal-Eichungs-

---

[1]) Wiss. Abhandl. der Kais. Normal-Eichungskommission. II. Heft. Berlin 1900. J. Springer.

[2]) Vgl. auch § 50.

kommission[1]), von Essigsäure nach Oudemans[2]), von Salzsäure nach Lunge und Marchlewski[3]) und von Salpetersäuer nach Veley und Manley[4]). Die Dichten sind sämtlich auf Einheiten der 4. Dezimalstelle und zwar bei 15^0 C. bezogen auf Wasser von 4^0 C. angegeben.

Tafeln 25 und 26 geben zu den Dichten $s_{\frac{15}{4}}$ und $s_{\frac{15}{15}}$ die Konzentration von Mischungen aus Schwefelsäure und Wasser in Graden Bé, in Gewichtsprozenten H_2SO_4 und SO_3, sowie in gemischten Prozenten bei 15^0 C. (Gramm H_2SO_4 im Liter). Beispiel: Die Dichte einer verdünnten Schwefelsäure sei durch pyknometrische Messung gefunden: $s_{\frac{15}{4}} = 1{,}5378$. Die Tafel 25 liefert zu dieser Dichte zunächst

die Stärke in Graden Bé: $50{,}07 + 0{,}78\,(50{,}68 - 50{,}07) = 50{,}55^0$ Bé
ferner die Prozente H_2SO_4: $62{,}51 + 0{,}78\,(63{,}41 - 62{,}51) = 63{,}21\,\%$
    die Prozente SO_3: $51{,}03 + 0{,}78\,(51{,}76 - 51{,}03) = 51{,}60\,\%$
und die gemischten Prozente: $956 + 0{,}78\,(977 - 956) = 972$ g im Liter bei 15^0 C.

Zur Kontrolle dieser Zahlen wollen wir die beobachtete Dichte $s_{\frac{15}{4}}$ ($= 1{,}5378$) mit Hilfe der Tafel 4 auf Wasser von 15^0 C. beziehen und dann die Tafel 26 benutzen. Wir finden $s_{\frac{15}{15}} - s_{\frac{15}{4}} = +0{,}00134$, folglich $s_{\frac{15}{15}} = 1{,}53914$ und erhalten

die Stärke in Graden Bé: $49{,}99 + 0{,}914\,(50{,}60 - 49{,}99) = 50{,}55^{\prime\prime}$ Bé
in Prozenten H_2SO_4: $62{,}39 + 0{,}914\,(63{,}29 - 62{,}39) = 63{,}21$
in Prozenten SO_3: $50{,}93 + 0{,}914\,(51{,}66 - 50{,}93) = 51{,}60$
in gemischten Prozenten: $954 + 0{,}914\,(974 - 954) = 972$ g H_2SO_4 im Liter bei 15^0 C.

Diese Werte stimmen mit den aus der Tafel 25 erhaltenen genau überein.

Tafel 27 dient zur Ermittelung der Dichten s_t und s_t (hier kurz mit s_{15} und s_4 bezeichnet) aus den Graden Bé für leichte Flüssigkeiten und ist nach den Formeln gerechnet

$$s_{15} = \frac{144{,}3}{144{,}3 + n} \qquad s_4 = \frac{144{,}174}{144{,}3 + n},$$

wo n die Grade Bé in der rationellen Skale bezeichnet.

Beispiel: Eine Flüssigkeit habe bei irgend einer Temperatur eine Stärke von $52{,}77^0$ Bé; wie groß ist ihre Dichte bei dieser Temperatur auf Wasser von 15^0 C. bezogen? Die Tafel ergibt

$$s_{15} = 0{,}73510 - 0{,}77\,(0{,}73510 - 0{,}73137) = 0{,}73223;$$

ferner findet man $s_4 = 0{,}73446 - 0{,}77\,(0{,}73446 - 0{,}73073) = 0{,}73159$.

Zur Kontrolle benutzen wir die Tafel 4, welche den Unterschied $s_{15} - s_4 = 0{,}00064$ ergibt in Übereinstimmung mit den erhaltenen direkten Werten.

Tafel 28 liefert die Dichten s_{15} und s_4 zu den Graden Bé für schwere Flüssigkeiten. Die der Berechnung zugrunde liegenden Formeln lauten:

$$s_{15} = \frac{144{,}3}{144{,}3 - n} \quad \text{und} \quad s_4 = \frac{144{,}174}{144{,}3 - n}.$$

Beispiel: Eine Flüssigkeit habe bei irgend einer Temperatur eine Stärke von $61{,}725^0$ Bé; welche Dichte hat sie bei derselben Temperatur?
Nach der Tafel ist $s_{15} = 1{,}74697 + 0{,}025\,(1{,}74909 - 1{,}74697) = 1{,}74750$
    $s_4 = 1{,}74545 + 0{,}025\,(1{,}74756 - 1{,}74545) = 1{,}74598$.

---

[1]) Wiss. Abhandl. der K. N. E. K. V. Heft. Berlin 1904. J. Springer.
[2]) Das spezifische Gewicht der Essigsäure. Bonn 1866.
[3]) Z. f. angew. Chem. 4. 133.
[4]) Journ. Chem. Soc. 83, 1015; 1903.

Tafel 29 ist die Umkehrung der vorigen Tafel und gibt zu den Dichten s_4 die Grade Bé für schwere Flüssigkeiten.

Beispiel: Eine Flüssigkeit habe bei irgend einer Temperatur die auf Wasser von 4^0 C. bezogene Dichte $s_4 = 1{,}74\,598$. Wie groß ist ihre Stärke in Graden Bé? Die Tafel gibt

$$\text{Bé} = 61{,}68 + 0{,}98\,(61{,}73 - 61{,}68) = 61{,}73^0.$$

Ist die gegebene Dichte auf Wasser von 15^0 C. bezogen, so muß sie, bevor man die Tafel benutzen kann, mit Hilfe der Tafel 4 auf Wasser von 4^0 C. umgerechnet werden.

Tafeln 30 bis 33 dienen zur Vergleichung von Aräometern willkürlicher Skale mit einem Bé-Aräometer rationeller Skale und zwar für schwere und leichte Flüssigkeiten. Sie sind streng nach den auf S. 32 ff. mitgeteilten Formeln berechnet und wohl ohne besondere Anleitung verständlich. Die Interpolation mag jedoch an einem Beispiel erläutert werden.

Beispiel: Ein fehlerfreies Bé-Aräometer zeige in einer schweren Flüssigkeit $11{,}82^0$ Bé an; welche Ablesung muß in derselben Flüssigkeit und bei derselben Temperatur ein richtiges Aräometer nach Stoppani liefern, dessen Formel lautet $s = \dfrac{166}{166 - n}$ und dessen Normaltemperatur $12{,}5^0$ R. ist? Die Tafel 30 gibt zu der Bé-Angabe 10^0 die entsprechende Ablesung eines Aräometers nach Stoppani $11{,}52$, zu 12^0 Bé $13{,}82^0$ St. Durch Interpolation zwischen diesen Werten findet man die gesuchten Grade St. folgendermaßen:

$$\text{St.} = 11{,}52 + \frac{11{,}82 - 10{,}00}{2}\,(13{,}82 - 11{,}52) = 13{,}61^0.$$

Wird umgekehrt zu der Ablesung $13{,}61^0$ St. die entsprechende Angabe eines Bé-Aräometers gesucht, so geht man in die Tafel 31 ein und findet:

$$12^0 \text{ St. entsprechen } 10{,}42^0 \text{ Bé}$$
$$14^0 \text{ St. } \qquad ,, \qquad 12{,}16^0 \text{ Bé, und es ergibt sich durch}$$

Interpolation als Angabe des Bé-Aräometers:

$$\text{Bé} = 10{,}42 + \frac{13{,}61 - 12{,}00}{2}\,(12{,}16 - 10{,}42) = 11{,}82^0.$$

Tafel 34 gibt die Umwandlung der Angaben eines gläsernen Aräometers nach Twaddle in rat. Baumégrade und Dichte. Ein Beispiel dürfte sich erübrigen.

Tafeln 35 bis 42 enthalten die Kapillaritäts-Konstanten verschiedener aräometrisch wichtiger Flüssigkeiten, sowie tabellarische Angaben über die an aräometrischen Ablesungen anzubringenden Kapillaritäts-Reduktionen zum Übergang auf andere Flüssigkeiten. Die Tafeln 35 und 36 geben die Kapillaritäts-Konstanten α [1]) nach den Ermittelungen der Normal-Eichungskommission [2]) von denjenigen Flüssigkeiten, welche im allgemeinen mit Aräometern nach Dichte oder Bé gespindelt werden; gleichzeitig ist die Konstante des Sulfosprits aufgenommen worden. Liefert ein Dichtenaräometer in einer Flüssigkeit mit der Kapillaritäts-Konstanten α_0 die Ablesung L_0, so würde diese Spindel in einer zweiten Flüssigkeit von genau derselben Dichte und Temperatur, aber mit der Konstanten α die Ablesung ergeben:

$$L = L_0 - \frac{(\alpha - \alpha_0)\,s^2\,\pi\,d}{G},$$

wo s die Dichte, d den Stengeldurchmesser in Millimeter, G das Gewicht der Spindel in Milligramm und π die Zahl $3{,}14$ bedeutet.

Ist die erste Flüssigkeit Sulfosprit, so rechnet man bequemer mit den Tafeln 40 und 41. Die erstere gibt für Flüssigkeiten, die schwerer als Wasser sind, unmittelbar den Wert $10\,(\alpha - \alpha_0)\,s^2\,\pi$, welcher hier mit A bezeichnet ist. Man hat dann:

$$L - L_0 = -\frac{d}{G}\cdot A$$

in Einheiten der 4. Dezimalstelle, wenn dabei G in Gramm angegeben wird.

---

[1]) Vgl. S. 21 ff.

[2]) Wiss. Abh. d. Kais. Normal-Eichungskomm. III. Heft. Berlin. 1902. J. Springer.

Beispiel: Ein Aräometer nach Dichte zeige in Sulfosprit 1,2576 an; welche Dichte würde diese Spindel in Natronlauge von derselben Dichte angeben, wenn ihre Stengeldicke 5,4 mm und ihr Gewicht 38,8 g beträgt?

Tafel 40 liefert in der mit „Natronlauge" überschriebenen Spalte zu der Dichte 1,2576 den Betrag $A = +193$, mithin wird die Differenz der Ablesungen in Einheiten der 4. Dez.

$$L - L_0 = -\frac{5,4}{38,8} \cdot 193 = -27$$

und die gesuchte Ablesung in Natronlauge $L = 1,2549$.

Tafel 41 gibt dieselbe Vereinfachung bei der Reduktion von Bé-Angaben. Die entsprechende Formel lautet hier:

$$L - L_0 = -\frac{d}{G} \cdot B \text{ in Einheiten von } 0,01^0 \text{ Bé.}$$

Beispiel: Ein Aräometer rationeller Bé-Skale zeige in Sulfosprit $11,45^0$ Bé an; wieviel Grade würde die Spindel in einer Kochsalzlösung angeben, wenn ihre Stengeldicke 6,8 mm und ihr Gewicht 55 g beträgt? Tafel 41 liefert in der mit „Kochsalzlösung" überschriebenen Spalte zu der Ablesung $11,45^0$ Bé den Betrag $B = +197$, mithin wird die Differenz der Ablesungen, in $0,01^0$ Bé ausgedrückt:

$$L - L_0 = -\frac{6,8}{55} \cdot 197 = -24,$$

und die gesuchte Ablesung in Kochsalzlösung $L = 11,45 - 0,24 = 11,21^0$ Bé.

Die Tafeln 40 und 41 können auch in den Fällen Verwendung finden, wenn die Eintauchung nicht in Sulfosprit, sondern in einer anderen der aufgeführten Flüssigkeiten erfolgte. Es sei die entsprechende Ablesung L_1 und die gesuchte Ablesung in einer zweiten Flüssigkeit L_2, so hat man, wenn L_0 die korrespondierende Ablesung in Sulfosprit ist:

$$L_1 - L_0 = -\frac{d}{G} \cdot A_1$$

$$L_2 - L_0 = -\frac{d}{G} \cdot A_2$$

mithin

$$L_2 - L_1 = +\frac{d}{G} (A_1 - A_2)$$

und für Bé-Aräometer

$$L_2 - L_1 = +\frac{d}{G} (B_1 - B_2).$$

Beispiel: Ein Bé-Aräometer mit der Stengeldicke 5,8 mm und dem Gewicht 42 g zeige in verdünnter Schwefelsäure $21,35^0$ Bé; welches würde die Angabe in einer Natronlauge von derselben Dichte sein?

Tafel 41 liefert zu $21,35^0$ Bé für
$$\text{Schwefelsäure } B_1 = +148$$
$$\text{Natronlauge } \quad B_2 = +176$$

mithin wird $L_2 - L_1 = \frac{5,8}{42} (-28) = -0,04^0$ Bé, und die gesuchte Ablesung in Natronlauge $21,31^0$ Bé.

Die Tafeln 40 und 41 sind ursprünglich dazu bestimmt, die Fehler eines Aräometers, welches mit einem Normalinstrument in Sulfosprit verglichen wurde, auf die Gebrauchsflüssigkeit umrechnen zu helfen. Bezeichnet L_0 und F_0 die Ablesung und den dazu gehörigen Fehler in Sulfosprit, L und F die entsprechenden Größen für die Gebrauchsflüssigkeit eines Aräometers, so ist die beiden Flüssigkeiten gemeinsame Dichte

$$s = L_0 + F_0 = L + F,$$

folglich $F - F_0 = L_0 - L = +\dfrac{d}{G} \cdot A$ und für Bé-Aräometer

$$F - F_0 = +\frac{d}{G} \cdot B.$$

Beispiele für diese Umrechnungen sind am Fuße der Tafeln beigefügt.

Tafeln 37 bis 39 geben zu den Argumenten „Gewichtsprozent" die vierfachen Beträge der Kapillaritäts-Konstanten (4α) von Spiritus, Zuckerlösung, Schwefelsäure, Essigsäure, Salpetersäure und Salzsäure und dazu die entsprechenden Werte für Sulfosprit von gleicher Dichte. Mit Ausnahme der beiden ersten Flüssigkeiten, für welche Spezialtafeln folgen, sind die für die Berechnung der Kapillaritätsreduktion notwendigen Differenzen der Werte 4α gegen die von Sulfosprit, also $4(\alpha-\alpha_0)$, für jedes Prozent aufgeführt. Die Berechnung der Reduktion von Sulfosprit auf eine der genannten Säuren geschieht nach der auf S. 35 abgeleiteten Formel, welche daselbst durch Beispiele erläutert ist.

Tafeln 42 a bis d dienen zur bequemen Ermittelung der Kapillaritäts-Reduktion von Sulfosprit auf Spiritus, amerikanisches Mineralöl von größerer Dichte als 0,85, und Zuckerlösung. Tafel 42 a gibt zu dem Gewicht des Aräometers und dem Durchmesser seines Stengels eine Hilfsgröße $k\left(k = 1000\,\dfrac{d}{G}\right)$, die folgenden Tafeln 42 b bis d haben ebenfalls zwei Eingänge und zwar die Ablesung des Aräometers und ferner jene Größe k; sie liefern damit unmittelbar die Kapillaritäts-Reduktion von Sulfosprit auf die betreffenden Flüssigkeiten in den am Kopfe angegebenen Einheiten.

Beispiel 1: Ein Gewichtsalkoholometer (d = 3,8 mm, G = 44,5 g) zeige in Sulfosprit·die Ablesung 16,25 %; gesucht ist die Ablesung, welche die Spindel in Spiritus von der gleichen Dichte ergeben würde.

Tafel 42 a gibt zu dem Stengeldurchmesser 3,8 mm und dem Gewicht 44,5 g die Hilfsgröße k = 85. Mit diesem Wert geht man in die Tafel 42 b ein und entnimmt bei 16,25 % die Reduktion 36 (in 0,01 %). Nach der Anweisung am Fuß der Tafel ist diese Reduktion (0,36 %) zu der Ablesung 16,25 % in Sulfosprit hinzuzufügen. Die entsprechende Ablesung in Spiritus lautet demnach 16,61 %.

Beispiel 2: Ein Mineralöl-Aräometer (d = 4,6 mm, G = 52,2 g) zeige in Sulfosprit 0,8872; gesucht sei die entsprechende Ablesung in Mineralöl.

Tafel 42 a gibt zu den Werten d und G die Hilfsgröße k = 88. Mit diesem Wert und der Ablesung 0,8872 findet man aus Tafel 42 c die Reduktion 12 (Einheiten der 5. Dezimalstelle), welche von der Ablesung abgezogen die Angabe in Mineralöl 0,8871 ergibt.

Beispiel 3: Ein Saccharimeter (d = 5,5 mm, G = 46,5 g) zeige in Sulfosprit 32,65 % Zucker an; welches ist die entsprechende Ablesung in Zuckerlösung?

Aus Tafel 42 a findet man zunächst k = 118. Dieser Wert liefert in Verbindung mit der Ablesung 32,65 % die gesuchte Reduktion 0,34 %, welche von 32,65 % zu subtrahieren ist, so daß die Ablesung in einer Zuckerlösung lauten würde: 32,31 %.

Tafeln 43 bis 52 enthalten Angaben für die Mutterskalen verschiedenartiger Aräometer. Der Berechnung wurde die Formel

$$l = L\,\frac{s_o-\gamma}{s_u-s_o}\cdot\frac{s_u-s}{s-\gamma}\quad\text{(Vgl. S. 26)}$$

zugrunde gelegt und die Gesamtlänge L = 500 oder 1000 mm angenommen. Über die Anwendung der Tafeln ist in dem Abschnitt über die Herstellung der Aräometer das Nötige mitgeteilt (vgl. § 18, 19, 28, 46).

Tafeln 53 und 54 dienen zur rechnerischen Konstruktion von Aräometern, insbesondere zur Auswahl des Aräometerstengels für ein fertiges Unterteil, wenn bestimmte Bedingungen in bezug auf den Skalenbereich und die Skalenlänge zu erfüllen sind.

Unter Vernachlässigung der Kapillarität und des Luftauftriebes lautet die aräometrische Grundgleichung für den obersten Punkt (s_o)

$$G = (V_o + lq)\,s_o,\quad\text{für den untersten }(s_u)$$

$$G = V_o\,s$$

mithin $(V_o + lq)\,s_o = V_o s_u$ und daraus

$$d = 2 \sqrt{\frac{V_o}{\pi} \cdot \frac{s_u - s_o}{l s_o}} \quad \text{wenn für} \quad q = \frac{d^2 \pi}{4} \quad \text{gesetzt wird.}$$

Die Anwendung der Tafeln ist in dem 5. Kapitel eingehend erläutert.

Tafeln 55 bis 70 dienen zur Reduktion von aräometrischen Ablesungen auf die Normaltemperatur des Instruments. Die Reduktionsbeträge sind zum größten Teil neu berechnet worden auf Grund des auf der Normal-Eichungskommission vorhandenen Materials. Fremdes Material wurde verwendet bei der Aufstellung der Reduktionstafel für Salzsäure (nach Schuncke, Z. f. phys. Chemie, 14. 331. 1894), Salpetersäure (nach Veley und Manley, Journ. Chem. Soc. 83. 1015. 1903) und Essigsäure (nach Oudemans, Das spez. Gewicht der Essigsäure; Bonn 1866). Der Ausdehnungskoeffizient des Glases ist überall zu 0,000 025 angenommen worden.

Die volle Ausnutzung der durch die Tafeln gebotenen Genauigkeit verlangt im allgemeinen eine Interpolation in zwei Richtungen; in vielen Fällen wird es indes zulässig sein, bei Entnahme der Reduktion die letzte in den Tafeln enthaltene Dezimalstelle zu vernachlässigen, und dann wird eine besondere Interpolationsrechnung nicht erforderlich sein. In den hier folgenden Beispielen soll jedoch stets der strenge Wert der gesuchten Reduktion ermittelt werden.

Beispiel 1 zu Tafel 55. Ein richtiges Gewichtsalkoholometer mit der Normaltemperatur 15^0 C. zeige in einem Spiritus bei $22{,}3^0$ C. die scheinbare Stärke 95,72 %; wie groß ist die wahre Stärke der Flüssigkeit?

Man geht mit den nächst kleineren Angaben, 22^0 C. und 95 % in die Tafel ein und findet die zugehörige Reduktion — 2,10 %. Wenn die Temperatur um einen ganzen Grad wächst, so geht die Reduktion über in — 2,41 %. Die Differenz für einen Temperaturgrad beträgt demnach — 0,31 %. Geht man in der Vertikalspalte für 22 Grad von dem Werte — 2,10 %, welcher 95 % entspricht, auf den Wert für 96 % über, so gibt die Tafel — 2,06, die Differenz für ein Prozent beträgt also hier + 0,04 %. Durch Interpolation findet man den gesuchten Betrag für $22{,}3^0$ C. und 95,72 % folgendermaßen:

$$- 2{,}10 - 0{,}31 \cdot 0{,}3 + 0{,}04 \cdot 0{,}72 = - 2{,}10 - 0{,}09 + 0{,}03 = - 2{,}16 \%.$$

Die wahre Stärke wird dann 95,72 % — 2,16 % = 93,56 %.

Beispiel 2 zu Tafel 55. Dasselbe Instrument zeige bei $10{,}4^0$ C. die scheinbare Stärke 36,95 %; wie groß ist die wahre Stärke?

Die Tafel gibt für 10^0 C. und 35 % die Reduktion + 1,75 %. Die Änderung für einen Temperaturgrad beträgt + 1,40 — 1,75 = — 0,35 %, für 5 % der scheinbaren Stärke 1,73 — 1,75 % = — 0,02 %. Eine Interpolation ergibt demnach:

$$+ 1{,}75 - 0{,}35 \cdot 0{,}4 - \frac{0{,}02}{5} (36{,}95 - 35) = + 1{,}75 - 0{,}14 - 0{,}01 = + 1{,}60 \%$$

und die wahre Stärke ist: 36,95 % + 1,60 % = 38,55 %.

Beispiel 1 zu Tafel 56. Ein Alkoholometer nach Tralles zeige bei $19{,}7^0$ R. in Spiritus die scheinbare Stärke 21,65 %; welches ist die wahre Stärke?

Für die Ablesungen 19^0 R. und 21 % gibt die Tafel die Reduktion — 2,58 %. Die Differenzen für 1^0 R. und 1 % sind — 0,39 % und — 0,11 %. Demnach erhält man die gesuchte Reduktion: — 2,58 — 0,39 · 0,7 — 0,11 · 0,65 = — 2,58 — 0,27 — 0,07 = — 2,92 % und die wahre Stärke ist 21,65 % — 2,92 % = 18,73 % Tralles.

Beispiel 2 zu Tafel 56. Das Alkoholometer zeige bei $10{,}8^0$ R. die scheinbare Stärke 53,52 %; gesucht sei die wahre Stärke.

Die Tafel liefert für 10^0 R. und 50 % die Reduktion + 1,15 %. Die Tafeldifferenzen sind für 1^0 R. und für 5 %: + 0,68 — 1,15 = — 0,47 % und + 1,11 — 1,15 = — 0,04 %. Darnach wird die gesuchte Reduktion:

$$+ 1{,}15 - 0{,}47 \cdot 0{,}8 - \frac{0{,}04}{5} (53{,}52 - 50) = + 1{,}15 - 0{,}38 - 0{,}03 = + 0{,}74 \%$$

und die wahre Stärke 53,52 % + 0,74 % = 54,26 % Tralles.

Beispiel zu Tafel 57a. Ein richtiges Saccharimeter mit der Normaltemperatur 20^0 C. zeige bei $45{,}3^0$ C. die scheinbare Stärke 63,15 % einer Zuckerlösung an; welches ist die wahre Stärke dieser Lösung?

Die Tafel gibt für 60 % und 45° C. die Reduktion + 2,10 %. Die Tafeldifferenzen für 10 % und für 1° C. sind + 2,06 — 2,10 = — 0,04 % und + 2,19 — 2,10 = + 0,09 %. Durch Interpolation findet man die gesuchte Reduktion:

$$+ 2,10 - \frac{0,04}{10} (63,15 - 60) + 0,09 \cdot 0,3 = + 2,10 - 0,01 + 0,03 = + 2,12 \%$$

und die wahre Stärke wird 63,15 % + 2,12 % = 65,27 % Zucker.

Beispiel zu Tafel 57 b. Ein richtiges Saccharimeter mit der Normaltemperatur 17,5° C. zeige bei 12,4° C. die scheinbare Stärke 22,55 % einer Zuckerlösung; welches ist die wahre Stärke dieser Lösung?

Die Tafel gibt für 20 % und 12° C. die Reduktion — 0,29 %. Die Tafeldifferenzen für 10 % und für 1° C. sind — 0,33 + 0,29 = — 0,04 % und — 0,24 + 0,29 = + 0,05 %. Durch Interpolation findet man die gesuchte Reduktion

$$- 0,29 - \frac{0,04}{10} (22,55 - 20) + 0,05 \cdot 0,4 = - 0,29 - 0,01 + 0,02 = - 0,28 \%$$

und die wahre Stärke wird 22,55 % — 0,28 % = 22,27 % Zucker.

Bemerkung. In den Tafeln 57 a und b sind die Reduktionen für Temperaturen über 60° C. sowie für abgelesene Zuckerprozente über 70 % durch Extrapolation berechnet und daher nur auf Zehntelprozent angegeben worden.

Beispiel 1 zu Tafel 58. Ein bei 15° C. richtiges Aräometer für Schwefelsäure zeige bei 23,6° C. in dieser Flüssigkeit die Dichte 1,5647; gesucht ist die Dichte bei 15° C.

Da die Reduktionen sich in vertikaler Richtung, also mit der Änderung der Aräometerablesung nur sehr langsam ändern, genügt es im allgemeinen nur für die Temperatur zu interpolieren und zwar in derjenigen Horizontalreihe, deren Bezifferung der abgelesenen Dichte am nächsten liegt, d. i. in diesem Falle 1,56. Der Temperatur 23° C. entspricht die Reduktion + 68 Einheiten der 4. Dezimalstelle, während zu 24° C. + 76 gehört. Die Tafeldifferenz beträgt demnach + 8 und die Interpolation ergibt:

$$+ 68 + 8 \cdot (23,6 - 23) = + 68 + 5 = + 73$$

folglich wird die gesuchte Dichte 1,5647 + 0,0073 = 1,5720.

Beispiel 2 zu Tafel 58. Ein leeres Pyknometer, de sen Volumen bei 15° C. zu 50,065 ccm nach der Anleitung auf S. 7 ff. bestimmt worden ist, wiege 26,748 g; mit verdünnter Schwefelsäure bei 21,7° C. gefüllt sei sein Gewicht 87,957 g. Gesucht wird die Dichte der Säure bei 15° C. bezogen auf Wasser von 4° C. und die Grädigkeit in rationellen Bé-Graden.

Zunächst ist die wahre Dichte der Flüssigkeit bei 21,7° C. zu ermitteln. Dies geschieht am einfachsten nach der Formel (S. 12):

$$s_{\frac{t}{4}} = \frac{p_2 - p_0}{v_{15}} \cdot r + \gamma.$$

Wir haben $p_2 = 87,957$, $p_0 = 26,748$, mithin $p_2 - p_0 = 61,209$

$$v_{15} = 50,065;$$

ferner ist nach der Tabelle S. 12 $\log r = 9,99986$ für 21,7° C.

$$\log (p_2 - p_0) = 1,78681$$
$$\overline{ 1,78667}$$
$$\log v_{15} = 1,69954$$
$$\overline{\phantom{\log v_{15} = } \text{num. } 0,08713 = 1,2222}$$
$$\gamma = 0,0012$$
$$\overline{ s_{\frac{21,7}{4}} = 1,2234.}$$

Mit dieser wahren Dichte darf man nicht in die Tafel 58 eingehen, denn diese berücksichtigt ihrerseits die Glasausdehnung und wir haben in dem log r die Glasausdehnung schon einmal in Rechnung gezogen. Wir können zur Ermittelung der scheinbaren Dichte zwei Wege einschlagen: entweder wir bringen die Glasausdehnung rückwärts an der wahren Dichte an, oder wir vernachlässigen in der benutzten Formel für die wahre Dichte die Glasausdehnung und schreiben:

$$s'_{\frac{t}{4}} = \frac{p_2 - p_0}{v_{15}} \cdot w + \gamma \qquad \log w = 9{,}99994 - 10 \quad \text{(vgl. S. 4).}$$

Die Rechnung stellt sich dann folgendermaßen:

$$\begin{aligned}
\log w &= 9{,}99994 \\
\log (p_2 - p_0) &= 1{,}78681 \\
\hline
& 1{,}78675 \\
\log v_{15} &= 1{,}69954 \\
\hline
\text{num. } 0{,}08721 &= 1{,}2224 \\
\gamma &= 0{,}0012 \\
\hline
s_{\frac{21{,}7}{4}} &= 1{,}2236.
\end{aligned}$$

Bringt man an der wahren Dichte 1,2234 die Glaskorrektion, welche nach Tafel 10 — 0,00019 beträgt, mit umgekehrtem Vorzeichen an, so erhält man dieselbe scheinbare Dichte 1,2236.

Zu dieser Dichte und der Temperatur 21^0 C. liefert die Tafel 58 die Reduktion + 40 (Einheiten der 4. Dez.) und da die Differenz für einen Temperaturgrad + 7 beträgt, so erhält man durch Interpolation die gesuchte Reduktion:

$$+ 40 + 7 \cdot 0{,}7 = + 45 \text{ oder } + 0{,}0045 \text{ und die wahre Dichte}$$

$$s_{\frac{15}{4}} = 1{,}2236 + 0{,}0045 = 1{,}2281.$$

Zu dieser Dichte findet man in der Tafel 29 die entsprechenden Bé-Grade, nämlich $26{,}91^0$ Bé.

Beispiel zu Tafel 59. Ein richtiges Aräometer rationeller Bé-Skale für Schwefelsäure zeige in dieser Flüssigkeit bei $11{,}6^0$ C. an: $62{,}55^0$ Bé.

Gesucht sei 1. die Grädigkeit bei 15^0 C.

2. die wahre Dichte bei 15^0 C.

3. der Prozentgehalt an H_2SO_4 und SO_3

4. die Anzahl Gramm H_2SO_4, welche bei 15^0 C. in einem Liter Säure enthalten sind.

Zunächst geht man mit der Ablesung $62{,}55^0$ Bé und $11{,}6^0$ C. in die Tafel 59 ein und findet die Reduktion

$$- 0{,}19 + 0{,}05 \cdot 0{,}6 = - 0{,}16^0 \text{ Bé}$$

und damit die Grädigkeit bei 15^0: $62{,}55^0 - 0{,}16^0 = 62{,}39^0$ Bé. Diesem Werte entspricht nach Tafel 28 die Dichte $s_{\frac{15}{4}} = 1{,}76014$

und $s_{\frac{15}{15}} = 1{,}76168$.

Tafel 25 gibt zu der Dichte 1,76014 die Gewichtsprozente:

$$82{,}53 + 0{,}98 \cdot 0{,}014 = 82{,}54 \% \; H_2SO_4$$

$$67{,}37 + 0{,}80 \cdot 0{,}014 = 67{,}38 \% \; SO_3 \text{ und ferner}$$

$$1453 + 25 \cdot 0{,}014 = 1453 \text{ g } H_2SO_4 \text{ im Liter bei } 15^0 \text{ C.}$$

Tafel 26 gibt zu der Dichte 1,76168 die entsprechenden Beträge:

$$82{,}38 + 0{,}97 \cdot 0{,}168 = 82{,}54 \% \; H_2SO_4$$

$$67{,}25 + 0{,}79 \cdot 0{,}168 = 67{,}38 \% \; SO_3$$

$$1448 + 26 \cdot 0{,}168 = 1452 \text{ g } H_2SO_4 \text{ im Liter bei } 15^0 \text{ C.}$$

Die Differenz von 1 g in dem letzten Betrage ist durch die Abrundung auf volle Gramme bedingt.

Beispiel zu Tafel 60. Ein bei 15^0 C. richtiges Aräometer für Schwefelsäure nach Gewichtsprozent H_2SO_4 zeige in verdünnter Schwefelsäure bei $24{,}4^0$ C. an 56,75 %; welches ist der wahre Prozentgehalt?

Aus der Tafel entnimmt man durch Interpolation die Reduktion:
$+ 0{,}68 + 0{,}07 \cdot 0{,}4 = + 0{,}71 \%$ und erhält die wahre Stärke:
$56{,}75 + 0{,}71 = 57{,}46 \% \ H_2SO_4$.

Beispiel zu Tafel 61. Ein richtiges Aräometer nach Bé (rat. Skale) für Salzsäure zeige in dieser Flüssigkeit bei $23{,}5^0$ C. an: $14{,}4^0$ Bé. Gesucht sei

1. die Grädigkeit bei 15^0 C.
2. die Dichte $s_{\frac{15}{4}}$
3. die Konzentration in Gewichtsprozent HCl.

Zunächst liefert die Tafel 61 sofort die Reduktion $+ 0{,}4^0$ Bé, so daß die Grädigkeit bei 15^0 C. $14{,}8^0$ Bé beträgt. Mit dieser Zahl entnimmt man der Tafel 28 die Dichte $s_{\frac{15}{4}} = 1{,}1133$. Zur Ermittelung der Konzentration geht man dann in die Tafel 24 ein; diese gibt zu der Dichte $1{,}1103$ die Prozentzahl 22 und zu $1{,}1155$ die Zahl 23. Für die Dichte $1{,}1133$ erhält man durch Interpolation die Stärke:

$$22 + \frac{1{,}1133 - 1{,}1103}{1{,}1155 - 1{,}1103} = 22 + \frac{30}{52} = 22{,}6 \% \ HCl.$$

Beispiel zu Tafel 62. Ein richtiges Aräometer nach Bé (rat. Skale) für Salpetersäure zeige in dieser Flüssigkeit bei $11{,}3^0$ C. an: $27{,}6^0$ Bé.

Gesucht sei 1. die Grädigkeit bei 15^0 C.
2. die Dichte $s_{\frac{15}{4}}$
3. die Konzentration in Gewichtsprozent HNO_3.

Aus der Tafel 62 entnimmt man ohne Interpolationsrechnung die Reduktion $- 0{,}4^0$ Bé, so daß die Grädigkeit bei 15^0 C. wird: $27{,}6 - 0{,}4 = 27{,}2^0$ Bé. Hierzu erhält man aus der Tafel 28 die Dichte $s_{\frac{15}{4}} = 1{,}2312$ und wiederum zu diesem Wert nach der Tafel 24 durch Interpolation die Stärke:

$$36 + \frac{1{,}2312 - 1{,}2247}{1{,}2314 - 1{,}2247} = 36 + \frac{65}{67} = 37{,}0 \% \ HNO_3.$$

Beispiel zu Tafel 63. Ein bei 15^0 C. richtiges Aräometer nach Gewichtsprozent Essigsäure zeige in dieser Flüssigkeit bei $22{,}4^0$ C. die Konzentration $26{,}5 \%$ an; gesucht sei die wahre Stärke und die Dichte bei 15^0 C.

Die Tafel 63 liefert mittels Interpolation die Reduktion:

$$+ 3{,}1 + (3{,}6 - 3{,}1) \cdot 0{,}4 + \frac{3{,}4 - 3{,}1}{2} \cdot 0{,}5 = + 3{,}1 + 0{,}2 + 0{,}1 = + 3{,}4 \%,$$

so daß die wahre Stärke wird: $26{,}5 + 3{,}4 = 29{,}9 \%$. Hierzu gibt die Tafel 24 die Dichte $s_{\frac{15}{4}} = 1{,}0400 + (1{,}0412 - 1{,}0400) \cdot 0{,}9 = 1{,}0400 + 0{,}0011 = 1{,}0411$.

Beispiel 1 zu Tafel 64. Ein für 15^0 C. berichtigtes Aräometer nach Dichte für Äther zeige in dieser Flüssigkeit bei $11{,}7^0$ C. an: $0{,}7336$; welches ist die Dichte bei 15^0 C.?

Die Reduktion der Ablesung auf 15^0 C. erhält man aus Tafel 64 durch Interpolation: $- 45 + 11 \cdot 0{,}7 = - 45 + 8 = - 37$ (Einh. der 4. Dez.) und damit die Dichte $s_{\frac{15}{4}} = 0{,}7336 - 0{,}0037 = 0{,}7299$.

Beispiel 2 zu Tafel 64. Ein leeres Pyknometer, dessen Volumen bei 15^0 C. nach der Anleitung auf S. 9 zu $50{,}065$ ccm bestimmt worden ist, wiege $26{,}748$ g; das Gewicht des mit Denaturierungsäther bei $23{,}75^0$ C. gefüllten Gefäßes sei $62{,}585$ g. Wie groß ist die Dichte bei 15^0 C. bez. auf Wasser von 4^0 C.?

Zur Ermittelung der scheinbaren Dichte benutzen wir die bei dem Beispiel 2 zu Tafel 58 angegebene Formel:

$$s'_{\frac{t}{4}} = \frac{p_2 - p_0}{v_{15}} \cdot w + \gamma$$

und setzen hier ein: $p_2 = 62{,}585$, $p_0 = 26{,}748$, $v_{15} = 50{,}065$, $\log w = 9{,}99\,994 - 10$
$\gamma = 0{,}00\,121$. Dann ergibt sich folgende Rechnung:

$$
\begin{aligned}
p_2 - p_0 = 35{,}837 \qquad \log &= 1{,}55\,433 \\
\log w &= 9{,}99\,994 \\
\hline
&1{,}55\,427 \\
\log v_{15} &= 1{,}69\,954 \\
\hline
\text{num. } 9{,}85\,473 &= 0{,}71\,570 \\
\gamma &= 0{,}00\,121 \\
\hline
s'_{\frac{23{,}75}{4}} &= 0{,}71\,691.
\end{aligned}
$$

Zu dieser scheinbaren Dichte und der Beobachtungstemperatur liefert die Tafel 64 die Reduktion:
$$+ 91 + 11 \cdot 0{,}75 = + 99 \quad \text{(Einh. d. 4. Dez.)}$$
so daß man die Dichte bei 15^0 C. erhält:
$$s_{\frac{15}{4}} = 0{,}7169 + 0{,}0099 = 0{,}7268.$$

Beispiel zu Tafel 65. Ein richtiges Bé-Aräometer für Natronlauge zeige in dieser Flüssigkeit bei $23{,}7^0$ C. an $13{,}8^0$ Bé; welches ist die Grädigkeit bei 15^0 C.?

Die Tafel gibt unmittelbar die Reduktion $+ 0{,}4^0$ Bé, so daß die gesuchte Grädigkeit bei 15^0 C. wird $24{,}1^0$ Bé.

Beispiel zu Tafel 66. Ein richtiges Laugenaräometer nach Bé zeige in Kalilauge bei $10{,}8^0$ C. an $31{,}5^0$ Bé. Dann ist nach der Tafel die Grädigkeit bei 15^0 C.: $31{,}5 - 0{,}1 = 31{,}4^0$ Bé.

Beispiel 1 zu Tafel 67. Ein für 15^0 C. berichtigtes Aräometer für Mineralöl zeige in einem Benzin amerikanischer Herkunft bei $23{,}4^0$ C. die Dichte $0{,}7243$ an; welches ist die Dichte bei 15^0 C.

Die Tafel liefert für 23^0 C. und die Ablesung $0{,}72$ die Reduktion $+ 66$ (Einh. d. 4. Dez.). Bei einer Temperaturänderung von 1^0 ändert sich die Zahl um 8, dagegen in vertikaler Richtung für eine Änderung der Ablesung um $0{,}01$ um $- 2$. Die Interpolation ergibt mithin
$$+ 66 + 8 \cdot 0{,}4 - 2 \cdot 0{,}43 = + 66 + 3 - 1 = + 68$$
und die Dichte bei 15^0 C. wird: $0{,}7243 + 0{,}0068 = 0{,}7311$.

Beispiel 2 zu Tafel 67. Ein leeres Pyknometer, dessen Volumen bei 15^0 C. nach der Anleitung auf S. 9 zu $50{,}065$ ccm bestimmt worden ist, wiege $26{,}748$ g. Das Gewicht des mit Benzin amerikanischer Herkunft bei $23{,}75^0$ C. gefüllten Gefäßes sei $62{,}585$ g. Wie groß ist die auf Wasser von 4^0 C. bezogene Dichte bei 15^0 C.?

Wir benutzen die bei dem Beispiel 2 zu Tafel 58 angegebene Formel zur Ermittelung der scheinbaren Dichte:
$$s'_{\frac{t}{4}} = \frac{p_2 - p_0}{v_{15}} \cdot w + \gamma$$
und setzen: $p_2 = 62{,}585$, $p_0 = 26{,}748$, $v_{15} = 50{,}065$, $\log w = 9{,}99\,994$, $\gamma = 0{,}00\,121$

$$
\begin{aligned}
\log (p_2 - p_1) &= 1{,}55\,433 \\
\log w &= 9{,}99\,994 \\
\hline
&1{,}55\,427 \\
\log v_{15} &= 1{,}69\,954 \\
\hline
\text{num.} = 9{,}85\,473 &= 0{,}71\,570 \\
\gamma &= 0{,}00\,121 \\
\hline
s'_{\frac{23{,}75}{4}} &= 0{,}71\,691.
\end{aligned}
$$

Zu dieser scheinbaren Dichte und der beobachteten Temperatur $23{,}75^0$ C. liefert die Tafel 67 die Reduktion:

$+ 67 + (76—67) \cdot 0{,}75 — (67—66) \cdot 0{,}691 = + 67 + 7 — 1 = + 73$ (4. Dez.)
und die Dichte bei 15° C. wird: $s_{\frac{15}{4}} = 0{,}7242$.

Beispiel zu Tafel 68. Ein für 15° C. berichtigtes Aräometer für Mineralöle zeige in russischem Petroleum bei $10{,}3^{\circ}$ C. die Dichte $0{,}8427$ an. Dann gibt die Tafel durch Interpolation die Reduktion:

$— 35 + (35—28) \cdot 0{,}3 + (35—34) \cdot 0{,}27 = — 35 + 2 + 0 = — 33$ (4. Dez.),

so daß sich die Dichte bei 15° C. zu $0{,}8427 — 0{,}0033 = 0{,}8394$ ergibt.

Beispiel zu Tafel 69. Ein bei 15° C. richtiges Aräometer nach Dichte für Paraffinöl zeige in dieser Flüssigkeit bei $10{,}7^{\circ}$ C. die Dichte $0{,}8909$ an. Die Reduktion auf 15° C. ergibt sich aus der Tafel zu

$— 34 + (34—27) \cdot 0{,}7 = — 29$ (4. Dez.),

und daraus folgt die gesuchte Dichte: $s_{\frac{15}{4}} = 0{,}8909 — 0{,}0029 = 0{,}8880$.

Beispiel zu Tafel 70. Ein für 15° C. berichtigtes Aräometer nach Dichte für Glyzerin zeige in dieser Flüssigkeit bei $23{,}3^{\circ}$ C. die Dichte $1{,}22318$; wie würde die Ablesung bei 15° C. gelautet haben?

Da die Differenzen in vertikaler Richtung höchstens 2 Einheiten der 5. Dezimalstelle betragen, so kann man sich bei der Benutzung der Tafel 70 stets auf eine Interpolation in der Richtung der Temperaturänderung beschränken und erhält die gesuchte Reduktion zu

$+ 468 + (527—468) \cdot 0{,}3 = + 486 + 18 = + 504$ (5. Dez.)

und damit die Dichte bei 15° C. $s_{\frac{15}{4}} = 1{,}22822$.

Beispiel 2 zu Tafel 70. Ein Pyknometer, dessen Volumen bei 15° C. nach der Anleitung auf S. 9 zu $50{,}065$ ccm bestimmt worden ist, wiege leer $26{,}748$ g, mit Glyzerin bei $11{,}8^{\circ}$ C. gefüllt dagegen $87{,}923$ g. Wieviel Grad Bé hat die Flüssigkeit bei 15° C?

Zur Berechnung der scheinbaren Dichte bei $11{,}8^{\circ}$ C. benutzen wir die Formel:

$$s'_{\frac{t}{4}} = \frac{p_2 — p_0}{v_{15}} \cdot w + \gamma \quad \text{(Vgl. Beispiel 2 zu Tafel 58)}$$

und haben zu setzen: $p_2 = 87{,}923$, $p_0 = 26{,}748$, $v_{15} = 50{,}065$, $\log w = 9{,}99994$ und $\gamma = 0{,}00121$.

$$\log (p_2 — p_0) = 1{,}78658$$
$$\log w = 9{,}99994$$
$$\overline{ 1{,}78652}$$
$$\log v_{15} = 1{,}69954$$
$$\overline{\text{num. } 0{,}08698 = 1{,}22174}$$
$$\gamma = 0{,}00121$$
$$\overline{s'_{\frac{11{,}8}{4}} = 1{,}22295.}$$

Als Reduktion dieser scheinbaren Dichte auf 15° C. ergibt die Tafel 70:

$— 229 + (229—172) \cdot 0{,}8 = — 229 + 46 = — 183$ (5. Dez.),

so daß die wahre Dichte bei 15° C. wird $1{,}22295 — 0{,}00183 = 1{,}22112$.

Mit dieser Dichte $s_{\frac{15}{4}}$ geht man in die Tafel 29 ein und erhält als Zahl der Grädigkeit: $26{,}22 + (26{,}32—26{,}22) \cdot 0{,}12 = 26{,}22 + 0{,}01 = 26{,}23^{\circ}$ Bé.

Tafel 1.

Dichten des Wassers bei den Temperaturen 0° bis +50° C. bezogen auf die Dichte bei +4° C.

Grade C.	Zehntelgrade									
	0	1	2	3	4	5	6	7	8	9
0	0,99 9868	9874	9881	9887	9893	9899	9905	9911	9916	9922
1	9927	9932	9936	9941	9946	9950	9954	9957	9961	9965
2	9968	9971	9974	9977	9980	9982	9985	9987	9989	9991
3	9992	9994	9995	9996	9997	9998	9999	9999	*0000	*0000
4	1,00 0000	0000	0000	*9999	*9999	*9998	*9997	*9996	*9995	*9993
5	0,99 9992	9990	9988	9986	9984	9982	9979	9977	9974	9971
6	9968	9965	9962	9958	9954	9951	9947	9942	9938	9934
7	9929	9925	9920	9915	9910	9904	9899	9893	9888	9882
8	9876	9870	9864	9857	9851	9844	9837	9830	9823	9816
9	9808	9801	9793	9785	9777	9769	9761	9753	9744	9736
10	0,99 9727	9718	9709	9700	9691	9681	9672	9662	9652	9642
11	9632	9622	9612	9602	9591	9580	9569	9558	9547	9536
12	9525	9513	9502	9490	9478	9466	9454	9442	9429	9417
13	9404	9391	9379	9366	9352	9339	9326	9312	9299	9285
14	9271	9257	9243	9229	9215	9200	9186	9171	9156	9141
15	0,99 9126	9111	9096	9081	9065	9050	9034	9018	9002	8986
16	8970	8953	8937	8920	8904	8887	8870	8853	8836	8819
17	8801	8784	8766	8749	8731	8713	8695	8677	8659	8640
18	8622	8603	8585	8566	8547	8528	8509	8490	8471	8451
19	8432	8412	8392	8372	8352	8332	8312	8292	8271	8251
20	0,99 8230	8210	8189	8168	8147	8126	8105	8083	8062	8040
21	8019	7997	7975	7953	7931	7909	7887	7864	7842	7819
22	7797	7774	7751	7728	7705	7682	7659	7635	7612	7588
23	7565	7541	7517	7493	7469	7445	7421	7396	7372	7347
24	7323	7298	7273	7248	7223	7198	7173	7147	7122	7096
25	0,99 7071	7045	7019	6994	6968	6941	6915	6889	6863	6836
26	6810	6783	6756	6729	6703	6676	6648	6621	6594	6567
27	6539	6512	6484	6456	6428	6400	6372	6344	6316	6288
28	6259	6231	6202	6174	6145	6116	6087	6058	6029	6000
29	5971	5941	5912	5882	5853	5823	5793	5763	5733	5703
30	0,99 5673	5643	5613	5582	5552	5521	5491	5460	5429	5398
31	5367	5336	5305	5274	5242	5211	5179	5148	5116	5084
32	5052	5020	4988	4956	4924	4892	4859	4827	4794	4762
33	4729	4696	4663	4630	4597	4564	4531	4498	4465	4431
34	4398	4364	4330	4297	4263	4229	4195	4161	4126	4092
35	0,99 4058	4024	3990	3956	3921	3886	3851	3816	3781	3746
36	3711	3676	3641	3606	3571	3536	3500	3464	3428	3392
37	3356	3320	3284	3248	3212	3176	3140	3104	3067	3030
38	2993	2956	2919	2882	2845	2808	2771	2734	2697	2660
39	2622	2585	2547	2510	2472	2434	2396	2358	2320	2282
40	0,99 2244	2206	2168	2130	2092	2053	2014	1975	1936	1897
41	1858	1819	1780	1741	1702	1663	1624	1585	1546	1506
42	1466	1426	1386	1346	1306	1266	1226	1186	1146	1106
43	1066	1026	0986	0945	0904	0863	0822	0781	0740	0699
44	0658	0617	0576	0535	0494	0453	0412	0370	0328	0286
45	0,99 0244	0202	0160	0118	0076	0034	*9992	*9950	*9908	*9866
46	0,98 9823	9781	9738	9696	9653	9610	9567	9524	9481	9438
47	9395	9352	9309	9266	9223	9180	9136	9092	9048	9004
48	8960	8916	8872	8828	8784	8740	8696	8652	8607	8563
49	8518	8474	8429	8385	8340	8295	8250	8205	8160	8115
50	0,98 8070	8025	7980	7935	7890	7845	7799	7753	7707	7661

Tafel 1.

Dichten des Wassers bei den Temperaturen $+50°$ bis $+101°$ C. bezogen auf die Dichte bei $+4^0$ C.

Grade C.	Zehntelgrade									
	0	1	2	3	4	5	6	7	8	9
50	0,98 8070	8025	7980	7935	7890	7845	7799	7753	7707	7661
51	7615	7569	7523	7477	7431	7385	7339	7293	7247	7201
52	7154	7108	7061	7015	6968	6921	6874	6827	6780	6733
53	6686	6639	6592	6545	6498	6451	6404	6356	6308	6260
54	6212	6163	6115	6c67	6019	5971	5923	5875	5827	5779
55	0,98 5731	5683	5635	5587	5539	5490	5441	5392	5343	5294
56	5245	5196	5147	5098	5049	5000	4951	4902	4853	4803
57	4753	4703	4653	4603	4553	4503	4453	4403	4353	4303
58	4253	4203	4153	4103	4053	4003	3952	3901	3850	3799
59	3748	3697	3646	3595	3544	3493	3442	3391	3340	3289
60	0,98 3237	3186	3134	3083	3031	2980	2928	2876	2824	2772
61	2720	2668	2616	2564	2512	2460	2408	2356	2303	2250
62	2197	2144	2091	2038	1985	1932	1879	1826	1773	1720
63	1667	1614	1561	1508	1455	1402	1349	1296	1242	1188
64	1134	1080	1026	0972	0918	0864	0810	0756	0702	0648
65	0,98 0594	0540	0486	0432	0378	0323	0268	0213	0158	0103
66	0048	*9993	*9938	*9883	*9828	*9773	*9717	*9662	*9606	*9551
67	0,97 9496	9441	9386	9330	9275	9219	9163	9107	9051	8995
68	8939	8883	8827	8771	8715	8659	8602	8546	8489	8433
69	8376	8320	8263	8207	8150	8093	8036	7979	7922	7865
70	0,97 7808	7751	7694	7637	7580	7523	7465	7407	7350	7292
71	7234	7177	7119	7061	7003	6945	6887	6829	6771	6713
72	6655	6597	6539	6481	6423	6365	6307	6248	6189	6130
73	6071	6012	5953	5894	5835	5776	5717	5658	5599	5540
74	5481	5422	5363	5304	5245	5186	5126	5066	5006	4946
75	0,97 4886	4826	4766	4706	4646	4586	4526	4466	4405	4345
76	4285	4224	4164	4103	4043	3982	3922	3861	3801	3740
77	3679	3618	3557	3496	3435	3374	3313	3252	3191	3130
78	3068	3007	2945	2884	2822	2761	2699	2638	2576	2514
79	2452	2390	2328	2266	2204	2142	2080	2018	1956	1894
80	0,97 1831	1769	1706	1644	1581	1519	1456	1394	1331	1268
81	1205	1142	1079	1016	0953	0890	0827	0763	0700	0637
82	0573	0510	0447	0384	0320	0257	0193	0129	0065	0001
83	0,96 9937	9873	9809	9745	9681	9617	9553	9488	9424	9359
84	9295	9230	9166	9101	9037	8972	8908	8843	8779	8714
85	0,96 8649	8584	8519	8454	8389	8324	8259	8194	8129	8064
86	7998	7933	7867	7802	7736	7671	7605	7539	7473	7407
87	7341	7275	7209	7143	7077	7011	6945	6879	6813	6747
88	6680	6614	6547	6481	6414	6348	6281	6215	6148	6081
89	6014	5947	5880	5813	5746	5679	5612	5545	5478	5411
90	0,96 5343	5276	5208	5141	5073	5006	4938	4871	4803	4736
91	4668	4600	4532	4464	4396	4328	4260	4192	4124	4056
92	3987	3919	3850	3782	3713	3645	3576	3508	3439	3371
93	3302	3233	3164	3095	3026	2957	2888	2819	2750	2681
94	2612	2543	2474	2405	2336	2267	2198	2128	2058	1988
95	0,96 1918	1848	1778	1708	1638	1568	1498	1428	1358	1288
96	1218	1148	1078	1007	0937	0866	0796	0725	0655	0584
97	0514	0443	0373	0302	0232	0161	0090	0019	*9948	*9877
98	0,95 9806	9735	9664	9593	9522	9450	9379	9307	9236	9164
99	9093	9021	8950	8878	8807	8735	8663	8591	8519	8447
100	0,95 8375	8303	8231	8159	8087	8015	7943	7871	7799	7726

Tafel 2.

Logarithmen der Dichte des Wassers bei den Temperaturen 0° bis +50° C. bezogen auf die Dichte bei +4° C.

Grade C	0	1	2	3	4	5	6	7	8	9
				Zehntelgrade						
0	999 9425	9454	9483	9510	9537	9563	9588	9613	9637	9660
1	9682	9703	9724	9744	9763	9781	9799	9816	9832	9847
2	9861	9875	9888	9900	9912	9923	9933	9943	9952	9960
3	9967	9974	9980	9985	9989	9992	9995	9997	9998	9999
4	000 0000	*9999	*9998	*9996	*9994	*9991	*9987	*9983	*9978	*9972
5	999 9965	9958	9950	9941	9931	9921	9911	9900	9888	9875
6	9861	9847	9832	9817	9801	9785	9768	9750	9732	9713
7	9693	9672	9651	9629	9607	9585	9562	9538	9513	9487
8	9461	9434	9407	9379	9351	9322	9293	9263	9232	9200
9	9168	9135	9102	9068	9034	8999	8963	8927	8890	8853
10	999 8815	8776	8737	8697	8657	8616	8575	8533	8490	8447
11	8403	8359	8314	8269	8223	8176	8129	8081	8033	7984
12	7935	7885	7835	7784	7732	7680	7627	7574	7520	7466
13	7411	7356	7300	7243	7186	7129	7071	7013	6954	6894
14	6834	6773	6712	6650	6588	6526	6463	6400	6336	6271
15	999 6205	6139	6073	6006	5939	5871	5803	5734	5664	5594
16	5523	5452	5380	5308	5236	5163	5090	5016	4942	4867
17	4791	4715	4639	4562	4485	4407	4329	4250	4171	4091
18	4011	3930	3849	3767	3685	3603	3520	3437	3353	3268
19	3183	3097	3011	2925	2838	2751	2663	2575	2486	2397
20	999 2307	2217	2126	2035	1944	1852	1760	1667	1574	1480
21	1386	1292	1197	1102	1006	0909	0812	0715	0617	0519
22	0421	0322	0223	0123	0022	*9921	*9820	*9718	*9616	*9513
23	998 9410	9307	9203	9098	8993	8888	8782	8676	8570	8463
24	8356	8249	8141	8033	7924	7814	7704	7594	7483	7372
25	998 7260	7148	7036	6923	6810	6697	6583	6469	6354	6238
26	6122	6006	5889	5772	5655	5537	5419	5301	5182	5063
27	4943	4823	4703	4582	4461	4339	4217	4095	3972	3849
28	3725	3601	3476	3351	3226	3100	2974	2848	2721	2594
29	2466	2338	2210	2081	1952	1822	1692	1562	1431	1300
30	998 1168	1036	0904	0771	0638	0505	0371	0237	0103	*9968
31	997 9833	9698	9562	9425	9288	9151	9014	8876	8737	8598
32	8459	8320	8180	8040	7899	7758	7617	7475	7333	7191
33	7048	6905	6762	6618	6474	6329	6184	6039	5893	5747
34	5601	5454	5307	5159	5011	4863	4715	4566	4417	4267
35	997 4117	3967	3816	3665	3514	3362	3210	3058	2905	2752
36	99 7260	7245	7229	7214	7198	7183	7167	7152	7136	7121
37	7105	7090	7074	7058	7042	7026	7010	6994	6978	6962
38	6946	6930	6914	6898	6882	6866	6850	6834	6817	6801
39	6784	6768	6751	6735	6718	6702	6685	6669	6652	6636
40	99 6619	6603	6586	6569	6552	6535	6518	6501	6484	6467
41	6450	6433	6416	6399	6382	6365	6347	6330	6312	6295
42	6278	6260	6242	6225	6207	6190	6172	6155	6137	6120
43	6102	6085	6067	6050	6032	6014	5996	5978	5960	5942
44	5924	5906	5888	5870	5852	5834	5816	5798	5779	5761
45	99 5742	5724	5705	5687	5668	5650	5631	5613	5594	5576
46	5557	5539	5520	5502	5483	5465	5446	5427	5408	5389
47	5370	5351	5332	5313	5294	5275	5256	5237	5218	5199
48	5179	5160	5141	5121	5102	5082	5063	5043	5024	5004
49	4985	4965	4946	4926	4907	4887	4868	4848	4828	4808
50	99 4788	4768	4748	4728	4708	4688	4668	4648	4628	4608

Tafel 2.

Logarithmen der Dichte des Wassers bei den Temperaturen +50° bis +101° C. bezogen auf die Dichte bei +4° C.

Grade C.	Zehntelgrade									
	0	1	2	3	4	5	6	7	8	9
50	99 4788	4768	4748	4728	4708	4688	4668	4648	4628	4608
51	4588	4568	4548	4528	4508	4487	4467	4447	4426	4406
52	4385	4365	4345	4324	4303	4283	4262	4241	4220	4200
53	4179	4158	4137	4117	4096	4075	4054	4033	4012	3991
54	3970	3949	3928	3907	3886	3864	3843	3822	3800	3779
55	99 3758	3736	3715	3694	3672	3651	3630	3608	3587	3565
56	3544	3522	3501	3479	3458	3436	3415	3393	3371	3349
57	3327	3305	3283	3261	3239	3217	3195	3173	3151	3129
58	3107	3085	3063	3041	3018	2996	2974	2951	2929	2907
59	2884	2862	2839	2817	2794	2772	2749	2727	2704	2681
60	99 2658	2636	2613	2590	2567	2545	2522	2499	2476	2453
61	2430	2407	2384	2361	2338	2315	2292	2269	2246	2223
62	2199	2176	2153	2129	2106	2083	2059	2036	2012	1989
63	1965	1941	1918	1894	1871	1847	1823	1800	1776	1752
64	1728	1705	1681	1657	1633	1609	1585	1561	1537	1513
65	99 1489	1465	1441	1417	1392	1368	1344	1320	1295	1271
66	1247	1223	1198	1174	1150	1125	1101	1077	1052	1028
67	1003	0979	0954	0929	0905	0880	0855	0830	0806	0781
68	0756	0731	0706	0681	0656	0631	0606	0581	0556	0531
69	0506	0481	0456	0431	0405	0380	0355	0329	0304	0279
70	99 0254	0228	0202	0177	0151	0126	0100	0075	0049	0024
71	98 9999	9973	9947	9921	9895	9869	9844	9818	9792	9767
72	9741	9715	9689	9663	9637	9611	9585	9559	9533	9507
73	9481	9455	9429	9403	9377	9351	9324	9298	9272	9246
74	9219	9193	9166	9140	9113	9087	9060	9034	9007	8981
75	98 8954	8927	8901	8874	8847	8820	8794	8767	8740	8713
76	8686	8659	8632	8605	8578	8551	8524	8497	8470	8443
77	8416	8389	8362	8335	8308	8281	8254	8226	8199	8171
78	8143	8116	8088	8061	8033	8006	7978	7951	7923	7896
79	7868	7841	7813	7785	7758	7730	7702	7675	7647	7619
80	98 7591	7563	7535	7507	7479	7451	7423	7395	7367	7339
81	7311	7283	7255	7227	7199	7170	7142	7113	7085	7057
82	7028	7000	6972	6944	6915	6887	6858	6830	6801	6773
83	6744	6715	6687	6658	6629	6601	6572	6543	6514	6485
84	6456	6427	6398	6369	6340	6311	6282	6253	6224	6195
85	98 6166	6137	6108	6079	6050	6021	5991	5962	5933	5904
86	5874	5845	5816	5786	5757	5727	5698	5668	5639	5609
87	5580	5550	5520	5491	5461	5431	5402	5372	5342	5313
88	5283	5253	5223	5193	5163	5133	5103	5073	5043	5013
89	4983	4953	4923	4893	4863	4833	4803	4773	4743	4713
90	98 4682	4652	4622	4591	4561	4531	4500	4470	4439	4409
91	4378	4348	4317	4287	4256	4226	4195	4164	4133	4102
92	4071	4040	4010	3979	3948	3917	3886	3855	3824	3793
93	3762	3731	3700	3669	3638	3607	3576	3545	3514	3483
94	3451	3420	3389	3358	3327	3295	3264	3233	3201	3170
95	98 3138	3107	3075	3044	3012	2981	2949	2918	2886	2854
96	2822	2791	2759	2727	2695	2664	2632	2600	2568	2536
97	2504	2472	2440	2408	2376	2344	2312	2280	2248	2216
98	2184	2152	2120	2088	2055	2023	1991	1959	1926	1894
99	1861	1829	1796	1764	1731	1699	1666	1634	1601	1568
100	1535	1503	1471	1438	1405	1372	1340	1307	1274	1241

Tafel 3.

Raumgehalt des Wassers bei den Temperaturen 0° bis +50° C. bezogen auf den Raumgehalt bei +4° C.

Grade C.	Zehntelgrade									
	0	1	2	3	4	5	6	7	8	9
0	1,00 0132	0126	0119	0113	0107	0101	0095	0089	0084	0078
1	0073	0068	0064	0059	0055	0050	0046	0043	0039	0035
2	0032	0029	0026	0023	0020	0018	0015	0013	0011	0009
3	0008	0006	0005	0004	0003	0002	0001	0001	0000	0000
4	0000	0000	0000	0001	0001	0002	0003	0004	0005	0007
5	1,00 0008	0010	0012	0014	0016	0018	0021	0023	0026	0029
6	0032	0035	0039	0042	0046	0049	0053	0058	0062	0066
7	0071	0075	0080	0085	0090	0096	0101	0107	0112	0118
8	0124	0130	0136	0143	0149	0156	0163	0170	0177	0184
9	0192	0199	0207	0215	0223	0231	0239	0247	0256	0264
10	1,00 0273	0282	0291	0300	0309	0319	0328	0338	0348	0358
11	0368	0378	0388	0399	0409	0420	0431	0442	0453	0464
12	0476	0487	0499	0510	0522	0534	0546	0559	0571	0584
13	0596	0609	0622	0635	0648	0661	0675	0688	0702	0715
14	0729	0743	0757	0771	0786	0800	0815	0830	0844	0859
15	1,00 0874	0890	0905	0920	0936	0951	0967	0983	0999	1015
16	1031	1048	1064	1081	1097	1114	1131	1148	1165	1183
17	1200	1217	1235	1253	1271	1289	1307	1325	1343	1361
18	1380	1399	1417	1436	1455	1474	1493	1512	1532	1551
19	1571	1591	1611	1630	1650	1671	1691	1711	1732	1752
20	1,00 1773	1794	1815	1836	1857	1878	1899	1921	1942	1964
21	1985	2007	2029	2051	2073	2096	2118	2140	2163	2185
22	2208	2231	2254	2277	2300	2324	2347	2370	2394	2418
23	2441	2465	2489	2513	2538	2562	2586	2611	2635	2660
24	2685	2710	2735	2760	2785	2810	2835	2861	2886	2912
25	1,00 2938	2964	2990	3016	3042	3068	3094	3121	3147	3174
26	3201	3227	3254	3281	3308	3336	3363	3390	3418	3445
27	3473	3501	3529	3557	3585	3613	3641	3669	3697	3726
28	3755	3783	3812	3841	3870	3899	3928	3957	3987	4016
29	4046	4075	4105	4135	4164	4194	4224	4255	4285	4315
30	1,00 4346	4376	4407	4437	4468	4499	4530	4561	4592	4623
31	4655	4686	4717	4749	4781	4812	4844	4876	4908	4940
32	4972	5005	5037	5069	5102	5135	5167	5200	5233	5266
33	5299	5332	5365	5399	5432	5465	5499	5533	5566	5600
34	5634	5668	5702	5736	5770	5805	5839	5874	5908	5943
35	1,00 5978	6013	6048	6083	6118	6153	6188	6223	6258	6293
36	6329	6365	6401	6437	6473	6509	6545	6581	6617	6653
37	6689	6725	6761	6798	6835	6872	6909	6946	6983	7020
38	7057	7094	7131	7168	7205	7243	7281	7319	7357	7395
39	7433	7471	7509	7547	7585	7623	7661	7699	7738	7777
40	1,00 7816	7855	7894	7933	7972	8011	8050	8089	8128	8167
41	8207	8247	8287	8327	8367	8407	8447	8487	8527	8567
42	8607	8647	8687	8728	8769	8810	8851	8892	8933	8974
43	9015	9056	9097	9138	9179	9220	9262	9304	9346	9388
44	9430	9472	9514	9556	9598	9640	9682	9724	9766	9809
45	1,00 9852	9895	9938	9981	*0024	*0067	*0110	*0153	*0196	*0239
46	1,01 0282	0325	0368	0411	0455	0499	0543	0587	0631	0675
47	0719	0763	0807	0851	0895	0939	0983	1028	1073	1118
48	1163	1208	1253	1298	1343	1388	1433	1478	1524	1569
49	1615	1660	1706	1752	1798	1844	1890	1936	1982	2028
50	1,01 2074	2120	2166	2212	2258	2305	2352	2399	2446	2493

Tafel 3.

Raumgehalt des Wassers bei den Temperaturen $+50°$ bis $+101°$ C.
bezogen auf den Raumgehalt bei $+4°$ C.

Grade C.	Zehntelgrade									
	0	1	2	3	4	5	6	7	8	9
50	1,01 2074	2120	2166	2212	2258	2305	2352	2399	2446	2493
51	2540	2587	2634	2681	2728	2775	2822	2869	2917	2965
52	3013	3061	3109	3157	3205	3253	3301	3349	3397	3445
53	3494	3542	3590	3639	3687	3736	3785	3834	3883	3932
54	3981	4030	4079	4128	4177	4226	4276	4326	4376	4426
55	1,01 4476	4526	4576	4626	4676	4726	4776	4826	4876	4926
56	4977	5027	5078	5128	5179	5229	5280	5331	5382	5433
57	5484	5535	5586	5637	5688	5739	5791	5843	5895	5947
58	5999	6051	6103	6155	6207	6259	6311	6363	6416	6468
59	6521	6573	6626	6678	6731	6784	6837	6890	6943	6996
60	1,01 7049	7102	7155	7208	7261	7314	7368	7422	7476	7530
61	7584	7638	7692	7746	7800	7854	7908	7963	8017	8072
62	8126	8181	8235	8290	8344	8399	8454	8509	8564	8619
63	8674	8729	8784	8839	8894	8949	9005	9061	9117	9173
64	9229	9285	9341	9397	9453	9509	9565	9621	9677	9733
65	1,01 9790	9847	9903	9960	*0016	*0073	*0130	*0187	*0244	*0301
66	1,02 0358	0415	0472	0529	0586	0643	0701	0759	0817	0875
67	0933	0991	1049	1107	1165	1223	1281	1339	1397	1455
68	1514	1572	1631	1689	1748	1807	1866	1925	1984	2043
69	2102	2161	2220	2279	2338	2397	2456	2516	2576	2636
70	1,02 2696	2756	2816	2876	2936	2996	3056	3116	3176	3236
71	3296	3356	3416	3476	3536	3597	3658	3719	3780	3841
72	3902	3963	4024	4085	4146	4207	4269	4330	4392	4453
73	4515	4577	4639	4701	4763	4825	4887	4949	5011	5073
74	5135	5197	5259	5321	5383	5446	5509	5572	5635	5698
75	1,02 5761	5824	5887	5950	6013	6076	6139	6202	6266	6330
76	6394	6457	6521	6585	6649	6713	6777	6841	6905	6969
77	7033	7097	7161	7225	7289	7353	7417	7482	7547	7612
78	7677	7742	7807	7872	7937	8002	8067	8132	8197	8262
79	8328	8393	8458	8523	8589	8655	8721	8787	8853	8919
80	1,02 8985	9051	9117	9183	9249	9315	9381	9448	9515	9582
81	1,02 9649	9716	9783	9850	9917	9984	*0051	*0118	*0185	*0252
82	1,03 0319	0386	0453	0520	0587	0655	0723	0791	0859	0927
83	0995	1063	1131	1199	1267	1335	1404	1472	1541	1609
84	1678	1746	1814	1883	1952	2021	2090	2159	2228	2297
85	1,03 2366	2435	2504	2573	2642	2711	2780	2850	2920	2990
86	3060	3130	3200	3270	3340	3410	3480	3550	3620	3690
87	3761	3831	3902	3972	4043	4114	4185	4256	4327	4398
88	4469	4540	4611	4682	4753	4824	4895	4966	5038	5110
89	5182	5253	5325	5397	5469	5541	5613	5685	5757	5829
90	1,03 5901	5973	6045	6117	6189	6261	6334	6407	6480	6553
91	6626	6699	6772	6845	6918	6991	7064	7137	7211	7284
92	7358	7431	7505	7578	7652	7726	7800	7874	7948	8022
93	8096	8170	8244	8318	8393	8467	8542	8616	8691	8765
94	8840	8915	8990	9065	9140	9215	9290	9365	9440	9515
95	1,03 9590	9665	9740	9815	9891	9967	*0043	*0119	*0195	*0271
96	1,04 0347	0423	0499	0575	0651	0727	0803	0879	0956	1032
97	1109	1185	1262	1338	1415	1492	1569	1646	1723	1800
98	1877	1954	2031	2108	2185	2262	2340	2418	2496	2574
99	2652	2730	2808	2886	2964	3042	3120	3198	3276	3354
100	1,04 3433	3511	3590	3668	3747	3825	3904	3983	4062	4141

Tafel 4.

Verwandlung der Dichten s_4 in s_{15} und umgekehrt.
(Einh. 6. Decim. der Dichte.)

s_4	$s_{15}-s_4$	s_4	$s_{15}-s_4$	s_4	$s_{15}-s_4$	s_{15}	s_4-s_{15}	s_{15}	s_4-s_{15}	s_{15}	s_4-s_{15}
	6. Dez.		6. Dez.		6. Dez.		6. Dez.		6. Dez.		6. Dez.
0,50	+437	1,00	+ 874	1,50	+1311	0,50	− 437	1,00	− 873	1,50	− 1310
51	446	01	883	51	1320	51	445	01	882	51	1318
52	454	02	891	52	1328	52	454	02	890	52	1327
53	463	03	900	53	1337	53	463	03	899	53	1336
0,54	+472	1,04	+ 909	1,54	+1346	0,54	− 471	1,04	− 908	1,54	− 1344
0,55	+481	1,05	+ 918	1,55	+1355	0,55	− 480	1,05	− 917	1,55	− 1353
56	489	06	926	56	1363	56	489	06	925	56	1362
57	498	07	935	57	1372	57	498	07	934	57	1371
58	507	08	944	58	1381	58	506	08	943	58	1379
0,59	+516	1,09	+ 953	1,59	+1390	0,59	− 515	1,09	− 952	1,59	− 1388
0,60	+524	1,10	+ 961	1,60	+1398	0,60	− 524	1,10	− 961	1,60	− 1397
61	533	11	970	61	1407	61	533	11	969	61	1406
62	542	12	979	62	1416	62	541	12	978	62	1414
63	551	13	988	63	1425	63	550	13	986	63	1423
0,64	+559	1,14	+ 996	1,64	1433	0,64	− 559	1,14	− 995	1,64	− 1432
0,65	+568	1,15	+1005	1,65	+1442	0,65	− 567	1,15	− 1004	1,65	− 1440
66	577	16	1014	66	1451	66	576	16	1013	66	1449
67	586	17	1023	67	1460	67	585	17	1021	67	1458
68	594	18	1031	68	1468	68	594	18	1030	68	1467
0,69	+603	1,19	+1040	1,69	+1477	0,69	− 602	1,19	− 1039	1,69	− 1475
0,70	+612	1,20	+1049	1,70	+1486	0,70	− 611	1,20	− 1048	1,70	− 1484
71	621	21	1058	71	1495	71	620	21	1056	71	1493
72	629	22	1066	72	1503	72	629	22	1065	72	1502
73	638	23	1075	73	1512	73	637	23	1074	73	1510
0,74	+647	1,24	+1084	1,74	+1521	0,74	− 646	1,24	− 1083	1,74	− 1519
0,75	+656	1,25	+1092	1,75	+1530	0,75	− 655	1,25	− 1091	1,75	− 1528
76	664	26	1101	76	1538	76	663	26	1100	76	1536
77	673	27	1110	77	1547	77	672	27	1109	77	1545
78	682	28	1119	78	1556	78	681	28	1117	78	1554
0,79	+690	1,29	+1127	1,79	+1564	0,79	− 690	1,29	− 1126	1,79	− 1563
0,80	+699	1,30	+1136	1,80	+1573	0,80	− 698	1,30	− 1135	1,80	− 1571
81	708	31	1145	81	1582	81	707	31	1144	81	1580
82	717	32	1154	82	1591	82	716	32	1152	82	1589
83	725	33	1162	83	1599	83	725	33	1161	83	1598
0,84	+734	1,34	+1171	1,84	+1608	0,84	− 733	1,34	− 1170	1,84	− 1606
0,85	+743	1,35	+1180	1,85	+1617	0,85	− 742	1,35	− 1179	1,85	− 1615
86	752	36	1189	86	1626	86	751	36	1187	86	1624
87	760	37	1197	87	1634	87	760	37	1196	87	1633
88	769	38	1206	88	1643	88	768	38	1205	88	1641
0,89	+778	1,39	+1215	1,89	+1652	0,89	− 777	1,39	− 1213	1,89	− 1650
0,90	+787	1,40	+1224	1,90	+1661	0,90	− 786	1,40	− 1222	1,90	− 1659
91	795	41	1232	91	1669	91	794	41	1231	91	1667
92	804	42	1241	92	1678	92	803	42	1240	92	1676
93	813	43	1250	93	1687	93	812	43	1248	93	1685
0,94	+822	1,44	+1259	1,94	+1696	0,94	− 821	1,44	− 1257	1,94	− 1694
0,95	+830	1,45	+1267	1,95	+1704	0,95	− 829	1,45	− 1266	1,95	− 1702
96	839	46	1276	96	1713	96	838	46	1275	96	1711
97	848	47	1285	97	1722	97	847	47	1283	97	1720
98	857	48	1294	98	1731	98	856	48	1292	98	1729
0,99	+865	1,49	+1302	1,99	+1739	0,99	− 864	1,49	− 1301	1,99	− 1737
1,00	+874	1,50	+1311	2,00	+1748	1,00	− 873	1,50	− 1310	2,00	− 1746

Tafel 5.

Ermittelung der Dichten $s_{\frac{15}{4}}$ und $s_{\frac{15}{15}}$ aus dem in Luft bestimmten Gewicht von 25 ccm (bei 15° C.) einer Flüssigkeit.

p_1 Gramm	$s_{\frac{15}{4}}$	$s_{\frac{15}{15}}$	p_2 Gramm	$s'_{\frac{15}{4}}$	$s'_{\frac{15}{15}}$	p_2 Gramm	$s'_{\frac{15}{4}}$	$s'_{\frac{15}{15}}$
15	0,60 112	0,60 165	0,00	0,00 000	0,00 000	0,50	0,02 000	0,02 001
16	64 112	64 168	01	040	040	51	2 040	2 041
17	68 111	68 171	02	080	080	52	2 080	2 082
18	72 111	72 174	03	120	120	53	2 120	2 122
19	0,76 110	0,76 177	0,04	160	160	0,54	2 160	2 162
20	0,80 110	0,80 180	0,05	0,00 200	0,00 200	0,55	0,02 200	0,02 202
21	84 109	84 183	06	240	240	56	2 240	2 242
22	88 108	88 185	07	280	280	57	2 280	2 282
23	92 108	92 188	08	320	320	58	2 320	2 322
24	0,96 107	0,96 191	0,09	360	360	0,59	2 360	2 362
25	1,00 107	1,00 194	0,10	0,00 400	0,00 400	0,60	0,02 400	0,02 402
26	04 106	04 197	11	440	440	61	2 440	2 442
27	08 106	08 200	12	480	480	62	2 480	2 482
28	12 105	12 203	13	520	520	63	2 520	2 522
29	1,16 104	1,16 206	0,14	560	560	0,64	2 560	2 562
30	1,20 104	1,20 209	0,15	0,00 600	0,00 600	0,65	0,02 600	0,02 602
31	24 103	24 212	16	640	640	66	2 640	2 642
32	28 103	28 215	17	680	681	67	2 680	2 682
33	32 102	32 218	18	720	721	68	2 720	2 722
34	1,36 102	1,36 221	0,19	760	761	0,69	2 760	2 762
35	1,40 101	1,40 224	0,20	0,00 800	0,00 801	0,70	0,02 800	0,02 802
36	44 100	44 226	21	840	841	71	2 840	2 842
37	48 100	48 229	22	880	881	72	2 880	2 882
38	52 099	52 232	23	920	921	73	2 920	2 922
39	1,56 099	1,56 235	0,24	960	961	0,74	2 960	2 962
40	1,60 098	1,60 238	0,25	0,01 000	0,01 001	0,75	0,03 000	0,03 002
41	64 098	64 241	26	1 040	1 041	76	3 040	3 042
42	68 097	68 244	27	1 080	1 081	77	3 080	3 082
43	72 096	72 247	28	1 120	1 121	78	3 120	3 122
44	1,76 096	1,76 250	0,29	1 160	1 161	0,79	3 160	3 162
45	1,80 095	1,80 253	0,30	0,01 200	0,01 201	0,80	0,03 200	0,03 202
46	84 095	84 256	31	1 240	1 241	81	3 240	3 242
47	88 094	88 259	32	1 280	1 281	82	3 280	3 282
48	92 094	92 261	33	1 320	1 321	83	3 320	3 322
49	1,96 093	1,96 264	0 34	1 360	1 361	0,84	3 360	3 362
50	2,00 093	2,00 267	0,35	0,01 400	0,01 401	0,85	0,03 400	0,03 402
			36	1 440	1 441	86	3 440	3 443
			37	1 480	1 481	87	3 479	3 483
			38	1 520	1 521	88	3 519	3 523
			0,39	1 560	1 561	0,89	3 559	3 563

p_3 Gramm	s''		p_2 Gramm	$s'_{\frac{15}{4}}$	$s'_{\frac{15}{15}}$	p_2 Gramm	$s'_{\frac{15}{4}}$	$s'_{\frac{15}{15}}$
0,000	0,00 000		0,40	0,01 600	0,01 601	0,90	0,03 599	0,03 603
1	004		41	1 640	1 641	91	3 639	3 643
2	008		42	1 680	1 681	92	3 679	3 683
3	012		43	1 720	1 721	93	3 719	3 723
0,004	016		0,44	1 760	1 761	0,94	3 759	3 763
0,005	0,00 020		0,45	0,01 800	0,01 801	0,95	0,03 799	0,03 803
6	024		46	1 840	1 841	96	3 839	3 843
7	028		47	1 880	1 881	97	3 879	3 883
8	032		48	1 920	1 921	98	3 919	3 923
0,009	036		0,49	1 960	1 961	0,99	3 959	3 963

Tafel 6.

Ermittelung der Dichten $s_{\frac{15}{4}}$ und $s_{\frac{15}{15}}$ aus dem in Luft bestimmten Gewicht von 50 ccm (bei 15° C.) einer Flüssigkeit.

p_1 Gramm	$s_{\frac{15}{4}}$	$s_{\frac{15}{15}}$	p_1 Gramm	$s_{\frac{15}{4}}$	$s_{\frac{15}{15}}$
30	0,60 112	0,60 165	65	1,30 102	1,30 216
31	62 112	62 166	66	32 102	32 218
32	64 112	64 168	67	34 102	34 219
33	66 112	66 169	68	36 102	36 221
34	0,68 111	0,68 171	69	1,38 101	1,38 222
35	0,70 111	0,70 172	70	1,40 101	1,40 224
36	72 111	72 174	71	42 101	42 225
37	74 110	74 175	72	44 101	44 227
38	76 110	76 177	73	46 100	46 228
39	0,78 110	0,78 178	74	1,48 100	1,48 229
40	0,80 110	0,80 180	75	1,50 100	1,50 231
41	82 109	82 181	76	52 099	52 232
42	84 109	84 183	77	54 099	54 234
43	86 109	86 184	78	56 099	56 235
44	0,88 108	0,88 185	79	1,58 099	1,58 237
45	0,90 108	0,90 187	80	1,60 098	1,60 238
46	92 108	92 188	81	62 098	62 240
47	94 108	94 190	82	64 098	64 241
48	96 107	96 191	83	66 097	66 243
49	0,98 107	0,98 193	84	1,68 097	1,68 244
50	1,00 107	1,00 194	85	1,70 097	1,70 246
51	02 106	02 196	86	72 097	72 247
52	04 106	04 197	87	74 096	74 248
53	06 106	06 199	88	76 096	76 250
54	1,08 106	1,08 200	89	1,78 096	1,78 251
55	1,10 105	1,10 202	90	1,80 095	1,80 253
56	12 105	12 203	91	82 095	82 254
57	14 105	14 205	92	84 095	84 256
58	16 104	16 206	93	86 094	86 257
59	1,18 104	1,18 207	94	1,88 094	1,88 259
60	1,20 104	1,20 209	95	1,90 094	1,90 260
61	22 104	22 210	96	92 094	92 262
62	24 103	24 212	97	94 093	94 263
63	26 103	26 213	98	96 093	96 265
64	1,28 103	1,28 215	99	1,98 093	1,98 266
65	1,30 102	1,30 216	100	2,00 092	2,00 267

p_2 Gramm	s'	p_2 Gramm	s'
0,00	0,00 000	0,50	0,01 000
01	020	51	1 020
02	040	52	1 040
03	060	53	1 060
0,04	080	0,54	1 080
0,05	0,00 100	0,55	0,01 100
06	120	56	1 120
07	140	57	1 140
08	160	58	1 160
0,09	180	0,59	1 180
0,10	0,00 200	0,60	0,01 200
11	220	61	1 220
12	240	62	1 240
13	260	63	1 260
0,14	280	0,64	1 280
0,15	0,00 300	0,65	0,01 300
16	320	66	1 320
17	340	67	1 340
18	360	68	1 360
0,19	380	0,69	1 380
0,20	0,00 400	0,70	0,01 400
21	420	71	1 420
22	440	72	1 440
23	460	73	1 460
0,24	480	0,74	1 480
0,25	0,00 500	0,75	0,01 500
26	520	76	1 520
27	540	77	1 540
28	560	78	1 560
0,29	580	0,79	1 580
0,30	0,00 600	0,80	0,01 600
31	620	81	1 620
32	640	82	1 640
33	660	83	1 660
0,34	680	0,84	1 680
0,35	0,00 700	0,85	0,01 700
36	720	86	1 720
37	740	87	1 740
38	760	88	1 760
0,39	780	0,89	1 780
0,40	0,00 800	0,90	0,01 800
41	820	91	1 820
42	840	92	1 840
43	860	93	1 860
0,44	880	0,94	1 880
0,45	0,00 900	0,95	0,01 900
46	920	96	1 920
47	940	97	1 940
48	960	98	1 960
0,49	980	0,99	1 980

Beispiel: Gewicht eines Pyknometers von 50 ccm

leer: 22,175 g

bei 15° C. gefüllt: 79,563 g

$$p = 57,388 \text{ g}$$

$p_1 = 57 \qquad p_2 = 0,38 \qquad p_3 = 0,008$

	$s_{\frac{15}{4}}$	$s_{\frac{15}{15}}$
$s_{\frac{15}{4}} = 1,14\ 105$		$s_{\frac{15}{15}} = 1,14\ 205$
$s' =$ 760		760
$s'' =$ 16		16
$s_{\frac{15}{4}} = 1,14\ 881$		$s_{\frac{15}{15}} = 1,14\ 981$

p_3 Gramm	s''
0,000	0,00 000
1	002
2	004
3	006
0,004	008
0,005	0,00 010
6	012
7	014
8	016
0,009	018

Tafel 7.

Ermittelung der Dichten $s_{\frac{15}{4}}$ und $s_{\frac{15}{15}}$ aus dem in Luft bestimmten Gewicht von 100 ccm (bei 15° C.) einer Flüssigkeit.

p Gramm	$s_{\frac{15}{4}}$	$s_{\frac{15}{15}}$	p Gramm	$s_{\frac{15}{4}}$	$s_{\frac{15}{15}}$	p Gramm	$s_{\frac{15}{4}}$	$s_{\frac{15}{15}}$
60	0,60 112	0,60 165	110	1,10 105	1,10 202	160	1,60 098	1,60 238
61	61 112	61 166	111	11 105	11 202	161	61 098	61 239
62	62 112	62 166	112	12 105	12 203	162	62 098	62 240
63	63 112	63 167	113	13 105	13 204	163	63 098	63 240
64	0,64 112	0,64 168	114	1,14 105	1,14 204	164	1,64 098	1,64 241
65	0,65 112	0,65 169	115	1,15 105	1,15 205	165	1,65 098	1,65 242
66	66 112	66 169	116	16 104	16 206	166	66 097	66 242
67	67 111	67 170	117	17 104	17 207	167	67 097	67 243
68	68 111	68 171	118	18 104	18 207	168	68 097	68 244
69	0,69 111	0,69 172	119	1,19 104	1,19 208	169	1,69 097	1,69 245
70	0,70 111	0,70 172	120	1,20 104	1,20 209	170	1,70 097	1,70 245
71	71 111	71 173	121	21 104	21 210	171	71 097	71 246
72	72 111	72 174	122	22 104	22 210	172	72 096	72 247
73	73 111	73 175	123	23 103	23 211	173	73 096	73 248
74	0,74 110	0,74 175	124	1,24 103	1,24 212	174	1,74 096	1,74 248
75	0,75 110	0,75 176	125	1,25 103	1,25 213	175	1,75 096	1,75 249
76	76 110	76 177	126	26 103	26 213	176	76 096	76 250
77	77 110	77 177	127	27 103	27 214	177	77 096	77 251
78	78 110	78 178	128	28 103	28 215	178	78 096	78 251
79	0,79 110	0,79 179	129	1,29 103	1,29 215	179	1,79 096	1,79 252
80	0,80 110	0,80 180	130	1,30 102	1,30 216	180	1,80 095	1,80 253
81	81 109	81 180	131	31 102	31 217	181	81 095	81 253
82	82 109	82 181	132	32 102	32 218	182	82 095	82 254
83	83 109	83 182	133	33 102	33 218	183	83 095	83 255
84	0,84 109	0,84 183	134	1,34 102	1,34 219	184	1,84 095	1,84 256
85	0,85 109	0,85 183	135	1,35 102	1,35 220	185	1,85 095	1,85 256
86	86 109	86 184	136	36 102	36 221	186	86 094	86 257
87	87 109	87 185	137	37 101	37 221	187	87 094	87 258
88	88 108	88 185	138	38 101	38 222	188	88 094	88 259
89	0,89 108	0,89 186	139	1,39 101	1,39 223	189	1,89 094	1,89 259
90	0,90 108	0,90 187	140	1,40 101	1,40 224	190	1,90 094	1,90 260
91	91 108	91 188	141	41 101	41 224	191	91 094	91 261
92	92 108	92 188	142	42 101	42 225	192	92 094	92 262
93	93 108	93 189	143	43 101	43 226	193	93 094	93 262
94	0,94 108	0,94 190	144	1,44 100	1,44 226	194	1,94 093	1,94 263
95	0,95 107	0,95 191	145	1,45 100	1,45 227	195	1,95 093	1,95 264
96	96 107	96 191	146	46 100	46 228	196	96 093	96 265
97	97 107	97 192	147	47 100	47 229	197	97 093	97 265
98	98 107	98 193	148	48 100	48 229	198	98 093	98 266
99	0,99 107	0,99 194	149	1,49 100	1,49 230	199	1,99 093	1,99 267
100	1,00 107	1,00 194	150	1,50 100	1,50 231			
101	01 107	01 195	151	51 099	51 232			
102	02 106	02 196	152	52 099	52 232			
103	03 106	03 196	153	53 099	53 233			
104	1,04 106	1,04 197	154	1,54 099	1,54 234			
105	1,05 106	1,05 198	155	1,55 099	1,55 234			
106	06 106	06 199	156	56 099	56 235			
107	07 106	07 199	157	57 099	57 236			
108	08 106	08 200	158	58 099	58 237			
109	1,09 105	1,09 201	159	1,59 098	1,59 237			

Beispiel: Gewicht eines Pyknometers von 100 ccm

leer: 37,828 g

bis 15° C. gefüllt: 139,515 g

$$p = 101,687 \text{ g}$$
$$p = 101$$

$$s_{\frac{15}{4}} = 1,01\ 107 \quad s_{\frac{15}{15}} = 1,01\ 195$$
$$\underline{+\ 687} \qquad \underline{+\ 687}$$
$$1,01\ 794 \qquad 1,01\ 882$$

Tafel 8.

Ermittelung der Gewichts-Korrektion wegen Luftauftriebs bei pyknometrischen Dichtebestimmungen ($\gamma = 0{,}00121$).

Gewichts-Korrektion in mg, zu den in Luft gefundenen Gewichten p hinzuzufügen.

Gewicht p der Flüssigkeit Gramm	Inhalt des Pyknometers in ccm									Gewicht p der Flüssigkeit Gramm
	5	10	20	25	50	75	100	150	200	
0	6,0	12,1								0
10	4,6	10,7	23	29						10
20		9,3	21	27	58					20
30			20	26	56	86				30
40			19	25	55	85				40
50				23	53	84	114			50
60					52	82	112			60
70					51	81	111	172		70
80					49	79	110	170		80
90					48	78	108	169		90
100					46	77	107	167	228	100
110						75	105	166	226	110
120						74	104	164	225	120
130						72	102	163	223	130
140						71	101	162	222	140
150						69	100	160	221	150
160							98	159	219	160
170							97	157	218	170
180							95	156	216	180
190							94	154	215	190
200							93	153	214	200
210								152	212	210
220								150	211	220
230								149	209	230
240								147	208	240
250								146	206	250
260								144	205	260
270								143	204	270
280								142	202	280
290								140	201	290
300								139	199	300
310									198	310
320									196	320
330									195	330
340									194	340
350									192	350
360									191	360
370									189	370
380									188	380
390									186	390
400									185	400

1. Beispiel:

Gewicht eines Pyknometers von 50 ccm

leer: 22,175 g

bei 15° C. gefüllt: 79,563 „

p = 57,388 g

Tafel-Korrektion: + 0,052 „

Berichtigtes Gewicht: 57,440 g

$$s_{\frac{15}{4}} = \frac{57{,}440}{50} = 1{,}14\,880$$

2. Beispiel:

Gewicht eines Pyknometers von 100 ccm

leer: 37,828 g

bei 15° C. gefüllt: 139,515 „

p = 101,687 g

Tafel-Korrektion: + 0,107 „

Berichtigtes Gewicht: 101,794 g

$$s_{\frac{15}{4}} = \frac{101{,}794}{100} = 1{,}01\,794$$

Tafel 9.

Hilfstafel zur bequemen Berechnung hydrostatischer Dichtebestimmungen.

Ein Senkkörper aus Glas wiege mit Messinggewichten ausgewogen

in Luft: p_0 Gramm

in Wasser von $t_1°$ Celsius: p_1 „

in der Flüssigkeit von $t_2°$ „ : p_2 „

dann ergibt sich die wahre Dichte der Flüssigkeit bei der Temp. t_2:

$$s_{\frac{t_2}{4}} = \frac{p_0 - p_2}{p_0 - p_1} \cdot \frac{1}{n} + 0{,}0012.$$

log n ist in Einheiten der 5. Dezimalstelle hierunter tabuliert.

Temp. t_1 C.	Differenz der Temperaturen: $t_2 - t_1$ in Celsiusgraden											Temp. t_1 C.
	-5	-4	-3	-2	-1	0	$+1$	$+2$	$+3$	$+4$	$+5$	
				log n in Einheiten der 5. Dezimalstelle								
10^0	59	60	61	62	63	64	65	67	68	69	70	10^0
11	63	64	65	66	67	69	70	71	72	73	74	11
12	68	69	70	71	72	73	74	75	76	78	79	12
13	73	74	75	76	77	78	80	81	82	83	84	13
14	79	80	81	82	83	84	85	87	88	89	90	14
15	85	86	87	88	89	91	92	93	94	95	96	15
16	92	93	94	95	96	97	99	100	101	102	103	16
17	99	100	102	103	104	105	106	107	108	109	110	17
18	107	108	109	110	112	113	114	115	116	117	118	18
19	115	116	117	119	120	121	122	123	124	125	126	19
20	124	125	126	127	129	130	131	132	133	134	135	20
21	133	134	135	136	138	139	140	141	142	143	144	21
22	143	144	145	146	147	148	150	151	152	153	154	22
23	153	154	155	156	157	159	160	161	162	163	164	23
24	164	165	166	167	168	169	170	171	172	174	175	24
25	175	176	177	178	179	180	181	182	183	185	186	25

1. Beispiel. Der Senkkörper wiege in Luft: 198,794 g,

in Wasser: 104,372 „ bei $t_1 = 19{,}31°$ C.

in Flüssigkeit: 79,244 „ „ $t_2 = 17{,}57°$ „

Hier ist $p_0 - p_2 = 119{,}550$ g $\qquad$ log 2,07 755

$\qquad p_0 - p_1 = 94{,}422$ „ $\qquad$ „ $\underline{1{,}97\,507}$

$\qquad t_2 - t_1 = -\,1{,}74°$ $\qquad\qquad 0{,}10\,248$

$\qquad\qquad\qquad\qquad\qquad$ log n $\quad\underline{122}$

$\qquad\qquad\qquad\qquad\qquad 0{,}10\,126$ Num. $= 1{,}2626$

mithin $s_{\frac{17,57}{4}} = 1{,}2626 + 0{,}0012 = 1{,}2638.$

2. Beispiel. Der Senkkörper wiege in Luft: 198,794 g,

in Wasser: 104,372 „ bei $t_1 = 19{,}31°$ C.

in Flüssigkeit: 109,268 „ „ $t_2 = 23{,}27°$ „

Hier ist: $p_0 - p_2 = 89{,}526$ g $\qquad$ log 1,95 195

$\qquad p_0 - p_1 = 94{,}422$ „ $\qquad$ „ $\underline{1{,}97\,507}$

$\qquad t_2 - t_1 = +\,3{,}96°$ $\qquad\qquad 9{,}97\,688$

$\qquad\qquad\qquad\qquad\qquad$ log n $\quad\underline{128}$

$\qquad\qquad\qquad\qquad\qquad 9{,}97\,560$ Num. $= 0{,}94\,537$

mithin $s_{\frac{23,27}{4}} = 0{,}94\,537 + 0{,}0012 = 0{,}9466.$

Tafel 10.

Glaskorrektion in Einh. der 5. Dez. der Dichte.

Temp. C.	Abgelesene Dichte															Temp. C.
	0,60	0,65	0,70	0,75	0,80	0,85	0,90	0,95	1,00	1,05	1,10	1,15	1,20	1,25	1,30	
—10°	+36	+39	+42	+45	+48	+51	+54	+57	+60	+63	+66	+69	+72	+75	+78	—10°
9	35	37	40	43	46	49	52	55	58	60	63	66	69	72	75	9
8	33	36	39	42	44	47	50	52	55	58	61	63	66	69	72	8
7	32	34	37	40	42	45	47	50	53	55	58	61	63	66	69	7
— 6	+30	+33	+35	+38	+40	+43	+45	+48	+50	+53	+55	+58	+60	+63	+66	— 6
— 5	+29	+31	+34	+36	+38	+41	+43	+46	+48	+50	+53	+55	+58	+60	+62	— 5
4	27	30	32	34	36	39	40	43	46	48	50	52	55	57	59	4
3	26	28	30	32	35	37	38	41	43	45	48	50	52	54	56	3
2	24	27	29	31	33	35	36	39	41	43	45	47	49	51	53	2
— 1	+23	+25	+27	+29	+31	+33	+34	+36	+38	+40	+42	+44	+46	+48	+50	— 1
0	+22	+23	+25	+27	+29	+31	+32	+34	+36	+38	+40	+41	+43	+45	+47	0
+ 1	+20	+22	+24	+25	+27	+29	+30	+32	+34	+35	+37	+39	+40	+42	+44	+ 1
2	19	20	22	23	25	27	28	30	31	33	34	36	37	39	41	2
3	17	19	20	21	23	25	26	27	29	30	32	33	35	36	37	3
4	16	17	18	19	21	23	24	25	26	28	29	30	32	33	34	4
+ 5	+14	+16	+17	+18	+19	+20	+21	+23	+24	+25	+26	+28	+29	+30	+31	+ 5
+ 6	+13	+14	+15	+16	+17	+18	+19	+21	+22	+23	+24	+25	+26	+27	+28	+ 6
7	12	12	13	14	15	16	17	18	19	20	21	22	23	24	25	7
8	10	11	12	12	13	14	15	16	17	18	18	19	20	21	22	8
9	9	9	10	11	12	12	13	14	14	15	16	17	17	18	19	9
+10	+ 7	+ 8	+ 8	+ 9	+10	+10	+11	+11	+12	+13	+13	+14	+14	+15	+16	+10
+11	+ 6	+ 6	+ 7	+ 7	+ 8	+ 8	+ 8	+ 9	+10	+10	+11	+11	+12	+12	+12	+11
12	4	5	5	5	6	6	6	7	7	8	8	8	9	9	9	12
13	3	3	3	3	4	4	4	5	5	5	5	6	6	6	6	13
14	+ 1	+ 2	+ 2	+ 2	+ 2	+ 2	+ 2	+ 2	+ 2	+ 3	+ 3	+ 3	+ 3	+ 3	+ 3	14
+15	0	0	0	0	0	0	0	0	0	0	0	0	0	0	0	+15
+16	— 1	— 2	— 2	— 2	— 2	— 2	— 2	— 2	— 2	— 3	— 3	— 3	— 3	— 3	— 3	+16
17	3	3	3	3	4	4	4	5	5	5	5	6	6	6	6	17
18	4	5	5	5	6	6	6	7	7	8	8	8	9	9	9	18
19	6	6	7	7	8	8	8	9	10	10	11	11	12	12	12	19
+20	— 7	— 8	— 8	— 9	—10	—10	—11	—11	—12	—13	—13	—14	—14	—15	—16	+20
+21	— 9	— 9	—10	—11	—12	—12	—13	—14	—14	—15	—16	—17	—17	—18	—19	+21
22	10	11	12	12	13	14	15	16	17	18	18	19	20	21	22	22
23	12	12	13	14	15	16	17	18	19	20	21	22	23	24	25	23
24	13	14	15	16	17	18	19	21	22	23	24	25	26	27	28	24
+25	—14	—16	—17	—18	—19	—20	—21	—23	—24	—25	—26	—28	—29	—30	—31	+25
+26	—16	—17	—18	—19	—21	—23	—24	—25	—26	—28	—29	—30	—32	—33	—34	+26
27	17	19	20	21	23	25	26	27	29	30	32	33	35	36	37	27
28	19	20	22	23	25	27	28	30	31	33	34	36	37	39	41	28
29	20	22	24	25	27	29	30	32	34	35	37	39	40	42	44	29
+30	—22	—23	—25	—27	—29	—31	—32	—34	—36	—38	—40	—41	—43	—45	—47	+30
+31	—23	—25	—27	—29	—31	—33	—34	—36	—38	—40	—42	—44	—46	—48	—50	+31
32	24	27	29	31	33	35	36	39	41	43	45	47	49	51	53	32
33	26	28	30	32	35	37	38	41	43	45	48	50	52	54	56	33
34	27	30	32	34	36	39	40	43	46	48	50	52	55	57	59	34
+35	—29	—31	—34	—36	—38	—41	—43	—46	—48	—50	—53	—55	—58	—60	—62	+35
+36	—30	—33	—35	—38	—40	—43	—45	—48	—50	—53	—55	—58	—60	—63	—66	+36
37	32	34	37	40	42	45	47	50	53	55	58	61	63	66	69	37
38	33	36	39	42	44	47	50	52	55	58	61	63	66	69	72	38
39	35	37	40	43	46	49	52	55	58	60	63	66	69	72	75	39
+40	—36	—39	—42	—45	—48	—51	—54	—57	—60	—63	—66	—69	—72	—75	—78	+40

Tafel 10.

Glaskorrektion in Einh. der 5. Dez. der Dichte.

Temp. C.	1,30	1,35	1,40	1,45	1,50	1,55	1,60	1,65	1,70	1,75	1,80	1,85	1,90	1,95	2,00	Temp. C.
—10	+78	+81	+84	+87	+90	+93	+96	+99	+102	+105	+108	+111	+114	+117	+120	—10°
9	75	78	81	84	86	89	92	95	98	101	104	107	109	112	115	9
8	72	75	77	80	83	86	88	91	94	97	99	102	105	108	110	8
7	69	71	74	77	79	82	84	87	90	92	95	98	100	103	106	7
— 6	+66	+68	+71	+73	+76	+78	+81	+83	+ 86	+ 88	+ 91	+ 93	+ 96	+ 98	+101	— 6
— 5	+62	+65	+67	+70	+72	+74	+77	+79	+ 82	+ 84	+ 86	+ 89	+ 91	+ 94	+ 96	— 5
4	59	62	64	66	68	71	73	75	78	80	82	84	87	89	91	4
3	56	58	60	63	65	67	69	71	73	76	78	80	82	84	86	3
2	53	55	57	59	61	63	65	67	69	71	73	75	78	80	82	2
— 1	+50	+52	+54	+56	+58	+60	+61	+63	+ 65	+ 67	+ 69	+ 71	+ 73	+ 75	+ 77	— 1
0	+47	+49	+50	+52	+54	+56	+58	+59	+ 61	+ 63	+ 65	+ 67	+ 68	+ 70	+ 72	0
+ 1	+44	+45	+47	+49	+50	+52	+54	+55	+ 57	+ 59	+ 60	+ 62	+ 64	+ 66	+ 67	+ 1
2	41	42	44	45	47	48	50	51	53	55	56	58	59	61	62	2
3	37	39	40	42	43	45	46	48	49	50	52	53	55	56	58	3
4	34	36	37	38	40	41	42	44	45	46	48	49	50	51	53	4
+ 5	+31	+32	+34	+35	+36	+37	+38	+40	+ 41	+ 42	+ 43	+ 44	+ 46	+ 47	+ 48	+ 5
+ 6	+28	+29	+30	+31	+32	+33	+35	+36	+ 37	+ 38	+ 39	+ 40	+ 41	+ 42	+ 43	+ 6
7	25	26	27	28	29	30	31	32	33	34	35	36	36	37	38	7
8	22	23	24	24	25	26	27	28	29	29	30	31	32	33	34	8
9	19	19	20	21	22	22	23	24	24	25	26	27	27	28	29	9
+10	+16	+16	+17	+17	+18	+19	+19	+20	+ 20	+ 21	+ 22	+ 22	+ 23	+ 23	+ 24	+10
+11	+12	+13	+13	+14	+14	+15	+15	+16	+ 16	+ 17	+ 17	+ 18	+ 18	+ 19	+ 19	+11
12	9	10	10	10	11	11	12	12	12	13	13	13	14	14	14	12
13	6	6	7	7	7	7	8	8	8	8	9	9	9	9	10	13
14	+ 3	+ 3	+ 3	+ 3	+ 4	+ 4	+ 4	+ 4	+ 4	+ 4	+ 4	+ 4	+ 5	+ 5	+ 5	14
+15	0	0	0	0	0	0	0	0	0	0	0	0	0	0	0	+15
+16	— 3	— 3	— 3	— 3	— 4	— 4	— 4	— 4	— 4	— 4	— 4	— 4	— 5	— 5	— 5	+16
17	6	6	7	7	7	7	8	8	8	8	9	9	9	9	10	17
18	9	10	10	10	11	11	12	12	12	13	13	13	14	14	14	18
19	12	13	13	14	14	15	15	16	16	17	17	18	18	19	19	19
+20	—16	—16	—17	—17	—18	—19	—19	—20	— 20	— 21	— 22	— 22	— 23	— 23	— 24	+20
+21	—19	—19	—20	—21	—22	—22	—23	—24	— 24	— 25	— 26	— 27	— 27	— 28	— 29	+21
22	22	23	24	24	25	26	27	28	29	29	30	31	32	33	34	22
23	25	26	27	28	29	30	31	32	33	34	35	36	36	37	38	23
24	28	29	30	31	32	33	35	36	37	38	39	40	41	42	43	24
+25	—31	—32	—34	—35	—36	—37	—38	—40	— 41	— 42	— 43	— 44	— 46	— 47	— 48	+25
+26	—34	—36	—37	—38	—40	—41	—42	—44	— 45	— 46	— 48	— 49	— 50	— 51	— 53	+26
27	37	39	40	42	43	45	46	48	49	50	52	53	55	56	58	27
28	41	42	44	45	47	48	50	51	53	55	56	58	59	61	62	28
29	44	45	47	49	50	52	54	55	57	59	60	62	64	66	67	29
+30	—47	—49	—50	—52	—54	—56	—58	—59	— 61	— 63	— 65	— 67	— 68	— 70	— 72	+30
+31	—50	—52	—54	—56	—58	—60	—61	—63	— 65	— 67	— 69	— 71	— 73	— 75	— 77	+31
32	53	55	57	59	61	63	65	67	69	71	73	75	78	80	82	32
33	56	58	60	63	65	67	69	71	73	76	78	80	82	84	86	33
34	59	62	64	66	68	71	73	75	78	80	82	84	87	89	91	34
+35	—62	—65	—67	—70	—72	—74	—77	—79	— 82	— 84	— 86	— 89	— 91	— 94	— 96	+35
+36	—66	—68	—71	—73	—76	—78	—81	—83	— 86	— 88	— 91	— 93	— 96	— 98	—101	+36
37	69	71	74	77	79	82	84	87	90	92	95	98	100	103	106	37
38	72	75	77	80	83	86	88	91	94	97	99	102	105	108	110	38
39	75	78	81	84	86	89	92	95	98	101	104	107	109	112	115	39
+40	—78	—81	—84	—87	—90	—93	—96	—99	—102	—105	—108	—111	—114	—117	—120	+40

Tafel II.

Glaskorrektion für Ablesungen an Aräometern mit rat. Bauméskale für schwere Flüssigkeiten. (Einheit: 0,001° Bé.)

Temp. C.	Abgelesene Grade Bé															Temp. C.
	0	5	10	15	20	25	30	35	40	45	50	55	60	65	70	
0°	+52	+50	+48	+47	+45	+43	+41	+39	+38	+36	+34	+32	+30	+29	+27	0°
1	48	47	45	43	42	40	38	37	35	33	32	30	28	27	25	1
2	45	43	42	40	39	37	36	34	33	31	29	28	26	25	23	2
3	42	40	39	37	36	34	33	31	30	29	27	26	24	23	21	3
4	+38	+37	+35	+34	+33	+31	+30	+29	+28	+26	+25	+24	+22	+21	+20	4
5	+35	+33	+32	+31	+30	+29	+27	+26	+25	+24	+23	+21	+20	+19	+18	5
6	31	30	29	28	27	26	25	24	23	21	20	19	18	17	16	6
7	28	27	26	25	24	23	22	21	20	19	18	17	16	15	14	7
8	24	23	23	22	21	20	19	18	18	17	16	15	14	13	12	8
9	+21	+20	+19	+19	+18	+17	+16	+16	+15	+14	+14	+13	+12	+11	+11	9
10	+17	+17	+16	+16	+15	+14	+14	+13	+13	+12	+11	+11	+10	+10	+9	10
11	14	13	13	12	12	11	11	10	10	10	9	9	8	8	7	11
12	10	10	10	9	9	9	8	8	8	7	7	6	6	6	5	12
13	7	7	6	6	6	6	5	5	5	5	5	4	4	4	4	13
14	+3	+3	+3	+3	+3	+3	+3	+3	+3	+2	+2	+2	+2	+2	+2	14
15	0	0	0	0	0	0	0	0	0	0	0	0	0	0	0	15
16	−3	−3	−3	−3	−3	−3	−3	−3	−3	−2	−2	−2	−2	−2	−2	16
17	7	7	6	6	6	6	5	5	5	5	4	4	4	4	4	17
18	10	10	10	9	9	9	8	8	8	7	7	6	6	6	5	18
19	−14	−13	−13	−12	−12	−11	−11	−10	−10	−10	−9	−9	−8	−8	−7	19
20	−17	−17	−16	−16	−15	−14	−14	−13	−13	−12	−11	−11	−10	−10	−9	20
21	21	20	19	19	18	17	16	16	15	14	14	13	12	11	11	21
22	24	23	23	22	21	20	19	18	18	17	16	15	14	13	12	22
23	28	27	26	25	24	23	22	21	20	19	18	17	16	15	14	23
24	−31	−30	−29	−28	−27	−26	−25	−24	−23	−21	−20	−19	−18	−17	−16	24
25	−35	−33	−32	−31	−30	−29	−27	−26	−25	−24	−23	−21	−20	−19	−18	25
26	38	37	35	34	33	31	30	29	28	26	25	24	22	21	20	26
27	42	40	39	37	36	34	33	31	30	29	27	26	24	23	21	27
28	45	43	42	40	39	37	36	34	33	31	29	28	26	25	23	28
29	−48	−47	−45	−43	−42	−40	−38	−37	−35	−33	−32	−30	−28	−27	−25	29
30	−52	−50	−48	−47	−45	−43	−41	−39	−38	−36	−34	−32	−30	−29	−27	30

Tafel 12.

Reduktion aräometrischer Fehler auf andere Normaltemperaturen und Dichte-Einheiten.

Dichte	$\dfrac{F_{17,5}}{17,5} - \dfrac{F_{15}}{4}$	$\dfrac{F_{15}}{15} - \dfrac{F_{15}}{4}$	$\dfrac{F_{20}}{4} - \dfrac{F_{15}}{4}$	$\dfrac{F_0}{4} - \dfrac{F_{15}}{4}$	$\dfrac{F_{15,56}}{15,56} - \dfrac{F_{15}}{4}$	$\dfrac{F_{17,5}}{17,5} - \dfrac{F_{15}}{15}$	$\dfrac{F_0}{4} - \dfrac{F_{15}}{15}$	$\dfrac{F_{15,56}}{15,56} - \dfrac{F_{15}}{15}$	Dichte
0,6	+0,00 074	+0,00 052	—0,00 007	+0,00 023	+0,00 057	+0,00 021	—0,00 030	+0,00 004	0,6
0,7	086	061	008	026	066	025	035	005	0,7
0,8	098	070	010	030	076	028	040	006	0,8
0,9	110	079	011	034	085	032	045	006	0,9
1,0	+0,00 123	+0,00 087	—0,00 012	+0,00 038	+0,00 095	+0,00 035	—0,00 050	+0,00 007	1,0
1,1	135	096	013	041	104	039	055	008	1,1
1,2	147	105	014	045	114	042	060	009	1,2
1,3	159	114	016	049	123	046	065	009	1,3
1,4	172	122	017	053	132	049	070	010	1,4
1,5	+0,00 184	+0,00 131	—0,00 018	+0,00 056	+0,00 142	+0,00 053	—0,00 075	+0,00 011	1,5
1,6	196	140	019	060	151	056	080	012	1,6
1,7	208	149	020	064	160	060	085	012	1,7
1,8	221	157	022	068	170	063	090	013	1,8
1,9	233	166	023	071	180	067	095	014	1,9
2,0	+0,00 245	+0,00 175	—0,00 024	+0,00 075	+0,00 189	+0,00 070	—0,00 100	+0,00 014	2,0

Tafel 13.

Prozentgehalt (Gewichtsprozente) und Dichten von Alkohol-Wasser-Mischungen.

Gew. %/o	Dichte $s_{\frac{15}{15}}$	Dichte $s_{\frac{15}{4}}$	Gew. %/o	Dichte $s_{\frac{15}{15}}$	Dichte $s_{\frac{15}{4}}$
0	1,00 000	0,99 913	50	0,91 865	0,91 785
1	0,99 812	99 725	51	91 644	91 565
2	99 630	99 544	52	91 421	91 342
3	99 454	99 368	53	91 197	91 118
4	99 284	99 198	54	90 972	90 893
5	0,99 120	0,99 034	55	0,90 746	0,90 667
6	98 963	98 877	56	90 519	90 441
7	98 812	98 726	57	90 292	90 214
8	98 667	98 581	58	90 063	89 985
9	98 528	98 443	59	89 834	89 756
10	0,98 393	0,98 308	60	0,89 604	0,89 526
11	98 262	98 177	61	89 373	89 296
12	98 135	98 050	62	89 141	89 064
13	98 010	97 925	63	88 909	88 832
14	97 888	97 803	64	88 676	88 599
15	0,97 768	0,97 683	65	0,88 443	0,88 366
16	97 648	97 563	66	88 208	88 132
17	97 528	97 443	67	87 974	87 898
18	97 408	97 324	68	87 738	87 662
19	97 287	97 203	69	87 502	87 426
20	0,97 164	0,97 080	70	0,87 265	0,87 189
21	97 040	96 956	71	87 028	86 952
22	96 913	96 829	72	86 789	86 714
23	96 783	96 699	73	86 550	86 475
24	96 650	96 566	74	86 310	86 235
25	0,96 513	0,96 429	75	0,86 070	0,85 995
26	96 373	96 290	76	85 828	85 754
27	96 228	96 145	77	85 586	85 512
28	96 080	95 997	78	85 342	85 268
29	95 927	95 844	79	85 098	85 024
30	0,95 770	0,95 687	80	0,84 852	0,84 779
31	95 608	95 525	81	84 606	84 533
32	95 443	95 360	82	84 358	84 285
33	95 273	95 190	83	84 108	84 035
34	95 099	95 016	84	83 857	83 784
35	0,94 920	0,94 838	85	0,83 604	0,83 532
36	94 738	94 656	86	83 349	83 277
37	94 552	94 470	87	83 091	83 019
38	94 363	94 281	88	82 832	82 760
39	94 169	94 087	89	82 569	82 497
40	0,93 973	0,93 891	90	0,82 304	0,82 233
41	93 773	93 692	91	82 036	81 965
42	93 570	93 489	92	81 763	81 692
43	93 365	93 284	93	81 488	81 417
44	93 157	93 076	94	81 207	81 137
45	0,92 947	0,92 866	95	0,80 923	0,80 853
46	92 734	92 654	96	80 634	80 564
47	92 519	92 439	97	80 339	80 269
48	92 303	92 223	98	80 040	79 971
49	92 085	92 005	99	79 735	79 666
50	0,91 865	0,91 785	100	0,79 425	0,79 356

Tafel 14.

Prozentgehalt (Volumenprozente nach Tralles und Gay-Lussac) und Dichten von Alkohol-Wasser-Mischungen.

Vol. $^o/_o$	Tralles $s\,_{12\frac{4}{9}R.}$ $\dfrac{9}{12\frac{4}{9}R.}$	Gay-Lussac $s\,_{15\,C.}$ $\dfrac{}{15\,C.}$ (französisch)	Gay-Lussac $s\,_{15\,C.}$ $\dfrac{}{15\,C.}$ (schwedisch)	Vol. $^o/_o$	Tralles $s\,_{12\frac{4}{9}R.}$ $\dfrac{9}{12\frac{4}{9}R.}$	Gay-Lussac $s\,_{15\,C.}$ $\dfrac{}{15\,C.}$ (französisch)	Gay-Lussac $s\,_{15\,C.}$ $\dfrac{}{15\,C.}$ (schwedisch)
0	1,00 000	1,00 000	1,0000	50	0,93 445	0,93 437	0,9348
1	0,99 847	0,99 844	0,9985	51	93 250	93 241	9329
2	99 699	99 695	9970	52	93 052	93 041	9309
3	99 555	99 552	9956	53	92 850	92 837	9289
4	99 415	99 413	9942	54	92 646	92 630	9269
5	0,99 279	0,99 277	0,9928	55	0,92 439	0,92 420	0,9248
6	99 147	99 145	9915	56	92 229	92 209	9227
7	99 019	99 016	9903	57	92 015	91 997	9206
8	98 895	98 891	9891	58	91 799	91 784	9185
9	98 774	98 770	9879	59	91 580	91 569	9163
10	0,98 657	0,98 652	0,9867	60	0,91 358	0,91 351	0,9141
11	98 543	98 537	9855	61	91 134	91 130	9119
12	98 432	98 424	9844	62	90 907	90 907	9096
13	98 324	98 314	9833	63	90 678	90 682	9073
14	98 218	98 206	9822	64	90 447	90 454	9050
15	0,98 114	0,98 100	0,9811	65	0,90 214	0,90 224	0,9027
16	98 011	97 995	9801	66	89 978	89 991	9003
17	97 909	97 892	9791	67	89 740	89 755	8979
18	97 808	97 790	9781	68	89 499	89 516	8956
19	97 708	97 688	9771	69	89 256	89 274	8932
20	0,97 608	0,97 587	0,9761	70	0,89 010	0,89 029	0,8907
21	97 507	97 487	9751	71	88 762	88 781	8882
22	97 406	97 387	9741	72	88 511	88 531	8856
23	97 304	97 286	9731	73	88 257	88 278	8831
24	97 201	97 185	9721	74	88 000	88 022	8805
25	0,97 097	0,97 084	0,9711	75	0,87 740	0,87 763	0,8779
26	96 991	96 981	9700	76	87 477	87 500	8753
27	96 883	96 876	9689	77	87 211	87 234	8726
28	96 772	96 769	9678	78	86 943	86 965	8699
29	96 658	96 659	9667	79	86 670	86 692	8672
30	0,96 541	0,96 545	0,9656	80	0,86 395	0,86 416	0,8644
31	96 421	96 428	9644	81	86 116	86 137	8617
32	96 298	96 307	9632	82	85 833	85 854	8589
33	96 172	96 183	9620	83	85 547	85 567	8561
34	96 043	96 055	9608	84	85 256	85 275	8532
35	0,95 910	0,95 923	0,9595	85	0,84 961	0,84 979	0,8502
36	95 773	95 786	9582	86	84 660	84 678	8472
37	95 632	95 645	9568	87	84 355	84 372	8442
38	95 487	95 499	9554	88	84 044	84 060	8411
39	95 338	95 350	9539	89	83 726	83 741	8379
40	0,95 185	0,95 196	0,9523	90	0,83 400	0,83 415	0,8346
41	95 029	95 036	9507	91	83 065	83 081	8312
42	94 868	94 872	9491	92	82 721	82 738	8277
43	94 704	94 705	9474	93	82 365	82 385	8242
44	94 536	94 535	9457	94	81 997	82 020	8205
45	0,94 364	0,94 361	0,9440	95	0,81 616	0,81 641	0,8168
46	94 188	94 183	9422	96	81 217	81 245	8129
47	94 008	94 002	9404	97	80 800	80 829	8087
48	93 824	93 817	9386	98	80 359	80 390	8043
49	93 636	93 629	9367	99	79 891	79 926	7996
50	0,93 445	0,93 437	0,9348	100	0,79 391	0,79 433	0,7947

Tafel 15.

Verwandlung der wahren Gewichtsprozente Alkohol in wahre Volumenprozente (Tralles).

Wahre		Wahre		Wahre		Wahre		Wahre	
Gew. %	Vol. %	Gew. %	Vol. %	Gew. %	Vol. %	Gew. %	Vol. %	Gew. %	Vol. %
0	0,00	20	24,47	40	47,34	60	67,70	80	85,47
1	1,24	21	25,66	41	48,42	61	68,65	81	86,29
2	2,48	22	26,84	42	49,49	62	69,59	82	87,10
3	3,72	23	28,02	43	50,55	63	70,53	83	87,90
4	4,97	24	29,20	44	51,61	64	71,47	84	88,69
5	6,21	25	30,37	45	52,66	65	72,39	85	89,48
6	7,45	26	31,54	46	53,71	66	73,31	86	90,25
7	8,69	27	32,70	47	54,75	67	74,22	87	91,02
8	9,93	28	33,86	48	55,79	68	75,13	88	91,78
9	11,16	29	35,02	49	56,81	69	76,03	89	92,52
10	12,39	30	36,17	50	57,83	70	76,92	90	93,26
11	13,62	31	37,31	51	58,85	71	77,80	91	93,99
12	14,84	32	38,45	52	59,85	72	78,68	92	94,70
13	16,06	33	39,58	53	60,85	73	79,55	93	95,41
14	17,27	34	40,70	54	61,85	74	80,42	94	96,11
15	18,47	35	41,82	55	62,84	75	81,28	95	96,79
16	19,68	36	42,94	56	63,82	76	82,13	96	97,46
17	20,88	37	44,05	57	64,80	77	82,97	97	98,12
18	22,07	38	45,15	58	65,77	78	83,81	98	98,76
19	23,27	39	46,25	59	66,74	79	84,65	99	99,39
20	24,47	40	47,34	60	67,70	80	85,47	100	100,00

Verwandlung der wahren Volumenprozente Alkohol (Tralles) in wahre Gewichtsprozente.

Wahre		Wahre		Wahre		Wahre		Wahre	
Vol. %	Gew. %	Vol. %	Gew. %	Vol. %	Gew. %	Vol. %	Gew. %	Vol. %	Gew. %
0	0,00	20	16,27	40	33,37	60	52,15	80	73,52
1	0,81	21	17,10	41	34,26	61	53,15	81	74,68
2	1,62	22	17,94	42	35,16	62	54,16	82	75,85
3	2,42	23	18,78	43	36,05	63	55,17	83	77,03
4	3,22	24	19,61	44	36,95	64	56,19	84	78,22
5	4,02	25	20,45	45	37,86	65	57,21	85	79,43
6	4,83	26	21,29	46	38,77	66	58,24	86	80,65
7	5,63	27	22,13	47	39,69	67	59,28	87	81,88
8	6,44	28	22,98	48	40,61	68	60,32	88	83,13
9	7,25	29	23,83	49	41,54	69	61,37	89	84,39
10	8,06	30	24,68	50	42,48	70	62,43	90	85,67
11	8,87	31	25,54	51	43,42	71	63,50	91	86,97
12	9,68	32	26,40	52	44,37	72	64,58	92	88,30
13	10,49	33	27,26	53	45,32	73	65,67	93	89,65
14	11,31	34	28,12	54	46,28	74	66,76	94	91,02
15	12,13	35	28,98	55	47,24	75	67,86	95	92,42
16	12,95	36	29,85	56	48,21	76	68,97	96	93,85
17	13,78	37	30,73	57	49,18	77	70,09	97	95,31
18	14,61	38	31,61	58	50,16	78	71,22	98	96,82
19	15,44	39	32,49	59	51,15	79	72,37	99	98,38
20	16,27	40	33,37	60	52,15	80	73,52	100	100,00

Tafel 16.

Verwandlung der wahren Volumenprozente Alkohol
nach Gay-Lussac (franz.) in wahre Gewichtsprozente und
wahre Volumenprozente nach Tralles.

Wahre Prozente			Wahre Prozente			Wahre Prozente			Wahre Prozente		
Gay-Lussac	Gewichtsproz.	Tralles	Gay-Lussac	Gewichtsproz.	Tralles	Gay-Lussac	Gewichtsproz.	Tralles	Gay-Lussac	Gewichtsproz.	Tralles
0	0,00	0,00	25	20,65	25,24	50	42,65	50,18	75	67,89	75,03
1	0,83	1,03	26	21,47	26,21	51	43,60	51,18	76	69,01	76,04
2	1,64	2,03	27	22,28	27,17	52	44,55	52,19	77	70,13	77,04
3	2,44	3,02	28	23,10	28,14	53	45,52	53,20	78	71,26	78,03
4	3,24	4,02	29	23,93	29,12	54	46,49	54,22	79	72,41	79,03
5	4,04	5,02	30	24,77	30,10	55	47,46	55,23	80	73,56	80,04
6	4,85	6,02	31	25,61	31,08	56	48,43	56,23	81	74,72	81,04
7	5,66	7,03	32	26,46	32,07	57	49,40	57,22	82	75,89	82,04
8	6,47	8,04	33	27,31	33,06	58	50,37	58,20	83	77,08	83,04
9	7,29	9,05	34	28,16	34,05	59	51,34	59,18	84	78,28	84,04
10	8,11	10,06	35	29,03	35,05	60	52,31	60,16	85	79,49	85,05
11	8,93	11,08	36	29,90	36,05	61	53,30	61,15	86	80,71	86,05
12	9,76	12,10	37	30,78	37,05	62	54,29	62,14	87	81,94	87,05
13	10,60	13,12	38	31,66	38,06	63	55,28	63,12	88	83,19	88,05
14	11,44	14,15	39	32,55	39,07	64	56,29	64,10	89	84,46	89,05
15	12,28	15,18	40	33,44	40,08	65	57,30	65,09	90	85,74	90,05
16	13,12	16,21	41	34,35	41,10	66	58,31	66,08	91	87,04	91,05
17	13,97	17,23	42	35,27	42,12	67	59,34	67,09	92	88,36	92,05
18	14,81	18,25	43	36,18	43,14	68	60,38	68,06	93	89,70	93,04
19	15,66	19,27	44	37,09	44,15	69	61,43	69,05	94	91,06	94,03
20	16,51	20,29	45	38,01	45,16	70	62,48	70,05	95	92,45	95,02
21	17,34	21,29	46	38,93	46,17	71	63,55	71,05	96	93,87	96,02
22	18,18	22,28	47	39,85	47,18	72	64,62	72,04	97	95,33	97,01
23	19,01	23,28	48	40,78	48,19	73	65,70	73,04	98	96,83	98,01
24	19,83	24,27	49	41,71	49,18	74	66,79	74,03	99	98,38	99,00
25	20,65	25,24	50	42,65	50,18	75	67,89	75,03	100	99,97	99,98

Verwandlung der abgelesenen (scheinbaren)
Volumenprozente Alkohol nach Tralles in
solche nach Gay-Lussac (franz.).

Abgelesene Prozente		Abgelesene Prozente		Abgelesene Prozente		Abgelesene Prozente	
Tralles	Gay-Lussac	Tralles	Gay-Lussac	Tralles	Gay-Lussac	Tralles	Gay-Lussac
0	+0,05	25	24,93	50	49,99	75	75,12
1	1,04	26	25,96	51	50,98	76	76,11
2	2,03	27	26,99	52	51,98	77	77,11
3	3,03	28	28,03	53	52,97	78	78,11
4	4,04	29	29,06	54	53,96	79	79,10
5	5,05	30	30,10	55	54,95	80	80,10
6	6,05	31	31,12	56	55,94	81	81,10
7	7,04	32	32,13	57	56,95	82	82,09
8	8,04	33	33,14	58	57,96	83	83,08
9	9,03	34	34,15	59	58,98	84	84,08
10	10,02	35	35,16	60	60,00	85	85,08
11	11,00	36	36,16	61	61,02	86	86,08
12	11,98	37	37,15	62	62,04	87	87,07
13	12,97	38	38,13	63	63,05	88	88,07
14	13,95	39	39,12	64	64,06	89	89,06
15	14,93	40	40,10	65	65,07	90	90,06
16	15,91	41	41,09	66	66,08	91	91,06
17	16,90	42	42,07	67	67,09	92	92,06
18	17,89	43	43,06	68	68,09	93	93,07
19	18,87	44	44,05	69	69,10	94	94,08
20	19,86	45	45,03	70	70,10	95	95,08
21	20,86	46	46,02	71	71,11	96	96,08
22	21,87	47	47,01	72	72,11	97	97,09
23	22,88	48	48,01	73	73,11	98	98,08
24	23,90	49	49,00	74	74,12	99	99,09
25	24,93	50	49,99	75	75,12	100	100,10

Tafel 17.

Verwandlung der Volumenprozente Tralles und der Gewichtsprozente Alkohol in Grade Sykes.

Vol. % Tralles	Grade Sykes	Vol. % Tralles	Grade Sykes	Gew. %	Grade Sykes	Gew. %	Grade Sykes
0	100,00 u. p.	50	12,55 u. p.	0	100,00 u. p.	50	1,20 o. p.
1	98,23	51	10,80	1	97,81	51	2,97
2	96,46	52	9,04	2	95,63	52	4,74
3	94,71	53	7,28	3	93,45	53	6,50
4	92,97	54	5,52	4	91,28	54	8,24
5	91,23 u. p.	55	3,77 u. p.	5	89,12 u. p.	55	9,98 o. p.
6	89,49	56	2,02	6	86,96	56	11,70
7	87,75	57	0,27 u. p.	7	84,81	57	13,41
8	86,01	58	1,48 o. p.	8	82,66	58	15,11
9	84,27	59	3,24	9	80,52	59	16,80
10	82,54 u. p.	60	5,00 o. p.	10	78,39 u. p.	60	18,47 o. p.
11	80,80	61	6,76	11	76,26	61	20,14
12	79,07	62	8,52	12	74,13	62	21,80
13	77,34	63	10,27	13	72,01	63	23,44
14	75,60	64	12,02	14	69,89	64	25,08
15	73,85 u. p.	65	13,76 o. p.	15	67,77 u. p.	65	26,70 o. p.
16	72,11	66	15,51	16	65,66	66	28,31
17	70,36	67	17,26	17	63,56	67	29,91
18	68,60	68	19,01	18	61,46	68	31,50
19	66,85	69	20,75	19	59,37	69	33,08
20	65,10 u. p.	70	22,50 o. p.	20	57,28 u. p.	70	34,65 o. p.
21	63,35	71	24,26	21	55,19	71	36,21
22	61,59	72	26,02	22	53,11	72	37,75
23	59,84	73	27,78	23	51,04	73	39,28
24	58,09	74	29,53	24	48,98	74	40,80
25	56,34 u. p.	75	31,28 o. p.	25	46,93 u. p.	75	42,31 o. p.
26	54,59	76	33,03	26	44,88	76	43,81
27	52,84	77	34,79	27	42,84	77	45,29
28	51,09	78	36,55	28	40,81	78	46,76
29	49,33	79	38,31	29	38,79	79	48,22
30	47,58 u. p.	80	40,07 o. p.	30	36,77 u. p.	80	49,67 o. p.
31	45,82	81	41,83	31	34,77	81	51,10
32	44,06	82	43,58	32	32,78	82	52,52
33	42,31	83	45,33	33	30,79	83	53,93
34	40,56	84	47,08	34	28,82	84	55,32
35	38,82 u. p.	85	48,84 o. p.	35	26,86 u. p.	85	56,70 o. p.
36	37,07	86	50,59	36	24,91	86	58,06
37	35,31	87	52,35	37	22,97	87	59,41
38	33,56	88	54,11	38	21,04	88	60,74
39	31,81	89	55,86	39	19,13	89	62,05
40	30,06 u. p.	90	57,62 o. p.	40	17,22 u. p.	90	63,34 o. p.
41	28,31	91	59,37	41	15,33	91	64,62
42	26,56	92	61,13	42	13,45	92	65,87
43	24,81	93	62,88	43	11,58	93	67,11
44	23,06	94	64,64	44	9,72	94	68,33
45	21,32 u. p.	95	66,39 o. p.	45	7,87 u. p.	95	69,53 o. p.
46	19,57	96	68,14	46	6,03	96	70,70
47	17,82	97	69,89	47	4,21	97	71,84
48	16,07	98	71,64	48	2,40	98	72,97
49	14,31	99	73,39	49	0,60 u. p.	99	74,06
50	12,55 u. p.	100	75,14 o. p.	50	1,20 o. p.	100	75,14 o. p.

Tafel 18.

Verwandlung der Alkoholometergrade nach Sykes in Volumenprozente Tralles und in Gewichtsprozente Alkohol.

Grade Sykes under proof	Vol. % Tralles	Gew. %	Grade Sykes under proof	Vol. % Tralles	Gew. %	Grade Sykes over proof	Vol. % Tralles	Gew. %	Grade Sykes over proof	Vol. % Tralles	Gew. %
100	0,00	0,00	50	28,62	23,51	0	57,15	49,33	40	79,96	73,47
99	0,57	0,46	49	29,19	23,99	1	57,73	49,89	41	80,53	74,13
98	1,13	0,92	48	29,76	24,48	2	58,30	50,45	42	81,10	74,80
97	1,69	1,37	47	30,33	24,96	3	58,86	51,01	43	81,67	75,46
96	2,26	1,83	46	30,90	25,45	4	59,43	51,58	44	82,24	76,13
95	2,83	2,28	45	31,47	25,94	5	60,00	52,15	45	82,81	76,80
94	3,41	2,75	44	32,03	26,43	6	60,57	52,72	46	83,38	77,48
93	3,98	3,20	43	32,61	26,92	7	61,14	53,29	47	83,95	78,16
92	4,56	3,67	42	33,18	27,41	8	61,70	53,86	48	84,52	78,85
91	5,13	4,13	41	33,75	27,91	9	62,27	54,43	49	85,09	79,54
90	5,71	4,60	40	34,32	28,40	10	62,85	55,01	50	85,66	80,23
89	6,28	5,05	39	34,90	28,89	11	63,42	55,59	51	86,23	80,93
88	6,86	5,52	38	35,47	29,39	12	63,99	56,18	52	86,80	81,63
87	7,43	5,98	37	36,04	29,89	13	64,56	56,76	53	87,37	82,34
86	8,01	6,45	36	36,61	30,39	14	65,14	57,35	54	87,94	83,05
85	8,58	6,91	35	37,18	30,89	15	65,71	57,94	55	88,51	83,77
84	9,16	7,38	34	37,75	31,39	16	66,28	58,53	56	89,08	84,49
83	9,73	7,84	33	38,32	31,89	17	66,85	59,12	57	89,65	85,22
82	10,31	8,31	32	38,89	32,39	18	67,42	59,72	58	90,22	85,96
81	10,89	8,78	31	39,46	32,90	19	67,99	60,31	59	90,79	86,70
80	11,46	9,24	30	40,04	33,41	20	68,57	60,91	60	91,36	87,45
79	12,04	9,71	29	40,61	33,91	21	69,14	61,52	61	91,93	88,21
78	12,62	10,18	28	41,18	34,42	22	69,71	62,12	62	92,50	88,97
77	13,20	10,65	27	41,75	34,94	23	70,28	62,73	63	93,07	89,75
76	13,77	11,12	26	42,32	35,44	24	70,85	63,34	64	93,64	90,53
75	14,34	11,59	25	42,89	35,95	25	71,42	63,95	65	94,21	91,32
74	14,91	12,06	24	43,46	36,46	26	71,99	64,57	66	94,78	92,11
73	15,49	12,53	23	44,04	36,99	27	72,56	65,19	67	95,35	92,92
72	16,06	13,00	22	44,61	37,51	28	73,13	65,81	68	95,92	93,73
71	16,63	13,47	21	45,18	38,02	29	73,70	66,43	69	96,49	94,56
70	17,20	13,95	20	45,75	38,54	30	74,27	67,06	70	97,06	95,40
69	17,77	14,42	19	46,33	39,07	31	74,84	67,69	71	97,63	96,26
68	18,34	14,89	18	46,90	39,60	32	75,41	68,32	72	98,21	97,15
67	18,91	15,37	17	47,47	40,12	33	75,98	68,95	73	98,78	98,04
66	19,49	15,85	16	48,04	40,65	34	76,55	69,59	74	99,35	98,95
65	20,06	16,32	15	48,61	41,18	35	77,12	70,23	75	99,92	99,87
64	20,63	16,79	14	49,18	41,71	36	77,69	70,87			
63	21,20	17,27	13	49,74	42,24	37	78,26	71,52			
62	21,77	17,75	12	50,30	42,77	38	78,82	72,16			
61	22,34	18,23	11	50,88	43,31	39	79,39	72,82			
60	22,91	18,70	10	51,45	43,85	40	79,96	73,47			
59	23,48	19,18	9	52,02	44,39						
58	24,05	19,65	8	52,59	44,93						
57	24,62	20,13	7	53,16	45,47						
56	25,19	20,61	6	53,73	46,02						
55	25,77	21,10	5	54,30	46,57						
54	26,34	21,58	4	54,87	47,12						
53	26,91	22,05	3	55,44	47,67						
52	27,48	22,54	2	56,01	48,22						
51	28,05	23,02	1	56,58	48,77						
50	28,62	23,51	0	57,15	49,33						

Tafel 19.

Verwandlung der scheinbaren Gewichtsprozente Alkohol in scheinbare Volumenprozente (Tralles).

Scheinbare		Scheinbare		Scheinbare		Scheinbare		Scheinbare	
Gew. %	Vol. %	Gew. %	Vol. %	Gew. %	Vol. %	Gew. %	Vol. %	Gew. %	Vol. %
0	— 0,05	20	24,29	40	47,15	60	67,54	80	85,34
1	+ 1,19	21	25,48	41	48,24	61	68,50	81	86,16
2	2,42	22	26,67	42	49,31	62	69,44	82	86,98
3	3,66	23	27,85	43	50,38	63	70,38	83	87,78
4	4,90	24	29,01	44	51,44	64	71,31	84	88,57
5	6,14	25	30,17	45	52,49	65	72,24	85	89,36
6	7,38	26	31,34	46	53,54	66	73,16	86	90,14
7	8,62	27	32,50	47	54,58	67	74,07	87	90,91
8	9,85	28	33,66	48	55,62	68	74,98	88	91,67
9	11,07	29	34,82	49	56,64	69	75,88	89	92,41
10	12,30	30	35,97	50	57,66	70	76,77	90	93,15
11	13,52	31	37,11	51	58,68	71	77,65	91	93,88
12	14,73	32	38,25	52	59,69	72	78,54	92	94,60
13	15,94	33	39,39	53	60,69	73	79,41	93	95,31
14	17,14	34	40,52	54	61,68	74	80,28	94	96,01
15	18,34	35	41,63	55	62,67	75	81,14	95	96,69
16	19,54	36	42,74	56	63,66	76	82,00	96	97,37
17	20,73	37	43,86	57	64,64	77	82,85	97	98,03
18	21,91	38	44,96	58	65,61	78	83,69	98	98,67
19	23,10	39	46,07	59	66,58	79	84,52	99	99,30
20	24,29	40	47,15	60	67,54	80	85,34	100	99,92

Verwandlung der scheinbaren Volumenprozente Alkohol (Tralles) in scheinbare Gewichtsprozente.

Scheinbare		Scheinbare		Scheinbare		Scheinbare		Scheinbare	
Vol. %	Gew. %	Vol. %	Gew. %	Vol. %	Gew. %	Vol. %	Gew. %	Vol. %	Gew. %
0	0,04	20	16,39	40	33,54	60	52,31	80	73,68
1	0,85	21	17,23	41	34,43	61	53,31	81	74,84
2	1,66	22	18,08	42	35,33	62	54,32	82	76,00
3	2,47	23	18,92	43	36,23	63	55,33	83	77,18
4	3,27	24	19,76	44	37,13	64	56,35	84	78,37
5	4,08	25	20,60	45	38,04	65	57,37	85	79,58
6	4,88	26	21,44	46	38,94	66	58,40	86	80,80
7	5,69	27	22,28	47	39,86	67	59,44	87	82,03
8	6,50	28	23,13	48	40,78	68	60,48	88	83,28
9	7,31	29	23,99	49	41,71	69	61,53	89	84,54
10	8,12	30	24,85	50	42,64	70	62,59	90	85,82
11	8,94	31	25,71	51	43,58	71	63,66	91	87,12
12	9,75	32	26,57	52	44,53	72	64,74	92	88,44
13	10,57	33	27,43	53	45,48	73	65,83	93	89,79
14	11,39	34	28,29	54	46,44	74	66,92	94	91,16
15	12,22	35	29,16	55	47,40	75	68,02	95	92,56
16	13,05	36	30,03	56	48,37	76	69,13	96	93,99
17	13,88	37	30,90	57	49,35	77	70,26	97	95,45
18	14,72	38	31,78	58	50,33	78	71,39	98	96,95
19	15,55	39	32,66	59	51,32	79	72,53	99	98,51
20	16,39	40	33,54	60	52,31	80	73,68	100	100,13

Tafel 20.

Prozentgehalt und Dichte von Zuckerlösungen.

Gew. %	Dichte $s_{\frac{15}{15}}$	Dichte $s_{\frac{20}{4}}$	Dichte $s_{\frac{17,5}{17,5}}$	Gew. %	Dichte $s_{\frac{15}{15}}$	Dichte $s_{\frac{20}{4}}$	Dichte $s_{\frac{17,5}{17,5}}$
0	1,00 000	0,99 823	1,00 000	50	1,23 281	1,22 957	1,23 225
1	00 389	1,00 212	00 388	51	23 836	23 509	23 778
2	00 781	00 602	00 780	52	24 394	24 064	24 335
3	01 176	00 993	01 173	53	24 956	24 623	24 896
4	01 573	01 388	01 569	54	25 522	25 187	25 461
5	1,01 973	1,01 785	1,01 968	55	1,26 091	1,25 754	1,26 030
6	02 376	02 186	02 371	56	26 665	26 324	26 603
7	02 782	02 589	02 775	57	27 242	26 899	27 179
8	03 190	02 994	03 181	58	27 823	27 477	27 758
9	03 602	03 403	03 592	59	28 408	28 060	28 342
10	1,04 016	1,03 814	1,04 005	60	1,28 997	1,28 646	1,28 930
11	04 434	04 228	04 422	61	29 589	29 235	29 521
12	04 854	04 646	04 840	62	30 185	29 829	30 117
13	05 278	05 067	05 264	63	30 786	30 427	30 717
14	05 704	05 490	05 689	64	31 390	31 028	31 321
15	1,06 134	1,05 917	1,06 118	65	1,31 997	1,31 633	1,31 927
16	06 566	06 346	06 549	66	32 609	32 243	32 538
17	07 002	06 779	06 983	67	33 225	32 855	33 153
18	07 441	07 215	07 421	68	33 844	33 472	33 771
19	07 883	07 654	07 863	69	34 467	34 093	34 394
20	1,08 329	1,08 096	1,08 306	70	1,35 094	1,34 717	1,35 020
21	08 777	08 541	08 753	71	35 725	35 346	35 650
22	09 229	08 990	09 204	72	36 359	35 978	36 283
23	09 684	09 442	09 658	73	36 998	36 614	36 921
24	10 142	09 897	10 115	74	37 640	37 254	37 562
25	1,10 604	1,10 356	1,10 575	75	1,38 286	1,37 897	1,38 208
26	11 069	10 818	11 039	76	38 936	38 545	38 857
27	11 537	11 283	11 506	77	39 589	39 196	39 510
28	12 009	11 751	11 977	78	40 247	39 851	40 166
29	12 484	12 223	12 451	79	40 908	40 509	40 827
30	1,12 963	1,12 698	1,12 927	80	1,41 572	1,41 172	1,41 491
31	13 445	13 177	13 408	81	42 241	41 837	42 159
32	13 930	13 660	13 893	82	42 913	42 507	42 831
33	14 419	14 145	14 380	83	43 589	43 181	43 506
34	14 911	14 635	14 871	84	44 269	43 858	44 185
35	1,15 407	1,15 128	1,15 366	85	1,44 952	1,44 539	1,44 867
36	15 907	15 624	15 865	86	45 639	45 223	45 553
37	16 410	16 124	16 367	87	46 329	45 911	46 243
38	16 916	16 627	16 872	88	47 024	46 603	46 937
39	17 427	17 134	17 383	89	47 721	47 299	47 634
40	1,17 941	1,17 645	1,17 895	90	1,48 422	1,47 998	1,48 335
41	18 458	18 159	18 412	91	49 127	48 700	49 039
42	18 979	18 677	18 931	92	49 836	49 406	49 747
43	19 504	19 199	19 455	93	50 547	50 116	50 459
44	20 032	19 725	19 982	94	51 263	50 829	51 173
45	1,20 565	1,20 254	1,20 514	95	1,51 982	1,51 546	1,51 891
46	21 100	20 787	21 048	96	52 704	52 266	52 613
47	21 640	21 324	21 587	97	53 429	52 989	53 338
48	22 183	21 864	22 129	98	54 158	53 716	54 067
49	22 730	22 409	22 675	99	54 890	54 446	54 798
50	1,23 281	1,22 957	1,23 225	100	1,55 626	1,55 180	1,55 534

Tafel 21.

Ermittelung der Konzentration wässeriger Zuckerlösungen aus der Dichte $s_{\frac{20}{4}}$.

Dichte $s_{\frac{20}{4}}$	Gew. % Zucker	1 Liter bei 20° C. enthält Zucker g	Dichte $s_{\frac{20}{4}}$	Gew. % Zucker	1 Liter bei 20° C. enthält Zucker g	Dichte $s_{\frac{20}{4}}$	Gew. % Zucker	1 Liter bei 20° C. enthält Zucker g	Dichte $s_{\frac{20}{4}}$	Gew. % Zucker	1 Liter bei 20° C. enthält Zucker g
1,000	0,46	4,6	1,045	11,65	121,7	1,090	22,02	240,0	1,135	31,67	359,5
001	0,71	7,1	046	11,89	124,3	091	22,24	242,7	136	31,88	362,1
002	0,97	9,7	047	12,13	126,9	092	22,46	245,3	137	32,08	364,8
003	1,23	12,3	048	12,37	129,6	093	22,69	248,0	138	32,29	367,5
1,004	1,48	14,9	1,049	12,60	132,2	1,094	22,91	250,6	1,139	32,49	370,1
1,005	1,74	17,5	1,050	12,84	134,8	1,095	23,13	253,3	1,140	32,70	372,8
006	1,99	20,0	051	13,08	137,4	096	23,35	255,9	141	32,91	375,5
007	2,25	22,7	052	13,31	140,0	097	23,57	258,6	142	33,11	378,1
008	2,51	25,3	053	13,55	142,7	098	23,79	261,2	143	33,32	380,8
1,009	2,76	27,9	1,054	13,79	145,3	1,099	24,01	263,8	1,144	33,52	383,5
1,010	3,02	30,5	1,055	14,02	147,9	1,100	24,23	266,5	1,145	33,72	386,2
011	3,27	33,1	056	14,26	150,5	101	24,44	269,1	146	33,93	388,8
012	3,52	35,7	057	14,49	153,1	102	24,66	271,8	147	34,13	391,5
013	3,78	38,2	058	14,73	155,8	103	24,88	274,4	148	34,33	394,2
1,014	4,03	40,8	1,059	14,96	158,4	1,104	25,10	277,1	1,149	34,54	396,8
1,015	4,28	43,4	1,060	15,19	161,0	1,105	25,31	279,7	1,150	34,74	399,5
016	4,53	46,0	061	15,43	163,6	106	25,53	282,3	151	34,94	402,2
017	4,79	48,6	062	15,66	166,3	107	25,74	285,0	152	35,15	404,9
018	5,04	51,3	063	15,89	168,9	108	25,96	287,6	153	35,35	407,5
1,019	5,29	53,9	1,064	16,12	171,6	1,109	26,18	290,3	1,154	35,55	410,2
1,020	5,54	56,5	1,065	16,36	174,2	1,110	26,39	292,9	1,155	35,75	412,9
021	5,79	59,1	066	16,59	176,8	111	26,61	295,6	156	35,95	415,6
022	6,03	61,7	067	16,82	179,5	112	26,82	298,2	157	36,15	418,3
023	6,28	64,3	068	17,05	182,1	113	27,04	300,9	158	36,35	420,9
1,024	6,53	66,9	1,069	17,28	184,8	1,114	27,25	303,5	1,159	36,55	423,6
1,025	6,78	69,5	1,070	17,51	187,4	1,115	27,46	306,2	1,160	36,75	426,3
026	7,03	72,1	071	17,74	190,0	116	27,68	308,9	161	36,95	429,0
027	7,27	74,7	072	17,97	192,6	117	27,89	311,5	162	37,15	431,7
028	7,52	77,3	073	18,19	195,2	118	28,10	314,2	163	37,35	434,4
1,029	7,77	79,9	1,074	18,42	197,9	1,119	28,32	316,8	1,164	37,55	437,1
1,030	8,01	82,5	1,075	18,65	200,5	1,120	28,53	319,5	1,165	37,75	439,8
031	8,26	85,1	076	18,88	203,1	121	28,74	322,2	166	37,95	442,5
032	8,50	87,7	077	19,10	205,8	122	28,95	324,8	167	38,14	445,2
033	8,75	90,4	078	19,33	208,4	123	29,16	327,5	168	38,34	447,9
1,034	8,99	93,0	1,079	19,56	211,0	1,124	29,37	330,1	1,169	38,54	450,6
1,035	9,24	95,6	1,080	19,78	213,6	1,125	29,58	332,8	1,170	38,74	453,3
036	9,48	98,2	081	20,01	216,2	126	29,79	335,5	171	38,94	456,0
037	9,72	100,8	082	20,23	218,9	127	30,00	338,1	172	39,13	458,7
038	9,97	103,5	083	20,46	221,5	128	30,21	340,8	173	39,32	461,4
1,039	10,21	106,1	1,084	20,68	224,1	1,129	30,42	343,4	1,174	39,52	464,1
1,040	10,45	108,7	1,085	20,91	226,8	1,130	30,63	346,1	1,175	39,72	466,7
041	10,69	111,3	086	21,13	229,4	131	30,84	348,8	176	39,91	469,4
042	10,93	113,9	087	21,35	232,1	132	31,05	351,4	177	40,11	472,1
043	11,17	116,5	088	21,58	234,7	133	31,25	354,1	178	40,30	474,8
1,044	11,41	119,1	1,089	21,80	237,4	1,134	31,46	356,8	1,179	40,50	477,5
1,045	11,65	121,7	1,090	22,02	240,0	1,135	31,67	359,5	1,180	40,69	480,2

Tafel 21.

Ermittelung der Konzentration wässeriger Zuckerlösungen aus der Dichte $s_{\frac{20}{4}}$.

Dichte $s_{\frac{20}{4}}$	Gew. % Zucker	1 Liter bei 20° C. enthält Zucker g	Dichte $s_{\frac{20}{4}}$	Gew. % Zucker	1 Liter bei 20° C. enthält Zucker g	Dichte $s_{\frac{20}{4}}$	Gew. % Zucker	1 Liter bei 20° C. enthält Zucker g	Dichte $s_{\frac{20}{4}}$	Gew. % Zucker	1 Liter bei 20° C. enthält Zucker g
1,180	40,69	480,2	1,225	49,17	602,3	1,270	57,17	726,1	1,315	64,78	851,8
181	40,89	482,9	226	49,35	605,0	271	57,35	728,9	316	64,95	854,6
182	41,08	485,6	227	49,53	607,8	272	57,52	731,7	317	65,11	857,4
183	41,27	488,3	228	49,71	610,5	273	57,69	734,4	318	65,27	860,3
1,184	41,47	491,0	1,229	49,90	613,2	1,274	57,87	737,2	1,319	65,44	863,1
1,185	41,66	493,7	1,230	50,08	616,0	1,275	58,04	740,0	1,320	65,60	865,9
186	41,85	496,4	231	50,26	618,7	276	58,21	742,8	321	65,77	868,7
187	42,04	499,1	232	50,44	621,5	277	58,38	745,6	322	65,93	871,6
188	42,24	501,8	233	50,62	624,2	278	58,55	748,3	323	66,09	874,4
1,189	42,43	504,5	1,234	50,80	626,9	1,279	58,73	751,1	1,324	66,26	877,3
1,190	42,62	507,2	1,235	50,98	629,7	1,280	58,90	753,9	1,325	66,42	880,1
191	42,81	509,9	236	51,16	632,4	281	59,07	756,7	326	66,58	882,9
192	43,00	512,6	237	51,34	635,1	282	59,24	759,5	327	66,75	885,8
193	43,19	515,3	238	51,52	637,8	283	59,41	762,2	328	66,91	888,6
1,194	43,38	518,0	1,239	51,70	640,6	1,284	59,58	765,0	1,329	67,07	891,5
1,195	43,57	520,7	1,240	51,88	643,3	1,285	59,75	767,8	1,330	67,24	894,3
196	43,76	523,4	241	52,06	646,1	286	59,92	770,6	331	67,40	897,1
197	43,95	526,1	242	52,24	648,8	287	60,09	773,4	332	67,56	900,0
198	44,14	528,8	243	52,42	651,6	288	60,26	776,1	333	67,72	902,8
1,199	44,33	531,5	1,244	52,60	654,3	1,289	60,43	778,9	1,334	67,89	905,6
1,200	44,52	534,2	1,245	52,78	657,1	1,290	60,60	781,7	1,335	68,05	908,5
201	44,71	536,9	246	52,96	659,9	291	60,77	784,5	336	68,21	911,3
202	44,90	539,6	247	53,14	662,6	292	60,94	787,3	337	68,37	914,1
203	45,09	542,4	248	53,31	665,4	293	61,11	790,1	338	68,53	916,9
1,204	45,27	545,1	1,249	53,49	668,1	1,294	61,28	792,9	1,339	68,69	919,8
1,205	45,46	547,8	1,250	53,67	670,9	1,295	61,45	795,7	1,340	68,85	922,6
206	45,65	550,5	251	53,85	673,6	296	61,61	798,5	341	69,01	925,5
207	45,84	553,2	252	54,02	676,4	297	61,78	801,3	342	69,17	928,3
208	46,02	556,0	253	54,20	679,1	298	61,95	804,1	343	69,33	931,2
1,209	46,21	558,7	1,254	54,38	681,9	1,299	62,12	806,9	1,344	69,49	934,0
1,210	46,40	561,4	1,255	54,55	684,6	1,300	62,29	809,7	1,345	69,65	936,9
211	46,58	564,1	256	54,73	687,4	301	62,45	812,5	346	69,81	939,7
212	46,77	566,8	257	54,90	690,1	302	62,62	815,3	347	69,97	942,6
213	46,96	569,6	258	55,08	692,9	303	62,79	818,1	348	70,13	945,4
1,214	47,14	572,3	1,259	55,26	695,6	1,304	62,95	820,9	1,349	70,29	948,3
1,215	47,33	575,0	1,260	55,43	698,4	1,305	63,12	823,7	1,350	70,45	951,1
216	47,51	577,7	261	55,61	701,2	306	63,29	826,5	351	70,61	954,0
217	47,70	580,5	262	55,78	703,9	307	63,45	829,3	352	70,77	956,8
218	47,88	583,2	263	55,96	706,7	308	63,62	832,1	353	70,93	959,7
1,219	48,07	585,9	1,264	56,13	709,5	1,309	63,79	834,9	1,354	71,09	962,5
1,220	48,25	588,6	1,265	56,31	712,3	1,310	63,95	837,7	1,355	71,24	965,4
221	48,43	591,3	266	56,48	715,0	311	64,12	840,5	356	71,40	968,2
222	48,62	594,1	267	56,65	717,8	312	64,28	843,3	357	71,56	971,1
223	48,80	596,8	268	56,83	720,6	313	64,45	846,2	358	71,72	973,9
1,224	48,98	599,5	1,269	57,00	723,3	1,314	64,61	849,0	1,359	71,88	976,8
1,225	49,17	602,3	1,270	57,17	726,1	1,315	64,78	851,8	1,360	72,03	979,6

Tafel 22.

Ermittelung der Konzentration einer Zuckerlösung aus dem in Luft bestimmten Gewicht von 50 ccm dieser Lösung bei 20° C. gemessen. Gewicht in Gramm.

Gew.% Zucker	Zehntel-Prozente									
	,0	,1	,2	,3	,4	,5	,6	,7	,8	,9
0	49,858	49,878	49,897	49,917	49,936	49,956	49,975	49,995	50,014	50,034
1	50,053	50,073	50,092	50,112	50,131	50,151	50,170	50,190	50,209	50,229
2	50,248	50,268	50,287	50,307	50,326	50,346	50,365	50,385	50,404	50,424
3	50,443	50,463	50,483	50,503	50,522	50,542	50,562	50,581	50,601	50,621
4	50,641	50,661	50,680	50,700	50,720	50,740	50,760	50,779	50,799	50,819
5	50,839	50,859	50,879	50,899	50,919	50,939	50,959	50,980	51,000	51,020
6	51,040	51,060	51,080	51,100	51,120	51,140	51,161	51,181	51,201	51,221
7	51,241	51,261	51,282	51,302	51,322	51,342	51,363	51,383	51,403	51,424
8	51,444	51,464	51,485	51,505	51,525	51,546	51,566	51,586	51,607	51,627
9	51,648	51,668	51,689	51,710	51,730	51,751	51,771	51,792	51,813	51,833
10	51,854	51,874	51,895	51,916	51,936	51,957	51,978	51,998	52,019	52,040
11	52,061	52,081	52,102	52,123	52,144	52,165	52,186	52,207	52,228	52,249
12	52,270	52,291	52,312	52,333	52,354	52,375	52,396	52,417	52,438	52,459
13	52,480	52,501	52,523	52,544	52,565	52,586	52,607	52,629	52,650	52,671
14	52,692	52,713	52,735	52,756	52,778	52,799	52,820	52,842	52,863	52,884
15	52,905	52,926	52,948	52,969	52,991	53,012	53,034	53,055	53,077	53,098
16	53,120	53,141	53,163	53,184	53,206	53,227	53,249	53,271	53,293	53,315
17	53,337	53,358	53,380	53,401	53,423	53,445	53,467	53,489	53,511	53,533
18	53,555	53,576	53,598	53,620	53,642	53,664	53,686	53,708	53,730	53,752
19	53,774	53,796	53,818	53,840	53,862	53,884	53,906	53,928	53,950	53,972
20	53,995	54,017	54,040	54,062	54,084	54,107	54,129	54,151	54,173	54,195
21	54,218	54,240	54,263	54,285	54,307	54,330	54,352	54,375	54,397	54,419
22	54,442	54,464	54,487	54,510	54,532	54,555	54,577	54,600	54,623	54,645
23	54,668	54,690	54,713	54,736	54,759	54,782	54,804	54,827	54,850	54,873
24	54,896	54,918	54,941	54,964	54,987	55,010	55,033	55,056	55,079	55,102
25	55,125	55,148	55,171	55,194	55,217	55,240	55,263	55,286	55,310	55,333
26	55,356	55,379	55,402	55,425	55,449	55,472	55,495	55,519	55,542	55,566
27	55,589	55,612	55,636	55,659	55,683	55,706	55,729	55,753	55,776	55,800
28	55,823	55,847	55,870	55,894	55,917	55,941	55,964	55,988	56,012	56,035
29	56,059	56,083	56,106	56,130	56,153	56,177	56,201	56,224	56,248	56,272
30	56,296	56,320	56,344	56,368	56,392	56,416	56,440	56,464	56,488	56,512
31	56,536	56,560	56,584	56,608	56,633	56,657	56,681	56,705	56,730	56,754
32	56,778	56,802	56,826	56,850	56,875	56,899	56,923	56,947	56,972	56,996
33	57,020	57,045	57,069	57,094	57,118	57,142	57,167	57,191	57,216	57,240
34	57,265	57,290	57,314	57,339	57,363	57,388	57,413	57,437	57,462	57,487
35	57,512	57,537	57,561	57,586	57,611	57,636	57,661	57,685	57,710	57,735
36	57,760	57,785	57,810	57,835	57,860	57,885	57,910	57,935	57,960	57,985
37	58,010	58,035	58,060	58,085	58,110	58,135	58,161	58,186	58,211	58,236
38	58,261	58,286	58,312	58,337	58,362	58,387	58,413	58,439	58,464	58,489
39	58,514	58,540	58,566	58,591	58,616	58,642	58,667	58,693	58,718	58,744
40	58,770	58,796	58,821	58,847	58,872	58,898	58,924	58,949	58,975	59,001
41	59,027	59,053	59,078	59,104	59,130	59,156	59,182	59,208	59,234	59,260
42	59,286	59,312	59,338	59,364	59,390	59,416	59,442	59,468	59,495	59,521
43	59,547	59,573	59,600	59,626	59,652	59,678	59,704	59,731	59,757	59,783
44	59,810	59,836	59,863	59,890	59,916	59,942	59,968	59,995	60,021	60,048
45	60,075	60,101	60,128	60,155	60,182	60,208	60,234	60,261	60,288	60,315
46	60,342	60,368	60,395	60,422	60,449	60,476	60,502	60,529	60,556	60,583
47	60,610	60,637	60,664	60,691	60,718	60,745	60,772	60,799	60,826	60,853
48	60,880	60,907	60,935	60,962	60,989	61,016	61,044	61,071	61,098	61,126
49	61,153	61,180	61,208	61,235	61,262	61,290	61,317	61,345	61,372	61,400
50	61,427									

Tafel 23.

Hilfstafel zur Vergleichung eines Saccharimeters von hoher Normal·
temperatur mit einem für 20° C. berichtigten Normal.

Abge-lesene Gew. %	Normaltemperatur in Celsiusgraden						
	30	40	50	60	70	75	80
	Reduktion in Zuckerprozenten auf die Normaltemperatur 20° C.						
1	— 0,59						
2	59	— 1,41					
3	60	41	— 2,44				
4	60	42	45	— 3,67			
5	— 0,60	— 1,42	— 2,45	— 3,67	— 5,11		
6	61	42	46	68	12	— 5,91	
7	61	43	46	68	12	91	— 6,76
8	61	44	46	69	12	91	76
9	62	44	47	69	12	92	76
10	— 0,62	— 1,45	— 2,47	— 3,70	— 5,13	— 5,92	— 6,76
11	63	45	48	70	13	92	75
12	63	46	48	70	12	91	74
13	64	47	49	71	12	90	72
14	64	48	49	71	11	89	70
15	— 0,65	— 1,48	— 2,50	— 3,71	— 5,10	— 5,87	— 6,68
16	65	49	51	71	09	85	65
17	66	50	51	71	08	83	63
18	67	51	52	71	07	82	60
19	67	52	52	71	06	80	58
20	— 0,68	— 1,53	— 2,53	— 3,71	— 5,05	— 5,78	— 6,55
21	68	53	53	71	04	76	53
22	69	54	54	70	02	74	50
23	69	55	54	70	5,01	72	47
24	70	55	55	70	4,99	70	44
25	— 0,70	— 1,56	— 2,55	— 3,69	— 4,98	— 5,68	— 6,41
26	70	56	55	69	97	66	38
27	71	57	55	69	95	64	36
28	71	57	56	68	94	62	33
29	72	58	56	68	93	60	31
30	— 0,72	— 1,58	— 2,56	— 3,68	— 4,92	— 5,58	— 6,28
31	73	59	56	67	90	56	25
32	73	59	56	66	88	53	22
33	73	60	57	65	86	51	18
34	74	60	57	65	85	49	15
35	— 0,74	— 1,60	— 2,57	— 3,64	— 4,83	— 5,46	— 6,12
36	75	61	57	64	82	44	10
37	75	61	57	63	80	42	07
38	75	61	57	63	79	41	05
39	76	61	57	62	77	39	03
40	— 0,76	— 1,62	— 2,57	— 3,62	— 4,76	— 5,37	— 6,00
41	76	62	57	61	75	35	5,98
42	77	62	57	61	74	34	96
43	77	62	57	60	73	32	94
44	77	63	57	60	72	31	92
45	— 0,78	— 1,63	— 2,57	— 3,59	— 4,70	— 5,29	— 5,90
46	78	63	57	59	69	28	88
47	78	63	57	59	68	26	86
48	78	64	57	58	67	25	84
49	78	64	57	58	66	23	81
50	— 0,78	— 1,64	— 2,57	— 3,57	— 4,65	— 5,22	— 5,79
51	78	64	57	57	64	21	78
52	79	64	57	57	63	19	76
53	79	65	56	56	62	18	75
54	79	65	56	56	61	16	73
55	— 0,79	— 1,65	— 2,56	— 3,55	— 4,60	— 5,15	— 5,71
56	79	65	56	55	59	14	70
57	80	65	56	54	58	12	68
58	80	65	56	54	57	11	66
59	80	65	56	53	56	09	64
60	— 0,80	— 1,65	— 2,55	— 3,52	— 4,55	— 5,08	— 5,63
61	80	65	55	52	53	06	61
62	80	65	55	51	52	04	59
63	80	65	55	50	50	03	56
64	80	65	54	49	49	5,01	54
65	— 0,80	— 1,65	— 2,54	— 3,49	— 4,48	— 4,99	— 5,52
66	80	65	54	48	46	98	50
67	80	65	54	47	45	96	48
68	80	64	53	46	43	94	46
69	80	64	53	45	42	92	44
70	— 0,80	— 1,64	— 2,53	— 3,45	— 4,41	— 4,90	— 5,41

Tafel 24.

Prozentgehalt und Dichte einiger Säuren.

Schwefelsäure				Essigsäure				Salzsäure		Salpetersäure			
Gew. %	$\frac{s_{15}}{4}$	Gew. %	$\frac{s_{15}}{4}$	Gew. %	$\frac{s_{15}}{4}$	Gew. %	$\frac{s_{15}}{4}$	Gew. %	$\frac{s_{15}}{4}$	Gew. %	$\frac{s_{15}}{4}$	Gew. %	$\frac{s_{15}}{4}$
0	0,9991	50	1,3990	0	0,9991	50	1,0615	0	0,9991	0	0,9991	50	1,3158
1	1,0061	51	4089	1	1,0007	51	0623	1	1,0042	1	1,0046	51	3219
2	0129	52	4188	2	0022	52	0631	2	0093	2	0102	52	3280
3	0197	53	4289	3	0037	53	0638	3	0143	3	0158	53	3339
4	0264	54	4391	4	0052	54	0646	4	0192	4	0214	54	3398
5	1,0332	55	1,4494	5	1,0067	55	1,0653	5	1,0242	5	1,0271	55	1,3456
6	0400	56	4598	6	0083	56	0660	6	0292	6	0328	56	3513
7	0469	57	4703	7	0098	57	0666	7	0342	7	0386	57	3569
8	0539	58	4809	8	0113	58	0673	8	0391	8	0444	58	3625
9	0610	59	4916	9	0127	59	0679	9	0441	9	0502	59	3680
10	1,0681	60	1,5024	10	1,0142	60	1,0685	10	1,0491	10	1,0561	60	1,3735
11	0753	61	5133	11	0157	61	0691	11	0541	11	0621	61	3788
12	0825	62	5243	12	0171	62	0697	12	0591	12	0681	62	3840
13	0898	63	5354	13	0185	63	0702	13	0641	13	0742	63	3891
14	0971	64	5465	14	0200	64	0707	14	0691	14	0803	64	3940
15	1,1045	65	1,5578	15	1,0214	65	1,0712	15	1,0741	15	1,0865	65	1,3987
16	1120	66	5691	16	0228	66	0717	16	0792	16	0928	66	4033
17	1195	67	5805	17	0242	67	0721	17	0843	17	0991	67	4078
18	1271	68	5919	18	0256	68	0725	18	0894	18	1054	68	4121
19	1347	69	6035	19	0270	69	0729	19	0946	19	1117	69	4164
20	1,1424	70	1,6151	20	1,0284	70	1,0733	20	1,0998	20	1,1181	70	1,4206
21	1501	71	6268	21	0298	71	0737	21	1050	21	1246	71	4248
22	1579	72	6386	22	0311	72	0740	22	1103	22	1311	72	4290
23	1657	73	6504	23	0324	73	0742	23	1155	23	1376	73	4331
24	1736	74	6622	24	0337	74	0744	24	1208	24	1442	74	4372
25	1,1816	75	1,6740	25	1,0350	75	1,0746	25	1,1261	25	1,1508	75	1,4412
26	1896	76	6858	26	0363	76	0747	26	1313	26	1575	76	4452
27	1976	77	6976	27	0375	77	0748	27	1366	27	1641	77	4491
28	2057	78	7093	28	0388	78	0748	28	1419	28	1708	78	4529
29	2138	79	7209	29	0400	79	0748	29	1471	29	1775	79	4566
30	1,2220	80	1,7324	30	1,0412	80	1,0748	30	1,1523	30	1,1842	80	1,4602
31	2302	81	7436	31	0424	81	0747	31	1575	31	1909	81	4637
32	2385	82	7544	32	0436	82	0746	32	1626	32	1977	82	4671
33	2468	83	7649	33	0447	83	0744	33	1676	33	2045	83	4704
34	2552	84	7748	34	0459	84	0742	34	1727	34	2113	84	4737
35	1,2636	85	1,7841	35	1,0470	85	1,0739	35	1,1779	35	1,2180	85	1,4768
36	2720	86	7927	36	0481	86	0736	36	1833	36	2247	86	4799
37	2806	87	8006	37	0492	87	0731	37	1888	37	2314	87	4829
38	2892	88	8077	38	0502	88	0726	38	1942	38	2381	88	4858
39	2978	89	8141	39	0513	89	0720	39	1994	39	2447	89	4886
40	1,3065	90	1,8198	40	1,0523	90	1,0713	40	1,2045	40	1,2513	90	1,4914
41	3153	91	8248	41	0533	91	0705			41	2579	91	4940
42	3242	92	8293	42	0543	92	0696			42	2644	92	4965
43	3332	93	8331	43	0552	93	0686			43	2709	93	4988
44	3423	94	8363	44	0562	94	0674			44	2774	94	5008
45	1,3514	95	1,8388	45	1,0571	95	1,0660			45	1,2839	95	1,5026
46	3607	96	8406	46	0580	96	0644			46	2904	96	5038
47	3701	97	8415	47	0589	97	0625			47	2969	97	5056
48	3796	98	8412	48	0598	98	0604			48	3033	98	5094
49	3893	99	8393	49	0607	99	0580			49	3096	99	5150
50	1,3990	100	1,8357	50	1,0615	100	1,0553			50	1,3158	100	1,5225

Tafel 25.

Ermittelung der Konzentration von Schwefelsäure-Wasser-Mischungen aus der Dichte $s_{\frac{15}{4}}$.

Dichte $s_{\frac{15}{4}}$	Grade Bé	Gewichts-prozente		1 Liter bei 15° C. enthält H_2SO_4 Gramm	Dichte $s_{\frac{15}{4}}$	Grade Bé	Gewichts-prozente		1 Liter bei 15° C. enthält H_2SO_4 Gramm
		H_2SO_4	SO_3				H_2SO_4	SO_3	
1,00	0,13	0,12	0,10	1	1,42	42,77	52,12	42,54	740
01	1,55	1,57	1,28	16	43	43,48	53,11	43,35	759
02	2,95	3,05	2,49	31	1,44	44,18	54,09	44,15	779
03	4,33	4,53	3,70	47					
1,04	5,67	6,00	4,90	62	1,45	44,87	55,06	44,94	798
					46	45,55	56,02	45,73	818
1,05	6,99	7,44	6,07	78	47	46,22	56,97	46,51	837
06	8,29	8,86	7,23	94	48	46,89	57,91	47,27	857
07	9,56	10,27	8,38	110	1,49	47,54	58,85	48,04	877
08	10,81	11,66	9,52	126					
1,09	12,03	13,03	10,64	142	1,50	48,18	59,77	48,79	897
					51	48,82	60,69	49,54	916
1,10	13,23	14,39	11,75	158	52	49,45	61,61	50,29	936
11	14,41	15,74	12,85	175	53	50,07	62,51	51,03	956
12	15,57	17,07	13,93	191	1,54	50,68	63,41	51,76	977
13	16,71	18,39	15,01	208					
1,14	17,83	19,69	16,07	224	1,55	51,29	64,31	52,49	997
					56	51,88	65,20	53,22	1017
1,15	18,93	20,99	17,13	241	57	52,47	66,08	53,94	1037
16	20,01	22,27	18,18	258	58	53,05	66,96	54,66	1058
17	21,07	23,54	19,22	275	1,59	53,63	67,83	55,37	1078
18	22,12	24,80	20,24	293					
1,19	23,15	26,05	21,26	310	1,60	54,19	68,70	56,08	1099
					61	54,75	69,56	56,78	1120
1,20	24,16	27,30	22,28	328	62	55,30	70,42	57,48	1141
21	25,15	28,53	23,29	345	63	55,85	71,27	58,18	1162
22	26,13	29,75	24,28	363	1,64	56,39	72,12	58,87	1183
23	27,09	30,97	25,28	381					
1,24	28,03	32,18	26,27	399	1,65	56,92	72,97	59,56	1204
					66	57,45	73,82	60,26	1225
1,25	28,96	33,38	27,25	417	67	57,97	74,66	60,94	1247
26	29,88	34,57	28,22	435	68	58,48	75,51	61,64	1269
27	30,78	35,76	29,19	453	1,69	58,99	76,35	62,32	1290
28	31,66	36,93	30,15	472					
1,29	32,54	38,10	31,10	491	1,70	59,49	77,20	63,02	1312
					71	59,99	78,06	63,72	1335
1,30	33,40	39,25	32,04	510	72	60,48	78,92	64,42	1357
31	34,24	40,39	32,97	529	73	60,96	79,79	65,13	1380
32	35,08	41,53	33,90	548	1,74	61,44	80,68	65,86	1404
33	35,90	42,65	34,81	567					
1,34	36,71	43,75	35,71	586	1,75	61,92	81,59	66,60	1428
					76	62,38	82,53	67,37	1453
1,35	37,50	44,84	36,60	605	77	62,85	83,51	68,17	1478
36	38,29	45,92	37,48	625	78	63,30	84,55	69,02	1505
37	39,06	46,99	38,36	644	1,79	63,76	85,67	69,93	1534
38	39,83	48,04	39,21	663					
1,39	40,58	49,08	40,06	682	1,80	64,20	86,92	70,95	1565
					81	64,65	88,35	72,12	1599
1,40	41,32	50,10	40,90	701	82	65,08	90,04	73,50	1639
41	42,05	51,12	41,73	721	83	65,52	92,17	75,24	1687
42	42,77	52,12	42,54	740	1,84	65,94	95,62	78,05	1759

Tafel 26.

Ermittelung der Konzentration von Schwefelsäure-Wasser-Mischungen aus der Dichte $s_{\frac{15}{15}}$.

Dichte $s_{\frac{15}{15}}$	Grade Bé	Gewichtsprozente		1 Liter bei 15° C. enthält H_2SO_4 Gramm	Dichte $s_{\frac{15}{15}}$	Grade Bé	Gewichtsprozente		1 Liter bei 15° C. enthält H_2SO_4 Gramm
		H_2SO_4	SO_3				H_2SO_4	SO_3	
1,00	0,00	0,00	0,00	0	1,42	42,68	52,00	42,45	738
01	1,43	1,43	1,17	14	43	43,39	52,99	43,25	757
02	2,83	2,91	2,38	30	1,44	44,09	53,97	44,05	777
03	4,20	4,40	3,59	45					
1,04	5,55	5,87	4,79	61	1,45	44,78	54,94	44,85	796
					46	45,47	55,90	45,63	816
1,05	6,87	7,31	5,97	77	47	46,14	56,85	46,41	836
06	8,17	8,73	7,13	93	48	46,80	57,79	47,17	855
07	9,44	10,14	8,28	109	1,49	47,45	58,73	47,94	875
08	10,69	11,53	9,41	125					
1,09	11,91	12,90	10,53	141	1,50	48,10	59,66	48,70	894
					51	48,74	60,57	49,44	914
1,10	13,12	14,26	11,64	157	52	49,37	61,49	50,19	934
11	14,30	15,61	12,74	174	53	49,99	62,39	50,93	954
12	15,46	16,94	13,83	190	1,54	50,60	63,29	51,66	974
13	16,60	18,26	14,91	207					
1,14	17,72	19,56	15,97	223	1,55	51,20	64,19	52,40	994
					56	51,80	65,08	53,12	1014
1,15	18,82	20,86	17,03	240	57	52,39	65,96	53,84	1034
16	19,90	22,14	18,07	257	58	52,97	66,84	54,56	1055
17	20,97	23,41	19,11	274	1,59	53,54	67,71	55,27	1075
18	22,01	24,67	20,14	292					
1,19	23,04	25,92	21,16	309	1,60	54,11	68,58	55,98	1096
					61	54,67	69,44	56,68	1117
1,20	24,05	27,17	22,18	326	62	55,23	70,30	57,38	1138
21	25,04	28,40	23,18	343	63	55,77	71,15	58,08	1159
22	26,02	29,62	24,18	361	1,64	56,31	72,00	58,77	1180
23	26,98	30,84	25,17	379					
1,24	27,93	32,05	26,16	397	1,65	56,85	72,85	59,47	1201
					66	57,37	73,69	60,15	1222
1,25	28,86	33,25	27,14	415	67	57,89	74,54	60,85	1244
26	29,78	34,45	28,12	433	68	58,41	75,38	61,53	1266
27	30,68	35,63	29,08	451	1,69	58,92	76,23	62,23	1287
28	31,57	36,80	30,04	470					
1,29	32,44	37,97	30,99	489	1,70	59,42	77,08	62,92	1309
					71	59,91	77,93	63,61	1331
1,30	33,30	39,12	31,93	508	72	60,40	78,79	64,31	1353
31	34,15	40,26	32,86	527	73	60,89	79,66	65,02	1376
32	34,98	41,40	33,79	546	1,74	61,37	80,55	65,75	1400
33	35,80	42,52	34,70	565					
1,34	36,61	43,62	35,60	584	1,75	61,84	81,45	66,49	1424
					76	62,31	82,38	67,25	1448
1,35	37,41	44,72	36,50	603	77	62,77	83,35	68,04	1474
36	38,20	45,80	37,39	623	78	63,23	84,38	68,88	1501
37	38,97	46,86	38,25	642	1,79	63,69	85,49	69,79	1529
38	39,73	47,91	39,11	661					
1,39	40,49	48,95	39,96	680	1,80	64,13	86,72	70,79	1560
					81	64,58	88,11	71,92	1593
1,40	41,23	49,98	40,80	699	82	65,01	89,75	73,26	1632
41	41,96	50,99	41,62	719	83	65,45	91,79	74,93	1678
42	42,68	52,00	42,45	738	1,84	65,88	94,81	77,39	1743

Tafel 27.

Ermittelung der Dichten s_{15} und s_4 aus den Graden Bé für leichte Flüssigkeiten.

Bé	s_{15}	s_4	Bé	s_{15}	s_4
0^0	1,00 000	0,99 913	45^0	0,76 228	0,76 162
1	0,99 312	99 225	46	75 828	75 761
2	98 633	98 547	47	75 431	75 365
3	97 963	97 878	48	75 039	74 973
4	97 303	97 218	49	74 651	74 586
5	0,96 651	0,96 567	50	0,74 267	0,74 202
6	96 008	95 924	51	73 886	73 822
7	95 373	95 290	52	73 510	73 446
8	94 747	94 664	53	73 137	73 073
9	94 129	94 047	54	72 768	72 705
10	0,93 519	0,93 437	55	0,72 403	0,72 340
11	92 917	92 836	56	72 042	71 979
12	92 322	92 242	57	71 684	71 621
13	91 736	91 655	58	71 330	71 267
14	91 156	91 076	59	70 979	70 917
15	0,90 584	0,90 505	60	0,70 631	0,70 570
16	90 019	89 940	61	70 287	70 226
17	89 461	89 382	62	69 947	69 886
18	88 910	88 832	63	69 609	69 548
19	88 365	88 288	64	69 275	69 215
20	0,87 827	0,87 750	65	0,68 944	0,68 884
21	87 296	87 220	66	68 616	68 556
22	86 771	86 695	67	68 292	68 232
23	86 252	86 177	68	67 970	67 910
24	85 740	85 665	69	67 651	67 592
25	0,85 233	0,85 159	70	0,67 336	0,67 277
26	84 733	84 659	71	67 023	66 964
27	84 238	84 165	72	66 713	66 655
28	83 749	83 676	73	66 406	66 348
29	83 266	83 193	74	66 102	66 044
30	0,82 788	0,82 716	75	0,65 800	0,65 743
31	82 316	82 244	76	65 502	65 444
32	81 849	81 778	77	65 206	65 149
33	81 387	81 316	78	64 912	64 856
34	80 931	80 860	79	64 622	64 565
35	0,80 480	0,80 409	80	0,64 333	0,64 277
36	80 033	79 963	81	64 048	63 992
37	79 592	79 522	82	63 765	63 709
38	79 155	79 086	83	63 484	63 429
39	78 723	78 655	84	63 206	63 151
40	0,78 296	0,78 228	85	0,62 931	0,62 876
41	77 874	77 806	86	62 657	62 603
42	77 456	77 388	87	62 387	62 332
43	77 042	76 975	88	62 118	62 064
44	76 633	76 566	89	61 852	61 798
45	0,76 228	0,76 162	90	0,61 588	0,61 534

Tafel 28.

Ermittelung der Dichten s_{15} und s_4 aus den Graden Bé für schwere Flüssigkeiten

Bé	s_{15}	s_4	Bé	s_{15}	s_4	Bé	s_{15}	s_4	Bé	s_{15}	s_4
0,0	1,00 000	0,99 913	5,5	1,03 962	1,03 871	11,0	1,08 252	1,08 157	16,5	1,12 910	1,12 812
0,1	069	0,99 982	5,6	1,04 037	1,03 946	11,1	333	238	16,6	1,12 998	900
0,2	139	1,00 052	5,7	112	1,04 021	11,2	414	319	16,7	1,13 087	1,12 988
0,3	208	121	5,8	187	096	11,3	496	401	16,8	176	1,13 077
0,4	278	191	5,9	262	171	11,4	577	482	16,9	265	166
0,5	1,00 348	1,00 260	6,0	1,04 338	1,04 247	11,5	1,08 659	1,08 564	17,0	1,13 354	1,13 255
0,6	418	330	6,1	413	322	11,6	741	646	17,1	443	344
0,7	488	400	6,2	489	398	11,7	823	728	17,2	532	433
0,8	558	470	6,3	565	474	11,8	905	810	17,3	622	523
0,9	628	540	6,4	641	550	11,9	988	893	17,4	711	612
1,0	1,00 698	1,00 610	6,5	1,04 717	1,04 626	12,0	1,09 070	1,08 975	17,5	1,13 801	1,13 702
1,1	768	680	6,6	793	701	12,1	153	1,09 058	17,6	891	792
1,2	839	751	6,7	869	777	12,2	235	140	17,7	1,13 981	882
1,3	909	821	6,8	1,04 945	853	12,3	318	223	17,8	1,14 071	1,13 972
1,4	979	891	6,9	1,05 021	929	12,4	401	305	17,9	162	1,14 062
1,5	1,01 050	1,00 962	7,0	1,05 098	1,05 006	12,5	1,09 484	1,09 388	18,0	1,14 252	1,14 152
1,6	121	1,01 033	7,1	174	082	12,6	567	471	18,1	343	243
1,7	192	104	7,2	251	159	12,7	650	554	18,2	433	333
1,8	263	175	7,3	328	236	12,8	734	638	18,3	524	424
1,9	334	246	7,4	405	313	12,9	817	721	18,4	615	515
2,0	1,01 405	1,01 317	7,5	1,05 482	1,05 390	13,0	1,09 901	1,09 805	18,5	1,14 706	1,14 606
2,1	477	388	7,6	559	467	13,1	1,09 985	889	18,6	797	697
2,2	548	459	7,7	636	544	13,2	1,10 069	1,09 973	18,7	888	788
2,3	620	531	7,8	714	621	13,3	153	1,10 057	18,8	1,14 980	880
2,4	691	602	7,9	791	698	13,4	237	141	18,9	1,15 072	972
2,5	1,01 763	1,01 674	8,0	1,05 869	1,05 776	13,5	1,10 321	1,10 225	19,0	1,15 164	1,15 063
2,6	835	746	8,1	1,05 947	854	13,6	405	309	19,1	256	155
2,7	907	818	8,2	1,06 025	1,05 932	13,7	489	393	19,2	348	247
2,8	1,01 979	890	8,3	103	1,06 010	13,8	574	477	19,3	440	339
2,9	1,02 051	962	8,4	181	088	13,9	659	562	19,4	533	432
3,0	1,02 123	1,02 034	8,5	1,06 259	1,06 166	14,0	1,10 744	1,10 647	19,5	1,15 625	1,15 524
3,1	195	106	8,6	337	244	14,1	829	732	19,6	·718	617
3,2	268	179	8,7	416	323	14,2	1,10 914	817	19,7	811	710
3,3	340	251	8,8	494	401	14,3	000	903	19,8	904	803
3,4	413	324	8,9	573	480	14,4	085	988	19,9	997	896
3,5	1,02 486	1,02 397	9,0	1,06 652	1,06 559	14,5	1,11 171	1,11 074	20,0	1,16 090	1,15 989
3,6	559	469	9,1	731	638	14,6	257	160	20,1	183	1,16 082
3,7	632	542	9,2	810	717	14,7	343	246	20,2	277	175
3,8	705	615	9,3	889	796	14,8	429	332	20,3	371	269
3,9	778	688	9,4	968	875	14,9	515	418	20,4	465	363
4,0	1,02 851	1,02 761	9,5	1,07 047	1,06 954	15,0	1,11 601	1,11 504	20,5	1,16 559	1,16 457
4,1	924	834	9,6	127	1,07 033	15,1	687	590	20,6	653	551
4,2	1,02 997	907	9,7	206	112	15,2	774	676	20,7	747	645
4,3	1,03 071	1,02 981	9,8	286	192	15,3	860	762	20,8	842	740
4,4	145	1,03 055	9,9	366	272	15,4	947	849	20,9	937	835
4,5	1,03 219	1,03 129	10,0	1,07 446	1,07 352	15,5	1,12 034	1,11 936	21,0	1,17 032	1,16 930
4,6	293	203	10,1	. 526	432	15,6	121	1,12 023	21,1	127	1,17 025
4,7	367	277	10,2	606	512	15,7	208	110	21,2	222	120
4,8	441	351	10,3	686	592	15,8	296	198	21,3	318	216
4,9	515	425	10,4	767	673	15,9	383	285	21,4	413	311
5,0	1,03 589	1,03 498	10,5	1,07 847	1,07 753	16,0	1,12 471	1,12 373	21,5	1,17 509	1,17 406
5,1	663	572	10,6	1,07 928	834	16,1	558	460	21,6	605	502
5,2	738	647	10,7	1,08 009	915	16,2	646	548	21,7	701	598
5,3	812	721	10,8	090	1,07 996	16,3	734	636	21,8	797	694
5,4	887	796	10,9	171	1,08 077	16,4	822	724	21,9	893	790
5,5	1,03 962	1,03 871	11,0	1,08 252	1,08 157	16,5	1,12 910	1,12 812	22,0	1,17 989	1,17 886

Tafel 28.

Ermittelung der Dichten s_{15} und s_4 aus den Graden Bé für schwere Flüssigkeiten.

Bé	s_{15}	s_4	Bé	s_{15}	s_4	Bé	s_{15}	s_4	Bé	s_{15}	s_4
22,0	1,17 989	1,17 886	27,5	1,23 545	1,23 437	33,0	1,29 650	1,29 537	38,5	1,36 389	1,36 270
22,1	1,18 085	1,17 982	27,6	651	543	33,1	767	654	38,6	518	399
22,2	182	1,18 079	27,7	757	649	33,2	1,29 884	771	38,7	647	528
22,3	279	176	27,8	864	756	33,3	1,30 001	1,29 887	38,8	777	658
22,4	376	273	27,9	970	862	33,4	118	1,30 004	38,9	907	787
22,5	1,18 473	1,18 369	28,0	1,24 076	1,23 968	33,5	1,30 235	1,30 121	39,0	1,37 037	1,36 917
22,6	570	466	28,1	183	1,24 074	33,6	353	239	39,1	167	1,37 047
22,7	667	563	28,2	290	181	33,7	471	357	39,2	298	178
22,8	765	661	28,3	397	288	33,8	589	475	39,3	429	309
22,9	863	759	28,4	504	395	33,9	707	593	39,4	560	440
23,0	1,18 961	1,18 857	28,5	1,24 612	1,24 503	34,0	1,30 825	1,30 711	39,5	1,37 691	1,37 571
23,1	1,19 059	1,18 955	28,6	720	611	34,1	1,30 944	830	39,6	823	703
23,2	157	1,19 053	28,7	828	719	34,2	1,31 063	1,30 949	39,7	1,37 955	835
23,3	255	151	28,8	1,24 936	827	34,3	182	1,31 068	39,8	1,38 087	1,37 966
23,4	354	250	28,9	1,25 044	935	34,4	301	187	39,9	219	1,38 098
23,5	1,19 453	1,19 349	29,0	1,25 152	1,25 043	34,5	1,31 421	1,31 306	40,0	1,38 351	1,38 230
23,6	552	448	29,1	261	152	34,6	541	426	40,1	484	363
23,7	651	547	29,2	370	260	34,7	661	546	40,2	617	496
23,8	751	646	29,3	479	369	34,8	781	666	40,3	750	629
23,9	850	745	29,4	588	478	34,9	901	786	40,4	883	762
24,0	1,19 950	1,19 845	29,5	1,25 697	1,25 587	35,0	1,32 022	1,31 907	40,5	1,39 017	1,38 896
24,1	1,20 050	1,19 945	29,6	807	697	35,1	143	1,32 028	40,6	151	1,39 030
24,2	150	1,20 045	29,7	1,25 917	807	35,2	264	149	40,7	285	164
24,3	250	145	29,8	1,26 027	1,25 917	35,3	386	270	40,8	420	298
24,4	350	245	29,9	137	1,26 027	35,4	507	391	40,9	555	433
24,5	1,20 451	1,20 346	30,0	1,26 247	1,26 137	35,5	1,32 629	1,32 513	41,0	1,39 690	1,39 568
24,6	552	447	30,1	358	248	35,6	751	635	41,1	826	704
24,7	653	548	30,2	468	358	35,7	873	757	41,2	1,39 962	840
24,8	754	649	30,3	579	468	35,8	1,32 996	1,32 880	41,3	1,40 098	1,39 976
24,9	855	750	30,4	690	579	35,9	1,33 118	1,33 002	41,4	234	1,40 112
25,0	1,20 956	1,20 850	30,5	1,26 801	1,26 690	36,0	1,33 241	1,33 125	41,5	1,40 370	1,40 248
25,1	1,21 057	1,20 951	30,6	1,26 913	802	36,1	364	248	41,6	507	384
25,2	159	1,21 053	30,7	1,27 025	1,26 914	36,2	487	371	41,7	644	521
25,3	261	155	30,8	137	1,27 026	36,3	611	494	41,8	781	658
25,4	363	257	30,9	249	138	36,4	735	618	41,9	918	795
25,5	1,21 465	1,21 359	31,0	1,27 361	1,27 250	36,5	1,33 859	1,33 742	42,0	1,41 056	1,40 933
25,6	567	461	31,1	474	363	36,6	1,33 983	866	42,1	194	1,41 071
25,7	669	563	31,2	586	475	36,7	1,34 108	1,33 991	42,2	332	209
25,8	772	666	31,3	699	587	36,8	233	1,34 116	42,3	471	347
25,9	875	769	31,4	812	700	36,9	358	241	42,4	610	486
26,0	1,21 978	1,21 872	31,5	1,27 925	1,27 813	37,0	1,34 483	1,34 366	42,5	1,41 749	1,41 625
26,1	1,22 081	1,21 975	31,6	1,28 039	1,27 927	37,1	609	491	42,6	1,41 888	764
26,2	184	1,22 078	31,7	153	1,28 041	37,2	735	617	42,7	1,42 028	1,41 904
26,3	288	181	31,8	267	155	37,3	861	743	42,8	168	1,42 044
26,4	392	285	31,9	381	269	37,4	987	869	42,9	308	184
26,5	1,22 496	1,22 389	32,0	1,28 495	1,28 383	37,5	1,35 113	1,34 995	43,0	1,42 448	1,42 324
26,6	600	493	32,1	610	498	37,6	240	1,35 122	43,1	589	465
26,7	704	597	32,2	724	612	37,7	367	249	43,2	730	605
26,8	809	702	32,3	839	726	37,8	494	376	43,3	1,42 871	746
26,9	913	806	32,4	954	841	37,9	621	503	43,4	1,43 012	1,42 887
27,0	1,23 018	1,22 910	32,5	1,29 069	1,28 956	38,0	1,35 748	1,35 630	43,5	1,43 154	1,43 029
27,1	123	1,23 015	32,6	185	1,29 072	38,1	1,35 876	757	43,6	296	171
27,2	228	120	32,7	301	188	38,2	1,36 004	1,35 885	43,7	439	314
27,3	334	226	32,8	417	304	38,3	132	1,36 013	43,8	582	457
27,4	439	331	32,9	534	421	38,4	260	141	43,9	725	600
27,5	1,23 545	1,23 437	33,0	1,29 650	1,29 537	38,5	1,36 389	1,36 270	44,0	1,43 868	1,43 742

Tafel 28.

Ermittelung der Dichten s_{15} und s_4 aus den Graden Bé für schwere Flüssigkeiten.

Bé	s_{15}	s_4	Bé	s_{15}	s_4	Bé	s_{15}	s_4	Bé	s_{15}	s_4
44,0	1,43 868	1,43 742	49,5	1,52 215	1,52 082	55,0	1,61 590	1,61 449	60,5	1,72 195	1,72 045
44,1	1,44 012	1,43 886	49,6	376	243	55,1	771	630	60,6	401	250
44,2	156	1,44 030	49,7	537	404	55,2	1,61 953	812	60,7	607	456
44,3	300	174	49,8	698	565	55,3	1,62 135	1,61 993	60,8	1,72 814	663
44,4	444	318	49,9	860	727	55,4	317	1,62 175	60,9	1,73 021	870
44,5	1,44 589	1,44 463	50,0	1,53 022	1,52 889	55,5	1,62 500	1,62 358	61,0	1,73 229	1,73 078
44,6	734	608	50,1	185	1,53 051	55,6	683	541	61,1	437	286
44,7	1,44 879	753	50,2	348	214	55,7	1,62 867	725	61,2	646	494
44,8	1,45 025	1,44 898	50,3	511	377	55,8	1,63 051	1,62 909	61,3	1,73 855	703
44,9	171	1,45 044	50,4	674	540	55,9	235	1,63 093	61,4	1,74 065	913
45,0	1,45 317	1,45 190	50,5	1,53 838	1,53 704	56,0	1,63 420	1,63 277	61,5	1,74 275	1,74 124
45,1	464	337	50,6	1,54 002	1,53 868	56,1	605	462	61,6	486	334
45,2	611	484	50,7	167	1,54 032	56,2	791	648	61,7	697	545
45,3	758	631	50,8	332	197	56,3	1,63 977	1,63 834	61,8	1,74 909	756
45,4	905	778	50,9	497	362	56,4	1,64 164	1,64 021	61,9	1,75 121	968
45,5	1,46 053	1,45 925	51,0	1,54 662	1,54 527	56,5	1,64 351	1,64 208	62,0	1,75 334	1,75 181
45,6	201	1,46 073	51,1	828	693	56,6	539	395	62,1	547	394
45,7	349	221	51,2	1,54 994	1,54 859	56,7	727	583	62,2	761	607
45,8	498	370	51,3	1,55 161	1,55 026	56,8	1,64 915	771	62,3	1,75 975	1,75 821
45,9	647	519	51,4	328	193	56,9	1,65 103	1,64 959	62,4	1,76 190	1,76 036
46,0	1,46 796	1,46 668	51,5	1,55 495	1,55 359	57,0	1,65 292	1,65 148	62,5	1,76 406	1,76 252
46,1	1,46 945	817	51,6	663	527	57,1	481	337	62,6	622	468
46,2	1,47 095	1,46 967	51,7	1,55 831	695	57,2	671	527	62,7	1,76 839	685
46,3	245	1,47 117	51,8	1,56 000	1,55 864	57,3	1,65 862	717	62,8	1,77 056	1,76 901
46,4	395	267	51,9	169	1,56 033	57,4	1,66 053	908	62,9	273	1,77 118
46,5	1,47 546	1,47 417	52,0	1,56 338	1,56 202	57,5	1,66 244	1,66 099	63,0	1,77 491	1,77 336
46,6	697	568	52,1	508	371	57,6	436	291	63,1	709	554
46,7	1,47 848	719	52,2	678	541	57,7	628	483	63,2	1,77 928	773
46,8	1,48 000	1,47 871	52,3	1,56 848	711	57,8	1,66 821	675	63,3	1,78 148	1,77 992
46,9	152	1,48 023	52,4	1,57 018	881	57,9	1,67 014	868	63,4	368	1,78 212
47,0	1,48 304	1,48 175	52,5	1,57 189	1,57 052	58,0	1,67 207	1,67 061	63,5	1,78 589	1,78 433
47,1	457	327	52,6	360	223	58,1	401	255	63,6	1,78 810	654
47,2	610	480	52,7	532	394	58,2	596	450	63,7	1,79 032	1,78 876
47,3	763	633	52,8	704	566	58,3	791	644	63,8	254	1,79 098
47,4	916	786	52,9	877	739	58,4	986	839	63,9	477	321
47,5	1,49 070	1,48 940	53,0	1,58 050	1,57 912	58,5	1,68 182	1,68 035	64,0	1,79 701	1,79 544
47,6	224	1,49 094	53,1	224	1,58 086	58,6	378	231	64,1	1,79 925	768
47,7	379	248	53,2	398	260	58,7	575	428	64,2	1,80 150	1,79 993
47,8	534	403	53,3	572	434	58,8	772	625	64,3	375	1,80 218
47,9	689	558	53,4	746	608	58,9	970	822	64,4	601	443
48,0	1,49 844	1,49 713	53,5	1,58 921	1,58 782	59,0	1,69 168	1,69 020	64,5	1,80 827	1,80 669
48,1	1,50 000	1,49 869	53,6	1,59 096	1,58 957	59,1	367	219	64,6	1,81 054	1,80 896
48,2	156	1,50 025	53,7	272	1,59 133	59,2	566	418	64,7	281	1,81 123
48,3	313	182	53,8	448	309	59,3	765	617	64,8	509	351
48,4	469	338	53,9	624	485	59,4	965	817	64,9	738	579
48,5	1,50 626	1,50 495	54,0	1,59 801	1,59 661	59,5	1,70 165	1,70 017	65,0	1,81 967	1,81 808
48,6	783	652	54,1	1,59 978	1,59 838	59,6	366	217	65,1	1,82 197	1,82 038
48,7	1,50 941	809	54,2	1,60 156	1,60 016	59,7	567	418	65,2	428	268
48,8	1,51 099	1,50 967	54,3	334	194	59,8	769	620	65,3	659	499
48,9	258	1,51 126	54,4	512	372	59,9	971	822	65,4	890	730
49,0	1,51 417	1,51 285	54,5	1,60 690	1,60 550	60,0	1,71 174	1,71 024	65,5	1,83 122	1,82 962
49,1	576	444	54,6	1,60 869	729	60,1	377	227	65,6	354	1,83 194
49,2	735	603	54,7	1,61 049	1,60 908	60,2	581	431	65,7	587	427
49,3	1,51 895	762	54,8	229	1,61 088	60,3	785	635	65,8	1,83 821	661
49,4	1,52 055	922	54,9	409	268	60,4	990	840	65,9	1,84 056	1,83 895
49,5	1,52 215	1,52 082	55,0	1,61 590	1,61 449	60,5	1,72 195	1,72 045	66,0	1,84 291	1,84 130

Tafel 29.

Ermittelung der Grade Bé für schwere Flüssigkeiten aus den Dichten s_4.

s_4	Bé	s_4	Bé	s_4	Bé	s_4	Bé	s_4	Bé	s_4	Bé
1,000	0,13	1,050	6,99	1,100	13,23	1,150	18,93	1,200	24,16	1,250	28,96
1	0,27	1	7,12	1	13,35	1	19,04	1	24,26	1	29,05
2	0,41	2	7,25	2	13,47	2	19,15	2	24,35	2	29,15
3	0,56	3	7,38	3	13,59	3	19,26	3	24,45	3	29,24
4	0,70	4	7,51	4	13,71	4	19,37	4	24,55	4	29,33
1,005	0,84	1,055	7,64	1,105	13,83	1,155	19,47	1,205	24,65	1,255	29,42
6	0,99	6	7,77	6	13,94	6	19,58	6	24,75	6	29,51
7	1,13	7	7,90	7	14,06	7	19,69	7	24,85	7	29,60
8	1,27	8	8,03	8	14,18	8	19,80	8	24,95	8	29,69
9	1,41	9	8,16	9	14,30	9	19,91	9	25,05	9	29,78
1,010	1,55	1,060	8,29	1,110	14,41	1,160	20,01	1,210	25,15	1,260	29,88
1	1,69	1	8,42	1	14,53	1	20,12	1	25,25	1	29,97
2	1,84	2	8,54	2	14,65	2	20,23	2	25,34	2	30,06
3	1,98	3	8,67	3	14,76	3	20,33	3	25,44	3	30,15
4	2,12	4	8,80	4	14,88	4	20,44	4	25,54	4	30,24
1,015	2,26	1,065	8,93	1,115	15,00	1,165	20,55	1,215	25,64	1,265	30,33
6	2,40	6	9,05	6	15,11	6	20,65	6	25,74	6	30,42
7	2,54	7	9,18	7	15,23	7	20,76	7	25,83	7	30,51
8	2,68	8	9,31	8	15,34	8	20,86	8	25,93	8	30,60
9	2,81	9	9,43	9	15,46	9	20,97	9	26,03	9	30,69
1,020	2,95	1,070	9,56	1,120	15,57	1,170	21,07	1,220	26,13	1,270	30,78
1	3,09	1	9,68	1	15,69	1	21,18	1	26,22	1	30,87
2	3,23	2	9,81	2	15,80	2	21,28	2	26,32	2	30,96
3	3,37	3	9,93	3	15,92	3	21,39	3	26,42	3	31,04
4	3,51	4	10,06	4	16,03	4	21,49	4	26,51	4	31,13
1,025	3,64	1,075	10,18	1,125	16,15	1,175	21,60	1,225	26,61	1,275	31,22
6	3,78	6	10,31	6	16,26	6	21,70	6	26,70	6	31,31
7	3,92	7	10,43	7	16,37	7	21,81	7	26,80	7	31,40
8	4,05	8	10,56	8	16,49	8	21,91	8	26,90	8	31,49
9	4,19	9	10,68	9	16,60	9	22,02	9	26,99	9	31,58
1,030	4,33	1,080	10,81	1,130	16,71	1,180	22,12	1,230	27,09	1,280	31,66
1	4,46	1	10,93	1	16,83	1	22,22	1	27,18	1	31,75
2	4,60	2	11,05	2	16,94	2	22,33	2	27,28	2	31,84
3	4,73	3	11,18	3	17,05	3	22,43	3	27,37	3	31,93
4	4,87	4	11,30	4	17,16	4	22,53	4	27,46	4	32,02
1,035	5,00	1,085	11,42	1,135	17,27	1,185	22,63	1,235	27,56	1,285	32,10
6	5,14	6	11,54	6	17,39	6	22,74	6	27,65	6	32,19
7	5,27	7	11,67	7	17,50	7	22,84	7	27,75	7	32,28
8	5,40	8	11,79	8	17,61	8	22,94	8	27,84	8	32,36
9	5,54	9	11,91	9	17,72	9	23,04	9	27,94	9	32,45
1,040	5,67	1,090	12,03	1,140	17,83	1,190	23,15	1,240	28,03	1,290	32,54
1	5,80	1	12,15	1	17,94	1	23,25	1	28,13	1	32,62
2	5,94	2	12,27	2	18,05	2	23,35	2	28,22	2	32,71
3	6,07	3	12,39	3	18,16	3	23,45	3	28,31	3	32,80
4	6,20	4	12,51	4	18,27	4	23,55	4	28,41	4	32,88
1,045	6,33	1,095	12,63	1,145	18,38	1,195	23,65	1,245	28,50	1,295	32,97
6	6,47	6	12,75	6	18,49	6	23,75	6	28,59	6	33,06
7	6,60	7	12,87	7	18,60	7	23,85	7	28,68	7	33,14
8	6,73	8	12,99	8	18,71	8	23,96	8	28,78	8	33,23
9	6,86	9	13,11	9	18,82	9	24,06	9	28,87	9	33,31
1,050	6,99	1,100	13,23	1,150	18,93	1,200	24,16	1,250	28,96	1,300	33,40

Tafel 29.

Ermittelung der Grade Bé für schwere Flüssigkeiten aus den Dichten s_4.

s_4	Bé	s_4	Bé	s_4	Bé	s_4	Bé	s_4	Bé	s_4	Bé
1,300	33,40	1,350	37,50	1,400	41,32	1,450	44,87	1,500	48,18	1,550	51,29
1	33,48	1	37,58	1	41,39	1	44,94	1	48,25	1	51,35
2	33,57	2	37,66	2	41,47	2	45,01	2	48,31	2	51,40
3	33,65	3	37,74	3	41,54	3	45,08	3	48,38	3	51,46
4	33,74	4	37,82	4	41,61	4	45,14	4	48,44	4	51,52
1,305	33,82	1,355	37,90	1,405	41,69	1,455	45,21	1,505	48,50	1,555	51,58
6	33 91	6	37,98	6	41,76	6	45,28	6	48,57	6	51,64
7	33,99	7	38,06	7	41,83	7	45,35	7	48,63	7	51,70
8	34,08	8	38,13	8	41,90	8	45,42	8	48,69	8	51,76
9	34,16	9	38,21	9	41,98	9	45,48	9	48,76	9	51,82
1,310	34,24	1,360	38,29	1,410	42,05	1,460	45,55	1,510	48,82	1,560	51,88
1	34,33	1	38,37	1	42,12	1	45,62	1	48,88	1	51,94
2	34,41	2	38,45	2	42,19	2	45,69	2	48,95	2	52,00
3	34,50	3	38,52	3	42,27	3	45,75	3	49,01	3	52,06
4	34,58	4	38,60	4	42,34	4	45,82	4	49,07	4	52,12
1,315	34,66	1,365	38,68	1,415	42,41	1,465	45,89	1,515	49,14	1,565	52,18
6	34,75	6	38,76	6	42,48	6	45,96	6	49,20	6	52,24
7	34,83	7	38,83	7	42,55	7	46,02	7	49,26	7	52,29
8	34,91	8	38,91	8	42,63	8	46,09	8	49,33	8	52,35
9	34,99	9	38,99	9	42,70	9	46,16	9	49,39	9	52,41
1,320	35,08	1,370	39,06	1,420	42,77	1,470	46,22	1,520	49,45	1,570	52,47
1	35,16	1	39,14	1	42,84	1	46,29	1	49,51	1	52,53
2	35,24	2	39,22	2	42,91	2	46,36	2	49,57	2	52,59
3	35,33	3	39,29	3	42,98	3	46,42	3	49,64	3	52,65
4	35,41	4	39,37	4	43,05	4	46,49	4	49,70	4	52,70
1,325	35,49	1,375	39,45	1,425	43,13	1,475	46,56	1,525	49,76	1,575	52,76
6	35,57	6	39,52	6	43,20	6	46,62	6	49,82	6	52,82
7	35,65	7	39,60	7	43,27	7	46,69	7	49,88	7	52,88
8	35,74	8	39,67	8	43,34	8	46,75	8	49,95	8	52,94
9	35,82	9	39,75	9	43,41	9	46,82	9	50,01	9	52,99
1,330	35,90	1,380	39,83	1,430	43,48	1,480	46,89	1,530	50,07	1,580	53,05
1	35,98	1	39,90	1	43,55	1	46,95	1	50,13	1	53,11
2	36,06	2	39,98	2	43,62	2	47,02	2	50,19	2	53,17
3	36,14	3	40,05	3	43,69	3	47,08	3	50,25	3	53,23
4	36,22	4	40,13	4	43,76	4	47,15	4	50,32	4	53,28
1,335	36,31	1,385	40,20	1,435	43,83	1,485	47,21	1,535	50,38	1,585	53,34
6	36,39	6	40,28	6	43,90	6	47,28	6	50,44	6	53,40
7	36,47	7	40,35	7	43,97	7	47,34	7	50,50	7	53,45
8	36,55	8	40,43	8	44,04	8	47,41	8	50,56	8	53,51
9	36,63	9	40,50	9	44,11	9	47,47	9	50,62	9	53,57
1,340	36,71	1,390	40,58	1,440	44,18	1,490	47,54	1,540	50,68	1,590	53,63
1	36,79	1	40,65	1	44,25	1	47,60	1	50,74	1	53,68
2	36,87	2	40,73	2	44,32	2	47,67	2	50,80	2	53,74
3	36,95	3	40,80	3	44,39	3	47,73	3	50,86	3	53,80
4	37,03	4	40,88	4	44,46	4	47,80	4	50,92	4	53,85
1,345	37,11	1,395	40,95	1,445	44,53	1,495	47,86	1,545	50,98	1,595	53,91
6	37,19	6	41,02	6	44,59	6	47,93	6	51,05	6	53,97
7	37,27	7	41,10	7	44,66	7	47,99	7	51,11	7	54,02
8	37,35	8	41,17	8	44,73	8	48,06	8	51,17	8	54,08
9	37,43	9	41,25	9	44,80	9	48,12	9	51,23	9	54,14
1,350	37,50	1,400	41,32	1,450	44,87	1,500	48,18	1,550	51,29	1,600	54,19

Tafel 29.

Ermittelung der Grade Bé für schwere Flüssigkeiten aus den Dichten s_4.

s_4	Bé	s_4	Bé	s_4	Bé	s_4	Bé	s_4	Bé
1,600	54,19	1,650	56,92	1,700	59,49	1,750	61,92	1,800	64,20
1	54,25	1	56,98	1	59,54	1	61,96	1	64,25
2	54,30	2	57,03	2	59,59	2	62,01	2	64,29
3	54,36	3	57,08	3	59,64	3	62,06	3	64,34
4	54,42	4	57,13	4	59,69	4	62,10	4	64,38
1,605	54,47	1,655	57,19	1,705	59,74	1,755	62,15	1,805	64,43
6	54,53	6	57,24	6	59,79	6	62,20	6	64,47
7	54,58	7	57,29	7	59,84	7	62,24	7	64,51
8	54,64	8	57,34	8	59,89	8	62,29	8	64,56
9	54,70	9	57,40	9	59,94	9	62,34	9	64,60
1,610	54,75	1,660	57,45	1,710	59,99	1,760	62,39	1,810	64,65
1	54,81	1	57,50	1	60,04	1	62,43	1	64,69
2	54,86	2	57,55	2	60,09	2	62,48	2	64,73
3	54,92	3	57,61	3	60,14	3	62,52	3	64,78
4	54,97	4	57,66	4	60,19	4	62,57	4	64,82
1,615	55,03	1,665	57,71	1,715	60,23	1,765	62,62	1,815	64,87
6	55,08	6	57,76	6	60,28	6	62,66	6	64,91
7	55,14	7	57,81	7	60,33	7	62,71	7	64,95
8	55,19	8	57,87	8	60,38	8	62,75	8	65,00
9	55,25	9	57,92	9	60,43	9	62,80	9	65,04
1,620	55,30	1,670	57,97	1,720	60,48	1,770	62,85	1,820	65,08
1	55,36	1	58,02	1	60,53	1	62,89	1	65,13
2	55,41	2	58,07	2	60,58	2	62,94	2	65,17
3	55,47	3	58,12	3	60,63	3	62,98	3	65,22
4	55,52	4	58,18	4	60,67	4	63,03	4	65,26
1,625	55,58	1,675	58,23	1,725	60,72	1,775	63,08	1,825	65,30
6	55,63	6	58,28	6	60,77	6	63,12	6	65,34
7	55,69	7	58,33	7	60,82	7	63,17	7	65,39
8	55,74	8	58,38	8	60,87	8	63,21	8	65,43
9	55,80	9	58,43	9	60,91	9	63,26	9	65,47
1,630	55,85	1,680	58,48	1,730	60,96	1,780	63,30	1,830	65,52
1	55,90	1	58,53	1	61,01	1	63,35	1	65,56
2	55,96	2	58,58	2	61,06	2	63,39	2	65,60
3	56,01	3	58,64	3	61,11	3	63,44	3	65,65
4	56,07	4	58,69	4	61,15	4	63,49	4	65,69
1,635	56,12	1,685	58,74	1,735	61,20	1,785	63,53	1,835	65,73
6	56,17	6	58,79	6	61,25	6	63,58	6	65,77
7	56,23	7	58,84	7	61,30	7	63,62	7	65,82
8	56,28	8	58,89	8	61,35	8	63,67	8	65,86
9	56,34	9	58,94	9	61,39	9	63,71	9	65,90
1,640	56,39	1,690	58,99	1,740	61,44	1,790	63,76	1,840	65,94
1	56,44	1	59,04	1	61,49	1	63,80	1	65,99
2	56,50	2	59,09	2	61,54	2	63,85	2	66,03
3	56,55	3	59,14	3	61,58	3	63,89	3	66,07
4	56,60	4	59,19	4	61,63	4	63,94	4	66,12
1,645	56,66	1,695	59,24	1,745	61,68	1,795	63,98	1,845	66,16
6	56,71	6	59,29	6	61,73	6	64,03	6	66,20
7	56,76	7	59,34	7	61,77	7	64,07	7	66,24
8	56,82	8	59,39	8	61,82	8	64,11	8	66,28
9	56,87	9	59,44	9	61,87	9	64,16	9	66,33
1,650	56,92	1,700	59,49	1,750	61,92	1,800	64,20	1,850	66,37

Tafel 30.

Vergleichung von Aräometern willkürlicher Skale mit einem Baumé-Aräometer rationeller Skale, dessen Formel lautet: $s = \dfrac{144,30}{144,30-n}$ und dessen Normaltemperatur 15° C. ist.

Für Dichten grösser als 1.

Wenn ein richtiges Aräometer mit rat. Baumé-skale anzeigt:	so zeigt in derselben Flüssigkeit und bei derselben Temperatur ein richtiges Aräometer nach:							Wenn ein richtiges Aräometer mit rat. Baumé-skale anzeigt:
	Baumé Formel: $s = \dfrac{146,78}{146,78-n}$ Normaltemp.: 17,5° C.	Baumé (holländ.) $s = \dfrac{144}{144-n}$ 12,5° C.	Baumé (amerikan.) $s = \dfrac{145}{145-n}$ 15° C.	Balling $s = \dfrac{200}{200-n}$ 17.5° C.	Beck $s = \dfrac{170}{170-n}$ 12,5° C.	Brix, Fischer $s = \dfrac{400}{400-n}$ 12,5° R. 15,625° C.	Stoppani $s = \dfrac{166}{166-n}$ 12,5° R. 15,625° C.	
0°	+ 0,05	— 0,04	0,00	+ 0,07	— 0,05	+ 0,03	+ 0,01	0°
2	2,09	+ 1,96	2,01	2,84	+ 2,31	5,58	2,31	2
4	4,12	3,95	4,02	5,61	4,66	11,12	4,61	4
6	6,15	5,95	6,03	8,38	7,02	16,66	6,92	6
8	8,19	7,95	8,04	11,15	9,38	22,21	9,22	8
10	10,22	9,94	10,05	13,92	11,74	27,75	11,52	10
12	12,25	11,94	12,06	16,70	14,09	33,29	13,82	12
14	14,29	13,93	14,07	19,47	16,45	38,84	16,12	14
16	16,32	15,93	16,08	22,24	18,81	44,38	18,42	16
18	18,35	17,93	18,09	25,01	21,16	49,92	20,72	18
20	20,39	19,92	20,10	27,78	23,52	55,47	23,02	20
22	22,42	21,92	22,11	30,55	25,88	61,01	25,32	22
24	24,46	23,92	24,12	33,32	28,23	66,55	27,62	24
26	26,49	25,91	26,13	36,09	30,59	72,10	29,92	26
28	28,52	27,91	28,14	38,86	32,95	77,64	32,22	28
30	30,56	29,91	30,15	41,64	35,31	83,19	34,52	30
32	32,59	31,90	32,16	44,41	37,66	88,73	36,82	32
34	34,62	33,90	34,16	47,18	40,02	94,27	39,12	34
36	36,66	35,90	36,17	49,95	42,38	99,82	41,42	36
38	38,69	37,89	38,18	52,72	44,73	105,36	43,72	38
40	40,73	39,89	40,19	55,49	47,09	110,90	46,02	40
42	42,76	41,88	42,20	58,26	49,45	116,45	48,33	42
44	44,79	43,88	44,21	61,03	51,80	121,99	50,63	44
46	46,83	45,88	46,22	63,80	54,16	127,53	52,93	46
48	48,86	47,87	48,23	66,58	56,52	133,08	55,23	48
50	50,89	49,87	50,24	69,35	58,87	138,62	57,53	50
52	52,93	51,87	52,25	72,12	61,23	144,16	59,83	52
54	54,96	53,86	54,26	74,89	63,59	149,71	62,13	54
56	56,99	55,86	56,27	77,66	65,94	155,25	64,43	56
58	59,03	57,86	58,28	80,43	68,30	160,80	66,73	58
60	61,06	59,85	60,29	83,20	70,66	166,34	69,03	60
62	63,09	61,85	62,30	85,97	73,01	171,88	71,33	62
64	65,13	63,84	64,31	88,74	75,37	177,43	73,63	64
66	67,16	65,84	66,32	91,51	77,73	182,97	75,93	66
68	69,20	67,84	68,33	94,29	80,08	188,51	78,23	68

Tafel 31.

Vergleichung von Aräometern willkürlicher Skale mit einem Baumé-Aräometer rationeller Skale, dessen Formel lautet: $s = \dfrac{144{,}30}{144{,}30 - n}$ und dessen Normaltemperatur 15° C. ist.

Für Dichten grösser als 1.

n	Baumé $s=\dfrac{146{,}78}{146{,}78-n}$ Normaltemp.: 17,5° C.	Baumé (holländ.) $s=\dfrac{144}{144-n}$ 12,5° C.	Baumé (amerikan.) $s=\dfrac{145}{145-n}$ 15° C.	Balling $s=\dfrac{200}{200-n}$ 17,5° C.	Beck $s=\dfrac{170}{170-n}$ 12,5° C.	Stoppani $s=\dfrac{166}{166-n}$ 12,5° R. 15,625° C.	Brix, Fischer $s=\dfrac{400}{400-n}$ 12,5° R. 15,625° C.	n für Brix
0	— 0,05	+ 0,04	0,00	— 0,05	+ 0,04	— 0,01	+ 0,01	0
2	+ 1,92	2,04	1,99	+ 1,39	+ 1,74	1,73	1,45	4
4	3,88	4,05	3,98	2,84	3,44	3,47	2,90	8
6	5,85	6,05	5,97	4,28	5,13	5,20	4,34	12
8	7,81	8,05	7,96	5,73	6,83	6,94	5,79	16
10	9,78	10,06	9,95	7,17	8,53	8,68	7,23	20
12	11,75	12,06	11,94	8,61	10,23	10,42	8,67	24
14	13,71	14,07	13,93	10,05	11,92	12,16	10,12	28
16	15,68	16,07	15,92	11,50	13,62	13,89	11,56	32
18	17,65	18,07	17,91	12,94	15,31	15,63	13,01	36
20	19,62	20,08	19,90	14,38	17,01	17,37	14,45	40
22	21,58	22,08	21,89	15,82	18,71	19,11	15,89	44
24	23,55	24,08	23,88	17,27	20,40	20,85	17,34	48
26	25,51	26,09	25,87	18,71	22,10	22,59	18,78	52
28	27,48	28,09	27,86	20,16	23,80	24,33	20,22	56
30	29,45	30,09	29,85	21,60	25,50	26,07	21,66	60
32	31,41	32,10	31,84	23,04	27,20	27,81	23,10	64
34	33,38	34,10	33,84	24,49	28,89	29,55	24,55	68
36	35,34	36,10	35,83	25,93	30,59	31,28	25,99	72
38	37,31	38,11	37,82	27,38	32,28	33,02	27,44	76
40	39,28	40,11	39,81	28,82	33,98	34,76	28,88	80
42	41,25	42,11	41,80	30,26	35,68	36,50	30,32	84
44	43,21	44,12	43,79	31,71	37,38	38,24	31,76	88
46	45,18	46,12	45,78	33,15	39,07	39,97	33,21	92
48	47,15	48,12	47,77	34,60	40,77	41,71	34,65	96
50	49,12	50,13	49,76	36,04	42,47	43,45	36,09	100
52	51,09	52,13	51,75	37,48	44,17	45,19	37,53	104
54	53,05	54,14	53,74	38,93	45,87	46,93	38,98	108
56	55,02	56,14	55,73	40,37	47,56	48,67	40,42	112
58	56,99	58,14	57,72	41,82	49,26	50,41	41,87	116
60	58,96	60,15	59,71	43,26	50,96	52,15	43,31	120
62	60,92	62,15	61,70	44,70	52,66	53,89	44,75	124
64	62,89	64,16	63,69	46,14	54,35	55,63	46,19	128
66	64,85	66,16	65,68	47,59	56,05	57,36	47,64	132
68	66,82	68,16	67,67	49,03	57,74	59,10	49,08	136
70	68,79	70,17	69,66	50,47	59,44	60,84	50,52	140
72	70,75		71,65	51,91	61,14	62,58	51,97	144
74				53,36	62,84	64,32	53,41	148
76				54,80	64,53	66,06	54,85	152
78				56,25	66,23	67,80	56,29	156
80				57,69	67,93	69,54	57,74	160
82				59,13	69,63	71,28	59,18	164
84				60,58	71,32		60,62	168
86				62,02			62,07	172
88				63,47			63,51	176
90				64,91			64,95	180
92				66,35			66,39	184
94				67,80			67,84	188
96				69,24			69,28	192

Tafel 34.

Vergleichung eines Aräometers nach Twaddle (Normaltemp. 60° F. = 15$\frac{5}{9}$° C.) mit einem Dichte-Aräometer (Normaltemp. 15° C.) und einem Aräometer mit rat. Bauméskale.

Twaddle Grade	Dichte	Bé Grade	Twaddle Grade	Dichte	Bé Grade	Twaddle Grade	Dichte	Bé Grade	Twaddle Grade	Dichte	Bé Grade
0	0,99 906	—0,01	45	1,22 384	26,50	90	1,44 863	44,78	135	1,67 342	58,15
1	1,00 405	+0,71	46	22 884	26,97	91	45 362	45,12	136	67 841	58,40
2	00 905	1,42	47	23 383	27,45	92	45 862	45,46	137	68 341	58,66
3	01 404	2,12	48	23 883	27,92	93	46 361	45,79	138	68 840	58,91
4	01 904	2,82	49	24 382	28,39	94	46 861	46,13	139	69 340	59,16
5	1,02 403	3,51	50	1,24 882	28,85	95	1,47 360	46,46	140	1,69 839	59,41
6	02 903	4,19	51	25 381	29,31	96	47 860	46,79	141	70 339	59,66
7	03 402	4,87	52	25 881	29,77	97	48 359	47,12	142	70 838	59,91
8	03 902	5,54	53	26 381	30,22	98	48 859	47,44	143	71 338	60,16
9	04 401	6,20	54	26 880	30,67	99	49 358	47,77	144	71 838	60,40
10	1,04 901	6,86	55	1,27 380	31,12	100	1,49 858	48,09	145	1,72 337	60,64
11	05 400	7,51	56	27 879	31,56	101	50 358	48,41	146	72 837	60,88
12	05 900	8,16	57	28 379	32,00	102	50 857	48,73	147	73 336	61,12
13	06 399	8,80	58	28 878	32,43	103	51 357	49,04	148	73 836	61,36
14	06 899	9,43	59	29 378	32,86	104	51 856	49,36	149	74 335	61,60
15	1,07 398	10,06	60	1,29 877	33,29	105	1,52 356	49,67	150	1,74 835	61,84
16	07 898	10,68	61	30 377	33,72	106	52 855	49,98	151	75 334	62,07
17	08 398	11,30	62	30 876	34,14	107	53 355	50,29	152	75 834	62,31
18	08 897	11,91	63	31 376	34,56	108	53 855	50,59	153	76 333	62,54
19	09 397	12,51	64	31 875	34,97	109	54 354	50,90	154	76 833	62,77
20	1,09 896	13,11	65	1,32 375	35,39	110	1,54 854	51,20	155	1,77 332	63,00
21	10 396	13,70	66	32 874	35,80	111	55 353	51,50	156	77 832	63,23
22	10 895	14,29	67	33 374	36,20	112	55 853	51,79	157	78 331	63,45
23	11 395	14,87	68	33 873	36,61	113	56 352	52,09	158	78 831	63,68
24	11 894	15,45	69	34 373	37,01	114	56 852	52,38	159	79 330	63,90
25	1,12 394	16,02	70	1,34 872	37,40	115	1,57 351	52,68	160	1,79 830	64,13
26	12 893	16,59	71	35 372	37,80	116	57 851	52,96	161	80 329	64,35
27	13 393	17,15	72	35 871	38,19	117	58 350	53,25	162	80 829	64,57
28	13 892	17,71	73	36 371	38,58	118	58 850	53,54	163	81 329	64,79
29	14 392	18,26	74	36 871	38,96	119	59 349	53,82	164	81 828	65,01
30	1,14 891	18,81	75	1,37 370	39,35	120	1,59 849	54,11	165	1,82 328	65,23
31	15 391	19,36	76	37 870	39,73	121	60 348	54,39	166	82 827	65,44
32	15 890	19,89	77	38 369	40,10	122	60 848	54,67	167	83 327	65,66
33	16 390	20,43	78	38 869	40,48	123	61 347	54,94	168	83 826	65,87
34	16 889	20,96	79	39 368	40,85	124	61 847	55,22	169	84 326	66,08
35	1,17 389	21,48	80	1,39 868	41,22	125	1,62 346	55,49	170	1,84 825	66,29
36	17 889	22,00	81	40 367	41,59	126	62 846	55,77	171	85 325	66,50
37	18 388	22,52	82	40 867	41,95	127	63 345	56,04	172	85 824	66,70
38	18 888	23,03	83	41 366	42,31	128	63 845	56,31	173	86 324	66,91
39	19 387	23,54	84	41 866	42,67	129	64 345	56,57	174	86 823	67,12
40	1,19 887	24,04	85	1,42 365	43,03	130	1,64 844	56,84	175	1,87 323	67,33
41	20 386	24,54	86	42 865	43,38	131	65 344	57,10	176	87 822	67,53
42	20 886	25,04	87	43 364	43,73	132	65 843	57,37	177	88 322	67,74
43	21 385	25,53	88	43 864	44,08	133	66 343	57,63	178	88 821	67,95
44	21 885	26,02	89	44 363	44,43	134	66 842	57,89	179	89 321	68,15
45	1,22 384	26,50	90	1,44 863	44,78	135	1,67 342	58,15	180	1,89 820	68,35

Tafel 35.

Kapillaritäts-Konstanten α verschiedener leichter Flüssigkeiten bei Zimmertemperatur.

Dichte $s_{\frac{15}{4}}$	Amerikanisches Mineral-Öl α	Russisches Mineral-Öl α	Deutsches Mineral-Öl α	Vaselin-Öl α	Braunkohlenteer-Destill. α	Steinkohlenteer-Destill. α	Äther-Alkohol-Mischung α	Ammoniak α	Sulfosprit α	Dichte $s_{\frac{15}{4}}$
0,62	2,53									0,62
63	2,58									63
0,64	2,62									0,64
0,65	2,67	2,68	2,71							0,65
66	2,72	2,72	2,75							66
67	2,77	2,76	2,80							67
68	2,81	2,79	2,84							68
0,69	2,86	2,83	2,88							0,69
0,70	2,91	2,87	2,93							0,70
71	2,95	2,91	2,98							71
72	3,00	2,95	3,02				2,46			72
73	3,04	2,99	3,07				2,50			73
0,74	3,09	3,03	3,11				2,54			0,74
0,75	3,13	3,06	3,15				2,59			0,75
76	3,17	3,10	3,20				2,64			76
77	3,21	3,14	3,24				2,70			77
78	3,24	3,17	3,29				2,76			78
0,79	3,28	3,20	3,34		3,28		2,84			0,79
0,80	3,31	3,24	3,38		3,32		2,95			0,80
81	3,35	3,27	3,42		3,35					81
82	3,38	3,31	3,46		3,39					82
83	3,41	3,34	3,49		3,42					83
0,84	3,44	3,38	3,52		3,46					0,84
0,85	3,47	3,41	3,55		3,49	3,41			3,05	0,85
86	3,49	3,44	3,57	3,55	3,51	3,43			3,03	86
87	3,51	3,48	3,58	3,59	3,52	3,44			3,01	87
88	3,53	3,51	3,59	3,62	3,53	3,46			2,99	88
0,89	3,55	3,54	3,60	3,64	3,54	3,48			2,97	0,89
0,90	3,56	3,58	3,59	3,66	3,54	3,50			2,95	0,90
91	3,56	3,61	3,58	3,67	3,54	3,52		6,47	2,94	91
92	3,55	3,64	3,57		3,53	3,54		6,51	2,93	92
93	3,53		3,55			3,56		6,56	2,92	93
0,94	3,51		3,52			3,58		6,62	2,91	0,94
0,95	3,48					3,60		6,68	2,91	0,95
96	3,44					3,62		6,75	2,90	96
97	3,39					3,64		6,83	2,90	97
98	3,34					3,66		6,93	2,90	98
0,99	3,28					3,67		7,11	2,91	0,99
1,00	3,20					3,69		7,45	2,91	1,00

Tafel 36.

Kapillaritäts-Konstanten α einiger schwerer Flüssigkeiten bei Zimmertemperatur.

Dichte $s_{15/4}$	Sulfosprit α	Schwefelsäure α	Salzsäure α	Salpetersäure α	Kochsalzlösung α	Glyzerin-Wasser-Mischung α	Natronlauge α	Urin α	Seewasser α	Grade Bé 15° C
1,00	2,92	7,42	7,53	7,53	7,53	7,45	7,42	7,37	7,53	0,1
01	2,93	7,35	7,45	7,45	7,51	7,33	7,38	6,80	7,51	1,6
02	2,93	7,28	7,36	7,37	7,49	7,21	7,34	6,27	7,49	3,0
03	2,94	7,21	7,27	7,29	7,47	7,09	7,30	5,77	7,47	4,3
1,04	2,95	7,15	7,18	7,21	7,45	6,97	7,26	5,28		5,7
1,05	2,96	7,09	7,09	7,12	7,43	6,85	7,23			7,0
06	2,97	7,03	7,01	7,04	7,41	6,74	7,19			8,3
07	2,99	6,97	6,92	6,96	7,39	6,62	7,15			9,6
08	3,00	6,92	6,83	6,87	7,37	6,50	7,13			10,8
1,09	3,02	6,87	6,74	6,79	7,35	6,38	7,11			12,0
1,10	3,04	6,82	6,66	6,71	7,33	6,26	7,09			13,2
11	3,06	6,77	6,57	6,63	7,31	6,15	7,08			14,4
12	3,08	6,72	6,48	6,55	7,29	6,04	7,08			15,6
13	3,10	6,67	6,40	6,46	7,27	5,92	7,07			16,7
1,14	3,13	6,62	6,31	6,38	7,25	5,81	7,07			17,8
1,15	3,15	6,57	6,22	6,30	7,23	5,70	7,07			18,9
16	3,17	6,53	6,13	6,22	7,21	5,59	7,08			20,0
17	3,19	6,49	6,04	6,13	7,20	5,49	7,09			21,1
18	3,21	6,44	5,95	6,05	7,19	5,40	7,10			22,1
1,19	3,23	6,40		5,97	7,18	5,33	7,11			23,1
1,20	3,25	6,36		5,89	7,17	5,31	7,12			24,2
21	3,27	6,31		5,81	7,17	5,31	7,13			25,1
22	3,28	6,27		5,72		5,33	7,15			26,1
23	3,29	6,23		5,64		5,36	7,16			27,1
1,24	3,30	6,19		5,56			7,18			
										28,0
1,25	3,31	6,15		5,48			7,19			29,0
26	3,32	6,11		5,40			7,21			29,9
27	3,32	6,07		5,32			7,22			30,8
28	3,33	6,03		5,23			7,23			31,7
1,29	3,33	5,99		5,15			7,24			
										32,5
1,30	3,33	5,95		5,07			7,25			33,4
31	3,34	5,91		4,99			7,26			34,2
32	3,33	5,87		4,90			7,27			35,1
33	3,33	5,83		4,82			7,28			35,9
1,34	3,33	5,79		4,74			7,29			
										36,7
1,35	3,32	5,75		4,66			7,30			37,5
36	3,32	5,71		4,58			7,31			38,3
37	3,31	5,67		4,49			7,32			39,1
38	3,30	5,63		4,40			7,33			39,8
1,39	3,29	5,59		4,31			7,34			40,6
1,40	3,28	5,55		4,22			7,36			41,3

Dichte $s_{15/4}$	Sulfosprit α	Schwefelsäure α	Grade Bé 15° C
1,40	3,28	5,55	41,3
41	3,27	5,51	42,0
42	3,26	5,47	42,8
43	3,24	5,44	43,5
1,44	3,23	5,40	44,2
1,45	3,22	5,36	44,9
46	3,21	5,32	45,6
47	3,20	5,28	46,2
48	3,18	5,25	46,9
1,49	3,17	5,21	47,5
1,50	3,15	5,17	48,2
51	3,14	5,13	48,8
52	3,12	5,09	49,4
53	3,11	5,05	50,1
1,54	3,10	5,01	50,7
1,55	3,08	4,97	51,3
56	3,07	4,93	51,9
57	3,06	4,89	52,5
58	3,05	4,85	53,1
1,59	3,04	4,80	53,6
1,60	3,03	4,76	54,2
61	3,02	4,72	54,8
62	3,01	4,68	55,3
63	3,00	4,63	55,9
1,64	2,99	4,59	56,4
1,65	2,99	4,55	56,9
66	2,98	4,50	57,4
67	2,98	4,46	58,0
68	2,97	4,42	58,5
1,69	2,97	4,37	59,0
1,70	2,97	4,33	59,5
71	2,97	4,28	60,0
72	2,97	4,23	60,5
73	2,97	4,17	61,0
1,74	2,98	4,12	61,4
1,75	2,98	4,07	61,9
76	2,99	4,01	62,4
77	3,00	3,95	62,8
78	3,01	3,88	63,3
1,79	3,02	3,80	63,8
1,80	3,04	3,71	64,2
81	3,05	3,61	64,6
82	3,07	3,50	65,1
83	3,08	3,36	65,5
1,84	3,10	3,20	65,9

Tafel 37.

Kapillaritäts-Konstanten 4α von Spiritus, amerikanischem Petroleum, Sulfosprit und Zuckerlösung für Zimmertemperatur.

Gew. % Alkohol	Spiritus 4α	Amerik. Mineralöl 4α	Sulfosprit 4α	Gew. % Alkohol	Spiritus 4α	Amerik. Mineralöl 4α	Sulfosprit 4α	Gew. % Zucker	Zuckerlösung 4α	Sulfosprit 4α	Gew. % Zucker	Zuckerlösung 4α	Sulfosprit 4α
0	29,71	12,83	11,68	50	12,91	14,20	11,73	0	29,71	11,68	50	25,06	13,16
1	28,47	12,89	11,68	51	12,87	14,21	11,74	1	29,60	11,68	51	24,98	13,18
2	27,35	12,95	11,67	52	12,84	14,21	11,75	2	29,50	11,69	52	24,90	13,20
3	26,33	13,00	11,67	53	12,80	14,22	11,76	3	29,39	11,70	53	24,82	13,22
4	25,40	13,05	11,66	54	12,77	14,22	11,77	4	29,28	11,70	54	24,74	13,24
5	24,54	13,09	11,66	55	12,74	14,22	11,78	5	29,18	11,71	55	24,65	13,25
6	23,76	13,13	11,66	56	12,71	14,22	11,79	6	29,07	11,72	56	24,57	13,27
7	23,04	13,17	11,66	57	12,68	14,21	11,80	7	28,97	11,74	57	24,49	13,29
8	22,37	13,20	11,65	58	12,66	14,21	11,81	8	28,87	11,76	58	24,41	13,30
9	21,76	13,24	11,65	59	12,63	14,20	11,82	9	28,77	11,78	59	24,33	13,31
10	21,19	13,27	11,65	60	12,61	14,20	11,83	10	28,68	11,80	60	24,25	13,32
11	20,65	13,31	11,65	61	12,59	14,19	11,84	11	28,58	11,82	61	24,16	13,33
12	20,15	13,34	11,65	62	12,57	14,18	11,85	12	28,48	11,84	62	24,08	13,34
13	19,67	13,37	11,65	63	12,55	14,17	11,87	13	28,38	11,86	63	24,00	13,34
14	19,22	13,40	11,65	64	12,53	14,16	11,88	14	28,28	11,88	64	23,92	13,34
15	18,79	13,43	11,65	65	12,51	14,14	11,90	15	28,18	11,90	65	23,84	13,34
16	18,39	13,46	11,65	66	12,48	14,13	11,91	16	28,08	11,93	66	23,76	13,34
17	18,01	13,48	11,65	67	12,46	14,11	11,93	17	27,99	11,96	67	23,68	13,33
18	17,66	13,51	11,64	68	12,44	14,09	11,95	18	27,89	11,99	68	23,60	13,32
19	17,33	13,53	11,64	69	12,42	14,07	11,96	19	27,79	12,02	69	23,52	13,31
20	17,02	13,56	11,64	70	12,40	14,05	11,98	20	27,70	12,05	70	23,44	13,30
21	16,73	13,58	11,64	71	12,37	14,03	12,00	21	27,61	12,08	71	23,36	13,28
22	16,46	13,61	11,64	72	12,35	14,01	12,02	22	27,52	12,12	72	23,28	13,26
23	16,21	13,63	11,64	73	12,33	13,99	12,04	23	27,42	12,16	73	23,20	13,24
24	15,96	13,66	11,64	74	12,31	13,97	12,06	24	27,33	12,19	74	23,12	13,22
25	15,73	13,68	11,64	75	12,30	13,95	12,08	25	27,24	12,22	75	23,04	13,19
26	15,51	13,71	11,64	76	12,28	13,93	12,11	26	27,14	12,26	76	22,96	13,16
27	15,31	13,73	11,64	77	12,26	13,91	12,14	27	27,05	12,30	77	22,89	13,13
28	15,12	13,76	11,64	78	12,25	13,89	12,17	28	26,96	12,34	78	22,81	13,10
29	14,94	13,78	11,64	79	12,23	13,87	12,19	29	26,87	12,38	79	22,74	13,07
30	14,77	13,81	11,64	80	12,21	13,84	12,21	30	26,78	12,42	80	22,66	13,04
31	14,61	13,83	11,64	81	12,19	13,82		31	26,69	12,46	81	22,59	13,01
32	14,45	13,86	11,64	82	12,16	13,79		32	26,60	12,50	82	22,51	12,98
33	14,31	13,88	11,64	83	12,14	13,76		33	26,51	12,54	83	22,44	12,94
34	14,17	13,91	11,64	84	12,11	13,73		34	26,42	12,59	84	22,36	12,90
35	14,04	13,94	11,64	85	12,08	13,70		35	26,34	12,63	85	22,28	12,86
36	13,92	13,96	11,64	86	12,05	13,67		36	26,25	12,68	86	22,21	12,83
37	13,81	13,99	11,64	87	12,02	13,64		37	26,16	12,73	87	22,13	12,80
38	13,71	14,01	11,65	88	11,99	13,61		38	26,08	12,78	88	22,06	12,76
39	13,61	14,03	11,65	89	11,95	13,58		39	25,99	12,82	89	21,99	12,72
40	13,52	14,05	11,65	90	11,92	13,55		40	25,90	12,86	90	21,92	12,68
41	13,44	14,07	11,66	91	11,88	13,52		41	25,82	12,90	91		12,64
42	13,36	14,09	11,66	92	11,85	13,48		42	25,73	12,94	92		12,61
43	13,29	14,11	11,67	93	11,82	13,44		43	25,65	12,97	93		12,57
44	13,22	14,13	11,67	94	11,78	13,40		44	25,56	13,00	94		12,54
45	13,16	14,15	11,68	95	11,74	13,36		45	25,48	13,03	95		12,50
46	13,10	14,17	11,69	96	11,70	13,32		46	25,39	13,06	96		12,46
47	13,04	14,18	11,70	97	11,67	13,28		47	25,31	13,09	97		12,42
48	12,99	14,19	11,71	98	11,63	13,24		48	25,23	13,12	98		12,38
49	12,95	14,20	11,72	99	11,59	13,20		49	25,15	13,14	99		12,33
50	12,91	14,20	11,73	100	11,56	13,15		50	25,06	13,16	100		12,28

Tafel 38.

Kapillaritäts-Konstanten 4α von Säuren und von Sulfosprit bei Zimmertemperatur.

Gew. % Schwefelsäure	Schwefelsäure 4α	Sulfosprit $4\alpha_0$	Differenz $4(\alpha-\alpha_0)$	Gew. % Schwefelsäure	Schwefelsäure 4α	Sulfosprit $4\alpha_0$	Differenz $4(\alpha-\alpha_0)$	Gew. % Essigsäure	Essigsäure 4α	Sulfosprit $4\alpha_0$	Differenz $4(\alpha-\alpha_0)$
0	29,71	11,68	18,03	50	22,22	13,12	9,10	0	30,12	11,68	18,44
1	29,50	11,69	17,81	51	22,07	13,09	8,98	1	27,04	11,68	15,36
2	29,30	11,71	17,59	52	21,92	13,04	8,88	2	26,08	11,68	14,40
3	29,11	11,73	17,38	53	21,77	12,99	8,78	3	25,42	11,69	13,73
4	28,94	11,75	17,19	54	21,62	12,94	8,68	4	24,84	11,69	13,15
5	28,76	11,77	16,99	55	21,45	12,88	8,57	5	24,29	11,69	12,60
6	28,59	11,80	16,79	56	21,29	12,83	8,46	6	23,76	11,70	12,06
7	28,42	11,83	16,59	57	21,13	12,78	8,35	7	23,27	11,70	11,57
8	28,26	11,86	16,40	58	20,97	12,71	8,26	8	22,80	11,70	11,10
9	28,10	11,89	16,21	59	20,79	12,65	8,14	9	22,37	11,71	10,66
10	27,94	11,94	16,00	60	20,63	12,59	8,04	10	21,96	11,71	10,25
11	27,79	11,98	15,81	61	20,46	12,53	7,93	11	21,57	11,72	9,85
12	27,63	12,03	15,60	62	20,28	12,46	7,82	12	21,20	11,72	9,48
13	27,48	12,08	15,40	63	20,12	12,40	7,72	13	20,85	11,73	9,12
14	27,32	12,14	15,18	64	19,94	12,34	7,60	14	20,52	11,73	8,79
15	27,17	12,20	14,97	65	19,75	12,28	7,47	15	20,21	11,73	8,48
16	27,02	12,26	14,76	66	19,56	12,23	7,33	16	19,92	11,74	8,18
17	26,87	12,33	14,54	67	19,37	12,18	7,19	17	19,63	11,74	7,89
18	26,73	12,39	14,34	68	19,18	12,13	7,05	18	19,35	11,75	7,60
19	26,58	12,46	14,12	69	18,98	12,09	6,89	19	19,09	11,75	7,34
20	26,44	12,53	13,91	70	18,78	12,05	6,73	20	18,84	11,75	7,09
21	26,30	12,60	13,70	71	18,58	12,02	6,56	21	18,61	11,76	6,85
22	26,16	12,67	13,49	72	18,38	11,98	6,40	22	18,40	11,76	6,64
23	26,02	12,74	13,28	73	18,18	11,96	6,22	23	18,21	11,77	6,44
24	25,88	12,80	13,08	74	17,97	11,94	6,03	24	18,03	11,77	6,26
25	25,74	12,86	12,88	75	17,77	11,91	5,86	25	17,86	11,78	6,08
26	25,60	12,93	12,67	76	17,57	11,89	5,68	26	17,70	11,78	5,92
27	25,46	12,98	12,48	77	17,35	11,88	5,47	27	17,54	11,79	5,75
28	25,32	13,03	12,29	78	17,12	11,88	5,24	28	17,39	11,79	5,60
29	25,19	13,08	12,11	79	16,88	11,89	4,99	29	17,25	11,80	5,45
30	25,05	13,12	11,93	80	16,64	11,90	4,74	30	17,12	11,80	5,32
31	24,92	13,16	11,76	81	16,40	11,93	4,47	31	17,00	11,81	5,19
32	24,78	13,19	11,59	82	16,16	11,95	4,21	32	16,88	11,81	5,07
33	24,65	13,23	11,42	83	15,91	11,99	3,92	33	16,77	11,82	4,95
34	24,52	13,26	11,26	84	15,64	12,02	3,62	34	16,68	11,82	4,86
35	24,38	13,28	11,10	85	15,37	12,06	3,31	35	16,59	11,83	4,76
36	24,25	13,30	10,95	86	15,08	12,11	2,97	36	16,49	11,83	4,66
37	24,13	13,32	10,81	87	14,80	12,16	2,64	37	16,40	11,84	4,56
38	23,98	13,33	10,65	88	14,51	12,20	2,31	38	16,30	11,84	4,46
39	23,84	13,34	10,50	89	14,21	12,24	1,97	39	16,20	11,85	4,35
40	23,70	13,34	10,36	90	13,90	12,28	1,62	40	16,10	11,85	4,25
41	23,56	13,34	10,22					41	16,00	11,86	4,14
42	23,41	13,34	10,07					42	15,90	11,86	4,04
43	23,27	13,33	9,94					43	15,80	11,87	3,93
44	23,12	13,32	9,80					44	15,70	11,87	3,83
45	22,98	13,30	9,68					45	15,60	11,88	3,72
46	22,83	13,27	9,56					46	15,51	11,88	3,63
47	22,68	13,24	9,44					47	15,43	11,89	3,54
48	22,52	13,20	9,32					48	15,36	11,89	3,47
49	22,37	13,16	9,21					49	15,28	11,90	3,38
50	22,22	13,12	9,10					50	15,20	11,90	3,30

Tafel 39.

Kapillaritäts-Konstanten 4α von Säuren und von Sulfosprit bei Zimmertemperatur.

Gew. % Salpetersäure	Salpetersäure 4α	Sulfosprit $4\alpha_0$	Differenz $4(\alpha-\alpha_0)$	Gew. % Salpetersäure	Salpetersäure 4α	Sulfosprit $4\alpha_0$	Differenz $4(\alpha-\alpha_0)$	Gew. % Salzsäure	Salzsäure 4α	Sulfosprit $4\alpha_0$	Differenz $4(\alpha-\alpha_0)$
0	30,12	11,68	18,44	50	19,76	13,34	6,42	0	30,12	11,68	18,44
1	29,96	11,69	18,27	51	19,56	13,34	6,22	1	29,95	11,69	18,26
2	29,79	11,70	18,09	52	19,36	13,33	6,03	2	29,78	11,70	18,08
3	29,63	11,72	17,91	53	19,17	13,33	5,84	3	29,61	11,71	17,90
4	29,46	11,74	17,72	54	18,97	13,32	5,65	4	29,45	11,73	17,72
5	29,26	11,75	17,51	55	18,78	13,31	5,47	5	29,28	11,74	17,54
6	29,07	11,77	17,30	56	18,59	13,30	5,29	6	29,11	11,76	17,35
7	28,88	11,79	17,09	57	18,41	13,29	5,12	7	28,93	11,78	17,15
8	28,69	11,82	16,87	58	18,22	13,27	4,95	8	28,76	11,80	16,96
9	28,48	11,84	16,64	59	18,03	13,25	4,78	9	28,58	11,82	16,76
10	28,28	11,87	16,41	60	17,84	13,23	4,61	10	28,40	11,84	16,56
11	28,08	11,90	16,18	61	17,65	13,21	4,44	11	28,22	11,86	16,36
12	27,88	11,94	15,94	62	17,46	13,19	4,27	12	28,04	11,88	16,16
13	27,68	11,98	15,70	63	17,28	13,17	4,11	13	27,88	11,91	15,97
14	27,48	12,02	15,46	64	17,10	13,15	3,95	14	27,71	11,94	15,77
15	27,28	12,06	15,22	65	16,92	13,13	3,79	15	27,54	11,97	15,57
16	27,08	12,11	14,97	66	16,74	13,11	3,63	16	27,36	12,00	15,36
17	26,88	12,16	14,72	67	16,56	13,09	3,47	17	27,18	12,04	15,14
18	26,67	12,21	14,46	68	16,39	13,07	3,32	18	27,00	12,08	14,92
19	26,47	12,26	14,21	69	16,22	13,05	3,17	19	26,82	12,12	14,70
20	26,26	12,31	13,95	70	16,05	13,03	3,02	20	26,64	12,16	14,48
21	26,05	12,37	13,68	71	15,88	13,01	2,87	21	26,45	12,20	14,25
22	25,84	12,43	13,41	72	15,71	12,99	2,72	22	26,27	12,24	14,03
23	25,62	12,49	13,13	73	15,54	12,97	2,57	23	26,09	12,29	13,80
24	25,40	12,55	12,85	74	15,37	12,95	2,42	24	25,91	12,34	13,57
25	25,18	12,61	12,57	75	15,20	12,92	2,28	25	25,72	12,38	13,34
26	24,96	12,67	12,29	76	15,04	12,91	2,13	26	25,54	12,43	13,11
27	24,74	12,73	12,01	77	14,86	12,89	1,97	27	25,36	12,48	12,88
28	24,51	12,78	11,73	78	14,68	12,87	1,81	28	25,17	12,53	12,64
29	24,28	12,83	11,45	79	14,50	12,85	1,65	29	24,98	12,57	12,41
30	24,06	12,88	11,18	80	14,32	12,84	1,48	30	24,80	12,62	12,18
31	23,84	12,93	10,91	81	14,15	12,82	1,33	31	24,62	12,67	11,95
32	23,62	12,98	10,64	82	13,98	12,81	1,17	32	24,43	12,71	11,72
33	23,40	13,02	10,38	83	13,81	12,79	1,02	33	24,25	12,75	11,50
34	23,18	13,06	10,12	84	13,65	12,77	0,88	34	24,07	12,79	11,28
35	22,96	13,10	9,86	85	13,49	12,75	0,74	35	23,89	12,83	11,06
36	22,74	13,13	9,61	86	13,32	12,73	0,59	36	23,71	12,88	10,83
37	22,52	13,16	9,36	87	13,14	12,71	0,43	37	23,52	12,92	10,60
38	22,31	13,19	9,12	88	12,96	12,69	0,27	38	23,34	12,96	10,38
39	22,10	13,22	8,88	89	12,81	12,68	0,13	39	23,15	13,00	10,15
40	21,88	13,24	8,64	90	12,68	12,66	+0,02	40	22,96	13,03	9,93
41	21,66	13,26	8,40	91	12,53	12,64	−0,11				
42	21,45	13,28	8,17	92	12,36	12,62	−0,26				
43	21,24	13,30	7,94	93	12,18	12,61	−0,43				
44	21,02	13,31	7,71	94	12,04	12,60	−0,56				
45	20,80	13,32	7,48	95	11,93	12,59	−0,66				
46	20,58	13,32	7,26	96	11,85	12,58	−0,73				
47	20,37	13,33	7,04	97	11,72	12,57	−0,85				
48	20,16	13,33	6,83	98	11,44	12,55	−1,11				
49	19,96	13,34	6,62	99	11,00	12,51	−1,51				
50	19,76	13,34	6,42	100	10,39	12,47	−2,08				

Tafel 40.

Reduktion aräometrischer Dichte-Ablesungen in Sulfosprit auf andere Flüssigkeiten.

Bezeichnet D die Stengeldicke des Aräometers in Millimeter,
G das Gewicht des Aräometers in Gramm,
F_0 seinen Fehler in Sulfosprit ⎫ in Einheiten der
F seinen Fehler in einer anderen Flüssigkeit ⎰ 4. Dez. der Dichte,

so gilt die Formel: $\qquad F = F_0 + \dfrac{D}{G} \cdot A.$

Dichte $s_{\frac{15}{4}}$	Reduktion von Sulfosprit auf:						Dichte $s_{\frac{15}{4}}$
	Schwefel-säure A	Salz-säure A	Salpeter-säure A	Kochsalz-lösung A	Glyzerin-wasser A	Natron-lauge A	
1,00	+ 141	+ 145	+ 145	+ 145	+ 142	+ 141	1,00
01	142	145	145	147	141	143	01
02	142	144	145	149	140	144	02
03	142	144	145	151	138	145	03
1,04	+ 143	+ 143	+ 144	+ 153	+ 137	+ 146	1,04
1,05	+ 143	+ 143	+ 144	+ 154	+ 135	+ 148	1,05
06	143	142	143	156	133	149	06
07	143	141	143	158	131	150	07
08	144	140	142	160	128	151	08
1,09	+ 144	+ 139	+ 141	+ 161	+ 125	+ 153	1,09
1,10	+ 144	+ 137	+ 140	+ 163	+ 122	+ 154	1,10
11	143	136	138	164	119	156	11
12	143	134	136	165	116	157	12
13	143	132	135	167	113	159	13
1,14	+ 143	+ 129	+ 133	+ 168	+ 110	+ 161	1,14
1,15	+ 142	+ 127	+ 131	+ 169	+ 106	+ 163	1,15
16	142	125	129	171	102	165	16
17	142	122	126	172	99	168	17
18	141	120	124	173	96	170	18
1,19	+ 141		+ 122	+ 175	+ 94	+ 172	1,19
1,20	+ 141		+ 119	+ 177	+ 93	+ 175	1,20
21	140		117	179	94	178	21
22	140		115		96	181	22
23	140		112		98	184	23
1,24	+ 140		+ 110			+ 187	1,24
1,25	+ 139		+ 107			+ 191	1,25
26	139		104			194	26
27	139		101			197	27
28	139		98			201	28
1,29	+ 139		+ 95			+ 204	1,29
1,30	+ 139		+ 92			+ 208	1,30
31	139		89			212	31
32	139		86			215	32
33	139		83			219	33
1,34	+ 139		+ 80			+ 223	1,34
1,35	+ 139		+ 77			+ 227	1,35
36	139		74			232	36
37	139		70			236	37
38	139		66			241	38
1,39	+ 140		+ 62			+ 246	1,39
1,40	+ 140		+ 58			+ 251	1,40

Beispiel: Ein Aräometer nach Dichte für Natronlauge, dessen Stengeldicke 5,4 mm und dessen Gewicht 51,5 g beträgt, habe am Punkte 1,154 in Sulfosprit den Fehler — 0,0025; wie gross ist der Fehler in Natronlauge? Hier ist D = 5,4, G = 51,5, $F_0 = -25$, A = +164 (nach der Tafel), daher wird: $F = -25 + \dfrac{5,4}{51,5} \cdot 164 = -25 + 17 = -8$, der Fehler in Natronlauge ist also — 0,0008.

Tafel 41.

Reduktion aräometrischer Baumé-Ablesungen in Sulfosprit auf andere Flüssigkeiten.

Bezeichnet

D die Stengeldicke des Aräometers in Millimeter
G das Gewicht des Aräometers in Gramm
F_0 seinen Fehler in Sulfosprit
F seinen Fehler in einer andern Flüssigkeit $\Big\}$ in 0,01° Bé

so gilt die Formel:

$$F = F_0 + \frac{D}{G} \cdot B.$$

Grade Bé	Reduktion von Sulfosprit auf:						Grade Bé	Grade Bé	Reduktion auf Schwefelsäure
	Schwefelsäure B	Salzsäure B	Salpetersäure B	Kochsalzlösung B	Glyzerinwasser B	Natronlauge B			B
0	+ 204	+ 209	+ 209	+ 209	+ 206	+ 204	0	40	+ 105
1	202	206	206	208	202	202	1	41	104
2	199	203	204	207	198	201	2	42	102
3	197	200	201	206	194	200	3	43	100
4	+ 194	+ 197	+ 198	+ 206	+ 189	+ 198	4	44	+ 98
5	+ 191	+ 193	+ 194	+ 205	+ 185	+ 196	5	45	+ 97
6	189	190	191	204	181	195	6	46	95
7	187	187	188	203	176	193	7	47	93
8	185	183	185	202	172	192	8	48	92
9	+ 182	+ 180	+ 181	+ 200	+ 168	+ 190	9	49	+ 90
10	+ 180	+ 176	+ 178	+ 199	+ 163	+ 188	10	50	+ 88
11	177	172	174	198	158	187	11	51	86
12	174	168	171	196	152	185	12	52	84
13	171	164	167	195	147	183	13	53	82
14	+ 169	+ 160	+ 163	+ 194	+ 142	+ 182	14	54	+ 79
15	+ 166	+ 156	+ 159	+ 192	+ 137	+ 181	15	55	+ 76
16	163	152	155	190	132	181	16	56	73
17	160	147	151	188	126	180	17	57	70
18	158	142	146	187	121	179	18	58	67
19	+ 155	+ 138	+ 142	+ 185	+ 115	+ 178	19	59	+ 63
20	+ 152	+ 134	+ 138	+ 183	+ 110	+ 177	20	60	+ 59
21	149	129	133		105	176	21	61	54
22	147	124	129		100	176	22	62	48
23	144	119	125		96	176	23	63	42
24	+ 141		+ 121		+ 94	+ 175	24	64	+ 33
25	+ 138		+ 116		+ 92	+ 175	25	65	+ 20
26	136		112		93	175	26	66	+ 3
27	133		107		94	175	27		
28	131		103			176	28		
29	+ 129		+ 98			+ 176	29		
30	+ 126		+ 94			+ 176	30		
31	124		90			177	31		
32	122		85			177	32		
33	119		81			177	33		
34	+ 117		+ 76			+ 178	34		
35	+ 115		+ 72			+ 178	35		
36	113		67			179	36		
37	111		63			179	37		
38	109		58			180	38		
39	+ 107		+ 54			+ 181	39		
40	+ 105		+ 49			+ 182	40		
41	104		45			184	41		
42	102		40			186	42		

Beispiel: Ein Aräometer für Salpetersäure nach Bé, dessen Stengeldicke 6,2 mm und dessen Gewicht 44,8 g beträgt, habe am Punkte 16,5° in Sulfosprit den Fehler —0,15°; wie gross ist der Fehler in Salpetersäure? Hier ist D = 6,2, G = 44,8, $F_0 = -15$, B = + 153 (nach der Tafel), daher wird: $F = -15 + \dfrac{6,2}{44,8} \cdot 153 = -15 + 21 = +6$, der Fehler in Salpetersäure ist also +0,06° Bé.

Tafel 42a.

Ermittelung der aräometrischen Kapillaritäts-Reduktion von Sulfosprit auf andere Flüssigkeiten.

a) Tafel zur Ermittelung der Hilfsgrösse k aus dem Gewicht der Spindel in Gramm und dem Durchmesser des Stengels in mm.

Spindel-Gewicht Gramm	Durchmesser des Stengels (mm)																Spindel-Gewicht Gramm
	2,0	2,2	2,4	2,6	2,8	3,0	3,2	3,4	3,6	3,8	4,0	4,2	4,4	4,6	4,8	5,0	
25	80	88	96	104	112	120	128	136	144	152	160	168	176	184	192	200	25
26	77	85	92	100	108	115	123	131	138	146	154	161	169	177	185	192	26
27	74	82	89	96	104	111	119	126	133	141	148	156	163	170	178	185	27
28	71	79	86	93	100	107	114	121	129	136	143	150	157	164	171	179	28
29	69	76	83	90	97	103	110	117	124	131	138	145	152	159	165	172	29
30	67	73	80	87	93	100	107	113	120	127	133	140	147	153	160	167	30
31	65	71	77	84	90	97	103	110	116	123	129	135	142	148	155	161	31
32	62	69	75	81	87	94	100	106	112	119	125	131	137	144	150	156	32
33	61	67	73	79	85	91	97	103	109	115	121	127	133	139	145	152	33
34	59	65	71	76	82	88	94	100	106	112	118	124	129	135	141	147	34
35	57	63	69	74	80	86	91	97	103	109	114	120	125	131	137	143	35
36	56	61	67	72	78	83	89	94	100	106	111	117	122	127	133	139	36
37	54	59	65	70	76	81	86	91	97	103	108	114	119	124	129	135	37
38	53	58	63	68	74	79	84	89	94	100	105	111	116	121	126	132	38
39	51	56	62	67	72	77	82	87	92	97	103	108	113	118	123	128	39
40	50	55	60	65	70	75	80	85	90	95	100	105	110	115	120	125	40
41	49	54	59	63	68	73	78	83	88	93	98	102	107	112	117	122	41
42	48	52	57	62	67	71	76	81	86	90	95	100	105	109	114	119	42
43	47	51	56	60	65	70	74	79	84	88	93	98	102	107	111	116	43
44	45	50	55	59	64	68	73	77	82	86	91	95	100	104	109	114	44
45	44	49	53	58	62	67	71	76	80	84	89	93	98	102	106	111	45
46	43	48	52	57	61	65	70	74	78	83	87	91	96	100	104	109	46
47	43	47	51	55	60	64	68	72	77	81	85	89	94	98	102	106	47
48	42	46	50	54	58	62	67	71	75	79	83	87	92	96	100	104	48
49	41	45	49	53	57	61	65	69	73	78	82	86	90	94	98	102	49
50	40	44	48	52	56	60	64	68	72	76	80	84	88	92	96	100	50
51		43	47	51	55	59	63	67	71	74	78	82	86	90	94	98	51
52		42	46	50	54	58	62	65	69	73	77	81	85	88	92	96	52
53		42	45	49	53	57	60	64	68	72	75	79	83	87	91	94	53
54		41	44	48	52	56	59	63	67	70	74	78	81	85	89	93	54
55		40	44	47	51	55	58	62	65	69	73	76	80	84	87	91	55
56			43	46	50	54	57	61	64	68	71	75	79	82	86	89	56
57			42	46	49	53	56	60	63	67	70	74	77	81	84	88	57
58			41	45	48	52	55	59	62	66	69	72	76	79	83	86	58
59			41	44	47	51	54	58	61	64	68	71	75	78	81	85	59
60			40	43	47	50	53	57	60	63	67	70	73	77	80	83	60
61				43	46	49	52	56	59	62	66	69	72	75	79	82	61
62				42	45	48	52	55	58	61	65	68	71	74	77	81	62
63				41	44	48	51	54	57	60	63	67	70	73	76	79	63
64				41	44	47	50	53	56	59	63	66	69	72	75	78	64
65				40	43	46	49	52	55	58	62	65	68	71	74	77	65
66					42	45	48	52	55	58	61	64	67	70	73	76	66
67					42	45	48	51	54	57	60	63	66	69	72	75	67
68					41	44	47	50	53	56	59	62	65	68	71	74	68
69					41	43	46	49	52	55	58	61	64	67	69	72	69
70					40	43	46	49	51	54	57	60	63	66	69	71	70
71						42	45	48	51	54	56	59	62	65	68	70	71
72						42	44	47	50	53	56	58	61	64	67	69	72
73						41	44	47	49	52	55	58	60	63	66	68	73
74						41	43	46	49	51	54	57	59	62	65	68	74
75						40	43	45	48	51	53	56	59	61	64	67	75
76							42	45	47	50	53	55	58	61	63	66	76
77							42	44	47	49	52	55	57	60	62	65	77
78							41	44	46	49	51	54	56	59	62	64	78
79							41	43	46	48	51	53	56	58	61	63	79
80							40	42	45	47	50	52	55	57	60	62	80
90								40	42	44	47	49	51	53	56		90
100									40	42	44	46	48	50			100
110										40	42	44	45				110
120											40	42					120

Tafel 42 a.

a) Tafel zur Ermittelung der Hilfsgrösse k aus dem Gewicht der Spindel in Gramm und dem Durchmesser des Stengels in mm.

Spindel-Gewicht Gramm	Durchmesser des Stengels (mm)															Spindel-Gewicht Gramm
	5,0	5,2	5,4	5,6	5,8	6,0	6,2	6,4	6,6	6,8	7,0	7,2	7,4	7,6	7,8	
30	167	173	180	187	193	200	207	213	220	227	233	240	247	253	260	30
31	161	168	174	181	187	194	200	206	213	219	226	233	239	245	252	31
32	156	163	169	175	181	188	194	200	206	212	219	225	231	238	244	32
33	152	158	164	170	176	182	188	194	200	206	212	218	224	231	236	33
34	147	153	159	165	171	176	182	188	194	200	206	212	218	224	229	34
35	143	148	154	160	166	171	177	183	188	194	200	206	212	217	223	35
36	139	144	150	156	161	167	172	178	183	189	194	200	206	211	217	36
37	135	140	146	151	157	162	167	173	178	183	188	194	200	205	211	37
38	132	137	142	147	153	158	163	168	173	178	183	189	195	200	205	38
39	128	133	138	143	149	154	159	164	169	174	179	184	190	195	200	39
40	125	130	135	140	145	150	155	160	165	170	175	180	185	190	195	40
41	122	127	132	136	141	146	151	156	161	166	171	175	180	185	190	41
42	119	124	129	133	138	143	148	152	157	162	167	171	176	181	186	42
43	116	121	126	130	135	139	144	149	153	158	163	167	172	177	181	43
44	114	118	123	127	132	136	141	145	150	155	159	164	168	173	177	44
45	111	115	120	124	129	133	138	142	146	151	155	160	164	169	173	45
46	109	113	117	122	126	130	135	139	143	148	152	157	161	165	169	46
47	106	110	115	119	123	127	132	136	140	145	149	153	157	161	166	47
48	104	108	112	117	121	125	129	133	137	142	146	150	154	158	162	48
49	102	106	110	114	118	122	126	130	135	139	143	147	151	155	159	49
50	100	104	108	112	116	120	124	128	132	136	140	144	148	152	156	50
51	98	102	106	110	114	117	121	125	129	133	137	141	145	149	153	51
52	96	100	104	108	112	115	119	123	126	130	134	138	142	146	150	52
53	94	98	102	106	109	113	117	121	124	128	132	135	139	143	147	53
54	93	96	100	104	107	111	115	119	122	126	130	133	137	141	144	54
55	91	94	98	102	105	109	113	116	120	123	127	131	134	138	142	55
56	89	93	96	100	104	107	111	114	118	121	125	129	132	136	139	56
57	88	91	95	99	102	105	109	112	116	119	123	126	130	133	137	57
58	86	90	93	97	100	103	107	110	114	117	121	124	128	131	134	58
59	85	88	92	95	98	102	105	108	112	115	119	122	125	129	132	59
60	83	87	90	93	97	100	103	107	110	113	117	120	123	127	130	60
61	82	85	89	92	96	99	102	105	108	112	115	118	121	125	128	61
62	81	84	87	90	94	97	100	103	106	110	113	116	119	123	126	62
63	79	82	86	89	92	95	99	101	105	108	111	114	118	121	124	63
64	78	81	84	87	91	94	97	100	103	106	109	112	116	119	122	64
65	77	80	83	86	89	92	95	98	102	105	108	111	114	117	120	65
66	76	79	82	85	88	91	94	97	100	103	106	109	112	115	118	66
67	75	78	81	84	87	90	93	96	99	101	104	107	110	113	116	67
68	74	77	80	82	85	88	91	94	97	100	103	106	109	112	115	68
69	72	75	78	81	84	87	90	93	96	98	101	104	107	110	113	69
70	71	74	77	80	83	86	89	91	94	97	100	103	106	109	111	70
71	70	73	76	79	82	84	87	90	93	95	98	101	104	107	110	71
72	69	72	75	78	81	83	86	89	92	94	97	100	103	106	108	72
73	68	71	74	77	79	82	85	88	90	93	96	99	101	104	107	73
74	68	70	73	76	78	81	84	86	89	92	95	97	100	103	105	74
75	67	69	72	75	77	80	83	85	88	91	93	96	99	101	104	75
76	66	68	71	74	76	79	82	84	87	89	92	95	97	100	103	76
77	65	68	70	73	75	78	81	83	86	88	91	94	96	99	101	77
78	64	67	69	72	74	77	79	82	85	87	90	92	95	97	100	78
79	63	66	68	71	73	76	78	81	84	86	89	91	94	96	99	79
80	62	65	67	70	72	75	77	80	82	85	87	90	92	95	97	80
81	62	64	67	69	72	74	77	79	81	84	86	89	91	94	96	81
82	61	63	66	68	71	73	76	78	80	83	85	88	90	93	95	82
83	60	63	65	67	70	72	75	77	80	82	84	87	89	92	94	83
84	59	62	64	67	69	71	74	76	79	81	83	86	88	90	93	84
85	59	61	64	66	68	71	73	75	78	80	82	85	87	89	92	85
86	58	60	63	65	67	70	72	74	77	79	81	84	86	88	91	86
87	57	60	62	64	67	69	71	74	76	78	80	83	85	87	90	87
88	57	59	61	64	66	68	70	73	75	77	80	82	84	86	89	88
89	56	58	61	63	65	67	70	72	74	76	79	81	83	85	88	89
90	56	58	60	62	64	67	69	71	73	76	77	80	82	84	87	90
100	50	52	54	56	58	60	62	64	66	68	70	72	74	76	78	100
110	45	47	49	51	53	55	56	58	60	62	64	65	67	69	71	110
120	42	43	45	47	48	50	52	53	55	57	58	60	62	63	65	120
130		40	42	43	45	46	48	49	51	52	54	55	57	58	60	130
140				40	41	43	44	46	47	49	50	51	53	54	56	140
150						40	41	43	44	45	47	48	49	51	52	150
160								40	41	42	44	45	46	48	49	160
170										40	41	42	44	45	46	170
180												40	41	42	43	180
190														40	41	190

Tafel 42b.

b) Kapillaritäts-Reduktion von Sulfosprit auf Spiritus in 0,01 Gew. %.

Gew. % Alkohol	40	50	60	70	80	90	100	110	120	130	140	150	160	170	180	190	200	210	Gew. % Alkohol
0,0	29	37	45	52	60	67	75	83	91	99	106	115	124	133	142	151	160	170	0,0
2	29	37	44	52	59	67	74	82	90	98	106	115	123	132	141	149	158	168	2
4	29	37	44	52	59	66	74	82	90	97	105	114	122	130	139	148	156	166	4
6	29	36	44	51	59	66	73	81	89	97	104	113	121	129	137	146	155	164	6
8	29	36	43	51	58	65	73	81	88	96	103	112	120	128	136	144	153	162	8
1,0	28	36	43	50	58	65	73	80	88	95	103	111	119	127	135	143	151	160	1,0
2	28	35	43	50	57	65	72	80	87	95	102	110	118	126	134	142	150	158	2
4	28	35	42	50	57	64	72	79	86	94	102	109	117	125	133	141	149	157	4
6	28	35	42	49	56	64	71	78	86	93	101	108	116	124	132	140	147	155	6
8	28	35	42	49	56	63	70	78	85	93	100	108	115	123	131	139	146	154	8
2,0	27	34	41	48	56	63	70	77	85	92	99	107	115	122	130	138	145	153	2,0
2	27	34	41	48	55	62	70	77	84	91	99	106	114	121	129	137	144	152	2
4	27	34	41	48	55	62	69	76	83	91	98	105	113	120	128	136	143	151	4
6	27	34	41	48	55	62	69	76	83	90	97	105	112	119	127	135	142	149	6
8	27	33	40	47	54	61	68	75	82	90	97	104	111	118	126	134	141	148	8
3,0	26	33	40	47	54	61	68	75	82	89	96	103	110	118	125	133	140	147	3,0
2	26	33	40	47	53	60	67	74	81	88	95	102	110	117	124	132	139	146	2
4	26	33	39	46	53	60	67	74	81	88	95	102	109	116	123	131	138	145	4
6	26	33	39	46	53	60	66	73	80	87	94	101	108	116	123	130	137	145	6
8	26	32	39	46	52	59	66	73	80	87	94	101	108	115	122	129	136	144	8
4,0	26	32	39	45	52	59	66	72	79	86	93	100	107	114	121	128	135	143	4,0
2	26	32	39	45	52	59	65	72	79	85	92	99	106	113	120	127	135	142	2
4	25	32	38	45	51	58	65	71	78	85	92	99	106	113	120	127	134	141	4
6	25	32	38	45	51	58	64	71	78	85	91	98	105	112	119	126	133	140	6
8	25	31	38	44	51	57	64	71	77	84	91	98	104	111	118	125	132	139	8
5,0	25	31	38	44	51	57	64	70	77	84	90	97	104	111	117	124	131	138	5,0
2	25	31	38	44	50	57	63	70	76	83	90	96	103	110	117	124	130	137	2
4	25	31	37	44	50	57	63	70	76	83	89	96	102	109	116	123	130	137	4
6	25	31	37	43	50	56	63	69	76	82	89	95	102	109	115	122	129	136	6
8	25	31	37	43	50	56	62	69	75	82	88	95	101	108	115	121	128	135	8
6,0	24	31	37	43	49	56	62	68	75	81	88	94	101	108	114	121	128	134	6,0
2	24	30	37	43	49	55	62	68	75	81	87	94	100	107	113	120	127	134	2
4	24	30	36	43	49	55	61	68	74	80	87	93	100	106	113	120	126	133	4
6	24	30	36	42	49	55	61	67	74	80	86	93	99	106	112	119	126	132	6
8	24	30	36	42	48	55	61	67	73	79	86	92	99	105	112	118	125	132	8
7,0	24	30	36	42	48	54	60	67	73	79	85	92	98	105	111	118	124	131	7,0
2	24	30	36	42	48	54	60	66	73	79	85	91	98	104	110	117	124	130	2
4	24	30	36	42	48	54	60	66	72	78	85	91	97	104	110	117	123	130	4
6	23	29	35	41	47	53	60	66	72	78	84	91	97	103	109	116	122	129	6
8	23	29	35	41	47	53	59	65	72	78	84	90	96	102	109	115	122	128	8
8,0	23	29	35	41	47	53	59	65	71	77	84	90	96	102	108	115	121	128	8,0
2	23	29	35	41	47	53	59	65	71	77	83	89	95	101	108	114	120	127	2
4	23	29	35	41	47	52	58	64	70	76	83	89	95	101	107	113	120	126	4
6	23	29	34	40	46	52	58	64	70	76	82	88	94	100	107	113	119	125	6
8	23	28	34	40	46	52	58	64	70	76	82	88	94	100	106	112	118	125	8
9,0	23	28	34	40	46	52	57	63	69	75	81	87	93	99	106	112	118	124	9,0
2	22	28	34	40	46	51	57	63	69	75	81	87	93	99	105	111	117	123	2
4	22	28	34	39	45	51	57	63	68	74	80	86	92	98	104	110	116	123	4
6	22	28	33	39	45	51	56	62	68	74	80	86	92	98	104	110	116	122	6
8	22	28	33	39	45	50	56	62	68	73	79	85	91	97	103	109	115	121	8
10,0	22	27	33	39	44	50	56	61	67	73	79	85	91	97	103	109	115	121	10,0
2	22	27	33	39	44	50	55	61	67	72	78	84	90	96	102	108	114	120	2
4	22	27	33	38	44	49	55	61	66	72	78	84	90	95	101	107	113	119	4
6	21	27	32	38	44	49	55	60	66	71	77	83	89	95	101	107	113	118	6
8	21	27	32	38	43	49	55	60	66	71	77	83	88	94	100	106	112	117	8
11,0	21	26	32	37	43	49	54	60	65	71	77	82	88	94	99	105	111	117	11,0
2	21	26	32	37	43	48	54	59	65	70	76	82	87	93	99	104	110	116	2
4	21	26	32	37	43	48	53	59	64	70	75	81	87	92	98	104	109	115	4
6	21	26	31	37	42	48	53	58	64	69	75	80	86	92	97	103	109	114	6
8	21	26	31	37	42	47	53	58	63	69	74	80	85	91	97	103	108	114	8
12,0	20	26	31	36	42	47	52	58	63	68	74	79	85	90	96	102	107	113	12,0
2	20	26	31	36	41	47	52	57	62	68	73	79	84	90	95	101	106	112	2
4	20	25	31	36	41	46	51	57	62	67	73	78	84	89	94	100	105	111	4
6	20	25	30	35	41	46	51	56	62	67	72	78	83	88	94	99	105	110	6
8	20	25	30	35	40	46	50	56	61	66	71	77	82	87	93	98	104	109	8

Bemerkung: Die Beträge sind zu den in Sulfosprit erhaltenen Ablesungen hinzuzufügen.

Tafel 42b.

b) Kapillaritäts-Reduktion von Sulfosprit auf Spiritus in 0,01 Gew. %.

Gew. % Alkohol	\multicolumn{18}{c	}{Hilfsgrösse k}	Gew. % Alkohol
	40	50	60	70	80	90	100	110	120	130	140	150	160	170	180	190	200	210	
13,0	20	25	30	35	40	45	50	55	61	66	71	76	82	87	92	98	103	109	13,0
2	20	25	30	35	40	45	50	55	60	65	70	76	81	86	92	97	102	108	2
4	19	24	29	34	39	44	49	54	60	65	70	75	81	86	91	96	101	107	4
6	19	24	29	34	39	44	49	54	59	64	69	75	80	85	90	95	100	106	6
8	19	24	29	34	39	44	48	53	58	63	69	74	79	84	89	94	99	105	8
14,0	19	24	28	33	38	43	48	53	58	63	68	73	78	83	88	93	98	104	14,0
2	19	23	28	33	38	43	47	52	57	62	67	72	77	82	87	93	98	103	2
4	18	23	28	33	37	42	47	52	57	62	66	71	76	81	87	92	97	102	4
6	18	23	28	32	37	42	46	51	56	61	65	70	75	81	86	91	96	101	6
8	18	23	27	32	37	41	46	51	56	61	65	70	75	80	85	90	95	100	8
15,0	18	22	27	32	36	41	45	50	55	60	64	69	74	79	84	89	94	99	15,0
2	18	22	27	31	36	41	45	49	54	59	64	68	73	78	83	88	93	98	2
4	17	22	26	31	36	40	44	49	53	58	63	68	72	77	82	87	92	97	4
6	17	22	26	31	35	40	44	48	53	58	62	67	72	77	81	86	91	96	6
8	17	22	26	30	35	39	43	48	52	57	61	66	71	76	80	85	90	95	8
16,0	17	21	26	30	34	39	43	47	52	56	61	65	70	75	79	84	89	94	16,0
2	17	21	25	30	34	38	42	47	51	56	60	65	69	74	79	83	88	92	2
4	17	21	25	29	33	38	42	46	50	55	60	64	69	73	78	82	87	91	4
6	16	21	25	29	33	37	41	46	50	54	59	64	68	72	77	81	86	90	6
8	16	20	24	28	32	37	41	45	49	53	58	63	67	71	76	80	85	89	8
17,0	16	20	24	28	32	36	40	45	49	53	57	62	66	70	75	79	84	88	17,0
2	16	20	24	28	32	36	40	44	48	52	57	61	65	69	74	78	83	87	2
4	15	19	23	27	31	35	39	43	48	52	56	60	64	69	73	77	81	85	4
6	15	19	23	27	31	35	39	43	47	51	55	59	64	68	72	76	80	84	6
8	15	19	23	27	30	34	38	42	46	50	55	59	63	67	71	75	79	83	8
18,0	15	19	22	26	30	34	38	42	46	50	54	58	62	66	70	74	78	82	18,0
2	15	19	22	26	30	33	37	41	45	49	53	57	61	65	69	73	77	81	2
4	14	18	22	26	29	33	37	41	44	48	52	56	60	64	68	72	76	80	4
6	14	18	22	25	29	33	36	40	44	48	52	55	59	63	67	71	75	79	6
8	14	18	21	25	28	32	36	39	43	47	51	55	58	62	66	70	74	78	8
19,0	14	18	21	25	28	32	35	39	43	46	50	54	57	61	65	69	73	76	19,0
2	14	17	21	24	28	31	35	38	42	46	49	53	57	60	64	68	72	75	2
4	13	17	21	24	27	31	34	38	41	45	49	52	56	60	63	67	71	74	4
6	13	17	20	24	27	31	34	37	41	44	48	52	55	59	62	66	70	73	6
8	13	17	20	23	26	30	33	37	40	44	47	51	54	58	61	65	69	72	8
20,0	13	16	20	23	26	30	33	36	40	43	46	50	53	57	60	64	67	71	20,0
2	13	16	20	23	26	29	32	36	39	42	45	49	53	56	60	63	66	70	2
4	13	16	19	22	25	29	32	35	38	41	45	48	52	55	59	62	65	69	4
6	12	15	19	22	25	28	31	35	38	41	44	47	51	54	58	61	64	68	6
8	12	15	18	22	25	28	31	34	37	40	43	46	50	53	57	60	63	67	8
21,0	12	15	18	21	24	27	30	34	37	40	43	46	49	52	56	59	62	66	21,0
2	12	15	18	21	24	27	30	33	36	39	42	45	48	51	55	58	61	65	2
4	11	15	18	21	23	26	29	32	35	38	42	45	48	51	54	57	60	64	4
6	11	14	17	20	23	26	29	32	35	38	41	44	47	50	53	56	59	63	6
8	11	14	17	20	23	25	28	31	34	37	40	43	46	49	52	55	58	61	8
22,0	11	14	17	20	22	25	28	31	34	37	40	42	45	48	51	54	57	60	22,0
2	11	14	16	19	22	25	28	30	33	36	39	42	45	48	51	54	57	60	2
4	11	13	16	19	22	24	27	30	33	36	38	41	44	47	50	53	56	59	4
6	11	13	16	19	21	24	27	29	32	35	38	40	43	46	49	52	55	58	6
8	10	13	16	18	21	24	27	29	31	34	37	39	42	45	48	51	54	57	8
23,0	10	13	15	18	21	23	26	28	31	34	37	39	42	45	47	50	53	56	23,0
2	10	12	15	18	20	23	25	28	30	33	36	38	41	44	47	49	52	55	2
4	10	12	15	17	20	23	25	27	30	32	35	38	40	43	46	48	51	54	4
6	10	12	15	17	20	22	25	27	30	32	35	37	40	42	45	48	50	53	6
8	9	12	14	17	19	22	24	26	29	31	34	36	39	42	44	47	49	52	8
24,0	9	12	14	17	19	21	24	26	29	31	33	36	38	41	43	46	48	51	24,0
2	9	11	14	16	19	21	23	26	28	30	33	35	38	40	42	45	47	50	2
4	9	11	14	16	18	21	23	25	28	30	32	35	37	40	42	44	47	49	4
6	9	11	13	16	18	20	23	25	27	29	32	34	36	39	41	44	46	48	6
8	9	11	13	15	18	20	22	24	26	29	31	33	36	38	41	43	45	48	8
25,0	9	11	13	15	17	20	22	24	26	29	31	33	35	38	40	42	45	47	25,0
2	8	11	13	15	17	19	21	23	25	28	30	32	35	37	39	42	44	46	2
4	8	11	13	15	17	19	21	23	25	27	29	32	34	36	39	41	43	45	4
6	8	10	12	14	16	18	21	23	25	27	29	31	33	36	38	40	42	44	6
8	8	10	12	14	16	18	20	22	24	26	28	31	32	35	37	39	41	44	8

Bemerkung: Die Beträge sind zu den in Sulfosprit erhaltenen Ablesungen hinzuzufügen.

Tafel 42 b.

b) Kapillaritätsreduktion von Sulfosprit auf Spiritus in 0,01 Gew. %.

Gew. % Alkohol	Hilfsgrösse k																		Gew. % Alkohol
	40	50	60	70	80	90	100	110	120	130	140	150	160	170	180	190	200	210	
26,0	8	10	12	14	16	18	20	22	24	26	28	30	32	34	37	39	41	43	26,0
2	8	10	12	14	16	18	20	22	24	26	28	30	32	34	36	38	40	42	2
4	8	10	12	14	16	17	19	21	23	25	27	29	31	33	35	37	39	41	4
6	8	9	11	13	15	17	19	21	23	25	27	29	31	33	35	37	39	41	6
8	7	9	11	13	15	17	19	20	22	24	26	28	30	32	34	36	38	40	8
27,0	7	9	11	13	15	16	18	20	22	24	26	28	30	32	34	36	37	39	27,0
2	7	9	11	13	15	16	18	20	22	24	25	27	29	31	33	35	37	39	2
4	7	9	11	13	14	16	18	19	21	23	25	27	29	31	33	34	36	38	4
6	7	9	11	12	14	16	17	19	21	23	25	26	28	30	32	34	35	37	6
8	7	9	10	12	14	15	17	19	20	22	24	26	27	29	31	33	35	37	8
28,0	7	8	10	12	13	15	17	18	20	22	24	25	27	29	31	32	34	36	28,0
2	6	8	10	12	13	15	16	18	20	22	23	25	27	28	30	32	33	35	2
4	6	8	10	11	13	15	16	18	20	21	23	24	26	28	30	31	33	34	4
6	6	8	10	11	13	14	16	18	19	21	23	24	26	27	29	31	32	34	6
8	6	8	9	11	13	14	16	17	19	20	22	24	25	27	28	30	32	33	8
29,0	6	8	9	11	12	14	15	17	19	20	22	23	25	27	28	30	31	33	29,0
2	6	8	9	11	12	13	15	17	19	20	21	23	25	26	28	29	31	32	2
4	6	7	9	10	11	13	15	16	18	19	21	23	24	26	27	29	30	31	4
6	6	7	9	10	11	13	14	16	18	19	21	22	24	25	27	28	30	31	6
8	6	7	9	10	11	13	14	16	17	19	20	22	23	25	26	28	29	30	8
30,0	6	7	8	10	11	13	14	15	17	18	20	21	23	24	26	27	29	30	30,0
31,0	5	6	8	9	10	12	13	14	16	17	18	20	21	23	24	25	27	28	31,0
32,0	5	6	7	8	10	11	12	13	15	16	17	18	19	21	22	23	24	25	32,0
33,0	4	5	6	8	9	10	11	12	13	14	15	17	18	19	20	21	22	24	33,0
34,0	4	5	6	7	8	9	10	11	12	13	14	15	16	17	18	19	21	22	34,0
35,0	4	5	5	6	7	8	9	10	11	12	13	14	15	16	17	18	19	20	35,0
36,0	3	4	5	6	7	8	9	10	10	11	12	13	14	15	16	17	17	18	36,0
37,0	3	4	5	5	6	7	8	9	10	11	11	12	13	14	15	15	16	17	37,0
38,0	3	4	4	5	6	7	7	8	9	10	10	11	12	13	13	14	15	16	38,0
39,0	3	3	4	5	5	6	7	7	8	9	10	10	11	12	12	13	14	15	39,0
40,0	3	3	4	5	5	6	6	7	8	8	9	10	10	11	12	12	13	14	40,0
41,0	2	3	4	4	5	5	6	7	7	8	8	9	10	10	11	11	12	13	41,0
42,0	2	3	3	4	4	5	5	6	7	7	8	8	9	9	10	10	11	12	42,0
43,0	2	3	3	4	4	5	5	6	6	7	7	8	8	9	9	10	10	11	43,0
44,0	2	2	3	3	4	4	4	5	5	6	6	7	7	8	8	9	9	10	44,0

Bemerkung: Die Beträge sind zu den in Sulfosprit erhaltenen Ablesungen hinzuzufügen.

Tafel 42 c.

c) Kapillaritätsreduktion von Sulfosprit auf amerik. Mineralöl in Einheiten der 5. Dezimale der Dichte.

Dichte $s_{15/4}$	Hilfsgrösse k																		Dichte $s_{15/4}$
	40	50	60	70	80	90	100	110	120	130	140	150	160	170	180	190	200	210	
0,85	4	5	6	7	8	9	9	10	11	12	13	14	15	16	17	18	19	20	0,85
86	4	5	6	8	9	10	11	12	13	14	15	16	17	18	19	21	22	23	86
87	5	6	7	8	10	11	12	13	15	16	17	18	19	21	22	23	24	25	87
88	5	7	8	9	11	12	13	15	16	17	19	20	21	23	24	25	27	28	88
89	6	7	9	10	11	13	14	16	17	19	20	21	23	24	26	27	29	30	89
0,90	6	8	9	11	12	14	15	17	18	20	21	23	24	26	27	29	31	32	0,90
91	6	8	10	11	13	14	16	18	19	21	22	24	26	27	29	30	32	34	91
92	7	8	10	11	13	15	16	18	20	21	23	25	26	28	30	31	33	34	92
93	7	8	10	12	13	15	17	18	20	22	23	25	27	28	30	32	33	35	93
94	7	8	10	12	13	15	16	18	20	21	23	25	26	28	30	31	33	35	94
0,95	6	8	10	11	13	15	16	18	19	21	23	24	26	27	29	31	32	34	0,95
96	6	8	9	11	12	14	15	17	18	20	21	23	24	26	27	29	31	32	96
97	6	7	9	10	11	13	14	16	17	19	20	21	23	24	26	27	29	30	97
98	5	6	8	9	10	12	13	14	15	17	18	19	21	22	23	24	26	27	98
99	4	6	7	9	9	10	11	12	13	15	16	17	18	19	20	21	22	23	99
1,00	3	4	5	6	7	8	9	10	11	11	12	13	14	15	16	17	18	18	1,00

Bemerkung: Die Beträge sind von den in Sulfosprit erhaltenen Ablesungen abzuziehen.

Tafel 42 d.

d) Kapillaritätsreduktion von Sulfosprit auf Zuckerlösung in 0,01 %.

Gew. % Zucker	Hilfsgrösse k																		Gew. % Zucker
	40	50	60	70	80	90	100	110	120	130	140	150	160	170	180	190	200	210	
0	15	18	22	26	29	33	36	40	44	47	51	55	58	62	66	69	73	77	0
2	14	18	22	25	29	32	36	40	43	47	50	54	58	61	65	68	72	76	2
4	14	18	21	25	29	32	36	39	43	46	50	53	57	61	64	68	71	75	4
6	14	18	21	25	28	32	35	39	42	46	49	53	56	60	63	67	71	74	6
8	14	17	21	24	28	31	35	38	42	45	49	52	56	59	63	66	70	73	8
10	14	17	21	24	28	31	34	38	41	45	48	52	55	59	62	65	69	72	10
12	14	17	20	24	27	31	34	37	41	44	48	51	54	58	61	65	68	71	12
14	13	17	20	23	27	30	34	37	40	44	47	50	54	57	60	64	67	70	14
16	13	17	20	23	27	30	33	36	40	43	46	50	53	56	60	63	66	70	16
18	13	16	20	23	26	29	33	36	39	43	46	49	52	56	59	62	65	69	18
20	13	16	19	23	26	29	32	35	39	42	45	48	52	55	58	61	64	68	20
22	13	16	19	22	25	29	32	35	38	41	44	48	51	54	57	60	64	67	22
24	13	16	19	22	25	28	31	34	38	41	44	47	50	53	56	59	63	66	24
26	12	15	19	22	25	28	31	34	37	40	43	46	49	52	55	59	62	65	26
28	12	15	18	21	24	27	30	33	36	39	42	46	49	52	55	58	61	64	28
30	12	15	18	21	24	27	30	33	36	39	42	45	48	51	54	57	60	63	30
32	12	15	18	21	24	27	29	32	35	38	41	44	47	50	53	56	59	62	32
34	12	14	17	20	23	26	29	32	35	38	41	43	46	49	52	55	58	61	34
36	11	14	17	20	23	26	29	31	34	37	40	43	46	48	51	54	57	60	36
38	11	14	17	20	22	25	28	31	34	36	39	42	45	48	50	53	56	59	38
40	11	14	17	19	22	25	28	30	33	36	39	41	44	47	50	52	55	58	40
42	11	14	16	19	22	24	27	30	33	35	38	41	44	46	49	52	54	57	42
44	11	13	16	19	21	24	27	29	32	35	37	40	43	46	48	51	54	56	44
46	11	13	16	18	21	24	26	29	32	34	37	40	42	45	47	50	53	55	46
48	10	13	16	18	21	23	26	29	31	34	36	39	42	44	47	49	52	55	48
50	10	13	15	18	21	23	26	28	31	33	36	38	41	44	46	49	51	54	50
52	10	13	15	18	20	23	25	28	30	33	35	38	41	43	46	48	51	53	52
54	10	13	15	18	20	23	25	28	30	33	35	38	40	43	45	48	50	53	54
56	10	12	15	17	20	22	25	27	30	32	35	37	40	42	44	47	49	52	56
58	10	12	15	17	20	22	24	27	29	32	34	37	39	41	44	46	49	51	58
60	10	12	14	17	19	22	24	27	29	31	34	36	39	41	43	46	48	51	60
62	10	12	14	17	19	21	24	26	29	31	33	36	38	41	43	45	48	50	62
64	9	12	14	17	19	21	24	26	28	31	33	35	38	40	43	45	47	50	64
66	9	12	14	16	19	21	23	26	28	30	33	35	37	40	42	44	47	49	66
68	9	12	14	16	19	21	23	26	28	30	33	35	37	40	42	44	46	49	68
70	9	12	14	16	18	21	23	25	28	30	32	35	37	39	42	44	46	49	70
72	9	11	14	16	18	21	23	25	28	30	32	34	37	39	41	44	46	48	72
74	9	11	14	16	18	21	23	25	27	30	32	34	37	39	41	43	46	48	74
76	9	11	14	16	18	20	23	25	27	30	32	34	36	39	41	43	46	48	76
78	9	11	14	16	18	20	23	25	27	30	32	34	36	39	41	43	45	48	78
80	9	11	14	16	18	20	23	25	27	29	32	34	36	39	41	43	45	48	80
82	9	11	14	16	18	20	23	25	27	29	32	34	36	39	41	43	45	48	82
84	9	11	14	16	18	20	23	25	27	29	32	34	36	38	41	43	45	48	84
86	9	11	14	16	18	20	23	25	27	29	32	34	36	38	41	43	45	48	86
88	9	11	14	16	18	20	23	25	27	29	32	34	36	39	41	43	45	48	88
90	9	11	14	16	18	20	23	25	27	30	32	34	36	39	41	43	45	48	90
92	9	11	14	16	18	20	23	25	27	30	32	34	36	39	41	43	46	48	92
94	9	11	14	16	18	21	23	25	27	30	32	34	37	39	41	43	46	48	94
96	9	11	14	16	18	21	23	25	27	30	32	34	37	39	41	44	46	48	96
98	9	11	14	16	18	21	23	25	28	30	32	34	37	39	41	44	46	48	98
100	9	12	14	16	18	21	23	25	28	30	32	35	37	39	41	44	46	48	100

Bemerkung: Die Beträge sind von den in Sulfosprit erhaltenen Ablesungen abzuziehen.

Tafel 43a.

Mutterskalen für Aräometer nach Dichte von 0,600 bis 0,700 und von 0,700 bis 0,800. Gesamtlänge 500 mm.

Dichte	Länge	Dichte	Länge	Dichte	Länge	Dichte	Länge
0,600	0,00	0,650	269,26	0,700	0,00	0,750	266,69
1	5,82	1	274,22	1	5,70	1	271,66
2	11,62	2	279,17	2	11,39	2	276,62
3	17,41	3	284,10	3	17,07	3	281,57
4	23,18	4	289,02	4	22,73	4	286,50
05	28,93	55	293,92	05	28,37	55	291,41
6	34,66	6	298,81	6	34,00	6	296,31
7	40,37	7	303,68	7	39,61	7	301,21
8	46,06	8	308,54	8	45,20	8	306,09
9	51,73	9	313,38	9	50,78	9	310,96
0,610	57,39	0,660	318,21	0,710	56,34	0,760	315,81
1	63,03	1	323,02	1	61,89	1	320,65
2	68,64	2	327,82	2	67,42	2	325,48
3	74,24	3	332,61	3	72,94	3	330,29
4	79,82	4	337,38	4	78,44	4	335,09
15	85,38	65	342,14	15	83,92	65	339,88
6	90,92	6	346,88	6	89,39	6	344,67
7	96,45	7	351,60	7	94,85	7	349,44
8	101,96	8	356,31	8	100,29	8	354,19
9	107,45	9	361,01	9	105,71	9	358,93
0,620	112,92	0,670	365,70	0,720	111,12	0,770	363,66
1	118,38	1	370,37	1	116,52	1	368,37
2	123,82	2	375,02	2	121,90	2	373,07
3	129,24	3	379,66	3	127,26	3	377,76
4	134,64	4	384,30	4	132,61	4	382,44
25	140,02	75	388,92	25	137,95	75	387,11
6	145,39	6	393,52	6	143,27	6	391,77
7	150,74	7	398,10	7	148,58	7	396,41
8	156,07	8	402,67	8	153,87	8	401,04
9	161,39	9	407,23	9	159,14	9	405,66
0,630	166,69	0,680	411,78	0,730	164,40	0,780	410,27
1	171,97	1	416,32	1	169,65	1	414,87
2	177,24	2	420,84	2	174,88	2	419,45
3	182,49	3	425,35	3	180,10	3	424,02
4	187,72	4	429,84	4	185,31	4	428,58
35	192,94	85	434,32	35	190,50	85	433,13
6	198,14	6	438,79	6	195,67	6	437,67
7	203,33	7	443,24	7	200,83	7	442,20
8	208,50	8	447,68	8	205,98	8	446,71
9	213,65	9	452,11	9	211,12	9	451,21
0,640	218,78	0,690	456,53	0,740	216,24	0,790	455,70
1	223,90	1	460,93	1	221,34	1	460,18
2	229,00	2	465,32	2	226,43	2	464,65
3	234,09	3	469,70	3	231,51	3	469,11
4	239,16	4	474,07	4	236,58	4	473,55
45	244,22	95	478,42	45	241,63	95	477,98
6	249,26	6	482,76	6	246,67	6	482,41
7	254,28	7	487,09	7	251,70	7	486,82
8	259,29	8	491,40	8	256,71	8	491,22
9	264,28	9	495,70	9	261,71	9	495,61
0,650	269,26	0,700	500,00	0,750	266,69	0,800	500,00

Tafel 43 b.

Mutterskalen für Aräometer nach Dichte von 0,800 bis 0,900 und von 0,900 bis 1,000. Gesamtlänge 500 mm.

Dichte	Länge	Dichte	Länge	Dichte	Länge	Dichte	Länge
0,800	0,00	0,850	264,72	0,900	0,00	0,950	263,18
1	5,62	1	269,70	1	5,55	1	268,16
2	11,23	2	274,67	2	11,09	2	273,13
3	16,82	3	279,62	3	16,62	3	278,09
4	22,40	4	284,56	4	22,14	4	283,04
05	27,96	55	289,49	05	27,64	55	287,98
6	33,51	6	294,41	6	33,13	6	292,91
7	39,04	7	299,32	7	38,60	7	297,83
8	44,56	8	304,21	8	44,06	8	302,74
9	50,07	9	309,09	9	49,51	9	307,63
0,810	55,56	0,860	313,97	0,910	54,95	0,960	312,51
1	61,04	1	318,83	1	60,38	1	317,39
2	66,51	2	323,68	2	65,80	2	322,26
3	71,97	3	328,52	3	71,21	3	327,12
4	77,41	4	333,35	4	76,60	4	331,97
15	82,83	65	338,17	15	81,98	65	336,81
6	88,25	6	342,98	6	87,35	6	341,64
7	93,65	7	347,77	7	92,71	7	346,45
8	99,04	8	352,55	8	98,06	8	351,26
9	104,41	9	357,32	9	103,39	9	356,06
0,820	109,77	0,870	362,09	0,920	108,71	0,970	360,85
1	115,12	1	366,84	1	114,02	1	365,63
2	120,45	2	371,57	2	119,32	2	370,39
3	125,77	3	376,30	3	124,61	3	375,14
4	131,08	4	381,02	4	129,89	4	379,89
25	136,38	75	385,73	25	135,15	75	384,63
6	141,67	6	390,43	6	140,40	6	389,36
7	146,94	7	395,11	7	145,64	7	394,08
8	152,19	8	399,79	8	150,87	8	398,79
9	157,43	9	404,45	9	156,10	9	403,49
0,830	162,67	0,880	409,10	0,930	161,31	0,980	408,18
1	167,89	1	413,74	1	166,51	1	412,86
2	173,10	2	418,37	2	171,70	2	417,53
3	178,29	3	423,00	3	176,88	3	422,19
4	183,47	4	427,61	4	182,04	4	426,84
35	188,64	85	432,21	35	187,19	85	431,49
6	193,80	6	436,80	6	192,33	6	436,12
7	198,94	7	441,38	7	197,45	7	440,74
8	204,07	8	445,95	8	202,57	8	445,35
9	209,19	9	450,51	9	207,68	9	449,96
0,840	214,30	0,890	455,06	0,940	212,78	0,990	454,55
1	219,40	1	459,60	1	217,87	1	459,14
2	224,49	2	464,13	2	222,95	2	463,72
3	229,56	3	468,65	3	228,02	3	468,29
4	234,61	4	473,16	4	233,07	4	472,85
45	239,66	95	477,65	45	238,11	95	477,40
6	244,70	6	482,14	6	243,15	6	481,94
7	249,73	7	486,62	7	248,18	7	486,47
8	254,74	8	491,09	8	253,19	8	490,99
9	259,73	9	495,55	9	258,19	9	495,50
0,850	264,72	0,900	500,00	0,950	263,18	1,000	500,00

Tafel 44.

Mutterskale für Aräometer nach Dichte von 1,000 bis 2,000.
Gesamtlänge 500 mm.

Dichte	Länge	Dichte	Länge	Dichte	Länge	Dichte	Länge
1,000	0,0	1,250	200,1	1,500	333,4	1,750	428,6
05	5,0	55	203,3	05	335,6	55	430,2
10	9,9	60	206,4	10	337,8	60	431,9
15	14,8	65	209,6	15	340,0	65	433,5
20	19,6	70	212,7	20	342,2	70	435,1
25	24,4	75	215,8	25	344,3	75	436,7
30	29,1	80	218,8	30	346,5	80	438,2
35	33,8	85	221,9	35	348,6	85	439,8
40	38,5	90	224,9	40	350,7	90	441,4
45	43,1	95	227,9	45	352,8	95	442,9
1,050	47,6	1,300	230,8	1,550	354,9	1,800	444,5
55	52,2	05	233,8	55	357,0	05	446,0
60	56,6	10	236,7	60	359,0	10	447,5
65	61,1	15	239,6	65	361,1	15	449,1
70	65,4	20	242,5	70	363,1	20	450,6
75	69,8	25	245,4	75	365,1	25	452,1
80	74,1	30	248,2	80	367,1	30	453,6
85	78,4	35	251,0	85	369,1	35	455,1
90	82,6	40	253,8	90	371,1	40	456,5
95	86,8	45	256,6	95	373,1	45	458,0
1,100	91,0	1,350	259,3	1,600	375,1	1,850	459,5
05	95,1	55	262,1	05	377,0	55	460,9
10	99,1	60	264,8	10	378,9	60	462,4
15	103,2	65	267,5	15	380,9	65	463,8
20	107,2	70	270,1	20	382,8	70	465,3
25	111,2	75	272,8	25	384,7	75	466,7
30	115,1	80	275,4	30	386,6	80	468,1
35	119,0	85	278,1	35	388,4	85	469,5
40	122,9	90	280,7	40	390,3	90	470,9
45	126,7	95	283,2	45	392,1	95	472,3
1,150	130,5	1,400	285,8	1,650	394,0	1,900	473,7
55	134,3	05	288,3	55	395,8	05	475,1
60	138,0	10	290,9	60	397,6	10	476,4
65	141,7	15	293,4	65	399,4	15	477,8
70	145,4	20	295,8	70	401,2	20	479,2
75	149,0	25	298,3	75	403,0	25	480,5
80	152,6	30	300,8	80	404,8	30	481,9
85	156,2	35	303,2	85	406,6	35	483,2
90	159,7	40	305,6	90	408,3	40	484,5
95	163,2	45	308,0	95	410,1	45	485,9
1,200	166,7	1,450	310,4	1,700	411,8	1,950	487,2
05	170,2	55	312,8	05	413,5	55	488,5
10	173,6	60	315,1	10	415,2	60	489,8
15	177,0	65	317,4	15	417,0	65	491,1
20	180,4	70	319,8	20	418,6	70	492,4
25	183,7	75	322,1	25	420,3	75	493,7
30	187,1	80	324,4	30	422,0	80	495,0
35	190,4	85	326,7	35	423,7	85	496,2
40	193,6	90	328,9	40	425,3	90	497,5
45	196,9	95	331,2	45	427,0	95	498,7
1,250	200,1	1,500	333,4	1,750	428,6	2,000	500,0

Tafel 45a.

Mutterskale für Aräometer nach Dichte von 1,000 bis 1,200.
Gesamtlänge 500 mm.

Dichte	Länge	Dichte	Länge	Dichte	Länge	Dichte	Länge
1,000	0,00	1,050	142,88	1,100	272,75	1,150	391,32
1	3,00	1	145,60	1	275,23	1	393,59
2	5,99	2	148,31	2	277,70	2	395,85
3	8,98	3	151,02	3	280,17	3	398,11
4	11,96	4	153,72	4	282,63	4	400,36
05	14,93	55	156,42	05	285,09	55	402,61
6	17,90	6	159,11	6	287,55	6	404,86
7	20,86	7	161,80	7	290,00	7	407,10
8	23,82	8	164,48	8	292,45	8	409,34
9	26,77	9	167,16	9	294,89	9	411,58
1,010	29,71	1,060	169,83	1,110	297,32	1,160	413,81
1	32,65	1	172,50	1	299,76	1	416,04
2	35,58	2	175,16	2	302,18	2	418,26
3	38,51	3	177,82	3	304,61	3	420,48
4	41,43	4	180,48	4	307,03	4	422,69
15	44,34	65	183,12	15	309,44	65	424,91
6	47,25	6	185,77	6	311,85	6	427,11
7	50,16	7	188,40	7	314,26	7	429,32
8	53,06	8	191,04	8	316,66	8	431,52
9	55,95	9	193,66	9	319,06	9	433,72
1,020	58,83	1,070	196,29	1,120	321,45	1,170	435,91
1	61,72	1	198,90	1	323,84	1	438,10
2	64,59	2	201,52	2	326,23	2	440,29
3	67,46	3	204,13	3	328,61	3	442,47
4	70,33	4	206,73	4	330,98	4	444,65
25	73,18	75	209,33	25	333,36	75	446,82
6	76,04	6	211,91	6	335,73	6	448,99
7	78,89	7	214,51	7	338,09	7	451,16
8	81,73	8	217,09	8	340,45	8	453,32
9	84,56	9	219,67	9	342,80	9	455,48
1,030	87,39	1,080	222,25	1,130	345,15	1,180	457,64
1	90,22	1	224,82	1	347,50	1	459,79
2	93,04	2	227,38	2	349,85	2	461,94
3	95,85	3	229,94	3	352,18	3	464,08
4	98,66	4	232,50	4	354,52	4	466,22
35	101,47	85	235,05	35	356,85	85	468,36
6	104,26	6	237,59	6	359,18	6	470,50
7	107,06	7	240,13	7	361,50	7	472,63
8	109,84	8	242,67	8	363,82	8	474,75
9	112,63	9	245,20	9	366,13	9	476,88
1,040	115,40	1,090	247,73	1,140	368,44	1,190	479,00
1	118,17	1	250,26	1	370,75	1	481,11
2	120,94	2	252,77	2	373,05	2	483,23
3	123,70	3	255,29	3	375,35	3	485,34
4	126,46	4	257,80	4	377,64	4	487,44
45	129,21	95	260,30	45	379,93	95	489,54
6	131,95	6	262,80	6	382,22	6	491,64
7	134,69	7	265,29	7	384,50	7	493,74
8	137,42	8	267,78	8	386,78	8	495,83
9	140,16	9	270,27	9	389,05	9	497,92
1,050	142,88	1,100	272,75	1,150	391,32	1,200	500,00

Tafel 45 b.

Mutterskale für Aräometer nach Dichte von 1,200 bis 1,400. Gesamtlänge 500 mm.

Dichte	Länge	Dichte	Länge	Dichte	Länge	Dichte	Länge
1,200	0,00	1,250	140,01	1,300	269,25	1,350	388,90
1	2,91	1	142,70	1	271,73	1	391,21
2	5,83	2	145,38	2	274,21	2	393,50
3	8,73	3	148,06	3	276,69	3	395,80
4	11,63	4	150,73	4	279,16	4	398,09
05	14,52	55	153,40	05	281,63	55	400,38
6	17,42	6	156,07	6	284,09	6	402,67
7	20,30	7	158,73	7	286,55	7	404,95
8	23,18	8	161,38	8	289,01	8	407,23
9	26,06	9	164,04	9	291,46	9	409,50
1,210	28,93	1,260	166,68	1,310	293,91	1,360	411,78
1	31,80	1	169,33	1	296,36	1	414,04
2	34,66	2	171,97	2	298,80	2	416,31
3	37,52	3	174,60	3	301,24	3	418,57
4	40,37	4	177,23	4	303,67	4	420,83
15	43,22	65	179,86	15	306,10	65	423,09
6	46,06	6	182,48	6	308,53	6	425,34
7	48,90	7	185,10	7	310,95	7	427,59
8	51,73	8	187,72	8	313,37	8	429,83
9	54,56	9	190,32	9	315,79	9	432,08
1,220	57,39	1,270	192,93	1,320	318,20	1,370	434,32
1	60,21	1	195,53	1	320,61	1	436,55
2	63,02	2	198,13	2	323,01	2	438,78
3	65,83	3	200,72	3	325,41	3	441,01
4	68,64	4	203,31	4	327,81	4	443,24
25	71,44	75	205,90	25	330,21	75	445,46
6	74,24	6	208,48	6	332,60	6	447,68
7	77,03	7	211,06	7	334,98	7	449,90
8	79,82	8	213,63	8	337,36	8	452,11
9	82,60	9	216,20	9	339,75	9	454,32
1,230	85,38	1,280	218,77	1,330	342,12	1,380	456,53
1	88,15	1	221,33	1	344,49	1	458,73
2	90,92	2	223,89	2	346,86	2	460,93
3	93,69	3	226,44	3	349,23	3	463,13
4	96,45	4	228,99	4	351,59	4	465,33
35	99,20	85	231,54	35	353,95	85	467,52
6	101,96	6	234,08	6	356,30	6	469,70
7	104,70	7	236,62	7	358,65	7	471,89
8	107,45	8	239,15	8	361,00	8	474,07
9	110,18	9	241,68	9	363,35	9	476,25
1,240	112,92	1,290	244,20	1,340	365,69	1,390	478,42
1	115,65	1	246,73	1	368,02	1	480,60
2	118,37	2	249,25	2	370,36	2	482,76
3	121,09	3	251,76	3	372,69	3	484,93
4	123,81	4	254,27	4	375,01	4	487,09
45	126,52	95	256,78	45	377,34	95	489,25
6	129,23	6	259,28	6	379,66	6	491,41
7	131,93	7	261,78	7	381,97	7	493,56
8	134,63	8	264,27	8	384,28	8	495,71
9	137,32	9	266,76	9	386,59	9	497,86
1,250	140,01	1,300	269,25	1,350	388,90	1,400	500,00

Tafel 45 c.

Mutterskale für Aräometer nach Dichte von 1,400 bis 1,600.
Gesamtlänge 500 mm.

Dichte	Länge	Dichte	Länge	Dichte	Länge	Dichte	Länge
1,400	0,00	1,450	137,95	1,500	266,68	1,550	387,11
1	2,86	1	140,61	1	269,17	1	389,44
2	5,71	2	143,26	2	271,65	2	391,76
3	8,56	3	145,92	3	274,13	3	394,09
4	11,40	4	148,57	4	276,61	4	396,41
05	14,24	55	151,21	05	279,08	55	398,72
6	17,07	6	153,86	6	281,55	6	401,04
7	19,91	7	156,50	7	284,02	7	403,35
8	22,73	8	159,13	8	286,48	8	405,66
9	25,56	9	161,77	9	288,94	9	407,96
1,410	28,37	1,460	164,40	1,510	291,40	1,560	410,26
1	31,19	1	167,02	1	293,85	1	412,56
2	34,00	2	169,64	2	296,30	2	414,86
3	36,81	3	172,26	3	298,75	3	417,15
4	39,61	4	174,88	4	301,20	4	419,45
15	42,41	65	177,49	15	303,64	65	421,73
6	45,20	6	180,10	6	306,08	6	424,02
7	47,99	7	182,70	7	308,51	7	426,30
8	50,78	8	185,30	8	310,94	8	428,58
9	53,56	9	187,90	9	313,37	9	430,85
1,420	56,34	1,470	190,49	1,520	315,80	1,570	433,13
1	59,12	1	193,08	1	318,22	1	435,39
2	61,89	2	195,66	2	320,64	2	437,66
3	64,66	3	198,25	3	323,06	3	439,93
4	67,42	4	200,83	4	325,47	4	442,19
25	70,18	75	203,40	25	327,88	75	444,45
6	72,94	6	205,98	6	330,28	6	446,70
7	75,69	7	208,55	7	332,68	7	448,95
8	78,44	8	211,11	8	335,09	8	451,20
9	81,18	9	213,67	9	337,48	9	453,45
1,430	83,92	1,480	216,23	1,530	339,88	1,580	455,70
1	86,66	1	218,79	1	342,27	1	457,94
2	89,39	2	221,34	2	344,66	2	460,18
3	92,12	3	223,88	3	347,04	3	462,42
4	94,85	4	226,43	4	349,43	4	464,65
35	97,57	85	228,97	35	351,80	85	466,88
6	100,29	6	231,51	6	354,18	6	469,10
7	103,00	7	234,04	7	356,55	7	471,33
8	105,71	8	236,57	8	358,92	8	473,55
9	108,42	9	239,10	9	361,29	9	475,77
1,440	111,12	1,490	241,63	1,540	363,65	1,590	477,99
1	113,82	1	244,15	1	366,01	1	480,20
2	116,52	2	246,66	2	368,37	2	482,41
3	119,21	3	249,18	3	370,72	3	484,62
4	121,90	4	251,69	4	373,07	4	486,82
45	124,58	95	254,19	45	375,42	95	489,03
6	127,26	6	256,70	6	377,76	6	491,23
7	129,94	7	259,20	7	380,10	7	493,43
8	132,61	8	261,70	8	382,44	8	495,62
9	135,28	9	264,19	9	384,78	9	497,81
1,450	137,95	1,500	266,68	1,550	387,11	1,600	500,00

Tafel 45 d.

Mutterskale für Aräometer nach Dichte von 1,600 bis 1,800.
Gesamtlänge 500 mm.

Dichte	Länge	Dichte	Länge	Dichte	Länge	Dichte	Länge
1,600	0,00	1,650	136,37	1,700	264,72	1,750	385,73
1	2,81	1	139,01	1	267,21	1	388,07
2	5,61	2	141,65	2	269,69	2	390,42
3	8,42	3	144,29	3	272,18	3	392,76
4	11,22	4	146,93	4	274,66	4	395,10
05	14,02	55	149,56	05	277,14	55	397,45
6	16,82	6	152,18	6	279,61	6	399,78
7	19,61	7	154,81	7	282,08	7	402,12
8	22,39	8	157,43	8	284,56	8	404,45
9	25,18	9	160,05	9	287,02	9	406,78
1,610	27,95	1,660	162,66	1,710	289,49	1,760	409,11
1	30,73	1	165,27	1	291,95	1	411,43
2	33,50	2	167,88	2	294,40	2	413,75
3	36,27	3	170,48	3	296,86	3	416,06
4	39,04	4	173,09	4	299,31	4	418,38
15	41,80	65	175,69	15	301,76	65	420,69
6	44,56	6	178,28	6	304,20	6	423,00
7	47,32	7	180,88	7	306,65	7	425,31
8	50,07	8	183,47	8	309,09	8	427,61
9	52,81	9	186,05	9	311,53	9	429,92
1,620	55,56	1,670	188,64	1,720	313,96	1,770	432,21
1	58,31	1	191,21	1	316,40	1	434,51
2	61,04	2	193,79	2	318,83	2	436,81
3	63,78	3	196,37	3	321,25	3	439,10
4	66,51	4	198,94	4	323,68	4	441,38
25	69,24	75	201,51	25	326,10	75	443,67
6	71,96	6	204,07	6	328,51	6	445,95
7	74,69	7	206,63	7	330,93	7	448,23
8	77,41	8	209,19	8	333,34	8	450,51
9	80,12	9	211,75	9	335,75	9	452,79
1,630	82,83	1,680	214,30	1,730	338,16	1,780	455,06
1	85,54	1	216,85	1	340,56	1	457,33
2	88,24	2	219,39	2	342,96	2	459,60
3	90,94	3	221,94	3	345,36	3	461,86
4	93,64	4	224,48	4	347,76	4	464,13
35	96,34	85	227,02	35	350,15	85	466,39
6	99,03	6	229,55	6	352,54	6	468,65
7	101,71	7	232,08	7	354,93	7	470,90
8	104,40	8	234,61	8	357,31	8	473,15
9	107,08	9	237,14	9	359,70	9	475,41
1,640	109,76	1,690	239,66	1,740	362,08	1,790	477,65
1	112,44	1	242,18	1	364,46	1	479,90
2	115,11	2	244,70	2	366,83	2	482,14
3	117,78	3	247,21	3	369,20	3	484,38
4	120,45	4	249,72	4	371,57	4	486,62
45	123,11	95	252,23	45	373,94	95	488,86
6	125,77	6	254,73	6	376,30	6	491,09
7	128,42	7	257,23	7	378,66	7	493,32
8	131,07	8	259,73	8	381,02	8	495,55
9	133,72	9	262,23	9	383,37	9	497,78
1,650	136,37	1,700	264,72	1,750	385,73	1,800	500,00

Tafel 45 e.

Mutterskale für Aräometer nach Dichte von 1,800 bis 2,000.
Gesamtlänge 500 mm.

Dichte	Länge	Dichte	Länge	Dichte	Länge	Dichte	Länge
1,800	0,00	1,850	135,14	1,900	263,17	1,950	384,62
1	2,78	1	137,76	1	265,67	1	386,99
2	5,55	2	140,39	2	268,16	2	389,36
3	8,32	3	143,01	3	270,64	3	391,72
4	11,08	4	145,63	4	273,13	4	394,08
05	13,85	55	148,25	05	275,61	55	396,42
6	16,61	6	150,87	6	278,08	6	398,78
7	19,36	7	153,48	7	280,56	7	401,14
8	22,12	8	156,08	8	283,03	8	403,49
9	24,87	9	158,69	9	285,50	9	405,83
1,810	27,62	1,860	161,29	1,910	287,96	1,960	408,17
1	30,37	1	163,89	1	290,44	1	410,52
2	33,11	2	166,48	2	292,90	2	412,85
3	35,85	3	169,08	3	295,36	3	415,19
4	38,59	4	171,67	4	297,82	4	417,53
15	41,32	65	174,26	15	300,27	65	419,86
6	44,06	6	176,85	6	302,73	6	422,19
7	46,78	7	179,43	7	305,17	7	424,52
8	49,51	8	182,01	8	307,62	8	426,84
9	52,23	9	184,59	9	310,07	9	429,16
1,820	54,95	1,870	187,17	1,920	312,51	1,970	431,48
1	57,66	1	189,74	1	314,95	1	433,80
2	60,38	2	192,32	2	317,39	2	436,12
3	63,09	3	194,88	3	319,83	3	438,43
4	65,79	4	197,44	4	322,26	4	440,74
25	68,50	75	200,00	25	324,69	75	443,05
6	71,20	6	202,56	6	327,12	6	445,36
7	73,89	7	205,12	7	329,54	7	447,66
8	76,59	8	207,67	8	331,96	8	449,96
9	79,28	9	210,23	9	334,39	9	452,26
1,830	81,97	1,880	212,77	1,930	336,81	1,980	454,55
1	84,66	1	215,32	1	339,22	1	456,85
2	87,34	2	217,86	2	341,64	2	459,14
3	90,02	3	220,40	3	344,05	3	461,43
4	92,70	4	222,94	4	346,45	4	463,72
35	95,37	85	225,47	35	348,86	85	466,00
6	98,04	6	228,00	6	351,26	6	468,29
7	100,71	7	230,53	7	353,66	7	470,57
8	103,38	8	233,06	8	356,06	8	472,85
9	106,04	9	235,58	9	358,45	9	475,12
1,840	108,70	1,890	238,11	1,940	360,84	1,990	477,40
1	111,35	1	240,62	1	363,23	1	479,66
2	114,01	2	243,14	2	365,62	2	481,93
3	116,66	3	245,65	3	368,01	3	484,20
4	119,30	4	248,16	4	370,39	4	486,47
45	121,95	95	250,67	45	372,77	95	488,73
6	124,59	6	253,18	6	375,15	6	490,99
7	127,23	7	255,68	7	377,52	7	493,25
8	129,87	8	258,18	8	379,89	8	495,51
9	132,51	9	260,68	9	382,26	9	497,76
1,850	135,14	1,900	263,17	1,950	384,62	2,000	500,00

Tafel 46a und 46b.

Mutterskale für Alkoholometer nach Gewichtsprozent (15° C). Gesamtlänge 500 mm.

Tafel 46a.

Prozent	Länge	Prozent	Länge	Prozent	Länge
10,0	0,0	30,0	115,6	50,0	300,1
5	2,8	5	119,2	5	305,5
11,0	5,6	31,0	122,9	51,0	310,9
5	8,4	5	126,7	5	316,4
12,0	11,1	32,0	130,5	52,0	322,0
5	13,8	5	134,3	5	327,5
13,0	16,5	33,0	138,2	53,0	333,1
5	19,2	5	142,2	5	338,8
14,0	21,8	34,0	146,2	54,0	344,4
5	24,4	5	150,3	5	350,1
15,0	27,0	35,0	154,5	55,0	355,8
5	29,6	5	158,7	5	361,5
16,0	32,2	36,0	162,9	56,0	367,2
5	34,8	5	167,2	5	373,0
17,0	37,4	37,0	171,5	57,0	378,8
5	40,1	5	175,9	5	384,6
18,0	42,7	38,0	180,3	58,0	390,5
5	45,3	5	184,8	5	396,3
19,0	48,0	39,0	189,4	59,0	402,2
5	50,7	5	193,9	5	408,2
20,0	53,4	40,0	198,6	60,0	414,1
5	56,1	5	203,3	5	420,1
21,0	58,9	41,0	208,0	61,0	426,1
5	61,7	5	212,8	5	432,1
22,0	64,5	42,0	217,6	62,0	438,2
5	67,3	5	222,5	5	444,2
23,0	70,2	43,0	227,4	63,0	450,3
5	73,2	5	232,3	5	456,5
24,0	76,2	44,0	237,3	64,0	462,6
5	79,2	5	242,3	5	468,8
25,0	82,2	45,0	247,4	65,0	475,0
5	85,3	5	252,5	5	481,2
26,0	88,5	46,0	257,6	66,0	487,4
5	91,7	5	262,8	5	493,7
27,0	94,9	47,0	268,0	67,0	500,0
5	98,3	5	273,3		
28,0	101,6	48,0	278,6		
5	105,0	5	283,9		
29,0	108,5	49,0	289,2		
5	112,0	5	294,6		

Tafel 46b.

Prozent	Länge	Prozent	Länge	Prozent	Länge	Prozent	Länge	Prozent	Länge
65,0	0,0	73,0	96,3	81,0	199,8	89,0	313,3	97,0	444,2
2	2,3	2	98,8	2	202,5	2	316,3	2	447,7
4	4,7	4	101,3	4	205,2	4	319,3	4	451,3
6	7,0	6	103,8	6	207,9	6	322,4	6	455,0
8	9,3	8	106,3	8	210,6	8	325,4	8	458,6
66,0	11,7	74,0	108,8	82,0	213,3	90,0	328,5	98,0	462,3
2	14,0	2	111,3	2	216,0	2	331,5	2	465,9
4	16,4	4	113,9	4	218,7	4	334,6	4	469,6
6	18,7	6	116,4	6	221,5	6	337,7	6	473,4
8	21,1	8	118,9	8	224,2	8	340,8	8	477,1
67,0	23,5	75,0	121,5	83,0	227,0	91,0	343,9	99,0	480,9
2	25,9	2	124,0	2	229,7	2	347,1	2	484,7
4	28,2	4	126,5	4	232,5	4	350,2	4	488,5
6	30,6	6	129,1	6	235,2	6	353,4	6	492,3
8	33,0	8	131,6	8	238,0	8	356,5	8	496,1
68,0	35,4	76,0	134,2	84,0	240,8	92,0	359,7	100,0	500,0
2	37,8	2	136,7	2	243,6	2	362,9		
4	40,2	4	139,3	4	246,4	4	366,1		
6	42,6	6	141,9	6	249,2	6	369,4		
8	45,0	8	144,4	8	252,1	8	372,6		
69,0	47,4	77,0	147,0	85,0	254,9	93,0	375,9		
2	49,8	2	149,6	2	257,7	2	379,1		
4	52,2	4	152,2	4	360,6	4	382,4		
6	54,6	6	154,8	6	263,4	6	385,7		
8	57,0	8	157,4	8	266,3	8	389,0		
70,0	59,4	78,0	160,0	86,0	269,1	94,0	392,3		
2	61,9	2	162,6	2	272,0	2	395,7		
4	64,3	4	165,2	4	274,9	4	399,0		
6	66,8	6	167,8	6	277,8	6	402,4		
8	69,2	8	170,5	8	280,7	8	405,8		
71,0	71,7	79,0	173,1	87,0	283,6	95,0	409,2		
2	74,1	2	175,7	2	286,5	2	412,6		
4	76,6	4	178,4	4	289,4	4	416,1		
6	79,0	6	181,0	6	292,4	6	419,5		
8	81,5	8	183,7	8	295,3	8	423,0		
72,0	83,9	80,0	186,4	88,0	298,3	96,0	426,5		
2	86,4	2	189,0	2	301,3	2	430,0		
4	88,9	4	191,7	4	304,3	4	433,5		
6	91,3	6	194,4	6	307,3	6	437,0		
8	93,8	8	197,1	8	310,3	8	440,6		

Tafel 47.

Mutterskale für Alkoholometer nach Gewichtsprozent (15° C.).
Gesamtlänge 1000 mm.

Pro-zent	Länge	Pro-zent	Länge	Pro-zent	Länge	Pro-zent	Länge	Pro-zent	Länge
0,0	0,000	5,0	34,258	10,0	63,045	15,0	88,125	20,0	112,625
1	0,735	1	34,886	1	63,574	1	88,610	1	113,130
2	1,468	2	35,511	2	64,101	2	89,095	2	113,636
3	2,199	3	36,134	3	64,626	3	89,580	3	114,143
4	2,928	4	36,755	4	65,150	4	90,065	4	114,651
5	3,655	5	37,374	5	65,673	5	90,549	5	115,161
6	4,380	6	37,990	6	66,194	6	91,033	6	115,672
7	5,103	7	38,604	7	66,714	7	91,517	7	116,184
8	5,825	8	39,216	8	67,232	8	92,001	8	116,697
9	6,546	9	39,826	9	67,749	9	92,485	9	117,211
1,0	7,265	6,0	40,434	11,0	68,265	16,0	92,969	21,0	117,725
1	7,982	1	41,040	1	68,780	1	93,453	1	118,240
2	8,697	2	41,644	2	69,293	2	93,937	2	118,757
3	9,410	3	42,245	3	69,805	3	94,422	3	119,275
4	10,121	4	42,843	4	70,316	4	94,906	4	119,794
5	10,830	5	43,439	5	70,825	5	95,391	5	120,315
6	11,536	6	44,033	6	71,333	6	95,875	6	120,837
7	12,240	7	44,625	7	71,840	7	96,360	7	121,360
8	12,942	8	45,215	8	72,346	8	96,844	8	121,884
9	13,642	9	45,803	9	72,852	9	97,329	9	122,409
2,0	14,340	7,0	46,389	12,0	73,357	17,0	97,814	22,0	122,936
1	15,036	1	46,973	1	73,861	1	98,299	1	123,464
2	15,730	2	47,554	2	74,363	2	98,785	2	123,994
3	16,422	3	48,133	3	74,864	3	99,271	3	124,527
4	17,112	4	48,710	4	75,364	4	99,758	4	125,061
5	17,800	5	49,286	5	75,863	5	100,245	5	125,595
6	18,486	6	49,859	6	76,361	6	100,733	6	126,131
7	19,169	7	50,430	7	76,858	7	101,221	7	126,667
8	19,850	8	50,999	8	77,355	8	101,710	8	127,206
9	20,529	9	51,565	9	77,851	9	102,199	9	127,745
3,0	21,206	8,0	52,129	13,0	78,346	18,0	102,689	23,0	128,285
1	21,881	1	52,692	1	78,840	1	103,180	1	128,828
2	22,553	2	53,253	2	79,334	2	103,671	2	129,373
3	23,223	3	53,813	3	79,827	3	104,163	3	129,919
4	23,891	4	54,370	4	80,319	4	104,655	4	130,466
5	24,557	5	54,926	5	80,811	5	105,148	5	131,014
6	25,220	6	55,479	6	81,302	6	105,641	6	131,563
7	25,881	7	56,031	7	81,792	7	106,135	7	132,115
8	26,540	8	56,580	8	82,282	8	106,629	8	132,668
9	27,196	9	57,128	9	82,771	9	107,124	9	133,224
4,0	27,850	9,0	57,675	14,0	83,259	19,0	107,619	24,0	133,781
1	28,502	1	58,220	1	83,747	1	108,115	1	134,338
2	29,151	2	58,763	2	84,235	2	108,613	2	134,897
3	29,798	3	59,304	3	84,722	3	109,112	3	135,459
4	30,443	4	59,843	4	85,209	4	109,611	4	136,021
5	31,085	5	60,380	5	85,696	5	110,111	5	136,584
6	31,724	6	60,916	6	86,182	6	110,612	6	137,151
7	32,361	7	61,451	7	86,668	7	111,114	7	137,718
8	32,996	8	61,984	8	87,154	8	111,617	8	138,289
9	33,628	9	62,515	9	87,640	9	112,121	9	138,861
5,0	34,258	10,0	63,045	15,0	88,125	20,0	112,625	25,0	139,436

Tafel 47.

Mutterskale für Alkoholometer nach Gewichtsprozent (15° C.).
Gesamtlänge 1000 mm.

Prozent	Länge	Prozent	Länge	Prozent	Länge	Prozent	Länge	Prozent	Länge
25,0	139,44	30,0	170,47	35,0	206,53	40,0	247,53	45,0	292,88
1	140,01	1	171,14	1	207,30	1	248,40	1	293,82
2	140,59	2	171,82	2	208,07	2	249,27	2	294,77
3	141,17	3	172,49	3	208,85	3	250,14	3	295,72
4	141,75	4	173,17	4	209,63	4	251,01	4	296,67
5	142,33	5	173,85	5	210,41	5	251,88	5	297,62
6	142,91	6	174,53	6	211,19	6	252,76	6	298,57
7	143,50	7	175,21	7	211,98	7	253,64	7	299,52
8	144,08	8	175,90	8	212,77	8	254,52	8	300,48
9	144,67	9	176,58	9	213,56	9	255,40	9	301,44
26,0	145,26	31,0	177,27	36,0	214,35	41,0	256,28	46,0	302,39
1	145,86	1	177,96	1	215,14	1	257,16	1	303,35
2	146,45	2	178,66	2	215,93	2	258,05	2	304,31
3	147,05	3	179,35	3	216,73	3	258,94	3	305,27
4	147,65	4	180,05	4	217,53	4	259,82	4	306,24
5	148,25	5	180,75	5	218,33	5	260,71	5	307,20
6	148,85	6	181,45	6	219,13	6	261,60	6	308,17
7	149,45	7	182,16	7	219,94	7	262,50	7	309,14
8	150,06	8	182,86	8	220,74	8	263,39	8	310,11
9	150,67	9	183,57	9	221,55	9	264,29	9	311,08
27,0	151,28	32,0	184,28	37,0	222,36	42,0	265,19	47,0	312,05
1	151,89	1	184,99	1	223,17	1	266,09	1	313,02
2	152,50	2	185,70	2	223,98	2	267,00	2	313,99
3	153,11	3	186,42	3	224,80	3	267,90	3	314,97
4	153,73	4	187,14	4	225,62	4	268,80	4	315,95
5	154,35	5	187,86	5	226,44	5	269,71	5	316,93
6	154,97	6	188,58	6	227,26	6	270,62	6	317,91
7	155,59	7	189,31	7	228,08	7	271,53	7	318,89
8	156,22	8	190,03	8	228,91	8	272,44	8	319,87
9	156,85	9	190,76	9	229,74	9	273,35	9	320,85
28,0	157,48	33,0	191,49	38,0	230,57	43,0	274,27	48,0	321,84
1	158,11	1	192,22	1	231,40	1	275,18	1	322,82
2	158,74	2	192,96	2	232,23	2	276,10	2	323,81
3	159,37	3	193,70	3	233,07	3	277,02	3	324,80
4	160,01	4	194,44	4	233,90	4	277,94	4	325,79
5	160,66	5	195,18	5	234,74	5	278,86	5	326,78
6	161,29	6	195,92	6	235,58	6	279,79	6	327,77
7	161,94	7	196,66	7	236,42	7	280,71	7	328,76
8	162,58	8	197,41	8	237,26	8	281,64	8	329,75
9	163,23	9	198,16	9	238,11	9	282,57	9	330,75
29,0	163,87	34,0	198,91	39,0	238,96	44,0	283,50	49,0	331,75
1	164,52	1	199,66	1	239,81	1	284,43	1	332,75
2	165,18	2	200,41	2	240,66	2	285,36	2	333,74
3	165,83	3	201,17	3	241,52	3	286,30	3	334,74
4	166,49	4	201,93	4	242,37	4	287,24	4	335,74
5	167,15	5	202,69	5	243,23	5	288,17	5	336,75
6	167,81	6	203,45	6	244,09	6	289,11	6	337,75
7	168,47	7	204,22	7	244,95	7	290,05	7	338,76
8	169,14	8	204,99	8	245,81	8	290,99	8	339,76
9	169,80	9	205,76	9	246,67	9	291,93	9	340,77
30,0	170,47	35,0	206,53	40,0	247,53	45,0	292,88	50,0	341,78

Tafel 47.

Mutterskale für Alkoholometer nach Gewichtsprozent (15° C.).
Gesamtlänge 1 000 mm.

Prozent	Länge	Prozent	Länge	Prozent	Länge	Prozent	Länge	Prozent	Länge
50,0	341,78	55,0	393,57	60,0	447,82	65,0	504,37	70,0	563,27
1	342,79	1	394,63	1	448,93	1	505,53	1	564,47
2	343,80	2	395,69	2	450,04	2	506,68	2	565,67
3	344,81	3	396,75	3	451,15	3	507,84	3	566,88
4	345,82	4	397,82	4	452,26	4	508,99	4	568,09
5	346,83	5	398,88	5	453,37	5	510,15	5	569,29
6	347,85	6	399,95	6	454,49	6	511,31	6	570,50
7	348,86	7	401,02	7	455,60	7	512,47	7	571,70
8	349,88	8	402,09	8	456,72	8	513,63	8	572,91
9	350,90	9	403,16	9	457,83	9	514,79	9	574,12
51,0	351,92	56,0	404,23	61,0	458,95	66,0	515,95	71,0	575,34
1	352,94	1	405,30	1	460,07	1	517,12	1	576,55
2	353,96	2	406,37	2	461,19	2	518,28	2	577,77
3	354,98	3	407,45	3	462,31	3	519,45	3	578,98
4	356,01	4	408,52	4	463,43	4	520,62	4	580,20
5	357,04	5	409,60	5	464,55	5	521,79	5	581,42
6	358,06	6	410,67	6	465,67	6	522,96	6	582,64
7	359,09	7	411,75	7	466,79	7	524,13	7	583,86
8	360,12	8	412,83	8	467,92	8	525,30	8	585,08
9	361,15	9	413,91	9	469,04	9	526,47	9	586,30
52,0	362,18	57,0	414,99	62,0	470,16	67,0	527,64	72,0	587,52
1	363,21	1	416,07	1	471,29	1	528,81	1	588,74
2	364,25	2	417,15	2	472,42	2	529,99	2	589,97
3	365,28	3	418,23	3	473,55	3	531,16	3	591,20
4	366,32	4	419,32	4	474,68	4	532,34	4	592,42
5	367,35	5	420,40	5	475,81	5	533,52	5	593,65
6	368,39	6	421,48	6	476,94	6	534,70	6	594,88
7	369,42	7	422,57	7	478,07	7	535,88	7	596,11
8	370,46	8	423,66	8	479,21	8	537,06	8	597,34
9	371,50	9	424,75	9	480,34	9	538,24	9	598,57
53,0	372,54	58,0	425,84	63,0	481,48	68,0	539,42	73,0	599,81
1	373,58	1	426,93	1	482,61	1	540,60	1	601,04
2	374,62	2	428,02	2	483,75	2	541,79	2	602,28
3	375,67	3	429,11	3	484,89	3	542,97	3	603,51
4	376,71	4	430,21	4	486,03	4	544,16	4	604,75
5	377,76	5	431,30	5	487,17	5	545,34	5	605,99
6	378,81	6	432,40	6	488,31	6	546,53	6	607,23
7	379,85	7	433,49	7	489,45	7	547,72	7	608,47
8	380,90	8	434,59	8	490,59	8	548,91	8	609,71
9	381,95	9	435,68	9	491,73	9	550,10	9	610,96
54,0	383,00	59,0	436,78	64,0	492,88	69,0	551,29	74,0	612,20
1	384,05	1	437,88	1	494,02	1	552,48	1	613,44
2	385,11	2	438,98	2	495,17	2	553,68	2	614,69
3	386,16	3	440,08	3	496,32	3	554,87	3	615,94
4	387,22	4	441,18	4	497,47	4	556,07	4	617,19
5	388,27	5	442,29	5	498,62	5	557,27	5	618,44
6	389,33	6	443,39	6	499,77	6	558,47	6	619,69
7	390,39	7	444,50	7	500,92	7	559,67	7	620,94
8	391,45	8	445,60	8	502,07	8	560,87	8	622,19
9	392,51	9	446,71	9	503,22	9	562,07	9	623,45
55,0	393,57	60,0	447,82	65,0	504,37	70,0	563,27	75,0	624,70

Tafel 47.

Mutterskale für Alkoholometer nach Gewichtsprozent (15° C.).
Gesamtlänge 1000 mm.

Pro-zent	Länge	Pro-zent	Länge	Pro-zent	Länge	Pro-zent	Länge	Pro-zent	Länge
75,0	624,70	80,0	689,05	85,0	757,01	90,0	829,93	95,0	910,01
1	625,96	1	690,37	1	758,41	1	831,45	1	911,70
2	627,22	2	691,69	2	759,82	2	832,98	2	913,40
3	628,47	3	693,02	3	761,23	3	834,51	3	915,10
4	629,73	4	694,34	4	762,64	4	836,05	4	916,81
5	631,00	5	695,67	5	764,05	5	837,58	5	918,52
6	632,26	6	697,00	6	765,47	6	839,12	6	920,24
7	633,52	7	698,33	7	766,88	7	840,66	7	921,96
8	634,79	8	699,66	8	768,30	8	842,20	8	923,68
9	636,06	9	700,99	9	769,72	9	843,74	9	925,40
76,0	637,32	81,0	702,32	86,0	771,14	91,0	845,29	96,0	927,13
1	638,59	1	703,66	1	772,56	1	846,84	1	928,86
2	639,86	2	705,00	2	773,99	2	848,40	2	930,60
3	641,13	3	706,34	3	775,42	3	849,95	3	932,35
4	642,40	4	707,68	4	776,85	4	851,51	4	934,10
5	643,68	5	709,02	5	778,29	5	853,08	5	935,85
6	644,95	6	710,36	6	779,72	6	854,65	6	937,61
7	646,23	7	711,70	7	781,16	7	856,22	7	939,37
8	647,50	8	713,05	8	782,60	8	857,79	8	941,13
9	648,78	9	714,40	9	784,04	9	859,37	9	942,90
77,0	650,06	82,0	715,75	87,0	785,48	92,0	860,95	97,0	944,67
1	651,34	1	717,10	1	786,93	1	862,54	1	946,45
2	652,63	2	718,45	2	788,38	2	864,13	2	948,24
3	653,91	3	719,80	3	789,83	3	865,72	3	950,03
4	655,19	4	721,16	4	791,28	4	867,31	4	951,82
5	656,48	5	722,52	5	792,73	5	868,91	5	953,61
6	657,76	6	723,88	6	794,19	6	870,51	6	955,40
7	659,05	7	725,24	7	795,65	7	872,11	7	957,21
8	660,34	8	726,60	8	797,11	8	873,72	8	959,02
9	661,64	9	727,96	9	798,58	9	875,33	9	960,83
78,0	662,93	83,0	729,33	88,0	800,05	93,0	876,94	98,0	962,65
1	664,22	1	730,70	1	801,52	1	878,56	1	964,47
2	665,52	2	732,07	2	802,99	2	880,18	2	966,29
3	666,81	3	733,44	3	804,46	3	881,81	3	968,12
4	668,11	4	734,81	4	805,94	4	883,44	4	969,96
5	669,41	5	736,18	5	807,42	5	885,08	5	971,80
6	670,71	6	737,56	6	808,90	6	886,71	6	973,65
7	672,01	7	738,93	7	810,39	7	888,35	7	975,50
8	673,31	8	740,31	8	811,88	8	889,99	8	977,35
9	674,62	9	741,69	9	813,37	9	891,64	9	979,22
79,0	675,93	84,0	743,08	89,0	814,86	94,0	893,29	99,0	981,09
1	677,23	1	744,46	1	816,35	1	894,94	1	982,96
2	678,54	2	745,85	2	817,85	2	896,60	2	984,84
3	679,85	3	747,24	3	819,35	3	898,26	3	986,72
4	681,16	4	748,63	4	820,85	4	899,93	4	988,60
5	682,47	5	750,02	5	822,36	5	901,60	5	990,48
6	683,78	6	751,42	6	823,86	6	903,28	6	992,37
7	685,10	7	752,81	7	825,38	7	904,96	7	994,27
8	686,41	8	754,21	8	826,89	8	906,64	8	996,18
9	687,73	9	755,61	9	828,41	9	908,32	9	998,09
80,0	689,05	85,0	757,01	90,0	829,93	95,0	910,01	100,0	1000,00

Tafel 48.

Mutterskale für Alkoholometer nach Volumenprozent Tralles
($12^4/_9°$ R.) von 0 bis 100 Prozent. Gesamtlänge 1000 mm.

Pro-zent	Länge	Pro-zent	Länge	Pro-zent	Länge	Pro-zent	Länge	Pro-zent	Länge
0,0	0,00	5,0	27,97	10,0	52,43	15,0	74,04	20,0	94,39
1	0,60	1	28,49	1	52,88	1	74,46	1	94,80
2	1,19	2	29,01	2	53,34	2	74,87	2	95,21
3	1,78	3	29,53	3	53,79	3	75,28	3	95,61
4	2,37	4	30,05	4	54,25	4	75,69	4	96,02
5	2,96	5	30,57	5	54,70	5	76,11	5	96,43
6	3,55	6	31,08	6	55,15	6	76,52	6	96,84
7	4,14	7	31,60	7	55,60	7	76,93	7	97,24
8	4,72	8	32,11	8	56,04	8	77,34	8	97,65
9	5,30	9	32,62	9	56,49	9	77,75	9	98,06
1,0	5,89	6,0	33,13	11,0	56,94	16,0	78,16	21,0	98,46
1	6,47	1	33,64	1	57,39	1	78,57	1	98,87
2	7,05	2	34,15	2	57,83	2	78,98	2	99,28
3	7,63	3	34,65	3	58,27	3	79,39	3	99,69
4	8,20	4	35,16	4	58,72	4	79,80	4	100,10
5	8,77	5	35,66	5	59,16	5	80,20	5	100,51
6	9,35	6	36,16	6	59,60	6	80,61	6	100,92
7	9,92	7	36,66	7	60,03	7	81,02	7	101,33
8	10,49	8	37,16	8	60,47	8	81,43	8	101,74
9	11,06	9	37,66	9	60,91	9	81,83	9	102,15
2,0	11,62	7,0	38,16	12,0	61,34	17,0	82,24	22,0	102,56
1	12,19	1	38,65	1	61,78	1	82,65	1	102,98
2	12,75	2	39,15	2	62,21	2	83,05	2	103,39
3	13,32	3	39,64	3	62,64	3	83,46	3	103,80
4	13,88	4	40,13	4	63,08	4	83,86	4	104,21
5	14,44	5	40,62	5	63,51	5	84,27	5	104,63
6	15,00	6	41,11	6	63,94	6	84,68	6	105,04
7	15,55	7	41,59	7	64,37	7	85,08	7	105,45
8	16,11	8	42,08	8	64,79	8	85,49	8	105,87
9	16,66	9	42,56	9	65,22	9	85,89	9	106,28
3,0	17,21	8,0	43,05	13,0	65,65	18,0	86,30	23,0	106,70
1	17,77	1	43,53	1	66,08	1	86,70	1	107,12
2	18,31	2	44,01	2	66,50	2	87,11	2	107,53
3	18,86	3	44,49	3	66,93	3	87,51	3	107,95
4	19,41	4	44,97	4	67,35	4	87,92	4	108,37
5	19,96	5	45,44	5	67,77	5	88,32	5	108,79
6	20,50	6	45,92	6	68,20	6	88,73	6	109,21
7	21,04	7	46,39	7	68,62	7	89,13	7	109,63
8	21,58	8	46,86	8	69,04	8	89,54	8	110,05
9	22,12	9	47,33	9	69,46	9	89,94	9	110,47
4,0	22,66	9,0	47,80	14,0	69,88	19,0	90,34	24,0	110,89
1	23,20	1	48,27	1	70,30	1	90,75	1	111,31
2	23,73	2	48,74	2	70,71	2	91,15	2	111,73
3	24,27	3	49,20	3	71,13	3	91,56	3	112,15
4	24,80	4	49,67	4	71,55	4	91,96	4	112,58
5	25,33	5	50,13	5	71,97	5	92,37	5	113,00
6	25,86	6	50,59	6	72,38	6	92,77	6	113,43
7	26,39	7	51,05	7	72,80	7	93,18	7	113,86
8	26,92	8	51,51	8	73,21	8	93,58	8	114,28
9	27,44	9	51,97	9	73,63	9	93,99	9	114,71
5,0	27,97	10,0	52,43	15,0	74,04	20,0	94,39	25,0	115,14

Tafel 48.

Mutterskale für Alkoholometer nach Volumenprozent Tralles
($124/_9°$ R.) von o bis 100 Prozent. Gesamtlänge 1000 mm.

Prozent	Länge	Prozent	Länge	Prozent	Länge	Prozent	Länge	Prozent	Länge
25,0	115,14	30,0	137,98	35,0	164,24	40,0	194,80	45,0	230,02
1	115,57	1	138,47	1	164,80	1	195,46	1	230,78
2	116,00	2	138,96	2	165,37	2	196,12	2	231,54
3	116,43	3	139,45	3	165,94	3	196,78	3	232,29
4	116,86	4	139,95	4	166,51	4	197,45	4	233,05
5	117,30	5	140,44	5	167,09	5	198,11	5	233,81
6	117,73	6	140,94	6	167,66	6	198,78	6	234,58
7	118,17	7	141,44	7	168,24	7	199,45	7	235,34
8	118,60	8	141,94	8	168,82	8	200,12	8	236,11
9	119,04	9	142,44	9	169,40	9	200,80	9	236,88
26,0	119,48	31,0	142,94	36,0	169,98	41,0	201,47	46,0	237,66
1	119,92	1	143,44	1	170,56	1	202,15	1	238,43
2	120,36	2	143,95	2	171,15	2	202,83	2	239,21
3	120,80	3	144,45	3	171,74	3	203,51	3	239,98
4	121,24	4	144,96	4	172,33	4	204,19	4	240,76
5	121,69	5	145,47	5	172,92	5	204,87	5	241,54
6	122,13	6	145,98	6	173,51	6	205,56	6	242,33
7	122,58	7	146,49	7	174,11	7	206,25	7	243,11
8	123,02	8	147,01	8	174,71	8	206,94	8	243,90
9	123,47	9	147,52	9	175,31	9	207,63	9	244,69
27,0	123,92	32,0	148,04	37,0	175,91	42,0	208,32	47,0	245,49
1	124,37	1	148,55	1	176,51	1	209,02	1	246,28
2	124,82	2	149,07	2	177,11	2	209,72	2	247,08
3	125,28	3	149,59	3	177,72	3	210,42	3	247,87
4	125,73	4	150,11	4	178,33	4	211,12	4	248,67
5	126,19	5	150,64	5	178,94	5	211,82	5	249,48
6	126,64	6	151,16	6	179,56	6	212,53	6	250,28
7	127,10	7	151,69	7	180,17	7	213,24	7	251,09
8	127,56	8	152,22	8	180,79	8	213,94	8	251,90
9	128,02	9	152,75	9	181,41	9	214,66	9	252,71
28,0	128,48	33,0	153,28	38,0	182,03	43,0	215,37	48,0	253,52
1	128,94	1	153,81	1	182,65	1	216,08	1	254,34
2	129,41	2	154,35	2	183,27	2	216,80	2	255,15
3	129,87	3	154,88	3	183,90	3	217,52	3	255,97
4	130,34	4	155,42	4	184,52	4	218,24	4	256,79
5	130,81	5	155,96	5	185,15	5	218,96	5	257,62
6	131,27	6	156,50	6	185,78	6	219,68	6	258,44
7	131,75	7	157,04	7	186,41	7	220,41	7	259,27
8	132,22	8	157,59	8	187,05	8	221,14	8	260,10
9	132,69	9	158,13	9	187,68	9	221,87	9	260,93
29,0	133,17	34,0	158,68	39,0	188,32	44,0	222,60	49,0	261,76
1	133,64	1	159,22	1	188,96	1	223,33	1	262,59
2	134,12	2	159,77	2	189,60	2	224,06	2	263,43
3	134,60	3	160,33	3	190,25	3	224,80	3	264,27
4	135,08	4	160,88	4	190,89	4	225,54	4	265,11
5	135,56	5	161,43	5	191,54	5	226,28	5	265,95
6	136,04	6	161,99	6	192,19	6	227,02	6	266,79
7	136,52	7	162,55	7	192,84	7	227,77	7	267,64
8	137,01	8	163,11	8	193,49	8	228,52	8	268,49
9	137,49	9	163,67	9	194,15	9	229,27	9	269,34
30,0	137,98	35,0	164,24	4,00	194,80	45,0	230,02	50,0	270,19

Tafel 48.

Mutterskale für Alkoholometer nach Volumenprozent Tralles
(12⁴/₉° R.) von o bis 100 Prozent.   Gesamtlänge 1000 mm.

Pro-zent	Länge	Pro-zent	Länge	Pro-zent	Länge	Pro-zent	Länge	Pro-zent	Länge
50,0	270,19	55,0	315,04	60,0	364,31	65,0	417,82	70,0	475,56
1	271,04	1	315,98	1	365,34	1	418,93	1	476,76
2	271,90	2	316,92	2	366,38	2	420,04	2	477,96
3	272,75	3	317,87	3	367,41	3	421,15	3	479,17
4	273,61	4	318,82	4	368,45	4	422,27	4	480,38
5	274,47	5	319,76	5	369,48	5	423,39	5	481,59
6	275,34	6	320,71	6	370,52	6	424,51	6	482,80
7	276 20	7	321,67	7	371,56	7	425,63	7	484,02
8	277,07	8	322,62	8	372,60	8	426,75	8	485,23
9	277,93	9	323,58	9	373,65	9	427,88	9	486,45
51,0	278,80	56,0	324,54	61,0	374,69	66,0	429,00	71,0	487,67
1	279,68	1	325,49	1	375,74	1	430,13	1	488,89
2	280,55	2	326,46	2	376,79	2	431,26	2	490,11
3	281,43	3	327,42	3	377,84	3	432,39	3	491,34
4	282,30	4	328,38	4	378,89	4	433,53	4	492,57
5	283,18	5	329,35	5	379,95	5	434,66	5	493,80
6	284,06	6	330,32	6	381 00	6	435,80	6	495,03
7	284,94	7	331,29	7	382,06	7	436,94	7	496,26
8	285,83	8	332,26	8	383,12	8	438,08	8	497,50
9	286,71	9	333,24	9	384,18	9	439,22	9	498,74
52,0	287,60	57,0	334,21	62,0	385,24	67,0	440,37	72,0	499,98
1	288,49	1	335,19	1	386,30	1	441,51	1	501,22
2	289,38	2	336,17	2	387,37	2	442,66	2	502,47
3	290,27	3	337,15	3	388,43	3	433,81	3	503,72
4	291,16	4	338,13	4	389,50	4	444,96	4	504,96
5	292,06	5	339,12	5	390,57	5	446,11	5	506,21
6	292,96	6	340,10	6	391,64	6	447,27	6	507,47
7	293,86	7	341,09	7	392,71	7	448,43	7	508,72
8	294,76	8	342,08	8	393,79	8	449,58	8	509,98
9	295,66	9	343,07	9	394,86	9	450,75	9	511,24
53,0	296,57	58,0	344,07	63,0	395,94	68,0	451,91	73,0	512,50
1	297,47	1	345,06	1	397,02	1	453,08	1	513,77
2	298,38	2	346,06	2	398,10	2	454,24	2	515,03
3	299,29	3	347,06	3	399,18	3	455,41	3	516,30
4	300,20	4	348,06	4	400,26	4	456,58	4	517,57
5	301,12	5	349,06	5	401,35	5	457,75	5	518,84
6	302,04	6	350,06	6	402,43	6	458,93	6	520,12
7	302,96	7	351,07	7	403,52	7	460,10	7	521,39
8	303 88	8	352,08	8	404,61	8	461,28	8	522,67
9	304,79	9	353,09	9	405,70	9	462,46	9	523,95
54,0	305,72	59,0	354,10	64,0	406,80	69,0	463,64	74,0	525,24
1	306,64	1	355,12	1	407,89	1	464,82	1	526,52
2	307,57	2	356,13	2	408,99	2	466,01	2	527,81
3	308,50	3	357,15	3	410,09	3	467,20	3	529,10
4	309,43	4	358,17	4	411,18	4	468,38	4	530,40
5	310,36	5	359,19	5	412,29	5	469,57	5	531,69
6	311,29	6	360,21	6	413,39	6	470,77	6	532,99
7	312,22	7	361,23	7	414,50	7	471,96	7	534,29
8	313,16	8	362,26	8	415,60	8	473,16	8	535,59
9	314,10	9	363,28	9	416,71	9	474,36	9	536,89
55,0	315,04	60,0	364,31	65,0	417,82	70,0	475,56	75,0	538,20

Tafel 48.

Mutterskale für Alkoholometer nach Volumenprozent Tralles
($12^4/_9$° R.) von o bis 100 Prozent. Gesamtlänge 1000 mm.

Prozent	Länge	Prozent	Länge	Prozent	Länge	Prozent	Länge	Prozent	Länge
75,0	538,20	80,0	606,56	85,0	681,85	90,0	766,72	95,0	867,71
1	539,51	1	607,99	1	683,44	1	768,55	1	869,97
2	540,82	2	609,42	2	685,03	2	770,39	2	872,24
3	542,13	3	610,86	3	686,63	3	772,23	3	874,52
4	543,45	4	612,30	4	688,23	4	774,08	4	876,82
5	544,77	5	613,74	5	689,84	5	775,94	5	879,12
6	546,09	6	615,19	6	691,45	6	777,80	6	881,44
7	547,41	7	616,64	7	693,06	7	779,68	7	883,78
8	548,73	8	618,09	8	694,68	8	781,55	8	886,12
9	550,06	9	619,54	9	696,30	9	783,44	9	888,48
76,0	551,39	81,0	621,00	86,0	697,92	91,0	785,33	96,0	890,85
1	552,72	1	622,46	1	699,55	1	787,23	1	893,24
2	554,06	2	623,92	2	701,18	2	789,13	2	895,64
3	555,39	3	625,39	3	702,82	3	791,05	3	898,06
4	556,73	4	626,86	4	704,46	4	792,97	4	900,49
5	558,07	5	628,33	5	706,11	5	794,89	5	902,93
6	559,41	6	629,80	6	707,76	6	796,83	6	905,39
7	560,76	7	631,28	7	709,41	7	798,77	7	907,86
8	562,11	8	632,76	8	711,07	8	800,72	8	910,35
9	563,46	9	634,25	9	712,73	9	802,68	9	912,86
77,0	564,81	82,0	635,73	87,0	714,40	92,0	804,65	97,0	915,38
1	566,17	1	637,22	1	716,07	1	806,62	1	917,92
2	567,52	2	638,71	2	717,75	2	808,60	2	920,47
3	568,88	3	640,21	3	719,43	3	810,59	3	923,04
4	570,25	4	641,71	4	721,11	4	812,59	4	925,63
5	571,61	5	643,21	5	722,80	5	814,60	5	928,24
6	572,98	6	644,72	6	724,49	6	816,61	6	930,86
7	574,35	7	646,23	7	726,19	7	818,63	7	933,50
8	575,72	8	647,74	8	727,90	8	820,66	8	936,16
9	577,10	9	649,26	9	729,60	9	822,70	9	938,84
78,0	578,48	83,0	650,77	88,0	731,32	93,0	824,75	98,0	941,54
1	579,86	1	652,30	1	733,03	1	826,81	1	944,26
2	581,24	2	653,82	2	734,76	2	828,88	2	946,99
3	582,62	3	655,35	3	736,49	3	830,95	3	949,75
4	584,01	4	656,88	4	738,22	4	833,04	4	952,52
5	585,40	5	658,42	5	739,96	5	835,13	5	955,32
6	586,79	6	659,95	6	741,70	6	837,23	6	958,14
7	588,19	7	661,50	7	743,45	7	839,34	7	960,98
8	589,59	8	663,04	8	745,21	8	841,46	8	963,84
9	590,98	9	664,59	9	746,97	9	843,60	9	966,72
79,0	592,39	84,0	666,14	89,0	748,73	94,0	845,74	99,0	969,63
1	593,79	1	667,70	1	750,50	1	847,89	1	972,56
2	595,20	2	669,26	2	752,28	2	850,05	2	975,51
3	596,61	3	670,82	3	754,07	3	852,22	3	978,49
4	598,02	4	672,38	4	755,85	4	854,40	4	981,49
5	599,44	5	673,95	5	757,65	5	856,59	5	984,51
6	600,86	6	675,52	6	759,45	6	858,79	6	987,56
7	602,28	7	677,10	7	761,26	7	861,01	7	990,63
8	603,70	8	678,68	8	763,07	8	863,23	8	993,73
9	605,13	9	680,26	9	764,89	9	865,47	9	996,85
80,0	606,56	85,0	681,85	90,0	766,72	95,0	867,71	100,0	1000,00

Tafel 49.

Mutterskale für Saccharimeter nach Gewichtsprozent (15° C.)
Gesamtlänge 1000 mm.

Prozent	Länge	Prozent	Länge	Prozent	Länge	Prozent	Länge	Prozent	Länge
0,0	0,00	5,0	54,15	10,0	108,07	15,0	161,75	20,0	215,17
1	1,09	1	55,23	1	109,15	1	162,82	1	216,23
2	2,17	2	56,31	2	110,22	2	163,89	2	217,30
3	3,26	3	57,39	3	111,30	3	164,96	3	218,36
4	4,34	4	58,47	4	112,37	4	166,03	4	219,43
5	5,43	5	59,55	5	113,45	5	167,10	5	220,49
6	6,51	6	60,63	6	114,52	6	168,17	6	221,56
7	7,60	7	61,71	7	115,60	7	169,24	7	222,62
8	8,68	8	62,79	8	116,67	8	170,31	8	223,69
9	9,77	9	63,87	9	117,75	9	171,38	9	224,75
1,0	10,85	6,0	64,95	11,0	118,82	16,0	172,45	21,0	225,82
1	11,93	1	66,03	1	119,90	1	173,52	1	226,88
2	13,02	2	67,11	2	120,97	2	174,59	2	227,95
3	14,10	3	68,19	3	122,05	3	175,66	3	229,01
4	15,19	4	69,27	4	123,12	4	176,73	4	230,08
5	16,27	5	70,35	5	124,20	5	177,80	5	231,14
6	17,35	6	71,43	6	125,27	6	178,87	6	232,20
7	18,44	7	72,51	7	126,35	7	179,94	7	233,27
8	19,52	8	73,59	8	127,42	8	181,01	8	234,33
9	20,61	9	74,67	9	128,50	9	182,08	9	235,40
2,0	21,69	7,0	75,75	12,0	129,57	17,0	183,15	22,0	236,46
1	22,77	1	76,83	1	130,64	1	184,22	1	237,52
2	23,85	2	77,91	2	131,72	2	185,29	2	238,59
3	24,94	3	78,98	3	132,79	3	186,36	3	239,65
4	26,02	4	80,06	4	133,87	4	187,43	4	240,72
5	27,10	5	81,14	5	134,94	5	188,50	5	241,78
6	28,18	6	82,22	6	136,01	6	189,57	6	242,84
7	29,27	7	83,30	7	137,09	7	190,64	7	243,90
8	30,35	8	84,37	8	138,16	8	191,70	8	244,97
9	31,44	9	85,45	9	139,24	9	192,77	9	246,03
3,0	32,52	8,0	86,53	13,0	140,31	18,0	193,84	23,0	247,09
1	33,60	1	87,61	1	141,38	1	194,91	1	248,15
2	34,68	2	88,69	2	142,45	2	195,97	2	249,21
3	35,77	3	89,76	3	143,53	3	197,04	3	250,28
4	36,85	4	90,84	4	144,60	4	198,10	4	251,34
5	37,93	5	91,92	5	145,67	5	199,17	5	252,40
6	39,01	6	93,00	6	146,74	6	200,24	6	253,46
7	40,09	7	94,08	7	147,81	7	201,31	7	254,52
8	41,18	8	95,15	8	148,89	8	202,37	8	255,59
9	42,26	9	96,23	9	149,96	9	203,44	9	256,65
4,0	43,34	9,0	97,31	14,0	151,03	19,0	204,51	24,0	257,71
1	44,42	1	98,39	1	152,10	1	205,58	1	258,77
2	45,50	2	99,46	2	153,17	2	206,64	2	259,83
3	46,59	3	100,54	3	154,25	3	207,71	3	260,89
4	47,67	4	101,61	4	155,32	4	208,77	4	261,95
5	48,75	5	102,69	5	156,39	5	209,84	5	263,01
6	49,83	6	103,77	6	157,46	6	210,91	6	264,07
7	50,91	7	104,84	7	158,53	7	211,97	7	265,13
8	51,99	8	105,92	8	159,61	8	213,04	8	266,19
9	53,07	9	106,99	9	160,68	9	214,10	9	267,25
5,0	54,15	10,0	108,07	15,0	161,75	20,0	215,17	25,0	268,31

Tafel 49.

Mutterskale für Saccharimeter nach Gewichtsprozent (15° C.). Gesamtlänge 1000 mm.

Prozent	Länge	Prozent	Länge	Prozent	Länge	Prozent	Länge	Prozent	Länge
25,0	268,31	30,0	321,14	35,0	373,61	40,0	425,68	45,0	477,31
1	269,37	1	322,19	1	374,65	1	426,72	1	478,34
2	270,43	2	323,25	2	375,70	2	427,75	2	479,37
3	271,49	3	324,30	3	376,74	3	428,79	3	480,39
4	272,55	4	325,35	4	377,79	4	429,83	4	481,42
5	273,61	5	326,40	5	378,84	5	430,87	5	482,45
6	274,67	6	327,45	6	379,88	6	431,91	6	483,47
7	275,73	7	328,51	7	380,93	7	432,94	7	484,50
8	276,78	8	329,56	8	381,97	8	433,98	8	485,53
9	277,84	9	330,61	9	383,02	9	435,01	9	486,55
26,0	278,90	31,0	331,66	36,0	384,06	41,0	436,05	46,0	487,58
1	279,96	1	332,71	1	385,10	1	437,08	1	488,60
2	281,02	2	333,77	2	386,15	2	438,12	2	489,63
3	282,07	3	334,82	3	387,19	3	439,15	3	490,66
4	283,13	4	335,87	4	388,23	4	440,19	4	491,68
5	284,19	5	336,92	5	389,28	5	441,22	5	492,71
6	285,25	6	337,97	6	390,32	6	442,26	6	493,73
7	286,31	7	339,02	7	391,36	7	443,29	7	494,76
8	287,36	8	340,07	8	392,41	8	444,32	8	495,78
9	288,42	9	341,12	9	393,45	9	445,36	9	496,81
27,0	289,48	32,0	342,17	37,0	394,49	42,0	446,39	47,0	497,83
1	290,53	1	343,22	1	395,53	1	447,42	1	498,85
2	291,59	2	344,27	2	396,57	2	448,46	2	499,87
3	292,64	3	345,32	3	397,62	3	449,49	3	500,90
4	293,70	4	346,37	4	398,66	4	450,52	4	501,92
5	294,76	5	347,42	5	399,70	5	451,56	5	502,94
6	295,82	6	348,46	6	400,74	6	452,59	6	503,96
7	296,87	7	349,51	7	401,78	7	453,62	7	504,98
8	297,93	8	350,56	8	402,83	8	454,66	8	506,01
9	298,99	9	351,61	9	403,87	9	455,69	9	507,03
28,0	300,05	33,0	352,66	38,0	404,91	43,0	456,72	48,0	508,05
1	301,10	1	353,70	1	405,95	1	457,75	1	509,07
2	302,16	2	354,75	2	406,99	2	458,78	2	510,10
3	303,21	3	355,80	3	408,03	3	459,82	3	511,12
4	304,27	4	356,85	4	409,07	4	460,85	4	512,14
5	305,32	5	357,90	5	410,11	5	461,88	5	513,16
6	306,38	6	358,94	6	411,15	6	462,91	6	514,18
7	307,43	7	359,99	7	412,19	7	463,94	7	515,20
8	308,49	8	361,04	8	413,22	8	464,97	8	516,22
9	309,54	9	362,09	9	414,26	9	466,00	9	517,24
29,0	310,60	34,0	363,14	39,0	415,30	44,0	467,03	49,0	518,26
1	311,65	1	364,18	1	416,34	1	468,06	1	519,28
2	312,71	2	365,23	2	417,38	2	469,09	2	520,30
3	313,76	3	366,28	3	418,41	3	470,11	3	521,31
4	314,82	4	367,33	4	419,45	4	471,14	4	522,33
5	315,87	5	368,38	5	420,49	5	472,17	5	523,35
6	316,93	6	369,42	6	421,53	6	473,20	6	524,37
7	317,98	7	370,47	7	422,57	7	474,23	7	525,39
8	319,04	8	371,52	8	423,60	8	475,25	8	526,40
9	320,09	9	372,56	9	424,64	9	476,28	9	527,42
30,0	321,14	35,0	373,61	40,0	425,68	45,0	477,31	50,0	528,44

Tafel 49.

Mutterskale für Saccharimeter nach Gewichtsprozent (15° C.).
Gesamtlänge 1000 mm.

Prozent	Länge	Prozent	Länge	Prozent	Länge	Prozent	Länge	Prozent	Länge
50,0	528,44	55,0	579,02	60,0	628,99	65,0	678,29	70,0	726,86
1	529,46	1	580,02	1	629,98	1	679,27	1	727,82
2	530,47	2	581,03	2	630,97	2	680,25	2	728,78
3	531,49	3	582,03	3	631,96	3	681,22	3	729,74
4	532,51	4	583,03	4	632,96	4	682,20	4	730,71
5	533,53	5	584,04	5	633,95	5	683,18	5	731,67
6	534,55	6	585,04	6	634,94	6	684,16	6	732,63
7	535,56	7	586,05	7	635,93	7	685,13	7	733,59
8	536,58	8	587,05	8	636,92	8	686,11	8	734,56
9	537,60	9	588,05	9	637,92	9	687,08	9	735,52
51,0	538,61	56,0	589,06	61,0	638,91	66,0	688,06	71,0	736,48
1	539,63	1	590,06	1	639,90	1	689,04	1	737,44
2	540,65	2	591,06	2	640,89	2	690,01	2	738,40
3	541,66	3	592,06	3	641,88	3	690,99	3	739,36
4	542,67	4	593,06	4	642,87	4	691,96	4	740,32
5	543,68	5	594,07	5	643,86	5	692,94	5	741,28
6	544,69	6	595,07	6	644,85	6	693,91	6	742,24
7	545,71	7	596,07	7	645,83	7	694,89	7	743,19
8	546,72	8	597,07	8	646,82	8	695,86	8	744,15
9	547,73	9	598,07	9	647,81	9	696,84	9	745,11
52,0	548,74	57,0	599,08	62,0	648,79	67,0	697,81	72,0	746,07
1	549,75	1	600,08	1	649,78	1	698,78	1	747,03
2	550,76	2	601,08	2	650,76	2	699,75	2	747,99
3	551,78	3	602,08	3	651,75	3	700,73	3	748,94
4	552,79	4	603,08	4	652,74	4	701,70	4	749,90
5	553,80	5	604,08	5	653,72	5	702,67	5	750,86
6	554,81	6	605,08	6	654,71	6	703,64	6	751,82
7	555,82	7	606,08	7	655,69	7	704,61	7	752,77
8	556,84	8	607,08	8	656,68	8	705,58	8	753,73
9	557,85	9	608,08	9	657,67	9	706,56	9	754,68
53,0	558,86	58,0	609,08	63,0	658,65	68,0	707,53	73,0	755,64
1	559,87	1	610,07	1	659,63	1	708,50	1	756,59
2	560,88	2	611,07	2	660,62	2	709,47	2	757,55
3	561,89	3	612,07	3	661,60	3	710,44	3	758,50
4	562,90	4	613,07	4	662,59	4	711,41	4	759,46
5.	563,91	5	614,07	5	663,57	5	712,38	5	760,41
6	564,92	6	615,06	6	664,56	6	713,34	6	761,36
7	565,93	7	616,06	7	665,54	7	714,31	7	762,31
8	566,94	8	617,06	8	666,52	8	715,28	8	763,26
9	567,94	9	618,06	9	667,50	9	716,24	9	764,21
54,0	568,95	59,0	619,05	64,0	668,49	69,0	717,21	74,0	765,16
1	569,96	1	620,05	1	669,47	1	718,17	1	766,11
2	570,97	2	621,04	2	670,45	2	719,14	2	767,06
3	571,98	3	622,04	3	671,44	3	720,11	3	768,01
4	572,98	4	623,03	4	672,42	4	721,07	4	768,96
5	573,99	5	624,02	5	673,40	5	722,04	5	769,91
6	575,00	6	625,01	6	674,38	6	723,00	6	770,86
7	576,01	7	626,01	7	675,36	7	723,97	7	771,81
8	577,01	8	627,00	8	676,34	8	724,94	8	772,75
9	578,02	9	628,00	9	677,31	9	725,90	9	773,70
55,0	579,02	60,0	628,99	65,0	678,29	70,0	726,86	75,0	774,65

Tafel 49.

Mutterskale für Saccharimeter nach Gewichtsprozent (15° C.).
Gesamtlänge 1000 mm.

Prozent	Länge	Prozent	Länge	Prozent	Länge	Prozent	Länge	Prozent	Länge
75,0	774,65	80,0	821,61	85,0	867,67	90,0	912,79	95,0	956,91
1	775,60	1	822,54	1	868,58	1	913,68	1	957,78
2	776,54	2	823,47	2	869,49	2	914,57	2	958,65
3	777,49	3	824,40	3	870,40	3	915,46	3	959,52
4	778,44	4	825,32	4	871,31	4	916,35	4	960,39
5	779,39	5	826,25	5	872,22	5	917,24	5	961,26
6	780,33	6	827,18	6	873,13	6	918,13	6	962,13
7	781,28	7	828,11	7	874,04	7	919,02	7	963,00
8	782,23	8	829,03	8	874,94	8	919,91	8	963,87
9	783,17	9	829,96	9	875,85	9	920,80	9	964,74
76,0	784,12	81,0	830,89	86,0	876,76	91,0	921,69	96,0	965,61
1	785,06	1	831,81	1	877,67	1	922,58	1	966,48
2	786,00	2	832,74	2	878,58	2	923,46	2	967,35
3	786,95	3	833,67	3	879,48	3	924,35	3	968,21
4	787,89	4	834,59	4	880,39	4	925,24	4	969,08
5	788,83	5	835,52	5	881,30	5	926,13	5	969,95
6	789,77	6	836,44	6	882,21	6	927,02	6	970,81
7	790,72	7	837,37	7	883,11	7	927,90	7	971,68
8	791,66	8	838,29	8	884,02	8	928,79	8	972,54
9	792,60	9	839,22	9	884,93	9	929,67	9	973,41
77,0	793,54	82,0	840,14	87,0	885,83	92,0	930,56	97,0	974,27
1	794,48	1	841,07	1	886,74	1	931,44	1	975,13
2	795,42	2	841,99	2	887,64	2	932,33	2	976,00
3	796,36	3	842,91	3	888,55	3	933,21	3	976,86
4	797,30	4	843,83	4	889,45	4	934,10	4	977,73
5	798,24	5	844,75	5	890,35	5	934,98	5	978,59
6	799,18	6	845,67	6	891,25	6	935,86	6	979,45
7	800,11	7	846,59	7	892,15	7	936,74	7	980,31
8	801,05	8	847,51	8	893,05	8	937,62	8	981,17
9	801,99	9	848,43	9	893,95	9	938,50	9	982,03
78,0	802,93	83,0	849,35	88,0	894,85	93,0	939,38	98,0	982,89
1	803,86	1	850,27	1	895,75	1	940,26	1	983,75
2	804,80	2	851,19	2	896,65	2	941,14	2	984,61
3	805,73	3	852,10	3	897,55	3	942,02	3	985,46
4	806,67	4	853,02	4	898,45	4	942,90	4	986,32
5	807,61	5	853,94	5	899,35	5	943,78	5	987,18
6	808,54	6	854,86	6	900,25	6	944,66	6	988,04
7	809,48	7	855,77	7	901,15	7	945,54	7	988,89
8	810,42	8	856,69	8	902,04	8	946,41	8	989,75
9	811,35	9	857,61	9	902,94	9	947,29	9	990,60
79,0	812,29	84,0	858,53	89,0	903,84	94,0	948,17	99,0	991,46
1	813,22	1	859,44	1	904,73	1	949,05	1	992,31
2	814,15	2	860,36	2	905,63	2	949,92	2	993,17
3	815,09	3	861,27	3	906,53	3	950,80	3	994,02
4	816,02	4	862,19	4	907,42	4	951,67	4	994,87
5	816,95	5	863,10	5	908,32	5	952,55	5	995,73
6	817,88	6	864,02	6	909,21	6	953,42	6	996,58
7	818,82	7	864,93	7	910,11	7	954,29	7	997,44
8	819,75	8	865,85	8	911,00	8	955,17	8	998,29
9	820,68	9	866,76	9	911,89	9	956,04	9	999,15
80,0	821,61	85,0	867,67	90,0	912,79	95,0	956,91	100,0	1000,00

Tafel 50.

Mutterskale für Schwefelsäure-Aräometer nach Gewichtsprozent (15° C.) von o bis 96 Prozent. Gesamtlänge 1000 mm.

Prozent	Länge	Prozent	Länge	Prozent	Länge	Prozent	Länge	Prozent	Länge	Prozent	Länge
0,0	0,00	5,5	79,07	11,0	154,94	16,5	228,67	22,0	300,02	27,5	368,78
1	1,55	6	80,47	1	156,30	6	229,99	1	301,29	6	370,00
2	3,09	7	81,86	2	157,66	7	231,31	2	302,56	7	371,22
3	4,62	8	83,26	3	159,01	8	232,62	3	303,84	8	372,45
4	6,15	9	84,65	4	160,37	9	233,94	4	305,11	9	373,67
5	7,67	6,0	86,05	5	161,73	17,0	235,26	5	306,38	28,0	374,89
6	9,19	1	87,44	6	163,09	1	236,57	6	307,65	1	376,11
7	10,70	2	88,83	7	164,44	2	237,89	7	308,92	2	377,33
8	12,20	3	90,23	8	165,80	3	239,20	8	310,18	3	378,54
9	13,69	4	91,62	9	167,15	4	240,52	9	311,45	4	379,76
1,0	15,18	5	93,01	12,0	168,51	5	241,83	23,0	312,72	5	380,98
1	16,66	6	94,40	1	169,86	6	243,14	1	313,98	6	382,19
2	18,14	7	95,79	2	171,21	7	244,45	2	315,25	7	383,41
3	19,62	8	97,18	3	172,56	8	245,75	3	316,51	8	384,62
4	21,09	9	98,57	4	173,91	9	247,06	4	317,78	9	385,84
5	22,55	7,0	99,96	5	175,26	18,0	248,37	5	319,04	29,0	387,05
6	24,01	1	101,35	6	176,61	1	249,68	6	320,30	1	388,26
7	25,47	2	102,74	7	177,96	2	250,99	7	321,56	2	389,47
8	26,92	3	104,13	8	179,30	3	252,29	8	322,82	3	390,67
9	28,37	4	105,52	9	180,65	4	253,60	9	324,08	4	391,88
2,0	29,82	5	106,91	13,0	182,00	5	254,91	24,0	325,34	5	393,09
1	31,26	6	108,29	1	183,34	6	256,21	1	326,60	6	394,29
2	32,69	7	109,68	2	184,69	7	257,51	2	327,85	7	395,49
3	34,12	8	111,06	3	186,03	8	258,82	3	329,11	8	396,70
4•	35,56	9	112,45	4	187,38	9	260,12	4	330,36	9	397,90
5	36,99	8,0	113,83	5	188,72	19,0	261,42	5	331,62	30,0	399,10
6	38,41	1	115,21	6	190,06	1	262,72	6	332,87	1	400,30
7	39,83	2	116,59	7	191,40	2	264,02	7	334,12	2	401,50
8	41,25	3	117,98	8	192,74	3	265,31	8	335,37	3	402,69
9	42,67	4	119,36	9	194,08	4	266,61	9	336,62	4	403,89
3,0	44,09	5	120,74	14,0	195,42	5	267,91	25,0	337,87	5	405,09
1	45,50	6	122,12	1	196,76	6	269,20	1	339,12	6	406,28
2	46,91	7	123,49	2	198,10	7	270,49	2	340,36	7	407,48
3	48,31	8	124,87	3	199,43	8	271,79	3	341,61	8	408,67
4	49,72	9	126,24	4	200,77	9	273,08	4	342,85	9	409,87
5	51,13	9,0	127,62	5	202,11	20,0	274,37	5	344,10	31,0	411,06
6	52,53	1	128,99	6	203,44	1	275,66	6	345,34	1	412,25
7	53,93	2	130,36	7	204,77	2	276,95	7	346,58	2	413,43
8	55,33	3	131,74	8	206,11	3	278,23	8	347,83	3	414,62
9	56,73	4	133,11	9	207,44	4	279,52	9	349,07	4	415,80
4,0	58,13	5	134,48	15,0	208,77	5	280,81	26,0	350,31	5	416,99
1	59,53	6	135,85	1	210,10	6	282,09	1	351,55	6	418,17
2	60,93	7	137,21	2	211,43	7	283,38	2	352,78	7	419,35
3	62,32	8	138,58	3	212,76	8	284,66	3	354,02	8	420,54
4	63,72	9	139,94	4	214,09	9	285,95	4	355,25	9	421,72
5	65,12	10,0	141,31	5	215,42	21,0	287,23	5	356,49	32,0	422,90
6	66,51	1	142,68	6	216,75	1	288,51	6	357,72	1	424,08
7	67,91	2	144,04	7	218,07	2	289,79	7	358,95	2	425,26
8	69,30	3	145,41	8	219,40	3	291,08	8	360,19	3	426,44
9	70,70	4	146,77	9	220,72	4	292,36	9	361,42	4	427,62
5,0	72,09	5	148,14	16,0	222,05	5	293,64	27,0	362,65	5	428,80
1	73,49	6	149,50	1	223,37	6	294,92	1	363,88	6	429,97
2	74,88	7	150,86	2	224,70	7	296,20	2	365,10	7	431,15
3	76,28	8	152,22	3	226,02	8	297,48	3	366,33	8	432,32
4	77,67	9	153,58	4	227,35	9	298,75	4	367,55	9	433,50

Tafel 50.

Mutterskale für Schwefelsäure-Aräometer nach Gewichtsprozent (15° C.) von o bis 96 Prozent. Gesamtlänge 1000 mm.

Prozent	Länge	Prozent	Länge	Prozent	Länge	Prozent	Länge	Prozent	Länge	Prozent	Länge
33,0	434,67	38,5	497,90	44,0	559,32	49,5	619,87	55,0	679,65	60,5	738,13
1	435,84	6	499,03	1	560,43	6	620,97	1	680,73	6	739,17
2	437,01	7	500,16	2	561,53	7	622,06	2	681,80	7	740,22
3	438,18	8	501,29	3	562,64	8	623,16	3	682,88	8	741,26
4	439,35	9	502,42	4	563,74	9	624 25	4	683,95	9	742,31
5	440,52	39,0	503,55	5	564,85	50,0	625,35	5	685,03	61,0	743,35
6	441,68	1	504,68	6	565,96	1	626,44	6	686,10	1	744,39
7	442,85	2	505,81	7	567,06	2	627,53	7	687,18	2	745,43
8	444,01	3	506,93	8	568,17	3	628,63	8	688,25	3	746,48
9	445,18	4	508,06	9	569,27	4	629,72	9	689,33	4	747,52
34,0	446,34	5	509,19	45,0	570,38	5	630,81	56,0	690,40	5	748,56
1	447,50	6	510,31	1	571,48	6	631,90	1	691,47	6	749,60
2	448,66	7	511,43	2	572,59	7	632,99	2	692,54	7	750,64
3	449,83	8	512,56	3	573,69	8	634,09	3	693,62	8	751,67
4	450,99	9	513,68	4	574,80	9	635,18	4	694,69	9	752,71
5	452,15	40,0	514,80	5	575,90	51,0	636,27	5	695,76	62,0	753,75
6	453,31	1	515,92	6	577,00	1	637,36	6	696,83	1	754,79
7	454,46	2	517,04	7	578,11	2	638,45	7	697,90	2	755,82
8	455,62	3	518,17	8	579,21	3	639,54	8	698,96	3	756,86
9	456,77	4	519,29	9	580,32	4	640,63	9	700,03	4	757,89
35,0	457,93	5	520,41	46,0	581,42	5	641,72	57,0	701,10	5	758,93
1	459,08	6	521,53	1	582,52	6	642,81	1	702,17	6	759,96
2	460,24	7	522,64	2	583,63	7	643,90	2	703,23	7	760,99
3	461,39	8	523,76	3	584,73	8	644,99	3	704,30	8	762,03
4	462,55	9	524,87	4	585,84	9	646,08	4	705,36	9	763,06
5	463,70	41,0	525,99	5	586,94	52,0	647,17	5	706,43	63,0	764,09
6	464,85	1	527,11	6	588,04	1	648,26	6	707,49	1	765,12
7	466,00	2	528,22	7	589,14	2	649,34	7	708,56	2	766,15
8	467,14	3	529,34	8	590,25	3	650,43	8	709,62	3	767,17
9	468,29	4	530,45	9	591,35	4	651,51	9	710,69	4	768,20
36,0	469,44	5	531,57	47,0	592,45	5	652,60	58,0	711,75	5	769,23
1	470,58	6	532,68	1	593,55	6	653,69	1	712,81	6	770,25
2	471,73	7	533,80	2	594,65	7	654,77	2	713,87	7	771,28
3	472,87	8	534,91	3	595,74	8	655,86	3	714,93	8	772,30
4	474,02	9	536,03	4	596,84	9	656,94	4	715,99	9	773,33
5	475,16	42,0	537,14	5	597,94	53,0	658,03	5	717,05	64,0	774,35
6	476,30	1	538,25	6	599,04	1	659,11	6	718,11	1	775,37
7	477,44	2	539,36	7	600,14	2	660,20	7	719,17	2	776,39
8	478,59	3	540,47	8	601,23	3	661,28	8	720,22	3	777,41
9	479,73	4	541,58	9	602,33	4	662,37	9	721,28	4	778,43
37,0	480,87	5	542,69	48,0	603,43	5	663,45	59,0	722,34	5	779,45
1	482,01	6	543,80	1	604,53	6	664,53	1	723,39	6	780,47
2	483,15	7	544,91	2	605,62	7	665,61	2	724,45	7	781,48
3	484,28	8	546,02	3	606,72	8	666,70	3	725,50	8	782,50
4	485,42	9	547,13	4	607,81	9	667,78	4	726,56	9	783,51
5	486,56	43,0	548,24	5	608,91	54,0	668,86	5	727,61	65,0	784,53
6	487,70	1	549,35	6	610,01	1	669,94	6	728,66	1	785,54
7	488,83	2	550,46	7	611,11	2	671,02	7	729,72	2	786,55
8	489,97	3	551,56	8	612,20	3	672,10	8	730,77	3	787,57
9	491,10	4	552,67	9	613,30	4	673,18	9	731,83	4	788,58
38,0	492,24	5	553,78	49,0	614,40	5	674,26	60,0	732,88	5	789,59
1	493,37	6	554,89	1	615,49	6	675,34	1	733,93	6	790,60
2	494,50	7	556,00	2	616,59	7	676,42	2	734,98	7	791,61
3	495,64	8	557,10	3	617,68	8	677,49	3	736,03	8	792,62
4	496,77	9	558,21	4	618,78	9	678,57	4	737,08	9	793,63

Tafel 50.

Mutterskale für Schwefelsäure-Aräometer nach Gewichtsprozent (15° C.) von 0 bis 96 Prozent. Gesamtlänge 1000 mm.

Prozent	Länge	Prozent	Länge	Prozent	Länge	Prozent	Länge	Prozent	Länge	Prozent	Länge
66,0	794,64	71,0	844,04	76,0	891,08	81,0	933,96	86,0	968,32	91,0	989,77
1	795,65	1	845,01	1	891,98	1	934,75	1	968,87	1	990,07
2	796,65	2	845,97	2	892,89	2	935,53	2	969,41	2	990,37
3	797,66	3	846,94	3	893,79	3	936,32	3	969,96	3	990,68
4	798,66	4	847,90	4	894,70	4	937,10	4	970,50	4	990,98
5	799,67	5	848,87	5	895,60	5	937,89	5	971,05	5	991,28
6	800,67	6	849,83	6	896,50	6	938,66	6	971,57	6	991,56
7	801,67	7	850,79	7	897,39	7	939,43	7	972,09	7	991,84
8	802,67	8	851,75	8	898,29	8	940,19	8	972,60	8	992,12
9	803,67	9	852,71	9	899,18	9	940,96	9	973,12	9	992,40
67,0	804,67	72,0	853,67	77,0	900,08	82,0	941,73	87,0	973,64	92,0	992,68
1	805,67	1	854,63	1	900,97	1	942,48	1	974,13	1	992,94
2	806,67	2	855,58	2	901,85	2	943,23	2	974,62	2	993,20
3	807,66	3	856,54	3	902,74	3	943,97	3	975,12	3	993,46
4	808,66	4	857,50	4	903,62	4	944,72	4	975,61	4	993,72
5	809,66	5	858,45	5	904,51	5	945,47	5	976,10	5	993,98
6	810,65	6	859,40	6	905,39	6	946,20	6	976,56	6	994,22
7	811,65	7	860,35	7	906,26	7	946,93	7	977,02	7	994,46
8	812,64	8	861,31	8	907,14	8	947,66	8	977,49	8	994,70
9	813,64	9	862,26	9	908,01	9	948,39	9	977,95	9	994,94
68,0	814,63	73,0	863,21	78,0	908,89	83,0	949,11	88,0	978,41	93,0	995,18
1	815,62	1	864,15	1	909,76	1	949,81	1	978,85	1	995,40
2	816,61	2	865,10	2	910,62	2	950,52	2	979,29	2	995,62
3	817,60	3	866,04	3	911,49	3	951,22	3	979,72	3	995,83
4	818,59	4	866,99	4	912,35	4	951,93	4	980,16	4	996,05
5	819,58	5	867,93	5	913,22	5	952,63	5	980,60	5	996,27
6	820,57	6	868,87	6	914,08	6	953,31	6	981,01	6	996,47
7	821,56	7	869,81	7	914,93	7	953,99	7	981,42	7	996,66
8	822,54	8	870,75	8	915,79	8	954,68	8	981,84	8	996,86
9	823,53	9	871,69	9	916,65	9	955,36	9	982,25	9	997,06
69,0	824,52	74,0	872,63	79,0	917,50	84,0	956,03	89,0	982,66	94,0	997,25
1	825,50	1	873,56	1	918,34	1	956,69	1	983,05	1	997,42
2	826,48	2	874,49	2	919,19	2	957,35	2	983,44	2	997,59
3	827,46	3	875,43	3	920,03	3	958,00	3	983,83	3	997,77
4	828,44	4	876,36	4	920,88	4	958,66	4	984,22	4	997,94
5	829,42	5	877,29	5	921,72	5	959,31	5	984,61	5	998,11
6	830,40	6	878,22	6	922,55	6	959,95	6	984,98	6	998,26
7	831,38	7	879,14	7	923,38	7	960,58	7	985,34	7	998,41
8	832,36	8	880,07	8	924,21	8	961,20	8	985,71	8	998,56
9	833,34	9	880,99	9	925,04	9	961,83	9	986,07	9	998,71
70,0	834,32	75,0	881,92	80,0	925,87	85,0	962,45	90,0	986,44	95,0	998,86
1	835,29	1	882,84	1	926,69	1	963,05	1	986,78	1	998,99
2	836,27	2	883,76	2	927,50	2	963,65	2	987,13	2	999,11
3	837,24	3	884,68	3	928,32	3	964,26	3	987,47	3	999,24
4	838,22	4	885,60	4	929,13	4	964,86	4	987,82	4	999,36
5	839,19	5	886,52	5	929,95	5	965,46	5	988,16	5	999,49
6	840,16	6	887,43	6	930,75	6	966,03	6	988,48	6	999,59
7	841,13	7	888,34	7	931,55	7	966,60	7	988,80	7	999,69
8	842,10	8	889,26	8	932,36	8	967,18	8	989,13	8	999,80
9	843,07	9	890,17	9	933,16	9	967,75	9	989,45	9	999,90
71,0	844,04	76,0	891,08	81,0	933,96	86,0	968,32	91,0	989,77	96,0	1000,00

Tafel 51a.

Mutterskale für Schwefelsäure-Aräometer nach Gewichtsprozent (15° C.). Spindel von 0,0 bis 25,0 Prozent. Gesamtlänge 500 mm.

Pro-zent	Länge	Pro-zent	Länge	Pro-zent	Länge	Pro-zent	Länge	Pro-zent	Länge
0,0	0,00	5,0	106,67	10,0	209,12	15,0	308,94	20,0	406,05
1	2,29	1	108,74	1	211,14	1	310,91	1	407,96
2	4,57	2	110,81	2	213,16	2	312,87	2	409,87
3	6,84	3	112,88	3	215,18	3	314,84	3	411,77
4	9,10	4	114,94	4	217,20	4	316,80	4	413,67
5	11,35	5	117,00	5	219,21	5	318,77	5	415,57
6	13,59	6	119,07	6	221,23	6	320,73	6	417,47
7	15,82	7	121,14	7	223,24	7	322,70	7	419,37
8	18,04	8	123,20	8	225,26	8	324,66	8	421,27
9	20,26	9	125,26	9	227,27	9	326,62	9	423,17
1,0	22,45	6,0	127,32	11,0	229,28	16,0	328,58	21,0	425,06
1	24,65	1	129,38	1	231,29	1	330,54	1	426,96
2	26,84	2	131,44	2	233,30	2	332,50	2	428,86
3	29,02	3	133,50	3	235,31	3	334,46	3	430,75
4	31,19	4	135,56	4	237,32	4	336,42	4	432,65
5	33,36	5	137,62	5	239,33	5	338,38	5	434,54
6	35,52	6	139,68	6	241,34	6	340,33	6	436,43
7	37,68	7	141,74	7	243,35	7	342,29	7	438,31
8	39,83	8	143,80	8	245,35	8	344,24	8	440,20
9	41,98	9	145,86	9	247,36	9	346,19	9	442,08
2,0	44,12	7,0	147,92	12,0	249,36	17,0	348,14	22,0	443,97
1	46,25	1	149,98	1	251,36	1	350,08	1	445,85
2	48,38	2	152,03	2	253,36	2	352,03	2	447,73
3	50,50	3	154,08	3	255,36	3	353,97	3	449,61
4	52,62	4	156,13	4	257,36	4	355,92	4	451,49
5	54,73	5	158,18	5	259,36	5	357,86	5	453,37
6	56,84	6	160,23	6	261,36	6	359,80	6	455,25
7	58,94	7	162,28	7	263,35	7	361,74	7	457,13
8	61,04	8	164,33	8	265,35	8	363,68	8	459,00
9	63,13	9	166,38	9	267,34	9	365,61	9	460,88
3,0	65,22	8,0	168,43	13,0	269,33	18,0	367,55	23,0	462,75
1	67,30	1	170,48	1	271,32	1	369,48	1	464,63
2	69,38	2	172,52	2	273,31	2	371,41	2	466,50
3	71,46	3	174,57	3	275,30	3	373,34	3	468,37
4	73,54	4	176,61	4	277,28	4	375,27	4	470,24
5	75,62	5	178,65	5	279,27	5	377,20	5	472,11
6	77,70	6	180,69	6	281,25	6	379,13	6	473,98
7	79,77	7	182,73	7	283,24	7	381,05	7	475,85
8	81,85	8	184,77	8	285,22	8	382,98	8	477,71
9	83,93	9	186,81	9	287,20	9	384,90	9	479,58
4,0	86,00	9,0	188,84	14,0	289,18	19,0	386,83	24,0	481,44
1	88,07	1	190,88	1	291,16	1	388,76	1	483,30
2	90,14	2	192,91	2	293,14	2	390,68	2	485,16
3	92,20	3	194,94	3	295,12	3	392,61	3	487,02
4	94,27	4	196,97	4	297,10	4	394,53	4	488,88
5	96,33	5	199,00	5	299,08	5	396,46	5	490,74
6	98,40	6	201,03	6	301,06	6	398,38	6	492,60
7	100,47	7	203,05	7	303,03	7	400,30	7	494,45
8	102,54	8	205,08	8	305,00	8	402,22	8	496,30
9	104,60	9	207,10	9	306,97	9	404,13	9	498,15
5,0	106,67	10,0	209,12	15,0	308,94	20,0	406,05	25,0	500,00

Tafel 51 b.

Mutterskale für Schwefelsäure-Aräometer nach Gewichtsprozent (15° C.). Spindel von 23,0 bis 48,0 Prozent. Gesamtlänge 500 mm.

Pro-zent	Länge	Pro-zent	Länge	Pro-zent	Länge	Pro-zent	Länge	Pro-zent	Länge
23,0	0,00	28,0	106,95	33,0	209,74	38,0	308,77	43,0	405,09
1	2,18	1	109,04	1	211,76	1	310,72	1	407,00
2	4,35	2	111,14	2	213,77	2	312,67	2	408,91
3	6,53	3	113,23	3	215,78	3	314,62	3	410,82
4	8,70	4	115,33	4	217,79	4	316,57	4	412,72
5	10,88	5	117,42	5	219,80	5	318,52	5	414,62
6	13,05	6	119,51	6	221,81	6	320,47	6	416,52
7	15,22	7	121,59	7	223,81	7	322,41	7	418,42
8	17,39	8	123,68	8	225,82	8	324,35	8	420,32
9	19,56	9	125,76	9	227,82	9	326,29	9	422,22
24,0	21,72	29,0	127,85	34,0	229,83	39,0	328,23	44,0	424,12
1	23,88	1	129,93	1	231,83	1	330,16	1	426,02
2	26,04	2	132,00	2	233,83	2	332,10	2	427,93
3	28,20	3	134,08	3	235,83	3	334,03	3	429,83
4	30,36	4	136,15	4	237,83	4	335,97	4	431,74
5	32,52	5	138,23	5	239,82	5	337,90	5	433,64
6	34,68	6	140,30	6	241,81	6	339,84	6	435,55
7	36,83	7	142,37	7	243,80	7	341,77	7	437,45
8	38,98	8	144,44	8	245,79	8	343,70	8	439,35
9	41,13	9	146,51	9	247,78	9	345,63	9	441,25
25,0	43,28	30,0	148,58	35,0	249,77	40,0	347,56	45,0	443,15
1	45,43	1	150,65	1	251,75	1	349,49	1	445,06
2	47,57	2	152,71	2	253,73	2	351,42	2	446,96
3	49,71	3	154,77	3	255,71	3	353,35	3	448,86
4	51,85	4	156,83	4	257,69	4	355,28	4	450,76
5	53,99	5	158,89	5	259,67	5	357,21	5	452,66
6	56,12	6	160,95	6	261,64	6	359,13	6	454,56
7	58,26	7	163,00	7	263,62	7	361,06	7	456,46
8	60,39	8	165,05	8	265,59	8	362,98	8	458,36
9	62,53	9	167,10	9	267,57	9	364,91	9	460,26
26,0	64,66	31,0	169,15	36,0	269,54	41,0	366,83	46,0	462,15
1	66,79	1	171,19	1	271,51	1	368,75	1	464,04
2	68,91	2	173,23	2	273,48	2	370,66	2	465,94
3	71,04	3	175,27	3	275,45	3	372,58	3	467,83
4	73,16	4	177,31	4	277,42	4	374,49	4	469,73
5	75,29	5	179,34	5	279,38	5	376,41	5	471,62
6	77,41	6	181,37	6	281,34	6	378,32	6	473,52
7	79,53	7	183,41	7	283,31	7	380,24	7	475,41
8	81,65	8	185,44	8	285,27	8	382,15	8	477,30
9	83,77	9	187,47	9	287,24	9	384,07	9	479,19
27,0	85,88	32,0	189,50	37,0	289,20	42,0	385,98	47,0	481,08
1	88,00	1	191,53	1	291,16	1	387,90	1	482,98
2	90,11	2	193,56	2	293,12	2	389,81	2	484,88
3	92,22	3	195,59	3	295,08	3	391,72	3	486,77
4	94,33	4	197,62	4	297,04	4	393,63	4	488,66
5	96,44	5	199,64	5	299,00	5	395,54	5	490,55
6	98,55	6	201,66	6	300,95	6	397,45	6	492,44
7	100,65	7	203,68	7	302,91	7	399,36	7	494,33
8	102,75	8	205,70	8	304,86	8	401,27	8	496,22
9	104,85	9	207,72	9	306,82	9	403,18	9	498,11
28,0	106,95	33,0	209,74	38,0	308,77	43,0	405,09	48,0	500,00

Tafel 51c.

Mutterskale für Schwefelsäure-Aräometer nach Gewichtsprozent (15° C.). Spindel von 46,0 bis 71,0 Prozent. Gesamtlänge 500 mm.

Pro-zent	Länge	Pro-zent	Länge	Pro-zent	Länge	Pro-zent	Länge	Pro-zent	Länge
46,0	0,00	51,0	104,43	56,0	207,49	61,0	308,29	66,0	405,95
1	2,10	1	106,51	1	209,53	1	310,27	1	407,86
2	4,20	2	108,58	2	211,57	2	312,26	2	409,78
3	6,30	-3	110,66	3	213,61	3	314,24	3	411,69
4	8,40	4	112,73	4	215,65	4	316,23	4	413,61
5	10,50	5	114,81	5	217,69	5	318,21	5	415,52
6	12,60	6	116,88	6	219,73	6	320,19	6	417,43
7	14,70	7	118,96	7	221,76	7	322,17	7	419,33
8	16,79	8	121,03	8	223,80	8	324,15	8	421,24
9	18,89	9	123,11	9	225,83	9	326,13	9	423,14
47,0	20,98	52,0	125,18	57,0	227,87	62,0	328,10	67,0	425,05
1	23,08	1	127,25	1	229,90	1	330,08	1	426,95
2	25,17	2	129,32	2	231,93	2	332,05	2	428,85
3	27,27	3	131,39	3	233,96	3	334,02	3	430,75
4	29,36	4	133,46	4	235,99	4	335,99	4	432,65
5	31,46	5	135,53	5	238,01	5	337,96	5	434,55
6	33,55	6	137,60	6	240,04	6	339,92	6	436,44
7	35,65	7	139,67	7	242,06	7	341,89	7	438,34
8	37,74	8	141,74	8	244,09	8	343,85	8	440,23
9	39,83	9	143,81	9	246,11	9	345,82	9	442,13
48,0	41,92	53,0	145,87	58,0	248,14	63,0	347,78	68,0	444,02
1	44,01	1	147,94	1	250,16	1	349,74	1	445,91
2	46,10	2	150,00	2	252,18	2	351,69	2	447,79
3	48,19	3	152,06	3	254,20	3	353,65	3	449,68
4	50,28	4	154,12	4	256,22	4	355,60	4	451,56
5	52,36	5	156,18	5	258,24	5	357,56	5	453,45
6	54,45	6	158,24	6	260,25	6	359,51	6	455,33
7	56,54	7	160,30	7	262,27	7	361,46	7	457,21
8	58,63	8	162,36	8	264,28	8	363,41	8	459,09
9	60,72	9	164,42	9	266,30	9	365,36	9	460,97
49,0	62,80	54,0	166,48	59,0	268,31	64,0	367,31	69,0	462,84
1	64,88	1	168,54	1	270,31	1	369,26	1	464,71
2	66,97	2	170,59	2	272,32	2	371,20	2	466,58
3	69,05	3	172,65	3	274,32	3	373,14	3	468,45
4	71,14	4	174,70	4	276,33	4	375,08	4	470,32
5	73,22	5	176,76	5	278,33	5	377,02	5	472,19
6	75,31	6	178,81	6	280,34	6	378,96	6	474,06
7	77,39	7	180,87	7	282,34	7	380,89	7	475,92
8	79,47	8	182,92	8	284,35	8	382,83	8	477,78
9	81,55	9	184,97	9	286,35	9	384,76	9	479,64
50,0	83,63	55,0	187,02	60,0	288,36	65,0	386,70	70,0	481,50
1	85,72	1	189,07	1	290,36	1	388,63	1	483,35
2	87,80	2	191,12	2	292,35	2	390,56	2	485,21
3	89,88	3	193,17	3	294,35	3	392,49	3	487,06
4	91,96	4	195,22	4	296,34	4	394,42	4	488,92
5	94,04	5	197,26	5	298,34	5	396,34	5	490,77
6	96,12	6	199,31	6	300,33	6	398,27	6	492,62
7	98,20	7	201,35	7	302,32	7	400,19	7	494,46
8	100,28	8	203,40	8	304,31	8	402,11	8	496,31
9	102,36	9	205,44	9	306,30	9	404,03	9	498,15
51,0	104,43	56,0	207,49	61,0	308,29	66,0	405,95	71,0	500,00

Tafel 51 d.

Mutterskale
für Schwefelsäure-Aräometer nach Gewichtsprozent (15° C.).

Spindel von 69,0 bis 85,0 Prozent. Gesamtlänge 500 mm.

Pro-zent	Länge	Pro-zent	Länge	Pro-zent	Länge	Pro-zent	Länge
69,0	0,00	73,0	140,23	77,0	273,89	81,0	396,76
1	3,57	1	143,66	1	277,12	1	399,63
2	7,13	2	147,09	2	280,34	2	402,49
3	10,69	3	150 52	3	283,55	3	405,34
4	14,25	4	153,94	4	286,76	4	408,17
5	17,80	5	157,36	5	289,96	5	410,99
6	21,35	6	160,77	6	293,15	6	413,80
7	24,89	7	164,17	7	296,33	7	416,59
8	28,44	8	167,58	8	299,51	8	419,37
9	31,98	9	170,98	9	302,68	9	422,13
70,0	35,53	74,0	174,38	78,0	305,84	82,0	424,88
1	39,07	1	177,78	1	308,99	1	427,63
2	42,60	2	181,17	2	312,14	2	430,37
3	46,13	3	184,55	3	315,28	3	433,09
4	49,66	4	187,92	4	318,42	4	435,79
5	53,18	5	191,29	5	321,55	5	438,47
6	56,70	6	194,65	6	324,67	6	441,13
7	60,21	7	198,01	7	327,77	7	443,77
8	63,73	8	201,37	8	330,87	8	446,40
9	67,24	9	204,73	9	333,96	9	449,02
71,0	70,75	75,0	208,08	79,0	337,04	83,0	451,63
1	74,26	1	211,43	1	340,11	1	454,22
2	77,77	2	214,77	2	343,17	2	456,79
3	81,27	3	218,10	3	346,23	3	459,35
4	84,77	4	221,43	4	349,28	4	461,89
5	88,26	5	224,75	5	352,33	5	464,41
6	91,75	6	228,06	6	355,36	6	466,91
7	95,23	7	231,36	7	358,38	7	469,39
8	98,71	8	234,67	8	361,39	8	471,85
9	102,19	9	237,97	9	364,39	9	474,30
72,0	105,67	76,0	241,27	80,0	367,38	84,0	476,73
1	109,14	1	244,56	1	370,37	1	479,16
2	112,61	2	247,84	2	373,35	2	481,56
3	116,08	3	251,12	3	376,32	3	483,94
4	119,54	4	254,39	4	379,28	4	486,29
5	123,00	5	257,66	5	382,23	5	488,62
6	126,45	6	260,92	6	385,16	6	490,93
7	129,89	7	264,17	7	388,08	7	493,22
8	133,34	8	267,42	8	390,99	8	495,50
9	136,78	9	270,66	9	393,88	9	497,76
73,0	140,23	77,0	273,89	81,0	396,76	85,0	500,00

Tafel 51e.

Mutterskale
für Schwefelsäure-Aräometer nach Gewichtsprozent (15° C.).

Spindel von 83,0 bis 95,0 Prozent. Gesamtlänge 500 mm.

Prozent	Länge	Prozent	Länge	Prozent	Länge
83,0	0,00	87,0	246,54	91,0	408,62
1	7,19	1	251,58	1	411,74
2	14,33	2	256,56	2	414,82
3	21,42	3	261,49	3	417,86
4	28,45	4	266,37	4	420,85
5	35,44	5	271,19	5	423,81
6	42,37	6	275,97	6	426,72
7	49,26	7	280,69	7	429,59
8	56,09	8	285,35	8	432,41
9	62,87	9	289,96	9	435,19
84,0	69,60	88,0	294,51	92,0	437,93
1	76,30	1	299,00	1	440,62
2	82,94	2	303,43	2	443,28
3	89,52	3	307,82	3	445,90
4	96,06	4	312,16	4	448,46
5	102,53	5	316,45	5	450,99
6	108,96	6	320,69	6	453,47
7	115,32	7	324,89	7	455,91
8	121,64	8	329,04	8	458,31
9	127,90	9	333,14	9	460,67
85,0	134,10	89,0	337,19	93,0	462,99
1	140,25	1	341,19	1	465,26
2	146,36	2	345,14	2	467,49
3	152,40	3	349,05	3	469,68
4	158,38	4	352,91	4	471,83
5	164,32	5	356,73	5	473,93
6	170,19	6	360 50	6	475,98
7	176,01	7	364,23	7	477,99
8	181,77	8	367,91	8	479,96
9	187,48	9	371,55	9	481,88
86,0	193,13	90,0	375,14	94,0	483,75
1	198,71	1	378,68	1	485,57
2	204,24	2	382,17	2	487,36
3	209,72	3	385,62	3	489,10
4	215,14	4	389,03	4	490,79
5	220,52	5	392,40	5	492,43
6	225,83	6	395,73	6	494,04
7	231,09	7	399,02	7	495,60
8	236,28	8	402,26	8	497,11
9	241,43	9	405,46	9	498,58
87,0	246,54	91,0	408,62	95,0	500,00

Tafel 52.

Mutterskale des Aräometers für leichte und schwere Öle, sowie der Prozentaräometer für einige Säuren. Gesamtlänge je 500 mm.

Öle				Salpetersäure				Salzsäure		Essigsäure	
Grade	Länge	Grade	Länge	Gew.%	Länge	Gew.%	Länge	Gew.%	Länge	Gew.%	Länge
10	0,0	45	292,7	0	0,0	48	0,0	0	0,0	0	0,0
11	10,0	46	299,6	1	11,1	49	16,7	1	14,9	1	12,8
12	19,9	47	306,5	2	22,2	50	33,0	2	29,6	2	25,6
13	29,6	48	313,3	3	33,2	51	49,0	3	43,9	3	38,3
14	39,3	49	320,0	4	44,1	52	64,6	4	57,8	4	51,0
15	48,9	50	326,6	5	55,0	53	79,8	5	71,9	5	63,7
16	58,4	51	333,2	6	65,9	54	94,6	6	85,8	6	76,4
17	67,8	52	339,7	7	76,8	55	109,2	7	99,5	7	89,0
18	77,0	53	346,1	8	87,6	56	123,4	8	112,9	8	101,5
19	86,2	54	352,5	9	98,3	57	137,3	9	126,4	9	113,8
20	95,3	55	358,8	10	109,0	58	150,9	10	139,8	10	126,0
21	104,3	56	365,1	11	119,8	59	164,3	11	153,0	11	138,1
22	113,1	57	371,4	12	130,5	60	177,4	12	166,1	12	150,0
23	121,8	58	377,6	13	141,2	61	190,2	13	179,1	13	161,8
24	130,5	59	383,7	14	151,8	62	202,5	14	192,0	14	173,5
25	139,1	60	389,7	15	162,5	63	214,5	15	204,8	15	185,1
26	147,5	61	395,7	16	173,1	64	226,0	16	217,6	16	196,6
27	155,9	62	401,6	17	183,7	65	236,9	17	230,4	17	208,0
28	164,2	63	407,4	18	194,2	66	247,5	18	243,1	18	219,3
29	172,4	64	413,2	19	204,6	67	257,7	19	255,8	19	230,6
30	180,5	65	419,0	20	214,9	68	267,6	20	268,5	20	241,8
31	188,5	66	424,8	21	225,3	69	277,3	21	281,0	21	252,8
32	196,4	67	430,5	22	235,6	70	286,9	22	293,7	22	263,5
33	204,3	68	436,2	23	245,9	71	296,3	23	306,0	23	274,1
34	212,1	69	441,8	24	256,1	72	305,5	24	318,4	24	284,6
35	219,8	70	447,3	25	266,2	73	314,6	25	330,7	25	294,9
36	227,4	71	452,7	26	276,3	74	323,6	26	342,7	26	305,0
37	234,9	72	458,1	27	286,3	75	332,4	27	354,7	27	314,9
38	242,4	73	463,4	28	296,1	76	341,0	28	366,6	28	324,7
39	249,8	74	468,7	29	305,8	77	349,5	29	378,3	29	334,3
40	257,0	75	474,0	30	315,6	78	357,6	30	389,8	30	343,8
41	264,3	76	479,3	31	325,2	79	365,5	31	401,3	31	353,2
42	271,5	77	484,5	32	334,8	80	373,2	32	412,4	32	362,4
43	278,6	78	489,7	33	344,3	81	380,5	33	423,1	33	371,4
44	285,7	79	494,9	34	353,7	82	387,7	34	434,1	34	380,3
45	292,7	80	500,0	35	362,9	83	394,8	35	445,1	35	389,0
				36	371,9	84	401,6	36	456,4	36	397,5
				37	380,9	85	408,1	37	467,9	37	405,8
				38	389,7	86	414,4	38	479,0	38	413,9
				39	398,4	87	420,6	39	489,7	39	421,9
				40	406,9	88	426,6	40	500,0	40	429,8
				41	415,3	89	432,5			41	437,6
				42	423,6	90	438,1			42	445,2
				43	431,7	91	443,3			43	452,6
				44	439,8	92	448,4			44	459,8
				45	447,8	93	453,0			45	466,8
				46	455,8	94	457,0			46	473,5
				47	463,6	95	460,6			47	480,3
				48	471,2	96	463,0			48	487,0
				49	478,6	97	466,6			49	493,6
				50	485,9	98	474,2			50	500,0
				51	493,0	99	485,3				
				52	500,0	100	500,0				

Tafel 53.

Tafeln für die Konstruktion von Aräometern.

Bezeichnet bei einem Aräometer
b den Bereich der Skale in spec. Gewicht,
s_0 das dem obersten Teilstrich entsprechende spec. Gewicht,
l die Länge der Skale in mm,
v das Volumen des Unterteils in ccm, bestimmt durch Wasserverdrängung in einem Messzylinder,
d den Durchmesser (die Dicke) des Stengels in mm,
und sind (b), (s_0), (l), (v), (d) gewisse Zahlenwerte, welche in den nachfolgenden Tafeln für die obigen Grössen angegeben sind, so gilt die Beziehung

$$(d) = (b) + (s_0) + (l) + (v).$$

I. Bereich b der Skale								II. Spec. Gew. s_0 am obersten Teilstrich					
b	(b)	b	(b)	b	(b)	b	(b)	s_0	(s_0)	s_0	(s_0)	s_0	(s_0)
0,0040	952	0,035	1423	0,090	1628	0,45	1977	0,60	1111	1,10	980	1,60	898
41	957	36	1429	91	1630	46	1982	61	1107	11	978	61	896
42	962	37	1435	92	1632	47	1987	62	1104	12	976	62	895
43	967	38	1440	93	1635	48	1991	63	1100	13	974	63	893
0,0044	972	0,039	1446	0,094	1637	0,49	1996	0,64	1097	1,14	972	1,64	892
0,0045	977	0,040	1452	0,095	1640	0,50	2000	0,65	1093	1,15	970	1,65	891
46	982	41	1457	96	1642	51	2004	66	1090	16	968	66	890
47	987	42	1462	97	1644	52	2009	67	1087	17	966	67	889
48	991	43	1467	98	1646	53	2013	68	1084	18	964	68	888
0,0049	996	0,044	1472	0,099	1648	0,54	2017	0,69	1081	1,19	962	1,69	887
0,0050	1000	0,045	1477	0,100	1650	0,55	2022	0,70	1078	1,20	960	1,70	886
55	1021	46	1482	105	1661	56	2026	71	1075	21	958	71	885
60	1040	47	1487	110	1671	57	2029	72	1072	22	957	72	884
65	1057	48	1491	115	1681	58	2033	73	1069	23	955	73	882
0,0070	1073	0,049	1496	0,120	1690	0,59	2036	0,74	1066	1,24	954	1,74	881
0,0075	1088	0,050	1500	0 125	1699	0,60	2040	0,75	1063	1,25	952	1,75	879
80	1102	51	1504	130	1708	61	2043	76	1060	26	950	76	878
85	1115	52	1508	135	1716	62	2047	77	1057	27	948	77	877
90	1128	53	1513	140	1724	63	2050	78	1054	28	946	78	876
0,0095	1140	0,054	1517	0,145	1731	0,64	2054	0,79	1051	1,29	944	1,79	874
0,0100	1151	0,055	1521	0,150	1739	0,65	2057	0,80	1048	1,30	943	1,80	872
105	1161	56	1525	155	1746	66	2060	81	1045	31	941	81	871
110	1171	57	1528	160	1753	67	2063	82	1043	32	940	82	870
115	1181	58	1532	165	1760	68	2067	83	1040	33	938	83	869
0,0120	1190	0,059	1536	0,170	1766	0,69	2070	0,84	1038	1,34	936	1,84	868
0,0125	1199	0,060	1540	0,175	1772	0,70	2073	0,85	1035	1,35	935	1,85	867
130	1208	61	1543	180	1778	71	2076	86	1033	36	934	86	866
135	1216	62	1547	185	1784	72	2079	87	1030	37	932	87	864
140	1224	63	1550	190	1790	73	2082	88	1028	38	930	88	863
0,0145	1231	0,064	1554	0,195	1796	0,74	2085	0,89	1025	1,39	928	1,89	862
0,0150	1238	0,065	1557	0,20	1801	0,75	2088	0,90	1023	1,40	927	1,90	861
155	1246	66	1560	21	1812	76	2091	91	1020	41	925	91	859
160	1253	67	1564	22	1822	77	2094	92	1018	42	924	92	858
165	1259	68	1567	23	1832	78	2097	93	1016	43	922	93	857
0,0170	1266	0,069	1570	0,24	1841	0,79	2099	0,94	1014	1,44	921	1,94	856
0,0175	1272	0,070	1573	0,25	1850	0,80	2102	0,95	1011	1,45	919	1,95	855
180	1278	71	1576	26	1858	82	2107	96	1009	46	918	96	854
185	1284	72	1579	27	1866	84	2113	97	1006	47	916	97	853
190	1290	73	1583	28	1874	86	2118	98	1004	48	915	98	852
0,0195	1296	0,074	1586	0,29	1882	0,88	2123	0,99	1002	1,49	913	1,99	851
0,020	1301	0,075	1589	0,30	1889	0,90	2128	1,00	1000	1,50	912	2,00	850
21	1312	76	1592	31	1896	92	2132	01	998	51	911		
22	1322	77	1595	32	1903	94	2137	02	996	52	910		
23	1331	78	1597	33	1910	96	2142	03	994	53	908		
0,024	1341	0,079	1600	0,34	1916	0,98	2146	1,04	992	1,54	907		
0,025	1350	0,080	1602	0,35	1923	1,00	2151	1,05	990	1,55	905		
26	1358	81	1605	36	1929	05	2161	06	988	56	904		
27	1366	82	1608	37	1935	10	2171	07	986	57	902		
28	1374	83	1611	38	1941	15	2181	08	984	58	901		
0,029	1382	0,084	1613	0,39	1947	1,20	2190	1,09	982	1,59	899		
0,030	1389	0,085	1616	0,40	1952	1,25	2199	1,10	980	1,60	898		
31	1396	86	1618	41	1957	30	2207						
32	1403	87	1621	42	1962	35	2216						
33	1410	88	1623	43	1967	40	2224						
0,034	1416	0,089	1626	0,44	1972	1,45	2232						
0,035	1423	0,090	1628	0,45	1977	1,50	2239						

Tafel 53.

Tafeln für die Konstruktion von Aräometern.

III. Länge l der Skale		IV. Volumen v des Unterteils						V. Durchmesser d (Dicke) des Stengels					
l	(l)	v	(v)	v	(v)	v	(v)	d	(d)	d	(d)	d	(d)
		5	849	45	1327	85	1465	2,00	4301	4,0	4602	8,0	4903
		6	889	46	1331	86	1467	2,05	4312	4,1	4613	8,1	4908
		7	923	47	1336	87	1470	2,10	4322	4,2	4623	8,2	4914
		8	952	48	1340	88	1472	2,15	4332	4,3	4633	8,3	4919
20	1252	9	977	49	1345	89	1475	2,20	4342	4,4	4643	8,4	4924
25	1203	10	1000	50	1349	90	1477	2,25	4352	4,5	4653	8,5	4929
30	1164	11	1021	51	1354	91	1480	2,30	4362	4,6	4663	8,6	4934
35	1130	12	1041	52	1358	92	1482	2,35	4371	4,7	4672	8,7	4940
40	1101	13	1057	53	1362	93	1484	2,40	4380	4,8	4681	8,8	4944
45	1075	14	1073	54	1366	94	1487	2,45	4389	4,9	4690	8,9	4949
50	1053	15	1088	55	1370	95	1489	2,50	4398	5,0	4699	9,0	4954
55	1032	16	1102	56	1374	96	1491	2,55	4407	5,1	4708	9,1	4959
60	1013	17	1115	57	1378	97	1493	2,60	4415	5,2	4716	9,2	4964
65	995	18	1128	58	1382	98	1496	2,65	4423	5,3	4724	9,3	4968
70	979	19	1139	59	1385	99	1498	2,70	4431	5,4	4732	9,4	4973
75	964	20	1151	60	1389	100	1500	2,75	4439	5,5	4740	9,5	4978
80	951	21	1161	61	1393	105	1511	2,80	4447	5,6	4748	9,6	4982
85	937	22	1171	62	1396	110	1521	2,85	4455	5,7	4756	9,7	4987
90	924	23	1181	63	1400	115	1530	2,90	4462	5,8	4763	9,8	4991
95	913	24	1190	64	1403	120	1540	2,95	4470	5,9	4771	9,9	4996
100	903	25	1199	65	1406	125	1548	3,00	4477	6,0	4778	10,0	5000
110	883	26	1207	66	1410	130	1557	3,05	4484	6,1	4785	10,2	5009
120	863	27	1216	67	1413	135	1565	3,10	4491	6,2	4792	10,4	5017
130	845	28	1224	68	1416	140	1573	3,15	4498	6,3	4799	10,6	5025
140	829	29	1231	69	1419	145	1581	3,20	4505	6,4	4806	10,8	5033
150	813	30	1239	70	1423	150	1588	3,25	4512	6,5	4813	11,0	5041
160	801	31	1246	71	1426	160	1602	3,30	4519	6,6	4820	11,2	5049
170	786	32	1253	72	1429	170	1615	3,35	4525	6,7	4826	11,4	5057
180	775	33	1259	73	1432	180	1628	3,40	4531	6,8	4833	11,6	5064
190	762	34	1266	74	1435	190	1639	3,45	4538	6,9	4839	11,8	5072
200	752	35	1272	75	1438	200	1651	3,50	4544	7,0	4845	12,0	5079
210	740	36	1278	76	1440	210	1661	3,55	4550	7,1	4851	12,2	5086
220	730	37	1284	77	1443	220	1671	3,60	4556	7,2	4857	12,4	5093
230	721	38	1290	78	1446	230	1681	3,65	4562	7,3	4863	12,6	5100
240	712	39	1296	79	1449	240	1690	3,70	4568	7,4	4869	12,8	5107
250	703	40	1301	80	1452	250	1699	3,75	4574	7,5	4875	13,0	5114
260	694	41	1306	81	1454	260	1707	3,80	4580	7,6	4881	13,2	5121
270	686	42	1312	82	1457	270	1716	3,85	4585	7,7	4886	13,4	5127
280	678	43	1317	83	1460	280	1724	3,90	4591	7,8	4892	13,6	5134
290	671	44	1322	84	1462	290	1731	3,95	4597	7,9	4898	13,8	5140
300	663	45	1327	85	1465	300	1739	4,00	4602	8,0	4903	14,0	5146

Beispiel: Es sei die Stengeldicke eines Aräometers nach spez. Gewicht zu bestimmen, dessen Skale von 1,3 bis 1,4 reichen und 200 mm lang werden soll, und dessen Unterteil in einem Messzylinder 41 ccm verdrängt.

Hier ist: $b = 0,1$ zugehöriger Tafelwert: $(b) = 1650$

$$s_0 = 1,3 \qquad \text{„} \qquad \text{„} \qquad (s_0) = 943$$
$$l = 200 \qquad \text{„} \qquad \text{„} \qquad (l) = 752$$
$$v = 41 \qquad \text{„} \qquad \text{„} \qquad (v) = 1306$$

$$(d) = 4651, \text{ daraus } d = 4,48 \text{ mm.}$$

Tafel 54a.

Nomogramm I
zur Ermittelung der Stengeldicke eines Aräometers nach Dichte.

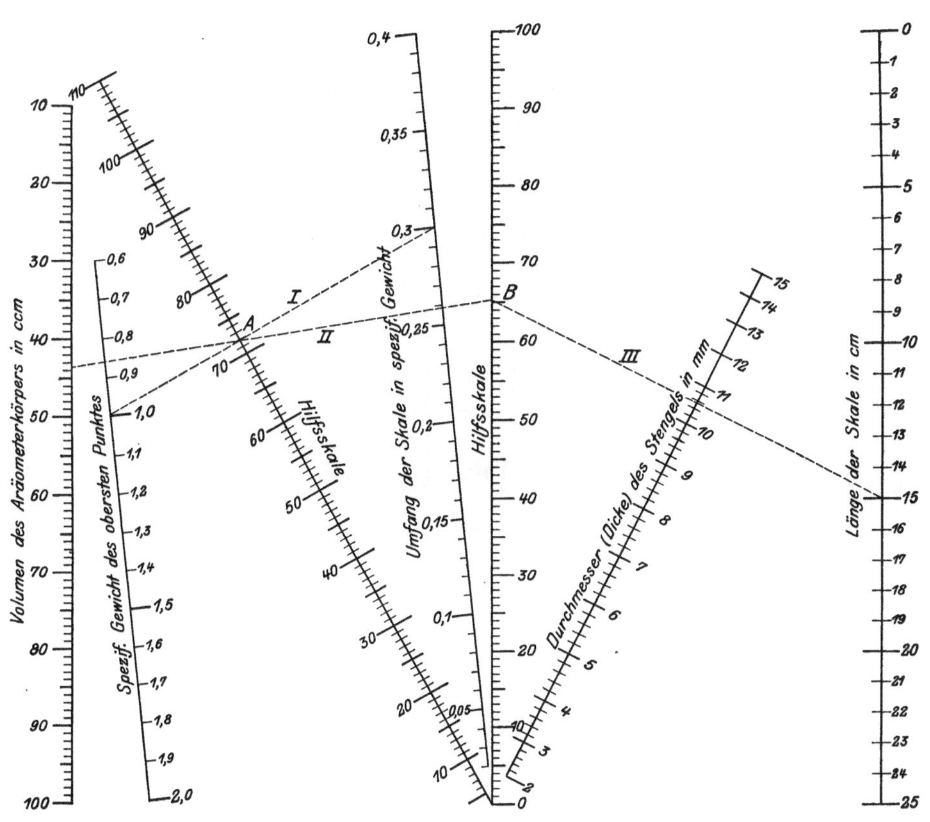

Beispiel:

Der Unterkörper des herzustellenden Aräometers habe das Volumen 43,5 ccm. Die Skale soll 15 cm lang werden und von 1,00 bis 1,30 reichen, also einen Umfang von 0,30 erhalten.

$$\text{Mit} \quad s\,(\text{oben}) = 1{,}00 \quad \text{und}$$
$$\text{Umfang} = 0{,}30$$

ergibt sich der Hilfspunkt A = 72,0,

mit diesem und dem Volumen 43,5 findet man den Hilfspunkt B = 65,3 und ferner unter Hinzunahme der Skalenlänge 15 cm die Stengeldicke 10,55 mm.

Tafel 54 b.

N o m o g r a m m II

zur Ermittelung der Stengeldicke eines Aräometers mit rat. Bauméskale
für schwere Flüssigkeiten.

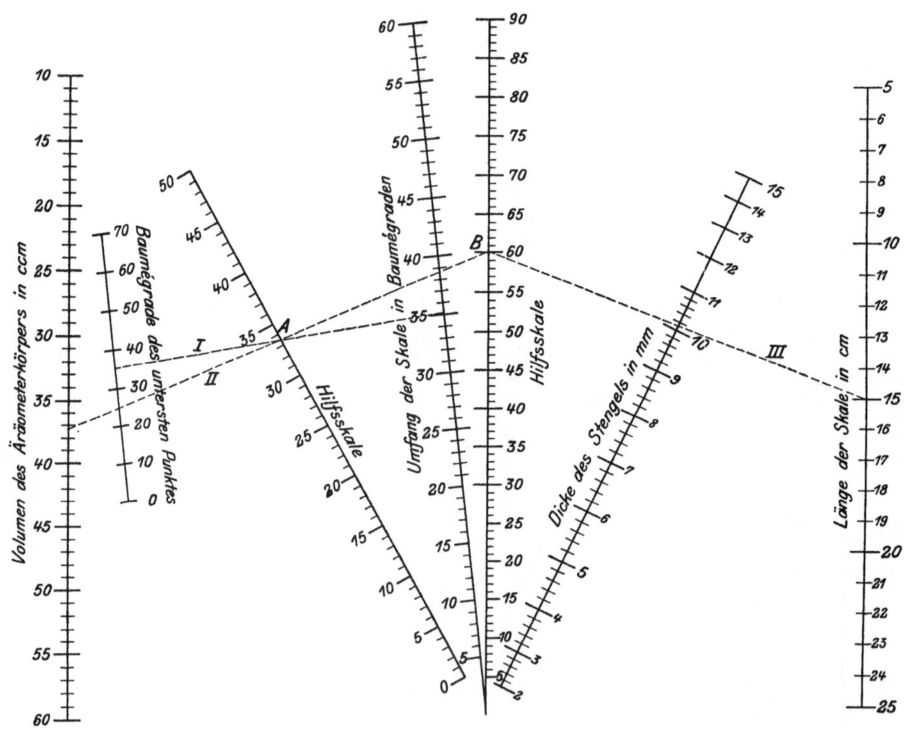

Beispiel:

Der Unterkörper des herzustellenden Aräometers habe das Volumen 37,3 ccm.
Die Skale soll 15 cm lang werden und von − 0,1 bis 35° Bé reichen, also einen Umfang von 35,1° Bé erhalten.

Mit   Bé (unten) = 35°   und
Umfang = 35,1

ergibt sich der   Hilfspunkt A = 33,5,
mit diesem und dem Volumen 37,3 findet man den Hilfspunkt B = 60,2 und ferner
unter Hinzunahme der Skalenlänge von 15 cm die Stengeldicke 10,10 mm.

Tafel 55.

Reduktionstafel für Spiritus (Gew. %).

Die Tafel enthält diejenigen Beträge, welche an den mit einem Alkoholometer nach Gewichtsprozent (Normaltemp. 15° C.) bei verschiedenen Temperaturen erhaltenen Ablesungen angebracht die wahre Stärke in Gewichtsprozent ergeben.

Abgel. Gew.% Alkohol	Abgelesene Temperatur in Celsiusgraden																Abgel. Gew % Alkohol
	10°	11°	12°	13°	14°	15°	16°	17°	18°	19°	20°	21°	22°	23°	24°	25°	
0	+0,24	+0,20	+0,16	+0,11	+0,06	0,00											0
1	0,25	0,20	0,16	0,11	0,06	0,00	—0,07	—0,14	—0,22	—0,31	—0,40	—0,49	—0,59	—0,70	—0,81	—0,93	1
2	0,26	0,21	0,17	0,12	0,06	0,00	0,08	0,15	0,23	0,32	0,41	0,50	0,60	0,71	0,83	0,95	2
3	0,27	0,22	0,17	0,12	0,06	0,00	0,08	0,15	0,23	0,32	0,42	0,52	0,62	0,73	0,85	0,97	3
4	0,29	0,24	0,18	0,13	0,07	0,00	0,08	0,16	0,24	0,33	0,43	0,54	0,64	0,76	0,88	1,00	4
5	0,31	0,26	0,20	0,14	0,07	0,00	0,08	0,16	0,25	0,35	0,45	0,56	0,67	0,79	0,91	1,04	5
6	0,34	0,29	0,22	0,15	0,08	0,00	0,08	0,17	0,27	0,37	0,48	0,59	0,71	0,83	0,96	1,09	6
7	0,38	0,33	0,24	0,16	0,08	0,00	0,09	0,19	0,30	0,40	0,51	0,63	0,76	0,88	1,01	1,15	7
8	0,43	0,37	0,27	0,18	0,09	0,00	0,10	0,21	0,33	0,44	0,55	0,68	0,82	0,95	1,08	1,23	8
9	+0,50	+0,42	+0,31	+0,21	+0,10	0,00	—0,11	—0,23	—0,36	—0,48	—0,61	—0,75	—0,89	—1,03	—1,18	—1,33	9
10	+0,59	+0,48	+0,36	+0,24	+0,12	0,00	—0,13	—0,26	—0,39	—0,53	—0,68	—0,83	—0,98	—1,14	—1,30	—1,47	10
11	0,69	0,55	0,41	0,27	0,13	0,00	0,14	0,28	0,43	0,59	0,76	0,92	1,09	1,26	1,43	1,61	11
12	0,78	0,61	0,46	0,30	0,15	0,00	0,16	0,32	0,48	0,66	0,84	1,02	1,20	1,38	1,56	1,75	12
13	0,87	0,69	0,52	0,34	0,17	0,00	0,17	0,35	0,53	0,72	0,92	1,11	1,30	1,50	1,69	1,89	13
14	0,96	0,77	0,58	0,38	0,19	0,00	0,19	0,38	0,58	0,78	0,99	1,20	1,40	1,61	1,82	2,03	14
15	1,05	0,84	0,63	0,42	0,21	0,00	0,21	0,42	0,63	0,84	1,06	1,28	1,50	1,72	1,94	2,16	15
16	1,13	0,91	0,68	0,45	0,23	0,00	0,22	0,45	0,67	0,90	1,14	1,37	1,60	1,83	2,06	2,30	16
17	1,22	0,98	0,73	0,49	0,24	0,00	0,24	0,48	0,72	0,96	1,21	1,46	1,70	1,94	2,18	2,43	17
18	1,31	1,05	0,78	0,52	0,26	0,00	0,25	0,51	0,77	1,02	1,28	1,54	1,80	2,05	2,31	2,57	18
19	+1,40	+1,12	+0,83	+0,55	+0,28	0,00	—0,27	—0,54	—0,81	—1,08	—1,35	—1,62	—1,89	—2,16	—2,43	—2,70	19
20	+1,48	+1,18	+0,88	+0,58	+0,29	0,00	—0,29	—0,57	—0,85	—1,14	—1,42	—1,70	—1,98	—2,26	—2,54	—2,82	20
21	1,55	1,23	0,92	0,61	0,30	0,00	0,30	0,59	0,89	1,19	1,48	1,77	2,06	2,35	2,64	2,93	21
22	1,60	1,27	0,95	0,63	0,31	0,00	0,31	0,62	0,92	1,23	1,54	1,84	2,14	2,43	2,73	3,03	22
23	1,64	1,30	0,98	0,65	0,32	0,00	0,32	0,64	0,96	1,28	1,60	1,90	2,21	2,51	2,82	3,12	23
24	1,67	1,33	1,00	0,66	0,33	0,00	0,33	0,66	0,99	1,32	1,65	1,96	2,28	2,59	2,90	3,21	24
25	1,70	1,36	1,02	0,68	0,34	0,00	0,34	0,68	1,02	1,35	1,69	2,02	2,34	2,66	2,98	3,29	25
26	1,72	1,37	1,03	0,68	0,34	0,00	0,34	0,69	1,04	1,38	1,72	2,06	2,39	2,72	3,04	3,36	26
27	1,74	1,39	1,04	0,69	0,35	0,00	0,35	0,70	1,05	1,40	1,75	2,09	2,43	2,76	3,09	3,42	27
28	1,75	1,40	1,05	0,70	0,35	0,00	0,35	0,71	1,06	1,41	1,77	2,12	2,46	2,79	3,13	3,46	28
29	+1,76	+1,41	+1,06	+0,70	+0,35	0,00	—0,36	—0,71	—1,07	—1,43	—1,79	—2,14	—2,48	—2,82	—3,16	—3,50	29
30	+1,76	+1,41	+1,06	+0,70	+0,35	0,00	—0,36	—0,72	—1,08	—1,44	—1,80	—2,15	—2,49	—2,84	—3,18	—3,53	30
35	1,75	1,40	1,05	0,70	0,35	0,00	0,36	0,72	1,08	1,44	1,80	2,16	2,52	2,88	3,24	3,60	35
40	1,73	1,39	1,04	0,69	0,35	0,00	0,35	0,71	1,07	1,42	1,78	2,14	2,50	2,85	3,21	3,57	40
45	1,72	1,38	1,03	0,69	0,34	0,00	0,35	0,70	1,05	1,40	1,75	2,10	2,46	2,81	3,16	3,52	45
50	1,72	1,37	1,03	0,69	0,34	0,00	0,34	0,69	1,04	1,38	1,72	2,07	2,42	2,76	3,11	3,46	50
55	1,71	1,36	1,02	0,68	0,34	0,00	0,34	0,69	1,03	1,37	1,71	2,05	2,40	2,74	3,09	3,44	55
60	1,70	1,36	1,02	0,68	0,34	0,00	0,34	0,69	1,04	1,38	1,72	2,06	2,41	2,76	3,11	3,46	60
65	1,71	1,37	1,03	0,68	0,34	0,00	0,35	0,70	1,04	1,39	1,74	2,09	2,43	2,78	3,13	3,49	65
70	1,73	1,38	1,04	0,69	0,35	0,00	0,35	0,70	1,05	1,40	1,75	2,10	2,45	2,80	3,15	3,51	70
75	+1,73	+1,38	+1,04	+0,69	+0,35	0,00	—0,35	—0,70	—1,05	—1,40	—1,75	—2,10	—2,45	—2,81	—3,16	—3,52	75
80	+1,71	+1,37	+1,03	+0,68	+0,34	0,00	—0,35	—0,70	—1,05	—1,39	—1,74	—2,09	—2,44	—2,80	—3,15	—3,51	80
81	1,70	1,36	1,02	0,68	0,34	0,00	0,35	0,70	1,04	1,39	1,74	2,09	2,44	2,79	3,14	3,50	81
82	1,69	1,35	1,02	0,68	0,34	0,00	0,35	0,69	1,04	1,38	1,73	2,08	2,43	2,78	3,13	3,49	82
83	1,68	1,34	1,01	0,67	0,34	0,00	0,34	0,69	1,03	1,38	1,72	2,07	2,42	2,77	3,12	3,48	83
84	1,67	1,33	1,00	0,67	0,33	0,00	0,34	0,68	1,03	1,37	1,71	2,06	2,41	2,76	3,11	3,47	84
85	1,66	1,32	0,99	0,66	0,33	0,00	0,34	0,68	1,02	1,36	1,70	2,05	2,40	2,74	3,09	3,45	85
86	1,64	1,31	0,98	0,66	0,33	0,00	0,34	0,67	1,01	1,35	1,69	2,03	2,38	2,72	3,07	3,43	86
87	1,63	1,30	0,98	0,65	0,33	0,00	0,33	0,67	1,00	1,34	1,67	2,01	2,36	2,70	3,05	3,40	87
88	1,61	1,29	0,97	0,64	0,32	0,00	0,33	0,66	0,99	1,32	1,66	2,00	2,34	2,68	3,03	3,37	88
89	+1,59	+1,27	+0,96	+0,63	+0,32	0,00	—0,33	—0,65	—0,98	—1,31	—1,64	—1,98	—2,32	—2,66	—3,00	—3,34	89
90	+1,56	+1,25	+0,94	+0,62	+0,31	0,00	—0,32	—0,65	—0,97	—1,30	—1,62	—1,95	—2,29	—2,62	—2,96	—3,30	90
91	1,54	1,23	0,92	0,61	0,31	0,00	0,32	0,64	0,96	1,28	1,60	1,92	2,25	2,58	2,92	3,26	91
92	1,51	1,21	0,91	0,60	0,30	0,00	0,31	0,63	0,94	1,26	1,57	1,89	2,21	2,54	2,87	3,21	92
93	1,48	1,19	0,89	0,59	0,30	0,00	0,31	0,62	0,93	1,23	1,54	1,86	2,18	2,50	2,82	3,16	93
94	1,45	1,16	0,87	0,58	0,29	0,00	0,30	0,61	0,91	1,21	1,52	1,83	2,14	2,46	2,78	3,11	94
95	1,42	1,14	0,85	0,57	0,28	0,00	0,30	0,59	0,89	1,19	1,49	1,79	2,10	2,41	2,73	3,05	95
96	1,39	1,12	0,84	0,56	0,28	0,00	0,29	0,58	0,87	1,17	1,46	1,76	2,06	2,36	2,67	2,99	96
97	1,36	1,09	0,82	0,55	0,28	0,00	0,29	0,57	0,85	1,14	1,43	1,72	2,02	2,32	2,62	2,93	97
98	+1,33	+1,06	0,80	0,53	0,27	0,00	0,28	0,56	0,83	1,11	1,39	1,68	1,97	2,27	2,56	2,86	98
99			+0,77	+0,51	+0,26	0,00	0,27	0,54	0,81	1,09	1,36	1,64	1,93	2,22	2,51	2,80	99
100						0,00	—0,27	—0,53	—0,79	—1,06	—1,33	—1,60	—1,88	—2,16	—2,44	—2,74	100

Tafel 56.

Reduktionstafel für Spiritus (Vol. %).

Die Tafel enthält diejenigen Beträge, welche an den mit einem Alkoholometer nach Tralles (Normaltemp. $12\,4/9°$ R.) bei verschiedenen Temperaturen erhaltenen Ablesungen angebracht die wahre Stärke in Tralles-Prozent ergeben.

Abgeles.Vol.% Alkohol (Tralles)	Abgelesene Temperatur in Réaumurgraden																Abgeles.Vol.% Alkohol (Tralles)
	10°	11°	12°	13°	14°	15°	16°	17°	18°	19°	20°	21°	22°	23°	24°	25°	
	Reduktion auf die Normaltemperatur $124/9°$ R. in Volumenprozent																
0	+0,22	+0,13	+0,04														0
1	0,22	0,13	0,04	−0,05	−0,17	−0,30	−0,44	−0,59	−0,75	−0,93							1
2	0,23	0,14	0,05	0,06	0,17	0,31	0,45	0,61	0,77	0,95	−1,13	−1,32	−1,53	−1,74	−1,96		2
3	0,24	0,15	0,05	0,06	0,18	0,32	0,47	0,63	0,79	0,97	1,16	1,36	1,57	1,78	2,00	−2,24	3
4	+0,25	+0,15	+0,05	−0,06	−0,19	−0,33	−0,49	−0,65	−0,82	−1,01	−1,20	−1,40	−1,62	−1,83	−2,05	−2,30	4
5	+0,26	+0,16	+0,06	−0,06	−0,20	−0,35	−0,51	−0,68	−0,86	−1,05	−1,25	−1,46	−1,67	−1,89	−2,12	−2,37	5
6	0,28	0,17	0,06	0,07	0,22	0,38	0,54	0,72	0,90	1,10	1,30	1,52	1,74	1,97	2,20	2,45	6
7	0,31	0,19	0,06	0,08	0,23	0,40	0,58	0,76	0,95	1,15	1,37	1,59	1,82	2,06	2,30	2,55	7
8	0,34	0,21	0,07	0,08	0,25	0,43	0,62	0,81	1,01	1,22	1,45	1,68	1,92	2,16	2,42	2,67	8
9	+0,38	+0,24	+0,08	−0,09	−0,27	−0,45	−0,65	−0,86	−1,08	−1,30	−1,53	−1,77	−2,02	−2,27	−2,53	−2,80	9
10	+0,43	+0,27	+0,09	−0,09	−0,28	−0,48	−0,69	−0,91	−1,14	−1,38	−1,62	−1,87	−2,13	−2,39	−2,65	−2,93	10
11	0,47	0,29	0,10	0,10	0,31	0,52	0,74	0,98	1,22	1,47	1,73	1,99	2,25	2,52	2,80	3,08	11
12	0,51	0,31	0,10	0,12	0,34	0,57	0,81	1,06	1,31	1,57	1,84	2,11	2,39	2,67	2,96	3,25	12
13	0,56	0,33	0,10	0,14	0,38	0,63	0,88	1,14	1,40	1,67	1,95	2,24	2,53	2,83	3,13	3,43	13
14	+0,60	+0,36	+0,11	−0,15	−0,41	−0,68	−0,95	−1,22	−1,50	−1,79	−2,08	−2,38	−2,68	−2,98	−3,29	−3,61	14
15	+0,65	+0,39	+0,12	−0,16	−0,44	−0,73	−1,02	−1,31	−1,60	−1,90	−2,21	−2,52	−2,83	−3,15	−3,47	−3,80	15
16	0,70	0,41	0,12	0,18	0,48	0,78	1,09	1,40	1,71	2,03	2,35	2,67	2,99	3,32	3,65	3,98	16
17	0,76	0,45	0,13	0,19	0,51	0,83	1,16	1,49	1,82	2,15	2,48	2,81	3,15	3,49	3,83	4,18	17
18	0,81	0,48	0,14	0,20	0,54	0,88	1,22	1,56	1,91	2,26	2,61	2,96	3,31	3,66	4,01	4,37	18
19	+0,87	+0,51	+0,15	−0,21	−0,56	−0,92	−1,28	−1,64	−2,00	−2,36	−2,72	−3,09	−3,45	−3,82	−4,18	−4,55	19
20	+0,93	+0,55	+0,17	−0,21	−0,59	−0,97	−1,35	−1,73	−2,10	−2,47	−2,85	−3,22	−3,60	−3,98	−4,36	−4,74	20
21	0,99	0,59	0,19	0,21	0,61	1,01	1,41	1,80	2,19	2,58	2,97	3,36	3,75	4,13	4,52	4,91	21
22	1,03	0,61	0,19	0,23	0,64	1,05	1,46	1,87	2,28	2,69	3,09	3,49	3,89	4,29	4,68	5,08	22
23	1,07	0,63	0,20	0,23	0,66	1,09	1,51	1,93	2,35	2,77	3,19	3,60	4,01	4,42	4,83	5,25	23
24	+1,10	+0,65	+0,20	−0,25	−0,69	−1,13	−1,57	−2,01	−2,44	−2,87	−3,30	−3,72	−4,14	−4,56	−4,98	−5,41	24
25	+1,14	+0,67	+0,21	−0,25	−0,71	−1,16	−1,61	−2,06	−2,50	−2,94	−3,38	−3,82	−4,25	−4,68	−5,12	−5,55	25
26	1,17	0,69	0,21	0,26	0,73	1,20	1,66	2,12	2,57	3,02	3,47	3,92	4,36	4,80	5,24	5,68	26
27	1,19	0,70	0,21	0,27	0,75	1,22	1,69	2,16	2,63	3,09	3,55	4,00	4,45	4,90	5,35	5,80	27
28	1,21	0,72	0,23	0,26	0,75	1,23	1,71	2,19	2,67	3,14	3,61	4,07	4,53	4,99	5,45	5,90	28
29	+1,23	+0,73	+0,23	−0,27	−0,76	−1,25	−1,74	−2,22	−2,70	−3,18	−3,65	−4,12	−4,59	−5,06	−5,53	−6,00	29
30	+1,25	+0,75	+0,25	−0,25	−0,75	−1,25	−1,74	−2,23	−2,72	−3,21	−3,69	−4,17	−4,65	−5,13	−5,60	−6,07	30

Tafel 56.

Reduktionstafel für Spiritus (Vol. %).

Die Tafel enthält diejenigen Beträge, welche an den mit einem Alkoholometer nach Tralles (Normaltemp. 12 4/9° R.) bei verschiedenen Temperaturen erhaltenen Ablesungen angebracht die wahre Stärke in Tralles-Prozent ergeben.

Abgeles.Vol.% Alkohol (Tralles)	Abgelesene Temperatur in Réaumurgraden																Abgeles.Vol.% Alkohol (Tralles)
	10°	11°	12°	13°	14°	15°	16°	17°	18°	19°	20°	21°	22°	23°	24°	25°	
	Reduktion auf die Normaltemperatur 12 4/9° R. in Volumenprozent																
30	+1,25	+0,75	+0,25	—0,25	—0,75	—1,25	—1,74	—2,23	—2,72	—3,21	—3,69	—4,17	—4,65	—5,13	—5,60	—6,07	30
35	1,27	0,76	0,25	0,26	0,77	1,27	1,78	2,29	2,79	3,29	3,79	4,29	4,79	5,28	5,78	6,27	35
40	1,25	0,75	0,25	0,26	0,77	1,27	1,77	2,27	2,77	3,27	3,77	4,26	4,76	5,25	5,75	6,25	40
45	1,20	0,71	0,22	0,27	0,75	1,23	1,72	2,20	2,69	3,18	3,67	4,16	4,65	5,14	5,63	6,13	45
50	+1,15	+0,68	+0,21	—0,26	—0,73	—1,20	—1,67	—2,14	—2,61	—3,08	—3,55	—4,02	—4,50	—4,98	—5,46	—5,94	50
55	+1,11	+0,66	+0,21	—0,24	—0,69	—1,14	—1,60	—2,06	—2,52	—2,98	—3,44	—3,90	—4,36	—4,82	—5,28	—5,75	55
60	1,07	0,64	0,20	0,24	0,68	1,12	1,56	2,00	2,44	2,88	3,32	3,76	4,21	4,66	5,10	5,55	60
65	1,03	0,62	0,20	0,22	0,64	1,06	1,49	1,92	2,35	2,78	3,21	3,64	4,07	4,51	4,94	5,37	65
70	0,97	0,57	0,17	0,23	0,64	1,05	1,45	1,86	2,27	2,68	3,09	3,51	3,93	4,35	4,76	5,18	70
75	+0,93	+0,55	+0,17	—0,21	—0,60	—0,98	—1,38	—1,78	—2,18	—2,58	—2,98	—3,38	—3,78	—4,18	—4,59	—4,99	75
80	+0,88	+0,52	+0,16	—0,21	—0,58	—0,95	—1,32	—1,70	—2,08	—2,46	—2,85	—3,23	—3,62	—4,00	—4,39	—4,78	80
81	0,88	0,52	0,16	0,20	0,57	0,94	1,31	1,68	2,06	2,44	2,82	3,20	3,58	3,97	4,35	4,74	81
82	0,87	0,51	0,15	0,21	0,57	0,93	1,30	1,67	2,04	2,41	2,79	3,17	3,55	3,93	4,31	4,70	82
83	0,86	0,51	0,15	0,20	0,56	0,92	1,28	1,65	2,02	2,39	2,77	3,14	3,52	3,89	4,27	4,65	83
84	+0,85	+0,50	+0,15	—0,20	—0,55	—0,91	—1,27	—1,63	—2,00	—2,37	—2,74	—3,11	—3,48	—3,86	—4,23	—4,61	84
85	+0,84	+0,50	+0,15	—0,20	—0,55	—0,90	—1,26	—1,62	—1,98	—2,34	—2,71	—3,08	—3,45	—3,82	—4,19	—4,56	85
86	0,83	0,49	0,15	0,19	0,54	0,89	1,24	1,59	1,95	2,31	2,67	3,03	3,40	3,77	4,14	4,51	86
87	0,81	0,48	0,15	0,19	0,53	0,87	1,22	1,57	1,92	2,28	2,64	3,00	3,36	3,73	4,09	4,46	87
88	0,80	0,47	0,14	0,19	0,52	0,86	1,20	1,55	1,90	2,25	2,60	2,96	3,32	3,68	4,04	4,40	88
89	+0,78	+0,46	+0,14	—0,19	—0,52	—0,85	—1,19	—1,53	—1,87	—2,21	—2,56	—2,91	—3,26	—3,61	—3,97	—4,33	89
90	+0,76	+0,45	+0,14	—0,18	—0,50	—0,83	—1,16	—1,49	—1,83	—2,17	—2,51	—2,86	—3,21	—3,56	—3,91	—4,26	90
91	0,75	0,45	0,14	0,17	0,49	0,81	1,13	1,45	1,78	2,12	2,46	2,80	3,14	3,48	3,83	4,18	91
92	0,72	0,43	0,13	0,17	0,48	0,79	1,10	1,42	1,74	2,06	2,39	2,72	3,06	3,41	3,75	4,09	92
93	0,71	0,42	0,13	0,16	0,46	0,76	1,07	1,38	1,69	2,00	2,32	2,65	2,98	3,31	3,65	3,99	93
94	+0,68	+0,41	+0,13	—0,15	—0,44	—0,73	—1,03	—1,33	—1,63	—1,94	—2,25	—2,57	—2,89	—3,21	—3,54	—3,87	94
95	+0,65	+0,39	+0,12	—0,15	—0,43	—0,71	—0,99	—1,28	—1,57	—1,87	—2,17	—2,48	—2,79	—3,10	—3,42	—3,74	95
96	0,61	0,36	0,11	0,15	0,41	0,68	0,95	1,23	1,51	1,80	2,09	2,38	2,68	2,98	3,29	3,60	96
97	0,58	0,35	0,11	0,14	0,39	0,64	0,90	1,16	1,43	1,70	1,98	2,26	2,55	2,84	3,14	3,44	97
98	0,54	0,32	0,10	0,13	0,37	0,61	0,85	1,10	1,35	1,61	1,87	2,14	2,41	2,69	2,97	3,26	98
99	+0,51	+0,30	+0,09	—0,12	—0,34	—0,56	—0,79	—1,02	—1,26	—1,50	—1,75	—2,00	—2,26	—2,52	—2,79	—3,06	99
100				—0,11	—0,31	—0,52	—0,73	—0,94	—1,16	—1,39	—1,62	—1,85	—2,09	—2,34	—2,59	—2,84	100

Tafel 57a.

Reduktionstafel für Zuckerlösungen.

Die Tafel enthält diejenigen Beträge, welche an den mit einem Saccharimeter nach Gewichtsprozent (Normaltemp. 20° C.) bei verschiedenen Temperaturen erhaltenen Ablesungen angebracht die wahre Stärke in Gewichtsprozent ergeben.

Abgelesene Temp. C.	Abgelesene Zuckerprozente										Abgelesene Temp. C.
	0	10	20	30	40	50	60	70	80	90	
	Reduktion auf die Normaltemperatur 20° C. in Prozent										
+10°	−0,32	−0,42	−0,52	−0,60	−0,67	−0,71	−0,74	−0,76	−0,8	−0,8	+10°
11	0,30	0,39	0,47	0,54	0,61	0,65	0,67	0,68	0,7	0,7	11
12	0,27	0,35	0,42	0,49	0,54	0,58	0,60	0,61	0,6	0,6	12
13	0,25	0,32	0,38	0,43	0,48	0,51	0,53	0,53	0,5	0,5	13
+14	−0,22	−0,28	−0,33	−0,37	−0,41	−0,44	−0,45	−0,46	−0,5	−0,5	+14
+15	−0,20	−0,24	−0,28	−0,32	−0,35	−0,37	−0,38	−0,38	−0,4	−0,4	+15
16	0,16	0,19	0,23	0,26	0,28	0,30	0,30	0,30	0,3	0,3	16
17	0,12	0,15	0,17	0,19	0,21	0,22	0,23	0,23	0,2	0,2	17
18	0,08	0,10	0,12	0,13	0,14	0,15	0,15	0,15	0,2	0,1	18
+19	−0,04	−0,05	−0,06	−0,06	−0,07	−0,08	−0,08	−0,08	−0,1	−0,1	+19
+20	∓0,00	∓0,00	∓0,00	∓0,00	∓0,00	∓0,00	∓0,00	∓0,00	∓0,0	∓0,0	+20
21	+0,05	+0,06	+0,06	+0,07	+0,07	+0,07	+0,08	+0,07	+0,1	+0,1	21
22	0,10	0,11	0,12	0,14	0,14	0,15	0,16	0,15	0,2	0,1	22
23	0,16	0,17	0,19	0,21	0,22	0,23	0,23	0,23	0,2	0,2	23
+24	+0,21	+0,23	+0,26	+0,28	+0,29	+0,30	+0,31	+0,31	+0,3	+0,3	+24
+25	+0,27	+0,30	+0,32	+0,35	+0,37	+0,38	+0,39	+0,39	+0,4	+0,4	+25
26	0,33	0,36	0,39	0,42	0,45	0,46	0,47	0,47	0,5	0,4	26
27	0,40	0,42	0,46	0,50	0,53	0,54	0,55	0,55	0,5	0,5	27
28	0,46	0,49	0,54	0,57	0,61	0,62	0,64	0,63	0,6	0,6	28
+29	+0,53	+0,56	+0,61	+0,65	+0,69	+0,70	+0,72	+0,71	+0,7	+0,7	+29
+30	+0,60	+0,63	+0,68	+0,73	+0,77	+0,79	+0,80	+0,79	+0,8	+0,8	+30
31	0,68	0,70	0,76	0,81	0,85	0,87	0,88	0,87	0,9	0,9	31
32	0,75	0,78	0,84	0,90	0,94	0,95	0,97	0,96	1,0	1,0	32
33	0,83	0,86	0,92	0,98	1,02	1,04	1,05	1,04	1,0	1,0	33
+34	+0,91	+0,94	+1,01	+1,07	+1,10	+1,12	+1,14	+1,13	+1,1	+1,1	+34
+35	+0,99	+1,02	+1,09	+1,16	+1,19	+1,21	+1,22	+1,21	+1,2	+1,2	+35
36	1,07	1,11	1,18	1,24	1,28	1,29	1,31	1,29	1,3	1,3	36
37	1,15	1,19	1,27	1,33	1,36	1,38	1,39	1,37	1,4	1,3	37
38	1,24	1,28	1,36	1,42	1,45	1,47	1,48	1,46	1,5	1,4	38
+39	+1,32	+1,37	+1,45	+1,51	+1,54	+1,56	+1,56	+1,54	+1,5	+1,5	+39
+40	+1,41	+1,46	+1,54	+1,60	+1,63	+1,64	+1,65	+1,63	+1,6	+1,6	+40
41	1,50	1,56	1,63	1,69	1,72	1,73	1,74	1,71	1,7	1,7	41
42	1,60	1,66	1,73	1,78	1,81	1,82	1,83	1,80	1,8	1,8	42
43	1,70	1,75	1,83	1,88	1,91	1,92	1,92	1,88	1,9	1,8	43
+44	+1,80	+1,85	+1,93	+1,97	+2,00	+2,01	+2,01	+1,97	+2,0	+1,9	+44
+45	+1,91	+1,96	+2,03	+2,07	+2,09	+2,10	+2,10	+2,06	+2,0	+2,0	+45

Tafel 57a.

Reduktionstafel für Zuckerlösungen.

Die Tafel enthält diejenigen Beträge, welche an den mit einem Saccharimeter nach Gewichtsprozent (Normaltemp. 20° C.) bei verschiedenen Temperaturen erhaltenen Ablesungen angebracht die wahre Stärke in Gewichtsprozent ergeben.

Abgelesene Temp. C.	Abgelesene Zuckerprozente										Abgelesene Temp. C.
	0	10	20	30	40	50	60	70	80	90	
	Reduktion auf die Normaltemperatur 20° C. in Prozent										
+45°	+1,91	+1,96	+2,03	+2,07	+2,09	+2,10	+2,10	+2,06	+2,0	+2,0	+45°
46	2,01	2,06	2,13	2,17	2,19	2,19	2,19	2,14	2,1	2,1	46
47	2,12	2,17	2,23	2,27	2,28	2,29	2,28	2,23	2,2	2,2	47
48	2,23	2,27	2,34	2,37	2,38	2,38	2,37	2,32	2,3	2,3	48
+49	+2,34	+2,39	+2,44	+2,47	+2,48	+2,47	+2,46	+2,41	+2,4	+2,3	+49
+50	+2,46	+2,50	+2,55	+2,58	+2,58	+2,57	+2,55	+2,50	+2,5	+2,4	+50
51	2,57	2,61	2,67	2,68	2,68	2,67	2,65	2,59	2,6	2,5	51
52	2,69	2,73	2,78	2,79	2,78	2,77	2,74	2,68	2,6	2,5	52
53	2,81	2,84	2,89	2,90	2,88	2,86	2,83	2,77	2,7	2,6	53
+54	+2,93	+2,96	+3,01	+3,01	+2,98	+2,96	+2,93	+2,86	+2,8	+2,7	+54
+55	+3,05	+3,08	+3,12	+3,12	+3,09	+3,06	+3,02	+2,95	+2,9	+2,8	+55
56	3,17	3,21	3,24	3,23	3,19	3,16	3,12	3,04	3,0	2,9	56
57	3,30	3,34	3,36	3,33	3,29	3,26	3,21	3,13	3,0	2,9	57
58	3,42	3,47	3,48	3,45	3,40	3,36	3,31	3,23	3,1	3,0	58
+59	+3,55	+3,60	+3,60	+3,56	+3,51	+3,47	+3,41	+3,32	+3,2	+3,1	+59
+60	+3,68	+3,73	+3,72	+3,67	+3,61	+3,57	+3,50	+3,41	+3,3	+3,2	+60
61	3,8	3,8	3,8	3,8	3,7	3,7	3,6	3,5	3,4	3,3	61
62	4,0	4,0	4,0	3,9	3,9	3,8	3,7	3,6	3,5	3,4	62
63	4,1	4,1	4,1	4,0	4,0	3,9	3,8	3,7	3,6	3,5	63
+64	+4,2	+4,2	+4,2	+4,2	+4,1	+4,0	+3,9	+3,8	+3,7	+3,6	+64
+65	+4,4	+4,4	+4,4	+4,3	+4,2	+4,1	+4,0	+3,9	+3,8	+3,7	+65
66	4,5	4,5	4,5	4,4	4,3	4,2	4,1	4,0	3,9	3,8	66
67	4,7	4,6	4,6	4,5	4,5	4,4	4,3	4,1	4,0	3,8	67
68	4,8	4,8	4,8	4,7	4,6	4,5	4,4	4,2	4,1	3,9	68
+69	+5,0	+4,9	+4,9	+4,8	+4,7	+4,6	+4,5	+4,3	+4,2	+4,0	+69
+70	+5,1	+5,1	+5,0	+4,9	+4,8	+4,7	+4,6	+4,4	+4,2	+4,0	+70
71	5,3	5,3	5,2	5,1	5,0	4,9	4,8	4,6	4,4	4,1	71
72	5,5	5,4	5,4	5,3	5,1	5,0	4,9	4,7	4,5	4,2	72
73	5,7	5,6	5,5	5,4	5,2	5,1	5,0	4,8	4,6	4,3	73
+74	+5,9	+5,8	+5,7	+5,6	+5,4	+5,3	+5,1	+4,9	+4,7	+4,4	+74
+75	+6,1	+6,0	+5,8	+5,7	+5,5	+5,4	+5,2	+5,0	+4,8	+4,5	+75
76	6,3	6,2	6,0	5,9	5,7	5,5	5,3	5,1	4,9	4,6	76
77	6,5	6,4	6,2	6,1	5,8	5,6	5,4	5,2	5,0	4,7	77
78	6,7	6,6	6,4	6,2	6,0	5,8	5,6	5,4	5,1	4,8	78
+79	+6,9	+6,8	+6,6	+6,4	+6,1	+5,9	+5,7	+5,5	+5,2	+4,9	+79
+80	+7,1	+7,0	+6,8	+6,6	+6,3	+6,1	+5,9	+5,6	+5,3	+5,0	+80

Tafel 57b.

Reduktionstafel für Zuckerlösungen.

Die Tafel enthält diejenigen Beträge, welche an den mit einem Saccharimeter nach Gewichtsprozent (Normaltemp. 17,5° C.) bei verschiedenen Temperaturen erhaltenen Ablesungen angebracht die wahre Stärke in Gewichtsprozent ergeben.

Abgelesene Temp. C.	Abgelesene Zuckerprozente										Abgelesene Temp. C
	0	10	20	30	40	50	60	70	80	90	
	Reduktion auf die Normaltemperatur 17,5° C. in Prozent										
+10°	—0,21	—0,31	—0,38	—0,45	—0,50	—0,53	—0,56	—0,57	—0,6	—0,6	+10°
11	0,19	0,28	0,33	0,39	0,43	0,46	0,49	0,49	0,5	0,5	11
12	0,16	0,24	0,29	0,33	0,37	0,40	0,41	0,42	0,4	0,4	12
13	0,14	0,20	0,24	0,28	0,30	0,33	0,34	0,34	0,3	0,3	13
+14	—0,11	—0,16	—0,19	—0,22	—0,24	—0,25	—0,26	—0,27	—0,3	—0,3	+14
+15	—0,09	—0,12	—0,14	—0,16	—0,17	—0,18	—0,19	—0,19	—0,2	—0,2	+15
16	0,06	0,08	0,09	0,10	0,10	0,11	0,11	0,11	0,1	0,1	16
17	—0,02	—0,03	—0,03	—0,03	—0,04	—0,04	—0,04	—0,04	0,0	0,0	17
18	+0,02	+0,02	+0,03	+0,03	+0,03	+0,04	+0,04	+0,04	0,0	0,0	18
+19	+0,06	+0,07	+0,08	+0,09	+0,10	+0,11	+0,11	+0,11	+0,1	+0,1	+19
+20	+0,10	+0,12	+0,14	+0,16	+0,17	+0,18	+0,19	+0,20	+0,2	+0,2	+20
21	0,15	0,17	0,20	0,23	0,24	0,26	0,27	0,28	0,3	0,3	21
22	0,20	0,23	0,26	0,30	0,32	0,33	0,35	0,36	0,4	0,4	22
23	0,26	0,29	0,33	0,37	0,39	0,40	0,42	0,43	0,4	0,5	23
+24	+0,31	+0,36	+0,39	+0,44	+0,47	+0,48	+0,50	+0,51	+0,5	+0,5	+24
+25	+0,37	+0,42	+0,46	+0,51	+0,55	+0,56	+0,58	+0,60	+0,6	+0,6	+25
26	0,43	0,48	0,53	0,58	0,63	0,65	0,67	0,68	0,7	0,7	26
27	0,50	0,55	0,60	0,66	0,71	0,73	0,75	0,76	0,8	0,8	27
28	0,57	0,62	0,67	0,74	0,79	0,81	0,83	0,84	0,8	0,9	28
+29	+0,63	+0,68	+0,74	+0,81	+0,87	+0,89	+0,91	+0,92	+0,9	+0,9	+29
+30	+0,70	+0,75	+0,82	+0,89	+0,95	+0,98	+0,99	+1,00	+1,0	+1,0	+30
31	0,77	0,83	0,90	0,97	1,03	1,06	1,07	1,08	1,1	1,1	31
32	0,85	0,90	0,98	1,06	1,11	1,15	1,16	1,17	1,2	1,2	32
33	0,92	0,98	1,07	1,14	1,19	1,22	1,24	1,25	1,3	1,3	33
+34	+1,00	+1,06	+1,15	+1,23	+1,28	+1,31	+1,33	+1,34	+1,3	+1,4	+34
+35	+1,09	+1,14	+1,24	+1,32	+1,37	+1,40	+1,41	+1,42	+1,4	+1,4	+35
36	1,17	1,22	1,32	1,40	1,46	1,48	1,50	1,50	1,5	1,5	36
37	1,26	1,31	1,41	1,49	1,54	1,57	1,58	1,59	1,6	1,6	37
38	1,34	1,40	1,50	1,58	1,63	1,66	1,67	1,67	1,7	1,7	38
+39	+1,43	+1,50	+1,59	+1,67	+1,72	+1,75	+1,76	+1,75	+1,7	+1,7	+39
+40	+1,52	+1,59	+1,68	+1,76	+1,81	+1,83	+1,84	+1,84	+1,8	+1,8	+40
41	1,61	1,69	1,78	1,85	1,90	1,92	1,93	1,92	1,9	1,9	41
42	1,71	1,78	1,87	1,94	1,99	2,01	2,02	2,01	2,0	2,0	42
43	1,81	1,88	1,97	2,04	2,08	2,11	2,11	2,09	2,1	2,0	43
+44	+1,91	+1,98	+2,07	+2,14	+2,17	+2,20	+2,20	+2,18	+2,2	+2,1	+44
+45	+2,01	+2,08	+2,16	+2,23	+2,27	+2,29	+2,29	+2,27	+2,2	+2,2	+45

Tafel 57 b.

Reduktionstafel für Zuckerlösungen.

Die Tafel enthält diejenigen Beträge, welche an den mit einem Saccharimeter nach Gewichtsprozent (Normaltemp. 17,5° C.) bei verschiedenen Temperaturen erhaltenen Ablesungen angebracht die wahre Stärke in Gewichtsprozent ergeben.

Abgelesene Temp. C.	Abgelesene Zuckerprozente										Abgelesene Temp. C.
	0	10	20	30	40	50	60	70	80	90	
	Reduktion auf die Normaltemperatur 17,5° C. in Prozent										
+45°	+2,01	+2,08	+2,16	+2,23	+2,27	+2,29	+2,29	+2,27	+2,2	+2,2	+45°
46	2,12	2,19	2,26	2,33	2,37	2,38	2,38	2,35	2,3	2,3	46
47	2,23	2,30	2,37	2,43	2,46	2,47	2,47	2,44	2,4	2,4	47
48	2,34	2,41	2,48	2,54	2,56	2,57	2,56	2,53	2,5	2,4	48
+49	+2,45	+2,52	+2,59	+2,64	+2,66	+2,67	+2,66	+2,62	+2,6	+2,5	+49
+50	+2,56	+2,63	+2,70	+2,75	+2,76	+2,76	+2,75	+2,71	+2,6	+2,6	+50
51	2,68	2,75	2,81	2,85	2,86	2,86	2,84	2,80	2,7	2,7	51
52	2,79	2,86	2,92	2,96	2,96	2,95	2,93	2,89	2,8	2,8	52
53	2,91	2,98	3,04	3,06	3,06	3,05	3,03	2,98	2,9	2,8	53
+54	+3,03	+3,10	+3,16	+3,17	+3,16	+3,15	+3,12	+3,07	+3,0	+2,9	+54
+55	+3,15	+3,22	+3,27	+3,28	+3,27	+3,25	+3,21	+3,16	+3,1	+3,0	+55
56	3,28	3,34	3,39	3,39	3,37	3,35	3,30	3,25	3,2	3,1	56
57	3,40	3,46	3,51	3,50	3,48	3,45	3,40	3,34	3,3	3,2	57
58	3,53	3,59	3,63	3,62	3,58	3,55	3,50	3,43	3,3	3,2	58
+59	+3,66	+3,72	+3,75	+3,73	+3,69	+3,65	+3,60	+3,53	+3,4	+3,3	+59
+60	+3,79	+3,86	+3,87	+3,84	+3,80	+3,75	+3,70	+3,61	+3,5	+3,4	+60
61	3,9	4,0	4,0	3,9	3,9	3,8	3,8	3,7	3,6	3,5	61
62	4,1	4,1	4,1	4,0	4,0	3,9	3,9	3,8	3,7	3,6	62
63	4,2	4,2	4,2	4,1	4,1	4,0	4,0	3,9	3,8	3,7	63
+64	+4,3	+4,3	+4,3	+4,2	+4,2	+4,1	+4,1	+4,0	+3,9	+3,8	+64
+65	+4,5	+4,5	+4,5	+4,4	+4,4	+4,3	+4,2	+4,1	+4,0	+3,9	+65
66	4,6	4,6	4,6	4,5	4,5	4,4	4,3	4,2	4,1	4,0	66
67	4,8	4,7	4,7	4,6	4,6	4,5	4,4	4,3	4,2	4,0	67
68	4,9	4,9	4,9	4,8	4,7	4,7	4,6	4,4	4,3	4,1	68
+69	+5,1	+5,0	+5,0	+4,9	+4,9	+4,8	+4,7	+4,5	+4,4	+4,2	+69
+70	+5,2	+5,2	+5,1	+5,1	+5,0	+4,9	+4,8	+4,6	+4,4	+4,2	+70
71	5,4	5,4	5,3	5,3	5 2	5,1	5,0	4,8	4,6	4,3	71
72	5,6	5,5	5,5	5,4	5,3	5,2	5,1	4,9	4,7	4,4	72
73	5,8	5,7	5,7	5,6	5,4	5,3	5,2	5,0	4,8	4,5	73
+74	+6,0	+5,9	+5,9	+5,8	+5,6	+5,5	+5,3	+5,1	+4,9	+4,6	+74
+75	+6,2	+6,1	+6,0	+5,9	+5,7	+5,6	+5,4	+5,2	+5,0	+4,7	+75
76	6,4	6,3	6,2	6,1	5,9	5,7	5,5	5,3	5,1	4,8	76
77	6,6	6,5	6,4	6,3	6,0	5,8	5,6	5,4	5,2	4,9	77
78	6,8	6,7	6,5	6,4	6,2	6,0	5,8	5,6	5,3	5,0	78
+79	+7,0	+6,9	+6,7	+6,6	+6,3	+6,1	+5,9	+5,7	+5,4	+5,1	+79
+80	+7,2	+7,1	+6,9	+6,7	+6,5	+6,3	+6,1	+5,8	+5,5	+5,2	+80

Tafel 58.

Reduktionstafel für Schwefelsäure-Wasser-Mischungen.

Die Tafel enthält in Einheiten der 4. Dezim. der Dichte diejenigen Beträge, welche an den mit einem Glasinstrument (Aräometer, Pyknometer etc.) bei verschiedenen Temperaturen ermittelten Dichten angebracht die Dichte bei 15° C. ergeben.

Abgelesene Dichte	Abgelesene Temperatur in Celsiusgraden																Abgelesene Dichte
	10°	11°	12°	13°	14°	15°	16°	17°	18°	19°	20°	21°	22°	23°	24°	25°	
	Reduktion auf die Normaltemperatur 15° C. in Einheiten der 4. Dezim. der Dichte																
1,00	−5	−4	−3	−2	−1	0	+1	+3	+4	+6	+8	+10	+12	+14	+17	+19	1,00
01	7	6	4	3	2	0	2	4	5	7	10	12	14	17	20	23	01
02	8	7	5	4	2	0	2	4	6	9	11	14	17	20	23	26	02
03	10	8	6	4	2	0	2	5	8	10	13	16	19	22	26	29	03
04	12	10	7	5	3	0	3	6	9	12	15	18	21	24	28	32	04
1,05	−14	−11	−9	−6	−3	0	+3	+6	+9	+13	+16	+20	+23	+27	+30	+34	1,05
06	16	13	10	7	3	0	3	7	10	14	18	21	25	29	33	37	06
07	18	14	11	7	4	0	4	7	11	15	19	23	27	32	36	40	07
08	19	15	12	8	4	0	4	8	12	16	21	25	29	34	38	43	08
09	20	17	12	8	4	0	4	9	13	17	22	27	31	36	41	46	09
1,10	−22	−18	−13	−9	−5	0	+5	+9	+14	+18	+23	+28	+33	+38	+43	+48	1,10
11	23	19	14	10	5	0	5	10	14	19	24	30	35	40	45	50	11
12	25	20	15	10	5	0	5	10	15	20	26	31	36	42	47	52	12
13	26	21	16	10	5	0	5	11	16	21	27	32	38	43	49	54	13
14	27	22	16	11	5	0	5	11	17	22	28	33	39	45	50	56	14
1,15	−28	−22	−17	−11	−6	0	+6	+12	+17	+23	+29	+35	+40	+46	+52	+58	1,15
16	29	23	17	12	6	0	6	12	18	24	30	36	42	48	54	60	16
17	30	24	18	12	6	0	6	12	18	24	30	37	43	49	55	61	17
18	31	24	18	12	6	0	6	12	19	25	31	38	44	50	57	63	18
19	31	25	19	12	6	0	6	13	19	25	32	38	45	51	58	64	19
1,20	−32	−26	−19	−13	−6	0	+6	+13	+19	+26	+33	+39	+46	+52	+59	+65	1,20
21	33	26	20	13	7	0	7	13	20	26	33	40	46	53	60	66	21
22	33	27	20	13	7	0	7	13	20	27	34	40	47	54	60	67	22
23	34	27	20	14	7	0	7	14	20	27	34	41	48	54	61	68	23
24	34	27	21	14	7	0	7	14	21	27	34	41	48	55	62	69	24
1,25	−35	−28	−21	−14	−7	0	+7	+14	+21	+28	+35	+42	+48	+55	+62	+69	1,25
26	35	28	21	14	7	0	7	14	21	28	35	42	49	56	63	70	26
27	35	28	21	14	7	0	7	14	21	28	35	42	49	56	63	70	27
28	35	28	21	14	7	0	7	14	21	28	35	43	50	57	64	71	28
29	36	29	21	14	7	0	7	14	21	29	36	43	50	57	64	71	29
1,30	−36	−29	−22	−14	−7	0	+7	+14	+22	+29	+36	+43	+50	+57	+64	+72	1,30
31	36	29	22	14	7	0	7	14	22	29	36	43	50	58	65	72	31
32	36	29	22	15	7	0	7	15	22	29	36	43	51	58	65	72	32
33	36	29	22	15	7	0	7	15	22	29	36	44	51	58	65	73	33
34	36	29	22	15	7	0	7	15	22	29	37	44	51	58	66	73	34
1,35	−37	−29	−22	−15	−7	0	+7	+15	+22	+29	+37	+44	+51	+59	+66	+73	1,35
36	37	30	22	15	7	0	7	15	22	30	37	44	52	59	66	74	36
37	37	30	22	15	7	0	7	15	22	30	37	45	52	59	67	74	37
38	37	30	22	15	7	0	7	15	22	30	37	45	52	60	67	75	38
39	38	30	23	15	8	0	8	15	23	30	38	45	52	60	68	75	39
1,40	−38	−30	−23	−15	−8	0	+8	+15	+23	+30	+38	+45	+53	+60	+68	+76	1,40

Tafel 59.

Reduktionstafel für Schwefelsäure-Wasser-Mischungen.

Die Tafel enthält diejenigen Beträge, welche an den mit einem Aräometer nach Bé (rat. Skale) bei verschiedenen Temperaturen erhaltenen Ablesungen angebracht die Grade Bé bei 15° C. ergeben.

Abgeles. Grade Bé	Abgelesene Temperatur in Celsiusgraden																Abgeles. Grade Bé
	10°	11°	12°	13°	14°	15°	16°	17°	18°	19°	20°	21°	22°	23°	24°	25°	
	Reduktion auf die Normaltemperatur 15° C. in Graden Bé																
33	−0,31	−0,25	−0,19	−0,12	−0,06	0,00	+0,06	+0,12	+0,19	+0,25	+0,31	+0,37	+0,43	+0,49	+0,55	+0,62	33
34	0,30	0,24	0,18	0,12	0,06	0,00	0,06	0,12	0,18	0,24	0,30	0,36	0,43	0,49	0,55	0,61	34
35	−0,30	−0,24	−0,18	−0,12	−0,06	0,00	+0,06	+0,12	+0,18	+0,24	+0,30	+0,36	+0,42	+0,48	+0,54	+0,60	35
36	0,30	0,24	0,18	0,12	0,06	0,00	0,06	0,12	0,18	0,24	0,30	0,36	0,42	0,48	0,54	0,60	36
37	0,29	0,24	0,18	0,12	0,06	0,00	0,06	0,12	0,18	0,24	0,29	0,35	0,41	0,47	0,53	0,59	37
38	0,29	0,23	0,18	0,12	0,06	0,00	0,06	0,12	0,18	0,23	0,29	0,35	0,41	0,46	0,52	0,58	38
39	−0,28	−0,23	−0,17	−0,12	−0,06	0,00	+0,06	+0,12	+0,17	+0,23	+0,28	+0,34	+0,40	+0,46	+0,52	+0,58	39
40	−0,28	−0,23	−0,17	−0,11	−0,06	0,00	+0,06	+0,11	+0,17	+0,23	+0,28	+0,34	+0,40	+0,46	+0,51	+0,57	40
41	0,28	0,23	0,17	0,11	0,05	0,00	0,05	0,11	0,17	0,23	0,28	0,34	0,40	0,45	0,51	0,56	41
42	0,27	0,22	0,17	0,11	0,05	0,00	0,05	0,11	0,17	0,22	0,27	0,33	0,39	0,45	0,50	0,55	42
43	0,27	0,22	0,16	0,11	0,05	0,00	0,05	0,11	0,16	0,22	0,27	0,33	0,39	0,44	0,50	0,55	43
44	−0,27	−0,22	−0,16	−0,11	−0,05	0,00	+0,05	+0,11	+0,16	+0,22	+0,27	+0,33	+0,38	+0,44	+0,49	+0,54	44
45	−0,27	−0,21	−0,16	−0,11	−0,05	0,00	+0,05	+0,11	+0,16	+0,21	+0,27	+0,32	+0,38	+0,43	+0,48	+0,53	45
46	0,26	0,21	0,16	0,10	0,05	0,00	0,05	0,10	0,16	0,21	0,26	0,32	0,37	0,43	0,48	0,53	46
47	0,26	0,21	0,16	0,10	0,05	0,00	0,05	0,10	0,16	0,21	0,26	0,31	0,37	0,42	0,47	0,52	47
48	0,26	0,21	0,15	0,10	0,05	0,00	0,05	0,10	0,15	0,21	0,26	0,31	0,36	0,42	0,47	0,52	48
49	−0,26	−0,20	−0,15	−0,10	−0,05	0,00	+0,05	+0,10	+0,15	+0,20	+0,26	+0,31	+0,36	+0,41	+0,46	+0,51	49
50	−0,25	−0,20	−0,15	−0,10	−0,05	0,00	+0,05	+0,10	+0,15	+0,20	+0,25	+0,30	+0,35	+0,41	+0,46	+0,51	50
51	0,25	0,20	0,15	0,10	0,05	0,00	0,05	0,10	0,15	0,20	0,25	0,30	0,35	0,40	0,45	0,50	51
52	0,25	0,20	0,15	0,10	0,05	0,00	0,05	0,10	0,15	0,20	0,25	0,30	0,35	0,40	0,45	0,50	52
53	0,25	0,20	0,15	0,10	0,05	0,00	0,05	0,10	0,15	0,20	0,25	0,30	0,35	0,40	0,45	0,49	53
54	−0,25	−0,20	−0,15	−0,10	−0,05	0,00	+0,05	+0,10	+0,15	+0,20	+0,25	+0,30	+0,34	+0,39	+0,44	+0,49	54
55	−0,25	−0,20	−0,15	−0,10	−0,05	0,00	+0,05	+0,10	+0,15	+0,20	+0,25	+0,30	+0,34	+0,39	+0,44	+0,49	55
56	0,25	0,20	0,15	0,10	0,05	0,00	0,05	0,10	0,15	0,20	0,25	0,29	0,34	0,39	0,43	0,48	56
57	0,24	0,20	0,15	0,10	0,05	0,00	0,05	0,10	0,15	0,20	0,24	0,29	0,34	0,38	0,43	0,48	57
58	0,24	0,20	0,15	0,10	0,05	0,00	0,05	0,10	0,15	0,20	0,24	0,29	0,33	0,38	0,42	0,47	58
59	−0,24	−0,19	−0,15	−0,10	−0,05	0,00	+0,05	+0,10	+0,15	+0,19	+0,24	+0,29	+0,33	+0,38	+0,42	+0,47	59
60	−0,24	−0,19	−0,14	−0,10	−0,05	0,00	+0,05	+0,10	+0,14	+0,19	+0,24	+0,29	+0,33	+0,38	+0,43	+0,47	60
61	0,24	0,19	0,14	0,10	0,05	0,00	0,05	0,10	0,14	0,19	0,24	0,28	0,32	0,37	0,43	0,48	61
62	0,24	0,19	0,14	0,09	0,05	0,00	0,05	0,09	0,14	0,19	0,24	0,28	0,32	0,37	0,42	0,48	62
63	0,24	0,19	0,14	0,09	0,05	0,00	0,05	0,09	0,14	0,19	0,24	0,28	0,32	0,36	0,41	0,47	63
64	0,23	0,19	0,14	0,09	0,05	0,00	0,05	0,09	0,14	0,18	0,23	0,27	0,31	0,36	0,40	0,46	64
65	0,23	0,18	0,13	0,09	0,04	0,00	0,04	0,09	0,13	0,18	0,22	0,26	0,30	0,35	0,39	0,44	65
66	−0,22	−0,17	−0,13	−0,08	−0,04	0,00	+0,04	+0,08	+0,13	+0,17	+0,21	+0,25	+0,29	+0,33	+0,36	+0,40	66

Tafel 60.

Reduktionstafel für Schwefelsäure-Wasser-Mischungen.

Die Tafel enthält diejenigen Beträge, welche an den mit einem Schwefelsäure-Aräometer nach Gewichtsprozent (Normaltemp. 15° C.) bei verschiedenen Temperaturen erhaltenen Ablesungen angebracht die wahre Stärke in Gewichtsprozent ergeben.

Abgeles. Prozentgehalt	Abgelesene Temperatur in Celsiusgraden																Abgeles. Prozentgehalt
	10°	11°	12°	13°	14°	15°	16°	17°	18°	19°	20°	21°	22°	23°	24°	25°	
	Reduktion auf die Normaltemperatur 15° C. in Prozent																
0	−0,07	−0,06	−0,05	−0,04	−0,02	0,00	+0,02	+0,04	+0,07	+0,09	+0,12	+0,15	+0,18	+0,21	+0,24	+0,27	0
1	0,09	0,08	0,06	0,04	0,02	0,00	0,03	0,05	0,08	0,11	0,14	0,17	0,20	0,24	0,27	0,31	1
2	0,12	0,10	0,09	0,05	0,02	0,00	0,03	0,06	0,09	0,12	0,15	0,19	0,22	0,26	0,30	0,35	2
3	0,13	0,12	0,10	0,06	0,03	0,00	0,03	0,07	0,10	0,13	0,17	0,21	0,25	0,29	0,33	0,39	3
4	−0,15	−0,13	−0,10	−0,07	−0,03	0,00	+0,04	+0,07	+0,11	+0,14	+0,19	+0,23	+0,27	+0,32	+0,36	+0,42	4
5	−0,17	−0,14	−0,11	−0,07	−0,03	0,00	+0,04	+0,08	+0,12	+0,16	+0,20	+0,25	+0,30	+0,34	+0,39	+0,44	5
6	0,18	0,15	0,11	0,08	0,04	0,00	0,04	0,09	0,13	0,17	0,22	0,27	0,32	0,37	0,42	0,47	6
7	0,20	0,16	0,12	0,08	0,04	0,00	0,05	0,09	0,14	0,18	0,23	0,28	0,33	0,39	0,44	0,49	7
8	0,21	0,17	0,13	0,09	0,04	0,00	0,05	0,10	0,14	0,19	0,24	0,29	0,35	0,40	0,46	0,51	8
9	−0,23	−0,19	−0,14	−0,10	−0,05	0,00	+0,05	+0,10	+0,15	+0,20	+0,25	+0,31	+0,36	+0,42	+0,48	+0,53	9
10	−0,24	−0,20	−0,15	−0,10	−0,05	0,00	+0,05	+0,11	+0,16	+0,21	+0,27	+0,33	+0,38	+0,44	+0,50	+0,55	10
11	0,25	0,20	0,15	0,10	0,05	0,00	0,06	0,11	0,17	0,22	0,28	0,34	0,40	0,46	0,52	0,58	11
12	0,27	0,21	0,16	0,11	0,05	0,00	0,06	0,12	0,17	0,23	0,29	0,35	0,41	0,47	0,54	0,60	12
13	0,28	0,22	0,17	0,11	0,06	0,00	0,06	0,12	0,18	0,24	0,30	0,36	0,43	0,49	0,56	0,62	13
14	−0,29	−0,23	−0,17	−0,12	−0,06	0,00	+0,06	+0,12	+0,18	+0,25	+0,31	+0,38	+0,44	+0,51	+0,58	+0,64	14
15	−0,30	−0,24	−0,18	−0,12	−0,06	0,00	+0,06	+0,13	+0,19	+0,25	+0,32	+0,39	+0,46	+0,53	+0,60	+0,66	15
16	0,31	0,25	0,19	0,12	0,06	0,00	0,07	0,13	0,20	0,26	0,33	0,40	0,47	0,54	0,61	0,68	16
17	0,32	0,26	0,19	0,13	0,06	0,00	0,07	0,14	0,20	0,27	0,34	0,41	0,48	0,55	0,62	0,69	17
18	0,33	0,26	0,20	0,13	0,07	0,00	0,07	0,14	0,21	0,28	0,35	0,42	0,49	0,56	0,63	0,71	18
19	−0,34	−0,27	−0,20	−0,14	−0,07	0,00	+0,07	+0,14	+0,21	+0,28	+0,36	+0,43	+0,50	+0,57	+0,65	+0,72	19
20	−0,35	−0,28	−0,21	−0,14	−0,07	0,00	+0,07	+0,15	+0,22	+0,29	+0,36	+0,43	+0,51	+0,58	+0,66	+0,74	20
21	0,36	0,29	0,21	0,14	0,07	0,00	0,07	0,15	0,22	0,29	0,37	0,44	0,52	0,59	0,67	0,75	21
22	0,37	0,29	0,22	0,15	0,07	0,00	0,08	0,15	0,23	0,30	0,38	0,45	0,53	0,60	0,68	0,76	22
23	0,38	0,30	0,23	0,15	0,08	0,00	0,08	0,15	0,23	0,30	0,38	0,46	0,54	0,61	0,69	0,77	23
24	−0,38	−0,31	−0,23	−0,15	−0,08	0,00	+0,08	+0,16	+0,23	+0,31	+0,39	+0,47	+0,54	+0,62	+0,70	+0,78	24
25	−0,39	−0,31	−0,23	−0,16	−0,08	0,00	+0,08	+0,16	+0,24	+0,31	+0,39	+0,47	+0,55	+0,63	+0,71	+0,79	25
26	0,39	0,32	0,24	0,16	0,08	0,00	0,08	0,16	0,24	0,32	0,40	0,48	0,56	0,64	0,72	0,80	26
27	0,40	0,32	0,24	0,16	0,08	0,00	0,08	0,16	0,24	0,32	0,40	0,48	0,56	0,64	0,73	0,81	27
28	0,40	0,32	0,24	0,16	0,08	0,00	0,08	0,16	0,24	0,32	0,41	0,49	0,57	0,65	0,73	0,81	28
29	−0,41	−0,32	−0,24	−0,16	−0,08	0,00	+0,08	+0,16	+0,25	+0,33	+0,41	+0,49	+0,57	+0,65	+0,73	+0,82	29
30	−0,41	−0,33	−0,25	−0,16	−0,08	0,00	+0,08	+0,16	+0,25	+0,33	+0,41	+0,49	+0,57	+0,66	+0,74	+0,82	30

Tafel 60.

Reduktionstafel für Schwefelsäure-Wasser-Mischungen.

Die Tafel enthält diejenigen Beträge, welche an den mit einem Schwefelsäure Aräometer nach Gewichtsprozent (Normaltemp. 15° C.) bei verschiedenen Temperaturen enthaltenen Ablesungen angebracht die wahre Stärke in Gewichtsprozent ergeben.

Abgeles. Prozent-gehalt	10°	11°	12°	13°	14°	15°	16°	17°	18°	19°	20°	21°	22°	23°	24°	25°	Abgeles. Prozent-gehalt
					Reduktion auf die Normaltemperatur 15° C. in Prozent												
30	—0,41	—0,33	—0,25	—0,16	—0,08	0,00	+0,08	+0,16	+0,25	+0,33	+0,41	+0,49	+0,57	+0,66	+0,74	+0,82	30
31	0,41	0,33	0,25	0,16	0,08	0,00	0,08	0,16	0,25	0,33	0,41	0,49	0,57	0,66	0,74	0,82	31
32	0,41	0,33	0,25	0,16	0,08	0,00	0,08	0,17	0,25	0,33	0,41	0,50	0,58	0,66	0,75	0,83	32
33	0,41	0,33	0,25	0,16	0,08	0,00	0,08	0,17	0,25	0,33	0,41	0,50	0,58	0,66	0,75	0,83	33
34	—0,41	—0,33	—0,25	—0,16	—0,08	0,00	+0,08	+0,17	+0,25	+0,33	+0,41	+0,50	+0,58	+0,66	+0,75	+0,83	34
35	—0,41	—0,33	—0,25	—0,16	—0,08	0,00	+0,08	+0,17	+0,25	+0,33	+0,41	+0,50	+0,58	+0,66	+0,75	+0,83	35
36	0,41	0,33	0,25	0,16	0,08	0,00	0,08	0,17	0,25	0,33	0,41	0,50	0,58	0,66	0,75	0,83	36
37	0,41	0,33	0,25	0,16	0,08	0,00	0,08	0,16	0,25	0,33	0,41	0,50	0,58	0,66	0,75	0,82	37
38	0,41	0,33	0,24	0,16	0,08	0,00	0,08	0,16	0,25	0,33	0,41	0,49	0,58	0,66	0,74	0,82	38
39	—0,41	—0,32	—0,24	—0,16	—0,08	0,00	+0,08	+0,16	+0,25	+0,33	+0,41	+0,49	+0,57	+0,65	+0,74	+0,82	39
40	—0,41	—0,32	—0,24	—0,16	—0,08	0,00	+0,08	+0,16	+0,24	+0,32	+0,41	+0,49	+0,57	+0,65	+0,73	+0,81	40
41	0,41	0,32	0,24	0,16	0,08	0,00	0,08	0,16	0,24	0,32	0,41	0,49	0,57	0,65	0,73	0,81	41
42	0,41	0,32	0,24	0,16	0,08	0,00	0,08	0,16	0,24	0,32	0,40	0,48	0,56	0,64	0,72	0,80	42
43	0,40	0,32	0,24	0,16	0,08	0,00	0,08	0,16	0,24	0,32	0,40	0,48	0,56	0,64	0,72	0,80	43
44	—0,40	—0,32	—0,24	—0,16	—0,08	0,00	+0,08	+0,16	+0,24	+0,32	+0,40	+0,48	+0,56	+0,63	+0,71	+0,79	44
45	—0,40	—0,32	—0,24	—0,16	—0,08	0,00	+0,08	+0,16	+0,24	+0,32	+0,40	+0,47	+0,55	+0,63	+0,71	+0,79	45
46	0,40	0,32	0,24	0,16	0,08	0,00	0,08	0,16	0,24	0,32	0,39	0,47	0,55	0,63	0,71	0,78	46
47	0,39	0,31	0,24	0,16	0,08	0,00	0,08	0,16	0,24	0,32	0,39	0,47	0,55	0,62	0,70	0,78	47
48	0,39	0,31	0,24	0,16	0,08	0,00	0,08	0,16	0,24	0,31	0,39	0,47	0,54	0,62	0,70	0,78	48
49	—0,39	—0,31	—0,23	—0,16	—0,08	0,00	+0,08	+0,16	+0,23	+0,31	+0,39	+0,47	+0,54	+0,62	+0,70	+0,77	49
50	—0,38	—0,30	—0,23	—0,15	—0,08	0,00	+0,08	+0,16	+0,23	+0,31	+0,39	+0,46	+0,54	+0,61	+0,69	+0,77	50
51	0,38	0,30	0,23	0,15	0,08	0,00	0,08	0,16	0,23	0,31	0,38	0,46	0,54	0,61	0,69	0,76	51
52	0,38	0,30	0,23	0,15	0,08	0,00	0,08	0,15	0,23	0,31	0,38	0,46	0,54	0,61	0,69	0,76	52
53	0,38	0,30	0,23	0,15	0,08	0,00	0,08	0,15	0,23	0,31	0,38	0,46	0,54	0,61	0,69	0,76	53
54	—0,38	—0,30	—0,23	—0,15	—0,08	0,00	+0,08	+0,15	+0,23	+0,30	+0,38	+0,46	+0,53	+0,61	+0,69	+0,76	54
55	—0,38	—0,30	—0,23	—0,15	—0,08	0,00	+0,08	+0,15	+0,23	+0,30	+0,38	+0,45	+0,53	+0,60	+0,68	+0,75	55
56	0,38	0,30	0,23	0,15	0,08	0,00	0,08	0,15	0,23	0,30	0,38	0,45	0,53	0,60	0,68	0,75	56
57	0,38	0,30	0,23	0,15	0,08	0,00	0,08	0,15	0,23	0,30	0,38	0,45	0,53	0,60	0,68	0,75	57
58	0,38	0,30	0,23	0,15	0,08	0,00	0,07	0,15	0,22	0,30	0,38	0,45	0,53	0,60	0,68	0,75	58
59	—0,38	—0,30	—0,23	—0,15	—0,08	0,00	+0,07	+0,15	+0,22	+0,30	+0,37	+0,45	+0,52	+0,60	+0,68	+0,75	59
60	—0,38	—0,30	—0,23	—0,15	—0,08	0,00	+0,07	+0,15	+0,22	+0,30	+0,37	+0,45	+0,52	+0,60	+0,68	+0,75	60

Tafel 60.

Reduktionstafel für Schwefelsäure-Wasser-Mischungen.

Die Tafel enthält diejenigen Beträge, welche an den mit einem Schwefelsäure-Aräometer nach Gewichtsprozent (Normaltemp. 15° C. bei verschiedenen Temperaturen erhaltenen Ablesungen angebracht die wahre Stärke in Gewichtsprozent ergeben.

Abgeles. Prozentgehalt	Abgelesene Temperatur in Celsiusgraden																Abgeles. Prozentgehalt
	10°	11°	12°	13°	14°	15°	16°	17°	18°	19°	20°	21°	22°	23°	24°	25°	
	Reduktion auf die Normaltemperatur 15° C. in Prozent																
60	−0,38	−0,30	−0,23	−0,15	−0,08	0,00	+0,07	+0,15	+0,22	+0,30	+0,37	+0,45	+0,52	+0,60	+0,68	+0,75	60
61	0,38	0,30	0,23	0,15	0,08	0,00	0,07	0,15	0,22	0,30	0,37	0,45	0,52	0,60	0,68	0,75	61
62	0,38	0,30	0,23	0,15	0,08	0,00	0,07	0,15	0,22	0,30	0,37	0,45	0,52	0,61	0,68	0,75	62
63	0,38	0,30	0,23	0,15	0,08	0,00	0,07	0,15	0,22	0,30	0,37	0,45	0,52	0,61	0,68	0,75	63
64	−0,38	−0,30	−0,23	−0,15	−0,08	0,00	+0,07	+0,15	+0,22	+0,30	+0,38	+0,45	+0,53	+0,61	+0,68	+0,75	64
65	−0,38	−0,30	−0,23	−0,15	−0,08	0,00	+0,08	+0,15	+0,23	+0,30	+0,38	+0,45	+0,53	+0,61	+0,68	+0,75	65
66	0,38	0,30	0,23	0,15	0,08	0,00	0,08	0,15	0,23	0,30	0,38	0,45	0,53	0,61	0,68	0,75	66
67	0,38	0,31	0,23	0,15	0,08	0,00	0,08	0,15	0,23	0,30	0,38	0,45	0,53	0,61	0,68	0,75	67
68	0,38	0,31	0,23	0,15	0,08	0,00	0,08	0,15	0,23	0,30	0,38	0,46	0,53	0,61	0,68	0,75	68
69	−0,38	−0,31	−0,23	−0,16	−0,08	0,00	+0,08	+0,15	+0,23	+0,30	+0,38	+0,46	+0,53	+0,61	+0,68	+0,75	69
70	−0,38	−0,31	−0,23	−0,16	−0,08	0,00	+0,08	+0,15	+0,23	+0,30	+0,38	+0,46	+0,53	+0,61	+0,68	+0,76	70
71	0,39	0,31	0,23	0,16	0,08	0,00	0,08	0,15	0,23	0,31	0,38	0,46	0,54	0,61	0,69	0,76	71
72	0,39	0,31	0,24	0,16	0,08	0,00	0,08	0,15	0,23	0,31	0,38	0,46	0,54	0,62	0,69	0,77	72
73	0,39	0,32	0,24	0,16	0,08	0,00	0,08	0,16	0,23	0,31	0,39	0,46	0,54	0,62	0,69	0,77	73
74	−0,39	−0,32	−0,24	−0,16	−0,08	0,00	+0,08	+0,16	+0,24	+0,31	+0,39	+0,47	+0,55	+0,62	+0,70	+0,78	74
75	−0,40	−0,32	−0,24	−0,16	−0,08	0,00	+0,08	+0,16	+0,24	+0,32	+0,39	+0,47	+0,55	+0,63	+0,71	+0,79	75
76	0,40	0,32	0,24	0,16	0,08	0,00	0,08	0,16	0,24	0,32	0,40	0,48	0,56	0,64	0,72	0,80	76
77	0,41	0,33	0,25	0,16	0,08	0,00	0,08	0,16	0,24	0,32	0,40	0,49	0,57	0,65	0,73	0,81	77
78	0,42	0,34	0,25	0,17	0,08	0,00	0,08	0,16	0,25	0,33	0,41	0,50	0,58	0,66	0,75	0,83	78
79	−0,43	−0,35	−0,26	−0,18	−0,09	0,00	+0,08	+0,17	+0,25	+0,34	+0,42	+0,51	+0,60	+0,68	+0,77	+0,86	79
80	−0,44	−0,36	−0,27	−0,18	−0,09	0,00	+0,09	+0,18	+0,26	+0,35	+0,44	+0,53	+0,62	+0,71	+0,80	+0,89	80
81	0,46	0,37	0,28	0,19	0,09	0,00	0,09	0,19	0,28	0,37	0,46	0,56	0,65	0,75	0,84	0,94	81
82	0,49	0,40	0,30	0,20	0,10	0,00	0,10	0,20	0,30	0,39	0,49	0,59	0,69	0,79	0,89	1,00	82
83	0,52	0,42	0,31	0,21	0,10	0,00	0,10	0,21	0,32	0,42	0,52	0,63	0,73	0,84	0,95	1,07	83
84	−0,56	−0,45	−0,33	−0,22	−0,11	0,00	+0,11	+0,23	+0,34	+0,45	+0,56	+0,68	+0,79	+0,91	+1,02	+1,14	84
85	−0,60	−0,48	−0,36	−0,24	−0,12	0,00	+0,12	+0,24	+0,37	+0,49	+0,61	+0,73	+0,85	+0,98	+1,10	+1,23	85
86	0,64	0,52	0,39	0,26	0,13	0,00	0,13	0,27	0,41	54	0,66						86
87	0,70	0,56	0,42	0,28	0,14	0,00	0,15	0,30	0,45								87
88	0,78	0,62	0,46	0,30	0,15	0,00	0,16										88

Tafel 61.

Reduktionstafel für Salzsäure.

Die Tafel enthält diejenigen Beträge, welche an den mit einem Aräometer nach Bé (rat. Skale) bei verschiedenen Temperaturen ermittelten Ablesungen angebracht die Grade Bé bei 15° C. ergeben.

Abgeles. Grade Bé	Abgelesene Temperatur in Celsiusgraden																Abgeles. Grade Bé
	10°	11°	12°	13°	14°	15°	16°	17°	18°	19°	20°	21°	22°	23°	24°	25°	
	Reduktion auf die Normaltemperatur 15° C. in Graden Bé																
0°						0,0	0,0	0,0	0,0	+0,1	+0,1	+0,1	+0,1	+0,2	+0,2	+0,2	0°
1	−0,1	0,0	0,0	0,0	0,0	0,0	0,0	0,0	+0,1	0,1	0,1	0,1	0,2	0,2	0,2	0,3	1
2	0,1	0,0	0,0	0,0	0,0	0,0	0,0	0,0	0,1	0,1	0,1	0,1	0,2	0,2	0,2	0,3	2
3	0,1	0,1	0,0	0,0	0,0	0,0	0,0	0,0	0,1	0,1	0,1	0,2	0,2	0,2	0,2	0,3	3
4	−0,1	−0,1	0,0	0,0	0,0	0,0	0,0	+0,1	+0,1	+0,1	+0,1	+0,2	+0,2	+0,2	+0,3	+0,3	4
5	−0,1	−0,1	−0,1	0,0	0,0	0,0	0,0	+0,1	+0,1	+0,1	+0,2	+0,2	+0,2	+0,2	+0,3	+0,3	5
6	0,1	0,1	0,1	−0,1	0,0	0,0	0,0	0,1	0,1	0,1	0,2	0,2	0,2	0,3	0,3	0,3	6
7	0,1	0,1	0,1	0,1	0,0	0,0	0,0	0,1	0,1	0,1	0,2	0,2	0,2	0,3	0,3	0,3	7
8	0,1	0,1	0,1	0,1	0,0	0,0	0,0	0,1	0,1	0,1	0,2	0,2	0,3	0,3	0,3	0,3	8
9	−0,2	−0,1	−0,1	−0,1	0,0	0,0	0,0	+0,1	+0,1	+0,2	+0,2	+0,2	+0,3	+0,3	+0,3	+0,4	9
10	−0,2	−0,1	−0,1	−0,1	0,0	0,0	0,0	+0,1	+0,1	+0,2	+0,2	+0,2	+0,3	+0,3	+0,4	+0,4	10
11	0,2	0,1	0,1	0,1	0,0	0,0	0,0	0,1	0,1	0,2	0,2	0,3	0,3	0,3	0,4	0,4	11
12	0,2	0,2	0,1	0,1	0,0	0,0	0,0	0,1	0,1	0,2	0,2	0,3	0,3	0,3	0,4	0,4	12
13	0,2	0,2	0,1	0,1	−0,1	0,0	0,0	0,1	0,1	0,2	0,2	0,3	0,3	0,3	0,4	0,4	13
14	−0,2	−0,2	−0,1	−0,1	−0,1	0,0	0,0	+0,1	+0,1	+0,2	+0,2	+0,3	+0,3	+0,4	+0,4	+0,4	14
15	−0,2	−0,2	−0,1	−0,1	−0,1	0,0	+0,1	+0,1	+0,1	+0,2	+0,2	+0,3	+0,3	+0,4	+0,4	+0,5	15
16	0,2	0,2	0,2	0,1	0,1	0,0	0,1	0,1	0,1	0,2	0,3	0,3	0,4	0,4	0,4	0,5	16
17	0,3	0,2	0,2	0,1	0,1	0,0	0,1	0,1	0,1	0,2	0,3	0,3	0,4	0,4	0,5	0,5	17
18	0,3	0,2	0,2	0,1	0,1	0,0	0,1	0,1	0,1	0,2	0,3	0,3	0,4	0,4	0,5	0,5	18
19	−0,3	−0,2	−0,2	−0,1	−0,1	0,0	+0,1	+0,1	+0,2	+0,2	+0,3	+0,3	+0,4	+0,5	+0,5	+0,6	19
20	−0,3	−0,2	−0,2	−0,1	−0,1	0,0	+0,1	+0,1	+0,2	+0,2	+0,3	+0,4	+0,4	+0,5	+0,5	+0,6	20
21	0,3	0,3	0,2	0,1	0,1	0,0	0,1	0,1	0,2	0,2	0,3	0,4	0,4	0,5	0,5	0,6	21
22	0,3	0,3	0,2	0,1	0,1	0,0	0,1	0,1	0,2	0,2	0,3	0,4	0,5	0,5	0,6	0,6	22
23	0,3	0,3	0,2	0,1	0,1	0,0	0,1	0,1	0,2	0,3	0,3	0,4	0,5	0,5	0,6	0,6	23
24	−0,3	−0,3	−0,2	−0,1	−0,1	0,0	+0,1	+0,1	+0,2	+0,3	+0,3	+0,4	+0,5	+0,5	+0,6	+0,7	24

Tafel 62.

Reduktionstafel für Salpetersäure.

Die Tafel enthält diejenigen Beträge, welche an den mit einem Aräometer nach Bé (rat. Skale) bei verschiedenen Temperaturen ermittelten Ablesungen angebracht die Grade Bé bei 15° C. ergeben.

Abgeles. Grade Bé	Abgelesene Temperatur in Celsiusgraden																Abgeles. Grade Bé
	10°	11°	12°	13°	14°	15°	16°	17°	18°	19°	20°	21°	22°	23°	24°	25°	
	Reduktion auf die Normaltemperatur 15° C. in Graden Bé																
0°	−0,1	−0,1	0,0	0,0	0,0	0,0	0,0	0,0	0,0	+0,1	+0,1	+0,1	+0,1	+0,2	+0,2	+0,3	0°
1	0,1	0,1	−0,1	0,0	0,0	0,0	0,0	0,0	+0,1	0,1	0,1	0,1	0,1	0,2	0,2	0,3	1
2	0,1	0,1	0,1	0,0	0,0	0,0	0,0	0,0	0,1	0,1	0,1	0,1	0,2	0,2	0,3	0,3	2
3	0,1	0,1	0,1	−0,1	0,0	0,0	0,0	0,0	0,1	0,1	0,1	0,2	0,2	0,2	0,3	0,3	3
4	−0,2	−0,1	−0,1	−0,1	0,0	0,0	0,0	0,0	+0,1	+0,1	+0,1	+0,2	+0,2	+0,3	+0,3	+0,4	4
5	−0,2	−0,1	−0,1	−0,1	0,0	0,0	0,0	+0,1	+0,1	+0,1	+0,2	+0,2	+0,2	+0,3	+0,3	+0,4	5
6	0,2	0,1	0,1	0,1	0,0	0,0	0,0	0,1	0,1	0,1	0,2	0,2	0,2	0,3	0,3	0,4	6
7	0,2	0,2	0,1	0,1	0,0	0,0	0,0	0,1	0,1	0,1	0,2	0,2	0,3	0,3	0,4	0,4	7
8	0,2	0,2	0,1	0,1	0,0	0,0	0,0	0,1	0,1	0,2	0,2	0,2	0,3	0,3	0,4	0,5	8
9	−0,2	−0,2	−0,1	−0,1	0,0	0,0	0,0	+0,1	+0,1	+0,2	+0,2	+0,3	+0,3	+0,4	+0,4	+0,5	9
10	−0,2	−0,2	−0,1	−0,1	0,0	0,0	+0,1	+0,1	+0,1	+0,2	+0,2	+0,3	+0,3	+0,4	+0,4	+0,5	10
11	0,3	0,2	0,2	0,1	−0,1	0,0	0,1	0,1	0,1	0,2	0,2	0,3	0,4	0,4	0,5	0,5	11
12	0,3	0,2	0,2	0,1	0,1	0,0	0,1	0,1	0,2	0,2	0,3	0 3	0,4	0,4	0,5	0,5	12
13	0,3	0,2	0,2	0,1	0,1	0,0	0,1	0,1	0,2	0,2	0,3	0,3	0,4	0,4	0,5	0,6	13
14	−0,3	−0,2	−0,2	−0,1	−0,1	0,0	+0,1	+0,1	+0,2	+0,2	+0,3	+0,3	+0,4	+0,5	+0,5	+0,6	14
15	−0,3	−0,2	−0,2	−0,1	−0,1	0,0	+0,1	+0,1	+0,2	+0,2	+0,3	+0,4	+0,4	+0,5	+0,5	+0,6	15
16	0,3	0,3	0,2	0,1	0,1	0,0	0,1	0,1	0,2	0,2	0,3	0,4	0,4	0,5	0,6	0,6	16
17	0,3	0,3	0,2	0,1	0,1	0,0	0,1	0,1	0,2	0,3	0,3	0,4	0,5	0,5	0,6	0,7	17
18	0,3	0,3	0,2	0,1	0,1	0,0	0,1	0,1	0,2	0,3	0,3	0,4	0,5	0,5	0,6	0,7	18
19	−0,4	−0,3	−0,2	−0,1	−0,1	0,0	+0,1	+0,1	+0,2	+0,3	+0,3	+0,4	+0,5	+0,6	+0,6	+0,7	19
20	−0,4	−0,3	−0,2	−0,2	−0,1	0,0	+0,1	+0,1	+0,2	+0,3	+0,4	+0,4	+0,5	+0,6	+0,6	+0,7	20
21	0,4	0,3	0,2	0,2	0 1	0,0	0,1	0,2	0,2	0,3	0,4	0,4	0,5	0,6	0,7	0,7	21
22	0,4	0,3	0,2	0,2	0,1	0,0	0,1	0,2	0,2	0,3	0,4	0,5	0,5	0,6	0,7	0,8	22
23	0,4	0,3	0,2	0,2	0,1	0,0	0,1	0,2	0,2	0,3	0,4	0,5	0,5	0,6	0,7	0,8	23
24	−0,4	−0,3	−0,3	−0,2	−0 1	0,0	+0,1	+0,2	+0,2	+0,3	+0,4	+0,5	+0,6	+0,6	+0,7	+0,8	24
25	−0,4	−0,3	−0,3	−0,2	−0,1	0,0	.+0,1	+0,2	+0,2	+0,3	+0,4	+0,5	+0,6	+0,7	+0,7	+0,8	25

Tafel 62.

Reduktionstafel für Salpetersäure.

Die Tafel enthält diejenigen Beträge, welche an den mit einem Aräometer nach Bé (rat. Skale) bei verschiedenen Temperaturen ermittelten Ablesungen angebracht die Grade Bé bei 15° C. ergeben.

Abgeles. Grade Bé	Abgelesene Temperatur in Celsiusgraden																Abgeles. Grade Bé
	10°	11°	12°	13°	14°	15°	16°	17°	18°	19°	20°	21°	22°	23°	24°	25°	
	Reduktion auf die Normaltemperatur 15° C. in Graden Bé																
25°	—0,4	—0,3	—0,3	—0,2	—0,1	0,0	+0,1	+0,2	+0,2	+0,3	+0,4	+0,5	+0,6	+0,7	+0,7	+0,8	25°
26	0,4	0,3	0,3	0,2	0,1	0,0	0,1	0,2	0,3	0,3	0,4	0,5	0,6	0,7	0,8	0,8	26
27	0,4	0,4	0,3	0,2	0,1	0,0	0,1	0,2	0,3	0,3	0,4	0,5	0,6	0,7	0,8	0,9	27
28	0,4	0,4	0,3	0,2	0,1	0,0	0,1	0,2	0,3	0,4	0,4	0,5	0,6	0,7	0,8	0,9	28
29	—0,5	—0,4	—0,3	—0,2	—0,1	0,0	+0,1	+0,2	+0,3	+0,4	+0,5	+0,5	+0,6	+0,7	+0,8	+0,9	29
30	—0,5	—0,4	—0,3	—0,2	—0,1	0,0	+0,1	+0,2	+0,3	+0,4	+0,5	+0,6	+0,6	+0,7	+0,8	+0,9	30
31	0,5	0,4	0,3	0,2	0,1	0,0	0,1	0,2	0,3	0,4	0,5	0,6	0,7	0,7	0,8	0,9	31
32	0,5	0,4	0,3	0,2	0,1	0,0	0,1	0,2	0,3	0,4	0,5	0,6	0,7	0,8	0,8	0,9	32
33	0,5	0,4	0,3	0,2	0,1	0,0	0,1	0,2	0,3	0,4	0,5	0,6	0,7	0,8	0,9	1,0	33
34	—0,5	—0,4	—0,3	—0,2	—0,1	0,0	+0,1	+0,2	+0,3	+0,4	+0,5	+0,6	+0,7	+0,8	+0,9	+1,0	34
35	—0,5	—0,4	—0,3	—0,2	—0,1	0,0	+0,1	+0,2	+0,3	+0,4	+0,5	+0,6	+0,7	+0,8	+0,9	+1,0	35
36	0,5	0,4	0,3	0,2	0,1	0,0	0,1	0,2	0,3	0,4	0,5	0,6	0,7	0 8	0,9	1,0	36
37	0,5	0,4	0,3	0,2	0,1	0,0	0,1	0,2	0,3	0,4	0,5	0,6	0,7	0,8	0,9	1,0	37
38	0,5	0,4	0,3	0,2	0,1	0,0	0,1	0,2	0,3	0,4	0,5	0,6	0,7	0,8	0,9	1,0	38
39	—0,5	—0,4	—0,3	—0,2	—0,1	0,0	+0,1	+0,2	+0,3	+0,4	+0,5	+0,6	+0,7	+0,8	+0,9	+1,0	39
40	—0,5	—0,4	—0,3	—0,2	—0,1	0,0	+0,1	+0,2	+0,3	+0,4	+0,5	+0,6	+0,7	+0,8	+0,9	+1,0	40
41	0,5	0,4	0,3	0,2	0,1	0,0	0,1	0,2	0,3	0,4	0,5	0,6	0,7	0,8	1,0	1,1	41
42	0,5	0,4	0,3	0,2	0,1	0,0	0,1	0,2	0,3	0,4	0,5	0,6	0,7	0,9	1,0	1,1	42
43	0,5	0,4	0,3	0,2	0,1	0,0	0,1	0,2	0,3	0,4	0,5	0,6	0,7	0,9	1,0	1,1	43
44	—0,5	—0,4	—0,3	—0,2	—0,1	0,0	+0,1	+0,2	+0,3	+0,4	+0,5	+0,6	+0,8	+0,9	+1,0	+1,1	44
45	—0,6	—0,4	—0,3	—0,2	—0,1	0,0	+0,1	+0,2	+0,3	+0,4	+0,5	+0,6	+0,8	+0,9	+1,0	+1,1	45
46	0,6	0,4	0,3	0,2	0,1	0,0	0,1	0,2	0,3	0,4	0,5	0,7	0,8	0,9	1,0	1,1	46
47	0,6	0,4	0,3	0,2	0,1	0,0	0,1	0,2	0,3	0,4	0 5	0,7	0,8	0,9	1,0	1,1	47
48	0,6	0,4	0,3	0,2	0,1	0,0	0,1	0,2	0,3	0,4	0,5	0,7	0,8	0,9	1,0	1,1	48
49	—0,6	—0,5	—0,3	—0,2	—0,1	0,0	+0,1	+0,2	+0,3	+0,4	+0,5	+0,7	+0,8	+0,9	+1,0	+1,1	49
50	—0,6	—0,5	—0,3	—0,2	—0,1	0,0	+0,1	+0,2	+0,3	+0,4	+0,5	+0,7	+0,8	+0,9	+1,0	+1,1	50

Tafel 63.

Reduktionstafel für Essigsäure.

Die Tafel enthält diejenigen Beträge, welche an den mit einem Essigsäure-Aräometer (Normaltemp. 15° C.) bei verschiedenen Temperaturen erhaltenen Ablesungen angebracht den wahren Essigsäure-Prozentgehalt ergeben.

Abgeles. % Essigsäure	Abgelesene Temperatur in Celsiusgraden																Abgeles. % Essigsäure
	10⁰	11⁰	12⁰	13⁰	14⁰	15⁰	16⁰	17⁰	18⁰	19⁰	20⁰	21⁰	22⁰	23⁰	24⁰	25⁰	
	Reduktion auf die Normaltemperatur 15° C. in Prozent																
0	—0,3	—0,2	—0,2	—0,1	—0,1	0,0	+0,1	+0,2	+0,3	+0,4	+0,5	+0,7	+0,8	+0,9	+1,1	+1,3	0
2	0,3	0,3	0,2	0,1	0,1	0,0	0,1	0,2	0,3	0,4	0,6	0,8	1,0	1,1	1,3	1,5	2
4	0,4	0,3	0,3	0,2	0,1	0,0	0,1	0,2	0,3	0,5	0,7	0,9	1,1	1,3	1,5	1,7	4
6	0,6	0,5	0,4	0,2	0,1	0,0	0,1	0,2	0,4	0,6	0,8	1,0	1,2	1,4	1,6	1,9	6
8	—0,7	—0,6	—0,5	—0,3	—0,1	0,0	+0,1	+0,3	+0,5	+0,7	+0,9	+1,1	+1,4	+1,6	+1,8	+2,1	8
10	—0,8	—0,7	—0,5	—0,3	—0,2	0,0	+0,2	+0,4	+0,6	+0,8	+1,0	+1,3	+1,5	+1,8	+2,0	+2,3	10
12	0,9	0,8	0,6	0,4	0,2	0,0	0,2	0,4	0,7	0,9	1,2	1,4	1,7	2,0	2,3	2,6	12
14	1,0	0,8	0,6	0,4	0,2	0,0	0,2	0,5	0,8	1,0	1,3	1,6	1,9	2,2	2,5	2,8	14
16	1,2	0,9	0,7	0,4	0,2	0,0	0,3	0,6	0,8	1,1	1,4	1,7	2,1	2,4	2,7	3,1	16
18	—1,3	—1,0	—0,8	—0,5	—0,3	0,0	+0,3	+0,6	+0,9	+1,2	+1,5	+1,9	+2,3	+2,6	+3,0	+3,4	18
20	—1,4	—1,1	—0,8	—0,6	—0,3	0,0	+0,3	+0,7	+1,0	+1,3	+1,7	+2,1	+2,5	+2,9	+3,3	+3,7	20
22	1,5	1,2	0,9	0,6	0,3	0,0	0,4	0,7	1,1	1,4	1,8	2,3	2,7	3,1	3,6	4,0	22
24	1,6	1,3	1,0	0,7	0,3	0,0	0,4	0,8	1,2	1,6	2,0	2,4	2,9	3,4	3,8	4,3	24
26	1,8	1,5	1,1	0,8	0,4	0,0	0,4	0,8	1,3	1,7	2,2	2,6	3,1	3,6	4,1	4,7	26
28	—1,9	—1,6	—1,2	—0,8	—0,4	0,0	+0,5	+0,9	+1,4	+1,8	+2,3	+2,8	+3,4	+3,9	+4,5	+5,1	28
30	—2,1	—1,7	—1,3	—0,9	—0,5	0,0	+0 5	+1,0	+1,5	+2,0	+2,5	+3,1	+3,7	+4,3	+4,9	+5,5	30
32	2,2	1,8	1,4	1,0	0,5	0,0	0,5	1,1	1,6	2,2	2,7	3,4	4,0	4,7	5,4	6,0	32
34	2,4	2,0	1,5	1,0	0,5	0,0	0,6	1,2	1,8	2,4	3,0	3,7	4,4	5,1	5,8	6,5	34
36	2,6	2,1	1,6	1,1	0,6	0,0	0,6	1,3	1,9	2,6	3,2	3,9	4,7	5,4	6,2	7,0	36
38	—2,8	—2,3	—1,7	—1,2	—0,6	0,0	+0,6	+1,3	+2,0	+2,7	+3,4	+4,2	+5,0	+5,8	+6,7	+7,5	38
40	—3,0	—2,4	—1,8	—1,2	—0,6	0,0	+0,7	+1,4	+2,1	+2,9	+3,7	+4,5	+5,4	+6,3	+7,2	+8,1	40
42	3,2	2,6	1,9	1,3	0,7	0,0	0,7	1,5	2,3	3,1	3,9	4,8	5,8	6,8	7,8	8,8	42
44	3,4	2,8	2,1	1,4	0,7	0,0	0,8	1,6	2,5	3,3	4,2	5,1	6,2	7,2	8,3	9,5	44
46	3,7	3,0	2,2	1,5	0,8	0,0	0,8	1,7	2,6	3,5	4,5	5,5	6,6				46
48	—3,9	—3,2	—2,4	—1,6	—0,8	0,0	+0,9	+1,8	+2,8	+3,8	+4,9	+6,1					48
50	—4,2	—3,4	—2,6	—1,7	—0,9	0,0	+1,0	+2,0	+3,1	+4,2	+5,4						50

Tafel 64.

Reduktionstafel für Denaturierungs-Äther.

Die Tafel enthält in Einheiten der 4. Dezim. der Dichte diejenigen Beträge, welche an den mit einem Glasinstrument (Aräometer, Pyknometer etc.) bei verschiedenen Temperaturen ermittelten Dichten angebracht die Dichte bei 15° C. ergeben.

Reduktion auf die Normaltemperatur 15° C. in Einheiten der 4. Dez. der Dichte

Abgelesene Dichte	Abgelesene Temperatur in Celsiusgraden																Abgelesene Dichte
	10°	11°	12°	13°	14°	15°	16°	17°	18°	19°	20°	21°	22°	23°	24°	25°	
0,708																+115	0,708
0,710														+92	+103	+114	0,710
0,712													+80	91	103	114	0,712
0,714											+57	+68	80	91	103	114	0,714
0,716									+34	+46	57	68	80	91	102	114	0,716
0,718							+11	+23	+34	+45	+57	+68	+79	+91	+102	+113	0,718
0,720					−11	0	+11	+23	+34	+45	+57	+68	+79	+90	+102	+113	0,720
0,722				−23	11	0	11	23	34	45	56	68	79	90	101	112	0,722
0,724		−45	−34	23	11	0	11	23	34	45	56	67	78	89	100	111	0,724
0,726	−56	45	34	23	11	0	11	22	34	45	56	67	78	89	100		0,726
0,728	−56	−45	−34	−23	−11	0	+11	+22	+34	+45	+56	+67	+78	+88			0,728
0,730	−56	−45	−34	−23	−11	0	+11	+22	+33	+44	+55	+66					0,730
0,732	56	45	34	22	11	0	11	22	33	44							0,732
0,734	56	45	33	22	11	0	11	22									0,734
0,736	56	44	33	22	11	0											0,736
0,738	−55	−44	−33	−22	−11	0											0,738
0,740	−55	−44	−33														0,740
0,742	55																0,742

Tafel 65.

Reduktionstafel für Natronlauge.

Die Tafel enthält diejenigen Beträge, welche an den mit einem Aräometer nach Bé (rat. Skale) bei verschiedenen Temperaturen ermittelten Ablesungen angebracht die Grade Bé bei 15° C. ergeben.

Abgeles. Grade Bé	Abgelesene Temperatur in Celsiusgraden.																Abgeles. Grade Bé
	10°	11°	12°	13°	14°	15°	16°	17°	18°	19°	20°	21°	22°	23°	24°	25°	
	Reduktion auf die Normaltemperatur 15° C. in Graden Bé																
0°	—0,1	—0,1	—0,1	0,0	0,0	0,0	0,0	0,0	+0,1	+0,1	+0,1	+0,1	+0,2	+0,2	+0,2	+0,3	0°
2	0,1	0,1	0,1	0,0	0,0	0,0	0,0	+0,1	0,1	0,1	0,1	0,2	0,2	0,3	0,3	0,3	2
4	0,1	0,1	0,1	—0,1	0,0	0,0	0,0	0,1	0,1	0,1	0,2	0,2	0,3	0,3	0,3	0,4	4
6	0,2	0,1	0,1	0,1	0,0	0,0	0,0	0,1	0,1	0,2	0,2	0,2	0,3	0,3	0,4	0,4	6
8	—0,2	—0,2	—0,1	—0,1	0,0	0,0	0,0	+0,1	+0,1	+0,2	+0,2	+0,3	+0,3	+0,3	+0,4	+0,4	8
10	—0,2	—0,2	—0,1	—0,1	0,0	0,0	0,0	+0,1	+0,1	+0,2	+0,2	+0,3	+0,3	+0,4	+0,4	+0,5	10
12	0,2	0,2	0,1	0,1	0,0	0,0	0,0	0,1	0,1	0,2	0,2	0,3	0,3	0,4	0,4	0,5	12
14	0,2	0,2	0,1	0,1	0,0	0,0	0,0	0,1	0,1	0,2	0,2	0,3	0,3	0,4	0,4	0,5	14
16	0,2	0,2	0,1	0,1	0,0	0,0	0,0	0,1	0,1	0,2	0,2	0,3	0,3	0,4	0,5	0,5	16
18	—0,2	—0,2	—0,1	—0,1	0,0	0,0	0,0	+0,1	+0,1	+0,2	+0,2	+0,3	+0,3	+0,4	+0,5	+0,5	18
20	—0,2	—0,2	—0,1	—0,1	0,0	0,0	+0,1	+0,1	+0,2	+0,2	+0,3	+0,3	+0,4	+0,4	+0,5	+0,5	20
22	0,2	0,2	0,1	0,1	0,0	0,0	0,1	0,1	0,2	0,2	0,3	0,3	0,4	0,4	0,5	0,5	22
24	0,2	0,2	0,1	0,1	0,0	0,0	0,1	0,1	0,2	0,2	0,3	0,3	0,4	0,4	0,5	0,5	24
26	0,2	0,2	0,1	0,1	0,0	0,0	0,1	0,1	0,1	0,2	0,2	0,3	0,3	0,4	0,4	0,5	26
28	—0,2	—0,2	—0,1	—0,1	0,0	0,0	+0,1	+0,1	+0,1	+0,2	+0,2	+0,3	+0,3	+0,4	+0,4	+0,5	28
30	—0,2	—0,2	—0,1	—0,1	0,0	0,0	0,0	+0,1	+0,1	+0,2	+0,2	+0,3	+0,3	+0,4	+0,4	+0,5	30
32	0,2	0,2	0,1	0,1	0,0	0,0	0,0	0,1	0,1	0,2	0,2	0,3	0,3	0,4	0,4	0,5	32
34	0,2	0,2	0,1	0,1	0,0	0,0	0,0	0,1	0,1	0,2	0,2	0,3	0,3	0,4	0,4	0,5	34
36	0,2	0,2	0,1	0,1	0,0	0,0	0,0	0,1	0,1	0,2	0,2	0,3	0,3	0,4	0,4	0,5	36
38	—0,2	—0,2	—0,1	—0,1	0,0	0,0	0,0	+0,1	+0,1	+0,2	+0,2	+0,3	+0,3	+0,4	+0,4	+0,5	38
40	—0,2	—0,2	—0,1	—0,1	0,0	0,0	0,0	+0,1	+0,1	+0,2	+0,2	+0,3	+0,3	+0,4	+0,4	+0,5	40
42	0,2	0,2	0,1	0,1	0,0	0,0	0,0	0,1	0,1	0,2	0,2	0,3	0,3	0,4	0,4	0,5	42
44	0,2	0,2	0,1	0,1	0,0	0,0	0,0	0,1	0,1	0,2	0,2	0,3	0,3	0,4	0,4	0,5	44
46	0,2	0,2	0,1	0,1	0,0	0,0	0,0	0,1	0,1	0,2	0,2	0,3	0,3	0,4	0,4	0,5	46
48	—0,2	—0,2	—0,1	—0,1	0,0	0,0	0,0	+0,1	+0,1	+0,2	+0,2	+0,3	+0,3	+0,4	+0,4	+0,4	48
50	—0,2	—0,2	—0,1	—0,1	0,0	0,0	0,0	+0,1	+0,1	+0,2	+0,2	+0,3	+0,3	+0,3	+0,4	+0,4	50

Tafel 66.

Reduktionstafel für Kalilauge.

Die Tafel enthält diejenigen Beträge, welche an den mit einem Aräometer nach Bé (rat. Skale) bei verschiedenen Temperaturen ermittelten Ablesungen angebracht die Grade Bé bei 15° C. ergeben.

Reduktion auf die Normaltemperatur 15° C. in Graden Bé

Abgeles. Grade Bé	Abgelesene Temperatur in Celsiusgraden																Abgeles. Grade Bé
	10°	11°	12°	13°	14°	15°	16°	17°	18°	19°	20°	21°	22°	23°	24°	25°	
0	−0,1	−0,1	0,0	0,0	0,0	0,0	0,0	0,0	+0,1	+0,1	+0,1	+0,1	+0,2	+0,2	+0,2	+0,3	0
2	0,1	0,1	0,0	0,0	0,0	0,0	0,0	0,0	0,1	0,1	0,1	0,1	0,2	0,2	0,2	0,3	2
4	0,1	0,1	0,0	0,0	0,0	0,0	0,0	0,0	0,1	0,1	0,1	0,2	0,2	0,2	0,2	0,3	4
6	0,1	0,1	−0,1	0,0	0,0	0,0	0,0	+0,1	0,1	0,1	0,1	0,2	0,2	0,2	0,3	0,3	6
8	−0,1	−0,1	−0,1	0,0	0,0	0,0	0,0	+0,1	+0,1	+0,1	+0,1	+0,2	+0,2	+0,2	+0,3	+0,3	8
10	−0,1	−0,1	−0,1	0,0	0,0	0,0	0,0	+0,1	+0,1	+0,1	+0,1	+0,2	+0,2	+0,2	+0,3	+0,3	10
12	0,1	0,1	0,1	0,0	0,0	0,0	0,0	0,1	0,1	0,1	0,1	0,2	0,2	0,2	0,3	0,3	12
14	0,1	0,1	0,1	−0,1	0,0	0,0	0,0	0,1	0,1	0,1	0,1	0,2	0,2	0,3	0,3	0,3	14
16	0,1	0,1	0,1	0,1	0,0	0,0	0,0	0,1	0,1	0,1	0,2	0,2	0,2	0,3	0,3	0,3	16
18	−0,1	−0,1	−0,1	−0,1	0,0	0,0	0,0	+0,1	+0,1	+0,1	+0,2	+0,2	+0,2	+0,3	+0,3	+0,3	18
20	−0,1	−0,1	−0,1	−0,1	0,0	0,0	0,0	+0,1	+0,1	+0,1	+0,2	+0,2	+0,2	+0,3	+0,3	+0,3	20
22	0,1	0,1	0,1	0,1	0,0	0,0	0,0	0,1	0,1	0,1	0,2	0,2	0,2	0,3	0,3	0,3	22
24	0,2	0,1	0,1	0,1	0,0	0,0	0,0	0,1	0,1	0,1	0,2	0,2	0,2	0,3	0,3	0,3	24
26	0,2	0,1	0,1	0,1	0,0	0,0	0,0	0,1	0,1	0,1	0,2	0,2	0,2	0,3	0,3	0,4	26
28	−0,2	−0,1	−0,1	−0,1	0,0	0,0	0,0	+0,1	+0,1	+0,1	+0,2	+0,2	+0,3	+0,3	+0,3	+0,4	28
30	−0,2	−0,1	−0,1	−0,1	0,0	0,0	0,0	+0,1	+0,1	+0,1	+0,2	+0,2	+0,3	+0,3	+0,3	+0,4	30
32	0,2	0,1	0,1	0,1	0,0	0,0	0,0	0,1	0,1	0,2	0,2	0,2	0,3	0,3	0,3	0,4	32
34	0,2	0,1	0,1	0,1	0,0	0,0	0,0	0,1	0,1	0,2	0,2	0,2	0,3	0,3	0,4	0,4	34
36	0,2	0,2	0,1	0,1	0,0	0,0	0,0	0,1	0,1	0,2	0,2	0,2	0,3	0,3	0,4	0,4	36
38	−0,2	−0,2	−0,1	−0,1	0,0	0,0	0,0	+0,1	+0,1	+0,2	+0,2	+0,2	+0,3	+0,3	+0,4	+0,4	38
40	−0,2	−0,2	−0,1	−0,1	0,0	0,0	0,0	+0,1	+0,1	+0,2	+0,2	+0,2	+0,3	+0,3	+0,3	+0,4	40
42	0,2	0,2	0,1	0,1	0,0	0,0	0,0	0,1	0,1	0,2	0,2	0,2	0,3	0,3	0,3	0,4	42
44	0,2	0,2	0,1	0,1	0,0	0,0	0,0	0,1	0,1	0,2	0,2	0,2	0,3	0,3	0,3	0,4	44
46	0,2	0,2	0,1	0,1	0,0	0,0	0,0	0,1	0,1	0,2	0,2	0,2	0,3	0,3	0,3	0,4	46
48	−0,2	−0,2	−0,1	−0,1	0,0	0,0	0,0	+0,1	+0,1	+0,1	+0,2	+0,2	+0,3	+0,3	+0,3	+0,4	48
50	−0,2	−0,1	−0,1	−0,1	0,0	0,0	0,0	+0,1	+0,1	+0,1	+0,2	+0,2	+0,2	+0,3	+0,3	+0,4	50
52			0,1	0,1	0,0	0,0	0,0	0,1	0,1	0,1	0,2	0,2	0,2	0,3	0,3	0,3	52
54			0,1	0,1	0,0	0,0	0,0	0,1	0,1	0,1	0,2	0,2	0,2	0,3	0,3	0,3	54
56			−0,1	−0,1	0,0	0,0	0,0	+0,1	+0,1	+0,1	+0,2	+0,2	+0,2	+0,3	+0,3	+0,3	56

Tafel 67.

Reduktionstafel für amerikanische Mineralöle.

Die Tafel enthält in Einheiten der 4. Dezim. der Dichte die Beträge, welche an den mit einem Glasinstrument (Aräometer, Pyknometer, etc.) bei verschiedenen Temperaturen ermittelten Dichten angebracht die Dichte bei 15° C. ergeben.

Abgeles. Dichte	Abgelesene Temperatur in Celsiusgraden																Abgeles. Dichte
	10°	11°	12°	13°	14°	15°	16°	17°	18°	19°	20°	21°	22°	23°	24°	25°	
	Reduktion auf die Normaltemperatur 15° C. in Einheiten der 4. Dezim. der Dichte																
0,62	—50	—40	—30	—20	—10	0	+10	+20	+30	+40	+50	+60	+70	+80	+89	+99	0,62
63	49	40	30	20	10	0	10	20	30	39	49	59	68	78	87	97	63
0,64	—49	—39	—29	—20	—10	0	+10	+19	+29	+39	+48	+58	+67	+77	+86	+96	0,64
0,65	—48	—38	—29	—19	—10	0	+ 9	+19	+28	+38	+47	+57	+66	+75	+85	+94	0,65
66	47	38	28	19	9	0	9	19	28	37	47	56	65	74	84	93	66
67	46	37	28	19	9	0	9	18	27	37	46	55	64	73	82	91	67
68	46	36	27	18	9	0	9	18	27	36	45	54	63	72	80	89	68
0,69	— 45	—36	—27	—18	— 9	0	+ 9	+18	+26	+35	+44	+53	+61	+70	+79	+88	0,69
0,70	—44	—35	—26	—18	— 9	0	+ 9	+17	+26	+35	+43	+52	+60	+69	+77	+86	0,70
71	43	34	26	17	9	0	8	17	25	34	42	51	59	67	76	84	71
72	42	34	25	17	8	0	8	17	25	33	41	49	58	66	74	82	72
73	41	33	25	16	8	0	8	16	24	32	40	48	56	64	72	80	73
0,74	—40	—32	—24	—16	— 8	0	+ 8	+16	+24	+32	+39	+47	+55	+63	+71	+78	0,74
0,75	—39	—31	—24	—16	— 8	0	+ 8	+15	+23	+31	+38	+46	+54	+61	+69	+77	0,75
76	38	31	23	15	8	0	8	15	23	30	38	45	53	60	67	75	76
77	38	30	22	15	7	0	7	15	22	29	37	44	51	59	66	73	77
78	37	29	22	15	7	0	7	14	22	29	36	43	50	57	65	72	78
0,79	—36	—29	—21	—14	— 7	0	+ 7	+14	+21	+28	+35	+42	+49	+56	+63	+70	0,79
0,80	—35	—28	—21	—14	— 7	0	+ 7	+14	+21	+28	+35	+42	+49	+55	+62	+69	0,80
81	35	28	21	14	7	0	7	14	21	27	34	41	48	55	61	68	81
82	34	27	20	14	7	0	7	13	20	27	34	40	47	54	61	67	82
83	34	27	20	13	7	0	7	13	20	27	33	40	47	53	60	66	83
0,84	—33	—27	—20	—13	— 7	0	+ 7	+13	+20	+26	+33	+40	+46	+53	+59	+66	0,84
0,85	—33	—26	—20	— 13	— 7	0	+ 7	+13	+20	+26	+33	+39	+46	+52	+59	+65	0,85
86	33	26	20	13	7	0	7	13	20	26	33	39	46	52	59	65	86
87	32	26	20	13	7	0	6	13	19	26	32	39	45	52	58	65	87
88	32	26	19	13	6	0	6	13	19	26	32	39	45	51	58	64	88
0,89	—32	—26	—19	—13	— 6	0	+ 6	+13	+19	+26	+32	+38	+45	+51	+58	+64	0,89
0,90	—32	—25	—19	—13	— 6	0	+ 6	+13	+19	+25	+32	+38	+45	+51	+57	+64	0,90
91	31	25	19	13	6	0	6	13	19	25	32	38	44	51	57	63	91
0,92	—31	—25	—19	—12	— 6	0	+ 6	+13	+19	+25	+31	+38	+44	+50	+57	+63	0,92

Tafel 68.

Reduktionstafel für russische Mineralöle.

Die Tafel enthält in Einheiten der 4. Dezim. der Dichte diejenigen Beträge, welche an den mit einem Glasinstrument (Aräometer, Pyknometer etc.) bei verschiedenen Temperaturen ermittelten Dichten angebracht die Dichte bei 15° C. ergeben.

Abgelesene Dichte	Abgelesene Dichte in Celsiusgraden																Abgelesene Dichte
	10°	11°	12°	13°	14°	15°	16°	17°	18°	19°	20°	21°	22°	23°	24°	25°	
	Reduktion auf die Normaltemperatur 15° C. in Einh. der 4. Dez. der Dichte																
0,70	−45	−36	−27	−18	−9	0	+9	+18	+27	+36	+45	+54	+63	+72	+81	+90	0,70
0,71	45	36	27	18	9	0	9	18	26	35	44	53	62	70	79	88	0,71
0,72	44	35	27	18	9	0	9	17	26	35	43	52	61	69	78	86	0,72
0,73	44	35	26	18	9	0	9	17	26	34	43	51	60	68	76	85	0,73
0,74	−43	−34	−26	−17	−9	0	+8	+17	+25	+34	+42	+50	+59	+67	+75	+84	0,74
0,75	−43	−34	−25	−17	−9	0	+8	+16	+25	+33	+41	+49	+58	+66	+74	+82	0,75
0,76	42	34	25	17	8	0	8	16	24	32	40	48	56	64	73	81	0,76
0,77	41	33	24	16	8	0	8	16	24	32	40	47	55	63	71	79	0,77
0,78	40	32	24	16	8	0	8	16	23	31	39	47	54	62	70	77	0,78
0,79	−39	−31	−24	−16	−8	0	+8	+15	+23	+31	+38	+46	+53	+61	+69	+76	0,79
0,80	−38	−30	−23	−15	−8	0	+8	+15	+23	+30	+38	+45	+53	+60	+67	+75	0,80
0,81	37	29	22	15	7	0	7	15	22	30	37	45	52	59	66	73	0,81
0,82	36	29	22	14	7	0	7	15	22	29	36	44	51	58	65	72	0,82
0,83	35	28	21	14	7	0	7	14	21	28	36	43	49	56	63	70	0,83
0,84	−35	−28	−21	−14	−7	0	+7	+14	+21	+28	+35	+42	+48	+55	+62	+68	0,84
0,85	−34	−27	−20	−14	−7	0	+7	+14	+20	+27	+34	+41	+47	+54	+60	+67	0,85
0,86	33	27	20	13	7	0	7	13	20	27	33	40	46	53	59	66	0,86
0,87	33	26	20	13	7	0	6	13	19	26	32	39	45	52	58	65	0,87
0,88	32	26	19	13	6	0	6	13	19	25	32	38	45	51	57	64	0,88
0,89	−32	−25	−19	−13	−6	0	+6	+13	+19	+25	+31	+38	+44	+50	+57	+63	0,89
0,90	−31	−25	−19	−12	−6	0	+6	+12	+19	+25	+31	+37	+43	+50	+56	+62	0,90

Tafel 69.

Reduktionstafel für Braunkohlen-Destillate.

Die Tafel enthält in Einheiten der 4. Dezim. der Dichte diejenigen Beträge, welche an den mit einem Glasinstrument (Aräometer, Pyknometer etc.) bei verschiedenen Temperaturen ermittelten Dichten angebracht die Dichte bei 15° C. ergeben.

Abge-lesene Dichte	Abgelesene Temperatur in Celsiusgraden																Abge-lesene Dichte
	10°	11°	12°	13°	14°	15°	16°	17°	18°	19°	20°	21°	22°	23°	24°	25°	
	Reduktion auf die Normaltemperatur 15° C. in Einh. der 4. Dez. der Dichte																
0,78	—40	—32	—24	—16	—8	0	+8	+16	+24	+32	+40	+48	+56	+64	+72	+80	0,78
0,79	40	32	24	16	8	0	8	16	24	32	40	48	56	64	71	79	0,79
0,80	—39	—31	—23	—16	—8	0	+8	+16	+23	+31	+39	+47	+55	+62	+70	+77	0,80
0,81	39	31	23	16	8	0	8	15	23	30	38	45	53	60	68	75	0,81
0,82	38	30	23	15	8	0	8	15	23	30	37	44	51	59	66	73	0,82
0,83	37	30	22	15	7	0	7	14	22	29	36	43	50	58	65	72	0,83
0,84	—36	—29	—22	—14	—7	0	+7	+14	+21	+28	+35	+42	+49	+56	+63	+70	0,84
0,85	—35	—28	—21	—14	—7	0	+7	+14	+21	+28	+35	+42	+49	+56	+63	+70	0,85
0,86	35	28	21	14	7	0	7	14	21	28	34	41	48	55	62	68	0,86
0,87	34	27	20	14	7	0	7	14	21	28	34	41	48	54	61	67	0,87
0,88	34	27	20	14	7	0	7	13	20	27	33	40	47	53	60	67	0,88
0,89	—34	—27	—20	—14	—7	0	+7	+13	+20	+26	+33	+40	+47	+53	+60	+67	0,89
0,90	—31	—27	—20	—14	—7	0	+7	+13	+20	+26	+33	+40	+47	+53	+60	+66	0,90
0,91	33	26	20	13	7	0	7	13	20	26	33	39	46	52	59	65	0,91
0,92	34	27	20	14	7	0	7	14	20	27	34	41	47	54	60	67	0,92
0,93	34	27	20	14	7	0	7	14	20	27	34	41	48	54	61	68	0,93
0,94	—35	—28	—21	—14	—7	0	+7	+14	+21	+28	+35	+42	+49	+56	+63	+70	0,94
0,95	—36	—29	—22	—14	—7	0	+7	+15	+22	+30	+37	+44	+51	+58	+66	+73	0,95
0,96	37	30	22	15	7	0	8	15	23	30	38	45	53	60	68	76	0,96
0,97	39	31	23	16	8	0	8	16	24	32	40	48	56	64	72	80	0,97
0,98	—41	—33	—25	—16	—8	0											0,98

Tafel 70.

Reduktionstafel für Glyzerin.

Die Tafel enthält diejenigen Beträge, welche an den mit einem Glasinstrument (Aräometer, Pyknometer etc.) bei verschiedenen Temperaturen ermittelten Dichten angebracht die Dichte bei 15° C. ergeben.

Abge-lesene Dichte	Abgelesene Temperatur in Celsiusgraden																Abge-lesene Dichte
	10°	11°	12°	13°	14°	15°	16°	17°	18°	19°	20°	21°	22°	23°	24°	25°	
	Reduktion auf die Normaltemperatur 15° C. in Einh. der 5. Dez. der Dichte																
1,218	−284	−228	−171	−114	−57	0	+58	+116	+174	+232	+290	+349	+408	+467	+526	+585	1,218
1,220	−285	−229	−172	−115	−58	0	+58	+116	+174	+232	+291	+349	+408	+467	+526	+585	1,220
222	285	229	172	115	58	0	58	116	174	233	291	350	409	468	527	586	222
224	287	230	173	116	58	0	58	116	174	233	291	350	409	468	527	587	224
226	287	230	173	116	58	0	58	116	174	233	292	350	410	469	528	587	226
1,228	−288	−231	−174	−116	−58	0	+58	+116	+175	+234	+292	+351	+410	+469	+528	+587	1,228
1,230	−288	−231	−174	−116	−58	0	+58	+116	+175	+234	+292	+351	+410	+469	+529	+588	1,230
232	289	232	174	116	58	0	58	116	175	234	293	352	411	470	529	588	232
234	289	232	174	116	58	0	58	117	175	234	293	352	411	470	529	588	234
236	290	232	174	116	58	0	58	117	175	234	293	352	411	470	529	589	236
1,238	−290	−232	−174	−116	−58	0	+58	+117	+175	+234	+293	+352	+411	+470	+529	+589	1,238
1,240	−290	−233	−174	−116	−58	0	+58	+117	+175	+234	+293	+352	+411	+470	+530	+589	1,240
242	290	233	175	117	58	0	58	117	176	234	293	352	411	470	530	589	242
244	291	233	175	117	58	0	58	117	176	234	293	352	411	470	530	589	244
246	291	233	175	117	58	0	58	117	176	234	293	352	411	470	530	589	246
1,248	−291	−233	−175	−117	−58	0	+58	+117	+176	+234	+293	+352	+411	+470	+530	+589	1,248
1,250	−291	−233	−175	−117	−58	0	+58	+117	+176	+234	+293	+352	+411	+470	+529	+589	1,250
252	291	233	175	117	58	0	58	117	176	234	293	352	411	470	529	589	252
254	291	233	175	117	58	0	58	117	176	235	293	352	411	470	529	588	254
256	291	233	175	117	58	0	58	117	176	235	293	352	411	470	529	588	256
1,258	−291	−233	−175	−117	−58	0	+58	+117	+176	+235	+293	+352	+411	+470	+529	+588	1,258
1,260	−291	−233	−175	−117	−58	0	+58	+117	+176	+234	+293	+352	+411	+470	+529	+588	1,260
262	291	233	175	117	58	0	58	117	176	234	293	352	411	470	529	588	262
264	291	233	175	117	58	0	58	117	176	234	293						264
266	291	233	175	117	58	0											266
1,268	−291	−233	−175	−117	−58	0											1,268